「熱力学」に関する物理量

記号	物理量	単位の記号	単位の名称	備考
$T,\ t$	温度	K, ℃	ケルビン，度	**T**emperature（温度）
Q	熱量	J, cal	ジュール，カロリー	heat **Q**uantity（量）
C	熱容量	J/K	ジュール毎ケルビン	heat **C**apacity（容量）
c	比熱	J/(kg·K)	ジュール毎キログラム毎ケルビン	
n	物質量	mol	モル	
U	内部エネルギー	J	ジュール	
e	熱効率	単位なし		**E**fficiency（能率，効率）
$C_V,\ C_p$	モル比熱	J/(mol·K)	ジュール毎モル毎ケルビン	

「波」に関する物理量

記号	物理量	単位の記号	単位の名称	備考
λ	波長	m	メートル	"ラムダ"と読む
n	屈折率	単位なし		
f	焦点距離	m	メートル	**F**ocal（焦点の）length

「電磁気」に関する物理量

記号	物理量	単位の記号	単位の名称	備考
$Q,\ q$	電気量（電荷）	C	クーロン	
E	電場	N/C, V/m		**E**lectric（電気の）field
V	電位, 電位差（電圧）	V	ボルト	**V**oltage（電圧）
C	電気容量	F	ファラド	**C**apacitance（電気容量）
ε	誘電率	F/m	ファラド毎メートル	"イプシロン"と読む
ε_r	比誘電率	単位なし		
$I,\ i$	電流	A	アンペア	
$R,\ r$	抵抗	Ω	オーム	**R**esistance（抵抗）
ρ	抵抗率	Ω·m	オームメートル	"ロー"と読む
P	電力	W	ワット	electric **P**ower（力，能率）
W	電力量	J	ジュール	
m	磁気量	Wb	ウェーバ	**M**agnetic（磁気の）charge
H	磁場	N/Wb, A/m		
μ	透磁率	N/A², H/m		"ミュー"と読む
μ_r	比透磁率	単位なし		
B	磁束密度	T, Wb/m², N/(A·m)	テスラ（T）	
Φ	磁束	Wb	ウェーバ	"ファイ"と読む
L	自己インダクタンス	H	ヘンリー	
M	相互インダクタンス	H	ヘンリー	**M**utual（相互の）
$X_L,\ X_C$	リアクタンス	Ω	オーム	
Z	インピーダンス	Ω	オーム	

「原子」に関する物理量

記号	物理量	単位の記号	単位の名称	
$n,\ n'$	量子数	単位なし		
W	仕事関数	J, eV	ジュール	
A	質量数	単位なし		
Z	原子番号	単位なし		

JN080888

新 物理

物理基礎・物理

神戸大学名誉教授
都築嘉弘

東北大学教授
井上邦雄

CONTENTS

▶▶▶ 本書の特色と構成

物理には公式や法則が登場します。しかし、これらを覚えているだけでは、なかなか問題は解けないものです。なぜなら、公式や法則を実際に使いこなすには、これらがどのようなときに使えてどのようなときに使えないのか、また、これらを使う上で便利なコツや陥りやすいミスにはどのようなものがあるのか、などを熟知している必要があるためです。

本書では、このような「解法のためのノウハウ」を、「CHART」で詳しくていねいに解説しています。さらに、「CHART」で学んだ「解法のためのノウハウ」を確実に身に付けることができるよう、例題を用意しました。これにより、本書を通じて、基本から応用まで幅広い実力を養うことができます。

CHART

覚えておくべき公式や法則と、それを使いこなすのに必要な「解法のためのノウハウ」、さらにそれらの解説からなります。

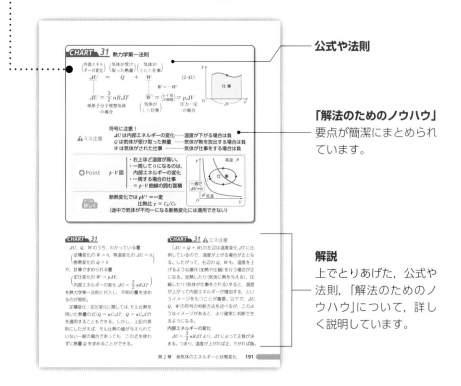

公式や法則

「解法のためのノウハウ」
要点が簡潔にまとめられています。

解説
上でとりあげた、公式や法則、「解法のためのノウハウ」について、詳しく説明しています。

CHART 目次

「解答のためのノウハウ」には次の6種類があります。

★ Point	公式や法則を適用するときに役立つ，コツや注意点についてまとめています。
⚠ ミス注意	誤解しやすいところや，犯しがちなミスについての注意点を指摘しています。
知っていると 便利	知らなくても問題は解けるが，知っているとより早く，確実に解くことができる，といった知識にふれています。
覚え方	公式や法則を確実に覚えるためのアドバイスです。
適用条件	公式や法則の適用条件です。公式がどのようなときに使え，どのようなときに使えないのかがわかります。
さらに 詳しく	レベルの高い問題を解くうえで知っておきたい，応用的なコツについてまとめています。

問題を解く上で知っておかなければ
ならない公式や法則です。
CHART に次ぐ重要度です。

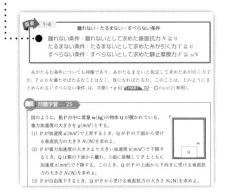

NOTE

本文の中に登場する物理の用語の意
味や使い方などをまとめました。

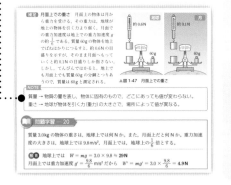

本書は「物理基礎」と「物理」の内容からな
り，それぞれの各項目において，科目名を
次のようなアイコンで示してあります。
　「物理基礎」の内容… 基
　「物理」の内容……… 物

「物理基礎」・「物理」の範囲外の事項で，
「物理基礎」・「物理」の理解をさらに
深めるための内容をとりあげました。

physics

第1編

力と運動

第1章

運動の表し方

1 速度
2 加速度
3 落体の運動

---

1 速度

基礎 A 平均の速さ

　物体の運動の速い，遅いを比較するには，物体が一定の時間に進んだ距離を考えると理解しやすい。時間 t の間に物体が一直線上を距離 x 進むとき，単位時間(1秒間，1時間など)当たりに移動する距離 v は

$$v = \frac{x}{t} \tag{1・1}$$

となり，これを **速さ** という。しかし，この間に物体は速くなったり，遅くなったりしているかもしれない。したがって，この速さは距離 x の区間(または時間 t の間)での **平均の速さ** というべきである。例えば，図1-1で直線道路上を自動車が各時刻(t_0, t_1, t_2, …)に定点 O からの距離(0, x_1, x_2, …)の地点(O, A, B, …)を通過したとき，この自動車の AB 間の平均の速さ $\bar{v}$ は次のようになる。

$$\bar{v} = \frac{x_2 - x_1}{t_2 - t_1} = \frac{x}{t} \qquad 単位時間当たりの平均移動距離 = \frac{移動距離}{要した時間} \tag{1・2}$$

　速さは距離を時間でわって表される(長さ/時間)から，単位は〔メートル/秒〕＝〔m/s〕，〔キロメートル/時〕＝〔km/h〕などとなり，**メートル毎秒**，**キロメートル毎時** という。

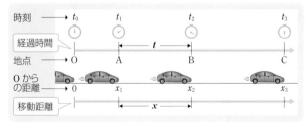

▲図1-1　直線運動の速さ

注意 **時刻と時間**　時刻はある瞬間の時を，時間はある時刻から他の時刻までの間を表す。例えば，列車が時刻14時15分から14時45分まで移動した時間は30分であると表せる。

100 m を 10 秒で走る陸上選手の平均の速さは何 m/s か。また, それは何 km/h か。

解答 平均の速さ $= \dfrac{100\,\mathrm{m}}{10\,\mathrm{s}} = \mathbf{10\,m/s}$

1 km $= 1000$ m, 1 h $= 60$ 分 $= 60 \times 60$ s $= 3600$ s であるから

平均の速さ $= \dfrac{\dfrac{100}{1000}\,\mathrm{km}}{\dfrac{10}{3600}\,\mathrm{h}} = \dfrac{100}{1000} \times \dfrac{3600}{10} = 10 \times 3.6$

$\qquad\qquad\quad = \mathbf{36\,km/h}$

基礎 B 等速直線運動

図 1−1 で, どの区間でも速さが一定の場合, この自動車は **等速直線運動** をするという。等速直線運動では, 物体は直線上を一定の時間にいつも同じ距離だけ進む。したがって, 物体の移動距離 x をどのような区間にとっても, それに要した時間を t とすると, 速さ v は常に次のようになる。

$$v = \frac{x}{t} = 一定 \qquad (1 \cdot 3)$$

また, 移動距離 x は

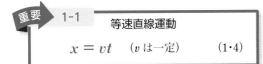

重要 1−1

等速直線運動

$$x = vt \quad (v \text{ は一定}) \qquad (1 \cdot 4)$$

となり, $v =$ 一定から, x は v を比例定数として時間 t に比例することがわかる。x と t の関係を表すグラフ(x-t 図という)は, 図 1−2(x-t 図)のように, 原点を通り, 傾きが v の直線になり, 速さが大きいほど, 直線の傾きは大きくなる(図 1−3)。

速さ v と時間 t の関係を表すグラフ(v-t 図という)は, v が常に一定だから, 図 1−2(v-t 図)のように, t 軸に平行な直線になる。グラフの直線と t 軸との間の面積(vt)は, $x = vt$ から, 移動距離 x の値を表している。

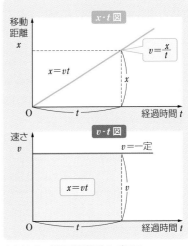

▲ 図 1-2　等速直線運動のグラフ

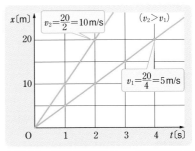

▲ 図 1-3　等速直線運動の x-t 図の直線の傾きと速さの関係

図1-1で，自動車が点 O から出発してしだいに速くなっていく場合を考えよう。走行距離 x と経過時間 t の関係が図1-4の曲線 $\overset{\frown}{\text{OPQ'Q}}$ であるとする。区間 AC での平均の速さ $\overline{v_3}$ は

$\overline{v_3} = \dfrac{x_3 - x_1}{t_3 - t_1} = \dfrac{\text{HQ}}{\text{PH}}$ で，直線 PQ の傾きとなる。もっと短い時間 $(t_2 - t_1)$（AB 間）では直線 PQ'（PR）の傾きとなる。もっと時間間隔を短くして，A に近づけ（点 Q を曲線上で点 P に近づけ）てい

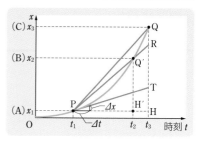

▲図1-4 速さが変わるときの x-t 図

くと，平均の速さは一定の値に近づく。すなわち，直線の傾きは点 P での接線（PT）の傾き $\dfrac{\text{HT}}{\text{PH}}$ となる。この極限の速さを時刻 t_1（地点 A）での**瞬間の速さ** という。一般に，ある時刻 t_1 にある地点 A を通過した後，きわめて短い時間 Δt の間の移動距離を Δx とすると，時刻 t_1 または点 A における瞬間の速さは次の式で表される。

$$v = \frac{\Delta x}{\Delta t} \qquad\qquad (1\cdot5)$$

一般に，速さといえばこの瞬間の速さを意味する。等速直線運動では各瞬間の速さがすべて等しいから，x-t 図での各点の接線がすべて一致し，1 つの直線となる（図1-2）。等速直線運動の v-t 図（図1-2）で，$v =$ 一定の直線と t 軸との間の面積は移動距離に等しかったが，速さ v が変わるときもこの関係は成りたつ。

図1-5で，時刻 t_1 から t_2 の間に速さが v_1 から v_2 に変わっていくとき，その間の移動距離 x は v-t 図の下の面積（黄緑色の部分）に等しくなる。

補足 図1-5で，時刻 t_1 から t_2 の間を n 等分し，その時間間隔 Δt での平均の速さをそれぞれ v', v'', … とする。Δt 間での各移動距離は $v'\Delta t$, $v''\Delta t$, … となり，n を無限に大きくしていけば，これらの和は v-t 図の下の面積に等しくなる。

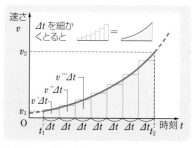

▲図1-5 速さが変わるときの v と x の関係

📖 問題学習 …… 2

図は，ある物体が運動しているときの v-t 図を表している。この物体が 6 秒間に移動する距離は何 m か。

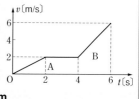

解答 台形 A と台形 B の面積の和から求める。

移動距離 $x = \dfrac{1}{2} \times (2 + 4) \times 2 + \dfrac{1}{2} \times (2 + 6) \times 2 = \mathbf{14\,m}$

物体の運動のようすを明確に表すには、動く速さのほかに、動く向きも必要である。そこで、速さに向きをあわせて考え、これを **速度** という。速度は $\vec{v}$ のように文字の上に矢印（→）をつけて表す。図で表すときは、図1−6のように線分の長さで速度の大きさ（速さ）を、線分の先の矢印で向きを示す。速度の大きさ（速さ）のみを示すには、v または $|\vec{v}|$ で表す。

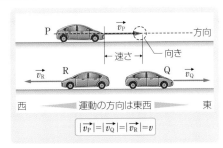

▲図1-6 速度の図示

速度のように、大きさと向きをもつ量を一般に、**ベクトル** という（→ p.498）。一方、速さや温度、質量のように、大きさだけで表される量を **スカラー** という。日常の言葉では速さと速度を区別しないで使うが、物理学では区別して使うことに注意する。

速さ、向きがすべて等しい速度は、位置や時刻が違っても等しい速度とみなす。図1−6で、$v_P = v_Q = v_R = v$ であるが、$\vec{v_P} = \vec{v_Q} \neq \vec{v_R}$ である。また、一直線上の運動では、速度の向きは、例えば右向き・左向きなどのように、2通りだけを考えればよく、これを正・負の符号で表せるので、速度を単に v のように矢印を省略して表すことが多い。例えば、同図で東向きを正とすれば、v_P、v_Q は正、v_R は負である。

問題などで v とあれば、これが速度、速さのどちらを意味しているのか、注意する必要がある。

補足 等速直線運動では、物体は一定の速さで一直線上をいつも同じ向きに走るので、速度が一定である。したがって、これを **等速度運動** ともいう。

基礎 E 変位

1 位置ベクトル 図1−7のように、ある基準点Oから見たときの地点Pの位置は、「Oから北東の向きに50m離れた地点」、「Oから水平方向に対して30°上方へ100mの地点」などと、「向き」と「大きさ（距離）」を

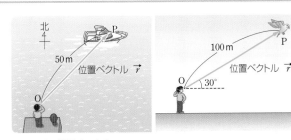

▲図1-7 位置ベクトル

組み合わせることにより表現される。これは、位置が大きさと向きをもったベクトルであることを示している。

基準点から注目する点まで引いたベクトルを **位置ベクトル** という。

2 変位 図1−8のように，物体が点Pから点Qまで移動したとする。このときの物体の位置の変化を **変位** という。変位は2点P，Q間の距離（変位の大きさ）とPからQへの向き（変位の向き）とをもつベクトルである。

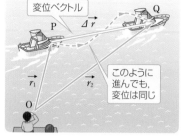

▲ 図1-8　変位ベクトル

変位は，物体の実際の移動の経路によらず，最初の位置Pと終わりの位置Qのみで決まり，2点P，Qを結ぶ有向線分（向きの矢印をつけた線分）$\overrightarrow{PQ}$ で表される。同図に示したP，Q間の2つの移動経路，直線経路と曲線経路（破線）とでは，移動距離は異なるが，変位 $\overrightarrow{PQ}$ は同じである。

点P，Qの位置は，ある基準点Oからの変位ベクトルで表される。このように使った変位ベクトルが位置ベクトルである。そこで，点Oを基準とした点P，Qの位置ベクトルをそれぞれ $\overrightarrow{r_1}$，$\overrightarrow{r_2}$ とすると，PからQへの **変位ベクトル** $\overrightarrow{\varDelta r}(=\overrightarrow{PQ})$ は

$$\overrightarrow{\varDelta r} = \overrightarrow{r_2} - \overrightarrow{r_1} \tag{1·6}$$

と表される。

F　曲線運動の速度

図1−9のように，物体が平面内で曲線運動をしている場合の速度は，次のように考えることができる。

時間 $\varDelta t$〔s〕の間に，物体が点P（位置ベクトル $\overrightarrow{r_1}$〔m〕）から点Q（$\overrightarrow{r_2}$〔m〕）へ移動したとする。

平均の速度 $\overrightarrow{v}$〔m/s〕は，単位時間（1秒間）当たりの位置の変化であるから，変位ベクトル $\overrightarrow{\varDelta r} = \overrightarrow{r_2} - \overrightarrow{r_1}$〔m〕を用いて次のように表される。

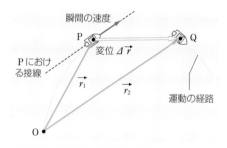

▲ 図1-9　曲線運動する物体の速度

$$\overrightarrow{v} = \frac{\overrightarrow{\varDelta r}}{\varDelta t} \tag{1·7}$$

(1·7)式より，平均の速度 $\overrightarrow{v}$ の向きは変位ベクトル $\overrightarrow{\varDelta r}$ の向きに等しいことがわかる。

また，$\varDelta t$ を限りなく小さな値にしたときの $\overrightarrow{v}$ が，点Pにおける **瞬間の速度** を表す。一般に，**瞬間の速度の方向はその点における運動の経路の接線方向に等しい。**

> **注意** 瞬間の速度の方向が，運動の経路の接線方向であることは，後述の水平投射（→ p.29）・斜方投射（→ p.30）の運動や，等速円運動（→ p.133）などにも適用される。大事なことなので，しっかりと覚えておこう。

1 直線上の速度の合成　静水時の速度 v_1 の船が, 流水の速度 v_2 の川を流れに対して平行に下流に向かって進んでいるとき, 岸で静止している人から見た船の速度 v は $v = v_1 + v_2$ と表される。速度 v を速度 v_1 と v_2 の **合成速度** といい, 合成速度を求めることを **速度の合成** という。

2 平面上の速度の合成　静水時の速度 $\vec{v_1}$ の船が, 流水の速度 $\vec{v_2}$ の川を横切って進むときの速度を考えよう。図 1–10 で, 初め点 A にあった船が, 船首を点 B に向けて進む。静水であれば船は AB 上を進み, 1 秒後に点 P に達する。水が流れていると AB 上の水は 1 秒後に A′B′ 上に来るから, 船は点 P′ に来ている。このようにして, 船は AC 上を進み, その速度 $\vec{v}$ は $\overrightarrow{AP'}$ で示される。$\vec{v}$ は $\vec{v_1}$ と $\vec{v_2}$ の合成速度であり, $\vec{v} = \vec{v_1} + \vec{v_2}$ で表す。

　一般に, 合成速度 $\vec{v}$ はそれぞれの速度 $\vec{v_1}, \vec{v_2}$ を 2 辺とする平行四辺形の対角線として求められる。これを **平行四辺形の法則** という(図 1–11)。

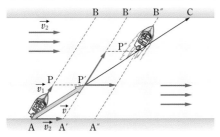

▲ 図 1-10　川を横切る船の速度

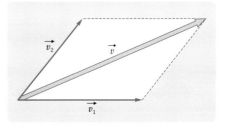

▲ 図 1-11　速度の合成

3 速度の分解　速度 $\vec{v}$ は, 合成と逆の手順を追うことにより, 2 つの速度 $\vec{v_1}, \vec{v_2}$ に分けることができる。これを, **速度の分解** といい, 分解された 2 つの速度を **分速度** という。分解の 2 方向のとり方によって, 速度の分解は何通りでも考えることができるが, 一般的には, 互いに垂直な 2 方向に分解することが多い(図 1–12)。速度 $\vec{v}$ を, 互いに垂直な x 軸, y 軸方向の分速度 $\vec{v_x}, \vec{v_y}$

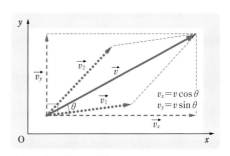

▲ 図 1-12　速度の分解

に分解した場合を考える。$\vec{v}$ の大きさを v, $\vec{v}$ が x 軸の正の向きとなす角を θ とするとき

$$v_x = v \cos\theta, \quad v_y = v \sin\theta \tag{1・8}$$

で表される v_x, v_y をそれぞれ $\vec{v}$ の **x 成分**, **y 成分** という。v_x, v_y は, $\vec{v_x}, \vec{v_y}$ の向きが座標軸の向きと同じ場合はその大きさ, 座標軸の向きと反対の場合は大きさに負の符号をつけた値になる。すなわち, x 成分, y 成分は分速度の大きさだけでなく, 座標軸の向きを正としたときの向きも含んでいる。

A, B の 2 物体が運動しているとき, 基準となる物体(観測者)A に対する B の速度を A に対する B の**相対速度**という。これは, A から見た B の速度である。

1 同一直線上での運動 2物体 A, B が, それぞれ速度 $\vec{v_A}$, $\vec{v_B}$ で同一直線上を進むとき, 基準物体 A に対する B の相対速度は, $\vec{v_B}$ から $\vec{v_A}$ を差し引いた速度 $\vec{v_{AB}}$ になる。

$$\vec{v_{AB}} = \vec{v_B} - \vec{v_A} \tag{1·9}$$

ある時刻に, 物体 A, B が図 1-13(a) のように同じ位置に並んだとすると, 1 秒後には A, B はそれぞれ $\vec{v_A}$, $\vec{v_B}$ の矢印の先端に行っているから, A から B を見ると, B は 1 秒間に $|v_B - v_A|$ の距離を移動したように見える。

つまり, A から見た B の速度は $\vec{v_B} - \vec{v_A}$ となる。右向きを正として速度の符号を含めて考えると, 同図(b)のような $v_A > v_B$ の場合や, 同図(c)のような $v_B < 0$ の場合についても, $v_{AB} = v_B - v_A$ が成りたつことがわかる。

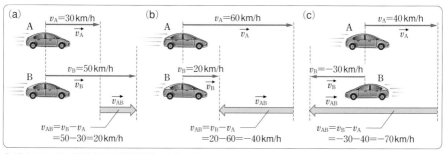

▲ **図 1-13 同一直線上での相対速度** 右向きを正の向きとする。

問題学習 …… 3

直線道路上を, 2 台の自動車 A, B が走っている。A の速さが 15m/s, B の速さが 10m/s のとき, 次の場合について A に対する B の相対速度をそれぞれ求めよ。

(1) A, B が同じ向きに走る場合

(2) A, B が反対向きに走る場合

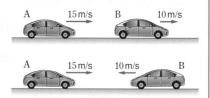

考え方 A に対する B の相対速度であるから, 「B の速度－A の速度」より求める。速度の引き算なので, 速さだけでなく符号も含めた値を代入する。

解答 A の進む向きを正とする。

(1) $v_{AB} = (+10) - (+15) = -5\text{m/s}$ 　　**A と反対向きに速さ 5m/s**

(2) $v_{AB} = (-10) - (+15) = -25\text{m/s}$ 　　**A と反対向きに速さ 25m/s**

2 方向の異なる直線上での運動

物体 A, B が異なる方向に速度 $\vec{v_A}$, $\vec{v_B}$ で進むとき, 基準物体 A から見た B の相対速度 $\vec{v_{AB}}$ は, 同一直線上を運動する場合と同様

$$\vec{v_{AB}} = \vec{v_B} - \vec{v_A} \qquad (1\cdot10)$$

として求められる。これは $\vec{v_A}$ の先端から $\vec{v_B}$ の先端に描いたベクトルとなる。

補足 $\vec{v_{AB}} = \vec{v_B} - \vec{v_A} = \vec{v_B} + (-\vec{v_A})$ とすれば, $\vec{v_B}$ に $-\vec{v_A}$ を加えることにより, $\vec{v_{AB}}$ を求めることもできる。

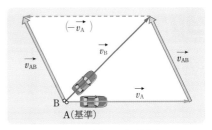

▲図 1-14 異なる方向での相対速度

CHART 1 相対速度の式（ベクトル表記）

$$\underset{\left(\substack{\text{A に対する}\\\text{B の相対速度}}\right)}{\vec{v_{AB}}} = \underset{\text{(B の速度)}}{\vec{v_B}} - \underset{\left(\substack{\text{観測者 A}\\\text{の速度}}\right)}{\vec{v_A}} \qquad (1\cdot11)$$

覚え方　どちらからどちらを引くか：「もし観測者の速度が 0 なら, 相対速度は通常の速度と同じになるはず」と考える。

CHART 1 覚え方

公式を暗記しているだけだと, 誤って $\lceil\vec{v_{AB}} = \vec{v_A} - \vec{v_B}\rfloor$ のように引き算を逆にしてしまうことがある。観測者 A に対する B の相対速度は, もし A が静止していれば（$\vec{v_A} = \vec{0}$）, $\vec{v_{AB}} = \vec{v_B}$ となるはず。こう考えれば, $\lceil\vec{v_{AB}} = \vec{v_A} - \vec{v_B}\rfloor$ が誤りで, $\lceil\vec{v_{AB}} = \vec{v_B} - \vec{v_A}\rfloor$ が正しいことがすぐにわかる。

📖 問題学習 …… 4

道路が新幹線の線路と斜めに立体交差をしている。道路を 80 km/h で走る自動車の真下を, 新幹線が 160 km/h の速さで, 自動車の進路と 60° の角度で通過していった。このとき, 自動車内の人は新幹線の速度をどのように観測するか。ただし, $\sqrt{3} = 1.73$ とする。

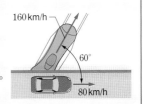

解答　図のように, 自動車の速度を $\vec{v_A}$, 新幹線の速度を $\vec{v_B}$ とすると, 求めるものは $\vec{v_{AB}}$ である。$\vec{v_{AB}}$, $\vec{v_A}$, $\vec{v_B}$ は図のような直角三角形 OAB をなす関係にあるので

$$v_{AB} = v_B \sin 60° = 160 \times \frac{\sqrt{3}}{2} = 80\sqrt{3} = 138.4 \text{ km/h}$$

よって, **自動車の進む向きと 90° をなす左向きに 138 km/h で走り去る。**

2 加速度

基礎 A 加速度

単位時間当たりの速度の変化の割合を **加速度** という。加速度も速度と同じように大きさと向きをもち，ベクトルである。

1 平均の加速度 時刻 t_1 での物体の速度を $\vec{v_1}$，時刻 t_2 での速度を $\vec{v_2}$ とすると，経過時間 $t_2 - t_1$ での速度の変化は $\vec{v_2} - \vec{v_1}$ である。ここでは，一直線上の運動を考え，速度をその正負も含めて v_1，v_2 と表すことにする。経過時間 $t_2 - t_1$ に対する速度変化の割合 $\bar{a}$ は

$$\bar{a} = \frac{v_2 - v_1}{t_2 - t_1} \tag{1・12}$$

となり，$\bar{a}$ を時刻 t_1 から t_2 までの間の **平均の加速度** という。

物体の進む向きを正とすると，速度が増していくときは，$v_1 < v_2$ であるから，$v_2 - v_1 > 0$，したがって $\bar{a}$ は正となる（図1-15(a)）。つまり，速度の向きと加速度の向きは一致している。一方，速度が減少していくときは，$v_1 > v_2$ であるから，$v_2 - v_1 < 0$，したがって $\bar{a}$ は負となる（同図(b)）。このように，減速のときの加速度は速度の向きと反対向き（符号が負）となることに注意する。

加速度は速度（単位：m/s，km/h など）を時間（単位：s，h など）でわって表されるから（速度/時間），その単位は〔メートル/秒²〕＝〔m/s²〕，〔キロメートル/時²〕＝〔km/h²〕などとなり，**メートル毎秒毎秒**，**キロメートル毎時毎時** という。

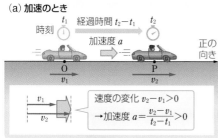

▲ 図 1-15 加速度の向き

問題学習 …… 5

自動車が発進後 30 秒で 15 m/s の速さになり，その後ブレーキをかけて 10 秒後に停止した。加速および減速時の平均の加速度をそれぞれ求めよ。ただし，自動車の進む向きを正とする。

解答 加速時：$\bar{a} = \dfrac{15 - 0}{30} = 0.50\,\text{m/s}^2$　　減速時：$\bar{a} = \dfrac{0 - 15}{10} = -1.5\,\text{m/s}^2$

2 瞬間の加速度(加速度) 時刻 t_1 で物体の速度が v_1, 時刻 t_2 で物体の速度が v_2 になったとする。速度 v と時刻 t の関係が図 1–16 の v–t 図のグラフのようになっているとき, 時刻 t_1 と t_2 の間の平均の加速度 $\bar{a}$ は

$$\bar{a} = \frac{v_2 - v_1}{t_2 - t_1} = \frac{\text{QH}}{\text{PH}}$$

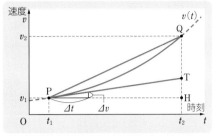

▲図 1-16　v–t 図と加速度

で, PQ の傾きになる。ここで時間間隔をもっと短くとり, t_2 を t_1 に近づけていくと, 平均の加速度, すなわち直線 PQ の傾きは, 点 P における接線(PT)の傾き TH/PH に近づく。この値は時刻 t_1 の**瞬間の加速度**と考えられる。これを時刻 t_1 での**加速度**という。

　一般に, ある時刻 t_1 にある地点を通過した後, きわめて短い時間 $\varDelta t$ の間の速度変化を $\varDelta v$ とすると, この時刻における瞬間の加速度 a は, 次の式で表される。

$$a = \frac{\varDelta v}{\varDelta t} \tag{1·13}$$

瞬間の加速度は, その瞬間における v–t 図のグラフの接線の傾きとなる。

3 v–t 図と a–t 図の関係 物体が一直線上を一定の向きに進む場合でも, その加速度は, 常に同じ向きであるとは限らない。そこで, 図 1–17(a) の v–t 図のように, 止まっていた自動車が加速してしばらく一定の速さで走ったあと, 減速して再び停止する場合について, 速度と加速度がどのようになるかを考えてみよう(自動車の進む向きを正とする)。

　加速度は v–t 図のグラフの接線の傾きになる。グラフが直線のときはその直線自身が接線となるので, 加速度は一定となり, その値は直線の傾きとなる。したがって, 加速中は加速度が正, 一定の速さになると 0, 減速中では負になり, この自動車の a–t 図は同図(b)のようになる。

　また, 時間 $\varDelta t$ の区間において a–t 図と t 軸ではさまれた部分の面積 $a\varDelta t$ は, $\varDelta v = a\varDelta t$ より, 速度変化 $\varDelta v$ を表していることがわかる。ただし, 減速中は $a < 0$ となるので, a–t 図のグラフが t 軸よりも下にあり, 速度変化 $\varDelta v = a\varDelta t$ は, 面積に負号(−)をつけたものになる。このように, 符号を含めた a–t 図の面積は, 速度変化を表しているといえる。

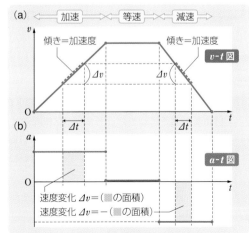

▲図 1-17　v–t 図と a–t 図の関係

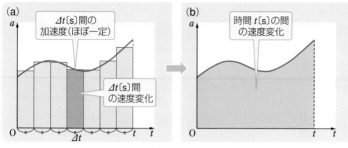

◀ **図1-18 加速度が変化する場合の a-t 図と速度変化の関係**
時間 t を短い時間 Δt の区間に等分する。それぞれの区間では加速度の値はほぼ一定とみなせるので，各区間ごとの速度変化は(a)の細長い長方形の面積で表される。した

がって，時間 t の間の速度変化はこれらの長方形の面積の総和にほぼ等しくなる。この Δt をきわめて小さくとると，この総和は，(b)のように a-t 図のグラフと t 軸の間にはさまれた面積となり，これが時間 t の間の速度変化となる。

　このことは，加速度が変化するような一般の場合にも成りたつ(図1-18)。一般に，v-t 図の傾きは加速度を，a-t 図の面積(符号含む)は速度変化を表しているといえる。

　さらに，9，10ページで学んだように，x-t 図と v-t 図の間にも同様の関係がある。つまり，x-t 図の傾きは速度を，v-t 図の面積(符号含む)は変位を表しているといえる。以上から，x-t 図，v-t 図，a-t 図の関係は次のようにまとめられる。

 1-2

x-t 図，v-t 図，a-t 図の関係

x-t(変位-時間)図

x-t 図の傾きが速度になる ⬇ ⬆  v-t 図の面積※が変位になる

v-t(速度-時間)図

v-t 図の傾きが加速度になる ⬇ ⬆  a-t 図の面積※が速度変化になる

a-t(加速度-時間)図

※グラフが t 軸より下にある場合の変位や速度変化は，－(面積)となる。

 問題学習 …… 6

　直線道路上を速さ 10 m/s で進んでいる自動車が一定の加速度で速さを増し，5.0 秒後に 14 m/s の速さになった。その後 10 秒間同じ速さで進んだ後，ブレーキをかけて一定の加速度で減速し，10 秒後に停止した。自動車の進む向きを正として，加速を始めてからの自動車の運動について，以下の問いに答えよ。
(1) 速度と時間の関係図(v-t 図)をかけ。
(2) 加速，減速時の加速度を求めよ。
(3) 自動車の進んだ距離を求めよ。
(4) 加速度と時間の関係図(a-t 図)をかけ。

解答 (1) 右図

(2) 加速(AB 間)，減速(CD 間)時の加速度を
それぞれ a_1, a_2〔m/s²〕とすると

$$a_1 = \frac{\text{BE}}{\text{AE}} = \frac{4}{5} = 0.80\,\text{m/s}^2$$

$$a_2 = -\frac{\text{CG}}{\text{DG}} = -\frac{14}{10} = -1.4\,\text{m/s}^2$$

(3) 加速時に進む距離 x_1〔m〕

$x_1 =$ 台形 OABF の面積

$$= \frac{1}{2} \times (10 + 14) \times 5 = 60\,\text{m}$$

一定速度で進む距離 x_2〔m〕

$x_2 =$ 長方形 BCGF の面積 $= 14 \times 10 = 140\,\text{m}$

減速時に進む距離 x_3〔m〕

$x_3 =$ 三角形 CDG の面積

$$= \frac{1}{2} \times 10 \times 14 = 70\,\text{m}$$

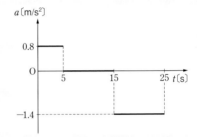

したがって，全走行距離 x〔m〕は

$$x = x_1 + x_2 + x_3 = 60 + 140 + 70$$

$$= 270 = \mathbf{2.7 \times 10^2\,\text{m}}$$

(4) 5〜15 秒の間の加速度は 0。右図。

〔別解〕 次に学ぶ等加速度直線運動の公式を使うと，次のように解ける。

(2) $v = v_0 + at$ の式を使う。

$$a_1 = \frac{14 - 10}{5} = 0.80\,\text{m/s}^2, \quad a_2 = \frac{0 - 14}{10} = -1.4\,\text{m/s}^2$$

(3) $v^2 - v_0^2 = 2ax$, $x = vt$ の式を使う。

$$x_1 = \frac{14^2 - 10^2}{2 \times 0.80} = 60\,\text{m}, \quad x_2 = 14 \times 10 = 140\,\text{m}$$

$$x_3 = \frac{0^2 - 14^2}{2 \times (-1.4)} = 70\,\text{m}$$

B 等加速度直線運動

　一直線上を運動する物体の加速度 a が一定の場合の運動を **等加速度直線運動** という。この運動は，物体の速度が単位時間ごとに a ずつ変化する直線運動である。

1 速度 　一直線上の定点 O から一定の加速度 a で速度が変化する運動を考えよう。次ページの図 1−19 で，定点 O とそこからの距離が x の地点の速度をそれぞれ v_0, v とする。時間は物体が O を通過する時刻からはかるとし，O での時刻を $t = 0$, x の通過時刻を t とする。

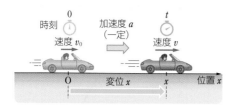

時刻 0
速度 v_0
加速度 a
（一定）
時刻 t
速度 v
O　　変位 x　　x　位置 x

▲図 1-19　等加速度直線運動

時刻 $t = 0$（O の地点）における物体の速度を **初速度** といい，この場合は v_0 である。ここでは，物体の進む向きを正の向きとする。物体は単位時間ごとに a ずつ速度が変化するから，時間 t の間には at だけ速度が変化する。したがって，x での物体の速度 v は初速度 v_0 と at の和になる。

$$v = v_0 + at \tag{1·14}$$

上式の v-t 図は図 1−20 のような直線となり，加速度 a はこの直線の傾きで表される。また，a は一定であるから a-t 図は t 軸に平行な直線となる。この直線と t 軸との間の面積は at となり，時間 t の間の速さの変化分となる（→ $p.18$ 重要 1−2）。

なお，（1·14）式は平均の加速度の定義の式（→ $p.16$（1·12）式）　$\overline{a} = \dfrac{v - v_0}{t}$ からも求めることができる。

2 変位　初速度 v_0，一定の加速度 a で直線運動をする物体の，時間 t の間の変位 x は，図 1−20 の v-t 図の面積に等しくなる（→ $p.18$ 重要 1−2）。したがって

変位 x ＝台形の面積
$$= \frac{1}{2} \times （上底＋下底）\times 高さ$$
$$= \frac{1}{2}(v_0 + v)t$$

上式に（1·14）式を代入すると，次の式が得られる。

$$x = v_0t + \frac{1}{2}at^2 \tag{1·15}$$

（1·14），（1·15）式から t を消去して，次の式が得られる。

$$v^2 - v_0^2 = 2ax \tag{1·16}$$

補足　（1·15）式は，次のようにして導かれる。
$$x = \frac{1}{2}(v_0 + v)t = \frac{1}{2}\{v_0 + (v_0 + at)\}t$$
$$= \frac{1}{2}(2v_0 + at)t = v_0t + \frac{1}{2}at^2$$

補足　（1·16）式は，次のようにして導かれる。
（1·14）式より，$t = \dfrac{v - v_0}{a}$
$$x = v_0t + \frac{1}{2}at^2 = v_0\left(\frac{v - v_0}{a}\right) + \frac{1}{2}a\left(\frac{v - v_0}{a}\right)^2$$
両辺に $2a$ をかけて　$2ax = 2v_0(v - v_0) + (v - v_0)^2$
この式の右辺は　$2v_0v - 2v_0^2 + v^2 - 2vv_0 + v_0^2 = v^2 - v_0^2$
すなわち，（1·16）式の左辺となる。

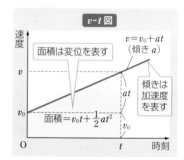

v-t 図
速度
面積は変位を表す
$v = v_0 + at$
（傾き a）
傾きは加速度を表す
v
at
面積＝$v_0t + \dfrac{1}{2}at^2$
v_0
v_0
O　　　　t　時刻

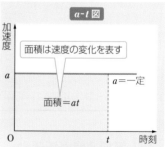

a-t 図
加速度
面積は速度の変化を表す
a
a＝一定
面積＝at
O　　　　t　時刻

▲図 1-20　等加速度直線運動の v-t 図と a-t 図

3 加速度が負の場合 $(1\cdot14)$，$(1\cdot15)$，$(1\cdot16)$の各式は等加速度直線運動について常に成りたち，加速度が負の場合であっても a の値が負になるだけで，各式はそのままの形で成りたつ。斜面をかけ上がる小球を例にとって，加速度が負の場合の運動について考えてみよう（図1-21）。初速度の向き（斜面にそって上向き）を正と定めると，小球の加速度は斜面下向きであるから，負となる。小球の速度は，加速度の正負に関係なく $v = v_0 + at$ で与えられるが，at が負であることから，時間の経過とともに減少していく。

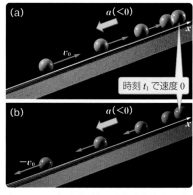

▲図1-21　加速度が負の等加速度直線運動

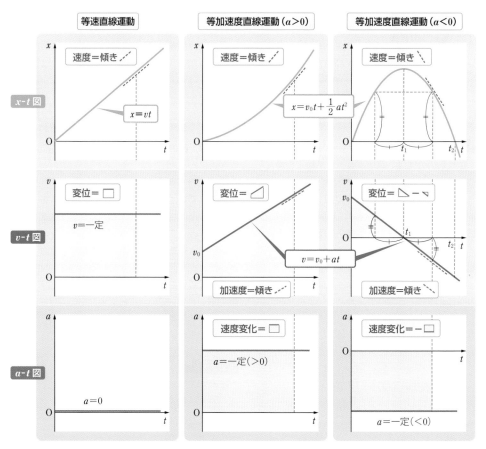

▲図1-22　等速直線運動，等加速度直線運動の $x\text{-}t$ 図，$v\text{-}t$ 図，$a\text{-}t$ 図

そして，時刻 $t_1 = \dfrac{v_0}{|a|}$ になったとき，$v = 0$ となり，それ以降の速度は負の値となり，速さが増大していく。つまり，この時刻 t_1 を境に物体は減速から加速に転じる。また，この時刻 t_1 が，小球の変位が最大になる時刻である。

このように，加速度が負の場合でも等加速度直線運動の式は成りたつが，運動のようすは，加速度が正の場合に比べ，**運動の途中で速度が 0 になって運動の向きが変わり，その時刻に変位が最大となる** という点で異なっている。

運動の x–t 図，v–t 図，a–t 図をまとめると，21 ページの図 1–22 のようになる。

CHART 2　等加速度直線運動の式

速度 $v = v_0 + at$ 　　　(1·17)

変位 $x = v_0 t + \dfrac{1}{2}at^2$ 　(1·18)

t を消去 → $v^2 - v_0^2 = 2ax$ 　(1·19)

⭐ **Point1** 　正の向きを定め，符号を正しくつけて公式を適用。
どちらの向きを正と定めてもよいが，一度決めたら変えない。

⭐ **Point2** 　変位や速度の向きがわからなくても，正として公式を適用。
→結果が負になれば負の向きである。

CHART 2

これらの公式は，等加速度直線運動，つまり加速度が一定の場合に成りたつ。

(1·19)式は，(1·17)，(1·18)の2式からtを消去した式。時間 t を考えず，速度・変位・加速度の関係だけを考える場合に便利である。

CHART 2 ⭐ Point1

問題を解くとき，指定がなければ自分で正の向きを定め，その向きにもとづいて符号をつけて式に代入する。例えば右向きを正とした場合に初速度が左向きに 6 m/s であれば，$v_0 = -6$ m/s として代入しなければならない。

また，$v^2 - v_0^2 = 2ax$ の左辺は

（現在の速度）²－（初速度）²

であり，逆にしないように注意する。

例えば，図のように減速する場合に，右向きを正にとると

$$3^2 - 5^2 = 2 \cdot a \cdot 4$$

と式を立てなければならない。この場合，左辺が負の値になるので a も負，つまり加速度が左向きとして求められる。

一般に，初速度の向きを正と定めることが多いが，どちらを正の向きにしても等しい結果を導くことができる（→次ページの問題学習7(1)〔別解〕）。いったん定めた正の向きは，例えば物体の運動の向きが変わったからといって変えてはいけない。

CHART 2 ⭐ Point2

途中で向きが変わる運動を考えるような場合，速度の向きがわからないことがある。このようなときは，速度を正の向きと仮定して公式を適用する。それを解いて負の値が得られれば，負の向きと判断すればよい。

一直線上を一定の加速度で進む物体が，点Aを速さ8m/sで右向きに通過したのち，点Aから6m離れた点Bを速さ4m/sで右向きに通過した。

(1) 物体の加速度 a〔m/s²〕を求めよ。

(2) 物体が点Aから点Bまで移動するのに要する時間 t_0〔s〕を求めよ。

(3) 物体が点Aから最も右方の地点へ到達するまでに要する時間 t_1〔s〕はいくらか。またその地点と点Aとの距離はいくらか。

(4) 物体が点Aを通過してから再びもどってくるまでに要する時間 t_2〔s〕はいくらか。またそのときの物体の速度はいくらか。

考え方 　加速度や速度は向きも含めて答える必要がある。正の向きが定められていないので自分で設定し，その向きにしたがって速度や加速度を正負も含めて正しく代入して解く（→ **CHART 2** —✩Point1）。ここでは右向きを正とするが，左向きを正としても正しい結果が得られる（→ **CHART 2** —✩Point2，(1)の〔別解〕）。

(1) 時間が与えられていないので，速さと距離だけから加速度を求めるため，$v^2 - v_0^2 = 2ax$ を使う。

(3) それまで右向きに進んでいた物体が減速していって左向きに折り返す瞬間，つまり速度が0となる瞬間に，変位が最大となる。

(4) 図1-22のグラフより，変位が最大になった瞬間 t_1 の前後の運動は，速度の向きが逆になる以外はすべて対称になる。このことを知っていると，「求める時間 t_2 は t_1 の2倍，求める速度は初速度と同じ大きさで逆向き」であることがわかり，「解答」のような計算なしに答えが求められる。

解答 　右向きを正の向きとする。

(1) 等加速度直線運動の式 $v^2 - v_0^2 = 2ax$ より，$4^2 - 8^2 = 2a \times 6$
これを解いて，$a = -4$m/s²　よって，**左向きに4m/s²**
〔別解〕　左向きを正にとると，$(-4)^2 - (-8)^2 = 2a \times (-6)$
これを解いて，$a = 4$m/s²　つまり，左向きに4m/s²

(2) 等加速度直線運動の式 $v = v_0 + at$ より，$4 = 8 + (-4)t_0$　よって，$t_0 = $**1s**

(3) 最も右方へ達した瞬間の速度は0であるから，$v = v_0 + at$ より
$0 = 8 + (-4)t_1$　よって，$t_1 = $**2s**
このときの変位 $x_1 = v_0 t_1 + \frac{1}{2}at_1^2 = 8 \cdot 2 + \frac{1}{2} \cdot (-4) \cdot 2^2 = $**8m**
これが求める距離である。

(4) 点Aにもどってきたときの変位は0であるから，$x = v_0 t + \frac{1}{2}at^2$ より
$0 = 8t_2 + \frac{1}{2} \cdot (-4)t_2^2$　よって，$t_2 = $**4s**
このときの速度 $v_2 = v_0 + at_2 = 8 + (-4) \times 4 = -8$m/s
つまり，**左向きに8m/s**

3 落体の運動

▲図1-23 金属球と羽毛の落下

地球上にある物体は，常に鉛直下向き（地球の中心の向き）に力を受けている。この力を **重力**（→ *p*.37）といい，物体が初速度0で重力だけを受けて落下する運動を **自由落下** という。

2つの物体にはたらく力が重力のみで他の力がはたらかない自由落下のとき，物体の重さ（重力の大きさ）に関係なく同時に落下する。例えば，金属球と羽毛を真空中で自由落下させると同じ落下をする。

しかし，空気中では羽毛は空気の抵抗力が大きいために金属球よりゆっくり落下する（図1−23）。

物体の自由落下のようすを観測すると，落下速度は時間とともに大きくなっていくことがわかる（図1−24）。そこで，この加速度を求めてみると，物体の重さによらないほぼ一定の値が得られる。これを **重力加速度** とよび，その大きさを *g* で表す。*g* の値は地球上の場所，高度でわずかの差があるが，ほぼ 9.8 m/s² である。

▲図1-24 自由落下のストロボ写真

自由落下は初速度 0 m/s，加速度 *g*〔m/s²〕の等加速度直線運動である。

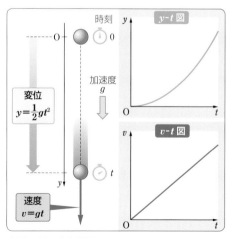

▲図1-25 自由落下

そこで，図1−25のように手をはなした位置を原点とし，鉛直下向きに *y* 軸をとり，時間 *t*〔s〕後の速度を *v*〔m/s〕，その位置の座標を *y*〔m〕とすると，(1・17)，(1・18)，(1・19)式で $v_0 = 0$，$a = g$，$x = y$ とおいて次の式が得られる。

$$v = gt \qquad (1・20)$$

$$y = \frac{1}{2}gt^2 \qquad (1・21)$$

$$v^2 = 2gy \qquad (1・22)$$

> NOTE
>
> 静かにはなす（落とす）→初速度 0

地上 19.6 m の高さの所から小球を静かに落とす。地面に到達するまでの時間と，地面に達するときの速さを求めよ。重力加速度の大きさを 9.8 m/s² とする。

解答 $y = \dfrac{1}{2}gt^2$ から $t = \sqrt{\dfrac{2y}{g}} = \sqrt{\dfrac{2 \times 19.6}{9.8}} =$ **2.0 s**

$v = gt$ から $v = 9.8 \times 2.0 =$ **19.6 m/s**

B 鉛直投射

物体を鉛直方向に投げ下ろしたり，投げ上げたりする運動を**鉛直投射**という。

1 鉛直投げ下ろし（鉛直下方投射）

ある高さの所から鉛直下方に向けて初速度 v_0〔m/s〕で物体を投げる場合を考える（図1−26）。自由落下と同様に鉛直下向きに y 軸をとり，投射 t〔s〕後の速度を v〔m/s〕，位置の座標を y〔m〕とすると，(1·17)，(1·18)，(1·19)式で $a = g$，$x = y$ とおいて次の式が得られる。

$$v = v_0 + gt \qquad (1·23)$$
$$y = v_0 t + \frac{1}{2}gt^2 \quad (1·24)$$
$$v^2 - v_0^2 = 2gy \qquad (1·25)$$

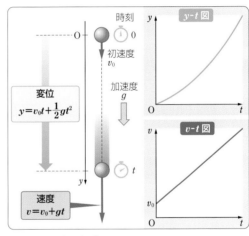

▲図 1-26 鉛直投げ下ろし

2 鉛直投げ上げ（鉛直上方投射）

鉛直上方に向けて初速度 v_0〔m/s〕で物体を投げる場合を考える。投げ上げられた物体は，速さがしだいに減少し 0 m/s となって最高点に達する。その後物体は自由落下してもとの位置へ落ちてくる。この間の加速度は，上昇中も落下中も常に鉛直下向きである。したがって，物体の運動の向き（速度の向き）は，上昇中は加速度と反対であり，落下中は加速度と同じである。

次ページの図 1−27 のように鉛直上向きに y 軸をとり，物体の最初の位置を原点として初速度 v_0〔m/s〕で鉛直に投げ上げたとする。投げ上げてから t〔s〕後の物体の速度を v〔m/s〕，位置の座標を y〔m〕とすると，(1·17)，(1·18)，(1·19)式で，$a = -g$，$x = y$ とおいて次の式が得られる。

$$v = v_0 - gt \tag{1·26}$$
$$y = v_0 t - \frac{1}{2}gt^2 \tag{1·27}$$
$$v^2 - v_0^2 = -2gy \tag{1·28}$$

注意 **y軸の向き** y軸は，自由落下と鉛直投げ下ろしでは下向き，鉛直投げ上げでは上向きを正にとることが多い。しかし，等加速度直線運動の式に，変位や速度，加速度を符号を含めて正しく代入すれば，どちらを正の向きにとっても，正しい結果が得られる（→ $p.22$ **CHART 2**，問題学習9）。

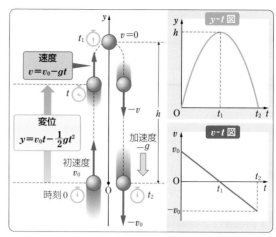

▲図1-27　鉛直投げ上げ

📖 **問題学習 ····· 9**

地上14.7 m の高さの所から，鉛直上方に初速度9.8 m/s で小石を投げ上げる。投げ上げてから t〔s〕間の小石の変位 y〔m〕を，上向きが正，下向きが正の両方の場合について求めよ。また，この小石が地面に落下するのは何秒後か。重力加速度の大きさを9.8 m/s² とする。

解答 等加速度直線運動の式　$x = v_0 t + \dfrac{1}{2} a t^2$　において，

上向きが正：$a = -9.8$ m/s²，$v_0 = 9.8$ m/s を代入し，**$y = 9.8t - 4.9t^2$〔m〕**

下向きが正：$a = 9.8$ m/s²，$v_0 = -9.8$ m/s を代入し，**$y = -9.8t + 4.9t^2$〔m〕**

上向きを正，原点を地上14.7 mの地点とすると，地面に落下したとき $y = -14.7$ mなので

$\qquad -14.7 = 9.8t - 4.9t^2 \qquad 4.9(t - 3.0)(t + 1.0) = 0$　より **3.0 秒後**

〔注〕　下向きを正にとると，地面に落下したときは，$y = 14.7$ mなので

$\qquad 14.7 = -9.8t + 4.9t^2$

3 鉛直投げ上げの最高点ともとの位置　物体が投げ上げられてから最高点に達するまでの時間 t_1〔s〕は，最高点では速度が0になることから，(1・26)式で $t = t_1$，$v = 0$ を代入して，$t_1 = \dfrac{v_0}{g}$ と求められる。また，最高点の高さ y_1〔m〕は，求めた t_1 を(1・27)式に代入して，$y_1 = \dfrac{v_0{}^2}{2g}$ と求められる。

　物体が投げ上げられてからもとの位置にもどるまでの時間 t_2〔s〕は，もどったときの変位が0になることから，(1・27)式で $t = t_2$，$y = 0$ を代入して，$t_2 = \dfrac{2v_0}{g} = 2t_1$ と求められる。また，もどったときの速度 v_2 は，求めた t_2 を(1・26)式に代入して，$v_2 = -v_0$ と求められる。したがって，最高点に達するまでの時間と，最高点からもとの位置までもどる時間とは等しく，もどってきたときの速度は初速度と同じ大きさで，向きが反対である。

CHART 3 自由落下・鉛直投射

等加速度直線運動の式に代入して求める

⚠ミス注意　符号に注意。正の向きを明確にし，加速度（大きさ g）や初速度の符号を正しく代入する。

⭐Point　鉛直投げ上げでは，$\begin{cases} 最高点で「速度 ＝ 0」 \\ もとの位置で「変位 ＝ 0」 \end{cases}$

😀知っていると便利　鉛直投げ上げは，最高点に関して対称な運動。

CHART 3

　自由落下や鉛直投射などの落体の運動は，それぞれの場合の式を暗記するのではなく，等加速度直線運動の式を適用して導けるようにしておく。落体の運動の式を暗記しているだけだと，座標軸の取り方などの条件が変わると間違えることになる。

CHART 3 ⚠ミス注意

　等加速度直線運動の式を適用するときは，正の向きに注意して加速度や初速度の符号を正しく代入する。

　下の図の例のように，自由落下で「下向きを正」と定めると a には「g」を代入し，鉛直投げ上げで「上向きを正」と定めると a には「$-g$」を代入しなければならない。このように，等加速度直線運動の式に加速度や初速度を代入するときは，符号の正負にも注意する必要がある。

CHART 3 ⭐Point

　鉛直投げ上げの場合，投げ上げたあと速度はしだいに小さくなっていき，最高点で一瞬 0 になる。したがって，最高点に達したことを式で表すには「速度 ＝ 0」とすればよい（30 ページで学ぶ斜方投射では，最高点でも水平に運動するので速度が 0 にはならないが，鉛直方向の速度は 0 になっている）。

　また，地面から投げ上げて再び地面に落ちたときなど，投げ上げた所と同じ高さにもどったことを式で表すには，「変位 ＝ 0」とすればよい。

CHART 3 😀知っていると便利

　投げ出してから最高点に達するまで（上り）の時間と，最高点から落下点まで（下り）の時間は等しい。

　また，同じ高さであれば，上りと下りの速度は，向きは反対で大きさが等しい。

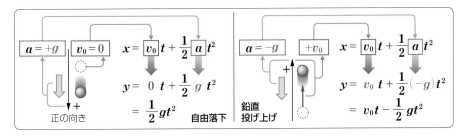

海に面した崖（がけ）の上から，小球を初速度 v_0〔m/s〕で鉛直上向きに投げ上げた。投げた位置を原点として鉛直上向きに y 軸をとる。このとき，小球の速度 v〔m/s〕は右図のグラフのように変化した。

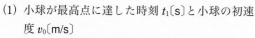

　次の値を求めよ。ただし，重力加速度の大きさを 9.8 m/s² とする。

(1) 小球が最高点に達した時刻 t_1〔s〕と小球の初速度 v_0〔m/s〕

(2) 小球が達した最高点の位置 y_1〔m〕

(3) 小球が原点を下向きに通過した時刻 t_2〔s〕とそのときの速度 v_2〔m/s〕

(4) 小球は時刻 $t_3 = 3.0$ s に海面に達した。このとき，海面に着く直前の小球の速度 v_3〔m/s〕と海面の位置 y_3〔m〕

解答 鉛直上向きに y 軸をとるので，小球は加速度 $a = -9.8$ m/s² の等加速度直線運動をする。

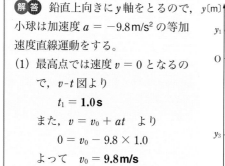
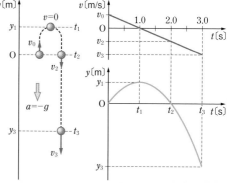

(1) 最高点では速度 $v = 0$ となるので，v-t 図より

$$t_1 = \textbf{1.0 s}$$

また，$v = v_0 + at$ より

$$0 = v_0 - 9.8 \times 1.0$$

よって　$v_0 = \textbf{9.8 m/s}$

(2) $y = v_0 t + \dfrac{1}{2} at^2$ より

$$y_1 = 9.8 \times 1.0 - \frac{1}{2} \times 9.8 \times 1.0^2 = \textbf{4.9 m}$$

(3) 時刻 t_2 で変位 $y = 0$ となるので　$0 = v_0 t_2 + \dfrac{1}{2} at_2^2$ （$t_2 \neq 0$）　より

$$t_2 = -\frac{2v_0}{a} = -\frac{2 \times 9.8}{-9.8} = \textbf{2.0 s}$$

$$v_2 = v_0 + at_2 = 9.8 - 9.8 \times 2.0 = \textbf{-9.8 m/s}$$

〔別解〕　鉛直投げ上げは，最高点に関して対称な運動なので，

$$t_2 = 2t_1 = 2 \times 1.0 = 2.0 \text{ s} \qquad v_2 = -v_0 = -9.8 \text{ m/s（上図）}$$

(4) $v_3 = v_0 + at_3 = 9.8 - 9.8 \times 3.0 = -19.6 \fallingdotseq \textbf{-20 m/s}$

$$y_3 = v_0 t_3 + \frac{1}{2} at_3^2$$
$$= 9.8 \times 3.0 - \frac{1}{2} \times 9.8 \times 3.0^2 = -14.7 \fallingdotseq \textbf{-15 m}$$

〔注〕　座標軸上での原点 O からの変位は位置の座標と一致するので

位置の座標＝原点 O からの変位

基物 **C** 水平投射

1 水平投射 物体をある高さから水平方向に投げると，物体は弧をえがいて飛んでいき，やがて地面に落下する。このような運動を **水平投射** という。

水平投射のように，物体が曲線運動をするときは，速度や加速度を x, y 軸の方向に分解し（成分に分け），各軸上における直線運動として扱うと理解しやすい（図1-28）。平面上の曲線運動は，x, y 軸上のそれぞれの直線運動の合成されたものと考えることができる。

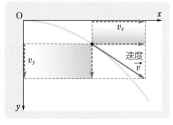

▲ 図1-28　速度の x 成分，y 成分

図1-29のストロボ写真は，小球Aを自由落下させると同時に，小球Bを水平投射させたようすをとらえたものである。このとき，小球Bの運動を，水平方向・鉛直方向に分解して考えると，次のことがわかる。

①各ストロボ写真の間に，小球Bが水平方向に進む距離は等しい。すなわち，小球Bは

　水平方向には等速直線運動をしている。また，その等速直線運動の速度は初速度に等しい。

②鉛直方向に着目すると，小球Bは常に小球Aと同じ高さにあることがわかる。すなわち，小球Bは

　鉛直方向には自由落下運動をしている。

2 水平投射の式 物体の最初の位置を原点 O とし，初速度の向きに x 軸，鉛直下向きに y 軸をとり，初速度 $\vec{v_0}$〔m/s〕で物体を x 軸の正の向きに投げた場合を考える。t〔s〕後の速度 $\vec{v}$〔m/s〕を x, y 軸の方向に分解したときの x 成分，y 成分を v_x〔m/s〕，v_y〔m/s〕とする。

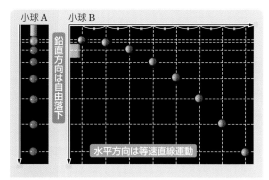

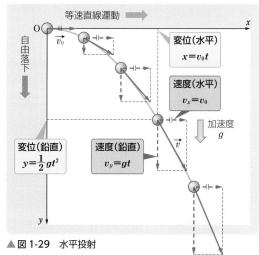

変位（水平）
$$x = v_0 t$$

速度（水平）
$$v_x = v_0$$

加速度
g

変位（鉛直）
$$y = \frac{1}{2}gt^2$$

速度（鉛直）
$$v_y = gt$$

▲ 図1-29　水平投射

x軸方向(水平方向)には，速さ v_0〔m/s〕の等速直線運動をするから，(1・17)，(1・18)式で $v = v_x$，$a = 0$ とおいて次の式が得られる。

$$v_x = v_0 \quad (一定) \tag{1・29}$$

$$x = v_0 t \tag{1・30}$$

また，y軸方向(鉛直方向)には自由落下をするから，(1・20)〜(1・22)式より

$$v_y = gt \tag{1・31}$$

$$y = \frac{1}{2} g t^2 \tag{1・32}$$

$$v_y{}^2 = 2gy \tag{1・33}$$

が得られる。

(1・30)，(1・32)式から t を消去すると，次の式が得られる。

$$y = \frac{g}{2 v_0{}^2} \cdot x^2 \tag{1・34}$$

これは，水平投射の運動の経路を表す式で，原点を頂点とし，y軸を軸とする放物線となる(図1−29の緑色の線)。

基物 D 斜方投射

1 斜方投射 物体を斜めに投げ上げると，物体は弧をえがいて飛んでいき，やがて地面に落下する。このような運動を **斜方投射** という。

斜方投射においても水平投射と同様に，運動を水平方向(x軸)と鉛直方向(y軸)に分解し(成分に分け)，それぞれの軸上における直線運動として扱うと理解しやすい。

図1−30のストロボ写真は，小球 A を鉛直投射させると同時に，小球 B を斜方投射させたようすをとらえたものである。このとき，小球 B の運動を，水平方向・鉛直方向に分解して考えると，次のことがわかる。

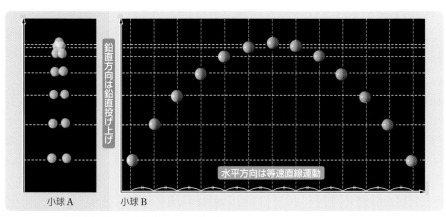

鉛直方向は鉛直投げ上げ

水平方向は等速直線運動

小球 A　　小球 B

▲ 図 1-30　斜方投射と鉛直投げ上げのストロボ写真

①各ストロボ写真の間に，小球 B が水平方向に進む距離は等しい。すなわち，小球 B は

水平方向には等速直線運動をしている。また，その等速直線運動の速度
は初速度の水平成分に等しい。

②鉛直方向に着目すると，小球 B は常に小球 A と同じ高さにあることがわかる。すなわち，小球 B は

鉛直方向には鉛直投げ上げ運動をしている。また，その初速度の鉛直成
分は，鉛直投げ上げ運動の初速度に等しい。

2 斜方投射の式 図 1−31 のように，物体の最初の位置を原点 O とし，水平方向右向きに x 軸，鉛直方向上向きに y 軸をとる。時刻 0 s に初速度 $\vec{v_0}$〔m/s〕で物体を x 軸と角度 θ をなす上方に投げた場合を考える。t〔s〕後の速度 $\vec{v}$〔m/s〕を x，y 軸の方向に分解したときの x 成分，y 成分を v_x〔m/s〕，v_y〔m/s〕とする。

初速度の x 成分 v_{0x}〔m/s〕，y 成分 v_{0y}〔m/s〕は，(1·8)式より次のようになる。

$$v_{0x} = v_0 \cos\theta, \ \ v_{0y} = v_0 \sin\theta \tag{1·35}$$

x 軸方向(水平方向)には，速さ v_{0x}〔m/s〕の等速直線運動をするから，(1·17)，(1·18)式で $v_0 = v_{0x} = v_0 \cos\theta$，$a = 0$ とおいて次の式が得られる。

$$v_x = v_0 \cos\theta \quad \text{(一定)} \tag{1·36}$$

$$x = v_0 \cos\theta \cdot t \tag{1·37}$$

また，y 軸方向(鉛直方向)には初速度 v_{0y}〔m/s〕の鉛直投げ上げ運動をするから，(1·26)〜(1·28)式で $v_0 = v_{0y} = v_0 \sin\theta$ とおいて次の式が得られる。

$$v_y = v_0 \sin\theta - gt \tag{1·38}$$

$$y = v_0 \sin\theta \cdot t - \frac{1}{2}gt^2 \tag{1·39}$$

$$v_y{}^2 - v_0{}^2 \sin^2\theta = -2gy \tag{1·40}$$

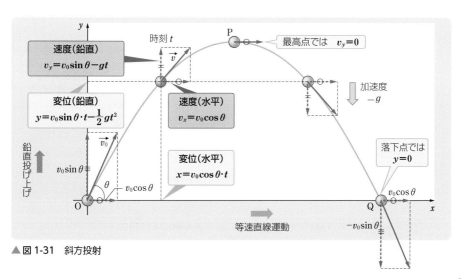

▲ 図 1-31　斜方投射

(1・37)，(1・39)式から t を消去すると，次の式が得られる。

$$y = \tan\theta \cdot x - \frac{g}{2v_0^2\cos^2\theta} \cdot x^2 \qquad (1\cdot41)$$

これは，斜方投射の運動の経路を表す式で，原点を通り，上に凸の放物線となる(図1−31の緑色の線)。

　水平投射や斜方投射の運動では経路が放物線となるので，これらの運動を **放物運動** という。放物運動の速度の水平成分は一定(加速度が0)である。また，重力による落体の運動(自由落下，鉛直投射，水平投射，斜方投射)では，すべて鉛直方向の加速度は下向きで一定の大きさ g [m/s²]である。

　一般に，加速度が一定の運動を **等加速度運動** という。

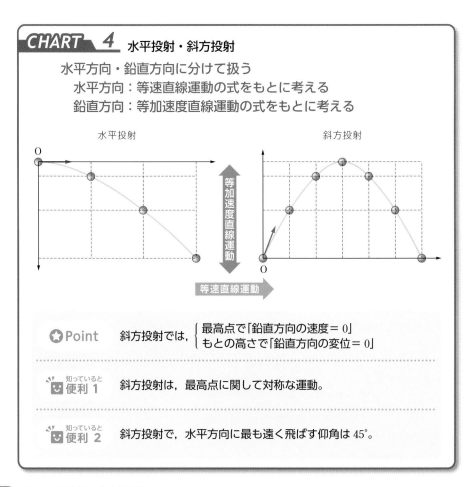

CHART 4 水平投射・斜方投射

水平方向・鉛直方向に分けて扱う
　水平方向：等速直線運動の式をもとに考える
　鉛直方向：等加速度直線運動の式をもとに考える

水平投射　　　　　　　　　　斜方投射

等加速度直線運動

等速直線運動

⭐Point　斜方投射では，{ 最高点で「鉛直方向の速度 = 0」
　　　　　　　　　　　　　　　 もとの高さで「鉛直方向の変位 = 0」

知っていると便利1　斜方投射は，最高点に関して対称な運動。

知っていると便利2　斜方投射で，水平方向に最も遠く飛ばす仰角は45°。

CHART 4 ⭐Point

斜方投射では，投げ出したあと，鉛直方向の速度はしだいに小さくなっていき，最高点で一瞬 0 になる。したがって，最高点に達したことを式で表すには，「速度の鉛直成分 $v_y = 0$」とすればよい。もちろん，水平方向には等速直線運動をしていて速度の水平成分は一定に保たれているので，最高点に達しても速さが 0 になることはない（鉛直投げ上げの場合は，最高点で速さが 0 になる）。

また，地面から投げ出して再び地面に落ちたときなど，投げ出した所と同じ高さにもどったことを式で表すには「鉛直方向の変位 ＝ 0」とすればよい。

CHART 4 知っていると便利 1

鉛直投げ上げや斜方投射では，上昇中の点 A と下降中の点 B の高さが同じであれば，点 A から最高点までと，最高点から点 B までに要する時間は等しい。また，2 点の速度の鉛直成分は，符号が反対で大きさが等しい。したがって，投げ出した所と同じ高さの落下点

における速度は，初速度と同じ大きさである。

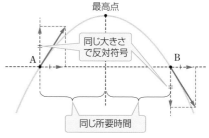

CHART 4 知っていると便利 2

斜方投射において初速度の大きさが同じであれば，初速度の仰角（初速度と水平方向とのなす角）が 45° のとき，水平方向に最も遠くまで到達する（→ $p.34$ 問題学習 12）。

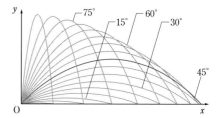

📖 問題学習 ‥‥‥ 11

水面からの高さ 19.6 m の所から水平方向に小石を投げたところ，小石は水平距離で 39.2 m 先の水面に落ちた。小石の初速度の大きさと，水面に落ちるときの水面との角度 $\theta(0° < \theta < 90°)$ を求めよ。ただし，重力加速度の大きさを 9.8 m/s^2 とする。

解答 投げてから落下するまでの時間を t〔s〕とすると，鉛直方向の変位について

$$19.6 = \frac{1}{2} gt^2 \quad より \quad t = \sqrt{\frac{2 \times 19.6}{9.8}} = 2.0\,\text{s}$$

この時間の間に水平距離で 39.2 m 進んだので，水平方向の変位について

$$39.2 = v_0 \times 2.0$$

ゆえに $v_0 = 19.6 \fallingdotseq$ **20 m/s**

落下時の速度の水平成分 v_x，鉛直成分 v_y は

$$v_x = v_0 = 19.6\,\text{m/s}$$

$$v_y = gt = 9.8 \times 2.0 = 19.6\,\text{m/s}$$

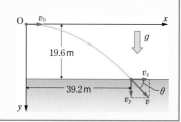

したがって $\tan \theta = \dfrac{v_y}{v_x} = \dfrac{19.6}{19.6} = 1$

ゆえに求める角度は $\theta =$ **45°**

図の原点 O より，仰角 θ，時刻 0 に大きさ v_0 の初速度で小球を投げ出す。重力加速度の大きさを g として，以下の問いに答えよ。

(1) 時刻 t の小球の速度 $(v_x,\ v_y)$，および位置 $(x,\ y)$ をそれぞれ求めよ。

(2) 最高点 A に達する時刻とその位置を求めよ。

(3) 落下点 B に達する時刻とその位置を求めよ。

(4) 落下直前の運動の向き（B における速度と x 軸のなす角度 θ'）を求めよ。

(5) v_0 が一定のとき，飛距離 OB を最大にするには，仰角 θ をいくらにすればよいか。

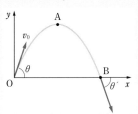

考え方 ▶ (1) この問題では $x,\ y$ 軸によって正の向きが定められているので，それにしたがって，初速度や加速度の符号を定める。

(3), (4) (3) の解答より，落下点までの時間は最高点までの時間の 2 倍 $(t_2 = 2t_1)$，落下点の x 座標は最高点の x 座標の 2 倍であることがわかる。このことは，斜方投射の運動の対称性（→ CHART 4 — 知っていると便利 1）を考えると簡単に導ける。同様に，(4) の解答の「$\theta = \theta'$」も，運動の対称性を考えれば計算しなくても導ける。

解答 (1) x 軸方向には，速さ $v_0 \cos\theta$ の等速直線運動をする。したがって

$$v_x = v_0 \cos\theta \qquad \cdots① \qquad x = v_0 \cos\theta \cdot t \qquad \cdots②$$

y 軸方向には，加速度 $-g$，初速度 $v_0 \sin\theta$ の等加速度直線運動をするので

$$v_y = v_0 \sin\theta - gt \qquad \cdots③ \qquad y = v_0 \sin\theta \cdot t - \frac{1}{2} gt^2 \qquad \cdots④$$

(2) 時刻 t_1〔s〕に最高点 A に達したとする。このとき $v_y = 0$ であるから，

③式より $\quad v_0 \sin\theta - gt_1 = 0 \quad$ これを解いて $\quad t_1 = \dfrac{v_0 \sin\theta}{g}$

この t_1 を②，④式に代入して，A の位置は $\left(\dfrac{v_0{}^2 \cos\theta \sin\theta}{g},\ \dfrac{v_0{}^2 \sin^2\theta}{2g} \right)$

(3) 時刻 t_2〔s〕に落下点 B に達したとする。このとき $y = 0$ であるから，

④式より $\quad v_0 \sin\theta \cdot t_2 - \dfrac{1}{2} gt_2{}^2 = 0 \quad$ これを解いて $\quad t_2 = \dfrac{2v_0 \sin\theta}{g}$

この t_2 を②式に代入して，B の位置は $\left(\dfrac{2v_0{}^2 \cos\theta \sin\theta}{g},\ 0 \right)$

(4) B における速度 $(v_x{}',\ v_y{}')$ は，①，③式より

$$v_x{}' = v_0 \cos\theta, \qquad v_y{}' = v_0 \sin\theta - gt_2 = -v_0 \sin\theta$$

よって $\quad \tan\theta' = \left| \dfrac{v_y{}'}{v_x{}'} \right| = \tan\theta \quad$ したがって $\quad \theta' = \theta$

(5) (3) の結果より $\quad \mathrm{OB} = \dfrac{2v_0{}^2 \cos\theta \sin\theta}{g} = \dfrac{v_0{}^2}{g} \sin 2\theta \quad$ （2 倍角の式より）

したがって，$\theta = 45°$ のとき $\sin 2\theta = 1$ となり，飛距離 OB が最大になる。

図のような xy 鉛直平面内において，原点 O に小球 A が，位置 (L, h) の点 P に小球 B がある。いま，小球 A を，x 軸と角 θ をなす大きさ v_0 の初速度で投げ出すと同時に，小球 B を自由落下させる場合を考える。重力加速度の大きさを g として，以下の問いに答えよ。

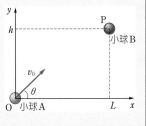

(1) 小球 A が点 P の真下を通過する時刻と，そのときの y 座標を求めよ。

(2) 小球 A と小球 B が衝突するための条件を求めよ。ただし，$y < 0$ での衝突も可能であるとする。

考え方 x，y 軸の正の向きにあわせて加速度や初速度を定め，時刻 t における小球 A，B の位置を求める。これに次の条件を当てはめる。

(1) 小球 A の x 座標 $= L$

(2) 小球 A，B の x，y 座標がともに一致する。

解答 (1) 時刻 t における小球 A の座標を (x_A, y_A) とする。(1・37)，(1・39)式より

$$x_A = v_0 \cos\theta \cdot t \qquad \cdots\cdots ①$$

$$y_A = v_0 \sin\theta \cdot t - \frac{1}{2} g t^2 \qquad \cdots\cdots ②$$

点 P の真下を通るときは $x_A = L$ であるから，①式より

$$t = \frac{L}{v_0 \cos\theta}$$

これを②式に代入して $\quad y_A = L\tan\theta - \dfrac{gL^2}{2v_0^2 \cos^2\theta}$

(2) (1)のとき，小球 B の y 座標 y_B が y_A と一致していれば衝突する。

$$y_B = h - \frac{1}{2} g t^2 = h - \frac{gL^2}{2v_0^2 \cos^2\theta} \quad より$$

$$L\tan\theta - \frac{gL^2}{2v_0^2 \cos^2\theta} = h - \frac{gL^2}{2v_0^2 \cos^2\theta}$$

ゆえに $\quad \tan\theta = \dfrac{h}{L}$

参考 (2)より，小球 A は，図のように点 P の向きに投げ出されたことになる。この条件さえ満たしておけば，小球 A，B は A の初速度によらずにかならず衝突する。ただし，初速度が大きいほど高い位置で衝突する。

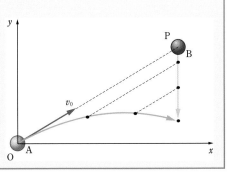

第2章

運動の法則

1 力とそのはたらき   **4** 摩擦を受ける運動
2 力のつりあい   **5** 液体や気体から受ける力
3 運動の法則   **6** 剛体にはたらく力のつりあい

1 力とそのはたらき

A 力

　テニスで，相手のボールをラケットで打ち返すと，ボールは一瞬大きくへこんでから，速さや進む方向を変えて飛んでいく。このように，物体を変形させたり物体の運動状態を変えたりする原因となるものを，**力**という。

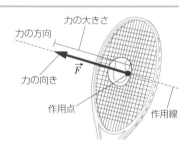

▲図1-32 力の表し方

1 力のはたらき方　物体に力がはたらくとき，かならずそれに力を及ぼしている他の物体がある。例えば，ボールをラケットで打ち返すときは，力を受ける物体はボール，及ぼす物体はラケットである。力には，このように接して及ぼされる力と，離れた物体から及ぼされる力とがある。前者には，張力，弾性力，摩擦力，抗力，浮力など，後者には，重力，静電気力，磁気力などがある。

2 力の表し方　物体に力がはたらくとき，力がはたらく点を**作用点**といい，作用点を通り力の方向に引いた直線を**作用線**という。速度や加速度と同様，力は大きさと向きをもつベクトルである。力を図示するには，作用線上で，作用点から力の大きさに相当した長さで力の向きに矢印をかく。また，記号では $\vec{F}$ のように，矢印をつけて表す(図1−32)。

　力の大きさを表す単位には，運動方程式(→ p.48)から導かれる**ニュートン** (記号 N)が用いられる。

> **補足**　N のほか，質量1kg，1g の物体にはたらく重力を単位とする重量キログラム(記号 kgw)や重量グラム(記号 gw)が用いられることがある。1kgw ＝ 9.8N である(→次ページ)。

B 重力

地球上の物体は，地球から，地球の中心に向かう力を受けている。この力を**重力**といい，その大きさを物体の**重さ**という。重力は空間を隔ててもはたらく力で，物体は，その運動状態(静止，運動の速さ・向きなど)によらず，常に同じ大きさの重力を鉛直下向きに受けている(図1−33)。

物体の重さはその質量に比例し，質量が m〔kg〕の物体の重さは mg〔N〕である。地球上では $g ≒ 9.8\,m/s^2$ であるから，質量 1kg の物体の重さはおよそ$(1 × 9.8 =)9.8N$である。

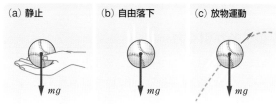

▲ 図1-33　ボールにはたらく重力
重力の作用点は物体の中心(厳密には重心→ p.77)である。

C 面から受ける力

1 垂直抗力　物体は，支えるものがなければ重力を受けて落下するが，机の上に置けば落下しない。これは，机が物体に鉛直上向きの力を及ぼし，それが重力とつりあうからである(図1−34)。

一般に，物体に接する面が物体に及ぼす力を**抗力**といい，特に面が物体に，面に垂直に及ぼす力を**垂直抗力**という。

水平な机上に置いた重さ W の物体が受ける垂直抗力の大きさ N は，力のつりあいから $N = W$ であるが，物体を上方から押すと $N > W$(同図(b))，上方に引っぱると $N < W$ となる(同図(c))。

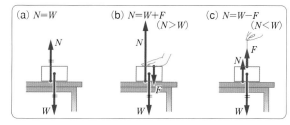

▲ 図1-34　垂直抗力

2 摩擦力　物体を水平なあらい面上に置き，水平方向に引くと，引く力の大きさ f が小さいうちは物体は動きださない。これは，面から物体に，面に平行な逆らう力がはたらくためである。この力を**静止摩擦力**という(図1−35(a))。また，物体があらい面上をすべっているときも，接触面で運動を妨げる力がはたらく。この力を**動摩擦力**という(同図(b))。

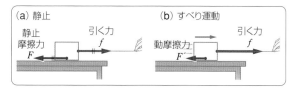

▲ 図1-35　摩擦力　鉛直方向の力は省略している。

注意▶ 摩擦のある面を**あらい面**，摩擦を無視できる面を**なめらかな面**という。

補足 物体をあらい面上で引いたとき，物体が面から受ける
力は，前述のように，垂直抗力 N と摩擦力 F であるが，
これらを別々に受けているのではなく，図1-36のよ
うに，N と F の合力（→ p.41）に相当する力 R として面
から受けている。

この力が抗力であり，垂直抗力 N と摩擦力 F は抗力
R の分力（→ p.41）である。

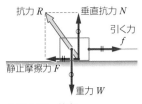

▲ 図 1-36　抗力

D　糸が引く力

おもりに糸をつけてつるすと，おもりは糸から
上向きの力を受け，この力と重力がつりあってお
もりは静止する。このとき，手も糸から下向きの
力を受けている（図1-37(a)）。

このような，糸が物体を引く力（糸の**張力**とい
うことがある）は，糸が張られたときに両端に現
れる。重さが無視できる糸（**軽い糸**という）では，
張られた糸が両端で物体を引く力の大きさは等し
い（同図(a)，(b)）。

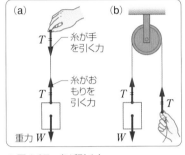

▲ 図 1-37　糸が引く力

E　弾性力

引き伸ばされたり，押し縮められたりしたつる
巻きばねは，もとの自然の長さにもどろうとして
（この性質を**弾性**という），両端につながれた物
体に力を及ぼす。このように，力が加わって変形
した物体が，もとの状態にもどろうとして他の物
体に及ぼす力を**弾性力**という。

(1) **弾性力の向き**　伸びているときは縮む向き，
縮んでいるときは伸びる向き（図1-38(a)）。

(2) **弾性力の大きさ**　弾性力の大きさ $F(\text{N})$ は，
伸び（または縮み）の長さ $x(\text{m})$ に比例する（同
図(b)）。これを**フックの法則**といい，

$$F = kx \qquad (1 \cdot 42)$$

と表される。比例定数 k はばねによって定ま
る定数で，**ばね定数**といい，単位は**ニュート
ン毎メートル**（記号 **N/m**）である。

参考 ばね定数 k の単位

(1·42)式より　$k = \dfrac{F}{x}$ であるから，

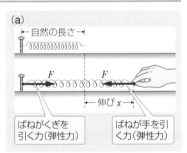

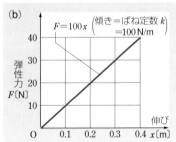

▲ 図 1-38　フックの法則

k の単位 $= \dfrac{[\mathrm{N}]}{[\mathrm{m}]} = [\mathrm{N/m}]$ となる。

> **注意** 伸び縮みしたばねは、かならずその両端で他から力を受けている。端を固定しないで他
> 端を引いてもばねを伸ばすことはできない。一端を固定するのは、そこからばねに力を
> はたらかせるためで、両手で引くのと同じことである。

CHART 5 フックの法則

ばねの弾性力 $F = kx$　　（ばね定数 k：ばねによって異なる）　　(1・43)

⭐Point　　$F = kx$ は、伸び、縮みの両方に使える。

⚠️ミス注意　　x は自然の長さからの伸び（縮み）。
　　　　　　ばね全体の長さや、つりあいの位置からの伸び（縮み）ではない。

さらに詳しく　　連結ばねのばね定数 k
　　　　　　　並列：$k = k_1 + k_2$　(1・44)　　直列：$\dfrac{1}{k} = \dfrac{1}{k_1} + \dfrac{1}{k_2}$　(1・45)

CHART 5 ⭐Point

$F = kx$ は、弾性力の大きさを表す式である。ばねの伸び、縮みのどちらの場合も、x, F ともに正の値を使うので、この式は伸び、縮みの両方の場合に使うことができる。

一方、伸びる向きを正の向きにとると

$\quad x > 0$（伸び）で、$F < 0$（縮む向き）

$\quad x < 0$（縮み）で、$F > 0$（伸びる向き）

となるので、フックの法則を、次のように、弾性力の向きを含めた形で表すこともある。

$$F = -kx$$

CHART 5 ⚠️ミス注意

x はばねの自然の長さからの伸び（縮み）である。

ばねにつり下げたおもりをさらに引き下げるような場合、間違えないよう注意する。

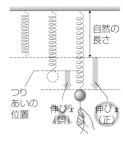

CHART 5 さらに詳しく

連結ばね I, II（同じ長さ、ばね定数 k_1, k_2）を1本のばねとみなしたばね定数 k を求める。

並列の場合　ばね I, II の伸び x は等しい。弾性力と重力のつりあいから

$$W = k_1 x + k_2 x$$

一方、$W = kx$

両式より　$k = k_1 + k_2$

直列の場合　ばね I, II の伸びをそれぞれ x_1, x_2, 全体の伸びを x とすると

$$x = x_1 + x_2 \qquad \cdots ①$$

ばね II の弾性力と重力のつりあいより

$$W = k_2 x_2 \qquad \cdots ②$$

ばね I が直接おもりを支えているとして（ばね II の重さを無視）

$$W = k_1 x_1 \qquad \cdots ③$$

一方、$W = kx \qquad \cdots ④$

①〜④式より　$\dfrac{1}{k} = \dfrac{1}{k_1} + \dfrac{1}{k_2}$

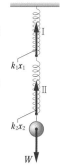

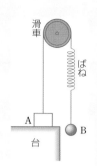

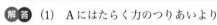

問題学習 ····· 14

図のように，物体A，Bがばね（ばね定数 k〔N/m〕）とひもでつながれ，Bは滑車によってつり下げられていて，Aは台の上にのっている。Aの質量 M〔kg〕はBの質量 m〔kg〕より大きく，それ以外の質量はすべて無視できる。また，滑車は摩擦なく回転できる。このとき，次の問いに答えよ。

ただし，重力加速度の大きさを g〔m/s²〕とする。

(1) 物体Bが静止しているときの，ばねの伸び x〔m〕を m，k，g で表せ。

(2) 物体Bが静止しているときの，台が物体Aに及ぼす垂直抗力の大きさ N〔N〕を M，m，g で表せ。

考え方 ▶ まず，力の図を正しくかくことが先決。

（Aが受ける力）

　　重力 W_A（下向き），ひもが引く力（張力）T_A（上向き）

　　台の面が及ぼす面と垂直な方向の力（垂直抗力）N（上向き）

（Bが受ける力）

　　重力 W_B（下向き），ひもが引く力（張力）T_B（上向き）

ここで，$W_A = Mg$〔N〕，$W_B = mg$〔N〕である。

また，ひもやばねの質量，滑車の摩擦などが無視できるので，ばねは弾性力 kx〔N〕を，直接，A，Bに及ぼしていると考えてよく

　　$T_A = T_B = kx$〔N〕

A，Bが受ける力は右図のようになる。

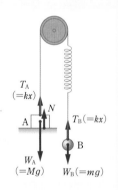

解答 (1) Aにはたらく力のつりあいより

　　$N + T_A = Mg$　　　　　　　　　　　…①

B にはたらく力のつりあいより

　　$T_B = mg$　　　　　　　　　　　　　…②

糸がA，Bを引く力（張力）T_A，T_B は，ばねの弾性力によって生じているので

　　$T_A = T_B = kx$　　　　　　　　　　…③

②，③式より　$kx = mg$

ゆえに　$x = \dfrac{mg}{k}$〔m〕

(2) ①～③式より　$N = Mg - T_A = Mg - mg$

　　　　　　　　　　　$= (M - m)g$〔N〕

2 力のつりあい

A 力の合成と分解

力はベクトルであるから，速度と同じように，2つ以上の力を合成したり，1つの力をいくつかの力に分解したりすることができる。

1 力の合成 2つの力 $\vec{F_1}$, $\vec{F_2}$ と同じはたらきをする1つの力 $\vec{F}$ を求めることを，この2力を**合成**するといい，次のように表す。

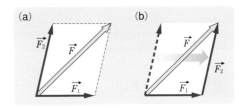

$$\vec{F_1} + \vec{F_2} = \vec{F} \qquad (1\cdot46)$$

$\vec{F}$ を $\vec{F_1}$ と $\vec{F_2}$ の和，または**合力**という。

合力 $\vec{F}$ は2つのベクトルの和を求める方法から得られる（→速度の合成 $p.13$）。

▲図 1-39 力の合成

図1−39(a)は平行四辺形法により，(b)は三角形法により，それぞれ合力 $\vec{F}$ を求めたもので，両者は同じ大きさと向きをもつ力である。

2 力の分解 力を合成するのとは反対に，1つの力 $\vec{F}$ をそれと同じはたらきをする2つの力 $\vec{F_1}$, $\vec{F_2}$ に分けることを，力 $\vec{F}$ を**分解**するといい，分けられた力 $\vec{F_1}$, $\vec{F_2}$ を力 $\vec{F}$ の**分力**という（→速度の分解 $p.13$）。

図1−40のように，力の分解は，分ける方向のとり方で何通りもあるが，x, y の直角2方向に分解することが多い。力 $\vec{F}$ を x 軸，y 軸方向の分力 $\vec{F_x}$, $\vec{F_y}$ に分解するとき，$\vec{F_x}$, $\vec{F_y}$ の大きさだけでなく，座標軸の正の向きの力を正として，向きを示す正・負の符号を含んだ量 F_x, F_y を考え，それぞれ $\vec{F}$ の **x 成分**，**y 成分**という。$\vec{F}$ の大きさを F，x 軸の正の向きとなす角を θ とすると，次の関係がある。

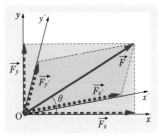

▲図 1-40 力の分解
力 $\vec{F}$ は，$\vec{F_x}$ と $\vec{F_y}$ とに分解することも，$\vec{F_x'}$ と $\vec{F_y'}$ とに分解することもできる。

$$F_x = F\cos\theta, \ \ F_y = F\sin\theta, \ \ F = \sqrt{F_x{}^2 + F_y{}^2}, \ \ \tan\theta = \frac{F_y}{F_x} \qquad (1\cdot47)$$

問題学習 …… 15

原点 O にはたらく，図のような2力 $\vec{F_1}$, $\vec{F_2}$ の合力 $\vec{F}$ の大きさを，次の(1)，(2)の方法によって求めよ。

(1) 作図して平行四辺形法を用いる方法

(2) 力 $\vec{F_1}$, $\vec{F_2}$ の x 成分の和 $F_x (= F_{1x} + F_{2x})$ と y 成分の和 F_y $(= F_{1y} + F_{2y})$ を求めてから合成する方法

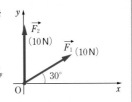

解答 (1) 図(a)で，ひし形の対角線は直交し，

$\dfrac{F}{2} = 10\cos 30°$

2等分しあうので

ゆえに $F = 2 \times 10 \times \dfrac{\sqrt{3}}{2} \fallingdotseq 17\mathbf{N}$

(2) 図(b)より

$F_x = F_{1x} + F_{2x} = 10\cos 30° + 0 = 5\sqrt{3}$

$F_y = F_{1y} + F_{2y} = 10\sin 30° + 10 = 15$

ゆえに $F = \sqrt{F_x^2 + F_y^2} = \sqrt{(5\sqrt{3})^2 + 15^2} = \sqrt{300} = 10\sqrt{3} \fallingdotseq 17\mathbf{N}$

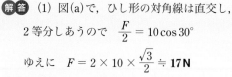
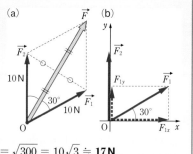

B 力のつりあい

物体に力がはたらくと，物体は変形したり，止まっている物体は動きだしたり，動いている物体はその動き方が変わったりする。しかし，物体に複数の力がはたらいても，物体の運動の状態が変化しないときもある。このような場合には，物体にはたらく力は**つりあっている**，あるいはその物体は力が**つりあいの状態**にあるという。複数の力が物体にはたらき，力がつりあっているとき，それらの力の合力は0となっている。

1 2力のつりあい 図1-41のように，つる巻きばねにおもりをつるすと，ばねはある長さ伸びて静止する。これは，おもりにはたらく重力と，ばねがもとの状態にもどろうとする**復元力**（**弾性力**という）の2力がつりあっているからである。このように，おもりにはたらく重力と弾性力とがつりあうには，次の条件が必要であることがわかる。

①2力の大きさが等しい。
②2力の作用線が共通である。
③2力の向きが反対である。

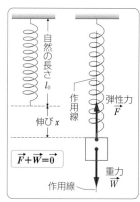
▲図1-41 ばねにつけた物体のつりあい

2 3力のつりあい 図1-42のように，荷物にひもをつけて2人でひもを引いて荷物を支えるとき，2人の人が引く力 $\vec{F_1}$，$\vec{F_2}$ と重力 $\vec{W}$ はつりあっている。このように，3力 $\vec{F_1}$，$\vec{F_2}$，$\vec{F_3}$ が1点にはたらくとして取り扱える場合のつりあいの条件をあげると，次の3つの条件のうちどれか1つが成りたてばよいことがわかる。また，多数の力がはたらく場合も，同じように取り扱えばよい。

①2力 $\vec{F_1}$，$\vec{F_2}$ の合力 $\vec{F_{12}}$ と $\vec{F_3}$ がつりあう。多数の力がはたらくときは，順次力を合成していって最後の2力にな

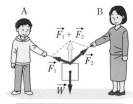
Aの力 $\vec{F_1}$，Bの力 $\vec{F_2}$，荷物にはたらく重力 $\vec{W}$ の3力はつりあっている
▲図1-42 3力のつりあい

ったとき，この2力がつりあえばよい。

② 力を表す3つのベクトルが三角形をつくり，各ベクトルの向きで1まわりすることができる。多数の力がはたらくときは，ベクトルの先端(矢印)に順次別のベクトルをつけ加えて，最後のベクトル

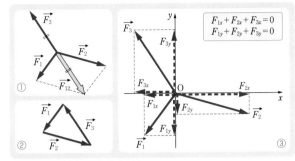

▲図1-43　3力のつりあいと力の成分

の先端が最初のベクトルの始点(矢の根もと)に一致すればよい。力がすべて同一平面上にあるときは，ベクトルは閉じた多角形をつくる。

③ 互いに直角な2方向(x, y)の力の成分の和が，各方向ごとに0になる。

$$F_{1x} + F_{2x} + F_{3x} = 0, \quad F_{1y} + F_{2y} + F_{3y} = 0 \tag{1·48}$$

多数の力がはたらくときは

$$F_{1x} + F_{2x} + F_{3x} + \cdots = 0, \quad F_{1y} + F_{2y} + F_{3y} + \cdots = 0 \tag{1·49}$$

CHART　6　物体にはたらく力のつりあい

力の x 成分の和：$F_{1x} + F_{2x} + F_{3x} + \cdots = 0$

力の y 成分の和：$F_{1y} + F_{2y} + F_{3y} + \cdots = 0$

$$\tag{1·50}$$

⭐Point　物体にはたらく力をもれなく見つけ，正負の符号を含めて力を足しあわせる。

CHART　6

　上で学んだ力がつりあう条件のうち，「力の各方向の成分の和＝0」が最も一般的に使われる。

　力のはたらく方向がいくつかある場合，水平方向と鉛直方向など，適当な直角2方向に力を分解して，式を立てる。

　なお，物体の大きさを考える場合(剛体)に，力のつりあいを考えるときは，物体が回転し始めないための条件も必要になる(→ p.71)。

CHART　6　⭐Point

　力のつりあいの式を正しく立てるには，物体にはたらく力をもれなく見つけなければならない。その方法については **CHART　8** で学ぶ。

　正の向きを定め，力の向きがそれと同じ場合は正，逆向きの場合は負として，力を足しあわせていく。

例：図で「$-mg + T = 0$」

C　作用反作用の法則

　つる巻きばねの一端を固定し，他端を手で引き伸ばすと，手はばねの弾性力によって引かれる。

　このように，物体 A が物体 B に力 $\vec{F_B}$（**作用** という）をはたらかせると，反対に B は A に力 $\vec{F_A}$（**反作用** という）を及ぼす。

　以上のように，力（作用・反作用）は常に 2 物体間で互いに及ぼしあうようにはたらく。作用・反作用の 2 力 $\vec{F_B}$ と $\vec{F_A}$ との間には，次の関係がある。

①大きさが等しい。

②作用線が共通である。

③向きが反対である。

$$\vec{F_A} = -\vec{F_B} \qquad\qquad (1\cdot51)$$

これを **作用反作用の法則** という。

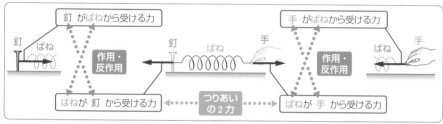

▲ 図 1-44　作用・反作用

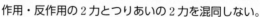

CHART　7　作用反作用の法則

物体 A から物体 B に力をはたらかせると，物体 B から物体 A に，同じ作用線上で，大きさが等しく，向きが反対の力がはたらく

⚠ミス注意　作用・反作用の 2 力とつりあいの 2 力を混同しない。

つりあいの 2 力
1 つの物体にはたらく 2 つの力

作用・反作用の 2 力
別々の物体にはたらく 2 つの力

CHART　7　⚠ミス注意

　作用・反作用の 2 力とつりあいの 2 力は，どちらも，「同一作用線上にあり，大きさが等しく，向きも反対」という点で共通しているので，混同しやすい。

　作用・反作用の 2 力は別々の物体にはたらくので，1 つの物体について見ると，その物体にはたらくのは作用，反作用の一方だけである。したがって，「作用と反作用の合力が 0 になってつりあう」ということはあり得ない。

CHART 8 力の見つけ方

接触していれば力を受ける →物体の周囲を見る
　　垂直抗力，摩擦力，糸が引く力，弾性力，浮力など
接触していなくても力を受けるのは，
　　重力，静電気力，磁気力など限られた力のみ

★Point
物体が複数ある場合
→図を別々にかく。

⚠ミス注意
余分な力をかきこまない。

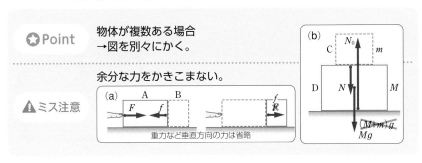

(a) 重力など垂直方向の力は省略

CHART 8

　力を見落としなく見つけることは，つりあいの式や，運動方程式（→ *p.48*）を立てる上で非常に重要である。次の①〜③の手順で，物体にはたらく力をもれなく見つける。

①図を見る。図がなければ自分でかく。

②図の物体の周囲を一通り見て，接触しているものがあれば，そこから受ける力をかきこんでいく。
　・水平面や斜面上にあると…垂直抗力
　・あらい面と接触していると…摩擦力
　・糸につながれていると……糸が引く力
　・ばねにつながれていると…ばねの弾性力
　・流体中にあると……………浮力

③接触していなくてもはたらく力をかきこむ。
　・力学の範囲では重力を含む万有引力だけ。
　・電気や磁気が関係する場合は，静電気力や磁気力なども考える。

CHART 8 ★Point

　複数の物体にはたらく力を考える場合は，図をひとまとめにしないで別々にかく。そう

すると，別の物体にはたらく力を誤ってかきこむおそれが少なくなる。

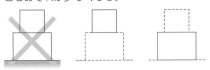

CHART 8 ⚠ミス注意

　力を見落としなくかきこむことは重要だが，物体にはたらかない力までかきこまないように注意する。

　図(a)では，指がAを押し，AがBを押している。指の力FはAにはたらく力で，Bにははたらかない。BにはたらくのはFではなく，AがBを押す別の力fである。物体を押す力は，その物体を飛びこえてはたらくことはなく，その効果はfに反映されている。

　図(b)では，物体Dにはたらく重力はMgであり，上に物体がのっているからといって$(M + m)g$としてはいけない。上に物体がのっているために受ける力は，図の力Nに反映されている。

図(a)のように，軽いばねKの両端に，同じ重さ10Nの物体A，Bをつなぎ，水平面上に鉛直に立てた。A，K，Bにはたらく力を見つけ，力の矢印をそれぞれ図(b)に記入せよ。

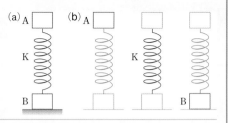

解答 各物体が受ける力は次のようになる。

A …重力 W_A，弾性力 F_A(2力のつりあい)

K …Aが押す力 F_A'，Bが支える力 F_B'(2力のつりあい)

B …重力 W_B，弾性力 F_B，垂直抗力 N(3力のつりあい)

したがって，答えは図のようになる。

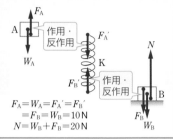

$$F_A = W_A = F_A' = F_B'$$
$$= F_B = W_B = 10\,\text{N}$$
$$N = W_B + F_B = 20\,\text{N}$$

同じ質量 m の物体P，Qが軽いばねで結ばれ，傾角30°のなめらかな斜面上に置かれている。斜面の下端には止め具Rがあり，Pは図のようにRに支えられて静止しており，ばねの長さは l_1 であった。次に，Qを斜面にそって静かに引き上げたところ，ばねの長さが l_2 になったときにPがRから離れた。重力加速度の大きさを g とし，このばねの自然の長さ l_0 とばね定数 k を求めよ。

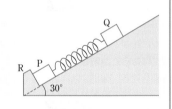

解答 図(a)で，ばねの縮みは $(l_0 - l_1)$ で，弾性力の大きさは $k(l_0 - l_1)$ であるから，Qについて，斜面方向の力のつりあいより

$$k(l_0 - l_1) - mg\sin 30° = 0 \qquad \cdots ①$$

同様に，図(b)で，Pについての力のつりあいより

$$k(l_2 - l_0) - mg\sin 30° = 0 \qquad \cdots ②$$

①，②式より　$l_0 = \dfrac{l_1 + l_2}{2}$，$k = \dfrac{mg}{l_2 - l_1}$

参考 図(b)でQを引く手の力 F は

$$F = k(l_2 - l_0) + mg\sin 30° = mg$$

となり，同様に，図(a)で，RがPに及ぼしている力も mg となる。

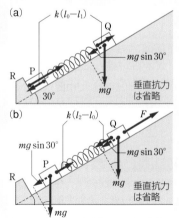

3 運動の法則

基礎

A 慣性の法則

物体を水平な床の上ですべらせると，物体はやがて止まってしまう。これは，物体に床から運動の向きと逆向きに摩擦力がはたらき，その運動を妨げるからである。床をもっとなめらかにして摩擦を少なくすると，物体の運動は長く続く。このことから，摩擦力がはたらかなければ，物体はどこまでも一直線上を同じ速さですべり続けると考えられる。すなわち

> 物体に外部から力がはたらかないとき，または，いくつかの力がはたらいてもそれらの力がつりあっているときは，止まっている物体はいつまでも静止を続け，動いている物体は等速直線運動を続ける。

これを **慣性の法則** といい，このような，運動の状態を持続する性質を **慣性（惰性）** という。

▶図1-45　慣性の例
(a) 静止状態の慣性
停車中の電車が急に発車すると，乗客は静止状態を続けようとして後方に倒れる
(b) 運動状態の慣性
自動車は急には止まれない。

問題学習 …… 18

日常生活において見られる慣性について，図1-45以外の例をいくつかあげよ。

解答 ① 自動車のシートベルト…自動車の急停止によって，座席の人が前方へとび出すのを防ぐ。
② エレベーターの動きはじめ…上昇のときは身体が床に押しつけられるように，下降のときは身体が浮き上がるように感じる。
③ だるま落としで中間の台をたたきとばした直後は，上のだるまは慣性により静止状態を保ち，その後，その位置で下に落ちる。

基礎

B 運動方程式

物体に1つの力を加えると，止まっている物体は動きだし，動いている物体はその速度を変える。速度が変化するのは加速度が生じることであるから，この加速度と加える力との関係を調べよう。

1 **力と加速度の関係** 図1−46(a)のように，摩擦力の無視できる水平面上の台車Aに軽いひもの一端を，他端にばねはかりBをつけ，反対側には記録タイマーをセットしてAの速度が測定できるようにする。

Bによって Aを引く力 $\vec{F}$ を一定にすると，Aはしだいに速度を増し，一定の加速度 $\vec{a}$ で運動することがわかる。

引く力を2倍($2F$)にすると加速度は $2a$，3倍($3F$)にすると加速度は $3a$ となる。このように，加える力 F と生じる加速度 a とは常に比例の関係にある(同図(b))。

また，加速度は加えた力と同じ向きをもつから，$\vec{F}$ は $\vec{a}$ に比例する。比例定数を m とすると，次の式で表される。

$$\vec{F} = m\,\vec{a} \qquad (1\cdot52)$$

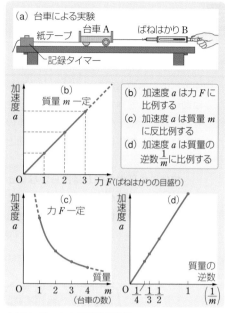

(a) 台車による実験

(b) 加速度 a は力 F に比例する
(c) 加速度 a は質量 m に反比例する
(d) 加速度 a は質量の逆数 $\dfrac{1}{m}$ に比例する

▲ 図 1-46　力と加速度の関係

m の性質を調べるために，台車をもう1台積み重ね(Aが2台)，力 F で引いてみる。動きはAが1台のときに比べて遅くなり，その加速度は $\dfrac{1}{2}$ 倍となっている。さらに3台，4台とAを積み重ねると，その加速度は $\dfrac{1}{3}$ 倍，$\dfrac{1}{4}$ 倍となり，動きはだんだん遅くなる。したがって，上式の比例定数 m は2倍，3倍となり，物体の量(台車の数)に比例して大きくなっていく。

比例定数 m は物体の量によって変わり，その物体の性質を示す物理量であることがわかる。m が大きいときは，物体を動かすのに大きな力を要するから，m はその物体の慣性の程度を表すといってよい。m の大きい物体は運動の状態を変えにくいことになる。

この比例定数 m をその物体の **質量** という。これまでに質量という用語をすでに使ってきたが，これが個々の物体固有の性質を表す質量の定義である。

質量の単位にはキログラム〔kg〕，またはグラム〔g〕を用いる。

2 **運動方程式** 質量 m の物体に力 $\vec{F}$ がはたらき，加速度 $\vec{a}$ を生じるときは上の(1·52)式が成立する。すなわち　$m\,\vec{a} = \vec{F}$

力の単位 **ニュートン**(記号 **N**)は，この関係式から導かれる。質量1kgの物体に力 $\vec{F}$ を加えて加速度 $1\,\mathrm{m/s^2}$ を得たとき，加えた力 F は　$F = 1\,\mathrm{kg} \times 1\,\mathrm{m/s^2} = 1\,\mathrm{kg\cdot m/s^2}$　となり，この力の単位量 $\mathrm{kg\cdot m/s^2}$ がニュートン(記号 N)である。

$$m\,〔\mathbf{kg}〕\cdot\vec{a}\,〔\mathbf{m/s^2}〕= \vec{F}\,〔\mathbf{N}〕 \qquad (1\cdot53)$$

この式を **運動方程式** といい，せまい意味での **運動の法則** という。

物体にはたらく力 F が与えられれば，この式から加速度 a を求めることができるし，加速度 a が与えられれば，物体にはたらく力 F を知ることができる。このように，運動方程式は物体の運動を決める最も基本的で重要な関係式である。

3 ニュートンの運動の 3 法則　慣性の法則(→ p.47)を **運動の第一法則**，運動の法則(運動方程式)を **運動の第二法則**，作用反作用の法則(→ p.44)を **運動の第三法則** という。これらはニュートンによって見いだされたので，**ニュートンの運動の 3 法則** といわれる。

摩擦の無視できる水平面上に置かれた，質量 2.0 kg の物体が水平方向に一定の力 10 N を受けて動きだす。5.0 秒後に物体はいくらの速さになっているか。

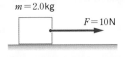

解答　運動方程式 $ma = F$ から　$a = \dfrac{F}{m} = \dfrac{10}{2.0} = 5.0\,\text{m/s}^2$

等加速度直線運動の式 $v = v_0 + at$ より　$v = 0 + 5.0 \times 5.0 = \mathbf{25\,m/s}$

C　質量と重さ

　地上では物体は常に地球の中心の向き(鉛直下向き)に力を受け，これを重力といった。また，物体が落下するときの加速度($g = 9.8\,\text{m/s}^2$)は，物体の重さ(重力の大きさ)に無関係であった(→ p.24)。したがって，質量 $m\,\text{(kg)}$ の物体にはたらく重力の大きさ $W\,\text{(N)}$ は，$(1 \cdot 53)$式の a に g を，F に W を代入し，自由落下について運動方程式を立てることにより

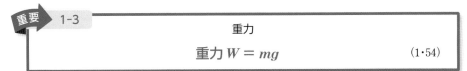

重要 1-3

重力
$$\text{重力 } W = mg \tag{1·54}$$

と求められる。重力 W は質量 m に比例する。質量 $m\,\text{(kg)}$ の物体は，常に $mg\,\text{(N)}$ の重力を鉛直下向きに受けており，それが物体の重さである。

　質量 1 kg の物体にはたらく重力は，$(1 \cdot 54)$式から $W = 1\,\text{kg} \times 9.8\,\text{m/s}^2 = 9.8\,\text{N}$ である。この力の大きさを，力の単位として用いるのが重量キログラム(記号 kgw)であり，ニュートン(記号 N)との関係は次のようになる。

$$1\,\text{kgw} = 9.8\,\text{N} \tag{1·55}$$

参考　運動方程式で物体の慣性を表す量として質量を定義したが，この質量を **慣性質量** という。一方，質量は物体の慣性の大きさだけでなく，物体の重さ(重力の大きさ)を決める役割も担っており，質量を物体にはたらく重力の大きさによって定義することもできる。このようにして決める質量を **重力質量** という。慣性質量と重力質量は別の定義によるものであるが，現在ではその値は一致するとされている。

補足 **月面上での重さ** 月面上の物体は月から重力を受ける。その重力は、地球が地上の物体を引く力より弱く、月面での重力加速度は地上での重力加速度 g の約 $\frac{1}{6}$ である。質量 60g の物体を地上でばねはかりにつるすと、約 0.6N の目盛りを示すが、そのまま月面へもっていくと約 0.1N の目盛りしか指さない。しかし、てんびんではかると、地上でも月面上でも質量 60g の分銅とつりあうので、質量は 60g と測定される。

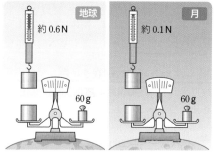

▲ 図 1-47　月面上での重さ

NOTE

質量 → 物質の量を表し、物体に固有のもので、どこにあっても値が変わらない。
重さ → 地球が物体を引く力（重力）の大きさで、場所によって値が異なる。

📖 **問題学習 …… 20**

質量 3.0kg の物体の重さは、地球上では何 N か。また、月面上だと何 N か。重力加速度の大きさは、地球上では 9.8m/s²、月面上では、地球上の $\frac{1}{6}$ 倍とする。

解答 地球上では　$W = mg = 3.0 \times 9.8 \fallingdotseq \mathbf{29\,N}$
月面上では重力加速度 $g' = \dfrac{9.8}{6}$ m/s² だから　$W' = mg' = 3.0 \times \dfrac{9.8}{6} = \mathbf{4.9\,N}$

📖 **問題学習 …… 21**

ある高さから小球を大きさ v_0 の初速度で水平方向に投げたとき、どのような運動をするか。重力加速度の大きさを g として、水平、鉛直方向のそれぞれについて運動方程式を立てて示せ。

解答 小球の質量を m、投射点を原点として水平方向に x 軸、鉛直方向下向きに y 軸をとる。水平方向には力を受けず、鉛直方向に重力 mg を受けるので、運動方程式は

　　水平方向：$ma_x = 0$　　ゆえに　$a_x = 0$
　　鉛直方向：$ma_y = mg$　　ゆえに　$a_y = g$

水平方向には、加速度 $a_x = 0$ で速度一定。初速度は v_0 であるから、**速さ v_0 の等速直線運動** をする。

　　$v_x = v_0,\ x = v_0 t$

鉛直方向には、$a_y = g$ で加速度一定であるから、**加速度の大きさ g の等加速度直線運動** をする。

　　$v_y = gt,\ y = \dfrac{1}{2} gt^2$

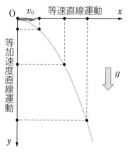

D 物体系の運動

1 内力と外力

図1-48(a)のように、なめらかな水平面上に、質量m_1, m_2〔kg〕の台車A, Bを接触させ、水平方向にAを大きさF〔N〕の力で押した場合のA, Bの運動について考えよう。Aを力F〔N〕で押すと、AはBを押す。この力の大きさをf_B〔N〕とすると、その反作用によってBはAを逆向きに大きさf_A〔N〕の力で押しかえし、$f_A = f_B$である（作用反作用の法則）。このように、A, Bは力を及ぼしあいながら運動する。

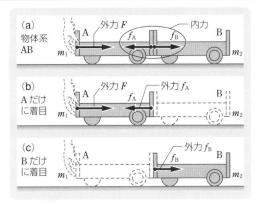

▲ 図1-48 物体系の運動

　一般に、この台車A, Bのように、いくつかの物体が力を及ぼしあいながら運動するとき、それらをひとまとめにして考え、これを**物体系**（2つ以上の物体の集まりの意味）という。上の例で、AとBを物体系と考えるとき、AとBが及ぼしあっている力（図のf_A, f_B）のように、物体系内の物体どうしが互いに及ぼしあっている力を、その物体系の**内力**という。これに対して、Aを押す力Fのように、物体系以外のものから、物体系内の物体にはたらく力を物体系に対する**外力**という。

　内力か外力かということは、どれだけの範囲のものを物体系と考えるかによって異なる。例えば、同図(a)のように台車A, Bを物体系と考えれば、f_A, f_Bは内力、Fは外力であるが、同図(b)のようにAだけに着目すれば、A以外の他の物体から受ける力F, f_Aはともに外力であり、同図(c)のようにBだけに着目すれば、f_Bは外力である。

2 連結（接触）した物体の運動方程式の立て方

上の台車A, Bの例について、次の(1)、(2)の2通りの方法で加速度を求めよう。

(1) 物体1つ1つについて、はたらくすべての力を考慮して別々に運動方程式を立てる

　台車A, Bは一体となって走るのでその加速度は等しく、これをa〔m/s²〕とする。AにはF〔N〕とf_A〔N〕の合力$F - f_A$が、Bにはf_B〔N〕の力がはたらくので、運動方程式は

　　　台車A：$m_1 a = F - f_A$　　　…①

　　　台車B：$m_2 a = f_B$　　　　　…②

作用反作用の法則より$f_A = f_B$であるから、両式を加えると　　$(m_1 + m_2)a = F$　…③

ゆえに　$a = \dfrac{F}{m_1 + m_2}$〔m/s²〕

補足 このaの値を②式に代入してf_Bを求めると　$f_B = m_2 a = \dfrac{m_2}{m_1 + m_2}F$〔N〕

$\dfrac{m_2}{m_1 + m_2} < 1$であるから、台車AがBを押す力$f_B$は、外力$F$より小さい。

(2) 物体系全体について運動方程式を立てる

内力は考えないで外力だけを考えればよい。(1)の③式，すなわち$(m_1 + m_2)a = F$ は
A と B をまとめて1つの物体と考えたときの運動方程式を表している。この式から直
ちに加速度が求められる。このように，物体系全体の運動は外力 F，全体の質量
$m_1 + m_2$ で定まり，内力には関係がない。

注意 (2)の方法だと，③式から加速度 a は簡単に求められるが，内力 f_A, f_B は③式だけでは求
められず，物体ごとに運動方程式を立てて求めなければならない。

CHART 9 運動方程式とその立て方

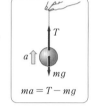

$$m\vec{a} = \vec{F}$$

(1·56)

①式を立てる物体の図をかく……質量(m など)をそばに記す
②力をかきこむ……その物体にはたらく力だけを見落としなく
③加速度の矢印をかきこむ…… a などをそばに記す
④式を立てる……「$ma = \ \ $」の右辺に力を足しあわせていく

$ma = T - mg$

⭐**Point1** 物体が複数ある場合
→図を別々にかき，それぞれの物体ごとに式を立てる。

⭐**Point2** いくつかの方向に力がはたらく場合
→成分に分けて式を立てる。

⚠**ミス注意1** 余分な力を足しあわせない。

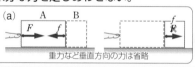

重力など垂直方向の力は省略

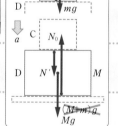

⚠**ミス注意2** 余分な質量を足しあわせない。

⭐**Point3** いつも $N = mg$ とは限らない。
作用反作用の法則は常に成りたつ。

⭐**Point4** 糸が引く力(張力)は両端で等しい(軽い糸の場合)。

さらに詳しく 運動方程式を立てても，未知数が多くて解けない場合
→加速度の関係を考える。

CHART 9

運動方程式の加速度や力はベクトルであるが、実際に式を立てるときはそれらの成分で考える。

②：右辺の $\vec{F}$ は、物体にはたらく力の合力。式を立てようとしている物体にはたらく力だけを、見落としなくすべて足しあわせなければならない（→ p.45 CHART 8 ）。

③：加速度の向きを表す矢印をかきこみ、その値を a などとおく。加速度の向きがわからない場合は適当に決めてよい。求めた a の値が負になれば、加速度の向きは、最初に決めた向きの反対であることがわかる。問題で加速度の向きや記号が定められている場合は、それにしたがう。

④：かきこんだ力の矢印が、自分の決めた加速度と同じ向きなら正、逆なら負として、右辺に加えていく。

CHART 9 ★Point1

複数の物体について考える場合は、図をひとまとめにしないで別々にかき、式も別々に立てる（→ p.45 CHART 8 —★Point）。

各物体を一体とみなして式を立てることもできるが、その場合、各物体どうしで及ぼしあう内力を求めることはできない。

CHART 9 ★Point2

物体が複数の方向に力を受ける場合は、それぞれの成分について式を立てる。

$$ma_x = F_x, \quad ma_y = F_y$$

実際には、運動の向きと、それに垂直な向きとに分解することが多い。そうすると、垂直な方向には力のつりあいの式になる。

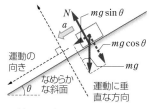

斜面に平行：$ma = mg\sin\theta$
斜面に垂直：$N - mg\cos\theta = 0$

CHART 9 ⚠ミス注意1

図 (a) の A を押す力 F が、A を飛びこえて B にはたらくことはない。また、図 (b) の物体 D にはたらく重力を $(M + m)g$ としない。上に物体がのっているために受ける力は、図の力 N' に反映されている（→ p.45 CHART 8 —⚠ミス注意）。正しい運動方程式は

物体 C：$ma = mg - N$
物体 D：$Ma = Mg + N' - N_0$

（ただし、作用反作用の法則より $N' = N$）

CHART 9 ⚠ミス注意2

上の物体 D の式を、上に物体がのっているからといって、「$(M + m)a = \cdots$」としない。

CHART 9 ★Point3

水平面上をすべる物体であれば、鉛直方向には力がつりあい、$N = mg$ といえる。しかし、鉛直方向に加速していれば力はつりあわず、$N = mg$ は成りたたない。一方、作用反作用の法則は常に成りたつ。

例えば、図 (b) において、静止の間は、物体 C にはたらく力のつりあい $N = mg$、作用反作用の法則 $N = N'$ の両方が成りたつが、下向きに加速するときは、N が減少し、$N < mg$ となる。この場合でも、作用反作用の法則 $N' = N$ は成りたつ。

CHART 9 ★Point4

糸の両端に現れる糸が引く力（張力）の大きさは、軽い糸（質量が無視できる糸）であれば等しい（→ p.54 問題学習 23）。

CHART 9 さらに詳しく

複数の物体が別々に動く場合など、加速度や力に未知数のものが多いと、立てた式より未知数の数のほうが多くなり、加速度や力が求められないことがある。このような場合は、加速度の間に何らかの関係が成りたたないかを考えてみるとよい（→ p.55 問題学習 24）。

質量 m の物体を傾き θ の斜面をもつ質量 M の台の上にの
せる。台は図のように段差のある床に置かれている。物体
を台の斜面上で静かにはなすと，台は静止したまま物体が
斜面をすべりおりた。このときの，物体の加速度の大きさ a，
物体と台の間にはたらく垂直抗力の大きさ N，台が段差から水平方向に受ける力の大
きさ F，台が床から受ける垂直抗力の大きさ N' を，それぞれ求めよ。ただし，重力加
速度の大きさを g とし，物体や台，床はなめらかで摩擦はすべて無視できるものとする。

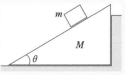

考え方 垂直抗力の大きさは重力と等しいとは限らない。$N' = Mg + mg$ としない
ように注意（→ p.52 **CHART 9** —⭐Point3）。なお，解答より，$\theta = 0°$ のとき
$N' = Mg + mg$ となり，$\theta = 90°$ のとき $N' = Mg$ となることがわかる。

解答 物体について斜面方向の運動方程式を立てると
$$ma = mg \sin \theta \qquad \cdots ①$$
斜面と垂直な方向では力がつりあっているので
$$mg \cos \theta - N = 0 \qquad \cdots ②$$
一方，台にはたらく力はつりあっているので，水平方向，
鉛直方向についてそれぞれ力のつりあいの式を立てる。
$$N \sin \theta - F = 0 \qquad \cdots ③$$
$$N \cos \theta + Mg - N' = 0 \qquad \cdots ④$$
①式より $a = g \sin \theta$
②式より $N = mg \cos \theta$
③，④式に求めた N を代入して
$$F = mg \cos \theta \sin \theta, \quad N' = Mg + mg \cos^2 \theta$$

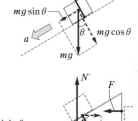

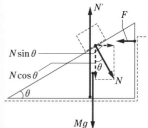

質量 m_1 の物体 A と質量 m_2 の物体 B を，質量 m の糸でつなぐ。A を大き
さ F の力で鉛直上方に引き上げるときの，これらの物体の加速度の大きさ
a，糸が A を引く力の大きさ T_1，糸が B を引く力の大きさ T_2 をそれぞれ求
めよ。重力加速度の大きさを g とする。

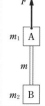

考え方 A, B, 糸を 1 つの物体系とみなして運動方程式を立てると，a が
求められる。しかし，内力である T_1, T_2 を求めるには，それぞれについて
運動方程式を立てる必要がある（→ p.52 **CHART 9** —⭐Point1）。また，解答より，
質量の無視できる軽い糸（$m = 0$）では，$T_1 = T_2$ が成りたつことがわかる。つまり，
軽い糸が引く力の大きさは糸の両端で等しい（→ p.52 **CHART 9** —⭐Point4）。

解答 A, B, 糸について，それぞれ運動方程式を立てると

A：$m_1 a = F - T_1 - m_1 g$　　…①

B：$m_2 a = T_2 - m_2 g$　　…②

糸：$ma = T_1 - T_2 - mg$　　…③

①～③式を辺々加えて T_1, T_2 を消去し

$$a = \frac{F}{m_1 + m_2 + m} - g$$

この a を②，③式にそれぞれ代入し

$$T_1 = \frac{m_2 + m}{m_1 + m_2 + m} F, \quad T_2 = \frac{m_2}{m_1 + m_2 + m} F$$

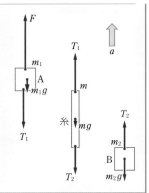

問題学習 …… 24

質量 m の球 A と質量 $3m$ の球 B を軽い糸で結び滑車 P にかける。滑車 P と質量 $4m$ の球 C を軽い糸で結び，天井からつるした滑車 Q にかける。滑車はなめらかに回り，質量は無視でき，重力加速度の大きさを g とする。

(1) C を固定して A, B を同時に静かにはなす場合，これらの加速度の大きさ a_0 と，AB 間，PC 間の糸が引く力 T_1, T_2 をそれぞれ求めよ。

(2) A, B, C を同時に静かにはなすと，P は上向きに動きだす。A, B, C の加速度の大きさ a, b, c，AB 間，PC 間の糸が引く力 T_3, T_4 を求めよ。

(3) C を別の球 D にとりかえて(2)と同様の実験を行ったところ，D は動かなかった。この D の質量を求めよ。

考え方 (2) 質量 m_0 の滑車にはたらく合力を f とすると，運動方程式は $m_0 a_{滑車} = f$ したがって，質量の無視できる滑車$(m_0 = 0)$であれば，加速度運動をしても $f = 0$ となり，滑車にはたらく力はつりあう。解答のように，運動方程式は(滑車 P のつりあいの式も含めて)4つであるが，求める値は5つ(a, b, c, T_3, T_4)であり，式が足りない。A, B, C は糸でつながれているので，独立に動くわけではない。そこでこれらの加速度の関係を考える(→ p.52

CHART **9** — さらに詳しく)。

P から見れば，A が上昇する速さと B が下降する速さは常に等しい。したがって，加速度についても

　　P から見た A が上昇する加速度の大きさ $a - c$

　　＝P から見た B が下降する加速度の大きさ $b - (-c)$

なお，(1)の①，②式はすでに加速度の関係が含まれており，B の加速度を b_0 として加速度の関係を明確にすると，加速度の関係は $a_0 = b_0$

運動方程式は　A：$ma_0 = -mg + T_1$　　B：$3mb_0 = 3mg - T_1$　となる。

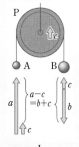

解答 (1) A, B, P について運動方程式を立てると

A：$ma_0 = -mg + T_1$ ……①

B：$3ma_0 = 3mg - T_1$ ……②

P：$0 = T_2 - 2T_1$ ……③

①～③式より

$$a_0 = \frac{1}{2}g, \quad T_1 = \frac{3}{2}mg, \quad T_2 = 3mg$$

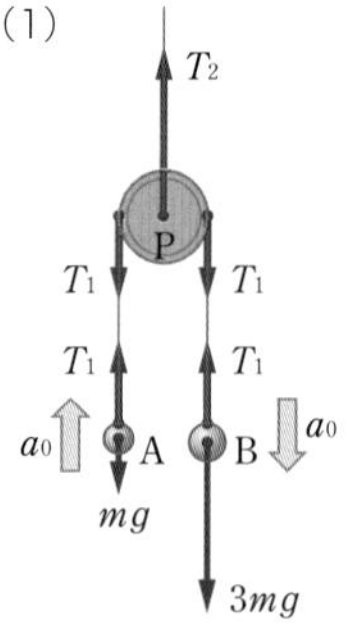

(2) A, B, C, P について運動方程式を立てると

A：$ma = -mg + T_3$ ……④

B：$3mb = 3mg - T_3$ ……⑤

C：$4mc = 4mg - T_4$ ……⑥

P：$0 = T_4 - 2T_3$ ……⑦

P から見た A の加速度の大きさ $a - c$

$\qquad$ = P から見た B の加速度の大きさ $b + c$

すなわち，$a - b = 2c$ ……⑧

④～⑧式より

$$a = \frac{5}{7}g, \quad b = \frac{3}{7}g, \quad c = \frac{1}{7}g,$$

$$T_3 = \frac{12}{7}mg, \quad T_4 = \frac{24}{7}mg$$

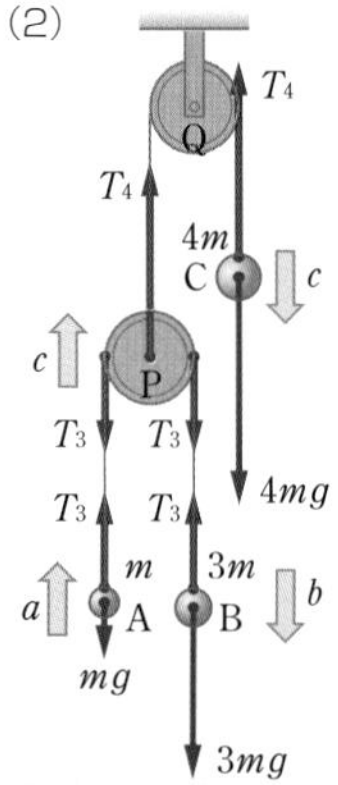

(3) (1)より，PC 間の糸が引く力 $T_2 = 3mg$ のとき，D は静止を続ける。よって，D の質量が **3m** であればよい。

〔補足〕 D の質量を M などとおいて，(2)の④～⑦と同様に運動方程式(ただし，$a = b, \ c = 0$)を立てても，$M = 3m$ を導くことはできる。

(1)

(2)

基物 E 面から離れない条件，糸がたるまない条件

　台の上に物体をのせて，台を下げる。その下げ方が急激だと，物体は台から離れる。ここではこのようなことが起こる条件について考えてみよう。

　図1−49 のように，台を下げるときの加速度を a とする。垂直抗力を N とし，物体が台

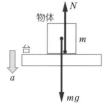

から離れないと仮定して運動方程式を立てると

$$ma = mg - N \qquad よって \quad N = m(g - a)$$

台の加速度 a が g を上回ると，この式の N は負になる。しかし実際に垂直抗力が負になることはありえず，そのようなときは，物体が台から離れている。

　一般に，面から物体が離れないと仮定して求めた垂直抗力 N が負の値になれば，それは物体が面から離れることを意味し，$N \geqq 0$ であれば，面から離れないことを意味する。

物体
台

▲図1-49　面から離れない条件

離れない・たるまない・すべらない条件

離れない条件：離れないとして求めた垂直抗力 $N \geqq 0$
たるまない条件：たるまないとして求めた糸が引く力 $T \geqq 0$
すべらない条件：すべらないとして求めた静止摩擦力 $F \leqq \mu N$

　糸がたるむ条件についても同様であり，糸がたるまないと仮定して求めた糸が引く力 T が，$T \geqq 0$ を満たせばたるむことはなく，負になればたるむ。このことは，上のようにまとめられる（「すべらない条件」は，次節（→ *p.62* **CHART 10**－✿Point2 ）参照）。

📖 問題学習 ‥‥‥ 25

図のように，箱Pの中に質量 m〔kg〕の物体Qが置かれている。
重力加速度の大きさを g〔m/s²〕とする。
(1) Pが加速度 a〔m/s²〕で上昇するとき，QがPの下面から受ける垂直抗力の大きさ N_1〔N〕を求めよ。
(2) Pが重力加速度の大きさより大きい加速度 b〔m/s²〕で下降するとき，Qは箱の下面から離れ，上面に接してPとともに加速度 b〔m/s²〕で下降する。このとき，QがPの上面から下向きに受ける垂直抗力の大きさ N_2〔N〕を求めよ。
(3) Pが自由落下するとき，QがPから受ける垂直抗力の大きさ N_3〔N〕を求めよ。

考え方 (1)，(2)とも，Qは重力と垂直抗力の合力によって加速される。
(1)では上向きを正の向き，(2)では下向きを正の向きにとるとよい。

解答 (1) Qにはたらく力は図(1)のようになる。上向きを正の向きにとると，Qの運動方程式は
$$ma = N_1 - mg$$
よって　$N_1 = m(a + g)$ 〔N〕

(2) Qにはたらく力は図(2)のようになる。下向きを正の向きにとると，Qの運動方程式は
$$mb = N_2 + mg$$
よって　$N_2 = m(b - g)$ 〔N〕

(3) Pが自由落下するとき，上式で $b = g$ として
$$N_3 = 0 \, \textbf{N}$$

〔補足〕　(2)で，QがPに接触して下降中に，$b < g$ とすると，$N_2 < 0$ となり，QはPの上面を離れて落下する。

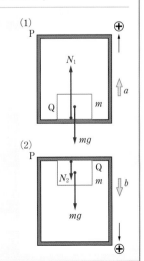

1 静止摩擦力 物体を水平面上に置くと，物体は重力 $\vec{W}$ と面からの抗力 $\vec{N}$ によって力のつりあい状態を保ち，静止している。

すなわち $W = N$ となっている（図 1-50(a)）。

水平方向に，この物体を力 $\vec{f}$ で引くと，$\vec{f}$ が小さい間は物体は動かない。したがって，このときも物体にはたらく力はつりあっている。これは，重力 $\vec{W}$ と引く力 $\vec{f}$ の合力 $\vec{W}+\vec{f}$ が面を斜めに押す力となり，これとつりあう抗力 $\vec{R}$ が同じ大きさで反対向きにはたらくからである。

すなわち，この抗力 $\vec{R}$ を同図(b)のように面に垂直な抗力 $\vec{N}$（**垂直抗力**）と面に平行な抗力 $\vec{F}$（**静止摩擦力**）とに分解すると，水平方向では $f = F$，垂直方向（この場合は鉛直方向）では $W = N$ となり，水平，垂直方向の各成分の力はつりあっている。

2 最大摩擦力 図 1-50(b)で，引く力 $\vec{f}$ をしだいに大きくしていくと，同じ大きさで反対向きの摩擦力 $\vec{F}$ もしだいに大きくなっていくが，f をある大きさ f_0 をこえて大きくすると物体は動きだす（同図(c)）。

この限界の静止摩擦力 $\vec{F_0}(=-\vec{f_0})$ を **最大摩擦力** という。加える力がこの最大摩擦力をこえると物体は動き始める。

この物体の上におもりをのせ，垂直抗力を大きくして物体を引くと，最大摩擦力の大きさ F_0 は垂直抗力の大きさ N に比例して大きくなる。したがって，この比例定数を μ とすると，次の式が成りたつ。

$$F_0 = \mu N \tag{1·57}$$

この比例定数 μ を **静止摩擦係数** という。

静止摩擦係数は，物体間の接触面の状態によって決まる定数で，面があらいほど μ の値は大きくなるが，接触面の大きさにはあまり関係しない。

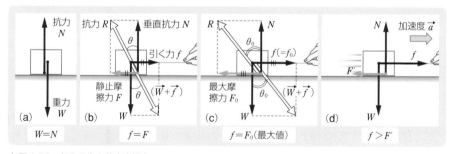

▲図 1-50　加える力と静止摩擦力
引く力を大きくしていくと，静止摩擦力も引く力とつりあいながら大きくなるが，最大摩擦力 F_0 をこえると物体は動き始める（(c)）。その後，物体は動摩擦力（→ p.60）とよばれる摩擦力を受けながら運動する（(d)）。

物理学では，摩擦力のはたらく面を **あらい面**，摩擦力の無視できる面を **なめらかな面** といい，物体の運動に摩擦力が関係するかどうかを表現する。なめらかな面上の物体は，いくら重くてもわずかな力を加えるだけで動きだす。

NOTE

あらい面　　　→摩擦力がはたらく

なめらかな面→摩擦力が無視できる

問題学習 …… 26

水平面上に置いた質量 m〔kg〕の物体を水平方向に引く。引く力をしだいに大きくしていくと，f〔N〕をこえたとき物体はすべり始めた。重力加速度の大きさを g〔m/s²〕とする。
(1) 物体と面との間の静止摩擦係数 μ はいくらか。
(2) 物体に加える力が水平から角度 θ だけ上向きのときは，いくらの力でこの物体はすべり始めるか。

解答 (1) f は最大摩擦力 F_0 とつりあい，重力 mg は垂直抗力 N とつりあう。このときの力のつりあいの式は

水平方向：$f - F_0 = 0$

鉛直方向：$N - mg = 0$

ゆえに，静止摩擦係数 $\mu = \dfrac{F_0}{N} = \dfrac{f}{mg}$

(2) 求める力を f'，最大摩擦力を F_0'，垂直抗力を N' とする。このときの力のつりあいの式は

水平方向：$f' \cos\theta - F_0' = 0$ …①

鉛直方向：$N' + f' \sin\theta - mg = 0$ …②

物体と面は(1)と同じなので μ も同じである。

ゆえに，$F_0' = \mu N' = \dfrac{f}{mg} N'$ …③

①，②，③式から，F_0'，N' を消去して[1)]

$$f' = \frac{mgf}{mg \cos\theta + f \sin\theta} \ \text{〔N〕}$$

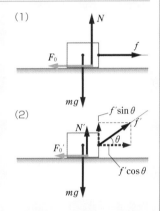

1) ①から F_0'，②から N' を求めてそれぞれ③に代入すると　$f' \cos\theta = \dfrac{f}{mg}(mg - f' \sin\theta)$
この式から f' を求める。

3 摩擦角　あらい斜面の上に質量 m の物体を置き，斜面の傾きの角 θ を 0°（水平）から徐々に大きくしていくと，ある角度をこえたときに物体はすべり落ち始める。この角度を **摩擦角** という。すべりだす直前での，物体にはたらく力のつりあいを考えて，摩擦角の大きさを求めてみよう。

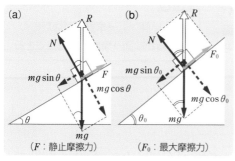

(a)　(b)

（F：静止摩擦力）　（F_0：最大摩擦力）

▲ 図 1-51　斜面上の物体にはたらく力

図 1-51(a)のように，物体にはたら
く重力 mg を，斜面に平行な成分
$mg\sin\theta$ と，斜面に垂直な成分
$mg\cos\theta$ とに分解する。$mg\sin\theta$ は摩
擦力 F と，$mg\cos\theta$ は垂直抗力 N と
それぞれつりあっている。すなわち

$$F - mg\sin\theta = 0 \qquad \cdots ①$$
$$N - mg\cos\theta = 0 \qquad \cdots ②$$

①，②より　　$\tan\theta = \dfrac{F}{N}$　　　(1·58)

斜面の傾角 θ をしだいに大きくしていくと，物体をすべり落とそうとする力 $mg\sin\theta$ は
大きくなっていき，それとつりあう摩擦力 F も大きくなっていく。しかし，$mg\sin\theta$ の値
が最大摩擦力 F_0 よりも大きくなると，物体は斜面上をすべり落ち始める。この物体がすべ
り始めるときの斜面の傾角 θ_0 が摩擦角であり，このとき(1·58)式は　$\tan\theta_0 = \dfrac{F_0}{N}$
となる。この式に(1·57)式の関係を代入すると，次の式が得られる。

$$\tan\theta_0 = \dfrac{F_0}{N} = \dfrac{\mu N}{N} = \mu \qquad すなわち \qquad \boldsymbol{\tan\theta_0 = \mu} \qquad (1·59)$$

したがって，静止摩擦係数 μ は，物体を
置いた平面を傾けていき，物体がすべり始
めるときの傾角 θ_0 の正接(tan)の値を求め
れば得られる。

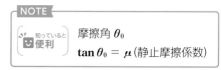

NOTE

知っていると便利　摩擦角 θ_0
$\tan\theta_0 = \mu$（静止摩擦係数）

補足　摩擦角 θ_0 は図 1-51(b)からわかるように，面からの抗力 $R(\vec{R} = \vec{N} + \vec{F_0})$ と面に垂直な
　　　抗力 N との間の角に等しくなっている。面が水平なときは，図 1-50(c)のように，すべ
　　　りだす直前の R と N のなす角が摩擦角 θ_0 となっている。

B　動摩擦力

あらい水平面上を物体が運動するとき，力を加えなければ物体はやがて止まってしまう。
慣性の法則によれば，外部からの力がはたらかないときは物体は等速直線運動を続けるは
ずである。力を加えるのをやめると物体が止まるのは，運動を妨げる向きに他の力がはた
らいているからである。これは，運動中に物体と面との間にはたらく摩擦力で，**動摩擦力**
という。

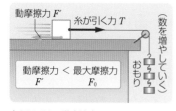

動摩擦力 F'　糸が引く力 T

動摩擦力　＜　最大摩擦力
F'　　　　　F_0

（数を増やしていく）　おもり

▲ 図 1-52　動摩擦力

動摩擦力には，物体が面をすべるときの**すべり摩
擦力** と，物体が面上をころがるときの**ころがり摩
擦力** とがある。ころがり摩擦力は非常に小さく，車
輪や回転軸の軸受けに入れるボールベアリングは，
この性質を利用している。

　本書では今後単に動摩擦力というときは，すべり
摩擦力をさすことにする。

動摩擦力と最大摩擦力の大きさを比較してみよう。図1-52のように，机上に置いた物体に糸をつけ，机の端の滑車を通して糸の他端におもりを取りつける。おもりの数をしだいに増し，物体を引く力が最大摩擦力をこえると物体は動きだす。動き始めたら，おもりの重さを少し減らしても物体は止まらず運動を続ける。

▼表1-1　いろいろな摩擦係数

接触2物体（面の状態）	動摩擦係数	静止摩擦係数
鋼鉄と鋼鉄（乾燥）	0.42	0.78
鋼鉄と鋼鉄（塗油）	0.003～0.1	0.005～0.1
ガラスとガラス（乾燥）	0.4	0.94
ガラスとガラス（塗油）	0.09	0.35
カシ材とカシ材（乾燥）	0.48	0.62

これは，動摩擦力 F' が最大摩擦力 F_0 より小さいことを意味する。

　動摩擦力 F' も垂直抗力 N に比例することが実験的に確かめられている。

$$F' = \mu'N \tag{1・60}$$

μ' を **動摩擦係数** といい，接触面の状態で決まり，面の広さや速さにはあまり関係しない。

問題学習 …… 27

物体（質量 m）を水平面上で初速度 v_0 ですべらせると，どれだけの距離を進んで止まるか。物体と面の間の動摩擦係数を μ'，重力加速度の大きさを g とする。

解答 物体の進む向きを正とすると，水平方向の力は動摩擦力 $-\mu'N$ のみで，鉛直方向の力のつりあいから $N = mg$ であるので，運動方程式は　$ma = -\mu'mg$
したがって，物体は加速度 $a = -\mu'g$ の等加速度直線運動をする。物体の進む距離を x とすると
$v^2 - v_0^2 = 2ax$　より　$0^2 - v_0^2 = 2(-\mu'g)x$
ゆえに　$x = \dfrac{v_0^2}{2\mu'g}$

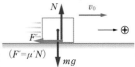

($F' = \mu'N$)

問題学習 …… 28

軽くて伸びない糸をつけた質量 m の物体を，あらい水平面の机上に置く。糸を机の端の滑車を通して質量 M のおもりに結び，静かにはなすと物体はすべりだした。物体と面との間の動摩擦係数を μ' とし，物体の加速度 a と糸が引く力 T を求めよ。重力加速度の大きさを g とする。

解答 物体とおもりの運動方程式をそれぞれ立てる。
　物体　：$ma = T - F' = T - \mu'mg$
　おもり：$Ma = Mg - T$
この2式を解いて
$$a = \frac{M - \mu'm}{M + m}g, \quad T = \frac{Mm(1 + \mu')}{M + m}g$$

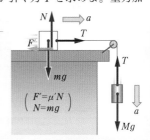

$\left(\begin{array}{l} F' = \mu'N \\ N = mg \end{array} \right)$

CHART 10 摩擦力の式

最大摩擦力 $F_0 = \mu N$ （μ：静止摩擦係数）　　　　　　　　　(1·61)

動摩擦力　$F' = \mu' N$ （μ'：動摩擦係数）　　　　　　　　　(1·62)

⭐Point1　摩擦力の向き：摩擦がないと仮定したときに起こる運動（2 物体の相対的な運動）を妨げる向き

⚠️ミス注意　静止摩擦力 $F = \mu N$ ではない！

⭐Point2　すべりださない条件：$F \leqq \mu N$
F は，すべりださないとして運動方程式（つりあいの式）を立てて求めた静止摩擦力の大きさ。

CHART 10 ⭐Point1

　摩擦力は運動を妨げる向きに生じる。例えば，あらい斜面上を物体がすべって上がった後，すべり下りてくる場合，上がっているときは斜面下向き，下りてくるときは，斜面上向きにはたらく。

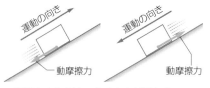

　摩擦力の向きは，多くの力がはたらいているとわかりにくいことがある。このような場合，「もし摩擦力がなかったら物体はどちらに動くか」を考えるとよい。摩擦力は，その運動を妨げる向きにはたらく。

　ただし，ここでの「運動」は，接触する 2 物体の「相対的な運動」である。例えば次の図のような場合，台上の物体は摩擦力によって右向きに加速し，摩擦力はかならずしも運動を妨げていないように見える。このような場合も，摩擦力がなけれ

ば慣性の法則によってもとの位置にとり残されるため，台から見た相対的な物体の運動は左向きになり，これを妨げる向き，つまり右向きにはたらくと考えればよい。

CHART 10 ⚠️ミス注意

　静止摩擦力 $F = \mu N$ としてしまいがちだが，μN は最大摩擦力である。つまり，静止摩擦力の最大値で，すべりだす直前しか成りたたない。一般的には，静止摩擦力は μN としないで，いったん F とおくなどして，運動方程式やつりあいの式を解くことによって求めるようにする。

CHART 10 ⭐Point2

　問題で，「引く力がいくら以下だとすべらないか」，「いくら以上傾けるとすべりだすか」など，すべる条件やすべらない条件を問われることが多い。

　このような場合は，いったんすべらないと仮定して静止摩擦力 F を，つりあいの式や運動方程式から求める。その値が最大摩擦力 μN をこえていなければすべらず，これをこえていればすべる，と判断すればよい。

水平な床上に，質量 M の台を置き，その上に質量 m の物体をのせる。台と床との間の摩擦は無視できる。台に右向きの力を加え，その力の大きさ f を 0 からしだいに大きくしていく。台と物体との間の静止摩擦係数を μ，動摩擦係数を μ'，重力加速度の大きさを g とする。

(1) f が小さい間は，台と物体が一体となって動く。このときの加速度の大きさ a と，台と物体の間にはたらく静止摩擦力の大きさ F を求めよ。

(2) 台と物体が同じ速さで一体となって動くためには，f はいくら以下でなければならないか。

(3) f が大きくなって物体が台上をすべるときの物体の加速度 a_1 と，台の加速度 a_2 を求めよ。

考え方 (1) $F = \mu mg$ としてはいけない。この関係はすべりだす直前について成りたつだけであり，一般には F は運動方程式を解いて求める（→ CHART 10 — ⚠ミス注意）。また，運動方程式を立てるときは摩擦力の向きに注意。摩擦がなければ，台から見て物体は左に動くので，物体にはたらく摩擦力はこれを妨げる向き（右向き）となる（→ CHART 10 — ☆Point1）。台にはたらく摩擦力も同様に考えると，左向きになる。なお，台の運動方程式については，52 ページの CHART 9 — ⚠ミス注意1,2 にも注意する。

(2) (1)で立てた運動方程式はすべらない場合のものである。この運動方程式を解いて求めた F が，$F \leqq \mu N$ を満たせば，物体はすべらない（→ CHART 10 — ☆Point2）。この式から，f の条件が求められる。

解答 (1) このときの運動方程式は

物体：$ma = F$

台　：$Ma = f - F$

ゆえに $a = \dfrac{f}{m + M}$, $F = \dfrac{m}{m + M} f$

(2) 物体が台上をすべらないためには，$F \leqq \mu N$

これに(1)で求めた F と，$N = mg$ を代入して

$\dfrac{m}{m + M} f \leqq \mu mg$　ゆえに　$f \leqq \mu(m + M)g$

(3) 動摩擦力を F' とすると，運動方程式は

物体：$ma_1 = F' = \mu' N$

台　：$Ma_2 = f - F' = f - \mu' N$

これらの式に $N = mg$ を代入すると

$a_1 = \mu' g$, $a_2 = \dfrac{f - \mu' mg}{M}$

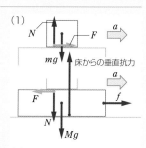

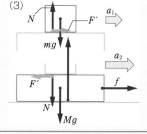

5 液体や気体から受ける力

A 圧力・浮力

1 圧力 図1−53は，スポンジの上にレンガを置いたときのようすである。レンガがスポンジを押す力の大きさは同じでも，押している面積の大小により，スポンジのへこみぐあいが異なる。

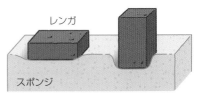

▲図1-53 接触面積による圧力のちがい

そこで，物体の面1m²当たり何Nの力を及ぼしているかを表す量を考え，これを**圧力**という。圧力は，単位面積当たりの力であり，力そのものではない。つまり，図1−53の2つのレンガがスポンジに及ぼす力は等しいが，圧力は異なる。

面積 S〔m²〕の面に，大きさ F〔N〕の力を垂直に及ぼすとき，圧力 p は次の式で表される。

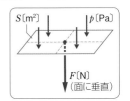

▲図1-54 圧力

重要 1−5

$$\text{圧力}$$

$$\text{圧力 } p = \frac{F}{S} \tag{1・63}$$

面積1m²当たり1Nの力が加わるときの圧力を1**パスカル**(記号 **Pa**)といい，10²パスカルを1**ヘクトパスカル**(記号 **hPa**)という。圧力の単位としては，このほかに **ニュートン毎平方メートル**(記号 **N/m²**)，**気圧**(記号 **atm**)などが用いられる。

1N/m² ＝ 1Pa，1atm ＝ 1.013 × 10⁵Pa である。

2 気体の圧力 気体は空間を飛んでいるきわめて多数の分子からなる(図1−55(a))。分子1個が1回の衝突で壁に及ぼす力はごくわずかであるが，この多数の分子が容器の壁に次々と衝突してははねかえることによって，気体は壁に大きな力を及ぼし，圧力が生じる。

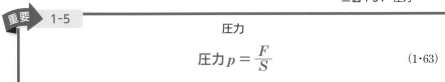

▲図1-55 気体の分子運動と圧力

気体の圧力は容器の壁に垂直で，大きさはどこでも等しい(同図(b))。

気体の圧力のうち，特に大気による圧力を **大気圧** という。

3 液体の圧力 (1) **水圧** 水の入った容器の壁や底面は，水から押されている。また，内部でも，水の小部分に着目すれば周囲から押されている(図1−56(a))。このような水

による圧力を **水圧** という。水圧は，次のようにはたらく。

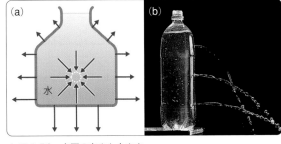

▲ 図1-56　水圧の向きと大きさ

① **水圧の向き**　容器の壁面には垂直に，水中では，どの方向にも面（仮定した面）に垂直にはたらく。

② **水圧の大きさ　同じ**深さでは，水圧はどの方向にも同じ大きさである。水の密度を ρ〔kg/m³〕とすると，深さ h〔m〕の点の水圧 p〔Pa〕は，次のように表される。

$$p = \rho h g \tag{1・64}$$

(2) **水圧 p の式を導く**　図1-57のように，水中に水深 h〔m〕を高さとする底面積 S〔m²〕の水柱を仮定する。

水柱の体積 $V = Sh$〔m³〕

水柱の質量（密度×体積）$m = \rho V = \rho Sh$〔kg〕

よって，水圧 p は，次のような式で表される。

$$水圧 p = \frac{F}{S} = \frac{mg}{S} = \frac{\rho Shg}{S} = \rho hg \,〔N/m^2(=Pa)〕$$

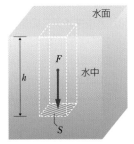

▲ 図1-57　水圧の式を求める

(3) **水中での圧力**　(1・64)式は，水自身の重さによる圧力（水圧）を表すが，水面に大気圧がはたらいている場合には，大気圧 p_0〔Pa〕を加えて，水深 h〔m〕の点の圧力 p〔Pa〕は，次のように表される。

$$p = p_0 + \rho h g \tag{1・65}$$

参考　**水圧の向き**　図1-58のように，水が壁面に斜めに力 $\vec{F}$（分力 $\vec{F_1}$, $\vec{F_2}$）を及ぼすと仮定すると，水は分力 $\vec{F_2}$ の向きに動くはずである。実際には水は動かず，$\vec{F_2} = \vec{0}$。したがって，水圧は力 $\vec{F_1}$ の方向（壁面に垂直）にはたらく。また，水中に仮定した水の小部分は移動しない。したがって，同じ深さでは，水圧はどの方向にも同じ大きさであるといえる。

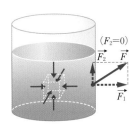

▲ 図1-58　水圧の向き

4 **浮力**　(1) **アルキメデスの原理**

気体と液体を総称して **流体** という。物体を流体中に置くと，物体は重力のほかに，流体から押し上げる向きの力を受ける。この力を **浮力** という。浮力について，次の **アルキメデスの原理** が成りたつ。

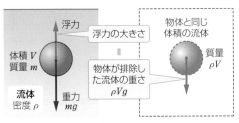

▲ 図1-59　アルキメデスの原理

アルキメデスの原理

流体中の物体は，それが排除している流体の重さに等しい大きさの浮力を受ける

$$\text{浮力 } F = \rho V g \tag{1・66}$$

ここで，ρ〔kg/m³〕は流体の密度，V〔m³〕は物体が排除した流体の体積である。

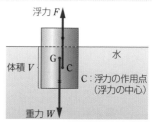

注意 図1-60のように，一様な物体が水に浮かぶような場合，浮力の大きさは，物体と同体積の水の重さではなく，物体の水中にある部分と同体積の水の重さになることに注意する。このときの浮力の作用点（**浮力の中心** という）は，物体の水中にある部分の中心（重心）（図の点 C）となり，物体全体の中心（重心）（図の点 G）とは異なる。

▲図1-60　浮力の作用点

(2) **アルキメデスの原理の説明**（図1-61）　水中の物体が受ける浮力は，表面にはたらく水圧の差によって生じている。

①側面を押す力はつりあっている。

②上面を押す力の大きさ F_1 と下面を押す力の大きさ F_2 との差が，浮力の大きさ F である。

$$F = F_2 - F_1$$
$$= p_2 S - p_1 S = \rho h_2 g S - \rho h_1 g S$$
$$= \rho (h_2 - h_1) g S = \rho h g S = \rho V g$$

ρ〔kg/m³〕は水の密度，V〔m³〕は水中に入っている物体の体積であるから，$\rho V g$〔N〕は物体が排除した水の重さである。

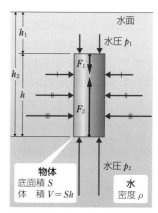

▲図1-61　アルキメデスの原理の説明

問題学習 ⋯⋯ 30

質量 0.40kg の鉄球に糸をつけてつるし，図のように，全体を水の中に沈めた。このとき，糸が鉄球を引く力の大きさ T〔N〕を求めよ。ただし，水，鉄の密度をそれぞれ 1.0×10^3 kg/m³，8.0×10^3 kg/m³ とし，重力加速度の大きさを 9.8m/s² とする。

解答　鉄球の体積　$V = \dfrac{0.40}{8.0 \times 10^3} = 5.0 \times 10^{-5}$ m³

鉄球の重さ　$W = mg = 0.40 \times 9.8 = 3.92$ N

浮力　$F = \rho V g = 1.0 \times 10^3 \times 5.0 \times 10^{-5} \times 9.8 = 0.49$ N

重力，浮力，糸が引く力のつりあいより

$$T = W - F = 3.92 - 0.49 \fallingdotseq \mathbf{3.4 N}$$

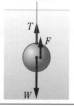

1 空気の抵抗の大きさ 重力による運動では，空気の抵抗を無視してきたが，雨滴やパラシュートの落下運動のように，空気の抵抗が無視できない場合を考える。

例えば，雨滴が100mの高さから重力だけを受けて落下したとすると，地上に達したときの速さは $v = \sqrt{2gh} = \sqrt{2 \times 9.8 \times 100} \fallingdotseq 44$ m/s となるはずであるが，実際は大粒の雨でも 10m/s 程度である。これは，雨滴が重力のほかに空気から，速さが増すにつれて大きくなるような抵抗力を受けるからである。

2 終端速度 空気の抵抗は物体の形や大きさに関係するが，球の場合，この抵抗力 R は実験によって詳しく調べられている。球の大きさが小さく，速度が大きくない範囲では，抵抗力 R は速さ v に比例する。

$$R = kv \qquad (k \text{ は比例定数}) \tag{1·67}$$

k は空気の状態(温度，湿度など)や球の大きさによって定まる定数である。質量 m の球が落下する場合，球には鉛直下向きの重力 mg と，鉛直上向きの抵抗力 $R = kv$(抵抗力の向きは運動の向きと逆向き)がはたらき，それらの合力 $mg - kv$ で加速度 a の運動をする。したがって，運動方程式は

$$ma = mg - kv \tag{1·68}$$

となる。球の初速度を 0，落下し始めてからの時間を t とすると，$t = 0$ のとき $v = 0$ であるから，このとき上式は $a = g$ となり，初めは重力加速度 g で落ち始めることがわかる。また，上の式から v がしだいに大きくなるにしたがって，a がしだいに小さくなっていくこともわかる。その後，ついに，$mg - kv = 0$ を満たす v の値

$$v_f = \frac{mg}{k} \tag{1·69}$$

になると $a = 0$ となり，一定の速度 v_f で落下するようになる。この v_f を **終端速度** という。図1-62(b)は v_f に達するまでの v–t 図である。この曲線の接線の傾きが加速度を表している。雨滴は地上に達するまでには，終端速度に達しているとみなしてよい。

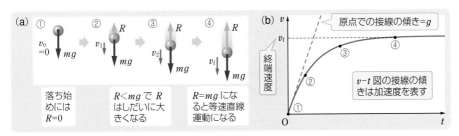

▲図1-62 雨滴の速度と空気の抵抗力の変化

6 剛体にはたらく力のつりあい

A 質点と剛体

1 質点 物体の大きさがその運動に直接関係していないとき，その物体は質量をもつが，大きさを考えない1つの点として取り扱われる場合が多い。この大きさを考えない物体を**質点**という。

太陽のまわりを回転する惑星(地球など)の公転運動を考えるような場合，太陽も惑星もそれぞれ1つの質点として取り扱うことができる。しかし，自転運動などを考えるときは，大きさを無視できないので質点として取り扱うことはできない。

（補足）いままで学んできた運動物体は，すべて質点として取り扱ってきた。

2 剛体 物体に力が加わると，物体は多少とも変形する。力が加わっても変形しない理想的な物体を考え，これを**剛体**という。物体の大きさが運動に関係し，力による変形があまり関係しないとき，その運動の本質をとらえるために物体を剛体として取り扱うことが多い。

剛体の静止あるいは運動を扱うときには，質点のときには現れなかった概念が登場する。例えば，力のモーメント(→ p.69)や偶力(→ p.76)や重心(→ p.77)がそれである。

（補足）**弾性体** つる巻きばねのように，力による変形が大きく，これを対象とする場合の物体を**弾性体**という。

B 剛体にはたらく力

図1-63(a)のように，力 $\vec{F}$ が点Aにはたらいている場合を考える。

ここで，同図(b)のように，$\vec{F}$ の作用線上の別の点Bに $\vec{F}$ と同じ大きさ・向きの力 $\vec{F'}$ を，さらに点Aに $-\vec{F'}$ を加えても，これらの2力は大きさと作用線が等しく，互いに逆向きのため，力の効果は変わらない。

このとき，点Aでは，$\vec{F}$ と $-\vec{F'}$ が打ち消しあうので，剛体には $\vec{F'}$ だけがはたらいているのと同じになり(同図(c))，力の作用点が点Aから点Bに移動したことになる。

したがって，**剛体にはたらく力をその作用線上で移動させても，その効果は変わらない**といえる。

剛体に力をはたらかせるとき，その効果は，**力の大きさ**，**作用線(方向)**，**向き**によって決まる。これらを**剛体にはたらく力の3要素**という。

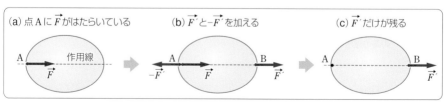

(a) 点Aに $\vec{F}$ がはたらいている　　(b) $\vec{F}$ と $-\vec{F}$ を加える　　(c) $\vec{F'}$ だけが残る

▲図1-63　剛体にはたらく力の移動

剛体にはたらく力

剛体にはたらく力を作用線上で移動させても，その効果は変わらない

C 力のモーメント

図1-64のように，一様な棒をその中点 O を支点(支える点)として，そのまわりに鉛直面内で回転できるようにしておく。支点の両側におもりを下げて，鉛直下向きの力を加える。おもりの質量とつるす位置をいろいろ変えて調べると，同図(a)のように，力の大きさと O から作用線までの距離の積が O の両側で等しければ棒は動かない。

同図(b)のように，O の両側で違えば大きい値をもつほうへ回転する。同図(c)のように，力の作用線が平行でない場合でも，力の大きさと O から作用線までの距離の積が，O の両側で等しければ棒は動かない。

このように，剛体に力 $\vec{F}$ がはたらいているとき，F と，ある点 O からこの力の作用線までの距離 l の積 Fl は，剛体を点 O のまわりに回転させようとする能力を表している。この積 Fl を点 O のまわりの**力のモーメント**といい，式で表すと(1・70)式のようになる。

重要 1-8

力のモーメント

$$M = Fl \qquad (1 \cdot 70)$$

符号：反時計回りを正とすると，時計回りは負

力のモーメントの単位は**ニュートンメートル**(記号 **N·m**)である。

力のモーメントの符号は，回転の向きが反時計回り(左回り)のときを正とすると，時計回り(右回り)のときは負として考える。本書では，特に断りのない限り，反時計回りを正とする。反時計回りのモーメントの和と，時計回りのモーメントの和が等しければ剛体は回転しないから，加わっているすべての力のモーメントの符号を含めた和(代数和)が 0 であれば回転しない。

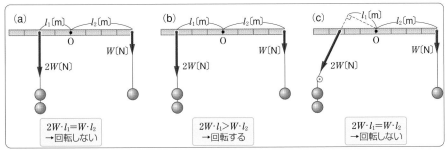

▲ 図1-64 力のモーメント

一様な棒の中点 O を支点とし，図(1)，(2)，(3)のように棒の両側に力を加えた。棒の1目盛りは 0.20 m である。

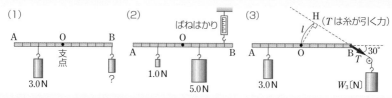

(1) 棒を水平に保つには，棒の右端 B に重さ何 N のおもりをつるせばよいか。

(2) 棒の右側を図の位置でばねはかりを用いてつり，棒を水平に保つ。はかりの目盛りは何 N を示すか。

(3) 軽い糸の一端に重さ W_3 〔N〕のおもりをつけ，滑車を経て他端を棒の右端に水平と 30° の角度でつないだところ，棒は水平に保たれた。おもりの重さ W_3 〔N〕の値を数値で示せ。

考え方 それぞれ，反時計回り・時計回りの力のモーメントを求め，それらの符号を含めた和を 0 とおく。

解答 (1) おもりの重さを W_1 〔N〕とすると，反時計回りの力のモーメント M_1 は
$$M_1 = 3.0 \times 0.20 \times 3 = 1.8 \, \text{N·m}$$
時計回りの力のモーメント M_2 は
$$M_2 = -W_1 \times 0.20 \times 6 = -1.2 W_1 \, \text{〔N·m〕}$$
回転しない条件 $M_1 + M_2 = 0$ より $1.8 - 1.2 W_1 = 0$
ゆえに $W_1 = \mathbf{1.5 N}$

(2) はかりの示す目盛りを W_2 〔N〕とし，(1)と同様に M_1, M_2 を求めると
$$M_1 = 1.0 \times 0.20 \times 3 + W_2 \times 0.20 \times 5 = 0.6 + W_2 \, \text{〔N·m〕}$$
$$M_2 = -5.0 \times 0.20 \times 2 = -2.0 \, \text{N·m}$$
$M_1 + M_2 = 0$ より $0.6 + W_2 - 2.0 = 0$
ゆえに $W_2 = \mathbf{1.4 N}$

(3) (1)と同様に
$$M_1 = 3.0 \times 0.20 \times 4 = 2.4 \, \text{N·m}$$
糸が引く力 T の作用線に O から下ろした垂線 OH の長さを l〔m〕とすると
$$l = \text{OB} \sin 30° = 0.20 \times 6 \times \frac{1}{2} = 0.60 \, \text{m}$$
また，糸が引く力 $T = W_3$ である。
時計回りの力のモーメント $M_2 = -Tl = -W_3 \times 0.60 = -0.60 W_3$ 〔N·m〕
$M_1 + M_2 = 0$ より $2.4 - 0.60 W_3 = 0$ ゆえに $W_3 = \mathbf{4.0 N}$
〔注〕 $M_2 = -W_3 \sin 30° \cdot \text{OB}$ としてもよい。

1 並進運動と回転運動　どのような複雑な剛体の運動も，2つの基本的な運動すなわち
並進運動 と **回転運動** を組みあわせたものになっている。

　並進運動とは，図1-65(a)のように，剛体が向きを変えないで(回転しないで)，全体として
の位置を変える場合で，剛体内に引いた任意の線分はすべて平行に移動する。

　回転運動とは，同図(b)のように，剛体が1つの軸のまわりに向きを変える(軸を中心に
して回転する)ことである。したがって，剛体内にその軸と交わるように引いた線分はすべ
てその軸のまわりに回転する。

　剛体の一般の運動では，同図(c)のように，全体としての位置も向きも変わり，並進運動
と回転運動とが組みあわさって起こる。この場合は，剛体内の1点に着目し，その点の運
動とその点のまわりの回転とに分けて考えることができる。

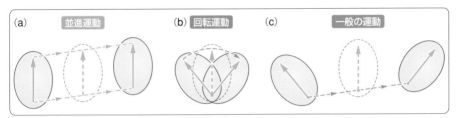

▲図 1-65　並進運動・回転運動と一般の運動

2 剛体にはたらく力のつりあい　物体にいくつ
かの力がはたらいても，物体の運動状態(静止も含
めて)が変わらないとき，はたらいた力の合力は0で
あることを学んだ。これは，物体の大きさについて
は考慮しないで，例えば，静止物体がある方向に動
き出さないための条件として得た結果である。しか
し，剛体を取り扱うときは，剛体自身の回転運動が
ない，という条件も必要になる。すなわち，任意の
点のまわりの力のモーメントの総和 $M = 0$ である。

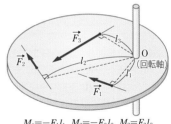

$M_1 = -F_1 l_1,\ M_2 = -F_2 l_2,\ M_3 = F_3 l_3$
$M_1 + M_2 + M_3 = 0$

▲図 1-66　剛体のつりあい

　したがって，剛体にはたらく力のつりあいの条件は，次の(1)，(2)の2項となる。

(1)　**剛体にはたらくすべての力の合力 $\vec{F}$ は $\vec{0}$ である。**

$$\vec{F} = \vec{F_1} + \vec{F_2} + \vec{F_3} + \cdots\cdots = \vec{0} \tag{1・71}$$

　力を x 成分，y 成分で表せば $\begin{cases} F_x = F_{1x} + F_{2x} + F_{3x} + \cdots\cdots = 0 \\ F_y = F_{1y} + F_{2y} + F_{3y} + \cdots\cdots = 0 \end{cases}$

(2)　**任意の点のまわりの力のモーメントの和 M は 0 である。**

$$M = M_1 + M_2 + M_3 + \cdots\cdots = 0 \tag{1・72}$$

CHART 11 ⭐Point

条件②は，(1·74)式が任意の点で成りたたなければ満たされないが，実際には（条件①が満たされていれば），どこか1点で(1·74)式が成りたつだけで条件②は満たされる。

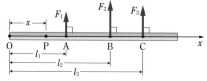

図のように，棒に垂直な3力 F_1, F_2, F_3（上向きを正）を棒上の点 A，B，C にそれぞれ加える。原点 O から右向きに距離 x だけ離れた，点 P のまわりの3力のモーメントの和 M_P は

$$M_P = F_1(l_1 - x) + F_2(l_2 - x) + F_3(l_3 - x)$$
$$= F_1 l_1 + F_2 l_2 + F_3 l_3 - (F_1 + F_2 + F_3)x$$

合力 $F = F_1 + F_2 + F_3 = 0$　のとき

$$M_P = F_1 l_1 + F_2 l_2 + F_3 l_3$$

したがって，3力の合力 F が 0 のとき，M_P は P の位置 x によらない。

一般に，剛体にはたらく力がつりあう場合，ある点のまわりで力のモーメントの和が 0 になれば，どの点のまわりでも力のモーメントの和は 0 になる。

CHART 11 😊 知っていると便利

条件①から，$\vec{F_1}$ と $\vec{F_2}$ の合力と $\vec{F_3}$ は大きさが等しく逆向きである。よって，この2力の作用線が一致しなければ，偶力となり（→ p.76），回転を始める。

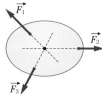

📖 **問題学習 ····· 32**

図で，OA は重さの無視できる棒で，A 端はちょうつがいで壁にとりつけられ，O 端には重さ W のおもりがつるしてある。図のように糸 OB で棒 OA を引っぱって支えた。このときの糸が引く力（張力）の大きさ T，棒の端 A が壁から受ける抗力の大きさ R，およびその向き θ（水平方向となす角）を求めよ。

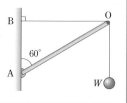

考え方 すべての力の合力＝0（水平成分，鉛直成分の和＝0）と，力のモーメントの和＝0 の式を立てる（→ **CHART 11**）。別解のように3つの力の作用線が1点で交わることを用いる方法もある（→ **CHART 11** — 🕒 知っていると便利）。

解答 端Aが受ける抗力の向きがわからなくても解ける，一般的な解き方

棒OAの長さを a とすると

$$AB = a \sin 30° = \frac{1}{2}a$$

$$OB = a \cos 30° = \frac{\sqrt{3}}{2}a$$

力の水平成分，鉛直成分の和＝0 より

$$R_x - T = 0 \quad （右向きを正）$$

$$R_y - W = 0 \quad （上向きを正）$$

ここで，抗力 $\vec{R}$ の水平，鉛直成分をそれぞれ R_x, R_y とした。

点Aのまわりの力のモーメントについて，力のモーメントの和＝0 より

$$T \times \frac{1}{2}a - W \times \frac{\sqrt{3}}{2}a = 0$$

ゆえに $T = \sqrt{3}W$ よって $R_x = T = \sqrt{3}W$, $R_y = W$ より

$$R = \sqrt{{R_x}^2 + {R_y}^2} = 2W \qquad \tan\theta = \frac{R_y}{R_x} = \frac{1}{\sqrt{3}} \quad より \quad \theta = 30°$$

〔注〕 この結果（$\theta = 30°$）から，抗力の作用線の方向は棒の方向と一致する。したがって，次の別解のように解いてもよい。

〔別解〕 端Aが受ける抗力の作用線が点Oを通ることがわかった場合の解き方

棒が回転しないためには，3つの力の作用線が1点で交わらなければならない。よって，抗力の作用線は点Oを通り，$\theta = 30°$ となる。

力のつりあいの式を水平，鉛直方向についてそれぞれ立てると

$$R \cos 30° - T = 0$$

$$R \sin 30° - W = 0$$

ゆえに $R = 2W$, $T = \sqrt{3}W$

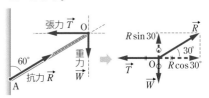

問題学習 …… 33

重さ W の一様な棒ABを，水平であらい床と鉛直でなめらかな壁の間に，水平から θ の角をなすように立てかけた。ただし，重力は棒の中点にはたらき，棒と床の間の静止摩擦係数を μ とする。

(1) 棒が静止しているとき，棒の端Bが床から受ける抗力 R の大きさを求めよ。

(2) 棒がすべりださないためには $\tan\theta$ がいくら以上であればよいか。

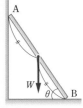

考え方 前問と同じように解法を進めればよい。摩擦力の公式の使い方は 62 ページの **CHART 10**—☆Point2　すべりださない条件：$F \leqq \mu N$

解答 (1) 棒の A 端が受ける力は壁からの垂直抗力 N_A，
B 端が受ける力は床に斜め上方に抗力 R である。抗
力 R は垂直抗力 N_B と静止摩擦力 F に分解して考え
る。棒の長さを $2a$ とする。

力の水平成分の和・鉛直成分の和＝0　より
$$N_A - F = 0, \quad N_B - W = 0$$

点 B のまわりの力のモーメントの和＝0　より
$$W \cdot a \cos\theta - N_A \cdot 2a \sin\theta = 0$$

これらの式より　$F = N_A = \dfrac{W}{2\tan\theta}$

$$N_B = W$$

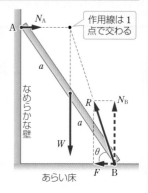

作用線は 1 点で交わる

なめらかな壁

あらい床

ゆえに　$R = \sqrt{F^2 + N_B^2} = \sqrt{\dfrac{W^2}{4\tan^2\theta} + W^2} = \dfrac{W}{2\tan\theta}\sqrt{1 + 4\tan^2\theta}$

〔別解〕　点 A のまわりの力のモーメントの和＝0　より
$$N_B \cdot 2a \cos\theta - W \cdot a \cos\theta - F \cdot 2a \sin\theta = 0$$

$N_B = W$ であるから　$F = \dfrac{W}{2\tan\theta}$　この F を $R = \sqrt{F^2 + N_B^2}$ に代入すれ
ば，上記と同様に R が得られる。

〔注〕　点 A，B，どの点で式を立ててもよい（→ **CHART 11**—☆Point）。

(2) $F \leqq \mu N_B$　より　$\dfrac{W}{2\tan\theta} \leqq \mu W$　よって　$\tan\theta \geqq \dfrac{1}{2\mu}$

E 剛体にはたらく力の合力

　剛体にはたらく力が1つの平面上にあるときは，ベクトルの合成法により合力を求める
ことができる。

1 平行でない2力の合力　平行でない2力 $\vec{F_1}$，$\vec{F_2}$ が1つの平面上で点 A，B にそれぞれ
はたらくときは，図1-67のように，これらを作用線の交点 O まで移動して，平行四辺形
の法則により合力 $\vec{F}$ を求めることができる。

　このとき，1つの力 $\vec{F}$ の剛体へのはたらきの効
果は，2力 $\vec{F_1}$，$\vec{F_2}$ のはたらきの効果と同じになる。
$\vec{F}$ を作用線上で移動して力の作用点を点 C にとる
と，点 A，B にそれぞれ $\vec{F_1}$，$\vec{F_2}$ の力がはたらくか
わりに，点 C に $\vec{F}$ の力が1つはたらくと考えて
よいことになる。

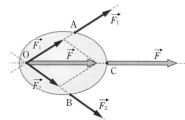

▲図1-67　平行でない2力の合力

74　第1編　●力と運動

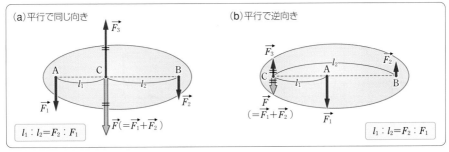

（a）平行で同じ向き

$\vec{F_3}$

A　C　B
l_1　　l_2

$\vec{F_1}$　　　　$\vec{F_2}$

$\vec{F}(=\vec{F_1}+\vec{F_2})$

$l_1 : l_2 = F_2 : F_1$

（b）平行で逆向き

$\vec{F_3}$　l_2　　$\vec{F_2}$

C　　A　　B
l_1

$\vec{F}$
$(=\vec{F_1}+\vec{F_2})$

$\vec{F_1}$

$l_1 : l_2 = F_2 : F_1$

▲図1-68　平行な2力の合力(1)

2 平行な2力の合力　図1−68のように，剛体に平行な2力$\vec{F_1}$，$\vec{F_2}$がはたらいている場合は，これらの2力の作用線は交わらないから，**1**の方法で合成することはできない。したがって，次のような方法で合力を求める。

(1) **力のモーメントによる方法**　図1−68(a)のように，同じ向きの2力$\vec{F_1}$，$\vec{F_2}$がはたらいているとき，この2力とつりあう力を$\vec{F_3}$とすると，合力$\vec{F}$の大きさは$\vec{F_3}$の大きさと同じで$F_1 + F_2$となり，向きは同じ作用線上で逆向きになる。また，つりあいの位置を点Cとすると，点Cのまわりの力のモーメントの和について　$F_1 l_1 - F_2 l_2 = 0$となり，点Cは　$l_1 : l_2 = F_2 : F_1$　となる位置にある。すなわち，合力$\vec{F}$の作用線は線分ABを力の大きさの逆比に内分する。

同図(b)のように，逆向きの2力$\vec{F_1}$，$\vec{F_2}$($F_1 > F_2$とする)がはたらいているとき，この2力とつりあう力を$\vec{F_3}$とすると，$F_1 > F_2$より上向きとなる($F_1 < F_2$であれば下向き)。また，$\vec{F_3}$の作用線が点Aの右側にあると，剛体は回転し始めつりあわなくなるので，作用線は点Aの左側になければならない。合力$\vec{F}$の大きさは$\vec{F_3}$の大きさと同じで$F_1 - F_2$となり，向きは同じ作用線上で逆向きになる。また，つりあいの位置を点Cとすると，点Cのまわりの力のモーメントの和について　$-F_1 l_1 + F_2 l_2 = 0$　となり，点Cは　$l_1 : l_2 = F_2 : F_1$　となる位置にある。すなわち，合力$\vec{F}$の作用線は線分ABを力の大きさの逆比に外分する。

(2) **作図による方法**　次ページ図1−69のように，2力$\vec{F_1}$，$\vec{F_2}$の作用点A，Bに，ABを作用線とする2力$\vec{f}$，$-\vec{f}$をそれぞれ加え($\vec{f}$と$-\vec{f}$はつりあう2力なので剛体に影響を与えない)，$\vec{F_1}$と$\vec{f}$の合力$\vec{R_1}$と$\vec{F_2}$と$-\vec{f}$の合力$\vec{R_2}$を求める。$\vec{R_1}$，$\vec{R_2}$をそれらの作用線の交点Oまで移動し，点Oで$\vec{R_1}$，$\vec{R_2}$を合成する。$\vec{f}$と$-\vec{f}$とは打ち消しあうから，$\vec{R_1}$と$\vec{R_2}$の合力$\vec{F}$は$\vec{F_1}$と$\vec{F_2}$の合力で，大きさは$F_1 + F_2$で$\vec{F_1}$，$\vec{F_2}$と平行である。
△OACと赤い三角形の相似により

　　$OC : l_1 = F_1 : f$

したがって

　　$F_1 l_1 = OC \cdot f$

また△OBCと青い三角形の相似により

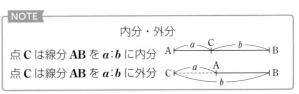

NOTE

内分・外分

点Cは線分**AB**を$a:b$に内分　A ⊢a C b⊣ B

点Cは線分**AB**を$a:b$に外分　C⊢ a A ⊣ B　　b

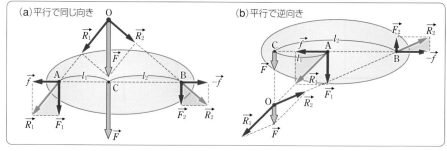

▲ 図 1-69 平行な 2 力の合力 (2)

OC : $l_2 = F_2 : f$ したがって $F_2 l_2 = $ OC$\cdot f$ 以上より $F_1 l_1 = F_2 l_2$ すなわち
$l_1 : l_2 = F_2 : F_1$ となり，力のモーメントによる方法と同じ結果が得られる。

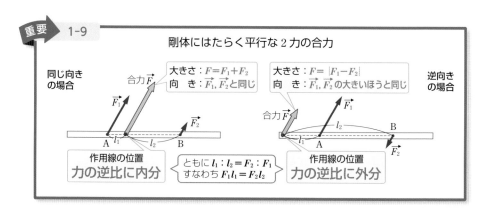

重要 1-9

剛体にはたらく平行な 2 力の合力

同じ向き
の場合

大きさ：$F = F_1 + F_2$
向　き：$\vec{F_1}, \vec{F_2}$ と同じ

大きさ：$F = |F_1 - F_2|$
向　き：$\vec{F_1}, \vec{F_2}$ の大きいほうと同じ

逆向き
の場合

合力 $\vec{F}$

作用線の位置
力の逆比に内分

ともに $l_1 : l_2 = F_2 : F_1$
すなわち $F_1 l_1 = F_2 l_2$

作用線の位置
力の逆比に外分

F 偶力

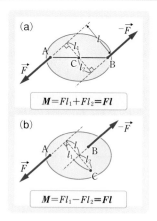

(a)

$$M = Fl_1 + Fl_2 = Fl$$

(b)

$$M = Fl_1 - Fl_2 = Fl$$

▲ 図 1-70 偶力

　平行で逆向きの大きさの等しい 2 力が剛体にはたらく
ときは（図 1-70），線分 AB を外分する点は無限の遠方に
あり，この 2 力を合成することはできない。したがって，
このような 2 力を 1 対のものと考えて**偶力**という。

　偶力の作用線間の距離を l とし，AB 上の点 C から各
作用線に下ろした垂線の長さを l_1，l_2 とする（同図(a)）。
C を剛体の回転軸とすると，**偶力のモーメント**は次のよ
うに表される。

$$M = Fl_1 + Fl_2 = F(l_1 + l_2) = Fl \qquad (1\cdot75)$$

回転軸を別の位置にとっても，偶力のモーメントは Fl で
変わらない。偶力は剛体を回転させるはたらきをもつが，
位置を移動させるはたらきはもたない。

図のように，力の作用点間(AB)の距離を 0.60 m にし，AB と 30°
の角度をなす方向に，力の大きさが 1.2 N の偶力を剛体に加えた。
偶力のモーメントはいくらか。

解答 偶力による剛体の回転の向きは時計回りである。

$$M = -Fl = -1.2 \text{(N)} \times \text{AB} \sin 30° \text{(m)}$$
$$= -1.2 \times 0.60 \times \frac{1}{2} \text{N·m} = \mathbf{-0.36 \, N·m} \quad (時計回りで 0.36 N·m)$$

重物 G 重心

1 重心の座標　重さ W〔N〕の剛体を小部分に分割し，各
部分の重さ(重力)をそれぞれ W_1, W_2, W_3, ……, W_i〔N〕
とすると，これらの重力はすべて鉛直下向きの平行な力と
なる。同じ向きに平行な 2 力の合成の方法(→ p.75)を順次
行って，これらを合成していくと鉛直下向きの 1 つの力と
なる。この重力の合力の大きさは W〔N〕で，その作用点 G
を剛体にはたらく重力の中心点と考え，剛体の**重心**という。
物体を質点として取り扱うときは，物体の各部分の質量が
すべて重心に集まっているとして，通常，重心を 1 つの質
点におきかえる。そのため，重心のことを**質量中心**ともいう。

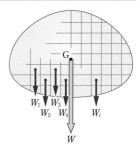

▲図 1-71　剛体の重心

　剛体の重心の位置(重力の作用点)を求めるために，まず軽い棒で連結した質量 m_1, m_2
〔kg〕の 2 つの小物体について考えよう。

　これらの小物体は，水平な x 軸上の点 A(x_1)，点 B(x_2)にあるとする。小物体にはたらく
重力 $m_1 g$, $m_2 g$〔N〕は鉛直下向きに平行である。これら 2 力の合力の大きさは
$(m_1 + m_2) g$〔N〕で，作用点は 2 力が線分 AB を $m_2 : m_1$ に内分する点 C(x_G)となる。
すなわち　$m_1 g(x_G - x_1) = m_2 g(x_2 - x_G)$

　したがって，点 C で鉛直上向きの大きさ $(m_1 + m_2) g$〔N〕の力で棒を支えると，これら 3
力($m_1 g$, $m_2 g$, 上向き $(m_1 + m_2) g$〔N〕)の合
力は 0 となり，鉛直方向の力はつりあう。

　点 C のまわりの力のモーメントは
$m_1 g(x_G - x_1) - m_2 g(x_2 - x_G) = 0$　となり，
回転に対してもつりあっている。したがって，
作用点 C の位置は次ページの重要の(1・76)式
で表される。

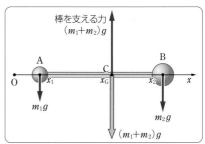

▲図 1-72　2 物体の重心

これが，２物体の重心の位置を求める式である。

　xy平面上にある２物体の重心の座標を求めるときは，x座標，y座標ごとに(1・76)式を用いる(図1−73)。さらに，いくつかの小物体からなる物体系の重心の座標を求めるときは，２物体の重心を求める操作をくり返していけばよい。したがって，重心に関する一般の式は(1・77)式，(1・78)式のようになる。

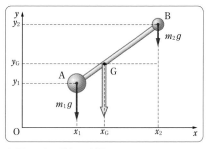

▲図1-73　重心の座標

重要　1-10

重心の位置の式

$$\text{2物体：} \quad x_G = \frac{m_1 x_1 + m_2 x_2}{m_1 + m_2} \tag{1・76}$$

一般式 $\begin{cases} x_G = \dfrac{m_1 x_1 + m_2 x_2 + m_3 x_3 + \cdots}{m_1 + m_2 + m_3 + \cdots} & (1・77) \\[3mm] y_G = \dfrac{m_1 y_1 + m_2 y_2 + m_3 y_3 + \cdots}{m_1 + m_2 + m_3 + \cdots} & (1・78) \end{cases}$

2 重心の位置　一様な棒の重心は中点にあり，一様な円板や球の重心は中心にある。対称軸のある物体の重心は，その対称軸上にある。

　また，重心は必ずしも物体内にあるとは限らない。例えば，ドーナツ形の一様な円環の重心は円の中心にある(図1−74)。

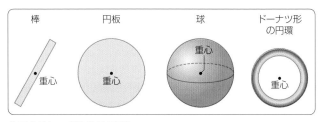

▲図1-74　一様な物体の重心

問題学習 ⋯⋯ 35

(1) 軽い長さ 1.0m の棒 AD の A 端に質量 0.40kg，A 端から 0.24m の点 B に 0.60kg，0.60m の点 C に 0.80kg，D 端に 1.0kg のおもりを固定した。おもりを固定した棒の重心の位置を求めよ。

(2) 図のような，厚さの一様な五角形の板の重心の位置を求めよ。

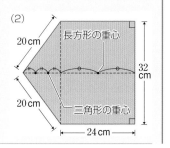

考え方 (2) 対称軸のある物体の重心は，その対称軸上にある。

解答 (1) A端を原点とする重心の座標を x_G〔m〕とすると

$$x_G = \frac{0.40 \times 0 + 0.60 \times 0.24 + 0.80 \times 0.60 + 1.0 \times 1.0}{0.40 + 0.60 + 0.80 + 1.0} = \frac{1.624}{2.8} = \mathbf{0.58\,m}$$

〔別解〕 右図のように，A端から重心Gまでの距離を x〔m〕とする。Gのまわりについて，力のモーメントの和は0だから，重力加速度の大きさを省略して式を立てると

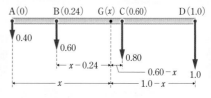

$$0.40x + 0.60(x - 0.24) - 0.80(0.60 - x) - 1.0(1.0 - x) = 0$$

ゆえに $x = \mathbf{0.58\,m}$

(2) 三角形OADの面積は $\dfrac{1}{2} \times 32 \times 12 = 192\,cm^2$
長方形ABCDの面積 $24 \times 32 = 768\,cm^2$
したがって，重さはそれぞれ W，$4W$ と表される。
Oから各重心 G_1，G_2 までの距離は 8cm，24cmで，全体の重心までの距離 x〔cm〕は

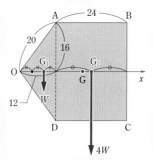

$$x = \frac{W \times 8 + 4W \times 24}{W + 4W} = \mathbf{21\,cm}$$

3 重心の運動 大きさのある物体の運動では，一般に物体の回転も考える必要がある。一見複雑な運動に見えても，物体の重心に注目してみると，単純な運動をしていることがある(図1-75)。

重心

▲図1-75 三角定規の放物運動

H 転倒しない条件

あらい水平面上に直方体の物体を置き，水平方向に引くときのことを考えてみよう(図1-76)。

物体には引く力のほかに重力と床からの抗力がはたらいている。物体が静止しているとき，これらの3力はつりあいの条件を満たしており，引く力と重力の合力 $\overrightarrow{F_1}$ と抗力 $\overrightarrow{F_2}$ が同じ大きさで同一作用線上にある。つまり，抗力 $\overrightarrow{F_2}$ の作用点は，$\overrightarrow{F_1}$ の作用線が物体の下面ABと交わる点Pになる。

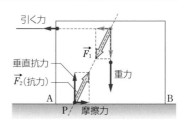

▲図1-76 あらい面上の直方体を水平に引く

では，水平に引く力を大きくしていくとどうなるだろうか。

しだいに点Pの位置は左に移動し，やがて点Aに達する（図1-77 ⓐ）。さらに引く力を大きくすると，$\vec{F_1}$の作用線は物体の下面ABをはみ出す（同図ⓑ）。このとき，抗力$\vec{F_2}$の作用点は物体の外にはみ出すことはできないので，点Aにある。つまり，$\vec{F_1}$と$\vec{F_2}$は同じ大きさではあるが同一作用線上にはなく，つりあっていない。したがって，物体は点Aのまわりに回転し始め，転倒する。

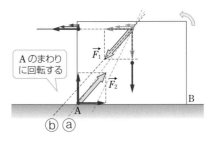

▲ 図1-77 　直方体が転倒しない条件

なお，$\vec{F_1}$の作用線が点Aに達する前に引く力が最大摩擦力より大きくなると，物体は倒れることなく，その時点で水平面上をすべり始める。

📖 問題学習 ⋯⋯ 36

図のように，あらい水平面上に，質量m〔kg〕の一様な直方体を置き，水平面からの高さh〔m〕の点Oにつけたひもで水平方向に引く。ただし，直方体と水平面との間の静止摩擦係数をμ_0，重力加速度の大きさをg〔m/s^2〕とする。

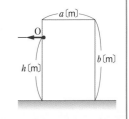

(1) 引く力を大きくしていくと，引く力の大きさがF_0〔N〕をこえた直後に，直方体は倒れずに水平面上をすべり始めた。このときのひもの引く力F_0を求めよ。

(2) 静止摩擦係数がある値以上であれば，直方体はすべり始める前に傾き始める。静止摩擦係数μ_0の範囲を求めよ。

考え方▶ (2) 引く力を大きくしていって，直方体が傾き始める直前，抗力の作用点は図の点Aにあり，点Aのまわりの力のモーメントの和M〔N・m〕は0となっている。

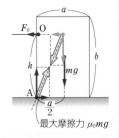

最大摩擦力 $\mu_0 mg$

解答 (1) 引く力が最大摩擦力より大きくなると，直方体は水平面上をすべり始める。したがって　$F_0 = \mu_0 mg$ **(N)**

(2) 直方体が傾き始めるとき，点Aのまわりの力のモーメントの和M〔N・m〕は0となるから

$$M = F_0 \times h - mg \times \frac{1}{2}a = 0 \qquad \text{よって} \quad F_0 = \frac{mga}{2h}$$

また，このときF_0の大きさは最大摩擦力以下であればよい。したがって　$F_0 \leqq \mu_0 mg$　より

$$\frac{mga}{2h} \leqq \mu_0 mg \qquad \text{ゆえに} \quad \mu_0 \geqq \frac{a}{2h}$$

第3章

仕事と力学的エネルギー

1 仕事
2 運動エネルギー
3 位置エネルギー
4 力学的エネルギーの保存

1 | 仕事

基礎 ## A 仕事

物体に一定の大きさ F の力がはたらいて，加えている力の向き（一直線上）に物体が距離 x 移動したとき，**力 F と移動距離 x との積 Fx** を，この力が物体にした**仕事 W** という（図 1-78(a)）。

$$W = Fx \tag{1·79}$$

注意 力 F は物体が距離 x 移動している間，常にはたらいていなければならない。力 F が取り除かれ，物体がいままでの運動の慣性（惰性）で動く場合は，この移動距離は仕事の計算に入れてはいけない。

力 F も移動距離（変位）x もともにベクトルである。したがって，物体の移動する向きを正の向きとすれば，両者が同じ向きのとき，同一直線上のベクトルであるから，その成分の積である仕事 W は正の値をとる（同図(b)）。しかし，**力と変位が反対向きのとき** 力の成分は $-F$ であり，仕事 $W = -Fx$ となる（同図(c)）。このときの**力は負（−）の仕事をした**ことになる。仕事の量は方向・向きをもたないスカラー量であるから，負（−）の値をとることは常識的に考えて理解しにくい。

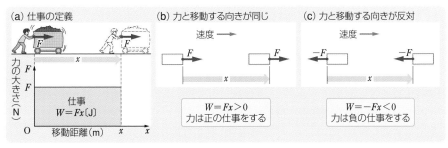

(a) 仕事の定義

(b) 力と移動する向きが同じ

$W = Fx > 0$
力は正の仕事をする

(c) 力と移動する向きが反対

$W = -Fx < 0$
力は負の仕事をする

▲ 図 1-78 一定の力がする仕事

これは，本来力が物体にはたらけば，物体はその向きに移動すべきところを，反対向きに移動してしまったことを意味する。例えば，あらい水平面上で物体を初速度 v_0 ですべらせたとき，物体は摩擦力 $-F$ の力によって距離 x だけ進んで止まる。このとき，摩擦力は物体の運動に逆らうような仕事をしたことになる。また，力 F を物体に加えても**物体が移動しないときは，力は仕事をしていない**ことになる。仕事の単位は力と長さの単位の積で表される。1N の力がはたらいて，物体がその向きに 1m 移動したとき，この力のした仕事を単位の仕事量として 1 **ジュール**（記号 **J**）という。すなわち　　$1J = 1N \cdot m$

問題学習 ····· 37

物体に 15N の力を加えて，その向きに 4.0m 動かすとき，その力のした仕事はいくらか。

解答　$W = Fx$　から　$W = 15 \times 4.0 = 60N \cdot m = 60J$

B　力の向きと仕事

　模型の電車を直線軌道上に置き，電車にひもをつけて軌道の向きに引くと電車はスムーズに動きだす。しかし，ひもを軌道と直角の向きに引くと電車は動かない。軌道の向きに引く力を F_1，軌道と直角に引く力を F_2 とすると，力 F_1 は電車を動かして仕事をするが，力 F_2 はこの力をはたらかせても電車は軌道上を動かないから仕事をしない。このことから，物体を移動させる仕事をする力は，その移動の向きの力で，移動の向きと垂直な力は仕事をしないことがわかる。

　軌道と θ の角をなす向きに F〔N〕の力で引くときのことを考えてみよう。

　力 F は軌道方向の分力（成分）F_x と，これに垂直な方向の分力 F_y に分解できる（図1−79）。軌道と同じ向きの F_x は電車を軌道上で動かすはたらきをし，軌道と直角の向きの F_y は軌道の向きに電車を動かすはたらきをしない。したがって，この F〔N〕の力によって電車が軌道上を x〔m〕移動したとき，力 F が電車にした仕事 W〔J〕は，次のように表される。

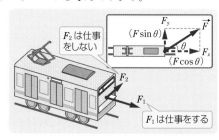

▲ 1-79　力の向きと異なる向きに移動する物体

$$W = F_x \cdot x = F\cos\theta \cdot x = Fx\cos\theta \tag{1·80}$$

$\theta = 0°$ のときは $W = Fx$ となり，(1·79)式と一致する。

　また，$\theta = 180°$ のときは $W = -Fx$ で負の仕事となり，力は電車の進行に逆らうような仕事をしたことになる。$\theta = 90°$ のときは $W = 0$ で，力は仕事をしない。したがって，(1·79)式は(1·80)式の特別な場合に相当する。

　物体にいくつかの力がはたらいているとき，仕事はそれぞれの力について考えることができる。1つ1つの力のする仕事の和は合力のする仕事に等しい。

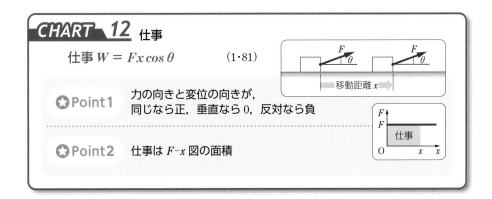

CHART 12 仕事

$$仕事\ W = Fx\cos\theta \qquad (1\cdot81)$$

⭐**Point1** 力の向きと変位の向きが，
同じなら正，垂直なら0，反対なら負

⭐**Point2** 仕事は F-x 図の面積

CHART 12

仕事は，力と変位の向きが同じなら正，垂直なら0，反対なら負になる。

CHART 12 ⭐Point1

$W = Fx\cos\theta$ を正しく適用すれば，あらゆる場合に仕事を正しく求められるが，ほとんどの場合，$W = Fx$ と「垂直なら0，反対なら負」を覚えておけばよい。

力が斜めにはたらく場合も，変位の方向への力の成分 $F\cos\theta$ を考えればよい。

CHART 12 ⭐Point2

一直線上で物体に一定の力をはたらかせ，その力の向きに物体を動かすとき，力 F と物体の位置 x の関係は，下図(a)のように表され，この F-x 図の面積(緑色の部分)は，このときの仕事 $W = Fx$ を表している。

力のする仕事は，力が変化する場合でも，力のはたらく距離を細かな区間に分けてそれぞれの区間の仕事の和として求められ，区間

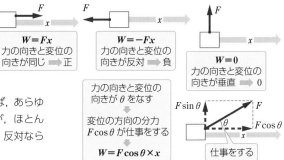

を十分細かくとれば，F-x 図の面積になる。

同図(b)のように力 F の大きさが変化する場合を考えてみよう。同図(b)において，短い距離 $\varDelta x$ の区間での平均の力を $\overline{F}$ とすると，この区間を移動するときの仕事 $\varDelta W = \overline{F}\varDelta x$ は，黄色の細長い長方形の面積で表される。したがって，O から x まで移動する間に力のする仕事は，各区間における細長い長方形の面積の和になる。$\varDelta x$ をきわめて小さくとると，これらの長方形の面積の和は同図(c)の F-x 図の面積(緑色の部分)になることがわかる。

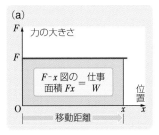

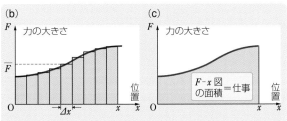

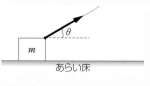

問題学習 ···· 38

図のように，水平であらい床の上に置いた質量 m 〔kg〕の物体に，床と角度 θ をなす向きに力を加えて，これを一定の速さで引く。物体と床との間の動摩擦係数を μ'，重力加速度の大きさを g 〔m/s²〕とし，物体は床から離れないものとする。

あらい床

(1) 加えた力の大きさを求めよ。

(2) 物体が水平に距離 x 〔m〕動くとき，以下の①～④の力のする仕事(それらを，それぞれ W_1 ～ W_4 とする)を求めよ。

① 加えた力　　② 動摩擦力　　③ 重力　　④ 垂直抗力

考え方 一定の速さで引いているので，加える力の大きさは一定であり，動摩擦力と力の水平方向の成分はつりあっている。また，垂直抗力を N とすると，動摩擦力 F' は $\mu'N$ である。

(1) 物体にはたらくすべての力を見つけだし，水平方向・鉛直方向について，つりあいの式を立てる。

(2) **CHART 12**—**✿Point1** より，力の向きと変位の向きが，同じなら正，垂直なら0，反対なら負。

変位の向きに対して力が斜めにはたらく場合は，変位の方向への成分(水平方向の成分) $F\cos\theta$ を考えればよい。

解答 (1) 求める力を F 〔N〕，垂直抗力を N 〔N〕とする。

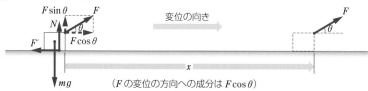

(F の変位の方向への成分は $F\cos\theta$)

物体にはたらく水平方向・鉛直方向の力のつりあいより

水平方向：$F\cos\theta - F' = 0$

鉛直方向：$F\sin\theta + N - mg = 0$

$F' = \mu'N$ であるから，これらの3式より

$$F = \frac{\mu'mg}{\mu'\sin\theta + \cos\theta} \text{ (N)}$$

(2) ① $W_1 = Fx\cos\theta = \dfrac{\mu'mgx\cos\theta}{\mu'\sin\theta + \cos\theta}$（J）

② $W_2 = -F'x = -F\cos\theta \cdot x = -\dfrac{\mu'mgx\cos\theta}{\mu'\sin\theta + \cos\theta}$（J）

③，④ 力の向きと変位の向きが垂直だから　$W_3 = $ **0J**，$W_4 = $ **0J**

傾きの角 30° のあらい斜面上に，質量 2.0kg の物体を
静かに置いた。物体が斜面にそって 5.0m すべりおり
たときについて，以下の問いに答えよ。

ただし，物体と斜面との間の動摩擦係数を 0.30，重
力加速度の大きさを 9.8m/s²，$\sqrt{3} = 1.7$ とする。

(1) 以下の①～③の力のする仕事（それらを W_1～W_3 とする）を求めよ。

　　　① 重力　　② 動摩擦力　　③ 垂直抗力

(2) 物体にはたらく合力のする仕事 W を求めよ。

考え方 　斜面上の物体にはたらく重力を，斜面にそう方向の成分（$mg\sin 30°$）と斜
面に垂直な方向の成分（$mg\cos 30°$）に分解して考える。垂直抗力を N とすると，動摩
擦力 F' は $\mu'N$ である。このとき，$F' = \mu'mg$ としてはいけない。

　$N = mg\cos 30°$ より　$F' = \mu'mg\cos 30°$ である。

(1) **CHART 12**—★**Point1** より，力の向きと変位の向きが，同じなら正，垂直なら
0，反対なら負。

(2) 物体にはたらく力は，垂直抗力，重力，動摩擦力である。垂直抗力の斜面にそう
方向の成分は 0 であるから，斜面にそう方向の合力は，重力の斜面方向の成分－
動摩擦力　である。

解答 (1) 物体の質量を m〔kg〕，垂直抗力を N
〔N〕，動摩擦力を F'〔N〕，移動距離を x〔m〕，
重力加速度の大きさを g〔m/s²〕，動摩擦係
数を μ' とする。

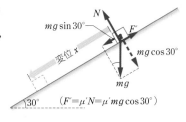

① 　$W_1 = mg\sin 30° \times x$

　　　$= 2.0 \times 9.8 \times \dfrac{1}{2} \times 5.0$

　　　$= \mathbf{49\,J}$

② 　$W_2 = -\mu'N \times x = -\mu'mg\cos 30° \times x$

　　　　$= -0.30 \times 2.0 \times 9.8 \times \dfrac{\sqrt{3}}{2} \times 5.0 ≒ \mathbf{-25\,J}$

③ 　力の向きと変位の向きが垂直だから　$W_3 = \mathbf{0\,J}$

(2) 合力 $F = mg\sin 30° - F' = mg\sin 30° - \mu'N = mg\sin 30° - \mu'mg\cos 30°$

　　よって　合力のする仕事 $W = Fx = mg(\sin 30° - \mu'\cos 30°) \times x$

　　　　　　　　$= 2.0 \times 9.8 \times \left(\dfrac{1}{2} - 0.30 \times \dfrac{\sqrt{3}}{2}\right) \times 5.0$

　　　　　　　　$≒ \mathbf{24\,J}$

〔注〕　$W = W_1 + W_2$　になっている。

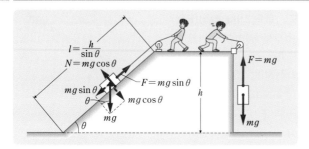

$$l = \frac{h}{\sin\theta}$$
$$N = mg\cos\theta$$
$$F = mg\sin\theta$$
$$F = mg$$
$$mg\sin\theta$$
$$mg\cos\theta$$
$$mg$$
$$mg$$

▲図 1-80　なめらかな斜面にそってする仕事

なめらかな斜面にそって，質量 m〔kg〕の物体を高さ h〔m〕引き上げる場合，物体を引き上げる力のする仕事を考えよう。

斜面の傾角を θ とすると，物体にはたらく重力の斜面方向の分力は $mg\sin\theta$〔N〕となる。この力で物体を斜面にそって引き上げることになるから，鉛直上向きに直接引き上げる場合（mg〔N〕）に比べて，小さい力ですむ。

しかし，高さ h〔m〕引き上げるには，斜面上の移動距離 l〔m〕は $\dfrac{h}{\sin\theta}$〔m〕と長くなり，斜面方向の分力のする仕事 W〔J〕は　$W = F \cdot l = mg\sin\theta \cdot \dfrac{h}{\sin\theta} = mgh$　で，直接引き上げるときと同じ仕事量になる。

すなわち，斜面を利用して物体を上方へ引き上げる場合は小さい力ですむが，移動する距離が長くなり，結局仕事量は同じになる。

物体には斜面からの垂直抗力もはたらくが，これは重力の斜面に垂直な方向の分力とつりあい，また，物体の移動方向と直角の方向であるから，この力は仕事をしない。

物体を重力に逆らって上方に引き上げるとき，機械を使って小さい力で行うことはできるが，仕事で得することはできない。これを **仕事の原理** という。

参考　**単一機械**　斜面，滑車，てこ，歯車，輪軸，ねじ（らせん）などを単一機械という。これらは，小さい力を大きな力に変えるのに使われる（この逆もある）。一般の複雑な機械は，これらの組合せであるといってよい。

補足　**重力に逆らってする仕事**　手で質量 m〔kg〕の物体を支えるとき，物体に mg〔N〕の力を上向きに加えている。この力をわずかに大きくすると，手とともに物体は上方へ静かに動き出すが，それ以後は mg の力をはたらかせると，物体は一定の速さでゆっくり上昇する。

つまり，物体を上方に持ち上げるには，少なくとも重力に等しい力を鉛直上向きに加えなければならない。したがって，物体を高さ h〔m〕だけ手で持ち上げたときに，手が物体にする最小の仕事 W〔J〕は

$$W = mg \cdot h = mgh$$

となる。これが，手が重力に逆らって物体にした仕事である。

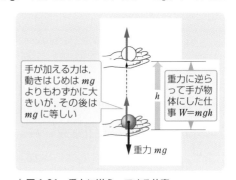

手が加える力は，動きはじめは mg よりもわずかに大きいが，その後は mg に等しい

重力に逆らって手が物体にした仕事 $W = mgh$

重力 mg

▲図 1-81　重力に逆らってする仕事

荷物を運ぶのに，人が持って運ぶより自動車を使えば短時間で運ぶことができる。自動車を利用すれば，同じ仕事をするのに能率がよい。このように，日常生活でも仕事をするのにいくらの時間を要するかが重要になる場合がある。仕事の能率を表すには，1秒間当たりにする仕事の割合を用い，これを **仕事率** という。t〔s〕間に W〔J〕の仕事をするとき，仕事率 P は次の式で表される。

$$P = \frac{W}{t} \tag{1·82}$$

仕事率の単位は，1秒間当たり1Jの仕事をする割合をとり1 **ワット**（記号 **W**）とする。1000W を 1 キロワット（記号 kW）といい，1kW の仕事率で1時間にする仕事を 1 **キロワット時**（記号 **kWh**）という。

1kWh $= 1000$〔W〕$\times 60 \times 60$〔s〕$= \mathbf{3.6 \times 10^6 J}$

物体が F〔N〕の力で，一直線上を速さ v〔m/s〕で進むとき，t〔s〕間に x〔m〕進めば，その速さ v は $v = \frac{x}{t}$〔m/s〕と表される。このとき，力 F のする仕事 W は $F \cdot x$ であるから，仕事率 P〔W〕は次のようになる。

重要 1-11

仕事率

$$P = \frac{W}{t} = \frac{F \cdot x}{t} = Fv \tag{1·83}$$

水面上をモーターボートが，エンジンからの推進力 F〔N〕で一直線上を走っているとき，F がこれと反対向きにはたらく空気や水の抵抗力 F'〔N〕と等しければ，加速度は0で一定の速さ v〔m/s〕で進む。

このとき，エンジンの仕事率は Fv〔W〕である。

問題学習 …… 40

NOTE

仕事率と仕事の単位

⚠ミス注意 仕事率はワット（W = J/s）
仕事はワットアワー（Wh = 仕事率×時間）

質量80kgの荷物を，エレベーターで20mの高さまで運ぶのに4.9秒かかった。エレベーターが重力に逆らって荷物にした仕事の仕事率はいくらか。重力加速度の大きさを9.8m/s²とする。

解答 エレベーターが重力に逆らって荷物にした仕事 W は

$W = mgh = 80 \times 9.8 \times 20$ J

よって $P = \dfrac{W}{t} = \dfrac{80 \times 9.8 \times 20}{4.9} = \mathbf{3.2 \times 10^3 W}$

モーターボートが4.5×10^2Nの推進力で，一直線上を一定の速さ4.0m/sで走っている。ボートにはたらいている水平方向の抵抗力(空気の抵抗力，水の抵抗力などの合力)はいくらか。また，このときのエンジンの仕事率は何kWか。

ボートにはたらく力はつりあっている

解答 加速度は0だから 抵抗力＝推進力＝4.5×10^2N
したがって，エンジンの仕事率
$$P = Fv = 4.5 \times 10^2 \times 4.0 = 1.8 \times 10^3 \text{W} = \mathbf{1.8\,kW}$$

図のような複合滑車(定滑車と動滑車を組みあわせた滑車)にひもをかけ，質量20kgの荷物を0.50m引き上げたい。動滑車とひもの質量，および滑車にはたらく摩擦力は無視できるものとして，次の問いに答えよ。ただし，重力加速度の大きさ $g = 9.8$m/s^2 とする。

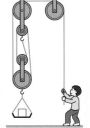

(1) つり上げているときのひもの張力 T〔N〕はいくらか。
(2) 荷物を0.50m引き上げるのに，人はひもを何m引けばよいか。
(3) この人のする仕事 W〔J〕はいくらか。
(4) 引き上げるのに要した時間を30秒とすると，このときの平均の仕事率 P〔W〕はいくらか。

考え方 (1) 1本のひもにはたらく張力は，どの部分でも等しい。荷物を4本のひもでつっているのと同じである。
(2) 荷物をつるす4本のひもそれぞれが0.50m上がればよいから，人は合計した長さ分を引けばよい。
(3) 人の引く力は，最小ひもの張力である。$W = Fx$ を利用する。$W = mgh$ で，重力に逆らって荷物を引き上げるときの仕事を計算してもよい。
(4) $P = \dfrac{W}{t}$ を利用する。

解答 (1) 動滑車と荷物にはたらく力のつりあいから $4T = mg$
　　よって $T = \dfrac{mg}{4} = \dfrac{20 \times 9.8}{4} = \mathbf{49\,N}$

(2) $0.50 \times 4 = \mathbf{2.0\,m}$

(3) $W = Fx$ より $W = 49 \times 2.0 = \mathbf{98\,J}$
　　〔別解〕 人のする仕事は，仕事の原理より，重力に逆らって荷物を0.50m引き上げる仕事に等しいから $W = mgh = 20 \times 9.8 \times 0.50 = \mathbf{98\,J}$

(4) $P = \dfrac{W}{t} = \dfrac{98}{30} \fallingdotseq \mathbf{3.3\,W}$

2 運動エネルギー

基礎 A エネルギー

　空気の運動である風は，風車をまわしたり，海上のヨットを走らせたりして仕事をする。また，高い所にあるダムの水は，落下することによって発電所のタービンを回転させて仕事をする。

　このように，運動している物体や高い所にある物体は，他の物体に作用して仕事をすることができる。物体が仕事をする能力をもっているとき，この物体は **エネルギー** をもっているという。

　エネルギーは仕事をする能力を示すものであるから，その能力によってされる仕事の量で，エネルギーの量を表す。したがって，エネルギーの単位は仕事の単位と同じ **ジュール**〔J〕を使用する。

> **参考** 物体は運動したり，高い所にあったりするとエネルギーをもつが，エネルギーにはこのほかに音，熱，光のエネルギーなどもある。最近では原子力によるエネルギーも利用されている。
>
> 　　音は音を伝える物質（媒質という）の規則的な運動によるエネルギーであり，熱エネルギーは物質を構成する小さい分子・原子の不規則な運動によるものである。光は物質ではないが，物質の温度を上げたり（熱エネルギーとなる），太陽電池で電気エネルギーとして取りだせるので，やはりエネルギーの仲間である。原子力によるエネルギーは，原子の中の原子核がもっているエネルギーを利用している。

基礎 B 運動エネルギー

　運動している物体のもつエネルギーを考えよう。

　質量 m〔kg〕の物体が，速さ v〔m/s〕で一直線上を運動しているとき，物体の進む向きと逆向きに一定の力 $-F$〔N〕を加え続けると，物体は減速し，やがて止まってしまう。

　力を加えたときから止まるまでに進んだ距離を x〔m〕とすると，これはキャッチボールで投げた速さ v のボールをグラブで，距離 x 後退させながら受け止める場合などに相当する。実際には，ボールに一定の力をグラブから加え続けながら受け止めるのはむずかしいが，理想的な場合を考えて一定の力 $-F$ を加えながらボールを受け止めたとする。

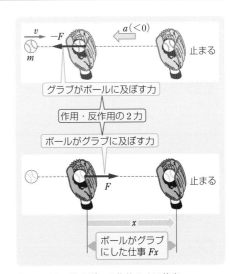

▲図 1-82　速さが v の物体のする仕事

一定の力を受けながら減速するボールの加速度 a〔m/s²〕は，運動方程式 $ma = -F$ から $a = -\dfrac{F}{m}$ となる。このとき加えられる力は一定であるから，加速度 a も一定になり，ボールの運動は等加速度直線運動とみなすことができる。

したがって，等加速度直線運動の式 $v^2 - v_0^2 = 2ax$ に $v = 0$，$v_0 = v$，$a = -\dfrac{F}{m}$ を代入すれば，止まるまでに進んだ距離 x〔m〕は $x = \dfrac{mv^2}{2F}$ となる。

ボールがグラブから $-F$ の力を受けて運動しているとき，その反作用としてグラブに反対向きの力 F を及ぼしている。したがって，止まるまでにボールがグラブにした仕事 W〔J〕は $W = Fx = F \times \dfrac{mv^2}{2F} = \dfrac{1}{2}mv^2$ となる。このように，速さ v〔m/s〕で運動している質量 m〔kg〕の物体は，$\dfrac{1}{2}mv^2$〔J〕の仕事をする能力をもっている。

つまり，この物体は $\dfrac{1}{2}mv^2$〔J〕のエネルギーをもっていることになる。このエネルギーを **運動エネルギー** といい，K で表す。

重要 1-12

運動エネルギー
$$K = \dfrac{1}{2}mv^2$$
(1・84)

📖 **問題学習 …… 43**

質量 4.5×10^2 kg の自動車が時速 72 km で走っている。この自動車のもつ運動エネルギーはいくらか。

考え方 自動車の速さは時速で与えられているので，km/h を m/s の単位に直してから運動エネルギーの式で計算する。

解答 $72\,\text{km/h} = \dfrac{72 \times 10^3\,\text{m}}{60 \times 60\,\text{s}} = 20\,\text{m/s}$

よって $K = \dfrac{1}{2}mv^2 = \dfrac{1}{2} \times 4.5 \times 10^2 \times 20^2 = \mathbf{9.0 \times 10^4\,J}$

📖 **問題学習 …… 44**

一定の速さで走っている自動車が，速さを $\dfrac{1}{2}$ に減速した。自動車のもつ運動エネルギーは初めの何倍となったか。

解答 運動エネルギー $K = \dfrac{1}{2}mv^2$ から，K は v^2 に比例する。
ゆえに K は $\left(\dfrac{1}{2}\right)^2 = \dfrac{1}{4}$ **倍**

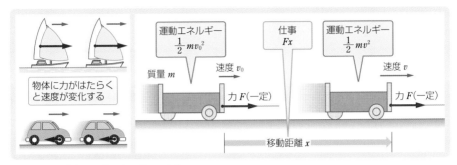

▲ 図 1-83　仕事と運動エネルギーの変化

C　エネルギーの原理

1 運動エネルギーと仕事の関係　帆走するヨットが帆に受ける風圧を大きくすれば推進力を増して，ヨットの速度は大きくなる。また，一定の速度で走行する自動車がブレーキをかけると減速する。このように，運動している物体に力がはたらくと，物体は加速または減速されて速度が変化する。このとき，物体のもつ運動エネルギーはどのように変化するであろうか。

　質量 m〔kg〕の物体が速度 v_0〔m/s〕で運動しているとき，物体の進む向きと同じ向きに一定の力 F〔N〕が加え続けられ，x〔m〕の距離を進んだときの速度を v〔m/s〕とする。この間の物体の加速度 a〔m/s²〕は，運動方程式　$ma = F$　より，$a = \dfrac{F}{m}$ と求められる。これを等加速度直線運動の式　$v^2 - v_0{}^2 = 2ax$　に代入して

$$v^2 - v_0{}^2 = 2\left(\frac{F}{m}\right)x \tag{1·85}$$

となる。

　(1·85)式中の Fx は，この間に物体がされた仕事 W〔J〕であるから

$$\frac{1}{2}mv^2 - \frac{1}{2}mv_0{}^2 = W \tag{1·86}$$

となる。

　(1·86)式は，物体の運動エネルギーの変化(左辺)は，物体がされた仕事(右辺)に等しいことを表している。

2 エネルギーの原理　ここまでは，一定の力がはたらいて等加速度直線運動をする物体の運動エネルギーの変化のようすを考察してきた。しかし，はたらく力が一定でなく，また，物体の運動も直線上でない一般的な場合にも前述の結果は成りたつ。

　例えば，物体が直線上をしだいに大きくなる力を受けながら運動する場合を考えよう。力 F が次ページ図 1-84 のように，移動距離 x とともにしだいに大きくなっていくとする。x を短い距離 Δx で n 等分すると，各区間ではたらく力は近似的にそれぞれ一定の力 $(F_1, F_2, \cdots, F_n)$ とみなせる。

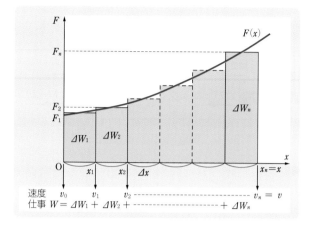

◀図1-84　変化する力 F がする
　　　　仕事 W
距離 x を短い距離 Δx で n 等分する。それ
ぞれの区間では力の値はほぼ一定と
みなせるので，各区間ごとの力のする
仕事は細長い長方形の面積で表される。
したがって，距離 x を移動する間に力
がする仕事は，各区間における細長い
長方形の面積の総和にほぼ等しい。Δx
を短くすると，この総和は曲線 $F(x)$
の下部の面積に近づいていく。

各区間で前述の結果を適用することができるから

$$1\,区間　\frac{1}{2}mv_1{}^2 - \frac{1}{2}mv_0{}^2 = F_1\Delta x = \Delta W_1$$

$$2\,区間　\frac{1}{2}mv_2{}^2 - \frac{1}{2}mv_1{}^2 = F_2\Delta x = \Delta W_2$$

$$\cdots\cdots$$

$$n\,区間　\frac{1}{2}mv_n{}^2 - \frac{1}{2}mv_{n-1}{}^2 = F_n\Delta x = \Delta W_n$$

ΔW_1, ΔW_2, ……, ΔW_n は各区間での力のする仕事である。

左辺と右辺でそれぞれ和をとれば

$$\frac{1}{2}mv_n{}^2 - \frac{1}{2}mv_0{}^2 = \Delta W_1 + \Delta W_2 + \cdots\cdots + \Delta W_n$$

となる。

v_n は物体が x 進んだときの速度 v である。

$\Delta W_1 + \Delta W_2 + \cdots\cdots + \Delta W_n$ は，図1−84の緑色の部分の面積の和であり，Δx を短くするほど曲線 $F(x)$ の下部の面積（距離 x 間に力がした仕事 W）に近づいていく。

その極限をとると

$$\frac{1}{2}mv^2 - \frac{1}{2}mv_0{}^2 = W \tag{1・87}$$

となり，(1・86)式と同じ結果が得られる。このように

**　　物体の運動エネルギーの変化は，物体がされた仕事に等しい。**

これを，**エネルギーの原理** という。

補足　(1・87)式から，力が正の仕事をすると，物体の運動エネルギーは増加する，すなわち物体の速度は大きくなることがわかる。

　　　逆に，力が負の仕事をすると，物体の運動エネルギーは減少する，すなわち物体の速度は小さくなることがわかる。

13 エネルギーの原理

> 運動エネルギーの変化＝された仕事　　　　　(1・88)
> （変化後－変化前）　　（仕事の和）

⚠ミス注意　**符号に注意！**

CHART 13

　物体に複数の力がはたらく場合，それぞれの力のする仕事を考えることができるが，ここでいう「された仕事」とは，それらの仕事の和である（合力のする仕事といってもよい）。

CHART 13 ⚠ミス注意

　符号を正しく適用する。一般に「○○の変化」という場合，「変化後の○○－変化前の○○」である。

　例えば，あらい水平面上で動摩擦力を受けて物体が減速する場合，「変化後の運動エネルギー＜変化前の運動エネルギー」であるから左辺は負になる。一方，動摩擦力のする仕事は負であるから，右辺もやはり負になる。

📖 問題学習 …… 45

静止している質量 1.5kg の物体に，27J の仕事を加えたときの物体の速さを求めよ。

解答 エネルギーの原理より　$\dfrac{1}{2}mv^2 - 0 = W$

よって　$v^2 = \dfrac{2W}{m} = \dfrac{2 \times 27}{1.5} = 36$　ゆえに　$v = \mathbf{6.0\,m/s}$

📖 問題学習 …… 46

質量 0.50kg の物体を，初速度 4.0m/s であらい水平面上をすべらせたら，2.0m 進んで止まった。運動中一定の摩擦力がはたらいたとすると，この摩擦力の大きさはいくらか。また，物体と面との間の動摩擦係数はいくらか。重力加速度の大きさを 9.8m/s² とする。

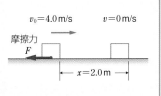

考え方 運動エネルギーの変化は，（変化後－変化前）で，$0 - \dfrac{1}{2}mv_0^2$（→**CHART 13** — ⚠ミス注意）。摩擦力のはたらく向きは運動の向きと逆である。

解答 摩擦力の大きさを $F〔N〕$ とすると，エネルギーの原理より

$$0 - \frac{1}{2}mv_0^2 = -Fx \quad \text{ゆえに} \quad F = \frac{mv_0^2}{2x} = \frac{0.50 \times 4.0^2}{2 \times 2.0} = \mathbf{2.0\,N}$$

$$F = \mu'mg \quad \text{より} \quad \mu' = \frac{F}{mg} = \frac{2.0}{0.50 \times 9.8} \fallingdotseq \mathbf{0.41}$$

A 重力による位置エネルギー

1 重力による位置エネルギー 地上h〔m〕の所から, 質量m〔kg〕の物体を自由落下させる。地上に達するまでに重力mg〔N〕が物体にする仕事は

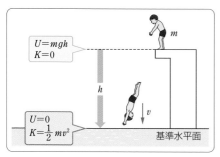

$U=mgh$
$K=0$

h

$U=0$
$K=\dfrac{1}{2}mv^2$

基準水平面

▲ 図 1-85 重力による位置エネルギー

重力×高さ $= mg\cdot h$〔J〕 である。

物体が地上に達するときの速度をv〔m/s〕とすると, このとき物体のもつ運動エネルギーは$\dfrac{1}{2}mv^2$〔J〕である。

落下を始めるときは, 初速度は0であるから, 運動エネルギーも0である。

したがって, エネルギーの原理(1・87)式から, 物体が地上に達したときと, 落下を始めるときの運動エネルギーの差$\dfrac{1}{2}mv^2$は, 加えられた正の仕事mghに等しい。

$$\frac{1}{2}mv^2 = mgh \tag{1・89}$$

これは, 基準となる水平面(基準水平面)からhの高さにある質量mの物体は, 重力によって基準水平面に達するまでにmghの仕事をされ, これに等しい運動エネルギーを得ることを意味する。

mghは重力によって高さの差から物体に蓄えられているエネルギーと考えられる。これを **重力による位置エネルギー** といい, Uで表す。

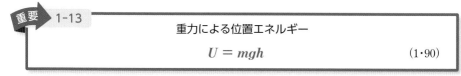

重要 1-13

重力による位置エネルギー

$$U = mgh \tag{1・90}$$

2 位置エネルギーの基準面 重力による位置エネルギーは, 基準水平面からの物体の位置で決まるから, 基準水平面を変えると位置エネルギーも変わる。つまり, 位置エネルギーは相対的な高さのみで決まるエネルギーである。

海水面上h〔m〕を飛ぶ質量m〔kg〕の海鳥の位置エネルギーは$U = mgh$〔J〕 (図 1-86(a))であるが, 海面から高さh'〔m〕の岸壁上の位置を基準水平面にとれば$U = mg(h - h')$〔J〕 (同図(b))となる。

また, 基準水平面からh''〔m〕下にあるときは(同図(c)), 基準水平面に達するまでに, 重力は負の仕事$-mgh''$〔J〕をするので(重力と変位が逆向き), 位置エネルギーUは負となる。

したがって, 位置エネルギーを考えるときは, 基準水平面の位置を明確にしなければならない。

物体の重力による位置エネルギー U は，基準水平面に対する物体の位置が，面より上で正，面上で0，面より下で負となる。この正・負の符号は，物体を基準水平面まで移動させるとき，重力が物体にする仕事（スカラー）の正・負を表している。

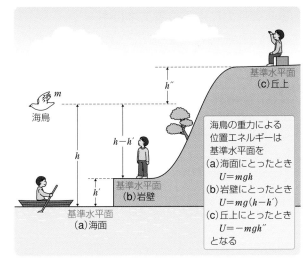

海鳥の重力による
位置エネルギーは
基準水平面を
(a)海面にとったとき
　　$U = mgh$
(b)岩壁にとったとき
　　$U = mg(h - h')$
(c)丘上にとったとき
　　$U = -mgh''$
となる

▲ 図 1-86　異なる基準水平面からの位置エネルギー

問題学習 …… 47

　床からの高さ 0.80m の机上に質量 0.50kg の物体がある。床からの天井の高さは2.4m である。
　基準水平面を(1) 床，(2) 机上の面，(3) 天井にとったときの，それぞれの重力による位置エネルギーはいくらか。重力加速度の大きさを9.8m/s² とする。

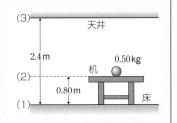

解答 $U = mgh$　から
(1) $h = 0.80$m，　$U = 0.50 \times 9.8 \times 0.80 \fallingdotseq$ **3.9J**
(2) $h = 0$m，　$U = 0.50 \times 9.8 \times 0 =$ **0J**
(3) $h = -(2.4 - 0.80) = -1.6$m，　$U = 0.50 \times 9.8 \times (-1.6) \fallingdotseq$ **−7.8J**

問題学習 …… 48

　地上からの高さ 2.5m，質量 0.20kg の柿が地面に落ちた。地面に落ちる直前の速さはいくらか。重力加速度の大きさを9.8m/s² とする。

解答　初速度0であるから，落ちる直前の運動エネルギーは，重力のした仕事（位置エネルギー）に等しい。
$\frac{1}{2} mv^2 = mgh$　より　$v^2 = 2gh = 2 \times 9.8 \times 2.5 = 49$
ゆえに　$v = \sqrt{49} =$ **7.0m/s**

基 B 弾性力による位置エネルギー

　なめらかな水平面上に置かれたつる巻きばねの一端を固定し，他端に物体をつける。ばねが自然の長さのときの他端の位置を原点にとり，x〔m〕だけ伸びたばねがもとにもどるときの仕事を考えよう。

　ばね定数を k〔N/m〕とすると，ばねが x〔m〕伸びているとき，物体はばねから弾性力(復元力) $f = kx$〔N〕を縮もうとする向きに受ける。

　この弾性力 f と伸びの長さ x をグラフに表すと，図 1−87 のように傾きが k の直線となる。x を微小な長さ Δx で細かく分割すると，区間ごとにはたらく力(f_i)はその区間内では近似的にほぼ一定と考えてよいから，各区間ごとでの仕事は，その区間の力 f_i と伸びの長さ Δx の積($f_i \cdot \Delta x$)となる(同図の各細長い長方形の面積)。

　したがって，x だけ伸ばされたばねがもとにもどるときに物体にする仕事は

$$f_1 \cdot \Delta x + f_2 \cdot \Delta x + \cdots\cdots + f_i \cdot \Delta x + \cdots\cdots$$

となり，この長方形の面積の総和にほぼ等しくなる。

　Δx を小さくするほど，その面積の総和は実際に弾性力がした仕事 W〔J〕に近づき，△OAB の面積になる。すなわち

> NOTE
>
> グラフ下の面積
> 等加速度直線運動
> $$v\text{--}t \text{ 図} \quad \rightarrow \quad 移動距離$$
> ばねにはたらく力とその伸び
> $$f\text{--}x \text{ 図} \quad \rightarrow \quad 仕事$$

$$W = \text{△OAB の面積} = \frac{1}{2} fx = \frac{1}{2}(kx)x = \frac{1}{2}kx^2 \tag{1.91}$$

　つまり，自然の長さから x〔m〕伸びたつる巻きばねにつけられた物体は，ばねがもとの長さにもどるときに $\frac{1}{2}kx^2$ の仕事をすることができる。

　この物体がもつエネルギーは，ばねのばね定数 k や伸び x に関係するから，**弾性力による位置エネルギー** という。

　また，このエネルギーは変形したばね自身が蓄えているエネルギーと考えることもでき，

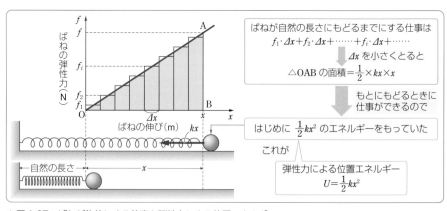

▲ 図 1-87　ばねが物体にする仕事と弾性力による位置エネルギー

これを **弾性エネルギー** という。

　ばねを縮めた場合は $x < 0$ と考えて，ばねを伸ばしたときと同じように取り扱えば，ばねが自然の長さにもどるまでに，物体に同じ $\frac{1}{2}kx^2$ の仕事をする。したがって，x〔m〕変形したばねにつけられた物体は，次の式で表される弾性力による位置エネルギー U〔J〕をもっている。

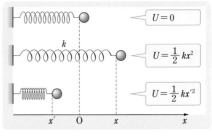

▲ 図 1-88 　ばねの伸縮と弾性エネルギー

$$U = \frac{1}{2}kx^2 \tag{1・92}$$

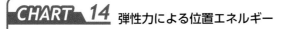

注意　本書では，弾性力による位置エネルギーと弾性エネルギーを，上述のように区別する。

CHART　14　弾性力による位置エネルギー

$$U = \frac{1}{2}kx^2 \tag{1・93}$$

⚠ ミス注意　x は自然の長さからの伸び（つりあいの位置からの伸びではない）。

CHART　14 ⚠ ミス注意

　物体をばねに取りつけて，鉛直方向につるすとき，つりあいの位置からの伸び y を用いて弾性力による位置エネルギーを $\frac{1}{2}ky^2$ としがちであるが，これは誤りである。どのような場合でも，弾性力による位置エネルギーは，自然の長さからの伸び x を用いて $\frac{1}{2}kx^2$ としなければならない。

　重力による位置エネルギーと弾性力による位置エネルギーをあわせて考える問題の場合には，$\frac{1}{2}ky^2$ を用いると早く解けることがある（→ **CHART　15** ─ さらに詳しく ）が，この式は弾性力による位置エネルギーを表しているのではないことに注意を要する（→ *p.*105）。

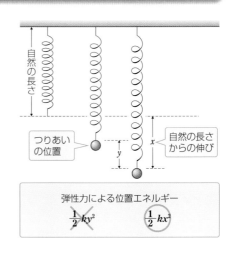

4.0 N の力を加えると 0.20 m 縮むつる巻きばねがある。このばねに物体をつけ，ばねを 0.40 m 伸ばしたとき，ばねの弾性エネルギーは何 J か。

解答 ばね定数 $k = \dfrac{4.0}{0.20} = 20\,\text{N/m}$

ばねの弾性エネルギー $= \dfrac{1}{2}kx^2 = \dfrac{1}{2} \times 20 \times 0.40^2 = \mathbf{1.6\,J}$

つる巻きばねの一端を，天井に固定してつり下げたときのばねの長さは 0.200 m であった。他端に質量 0.050 kg のおもりをつけると，ばねの長さは 0.220 m となった。このおもりを鉛直下方にさらに 0.030 m 手で引き下げた。

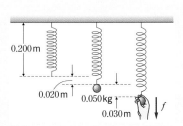

このときの手が加えている力は何 N か。

また，ばねの蓄えている弾性エネルギーは何 J か。重力加速度の大きさを 9.8 m/s² とする。

考え方 はじめにばね定数 k〔N/m〕を求める。つりあいの位置でのばねの伸びを x_0〔m〕とすると $mg = kx_0$ よって $k = \dfrac{mg}{x_0}$

弾性エネルギー $\dfrac{1}{2}kx^2$ の x は，自然の長さからの伸び（→ **CHART 14** — ⚠ ミス注意）。

解答 おもりによるばねの伸び x_0 は

$x_0 = 0.220 - 0.200 = 0.020\,\text{m}$

よって，ばね定数は $k = \dfrac{mg}{x_0} = \dfrac{0.050 \times 9.8}{0.020} = 24.5\,\text{N/m}$

ばねをさらに 0.030 m 伸ばしたとき，ばねの自然の長さからの伸び x は

$x = 0.020 + 0.030 = 0.050\,\text{m}$

手が加えている力を f〔N〕とすると，おもりにはたらく力のつりあいから

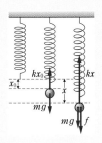

$f + mg - kx = 0$

よって $f = -kx_0 + kx = k(x - x_0)$

$= 24.5 \times (0.050 - 0.020) \fallingdotseq \mathbf{0.74\,N}$

このときばねに蓄えられている弾性エネルギー U〔J〕は

$U = \dfrac{1}{2}kx^2 = \dfrac{1}{2} \times 24.5 \times 0.050^2 \fallingdotseq \mathbf{0.031\,J}$

　質量 m〔kg〕の物体が，図1-89(a)のように高さの差 h〔m〕の2点P, P_0 間を異なる経路A, B, C によってすべり下りるときの，重力のする仕事 W〔J〕をそれぞれ求めてみよう。

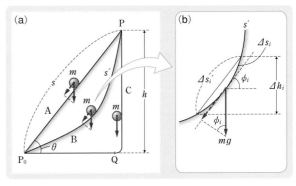

▲ 図1-89　重力のする仕事

(1) 斜面 PP_0（経路A）をすべり下りる場合

　　重力の PP_0 方向の分力（成分）は $mg\sin\theta$〔N〕であり，PP_0 間の距離を s〔m〕とすると $s = \dfrac{h}{\sin\theta}$ である。

　　したがって，重力のする仕事 W〔J〕は

$$W = mg\sin\theta \cdot s = mg\sin\theta \times \frac{h}{\sin\theta} = mgh$$

となる。

(2) 曲面 PP_0（経路B）にそってすべり下りる場合

　　経路Bの長さを s'〔m〕とし，これを短い長さ $\Delta s'$〔m〕で分割する。図1-89(b)のように，$\Delta s'$ が小さいほど，分割された曲線の一部分である弧 Δs_i は，その弦 $\Delta s_i{}'$ と等しいとみなすことができる。

　　したがって，$\Delta s_i{}'$ と水平面との傾角を ϕ_i とすると，物体が $\Delta s_i{}'$ の間をすべり下りるとき，重力のするわずかな仕事 ΔW_i は

$$\Delta W_i = mg\sin\phi_i \cdot \Delta s_i{}' = mg\sin\phi_i \cdot \frac{\Delta h_i}{\sin\phi_i} = mg\Delta h_i$$

となる。

　　経路Bのそれぞれの $\Delta s_i{}'$ についての，重力のする仕事 $\Delta W_i = mg\Delta h_i$ をすべて集めると，経路Bで重力のする仕事 W が得られ，次の式のように表される。

$$W = \Delta W_1 + \Delta W_2 + \cdots\cdots + \Delta W_i + \cdots$$
$$= mg(\Delta h_1 + \Delta h_2 + \cdots\cdots + \Delta h_i + \cdots) = mgh$$

(3) 鉛直降下 PQP_0（経路C）の場合

　　PQ間で重力のする仕事は mgh である。QP_0 間の水平方向の運動では，重力と物体の運動の方向が直角をなすから，重力のする仕事は0で，物体は慣性によって運動をする。

　　したがって，この場合も重力のする仕事は mgh となる。

　以上の(1)〜(3)のように，質量 m〔kg〕の物体が高さ h〔m〕をすべり下りるとき，その経路（道順）が異なっても重力のする仕事は mgh〔J〕とすべて同じになる。

このように, 物体が力を受けて点Pから点 P_0 に移動するとき, その**力のする仕事が経路(道順)に無関係で一定**になるとき, その力を**保存力**という。

保存力には, 重力のほかに弾性力や静電気力(→ p.289)などがある。

保存力による仕事は, 点 P_0 を基準点とすると点Pの位置のみによって決まるから, これを点 P_0 を基準とした, 物体の点Pにあるときの**位置エネルギー**(**ポテンシャルエネルギー**)という。

このことをいいかえると, 物体が点Aから点Bまで移動するとき, 保存力のする仕事 W_{AB} は, 2点の位置エネルギー U_A, U_B の差になる(途中の経路によらない)。

$$W_{AB} = U_A - U_B \tag{1·94}$$

保存力でない力としては摩擦力がある。摩擦力のする仕事は物体の運動する経路が長いほど, そのする仕事(の大きさ)は大きくなる。

補足 物理量が空間内の位置によって決まるとき, その空間をその物理量の**場**という。地表の物体にはたらく重力は, 物体の場所によって決まるので, 地表は**重力の場**である。

　したがって, 位置エネルギーは**保存力の場**において考えられ, 保存力の場に蓄えられている。

参考 保存力によって, 点Pから点 P_0 に移動した物体が再び点Pにもどるとき, 保存力のした仕事は0になることを証明しよう。

〔証明〕　点 P_0 に対する, 点Pの位置エネルギーを U とすると, 物体が保存力によって点 P_0 に移動するときの, 保存力のする仕事 W は, その経路に無関係に一定で $W = U$ である。物体が保存力によって, 図の点Pから経路Aの道順で点 P_0 に移動するとき, この力のする仕事は W である。別の経路Bのときもその仕事は W であるから, その逆の道順で物体が P_0BP と保存力に逆らって移動すれば, 保存力のする仕事は $-W$ となる。

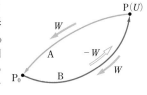

　したがって, 物体が保存力のみによって PAP_0BP の経路で, もとの点Pにもどるとき, 保存力のした仕事は

$$W - W = 0$$

となる。

〔注〕　上記は保存力の一般的な場合について説明したが, 例えば, 重力によってボールがある高さから自由落下し, 床と弾性衝突(衝突の前後で速さが変わらない)して再びもとの高さまでもどってきたときなどがこれに相当する。重力がボールにした仕事は, 落下のときの W と衝突後はね返って重力に逆らって, もとの高さまでもどってきたときの仕事 $-W$ との和で0となる。

4 力学的エネルギーの保存

A 力学的エネルギー保存則

1 保存力による運動　高い所から物体が落下すると，高さの減った分に相当する位置エネルギーが減少し，速度の増した分だけの運動エネルギーが増大する。地上から鉛直上方に物体を投げれば，その逆で最高点に達するまで運動エネルギーが減少し，位置エネルギーは高くなるにつれて増大していく。このように，両エネルギーの間には密接な関係がある。この運動エネルギー(K)と位置エネルギー(U)の和を **力学的エネルギー** という。ここでは，重力や弾性力によって物体が運動するときの，力学的エネルギーがどのようになるかを考えよう。

(1) **重力による運動**　基準水平面から上方h〔m〕の点 H から，質量m〔kg〕の物体を自由落下させる。落下途中の高さy〔m〕の点 P を通過するときの速さをv〔m/s〕，基準水平面上の落下地点 O での速さをv_0〔m/s〕とする。点 H，P，O での運動エネルギーをK_H，K，K_0〔J〕，位置エネルギーをU_H，U，U_0〔J〕とすると，各点での力学的エネルギーは

H 点：$K_H + U_H = 0 + mgh = mgh$

P 点：$v^2 - 0^2 = 2g(h - y)$　であるから

$$K + U = \frac{1}{2}mv^2 + mgy = \frac{1}{2}m \cdot 2g(h - y) + mgy = mgh$$

O 点：$v_0^2 - 0^2 = 2gh$　であるから

$$K_0 + U_0 = \frac{1}{2}mv_0^2 + U_0 = \frac{1}{2}m \cdot 2gh + 0 = mgh$$

となり，次の式のように各点での力学的エネルギーは一定となる。

力学的エネルギー$= K_H + U_H = K + U = K_0 + U_0 = mgh$（一定）　　(1・95)

つまり，物体が落下するとき，落下の途中と着地するときの力学的エネルギーはすべて一定となる。これは，物体が落下するにつれて減少する位置エネルギーと，逆に増加する運動エネルギーとが，常に等しい関係になっていることを示している。

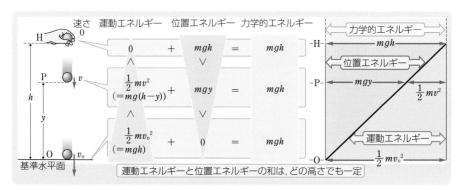

▲ 図 1-90　自由落下での運動エネルギーと位置エネルギー

右図のように，基準水平面からの仰角 θ_0 で，質量 m〔kg〕の物体を初速度 v_0〔m/s〕で点 O から投げ上げる。

このとき，点 O，基準水平面からの高さ y〔m〕の点 P，最高点 H の各点における，重力による位置エネルギー(U_0, U_P, U_H〔J〕)，運動エネルギー(K_0, K_P, K_H〔J〕)を求め，どの点においても力学的エネルギーが等しいことを確かめよ。

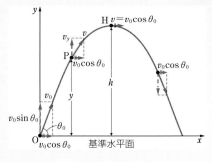

考え方 　斜方投射の運動では，鉛直方向には g〔m/s²〕(g は重力加速度の大きさ)の等加速度直線運動(鉛直投げ上げと同様の運動)，水平方向には $v_0\cos\theta_0$〔m/s〕の等速直線運動と同様の運動をする。

解答 O 点：$K_0 = \dfrac{1}{2}mv_0^2$〔J〕, $U_0 = 0$ J

よって $K_0 + U_0 = \dfrac{1}{2}mv_0^2$〔J〕

P 点：$v_y^2 - v_0^2\sin^2\theta_0 = -2gy$ より $v_y^2 = v_0^2\sin^2\theta_0 - 2gy$

ゆえに $K_P = \dfrac{1}{2}mv^2 = \dfrac{1}{2}m(v_x^2 + v_y^2)$

$= \dfrac{1}{2}m(v_0^2\cos^2\theta_0 + v_0^2\sin^2\theta_0 - 2gy)$

$= \dfrac{1}{2}mv_0^2 - mgy$〔J〕

$U_P = mgy$〔J〕

よって $K_P + U_P = \dfrac{1}{2}mv_0^2$〔J〕

H 点：$v_y = 0$ から $0^2 - v_0^2\sin^2\theta_0 = -2gh$

よって $h = \dfrac{v_0^2\sin^2\theta_0}{2g}$

ゆえに $K_H = \dfrac{1}{2}mv_0^2\cos^2\theta_0$

$U_H = mgh = \dfrac{mgv_0^2\sin^2\theta_0}{2g} = \dfrac{1}{2}mv_0^2\sin^2\theta_0$

よって $K_H + U_H = \dfrac{1}{2}mv_0^2$〔J〕

以上より

力学的エネルギー $= K_0 + U_0 = K_P + U_P = K_H + U_H = \dfrac{1}{2}mv_0^2$〔J〕(一定)

となり，どの点においても力学的エネルギーが等しくなる。

(2) 弾性力による運動

なめらかな水平面上で，ばね定数 k〔N/m〕の軽いつる巻きばねの一端を固定し，他端に質量 m〔kg〕のおもりをつけ，ばねを自然の長さから a〔m〕だけ伸ばしてはなす。おもりは，はじめの位置 O（振動の中心）を原点として，左右に距離 a（a は振幅）の範囲内で A，B 間を往復運動（振動）する。

このとき，振動の中心 O をおもりが通過するときの速さを v_0〔m/s〕，中心 O からの伸び x〔m〕の点 P を通過するときの速さを v〔m/s〕とする。また，A(B)，O，P 点での運動エネルギーを K_A，K_O，K〔J〕とし，弾性力による位置エネルギー（弾性エネルギー）を U_A，U_O，U〔J〕とすると，A(B)，O，P 各点でのおもりのもつ力学的エネルギーは次のようになる。

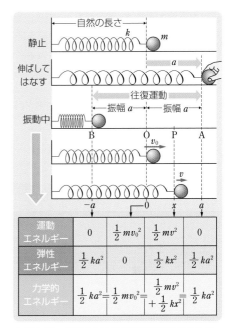

	$-a$	0	x	a
運動エネルギー	0	$\frac{1}{2}mv_0^2$	$\frac{1}{2}mv^2$	0
弾性エネルギー	$\frac{1}{2}ka^2$	0	$\frac{1}{2}kx^2$	$\frac{1}{2}ka^2$
力学的エネルギー	$\frac{1}{2}ka^2=$	$\frac{1}{2}mv_0^2=$	$\frac{1}{2}mv^2$ $+\frac{1}{2}kx^2=$	$\frac{1}{2}ka^2$

▲図 1-91　弾性力による運動での運動エネルギーと位置エネルギー

A(B)点：おもりは運動する向きが逆転するため，一瞬停止する。

$$K_{A(B)}=0,\ U_{A(B)}=\frac{1}{2}ka^2 \qquad \text{ゆえに} \quad \boldsymbol{K_{A(B)}+U_{A(B)}=0+\frac{1}{2}ka^2=\frac{1}{2}ka^2}$$

O 点：おもりの運動エネルギー $\frac{1}{2}mv_0^2$ は，ばねが A(B) から O までの距離（a）を，その間にはたらく平均の弾性力 $\frac{1}{2}ka$ でした仕事 $\left(\frac{1}{2}ka\cdot a\right)$ に等しい。

$$\boldsymbol{K_O+U_O=\frac{1}{2}mv_0^2+0=\frac{1}{2}ka^2}$$

P 点：おもりの運動エネルギー $\frac{1}{2}mv^2$ は，ばねが A(B) から x までの距離（$a-x$）を，その間にはたらく平均の弾性力 $\frac{1}{2}k(a+x)$ でした仕事 $\left\{\frac{1}{2}k(a+x)\cdot(a-x)\right\}$ に等しい。　$\boldsymbol{K+U=\frac{1}{2}mv^2+\frac{1}{2}kx^2=\frac{1}{2}k(a^2-x^2)+\frac{1}{2}kx^2=\frac{1}{2}ka^2}$

ゆえに，ばねを O から A まで引き伸ばすために手のした仕事 $\frac{1}{2}ka^2$ は，ばねの弾性エネルギーとして蓄えられ，手をはなすと物体の運動エネルギーに変換されていく。O を通過するときは弾性エネルギーは 0 となり，すべて運動エネルギーに変わり，この点での速さ v_0 は最大の値となる。

O を通過後は，運動エネルギーはばねを押し縮める仕事に使われ，B では再び弾性エネルギーとして，はじめに加えられたエネルギー $\frac{1}{2}ka^2$ がばねに蓄えられる。

$$\frac{1}{2}mv_0^2=\frac{1}{2}mv^2+\frac{1}{2}kx^2=\frac{1}{2}ka^2\text{（一定）} \tag{1・96}$$

(3) 力学的エネルギー保存則　一般に，重力や弾性力のような，保存力のみが仕事をする場合，物体が点 A から点 B まで動く間に保存力のする仕事 W_{AB} は，(1・94)式より位置エネルギーの差 $U_A - U_B$ で表される。したがって，エネルギーの原理より

$$\frac{1}{2}mv_B{}^2 - \frac{1}{2}mv_A{}^2 = U_A - U_B \tag{1・97}$$

となり，この式より，次の式が成りたつ。

$$\frac{1}{2}mv_A{}^2 + U_A = \frac{1}{2}mv_B{}^2 + U_B \tag{1・98}$$

すなわち，力学的エネルギーは常に一定に保たれる。これを**力学的エネルギー保存則**という。

② 保存力以外の力がはたらいても力学的エネルギーが保存される運動　保存力以外の力がはたらいても，その力が仕事をしないときは，保存力のみがはたらいて仕事をした場合と同じになるから，力学的エネルギーが保存される。例えば，なめらかな斜面上を物体がすべり下りる運動や，振り子の運動がこれに相当する。

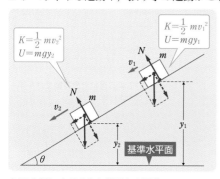

(1) 斜面上の運動　質量 m の物体が傾角 θ のなめらかな斜面上をすべり下りるとき，物体にはたらく力は重力 mg と面からの垂直抗力 N である。垂直抗力は運動方向に垂直であるから仕事をしない。したがって，保存力である重力だけが仕事に関係する。基準水平面からの高さが y_1，y_2 の 2 点をとり，その各点での速さを v_1，v_2 とすると，エネルギーの原理から

▲図 1-92　なめらかな斜面上の運動

$$\frac{1}{2}mv_2{}^2 - \frac{1}{2}mv_1{}^2 = mg(y_1 - y_2)$$

ゆえに　$\dfrac{1}{2}mv_1{}^2 + mgy_1 = \dfrac{1}{2}mv_2{}^2 + mgy_2$

したがって，力学的エネルギー保存則が成りたっている。

(2) 振り子の運動　軽くて伸びない長さ l の糸の上端を固定し，他端に質量 m のおもりをつけて運動させる。おもりにはたらく力は，重力 mg と糸が引く力（張力）T である。おもりは半径 l の円弧上を運動し，T は常におもりの運動方向に垂直である。したがって，T は仕事をしない。保存力である重力のみが仕事をするから，力学的エネルギーが保存される。すなわち，図1−93 より，次の式が成りたつ。

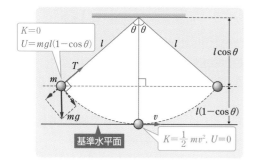

▲図 1-93　振り子の運動

$$\frac{1}{2}mv^2 = mgl(1 - \cos\theta)$$

CHART 15 力学的エネルギー保存則

力学的エネルギー＝一定 (1·99)

 適用条件 保存力（重力，弾性力，静電気力など）以外の力が仕事をしない。

さらに詳しく 鉛直につるしたばねでは

$mgh + \dfrac{1}{2}kx^2$ （x：自然の長さからの伸び）のかわりに，

$\dfrac{1}{2}ky^2$ （y：つりあいの位置からの伸び）を用いてもよい。

CHART 15

鉛直につるしたばねにつけた物体の運動などのように，複数の位置エネルギーが変化する場合はそれらをあわせて考える。

CHART 15 適用条件

非保存力（人が押す力，垂直抗力，摩擦力，空気の抵抗力など）が仕事をすると成立しないので，適用するときは必ず確認する。

ただし，なめらかな斜面上の運動や，振り子の運動などのように，非保存力がはたらいていてもそれらが運動方向と垂直であれば仕事をしないので，力学的エネルギー保存則が適用できる。

CHART 15 さらに詳しく

つる巻きばねの上端を固定し，下端におもりをつけて鉛直につるして振動させたとき，おもりには重力と弾性力がはたらく。重力と弾性力はともに保存力であるから，この場合も力学的エネルギー保存則が成りたつ。

ばね定数を k [N/m] とし，質量 m [kg] のおもりをつり下げる。ばねが自然の長さのときの下端を O，ばねが x_0 [m] 伸びてつりあったときのおもりの位置を O′ とする。O′ からさらにばねを引き伸ばし，手をはなすとおもりは点 O′ を中心に振動する（次ページ図）。

点 P でのおもりの O からの変位を x [m]，O′ からの変位を y [m]（ともに下向きを正），おもりの速さを v [m/s] とする。

点 O を重力による位置エネルギーの基準点とすると，力学的エネルギー保存則から

$$\frac{1}{2}mv^2 + \frac{1}{2}kx^2 - mgx = 一定 \quad \cdots\cdots①$$

となる。

ここで，つりあいの条件から

$$kx_0 = mg$$

また，$x = x_0 + y$ である。これらを①式の左辺に入れると

$$\frac{1}{2}mv^2 + \frac{1}{2}k(x_0 + y)^2 - mg(x_0 + y)$$

$$= \frac{1}{2}mv^2 + \frac{1}{2}kx_0^2 + kx_0 y + \frac{1}{2}ky^2$$
$$\qquad\qquad - mgx_0 - mgy$$

$$= \frac{1}{2}mv^2 + \frac{1}{2}ky^2 + \frac{1}{2}kx_0^2 - mgx_0$$

上式のあとの 2 項は一定だから

$$\frac{1}{2}mv^2 + \frac{1}{2}ky^2 = 一定 \qquad \cdots\cdots②$$

となる。これは，おもりにはたらく弾性力と重力の和が

$$-kx + mg = -kx + kx_0$$
$$= -k(x - x_0)$$
$$= -ky$$

となり，つりあいの位置を中心とした水平方向のばねの振動と同じように考えることができることを表している。

ただし，勘違いしないでほしいのは，このときの $\frac{1}{2}ky^2$ はばねの弾性エネルギーを表しているのではないことである（y はばねの自然の長さからの伸びではないから→ $p.97$ **CHART 14** — ⚠ミス注意）。

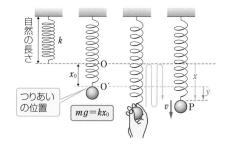

問題学習 ····· 52

高さ h〔m〕の橋の上から小球を自由落下させるとき，小球が橋の下の水面に達するときの速さ v〔m/s〕を，24 ページの自由落下の式を用いて求めよ。

また，水面の位置を重力による位置エネルギーの基準水平面として，力学的エネルギー保存則を用いて解いてみよ。

ただし，小球の質量を m〔kg〕，重力加速度の大きさを g〔m/s²〕とする。

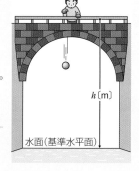

考え方 小球には重力（保存力）以外の力がはたらいていないから，小球のもつ力学的エネルギーは一定である（→ **CHART 15** — 適用条件）。

水面の位置を基準水平面とすると，小球は，橋の上では重力による位置エネルギーだけを，水面に達したときには運動エネルギーだけをもつ（基準水平面を橋の上にとった場合には，下記の〔注〕を参照）。

解答 24 ページの自由落下の(1・22)式より，$v^2 = 2gh$ だから

$$v = \sqrt{2gh} \ \text{(m/s)}$$

また，力学的エネルギー保存則より

$$\frac{1}{2}mv^2 + 0 = 0 + mgh$$

よって $v = \sqrt{2gh}$ **(m/s)**

〔注〕 基準水平面を橋の上にとっても同じように解くことができる。この場合，水面の位置は $-h$ となり，橋の上では運動エネルギーも重力による位置エネルギーも 0 であるから，エネルギー保存則の式は

$$\frac{1}{2}mv^2 + mg(-h) = 0 + 0$$

よって $v = \sqrt{2gh}$ 〔m/s〕

ばね定数 k のつる巻きばねの上端を固定し，下端に質量 m の
おもりをつけてつりあわせる。重力加速度の大きさを g とし，
空気の抵抗を無視するとき，次の問いに答えよ。

(1) おもりがつりあいの位置にあるとき，ばねの自然の長さ
からの伸び a を求めよ。

(2) つりあいの位置からおもりをさらに b だけ引き下げて手
をはなす。

　おもりが(1)のつりあいの位置を通過するときの速さ
v を求めよ。

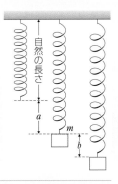

考え方▶　重力による位置エネルギーと弾性力による位置エネルギーの両方が変化す
るので，それらをあわせて考える（→ CHART 15 ）。

　重力とばねの弾性力は保存力で，おもりにはそれ以外の力ははたらかないから，力
学的エネルギーは保存される（→ CHART 15 — 適用条件 ）。

解答　(1) おもりにはたらく力のつりあいから

$$mg - ka = 0 \quad よって \quad a = \frac{mg}{k}$$

(2) 自然の長さのときのばねの下端の位置を，位置エネルギーの基準水平面とすると，
力学的エネルギー保存則より

$$\frac{1}{2}mv^2 - mga + \frac{1}{2}ka^2 = 0 - mg(a + b) + \frac{1}{2}k(a + b)^2$$

整理して

$$\frac{1}{2}mv^2 = -mgb + kab + \frac{1}{2}kb^2$$

$$= -mgb + mgb + \frac{1}{2}kb^2$$

$$= \frac{1}{2}kb^2$$

よって　$v = b\sqrt{\dfrac{k}{m}}$

〔別解〕　おもりの位置エネルギーを，つりあいの位置からのばねの伸びを使って
表した $\frac{1}{2}kb^2$ を使って考えることができる（→ CHART 15 — さらに詳しく ）。この場
合，エネルギーの保存を表す式は

$$\frac{1}{2}mv^2 + 0 = 0 + \frac{1}{2}kb^2$$

となる。
これから　$v = b\sqrt{\dfrac{k}{m}}$

B 力学的エネルギーが保存されない場合

摩擦力のような保存力でない力が物体にはたらいて仕事をするとき，力学的エネルギー保存則は成りたたない。これを，あらい斜面上をすべり下りる物体の運動で考えよう。

ここで，斜面の傾角を θ，物体の質量を m〔kg〕，物体と斜面との間の動摩擦係数を μ' とする。また，図1-92(→ $p.104$)のように，基準水平面($y = 0$)からの高さ y_1，y_2〔m〕の地点での物体の速さを v_1，v_2〔m/s〕とし，両地点間の斜面にそった距離を s〔m〕とすると

$$s = \frac{y_1 - y_2}{\sin\theta} \quad となる。$$

垂直抗力は $N = mg\cos\theta$ であるから，動摩擦力は $\mu'N = \mu'mg\cos\theta$ である。

したがって，摩擦力のした仕事は $-\mu'N \cdot s = -\mu'mg\cos\theta \cdot s$

重力のした仕事は $mg\sin\theta \cdot s = mg\sin\theta \cdot \dfrac{y_1 - y_2}{\sin\theta} = mg(y_1 - y_2)$ となるので，エネルギーの原理から $\dfrac{1}{2}mv_2^2 - \dfrac{1}{2}mv_1^2 = mg(y_1 - y_2) - \mu'mg\cos\theta \cdot s$

ゆえに $\left(\dfrac{1}{2}mv_2^2 + mgy_2\right) - \left(\dfrac{1}{2}mv_1^2 + mgy_1\right) = -\mu'mg\cos\theta \cdot s$ となる。

このように，保存力以外の力が仕事をするときは，

力学的エネルギーは保存力以外の力のした仕事の量だけ変化する。

その仕事が正であれば力学的エネルギーはそれだけ増加し，その仕事が負であれば，力学的エネルギーは減少する。

CHART 16 非保存力が仕事をする場合の力学的エネルギーの変化

力学的エネルギーの変化＝非保存力のした仕事 (1・100)

⚠ミス注意 **符号に注意！**

CHART 16

非保存力が仕事をしないときには力学的エネルギー保存則が成立するので，いつでも成立する。

ばねの弾性力のように，力の大きさが変化する場合でも，力のする仕事を計算せずに，変化前と変化後のエネルギーから仕事が求められるので便利である。

CHART 16 ⚠ミス注意

符号を正しく適用する。一般に「○○の変化」という場合，「変化後の○○－変化前の○○」である。

例えば，あらい水平面上でばねにつけた物体を振動させると，物体は摩擦力を受けてやがて静止する。このとき，「変化後の力学的エネルギー＜変化前の力学的エネルギー」であるから，左辺は負になる。一方，動摩擦力のする仕事は負であり(動摩擦力は常に物体の運動の向きと反対の向きにはたらく)，右辺もやはり負になる。

図のように，点 A を境に左側がなめらかで
右側があらい水平面がある。点 A より左側
のなめらかな水平面上で，ばね定数 k のば
ねの一端を固定し，他端に質量 m の物体を

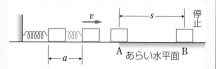

置く。ばねを自然の長さから a だけ押し縮めて手を離したところ，物体はばねが自然
の長さになったところでばねから離れた。重力加速度の大きさを g とする。

(1) 物体がばねから離れるときの速さ v を求めよ。

　物体はばねから離れたあと右に進み，点 A を通過したのち点 B で停止した。

(2) 物体とあらい面との間の動摩擦係数を μ' として，AB 間の距離 s を求めよ。

考え方　摩擦力は非保存力であるから，力学的エネルギーの変化が摩擦力のした仕
事となる。「○○の変化」は「変化後の○○ー変化前の○○」であり，符号を正しく適用
するように注意する（→ CHART 16 ― ⚠ミス注意）。

解答　(1) 力学的エネルギー保存則より

$$\frac{1}{2}mv^2 = \frac{1}{2}ka^2 \qquad \text{ゆえに} \quad v = a\sqrt{\frac{k}{m}}$$

(2) AB 間で動摩擦力のする仕事は $-\mu'mgs$ であるから

$$0 - \frac{1}{2}mv^2 = -\mu'mgs$$

$$\text{ゆえに} \quad s = \frac{v^2}{2\mu'g} = \frac{ka^2}{2\mu'mg}$$

図のように，船の甲板上に置かれた質量 m〔kg〕の物
体を，クレーンを使って一定の力 F〔N〕$(F > mg)$ で
引き上げる。物体が h〔m〕だけ上昇したときの物体
の速さ v〔m/s〕を求めよ。ただし，重力加速度の大き
さを g〔m/s²〕とする。

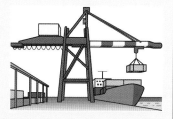

考え方　クレーンが物体を引き上げる力は非保存力であるから，物体のもつ力学的
エネルギーの変化がクレーンのした仕事になる。

解答　船の甲板を重力による位置エネルギーの基準水平面とすると

$$\left(\frac{1}{2}mv^2 + mgh\right) - 0 = Fh$$

$$\text{よって} \quad v = \sqrt{2h\left(\frac{F}{m} - g\right)} \text{〔m/s〕}$$

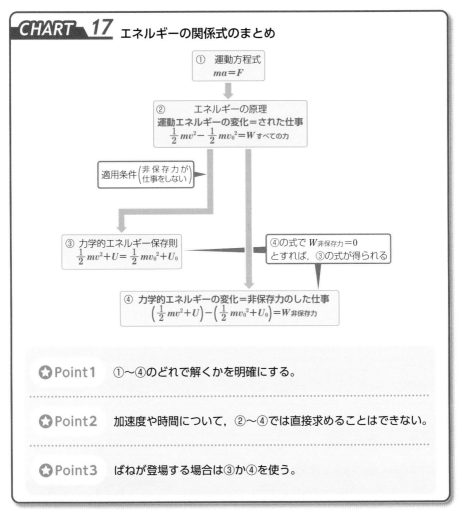

CHART 17 エネルギーの関係式のまとめ

① 運動方程式
$ma = F$

② エネルギーの原理
運動エネルギーの変化＝された仕事
$\frac{1}{2}mv^2 - \frac{1}{2}mv_0{}^2 = W\,$すべての力

適用条件 $\left(\begin{array}{c}\text{非保存力が}\\\text{仕事をしない}\end{array}\right)$

③ 力学的エネルギー保存則
$\frac{1}{2}mv^2 + U = \frac{1}{2}mv_0{}^2 + U_0$

④の式で $W\,$非保存力$=0$
とすれば，③の式が得られる

④ 力学的エネルギーの変化＝非保存力のした仕事
$\left(\frac{1}{2}mv^2 + U\right) - \left(\frac{1}{2}mv_0{}^2 + U_0\right) = W\,$非保存力

⭐**Point 1**　①～④のどれで解くかを明確にする。

⭐**Point 2**　加速度や時間について，②～④では直接求めることはできない。

⭐**Point 3**　ばねが登場する場合は③か④を使う。

CHART 17 ⭐ Point 1

②～④は，互いに式を変形しただけの関係であるから，1つの問題について②～④の式をいくつ立てても意味がない。

CHART 17 ⭐ Point 2

①から②に変形するときに，加速度を消去している。つまり②～④の式では加速度を直接求めることはできない。②～④は力が変化する場合にも広く使えるところが便利であるが，加速度や時間について求めようとするの

であれば，①を使って加速度を求め，等加速度直線運動の式から時間を求める必要がある。

CHART 17 ⭐ Point 3

ばねの弾性力は一定ではないので，②の右辺で弾性力がする仕事を求めるのが面倒。その点，③や④では弾性力による位置エネルギーを用いるのでその面倒がない。位置エネルギーの式 $\frac{1}{2}kx^2$ の中に，この面倒な計算があらかじめ含まれているといえる。

傾きの角 θ のなめらかな斜面上に置かれた物体が，初速度0ですべり下りる。斜面にそって l だけすべり下りたときの物体の速さ v を次の3通りの方法で求めよ。ただし，重力加速度の大きさを g とする。

① 運動方程式を利用する。

② エネルギーの原理を利用する。

③ 力学的エネルギー保存則を利用する。

考え方 等加速度直線運動の公式 $v^2 - v_0^2 = 2ax$ よりすべり下りたときの速さ v を求めることができるが，その前に加速度 a を求める必要がある。加速度や時間については，エネルギーの原理や力学的エネルギー保存則から直接求めることはできない（→ **CHART 17**—☆Point2）。加速度は運動方程式から求める。

解答 ① 物体の質量を m，斜面方向下向きの加速度を a とすると，物体にはたらく重力の斜面方向の成分は $mg\sin\theta$ であるから，すべり下りるときの物体の運動方程式は

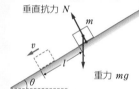

$$ma = mg\sin\theta \qquad \text{よって} \quad a = g\sin\theta$$

等加速度直線運動の公式より

$$v^2 - 0^2 = 2g\sin\theta \cdot l \qquad \text{よって} \quad v = \sqrt{2gl\sin\theta}$$

② エネルギーの原理より，物体の運動エネルギーの変化が重力（重力の斜面方向の成分 $mg\sin\theta$）のした仕事に等しいから

$$\frac{1}{2}mv^2 - 0 = mg\sin\theta \cdot l \qquad \text{よって} \quad v = \sqrt{2gl\sin\theta}$$

③ 重力による位置エネルギーの基準水平面をすべり下りる前の位置にとると，斜面にそって l だけすべり下りた（高低差は $l\sin\theta$）ときの物体の重力による位置エネルギーは $-mgl\sin\theta$ であるから，力学的エネルギー保存則より

$$\frac{1}{2}mv^2 + (-mgl\sin\theta) = 0 \qquad \text{よって} \quad v = \sqrt{2gl\sin\theta}$$

傾きの角 θ のあらい斜面上に置かれた質量 m の物体を，斜面方向上向きに速さ v_0 で打ち出したところ，物体は最高点でいったん静止した後すべり下りはじめた。物体が斜面をすべり下りてきてもとの点に達したときの速さ v を求めよ。ただし，物体と斜面との間の動摩擦係数を μ'，重力加速度の大きさを g とする。

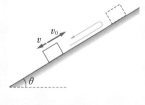

考え方 (→ **CHART 17**— **☆Point1**)の4つの関係式 ①運動方程式, ②エネルギーの原理, ③力学的エネルギー保存則, ④力学的エネルギーの変化＝非保存力のした仕事 のどれで解くかを明確にする。摩擦力(非保存力)がはたらくから力学的エネルギー保存則は使えない。はじめに物体が斜面上で到達する最高点を求める。

解答 ① 運動方程式を使って求める。

すべり上がるときの動摩擦力は斜面方向下向きに $\mu'mg\cos\theta$ だから, 物体の加速度を斜面方向上向きに a_1 とすると, 物体の運動方程式は

$$ma_1 = -mg\sin\theta - \mu'mg\cos\theta$$

よって $a_1 = -g(\sin\theta + \mu'\cos\theta)$

物体は斜面にそって l だけ上がるとすると, 等加速度直線運動の公式より

$$0^2 - v_0^2 = 2a_1 l \qquad よって \quad l = \frac{-v_0^2}{2a_1} = \frac{v_0^2}{2g(\sin\theta + \mu'\cos\theta)}$$

すべり下りるときの動摩擦力は斜面方向上向きに $\mu'mg\cos\theta$ だから, 物体の加速度を斜面方向下向きに a_2 とすると, 物体の運動方程式は

$$ma_2 = mg\sin\theta - \mu'mg\cos\theta \qquad よって \quad a_2 = g(\sin\theta - \mu'\cos\theta)$$

等加速度直線運動の公式より $v^2 - 0^2 = 2a_2 l$

よって $v^2 = 2g(\sin\theta - \mu'\cos\theta)\dfrac{v_0^2}{2g(\sin\theta + \mu'\cos\theta)}$

ゆえに $v = v_0\sqrt{\dfrac{\sin\theta - \mu'\cos\theta}{\sin\theta + \mu'\cos\theta}}$

② エネルギーの原理を使って求める。

すべり上がるときに物体にはたらく斜面方向の力は, 下向きに $mg\sin\theta + \mu'mg\cos\theta$ だから, エネルギーの原理より

$$0 - \frac{1}{2}mv_0^2 = -mg(\sin\theta + \mu'\cos\theta)l$$

すべり下りるときに物体にはたらく斜面方向の力は, 下向きに $mg\sin\theta - \mu'mg\cos\theta$ だから, エネルギーの原理より

$$\frac{1}{2}mv^2 - 0 = mg(\sin\theta - \mu'\cos\theta)l$$

以上の2式より l を消去し, v を求める。

③ 力学的エネルギーの変化＝非保存力のした仕事 を使う。

物体のはじめの位置を重力による位置エネルギーの基準水平面とすると, 非保存力は摩擦力だけだから, 物体がすべり上がるとき

$$(0 + mgl\sin\theta) - \left(\frac{1}{2}mv_0^2 + 0\right) = -\mu'mgl\cos\theta$$

すべり下りるとき $\left(\dfrac{1}{2}mv^2 + 0\right) - (0 + mgl\sin\theta) = -\mu'mgl\cos\theta$

以上の2式より l を消去し, v を求める。

第4章

運動量の保存

1 運動量と力積
2 運動量保存則
3 反発係数

A 運動量

　図1-94のように，スケートリンクの氷上で，一直線上を互いに向きあってすべってきた父親と子供が手をつないで一体となった。左からきた体重の重い父親はゆっくりとすべり，右からきた体重の軽い子供は大きい速さですべってきた。一体となった親子は，重い父親が勝って右へ進むだろうか，速い子供が勝って左へ進むだろうか。

　一般的には，質量(重さ)が大きいほど，また，速さが大きいほど，物体の運動は激しいと考えられる。そこで，質量×速度を，運動の激しさを表す1つの目安とする。この量を **運動量** という。運動量は速度と同じ向きをもつベクトルである。運動量は質量と速度の積であるので，単位には，**キログラムメートル毎秒**(記号 **kg·m/s**)が用いられる。

▲図1-94　合体した2人の進む向き

　質量 m〔kg〕の物体が速度 $\vec{v}$〔m/s〕で運動しているとき，この物体の運動量 $\vec{p}$〔kg·m/s〕は次のように表される。

重要 1-14

$$\text{運動量}$$
$$\vec{p} = m\vec{v} \tag{1·101}$$

1 直線運動の運動量と力積　物体の運動量を変化させるためには，力を加えてその速度を変えればよい。

図1−95のように，一直線上を速度 v〔m/s〕で運動している質量 m〔kg〕の物体がある。その運動の向きに大きさ一定の力 F〔N〕が，その物体に時間 Δt〔s〕間はたらいたため，速度が v'〔m/s〕に変わったとする。このときの加速度 a〔m/s²〕は $a = \dfrac{v' - v}{\Delta t}$ であるから，運動方程式は次のようになる。

$$m \frac{v' - v}{\Delta t} = F \tag{1·102}$$

これから次の式が得られる。

$$mv' - mv = F \cdot \Delta t \tag{1·103}$$

(1·103)式の左辺は，物体の運動量の変化を表す。また，右辺の，力と作用時間との積 $F \cdot \Delta t$ を **力積** という。力積は運動量と同様にベクトルであり，その向きは力の向きに等しい。力積の単位は，力の単位と時間の単位を組み合わせた，**ニュートン秒**（記号 **N·s**）が用いられる。以上をまとめると次のようになる。

物体の運動量の変化は，物体に与えられた力積に等しい。

補足　運動量の単位と力積の単位　力の単位Nは，「力＝質量×加速度」（運動方程式）であるから，N = kg·m/s² である。このことから，力積の単位は N·s = (kg·m/s²)·s = kg·m/s となり，運動量の単位と等しいことがわかる。

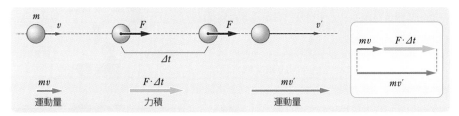

▲図1-95　運動量の変化と力積の関係（一直線上の運動）

2 力が変化する場合の力積　図1−95 では一定の大きさの力を考えたので，その F-t 図は図1−96(a)のようになる。図の緑色の面積が，与えられた力積の大きさを表す。

しかし実際には，同図(b)のように，物体にはたらく力は一定にならないことが多い。

このときの力積は，図の曲線と t 軸とが囲む面積 S となるが，一般には，この曲線（力の時間変化）を正確に知ることはほとんどできない。ただし，物体が受けた力積 I〔N·s〕

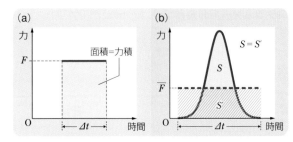

▲図1-96　F-t 図と力積

は，物体の質量を m〔kg〕，運動が変化する前後の速度を v, v'〔m/s〕とすると

$$I = mv' - mv \tag{1・104}$$

で与えられる。ここで，Δt〔s〕間にはたらいた力の平均値を $\overline{F}$〔N〕とすると

$$\overline{F} = \frac{I}{\Delta t} = \frac{mv' - mv}{\Delta t} \tag{1・105}$$

となり，測定値から $\overline{F}$ を知ることができる。すなわち

物体にはたらいた力の平均値は，物体の単位時間当たりの運動量の変化に等しい。

$\overline{F}$ は，F-t 図上で，面積 S と等しい面積の長方形を与えたとき(図の斜線部分)の，長方形の高さに等しい(図1−96(b))。

> **参考** 図1−97のように，飛んできたボールを手で受け取るとき，手首を固定するより，少し手を引くようにすると，痛みが少なくなる。
>
>   これは，ボールに与える力積は同じであっても，後者の場合は時間 Δt を大きくすることができるので，力 F は小さくなり，したがって，手がボールから受ける反作用の力も小さくなるためである。

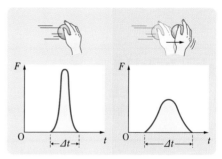

▲ 図 1-97　ボールを手で受ける場合

3 **平面運動の運動量と力積**　これまでは，一直線上の運動についての運動量と力積の関係を説明してきたが，これは一般の平面上の運動についても成りたつ。

図1−98(a)のように，質量 m〔kg〕の物体に一定の力 $\vec{F}$〔N〕が Δt〔s〕の間はたらき，物体の速度が $\vec{v}$〔m/s〕から $\vec{v'}$〔m/s〕に変わったとすると，次の式が成りたつ。

$$m\vec{v'} - m\vec{v} = \vec{F} \cdot \Delta t \tag{1・106}$$

これらの関係を図示すると同図(b)のようになり，$m\vec{v}$, $m\vec{v'}$, $\vec{F} \cdot \Delta t$ は三角形を形成することがわかる。

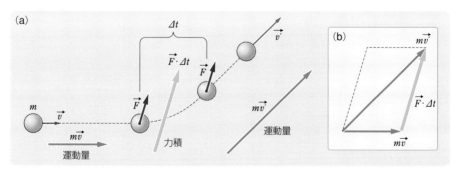

▲ 図 1-98　運動量の変化と力積の関係(平面上の運動)

よって，力積や運動量が未知の場合は，ベクトルの合成・分解を用いることによってこれらを求めることができる(成分に分けて考えてもよい)。

CHART 18　運動量と力積の関係

$$運動量の変化 \quad = \quad 受けた力積 \qquad (1・107)$$
$$（変化後－変化前） \quad （力積の和）$$

> ⚠ミス注意　**符号に注意！**
>
> 両辺：向きを考慮して代入する。
> 左辺：変化後から変化前を引く。
> 右辺：考えている物体が受けた力積。

CHART 18

　物体が複数の力を受ける場合は，それぞれの力による力積を考えることができる。ここでいう「力積」とは，それらの力積の和である(合力による力積といってもよい)。

CHART 18 ⚠ミス注意

　ベクトルの関係式なので，一直線上の運動を扱う場合であっても，運動量・力積ともに符号を正しく付けて式を立てなければならない。

　速さ v で飛んできた質量 m のボールを，飛んできた向き(正とする)

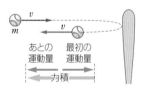

あとの運動量　最初の運動量

と反対向きに同じ速さ v で打ちかえしたとき，最初のボールの運動量は mv，打ちかえしたあとは $-mv$ である。

　一般に「○○の変化」という場合，「変化後の○○－変化前の○○」である。したがって，上記の例であれば，左辺は

　(衝突後の運動量)－(衝突前の運動量)
　　　$=(-mv)-(mv)$

となる。

　一方，右辺はボールが受けた力積であるから，図中の左向き，つまり負である。確かに，左辺を計算すると

　　$(-mv)-(mv)=-2mv$

となり負となる。ここで，右辺はボールが受けた力積であり，ボールが与えた力積ではないので，とり違えないように注意。

$v = 30\,\text{m/s}$ の速さで飛んできた質量 $m = 0.30\,\text{kg}$ のボールがある。

(1) ボールをミットで受け止めたときの,ミットがボールに与えた力積 I_1〔N・s〕を求めよ。

(2) バットで逆向きに,$v' = 50\,\text{m/s}$ の速さで打ちかえしたときの,バットがボールに与えた力積 I_2〔N・s〕を求めよ。

考え方 ボールが飛んでくる向きを正とすると,それぞれの場合での運動量は次のようになる(→ **CHART 18** — ⚠ミス注意)。

(1) 変化前の運動量 $= mv$,変化後の運動量 $= m \times 0$

(2) 変化前の運動量 $= mv$,変化後の運動量 $= m(-v')$

解答 (1) $I_1 = m \times 0 - mv = 0.30 \times 0 - 0.30 \times 30 = -9.0\,\text{N·s}$

  はじめの向きと逆向きに 9.0 N・s

(2) $I_2 = m \times (-v') - mv = 0.30 \times (-50) - 0.30 \times 30 = -24\,\text{N·s}$

  はじめの向きと逆向きに 24 N・s

図のように,質量 $m = 0.20\,\text{kg}$,速さ $v = 25\,\text{m/s}$ で飛んでくるボールを,同じ速さでボールに向かって $\theta = 60°$ の方向に打ちかえしたい。ボールに与える力積 $\vec{I}$〔N・s〕の向きと大きさを求めよ。

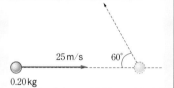

25 m/s 60°

0.20 kg

考え方 はじめの速度を $\vec{v}$,打ちかえした後の速度を $\vec{v'}$ とすると,運動量と力積の関係 $m\vec{v'} - m\vec{v} = \vec{I}$ は下図(a)のように表される。ここで,$mv' = mv$ であるから,△ABC は底角が $30°$ の二等辺三角形になる。

解答 図(a)より $I = 2mv\cos 30° = 2 \times 0.20 \times 25 \times \dfrac{\sqrt{3}}{2} = 5\sqrt{3} \fallingdotseq 8.7\,\text{N·s}$

$\angle ABC = 30°$ であるから,ボールに与えられた力積は

飛んでくるボールに向かって $30°$ の向きに大きさ 8.7 N・s

〔注〕 $\vec{I} = m\vec{v'} + (-m\vec{v})$ であるから,図(b)のように図示してもよい。

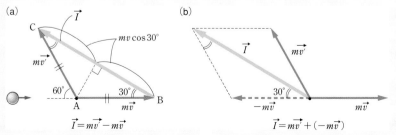

(a)

C

$m\vec{v'}$

$mv\cos 30°$

60° 30°

A $m\vec{v}$ B

$\vec{I} = m\vec{v'} - m\vec{v}$

(b)

$\vec{I}$

$m\vec{v'}$

30°

$-m\vec{v}$ $m\vec{v}$

$\vec{I} = m\vec{v'} + (-m\vec{v})$

2 運動量保存則

基物 A 直線運動における運動量保存則

図 1−99 のように，一直線上を運動する質量 m_1〔kg〕，速度 v_1〔m/s〕の物体 A が，同じ直線上を運動する質量 m_2〔kg〕，速度 v_2〔m/s〕の物体 B に追いついて衝突するとき，衝突前後での各物体の運動量の変化は，次のように考えられる。

衝突の瞬間から再び離れるまでの短時間の接触の間に，A は B に力をはたらかせ，その反作用として，B は A に同じ大きさで逆向きの力をはたらかせる（→ p.44 作用反作用の法則）。この力の平均値をそれぞれ F，$-F$〔N〕とし，作用しあう時間を Δt〔s〕とする。また，衝突後の A の速度を v_1'〔m/s〕，B の速度を v_2'〔m/s〕とすると，$(1 \cdot 103)$ 式から，各物体についてそれぞれ次の式が成りたつ（図の右向きを正とする）。

物体 A について　$m_1 v_1' - m_1 v_1 = -F \cdot \Delta t$　　　　　　　　　$(1 \cdot 108)$

物体 B について　$m_2 v_2' - m_2 v_2 = F \cdot \Delta t$　　　　　　　　　$(1 \cdot 109)$

上式の辺々を加えて移項すると

$$m_1 v_1 + m_2 v_2 = m_1 v_1' + m_2 v_2' \qquad\qquad (1 \cdot 110)$$

となる。つまり，

衝突前後における物体 A，B の運動量の和は等しく一定に保たれている。

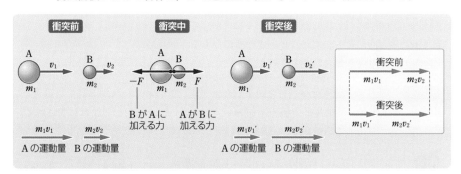

▲図 1-99　一直線上の衝突における運動量保存則

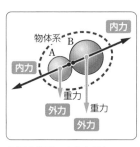

▲図 1-100　内力と外力

このような 2 物体の衝突の現象では，物体 A，B は互いに力 F，$-F$ を及ぼしあうだけで，A，B 全体で考えると，外部からは力を受けていない。

一般に，衝突などでは複数の物体をひとまとめにして考えることが多い。これを **物体系** という。また，物体系内の物体どうしが互いに及ぼしあっている力を **内力** といい，物体系以外から物体系にはたらく力を **外力** という（図 1−100）。

$(1 \cdot 110)$ 式は，衝突だけでなく，物体の分裂や合体など，

両物体間に内力のみがはたらき，外力がはたらかない場合に成りたつ。また，2物体間だけでなく多数の物体間でも同じように成りたつ。すなわち

> **いくつかの物体が内力を及ぼしあうだけで外力を受けていないとき，全体の運動量は変化しない。**

これを **運動量保存則** という。

問題学習 ⋯⋯ 60

一直線上を左から右へ進む質量 $m_1 = 0.2\,\text{kg}$，速さ $v_1 = 0.8\,\text{m/s}$ の小球 A が，同一直線上を右から進んできた質量 $m_2 = 0.4\,\text{kg}$，速さ $v_2 = 0.1\,\text{m/s}$ の小球 B と正面衝突し，B は速さ $v_2' = 0.5\,\text{m/s}$ ではねかえり，もとの直線上を逆向きに進んだ。A が衝突後に進む向きとその速さを求めよ。

解答 左→右を正とし，A の衝突後の速度を $v_1'\,[\text{m/s}]$ とする。運動量保存則より

$$0.2 \times 0.8 + 0.4 \times (-0.1)$$
$$= 0.2\,v_1' + 0.4 \times 0.5$$

ゆえに $v_1' = -0.4\,\text{m/s}$

はじめの向きと逆向きに 0.4 m/s

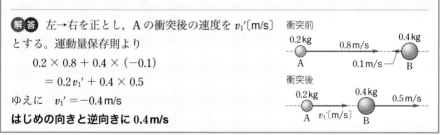

B 平面運動における運動量保存則

図1−101 のように，2物体 A，B が斜めの方向から進んできて衝突した場合でも，衝突の前後において運動量は保存される。ただし，この場合はベクトル記号を用いた式で表す必要がある。すなわち

$$\overrightarrow{m_1 v_1} + \overrightarrow{m_2 v_2} = \overrightarrow{m_1 v_1'} + \overrightarrow{m_2 v_2'} \tag{1·111}$$

注意 2物体の運動量を表す「ベクトル」の和が衝突の前後で変わらないということに注意したい。2物体の運動量の「大きさ」の和をとり，等しいとしてはいけない。

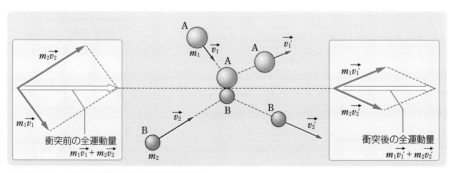

▲ 図 1-101 斜めの衝突における運動量保存則

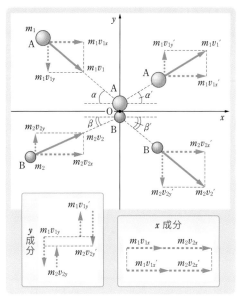

運動量はベクトルであるから，互いに垂直な方向の 2 つの軸に分解することができる。したがって，衝突の前後でそれらの各成分の和もそれぞれ変わらない。

例えば，図 1−102 のように，垂直をなす 2 つの軸を x, y 軸とし，衝突の前後の各物体の運動量の成分をそれぞれ次のように表す。

		x 成分	y 成分
Aの 運動量	衝突前 衝突後	m_1v_{1x} m_1v_{1x}'	m_1v_{1y} m_1v_{1y}'
Bの 運動量	衝突前 衝突後	m_2v_{2x} m_2v_{2x}'	m_2v_{2y} m_2v_{2y}'

▲図 1-102　運動量ベクトルの x, y 成分

このとき，衝突前後の運動量の各成分の和は，次のようになる。

x 成分　　$m_1v_{1x} + m_2v_{2x} = m_1v_{1x}' + m_2v_{2x}'$ 　　　　　　　(1・112)

y 成分　　$m_1v_{1y} + m_2v_{2y} = m_1v_{1y}' + m_2v_{2y}'$ 　　　　　　　(1・113)

同図のように，A, B の運動量ベクトルの向きと x 軸との間の角を，それぞれ α, $\alpha'(>0)$，および β, $\beta'(>0)$ とすると，(1・112)，(1・113) 式は次のようにも表すことができる。

$$m_1v_1\cos\alpha + m_2v_2\cos\beta = m_1v_1'\cos\alpha' + m_2v_2'\cos\beta' \qquad (1・114)$$

$$-m_1v_1\sin\alpha + m_2v_2\sin\beta = m_1v_1'\sin\alpha' - m_2v_2'\sin\beta' \qquad (1・115)$$

C　物体の分裂

1 一直線上での分裂　図 1−103 のように，スケートリンクで前後に並び，一体となって速度 v〔m/s〕ですべっている A，B 2 人のスケーターが，力をはたらかせて互いに離れた場合について考える。

A の質量を M〔kg〕，B の質量を m〔kg〕とし，B が A を押す力を F〔N〕，力を加えた時間を Δt〔s〕とする。離れた後の速度をそれぞれ v_A〔m/s〕，v_B〔m/s〕とすると，運動量の変化は次のように表される。

A について　　$Mv_A - Mv = F\cdot\Delta t$

B について　　$mv_B - mv = -F\cdot\Delta t$

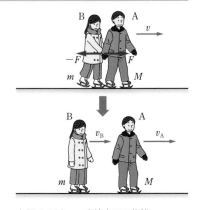

▲図 1-103　一直線上での分離

これらの式を辺々加えて移項すると

$$(M + m)v = Mv_A + mv_B \tag{1・116}$$

となり，両者一体のときと離れた後での全運動量は変わっていない。したがって，このときも運動量保存則が成りたっていることがわかる。

ロケットが燃料を後方に噴射して速度を増す場合も，物体の分裂として取り扱うことができる。

図1-104のように，質量M〔kg〕，速度v〔m/s〕で飛ぶロケットAが，質量m〔kg〕の燃料Bを，ロケットに対してV〔m/s〕の速さで後方に噴射した。

燃料噴射後のロケットの速度をv_A〔m/s〕，燃料Bの地上から見た速度（対地速度）をv_B〔m/s〕とすると，（1・11）式より

$$-V = v_B - v_A$$

よって　$v_B = v_A - V \tag{1・117}$

▲図1-104　ロケットの燃料噴射

したがって，運動量保存則は次のようになる。

$$Mv = (M - m)v_A + mv_B = (M - m)v_A + m(v_A - V) = Mv_A - mV$$

よって，噴射後のロケットの速度v_Aは

$$v_A = v + \frac{m}{M}V \tag{1・118}$$

で表される。

注意 運動量保存則は，対地速度によって成りたつ。

問題学習 ····· 61

速さ0.30m/sで進む質量120kgの舟から，質量40kgの人が，舟の進む向きと反対に舟から静水に飛びこんだ。舟から見た人の速さは0.60m/sであった。舟の速さはいくらになるか。

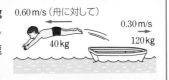

解答 舟の進む向きを正とする。舟に対する人の飛びこむ水平速度（相対速度）は-0.60m/sである。求める舟の速度をv_A〔m/s〕，水面に対する飛びこむ速度をv_B〔m/s〕とすると　$v_B - v_A = -0.60$

また，運動量保存則より　$(120 + 40) \times 0.30 = 120v_A + 40v_B$

　　　$160 \times 0.30 = 120v_A + 40(v_A - 0.60)$　　ゆえに　$v_A = \mathbf{0.45\,m/s}$

参考 問題学習 61 で，基準の座標系として，最初の舟の速さ（0.30 m/s）で進む座標系をとれば，人が飛びこむ前の全運動量は 0 となり，あとの全運動量は　$40 \times (v' - 0.60) + 120v'$　となる（ただし，v' は飛びこみ後の舟の 0.30 m/s で進む座標系に対する速さ）。

　　ゆえに　$0 = 40 \times (v' - 0.60) + 120v'$　より　$v' = 0.15$ m/s

このときの水面に対する舟の速さは　$0.30 + 0.15 = 0.45$ m/s　となり，同じ結果が得られる。このように，一定の速度で運動（等速直線運動）する物体であれば，これを基準の座標系にとっても運動量保存則は成りたつ（事象の前後で同一の座標系を使うこと）。

問題学習 …… 62

速さ v〔m/s〕で動いている質量 m_1〔kg〕の台車が，止まっている質量 m_2〔kg〕の台車に近づき連結された。連結後の速さ v'〔m/s〕を求めよ。

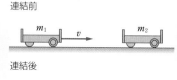

連結前

連結後

考え方 物体の合体は，物体の分裂の逆過程と考えればよい。つまり，(1·116)式の右辺が変化前，左辺が変化後の運動量を表す。

解答 図の右向きを正とする。(1·116)式より

$$(m_1 + m_2)v' = m_1 v + m_2 \times 0$$

ゆえに　$v' = \dfrac{m_1 v}{m_1 + m_2}$ (m/s)

参考 同質量の台車が連結するときは（$m_1 = m_2 = m$），連結後の速さは連結前の運動している台車がもっていた速さの $\dfrac{1}{2}$ 倍となる。

2 平面内での分裂　図 1−105 のように，質量 M〔kg〕，速度 $\vec{v}$〔m/s〕で運動している物体 A が分裂して，質量 m_1〔kg〕，速度 $\vec{v_1'}$〔m/s〕の破片 B と，質量 m_2〔kg〕，速度 $\vec{v_2'}$〔m/s〕の破片 C になり，A のはじめの進む向きから，それぞれ θ_1，θ_2 の角度をなす方向に飛んでいったとする。

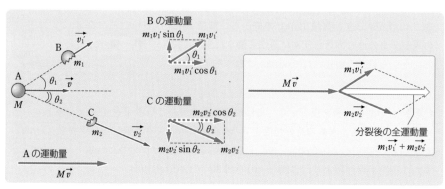

B の運動量

$m_1 v_1' \sin \theta_1$　$m_1 v_1'$

$m_1 v_1' \cos \theta_1$

C の運動量

$m_2 v_2' \cos \theta_2$

$m_2 v_2' \sin \theta_2$　$m_2 v_2'$

A の運動量

$M\vec{v}$

$M\vec{v}$

$m_1 \vec{v_1'}$

$m_2 \vec{v_2'}$

分裂後の全運動量

$m_1 \vec{v_1'} + m_2 \vec{v_2'}$

▲図 1-105　平面内の分裂における運動量保存則

運動量保存則からただちにわかるように，物体 A の進路と分裂後の破片 B と C の進路は同一平面上にある。A のはじめの進む方向と，これに垂直な方向との運動量の成分について保存則を適用すると，次の式が得られる。

$$Mv = m_1 v_1' \cos\theta_1 + m_2 v_2' \cos\theta_2 \qquad\qquad (1\cdot119)$$

$$0 = m_1 v_1' \sin\theta_1 - m_2 v_2' \sin\theta_2 \qquad\qquad (1\cdot120)$$

上式より，分裂後の角度がわかっていれば，分裂物体の速度を求めることができる。

D 物体系の重心の運動

いくつかの物体全体の運動状態を調べるには，この物体系の重心の運動を調べると便利なことが多い。ここでは簡単のために，一直線上を運動する 2 物体の衝突の現象において，この重心の運動を考える。

図 1−106 のように，質量がそれぞれ m_A，m_B〔kg〕の 2 物体が，x 軸をそれぞれ一定の速度 v_A，v_B〔m/s〕（$v_A > v_B$ とする）で進み，衝突後，速度がそれぞれ $v_A{}'$，$v_B{}'$〔m/s〕になったとする。

衝突前のある時刻での A，B の位置を x_A，x_B〔m〕とすると，このとき重心の位置は

$$x_G = \frac{m_A x_A + m_B x_B}{m_A + m_B} \qquad\qquad \cdots\cdots①$$

である。この時刻から Δt〔s〕後に，A は $x_A + v_A \cdot \Delta t$〔m〕，B は $x_B + v_B \cdot \Delta t$〔m〕の位置に進むので，重心の移動した距離を Δx_G〔m〕とすると

$$x_G + \Delta x_G = \frac{m_A(x_A + v_A \cdot \Delta t) + m_B(x_B + v_B \cdot \Delta t)}{m_A + m_B} \qquad\qquad \cdots\cdots②$$

となる。重心の速度を v_G〔m/s〕とすると　$\Delta x_G = v_G \cdot \Delta t$　であるから，①，②式より

$$v_G = \frac{\Delta x_G}{\Delta t} = \frac{m_A v_A + m_B v_B}{m_A + m_B}$$

同様に，衝突後の重心の速度 $v_G{}'$〔m/s〕は　$v_G{}' = \dfrac{m_A v_A{}' + m_B v_B{}'}{m_A + m_B}$　となる。

ところで，運動量保存則から　$m_A v_A + m_B v_B = m_A v_A{}' + m_B v_B{}'$　より

$$(m_A + m_B)v_G = (m_A + m_B)v_G{}'$$

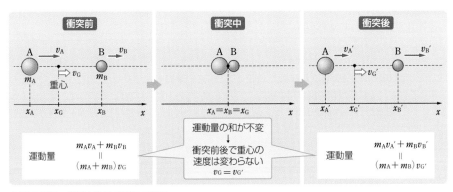

▲ 図 1-106　衝突 2 物体の重心の運動

ゆえに　$v_G = v_G'$ $(1 \cdot 121)$

したがって，**衝突前後での重心の速度は変わらない。**

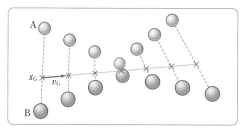

この性質は，平面上の衝突や物体の分裂の際にもあてはめることができる。図1-107のように，衝突前後の重心の位置を一定時間ごとに記す（×印）と，一直線上に等間隔に並ぶ。すなわち，重心は等速直線運動をしている。

▲ 図 1-107　平面運動における重心の運動

CHART 19　運動量保存則

運動量の和＝一定 $(1 \cdot 122)$

適用条件	外力がはたらかない（あるいは，はたらいてもその力積が無視できる）。
⭐Point	「運動量の和」は成分に分けて考える。
😊知っていると便利 1	衝突前後で重心の速度は変わらない。
😊知っていると便利 2	静止物体の分裂：速 さ の 比／運動エネルギーの比｜いずれも質量の逆比になる。

CHART 19　適用条件

運動量保存則は，118ページの $(1 \cdot 108)$ 式と $(1 \cdot 109)$ 式を辺々加えて，右辺が0になることによって導かれている。右辺が0になるのは，それぞれの物体が互いに力（内力）を及ぼしあっていて，それらが作用反作用の法則 $(\vec{F} = -\vec{F'})$ を満たしているからである。

もし外力がはたらくと，それらが $(1 \cdot 108)$ 式と $(1 \cdot 109)$ 式の右辺に加わり，両式を辺々加えても右辺が0にならない。つまり，外力がはたらくと，運動量保存則は成りたたない。ただし，外力がはたらいてもそれが無視でき

るくらい小さければ，運動量保存則を適用することができる。

例えば，衝突のようなごく短い時間（Δt）に起こる現象の場合，物体間には瞬間的に大きな力（**撃力** とよばれる）が加わる。その間にも重力（外力）がはたらいているが，重力による力積 $mg\Delta t$ の Δt は小さく，mg も撃力に比べて小さい。

このため，重力による力積は撃力の力積に比べると無視でき，衝突の

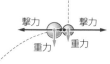

前後であれば運動量保存則が成立すると考えてよい。衝突や分裂などの瞬間的な現象で、運動量保存則を適用することが多いのはこのためである。

反対に、運動量保存則を適用するのは瞬間的な現象ばかりとは限らない。なめらかな床上に積んだ2物体が2物体間で摩擦力を及ぼしあいながらすべっていく場合、水平方向にはたらくのは2物体間で及ぼしあう摩擦力のみ、つまり内力のみであるから、運動量保存則が成立する。

CHART 19 ★Point

運動量の和を考えるときはベクトルとして扱わなければならない。したがって、平面的な運動を考えるときは、成分に分けて、

　　運動量の x 成分の和＝一定
　　運動量の y 成分の和＝一定

のように式を立てるのが最も一般的である。ただし、問題学習 59（$p.117$）のように、運動量の和を図形的に考えたほうが簡単な場合もある。

CHART 19 知っていると便利1

直線上・平面上の運動に関わらず、重心の速度は衝突・分裂などで変化しない（ただし、外力が無視できることが条件）。

CHART 19 知っていると便利2

図のように分裂すると

$$0 = mv - MV$$

すなわち

$$mv = MV$$

したがって　$v : V = M : m$

また、運動エネルギーの比

$$\frac{1}{2}mv^2 : \frac{1}{2}MV^2 = \frac{(mv)^2}{m} : \frac{(MV)^2}{M}$$
$$= \frac{1}{m} : \frac{1}{M} = M : m$$

したがって、速さの比、運動エネルギーの比のいずれも、質量の逆比となる。

問題学習 ⋯⋯ 63

水平でなめらかな机上に静止している質量 m_B〔kg〕の小球 B に、質量 m_A〔kg〕の小球 A が衝突した。A, B ははじめの A の進む向きから、左右にそれぞれ θ の角をなして進んだ。衝突後の両球の速さの比を求めよ。

考え方　下図のように、はじめの A の進む向きと、それに垂直な向きに分けて運動量保存則を考える（→ CHART 19 ─ ★Point）。後者の式だけ用いればよい。

解答　図のように x, y 軸を定める。衝突後の両球の速さをそれぞれ v_A, v_B〔m/s〕とすると、y 軸方向に関する運動量保存則より

$$0 = m_A v_A \sin\theta - m_B v_B \sin\theta$$

よって　$\dfrac{v_A}{v_B} = \dfrac{m_B}{m_A}$

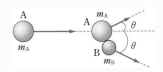

参考　v_A, v_B は、x 軸方向の運動量保存則の式から求められる（ただし、衝突前の A の速度が必要）。

図のように，なめらかな水平面 AB，CD が，鉛直面 BC を介してつながっており，その面 BC に接するように質量 M〔kg〕の物体 Q が置かれている。物体 Q の上面はあらい面をしており，水平面 AB と同一平面上にある。いま，質量 m〔kg〕の物体 P が図の左から速

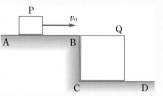

さ v_0〔m/s〕で近づいてきて，点 B で瞬時に物体 Q の上面に乗り移り（状態 1），やがて P，Q は一体となって運動を続けたとする（状態 2）。このとき，以下の問いに答えよ。ただし，物体 P と物体 Q の間の動摩擦係数を μ' とし，重力加速度の大きさを g〔m/s^2〕とする。

(1) 状態 2 になったあとの物体 P，Q の速さ v_1〔m/s〕を求めよ。

(2) 状態 1 から状態 2 になるまでの時間 t_1〔s〕を求めよ。

考え方 (1) 物体 P，Q にはたらく水平方向の力は動摩擦力（内力）のみであるので，運動量の和は保存される（→ **CHART 19** ─ 適用条件）。

(2) 物体 P は物体 Q から左向きに動摩擦力 $\mu'mg$〔N〕，物体 Q はその反作用として同じ大きさの動摩擦力を右向きに受けている。物体 Q（または物体 P）の運動量の変化の大きさが，物体が受けた力積の大きさ $\mu'mg \cdot t_1$〔N·s〕に等しいことを利用する（→ p.116 **CHART 18**）。

解答 (1) 運動量保存則より $mv_0 + M \times 0 = (m + M)v_1$

よって $v_1 = \dfrac{m}{m + M} v_0$ **(m/s)**

(2) 物体 P，Q にはたらく水平方向の力は図のようになる。物体 Q は t_1〔s〕間に力積 $\mu'mg \cdot t_1$〔N·s〕を受けたことになるから，運動量と力積の関係より

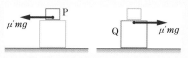

$$Mv_1 - M \times 0 = \mu'mg \cdot t_1 \qquad \text{よって} \quad t_1 = \frac{Mv_1}{\mu'mg} = \frac{Mv_0}{\mu'(m + M)g} \text{ (s)}$$

（物体 P の運動量の変化に着目しても同じ結果が得られる）

〔別解〕 状態 1 から状態 2 になるまでの物体 P の加速度（右向きを正とする）を a〔m/s^2〕とすると，運動方程式 $ma = -\mu'mg$ より $a = -\mu'g$

状態 1 のときを $t = 0$ s とすると，状態 1 から状態 2 の間の時刻 t〔s〕における物体 P の速さ v〔m/s〕は

$$v = v_0 + at = v_0 - \mu'gt$$

$t = t_1$ のとき $v = v_1$ であるから $v_1 = v_0 - \mu'gt_1$

よって $t_1 = \dfrac{v_0 - v_1}{\mu'g} = \dfrac{v_0}{\mu'g}\left(1 - \dfrac{m}{m + M}\right) = \dfrac{Mv_0}{\mu'(m + M)g}$ **(s)**

（物体 Q の速さに着目しても同じ結果が得られる）

3 反発係数

小球と平面(壁や床など)との衝突では，平面の質量が小球に比べて非常に大きい場合が多い。特に，壁や床はほかのものに固定されており，衝突時にはたらく力は内力のみではない。したがって，このときには運動量保存則を適用することができない。

図1−108のように，自由落下してきた小球が床と衝突し，落下の向きと逆向きにはねかえったとする。鉛直下向きを正として，衝突直前の速度をv〔m/s〕$(v > 0)$，衝突直後の速度をv'〔m/s〕$(v' < 0)$とする。このと

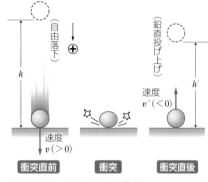

▲図 1-108　小球と床との衝突

き，衝突直前の速さ$|v|$(すなわち落下させる高さ)をいろいろ変えて，その衝突直後の速さ$|v'|$を実験によってそれぞれ測定してみると，$|v'|$と$|v|$の比は常に一定の値となっている。

小球や床の種類を変えて実験を行っても，その比はそれぞれ別の一定値となる。そこで，この一定値をeで表すと

$$\frac{|v'|}{|v|} = -\frac{v'}{v} = e \text{(一定)} \tag{1·123}$$

となる。eは小球と床の種類によって決まる定数で，**反発係数**(または**はねかえり係数**)という。$|v'|$が$|v|$より大きくなることはないから，eの値は$0 \leqq e \leqq 1$の範囲である。

$e = 1$の衝突を**弾性衝突**(完全弾性衝突ということもある)という。一方，$0 \leqq e < 1$の衝突を**非弾性衝突**といい，$e = 0$の場合を特に**完全非弾性衝突**という。

同図において，小球を自由落下させた高さをh〔m〕，床と衝突後にはね上がった高さをh'〔m〕とする。このとき，(1·19)式より　$v^2 = 2gh$, $v'^2 = 2gh'$

よって　$\dfrac{v'^2}{v^2} = \dfrac{h'}{h}$　であるから，これと反発係数の式((1·123)式)より

$$e = \sqrt{\frac{h'}{h}} \tag{1·124}$$

上式を用いることにより，自由落下の実験による高さの比から，反発係数を求めることができる。

小球と床の衝突では，それぞれの衝突において次のようにまとめられる。

● $e = 1$(弾性衝突)　衝突後は衝突前と同じ速さではねかえり，同じ高さまで上がる。
● $e = 0$(完全非弾性衝突)　衝突後は速さ0となり，床に付着する。
● $0 \leqq e < 1$　衝突後は衝突前のe倍の速さではねかえり，e^2倍の高さまで上がる。

図1-109のように、2球A，Bがx軸上を正の向きに速度v_1，v_2〔m/s〕で進み（$v_1 > v_2$），衝突して速度がそれぞれv_1'，v_2'〔m/s〕になった（$v_1' < v_2'$）とする。このときAは速さ（相対速度の大きさ）$v_1 - v_2$でBに衝突し，速さ（相対速度の大きさ）$v_2' - v_1'$でBから遠ざかる。これらの比も小球と床の衝突の場合と同様，はじめのA，Bの速度に関係なく一定になる。すなわち，この場合の反発係数eは

$$e = \frac{衝突後に遠ざかる速さ}{衝突前に近づく速さ} = \frac{|衝突後の相対速度|}{|衝突前の相対速度|}$$

衝突前後の相対速度$v_1 - v_2$，$v_1' - v_2'$の符号は必ず反対になるので，反発係数は次のように表される。

$$e = -\frac{v_1' - v_2'}{v_1 - v_2} \qquad (1 \cdot 125)$$

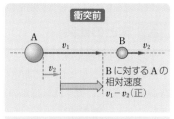

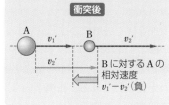

▲図1-109　一直線上の2球の衝突

このような2球の衝突では，内力のみがはたらき，外力ははたらかないから，運動量保存則が成りたつ。したがって，2球の質量をそれぞれm_1，m_2〔kg〕とすると

$$m_1 v_1 + m_2 v_2 = m_1 v_1' + m_2 v_2' \qquad \cdots\cdots①$$

また，反発係数の式（(1・125)式）から　$v_1' - v_2' = -e(v_1 - v_2)$　　　$\cdots\cdots②$

①，②式より，衝突後の両球の速度をそれぞれ求めると次のようになる。

$$v_1' = \frac{m_1 v_1 + m_2 v_2 - m_2 e(v_1 - v_2)}{m_1 + m_2}, \quad v_2' = \frac{m_1 v_1 + m_2 v_2 + m_1 e(v_1 - v_2)}{m_1 + m_2}$$

$$(1 \cdot 126)$$

直線上の2球の衝突の，反発係数による衝突の違いは，次のようにまとめられる。

● **$e = 1$（弾性衝突）**　(1・125)式より　$v_1' - v_2' = -(v_1 - v_2)$　となり，衝突前後の相対速度の大きさが等しくなって，最もよくはねかえることになる。衝突後の2球の速度は，(1・126)式で$e = 1$とおいて次のようになる。

$$v_1' = \frac{(m_1 - m_2)v_1 + 2m_2 v_2}{m_1 + m_2}, \quad v_2' = \frac{(m_2 - m_1)v_2 + 2m_1 v_1}{m_1 + m_2} \qquad (1 \cdot 127)$$

特に，2球の質量が等しい場合は，速度が交換される（→ $p.130$）。

● **$e = 0$（完全非弾性衝突）**　(1・125)式より　$0 = -\dfrac{v_1' - v_2'}{v_1 - v_2}$　よって$v_1' = v_2'$より，衝突後両球の速度は同じになり，一体となって運動する。このときの速度v'は，運動量保存則　$m_1 v_1 + m_2 v_2 = (m_1 + m_2)v'$　より，次のようになる。

$$v' = \frac{m_1 v_1 + m_2 v_2}{m_1 + m_2} \qquad (1 \cdot 128)$$

特に，2球の質量が等しい場合は，v'は両球の速度の平均値になる。

● **$0 < e < 1$**　弾性衝突と完全非弾性衝突との中間的な衝突現象となる。

C **床と斜めの衝突**

図1−110(a)のように，小球がなめらかな平面(壁や床など)と斜めに衝突するときには，平面に平行な速度成分があるので，垂直な衝突の場合より複雑になる。

衝突直前の速度 $\overrightarrow{v}$〔m/s〕を面に平行な成分 v_x〔m/s〕と，面に垂直な成分 v_y〔m/s〕に，衝突直後の速度 $\overrightarrow{v'}$〔m/s〕を面に平行な成分 v_x'〔m/s〕と，面に垂直な成分 v_y'〔m/s〕にそれぞれ分解して考える。

面はなめらかなので，球は面に平行な方向に力(摩擦力)を受けない。したがって，面に平行な速度成分は，衝突の前後で変化しない。一方，面に垂直な方向では，衝突直後の速度成分と衝突直前の速度成分との大きさの比が，反発係数 e になることがわかっている。

すなわち，小球となめらかな面との斜めの衝突の場合は，次のようになる。

面に平行な速度成分　$v_x' = v_x$　　　　　　　　　　　　　(1・129)

面に垂直な速度成分　$v_y' = -ev_y$　　　　　　　　　　　(1・130)

同図(b)のように，あらい面との衝突の場合は，面にそって摩擦力がはたらくため，面に平行な速度成分が減少する。すなわち，$v_x' < v_x$ となる。

> **注意** 床との衝突では重力も関係しそうであるが，衝突は短時間に行われ，はたらく力は重力に比べて非常に大きいため，重力の影響は無視できる($\rightarrow$ p.124)。

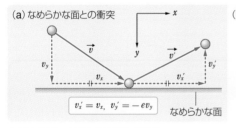
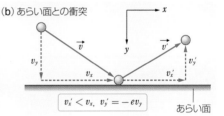

▲ **図1-110**　小球と床の斜めの衝突

重物 **D** **衝突による力学的エネルギーの変化**

2物体が衝突するとき，衝突の前後では運動量が保存される。このとき，2物体がもつ力学的エネルギーの変化は，以下のように考えられる。

一直線上を速度 v_1〔m/s〕で進む質量 m〔kg〕の小球 A が，静止している同じ質量の小球 B に衝突したとする。衝突後の A, B の速度をそれぞれ v_1', v_2'〔m/s〕とし，反発係数を e とすると，(1・126)式で $m_1 = m_2 = m$, $v_2 = 0$ として

$$v_1' = \frac{1-e}{2}v_1, \ v_2' = \frac{1+e}{2}v_1 \tag{1・131}$$

が得られる。

(1・131)式より，衝突前後における2物体の運動エネルギーの変化量 $\varDelta E$〔J〕は，次のように表すことができる。

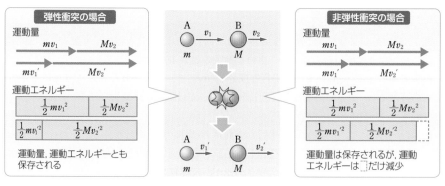

▲図 1-111　2 球の衝突による力学的エネルギー(運動エネルギー)の変化

$$\varDelta E = \left(\frac{1}{2}mv_1'^2 + \frac{1}{2}mv_2'^2\right) - \frac{1}{2}mv_1^2 = -\frac{1}{4}mv_1^2(1 - e^2) \qquad (1 \cdot 132)$$

(1・132)式から，$e = 1$ のとき $\varDelta E = 0$，$0 \le e < 1$ のとき $\varDelta E < 0$ となることがわかる。

このことは，2 球の質量が異なったり，2 球がともに速さをもって衝突したりした場合などでも一般的に成りたつ(図 1−111)。すなわち

2 球の衝突における運動エネルギーは，弾性衝突($e = 1$)の場合は保存され，非弾性衝突($0 \le e < 1$)の場合は減少する。

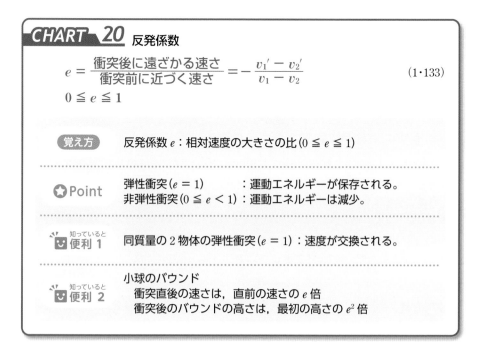

CHART　20　反発係数

$$e = \frac{衝突後に遠ざかる速さ}{衝突前に近づく速さ} = -\frac{v_1' - v_2'}{v_1 - v_2} \qquad (1 \cdot 133)$$

$$0 \le e \le 1$$

覚え方　反発係数 e：相対速度の大きさの比($0 \le e \le 1$)

⭐Point　弾性衝突($e = 1$)　　　：運動エネルギーが保存される。
　　　　　　非弾性衝突($0 \le e < 1$)：運動エネルギーは減少。

便利 1　知っていると　同質量の 2 物体の弾性衝突($e = 1$)：速度が交換される。

便利 2　知っていると　小球のバウンド
　　　　　衝突直後の速さは，直前の速さの e 倍
　　　　　衝突後のバウンドの高さは，最初の高さの e^2 倍

CHART **20** 覚え方

反発係数の式は，相対速度の大きさの比であることと，$0 \leqq e \leqq 1$ であることから，次のように思い出せるようにしておく。

式の負号「－」 衝突の前後では，一方から他方を見ると近づく運動から遠ざかる運動になるので，相対速度の向き（符号）が変わる。このため，相対速度の比は必ず負となる。反発係数の式に「－」があることによって，反発係数の値が正になる。

式の分母と分子 2物体の相対速度の大きさは，通常，衝突前後で小さくなる（あるいは等しくなる）。一方，$e \leqq 1$ なので分子の大きさは分母の大きさより小さい。したがって分子が衝突後，分母が衝突前の相対速度であることがわかる。

CHART **20** ⭐Point

運動量保存則の成立条件は「外力がはたらかない，あるいは，はたらいてもその力積が無視できる」である。一方，力学的エネルギー保存則の成立条件は「非保存力がはたらかない，あるいは，はたらいても仕事をしない」である。このように，2つの保存則の成立条件は異なっており，一方が成立しても他方が成立しないこともある。

衝突の前後で運動エネルギー（力学的エネルギー）が保存されるのは，弾性衝突の場合だけである。このとき，運動量保存則と力学的エネルギー保存則を連立させてもよいが，運動量保存則と反発係数の式を連立させたほうが，式を解くのが簡単である。

CHART **20** 知っていると便利 1

同じ質量 m の2球が図のように弾性衝突すると

$$mv_1 + mv_2 = mv_1' + mv_2'$$
$$1 = -\frac{v_1' - v_2'}{v_1 - v_2}$$

これを解いて $v_1' = v_2$, $v_2' = v_1$
つまり，衝突の前後で速度が入れかわっている。

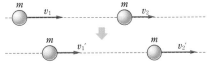

CHART **20** 知っていると便利 2

衝突直後の速さが直前の速さの e 倍になることは，反発係数の定義（(1・123)式）の通り。バウンドの高さがもとの e^2 倍になることは，(1・19)，(1・123)式から得た(1・124)式の両辺を2乗することによって導かれる。

📖 **問題学習 ⋯⋯ 65**

鉛直な壁 AP から l〔m〕だけ離れた床上の点 O から，斜め上方 45° をなす方向に小球を投げたところ，小球は壁面の点 P に垂直に当たり，はねかえって床上の一点 B に落ちてはね上がり，点 Q まで上がって再び床上の一点 C に落ちた。小球の質量を m〔kg〕，小球と床や壁の間の反発係数を e，重力加速度の大きさを g〔m/s²〕とし，また，床はなめらかなものとする。

(1) P の床からの高さ h_1〔m〕を求めよ。

(2) AB 間の距離 l_1〔m〕を求めよ。

(3) Q の床からの高さ h_2〔m〕を求めよ。

(4) BC 間の距離 l_2〔m〕を求めよ。

(5) C に落下する直前までに小球が失った力学的エネルギー ΔE〔J〕を求めよ。

(6) C が O に一致するとき，e の値はいくらになるか。

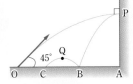

(2) O から P までの運動も，P から B までの運動も，ともに点 P での速度の鉛直成分 $= 0$ であるから，運動に要する時間が等しいことを利用する。

(3) 床との衝突後の小球のバウンドの高さは，最初の高さ（$=$ P の高さ）の e^2 倍になる（→ **CHART 20** — 😊便利 **2** ）。

解答 (1) 小球の初速度の大きさを v_0〔m/s〕とする。点 P に達するまでの時間を t_1〔s〕とすると

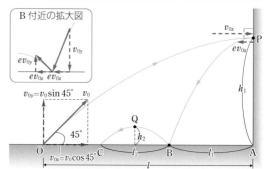

(1·37)式より
$$l = v_0 \cos 45° \cdot t_1 \qquad \cdots\cdots①$$

(1·38)式より
$$0 = v_0 \sin 45° - gt_1 \qquad \cdots\cdots②$$

①，②式より $t_1 = \sqrt{\dfrac{l}{g}}$〔s〕, $v_0 = \sqrt{2gl}$〔m/s〕

また，(1·40)式より $0^2 - (v_0 \sin 45°)^2 = -2gh_1$

上式に v_0 の値を代入して $h_1 = \dfrac{l}{2}$〔m〕

(2) 鉛直方向のみに着目すると，O → P → B の運動は P が最高点の鉛直投げ上げ運動になるから，P → B に要する時間は O → P に要する時間 t_0 と等しい。衝突後，水平方向の速さは $ev_0 \cos 45°$ になるから，(1·37)式より

$$l_1 = ev_0 \cos 45° \cdot t_1 \quad \text{これに } v_0 \text{ と } t_1 \text{ の値を代入して} \quad l_1 = el \text{〔m〕}$$

(3) B に衝突直前の小球の鉛直方向の速さは，点 O のときと同じ $v_0 \sin 45°$ になっている。衝突後，鉛直方向の速さは $ev_0 \sin 45°$ になるから

$$0^2 - (ev_0 \sin 45°)^2 = -2gh_2$$

v_0 の値を代入して $h_2 = \dfrac{e^2 l}{2}$〔m〕$(= e^2 h_1)$

(4) B から Q までの時間を t_2〔s〕とすると $0 = ev_0 \sin 45° - gt_2$

v_0 の値を代入して $t_2 = e\sqrt{\dfrac{l}{g}}$ $(= et_1)$

よって $l_2 = 2 \times ev_0 \cos 45° \cdot t_2 = 2e^2 l$〔m〕

(5) 水平方向の速さは $ev_0 \cos 45°$，鉛直方向の速さは $ev_0 \sin 45°$ になるから
$$\Delta E = \frac{1}{2}mv_0^2 - \frac{1}{2}m(e^2 v_0^2 \cos^2 45° + e^2 v_0^2 \sin^2 45°) = \frac{1}{2}mv_0^2(1 - e^2)$$
$$= mgl(1 - e^2) \text{〔J〕}$$

(6) AB + BC = AO $= l$ であればよい。
$$el + 2e^2 l = l \quad \text{より} \quad 2e^2 + e - 1 = 0$$
よって $(2e - 1)(e + 1) = 0$ $0 \le e \le 1$ より $e = 0.5$

円運動と万有引力

1 等速円運動

A 速度と角速度

物体が一定の速さで円運動するとき，この運動を **等速円運動** という。

図 1-112 のように，中心が O で，半径 r〔m〕の円周上を，反時計回りに一定の速さ v〔m/s〕で等速円運動をする物体を考える。

円周上の点 P を時刻 0 に通過した物体 A が，時刻

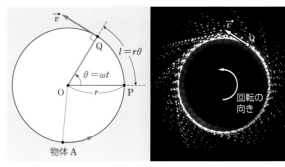

▲図 1-112　等速円運動の速度と角速度

t〔s〕に円周上のほかの点 Q を通過したとする。∠POQ $= \theta$〔rad〕(→次ページ **参考**)，円弧 PQ $= l$〔m〕とすると，$l = r\theta$ であるから，物体 A の速さ v は次のように表される。

$$v = \frac{l}{t} = r\frac{\theta}{t} \tag{1·134}$$

ここで，O から物体 A に結んだ線分 OA(これを **動径** という)の 1 秒間の回転角を **角速度** といい，ω で表す。すなわち

$$\omega = \frac{\theta}{t}, \ \theta = \omega t \tag{1·135}$$

これより，角速度 ω の単位は **ラジアン毎秒**(記号 **rad/s**)であることがわかる。

(1·134)，(1·135)式より，等速円運動の速さ v〔m/s〕は角速度 ω〔rad/s〕を用いて次のように表される。

$$v = r\omega \tag{1·136}$$

曲線上を運動する物体の速度の方向は，各瞬間での曲線上のその点での接線方向となるから（→ p.12），この場合の速度の方向は，円周上のその点での円の接線方向（動径と垂直な方向）となる。

補足 動径 OA をベクトルで表したもの（$\overrightarrow{OA}$）を **動径ベクトル** という。

参考 **角度の単位ラジアン（rad）**

半径 r の円周上に半径に等しい長さ r の円弧を取ったとき，その中心角の大きさを角度の単位として，**1 ラジアン**（記号 **rad**）という。よって，中心角が θ〔rad〕の円弧の長さは $l = r\theta$ となる。

$$360° = \frac{2\pi r}{r} = 2\pi \text{rad}$$

$$1\text{rad} = \frac{360°}{2\pi} \doteqdot 57.3° \quad \text{である。}$$

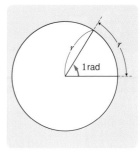

▲図1-113　ラジアンの定義

NOTE

$$360° = 2\pi\text{rad}, \quad 1\text{rad} \doteqdot 57.3°$$

B　周期と回転数

物体が等速円運動を行い，1周する時間 T〔s〕を **周期** という。周期 T は，円周の長さ $2\pi r$〔m〕を速さ v〔m/s〕でわったもの，あるいは全円周の中心角 2πrad を角速度 ω〔rad/s〕でわったものになるから，次のように表される。

$$T = \frac{2\pi r}{v} = \frac{2\pi}{\omega} \tag{1・137}$$

また，物体の1秒間当たりの回転の回数を **回転数** という。回転数の単位は一般に **ヘルツ**（記号 **Hz**）を用いる。回転数 n〔Hz〕は，1秒を，1周する時間（周期）T〔s〕でわれば得られる。すなわち

$$n = \frac{1}{T} = \frac{\omega}{2\pi} \tag{1・138}$$

(1・138)式から次の式も得られる。

$$\omega = 2\pi n \tag{1・139}$$

補足 回転数の単位として，Hz の代わりに回/s を用いることもある。

問題学習 …… 66

半径 $r = 2.0$m，回転数 $n = 0.50$Hz で等速円運動する物体の，周期 T〔s〕，角速度 ω〔rad/s〕，および速さ v〔m/s〕を求めよ。

解答 (1・138)式より　$T = \dfrac{1}{n} = \dfrac{1}{0.50} = \mathbf{2.0\,s}$

(1・139)式より　$\omega = 2\pi n = 2 \times 3.14 \times 0.50 = 3.14 \doteqdot \mathbf{3.1\,rad/s}$

(1・136)式より　$v = r\omega = 2.0 \times 3.14 \doteqdot \mathbf{6.3\,m/s}$

C 等速円運動の加速度

等速円運動では，速度の大きさ(速さ)は変わらないが，その方向(円の接線方向)はたえず変わっているから，速度ベクトルもたえず変わっている。したがって，単位時間当たりの速度変化を表す加速度が存在する。

図1−114のように，円周上の1点Pを通過した物体が，きわめて短い時間Δt〔s〕後に点Qに達したとする。P, Qにおける物体の速度をそれぞれ，$\vec{v}$，$\vec{v'}$〔m/s〕(大きさはともにv)とする。

ある1点Cにベクトル$\vec{v}$, $\vec{v'}$を平行

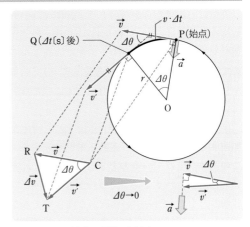

▲図1-114 等速円運動の加速度

移動し，ベクトルの先端をR, Tとする。このとき，ベクトル$\overrightarrow{RT} = \vec{v'} - \vec{v}$は，時間$\Delta t$での速度の増加分$\vec{\Delta v}$(大きさ$\Delta v$)を表す。加速度の大きさを$a$〔m/s²〕とすると，「速度の増加＝加速度×時間」であるから

$$RT = \Delta v = a \cdot \Delta t \qquad \cdots\cdots ①$$

となる。

一方，△OPQ と△CRT は相似な二等辺三角形であるから

$$\frac{RT}{PQ} = \frac{CR}{OP} \qquad \cdots\cdots ②$$

また，Δt は微小であるから

$$PQ = v \cdot \Delta t (= PQ \text{ 間の弧の長さ}) \qquad \cdots\cdots ③$$

としてよい。①，③式を②式に代入し，CR $= v$，OP $= r$(円運動の半径)を用いると

$$\frac{a \cdot \Delta t}{v \cdot \Delta t} = \frac{v}{r}$$

となり，これから次の式が得られる。

$$a = \frac{v^2}{r} \qquad (1 \cdot 140)$$

また，これと(1・136)式より，a は次のようにも表される。

$$a = v\omega = r\omega^2 \qquad (1 \cdot 141)$$

加速度$\vec{a}$の向きは，∠POQ ＝∠RCT ＝$\Delta\theta$ を限りなく小さくしたときの$\overrightarrow{RT}$の向きになる。このとき，RT と CR は垂直になるので，$\vec{a}$ の向きも速度$\vec{v}$ の向きと垂直になり，$\vec{a}$ は円の中心を向くことになる。

以上より，等速円運動の加速度は，大きさは変化しないが，向きが時間とともに変化することがわかる。

補足 等速円運動の加速度は常に円の中心を向いていることから，これを **向心加速度** ということもある。

物体に力がはたらかないとき，物体は運動の状態を保ち続ける（→ *p.*47 慣性の法則）。等速円運動をする物体は，たえずその速度の向きを変えて運動の状態を変化させ（速度を変え）ているから，向きを変えるための力が物体にはたらいているはずである。

図1−115(a)のように，質量 m〔kg〕の物体が加速度 $\vec{a}$〔m/s²〕で等速円運動しているとする。この物体が受けている力を $\vec{F}$〔N〕とすると，運動方程式 $m\vec{a} = \vec{F}$ から，力の向きは加速度と同じ向き，つまり円の中心へ向かう向きであることがわかる。この力を **向心力** という。質量も加速度の大きさも一定であるから，向心力の大きさも常に一定値となる。

同図(b)のように，小球をつる巻きばねの一端に付け，他端を中心として等速円運動させると，ばねはある一定の伸びを保つようになる。この場合は，ばねの弾性力が向心力としてはたらいていることになる。

(1·140)，(1·141)式より，向心力の大きさは

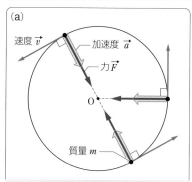

(a)

速度 $\vec{v}$　加速度 $\vec{a}$
力 $\vec{F}$
O
質量 m

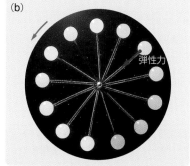

(b)

弾性力

▲図1-115　等速円運動の向心力

$$F = ma = mr\omega^2 = m\frac{v^2}{r} \tag{1·142}$$

となる。

この式より，物体の質量や円運動の半径が一定のもとで速さ（角速度）を2倍にするには，4倍の向心力が必要となることがわかる。

補足 等速円運動では，向心力は常に速度の向きに垂直にはたらいているので，向心力は物体には仕事をしない。したがって，物体のもっている運動エネルギーは変わらず，一定に保たれている。

参考 自動車道路の急カーブの地点では，カーブの内側が低く，外側が高くなっている（図1−116）。これは，自動車にはたらく重力 mg〔N〕と，道路から自動車にはたらく抗力 N〔N〕との合力 F〔N〕を，自動車がカーブを曲がるときの向心力となるようにするためである。

道路に傾きがないと，自動車はカーブを曲がることが困難となる。

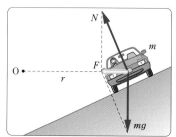

N
m
O
F
r
mg

▲図1-116　カーブを曲がる自動車

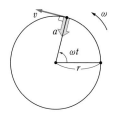

CHART 21 等速円運動の式

周期	$T = \dfrac{2\pi}{\omega}$	(1·143)
速さ	$v = r\omega$	(1·144)
加速度	$a = r\omega^2 = \dfrac{v^2}{r}$	(1·145)

（中心に向かう向き）

⭐Point

等速円運動の運動方程式

中心方向：$m\dfrac{v^2}{r}$ = 中心に向かう向きの力（向心力）

CHART 21

円運動ではいろいろな関係式が登場するが，角速度 ω の意味を理解していれば，あとは加速度の式を覚えているだけでほとんどの場合に対応できる。

速さが「単位時間に移動する距離」を表しているのに対し，角速度は「単位時間に回転する角度」を表している。つまり，「速さ×時間＝移動した距離」であるのと同様に，「角速度×時間＝回転した角度」である（ただし，角度の単位は rad）。

このことを知っていれば，1 周期の時間には 1 回転，つまり角度 2π rad（$360°$）回転することから

$\omega \times T = 2\pi$ すなわち $T = \dfrac{2\pi}{\omega}$

であることが導ける。また，1 周期の時間には 1 回転，つまり距離 $2\pi r$ 動くことから

$v \times T = 2\pi r$

これと，$T = \dfrac{2\pi}{\omega}$ であることから

$v = r\omega$ となることが導ける。

CHART 21 ⭐Point

円運動の運動方程式も，通常の運動方程式と同様，「質量×加速度＝力」，つまり，$ma = F$ を立てればよい。ただし，等速円運動では，中心方向の加速度については速度と半径を用いて $a = \dfrac{v^2}{r}$ と表せるため，a の代わりに $\dfrac{v^2}{r}$ を使うことが多い（$r\omega^2$ を使うこともある）。

また，物体が円運動をするときは，糸が引く力やばねの弾性力などの中心に向かう力がはたらく。これらの力が「向心力」の役割をはたしているのであって，別の「向心力」という力が存在するわけではないことに注意する。

📖 問題学習 ···· 67

図のように，質量 $m = 0.10$ kg の小球を，長さ $r = 0.50$ m の伸びない軽い糸の一端につけ，他端を中心として水平面内で周期 $T = 0.50$ s で回転させた。このとき，小球の角速度 ω〔rad/s〕，速さ v〔m/s〕，加速度の大きさ a〔m/s²〕，および糸が引く力の大きさ F〔N〕を求めよ。

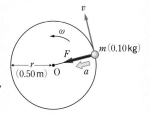

考え方 角速度は単位時間に回転する角度であるから，$\omega \times T = 2\pi$ となることを利用する。糸が引く力の大きさは運動方程式から求める（→ **CHART 21**―⭐Point）。

解答 $\omega \times T = 2\pi$ より $\omega = \dfrac{2\pi}{T} = \dfrac{2\pi}{0.50} = 4\pi \fallingdotseq$ **13 rad/s**

$(1\cdot144)$式より $v = r\omega = 0.50 \times 4\pi = 2\pi \fallingdotseq$ **6.3 m/s**

$(1\cdot145)$式より $a = r\omega^2 = 0.50 \times (4\pi)^2 = 8\pi^2 \fallingdotseq$ **79 m/s²**

小球の運動方程式 $ma = F$ より

$$F = 0.10 \times 8\pi^2 \fallingdotseq \mathbf{7.9\,N}$$

📖 問題学習 ····· 68

図のように，質量 m〔kg〕の小球を，自然の長さが l〔m〕の軽いつる巻きばねの一端につけ，他端を点 O に固定し，なめらかな水平面上を角速度 ω〔rad/s〕で等速円運動させた。このとき，ばねの長さは $2l$〔m〕になったとする。以下の問いに答えよ。

(1) 小球の加速度の大きさ a〔m/s²〕を求めよ。

(2) このとき小球が受けている向心力の大きさ F〔N〕を求めよ。

(3) ばねのばね定数 k〔N/m〕を求めよ。

(4) 等速円運動の角速度を $\dfrac{\omega}{2}$〔rad/s〕にしたときの，ばねの長さ l'〔m〕と向心力の大きさ F'〔N〕を求めよ。

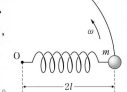

考え方 (3) ばねの伸びは $2l - l = l$〔m〕なので，小球にはたらくばねの弾性力の大きさは kl〔N〕となる。これが向心力になっていることを利用する。

(4) 等速円運動の半径を l'〔m〕，ばねの弾性力の大きさを $k(l' - l)$〔N〕として，運動方程式を立てる（→ **CHART 21**―⭐Point）。

解答 (1) 等速円運動の半径は $2l$〔m〕であるから $a = 2l\omega^2$**(m/s²)**

(2) $F = ma = 2ml\omega^2$**(N)**

(3) 小球にはたらくばねの弾性力の大きさは $k(2l - l) = kl$〔N〕

これが F に等しいから

$$kl = 2ml\omega^2 \quad \text{より} \quad k = 2m\omega^2 \text{(N/m)}$$

(4) このときの等速円運動の運動方程式は

$$m \cdot l' \left(\frac{\omega}{2}\right)^2 = k(l' - l)$$

となる。$k = 2m\omega^2$ を代入して整理すると

$$ml'\omega^2 = 8m\omega^2(l' - l) \quad \text{より} \quad 7l' = 8l$$

ゆえに $l' = \dfrac{8}{7}l$**(m)**

$$F' = k(l' - l) = 2m\omega^2 \cdot \frac{1}{7}l = \frac{2}{7}ml\omega^2 \text{(N)}$$

▒物 A 慣性力

1 水平方向の慣性力 図1-117(a)のように，電車内に質量 m 〔kg〕の小球を糸でつるし，電車を一定の速さで走らせると，糸は鉛直方向を保つ。これを，電車の外にいる観測者 A は，小球が等速直線運動していると観測し，車内に静止している観測者 B は，小球が静止していると観測する。いずれにせよ，小球にはたらく重力 $m\vec{g}$ 〔N〕（$\vec{g}$ は重力加速度（ベクトル）を表す）と糸が引く力 $\vec{S}$ 〔N〕とがつりあっている。すなわち，「外力がはたらかない，またははたらいてもそれらの力がつりあっているときは，運動の状態を保ち続ける」という慣性の法則を満たしている（→ $p.47$）。

一方，電車が加速度 $\vec{a}$ 〔m/s²〕をもっていると，小球は加速度の向きと逆向きに傾く（同図(b)，(c)）。この現象を，観測者 A と観測者 B がどのように観測するかを考える。

観測者 A は，上記2力の合力 $\vec{F} = \vec{S} + m\vec{g}$ 〔N〕によって，小球が電車と同じ加速度 $\vec{a}$ で加速度運動をしていると観測する。すなわち，運動方程式 $m\vec{a} = \vec{F}$ を立てることができる。

しかし，観測者 B は，小球は合力 $\vec{F}$ 〔N〕を受けているにもかかわらず静止しているように観測し，慣性の法則に反することになる。このような場合，小球には $\vec{F}$ とつりあうような力 $-m\vec{a}$ 〔N〕がはたらいていると考えれば，慣性の法則が成りたつとみなすことができる。このみかけの力を **慣性力** という。

すなわち，つりあいの式は次のようになる。

$$\vec{F} + (-m\vec{a}) = \vec{0} \tag{1·146}$$

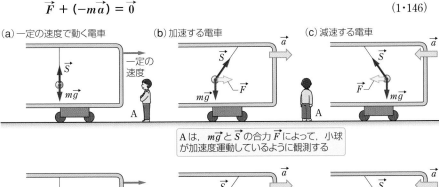

(a) 一定の速度で動く電車　(b) 加速する電車　(c) 減速する電車

A は，$m\vec{g}$ と $\vec{S}$ の合力 $\vec{F}$ によって，小球が加速度運動しているように観測する

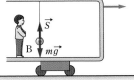

A も B も，小球にはたらく合力は 0 と観測する

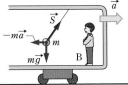

B は，$m\vec{g}$ と $\vec{S}$ に加えて，みかけの力（慣性力）$-m\vec{a}$ がはたらいているように観測する

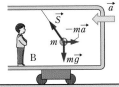

▲図 1-117　電車内の糸でつるされた物体の運動

このように，加速度 $\vec{a}$ 〔m/s²〕で運動する質量 m〔kg〕の物体を，同じ加速度で物体とともに運動している観測者の立場から見ると，慣性力（$-m\vec{a}$〔N〕）を導入することによって，実際に物体にはたらいている力とのつりあいの状態にすることができ，加速度運動の問題を静止状態の力のつりあいの問題に置きかえて扱うことができる。

注意 小球が電車に対し加速度 $\vec{a'}$〔m/s²〕で運動している場合は，慣性力を導入しても力のつりあいは成立しない。この場合は　$m\vec{a'} = \vec{F} + (-m\vec{a})$　のような運動方程式を立てる必要がある。

問題学習 69

水平と角 θ をなすなめらかな斜面上に，質量 m〔kg〕の物体を置き，斜面に大きさ a〔m/s²〕の加速度を水平方向に与えると，物体が斜面上に静止したとする。このとき，a〔m/s²〕を求めよ。重力加速度の大きさを g〔m/s²〕とする。

解答 図のように，斜面の加速度の向きを左向きとすると，慣性力は右向きで大きさは ma〔N〕である。物体が斜面から受ける垂直抗力の大きさを N〔N〕とすると，実際に物体にはたらく力は，N〔N〕と重力 mg〔N〕で，これらの合力 F〔N〕が慣性力とつりあえばよい。図より

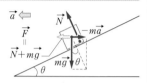

$$F = mg\tan\theta = ma \qquad \text{ゆえに} \quad a = g\tan\theta \ \text{(m/s²)}$$

2 鉛直方向の慣性力　図 1-118 のように，加速度運動をしているエレベーターの天井から，質量 m〔kg〕の物体がばねでつり下げられているとする。

このとき，エレベーター内の人には，重力 mg〔N〕，ばねの弾性力 S〔N〕，および慣性力 $f(= ma)$〔N〕の 3 力が物体にはたらき，これらの 3 力がつりあっているように見える。

したがって，エレベーター内では，ばねの弾性力 S は

(a) 上向きの加速度

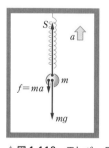

(b) 下向きの加速度

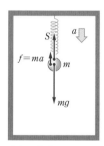

▲ 図 1-118　エレベーター内部の物体

(a) 上向き加速度のとき　$S = mg + f = m(g + a)$　で，ばねの伸びは大きくなる。

(b) 下向き加速度のとき　$S = mg - f = m(g - a)$　で，ばねの伸びは小さくなる。

つまり，(a)のとき物体はみかけの上で重く，(b)のときは逆にみかけの上で軽くなる。

補足 エレベーター内では，重力加速度の大きさが $(g + a)$〔m/s²〕（または $(g - a)$〔m/s²〕）になったため，物体は $m(g + a)$〔N〕（または $m(g - a)$〔N〕）の大きさの重力を受けていると解釈することもできる。これを**みかけの重力**という。

1 遠心力 自動車や電車が急カーブを曲がるとき，乗客はカーブの外側に向かう強い力を受ける。これは，自動車に速度の向きを変えるための向心力がはたらき，乗客は自動車に生じた加速度(向心加速度)と反対向きに慣性力を受けるからである。特に，物体が円運動をする場合に現れる慣性力を**遠心力**という。

図 1−119 のように，軽いばねの一端につけた質量 m [kg] の小球を，ばねの他端を中心として角速度 ω [rad/s] で等速円運動させる。ばねの全長を r [m] とすると，地上に静止している観測者 A は，ばねの弾性力が向心力(大きさ $mr\omega^2$ [N])としてはたらいているように観測する(同図(a))。一方，小球とともに回転している観測者 B は，ばねの弾性力と逆向き(外側の向き)に遠心力(慣性力) $mr\omega^2$ [N] がはたらき，力がつりあって静止しているように観測する(同図(b))。

(a) 静止している観測者 A

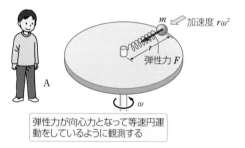

弾性力が向心力となって等速円運動をしているように観測する

(b) 小球とともに回転する観測者 B

遠心力と弾性力がつりあって，静止しているように観測する

▲ 図 1-119 等速円運動する物体を観測する 2 つの立場

2 円錐振り子 図 1−120 のように，上端を固定し，下端に質量 m [kg] のおもりをつけた長さ l [m] の軽い糸を，鉛直方向と θ [rad] をなす角に保ち，おもりを等速円運動させると，糸は円錐面をえがく。このような装置を**円錐振り子**という。

おもりには，糸が引く力 S [N] と重力 mg [N] とがはたらき，この合力が等速円運動に必要な向心力 F [N] となっている。一方，おもりとともに円運動をしている人には，円運動の中心 O と反対向きに遠心力がはたらき，これと糸が引く力 S，重力 mg の 3 力がつりあっているように見える。

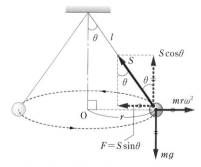

▲ 図 1-120 円錐振り子

等速円運動の半径を r [m]，角速度を ω [rad/s] とすると，力のつりあいの式は次のようになる。

水平方向　$mr\omega^2 - S\sin\theta = 0$ ……①

鉛直方向　$S\cos\theta - mg = 0$ ……②

また，図より　$r = l\sin\theta$ ……③

①～③式より　$\omega = \sqrt{\dfrac{g}{l\cos\theta}}$　であるから，等速円運動の周期 T〔s〕は次のようになる。

$$T = \frac{2\pi}{\omega} = 2\pi\sqrt{\frac{l\cos\theta}{g}} \tag{1・147}$$

3 鉛直面内の円運動　図1−121 のように，軸を水平にした内面のなめらかな円筒面内で，軸に垂直な方向に最低点で発射された小物体の，内面にそった運動を考える。

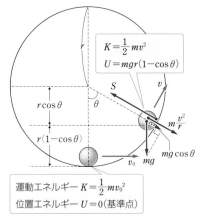

▲ 図1-121　鉛直面内での円運動

円筒の半径を r〔m〕，面から物体にはたらく垂直抗力を S〔N〕，物体の質量を m〔kg〕，発射されたときの物体の速さを v_0〔m/s〕とする。

物体が最低点から θ〔rad〕回転したときの速さを v〔m/s〕とする。物体とともに円運動している人から見ると，物体には遠心力がはたらき，円の中心方向について力がつりあっているように見える。その力のつりあいの式は次のように表される。

$$m\frac{v^2}{r} + mg\cos\theta - S = 0 \tag{1・148}$$

また，力学的エネルギー保存則より，物体のもつ運動エネルギー K〔J〕と重力による位置エネルギー U〔J〕の和が一定に保たれる。すなわち

$$\frac{1}{2}mv_0^2 = \frac{1}{2}mv^2 + mgr(1-\cos\theta) \tag{1・149}$$

物体が円運動を続けるためには，「面から受ける垂直抗力が常に0とならない(物体が円筒面を離れない)」という条件を満たす必要がある。すなわち，最高点で $S \geqq 0$ でなければならない(→ p.145)。最高点では $\cos\theta = -1$ であるから，(1・149)式より

$$mv^2 = mv_0^2 - 4mgr$$

これを(1・148)式に代入して整理すると　$S = m\dfrac{v_0{}^2}{r} - 5mg \geqq 0$　より

$$v_0 \geqq \sqrt{5gr} \tag{1・150}$$

となる。v_0 がこれを満たさないと，物体は最高点に達する前に垂直抗力が0となる。物体の最大の高さ h_m〔m〕が $r < h_m < 2r$ のときは，物体は面から離れ，放物線をえがいて落下する。$h_m \leqq r$ のときは，内面にそってすべり落ち，最低点を中心に往復運動をする。

おもりを糸の一端につけ，他端を中心として鉛直面内で円運動させる場合も，前述の面から受ける垂直抗力を糸が引く力に置きかえることによって，同様に扱うことができる。

C 慣性系と非慣性系

　等速直線運動をする電車内のなめらかな床上に置かれた物体は，車外で静止している人には電車とともに一定の速さ v で運動しているように観測され，車内にいる人には床上に静止しているように観測される。これは，外力のはたらかない物体は，いつまでも現在の運動の状態を保ち続けるという慣性の法則(→ $p.47$)を満足していることになる。

　物体の運動を考えるとき，常にある座標系(座標軸を用いて位置を表す方式)を採用し，その系での運動方程式 $ma = F$ を利用する。この場合，地上の観測者(地面に固定した座標系)も，電車内の観測者(一定の速さ v で動く座標系)も，ともに，物体の加速度は $a = 0$ と観測する。実際に，物体にはたらく力の合力は0となっているから($F = 0$)，運動方程式はいずれも成りたっている。

　このように，速度が一定(0の場合も含む)の座標系で物体の運動を観測する場合は，どのような座標系でも運動の法則は成りたつ。このような座標系を **慣性系** という。すなわち，慣性の法則が成りたつ系が慣性系である。

　次に，前述の電車が加速度 a で動き始める場合を考える。地上の人は，物体が地上に対して静止を続けるように観測し，車内の人は，物体が床上を a の加速度で後方にすべっていくのを観測する。すなわち，地上に固定された座標系(慣性系)では運動の法則を満足しているが，電車に固定された座標系(地上に対して加速度 a で動く座標系)から見れば，外力がはたらかないのに物体は運動する。すなわち，慣性の法則・運動方程式が成りたたない($ma \neq F$)。

　このように，慣性の法則が成りたたない座標系を **非慣性系** という。慣性系に対して，加速度運動や回転運動する座標系は非慣性系である。非慣性系(加速度系)で物体の運動を観測するときは，みかけの力(慣性力)を導入することによって，慣性の法則・運動方程式を適用することができる。

CHART 22 慣性力

　観測者が加速度 $\vec{a}$ の加速度運動をしているとき，質量 m の物体には通常の力のほかに，慣性力 $-m\vec{a}$ がはたらく

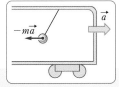

⚠️ミス注意　慣性力を使うのは，加速度運動(円運動を含む)をする観測者の立場で運動を観測するときだけ。

⭐Point　円運動の場合の慣性力＝遠心力：$m\dfrac{v^2}{r}(= mr\omega^2)$

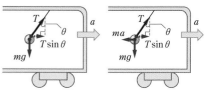

CHART 22 ⚠️ミス注意

　これまで学んできた運動の法則(運動方程式)は,どんな場合でも成りたつわけではなく,静止あるいは等速直線運動する観測者(慣性系)から見た場合のみ成りたつ。したがって,加速度運動する観測者(非慣性系)は運動方程式を立てることはできない。

　しかし,ここで慣性力というみかけの力を考えることによって,加速度運動する観測者(非慣性系)からも運動方程式を立てることができるようになる。

　したがって,運動方程式を立てるときは,慣性系,非慣性系のどちらの立場で考えるのかをはっきりさせなければならない。

慣性系で式を立てる場合

$$ma = F$$

・通常通りに式を立てる。右辺に慣性力を加えてはいけない。

非慣性系で式を立てる場合

$$ma' = F + 慣性力$$

・右辺に慣性力を加えなければならない。

・a' は非慣性系から見た加速度。非慣性系としては,物体とともに運動する座標系を考えることが多い。この場合,非慣性系から見た物体の加速度は 0,つまり左辺は 0 となり,力のつりあいの式となる。

例

慣性系
地上の観測者から
見た物体
→加速度 a で運動
→運動方程式
　$ma = T\sin\theta$

非慣性系
乗り物の観測者から
見た物体
→静止している
→つりあいの式
　$T\sin\theta + (-ma)$
　　　　　$= 0$

CHART 22 ✪ Point

　物体とともに速さ v で回転する観測者の加速度の大きさは $\dfrac{v^2}{r}$ であるから,「$-\overrightarrow{ma}$」の「$\overrightarrow{ma}$」より,慣性力の大きさは $m \times a = m\dfrac{v^2}{r}$ である。

　また,観測者の加速度は中心に向かう向きであるから,「$-\overrightarrow{ma}$」の「$-$」より,慣性力の向きはこれと反対,つまり中心から遠ざかる向きとなる。これが遠心力である。

　遠心力は慣性力の一種なので,物体とともに回転する観測者の立場から見た場合にだけ使用する。

📖 問題学習 ····· 70

　一定の速さ v[m/s]で水平面上の円軌道を進む電車がある。この電車の天井から小球が軽い糸でつり下げてあり,糸は鉛直方向と角 θ をなしていたとする。このとき,小球から円軌道の中心 O までの距離 r[m]を,電車とともに運動している立場から求めよ。ただし,重力加速度の大きさを g[m/s²]とする。

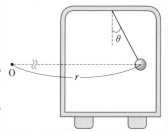

考え方▶「電車とともに運動している立場」,すなわち非慣性系であるから,慣性力を加えた力のつりあいの式を用いて解答する(→ **CHART 22**—⚠️ミス注意)。また,電車は等速円運動をしているから,この場合の慣性力は遠心力となっている(→ **CHART 22**—✪Point)。

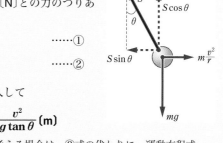

解答 小球の質量を m[kg]とする。糸が引く力を S[N]とすると、これと、重力 mg[N]、遠心力 $m\dfrac{v^2}{r}$[N]との力のつりあいは図のようになる。

鉛直方向について　　$S\cos\theta - mg = 0$ 　　　　……①

水平方向について　　$S\sin\theta - m\dfrac{v^2}{r} = 0$ 　　　　……②

①式より　$S = \dfrac{mg}{\cos\theta}$　これを②式に代入して

$$mg\tan\theta - m\dfrac{v^2}{r} = 0 \quad \text{よって} \quad r = \dfrac{v^2}{g\tan\theta} \text{(m)}$$

参考 地上に静止している立場(慣性系)で考える場合は、②式の代わりに、運動方程式

$$m\dfrac{v^2}{r} = S\sin\theta \quad \text{を立て、これと①式を連立させる。}$$

CHART 23 鉛直面内での円運動

「力学的エネルギー保存則」と
「中心方向の(遠心力も含めた)力のつりあい」
を用いる

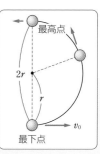

⚠ ミス注意

一回転するための条件
(円筒面内の小球や糸につながれた小球)
→最高点で垂直抗力(糸が引く力)≧ 0
次の条件だけでは、一回転しないことがあるので注意
→最下点での運動エネルギー≧最高点での位置エネルギー

CHART 23

　鉛直面内での円運動では物体の速さは一定ではない。この点が等速円運動と大きく異なるところである。これは、速度の方向、つまり運動の接線方向にも力がはたらいていることを意味している。ただし、接線方向に運動方程式を立てることもできるが、実際には立てないことがほとんどである。接線方向の加速度は複雑で、これを a とおいて運動方程式を立ててもそのままでは解けないことが多いためである。実際には接線方向の運動方程式

を立てるかわりに、力学的エネルギー保存則を立てることが多い。

　なお、中心方向については、「遠心力も含めたつりあいの式」のかわりに、地上に静止した立場で考えて、「運動方程式」を立ててもよい。

CHART 23 ⚠ ミス注意

　なめらかな円筒面内の小球や、軽い糸につながれた小球が鉛直面内で一回転するための条件としては、次の2つが考えられる。

条件1

「最下点での運動エネルギーが，最高点での
位置エネルギーよりも大きい」　すなわち

最下点での運動エネルギー $\frac{1}{2}mv_0^2$

　　　≧最高点での位置エネルギー $mg\cdot2r$

この条件を求めると

$$v_0 \geqq 2\sqrt{gr}$$

条件2

「途中で面から物体が離れたり，糸がたるん
だりすることがない」

すなわち

最高点で垂直抗力 N(糸が引く力 T) $\geqq 0$

この条件を求めると

$$v_0 \geqq \sqrt{5gr} \quad (\rightarrow(1\cdot150)式)$$

したがって，一回転するためには，より厳し
い条件2を満たさなければならないことがわ
かる。条件1を満たしても条件2を満たして
いなければ，円運動している途中で面から離
れたり，糸がたるんだりすることになり，途
中から放物運動をするようになる。

　なお，糸ではなく，軽い棒につながれた小
球の場合は，途中で糸がたるむといったこと
がないため，条件1を満たすだけで一回転す
るようになる。

問題学習 ····· 71

図のような傾斜軌道を初速度0ですべり，半径 r〔m〕
の円形ループ軌道の内側を滑走する物体について考
える。重力加速度の大きさを g〔m/s²〕，物体の質量を
m〔kg〕とし，物体の大きさや軌道との摩擦は無視でき
るものとする。

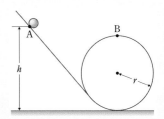

(1) 出発点 A の高さを h〔m〕として，ループの最高点
　　B に達したとき軌道が物体に及ぼす力の大きさ N_0〔N〕を求めよ。

(2) A と B の高さが同じとき，物体は B に達することができるか。

考え方 (2) A と B での重力による位置エネルギーは等しいので，B でちょうど運
　　動エネルギー(速さ)が0になると考えられるが，実際は途中で軌道を外れること
　　に注意する(→ **CHART 23** ─ ⚠ ミス注意)。

解答 (1) B での速さを v〔m/s〕とする。A と B にお
ける力学的エネルギー保存より

$$mgh = \frac{1}{2}mv^2 + 2mgr \qquad \cdots\cdots①$$

B での遠心力も含めた力のつりあいより

$$N_0 + mg - m\frac{v^2}{r} = 0 \qquad \cdots\cdots②$$

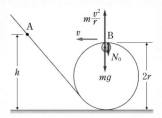

①式より　$v^2 = 2g(h-2r)$　これを②式に代入して

$$N_0 = \frac{mg}{r}(2h - 5r) \text{〔N〕}$$

(2) このとき　$h = 2r$　であるから　$N_0 = \frac{mg}{r}(4r - 5r) = -mg < 0$

となる。実際には B に達する前に垂直抗力 N_0 が0となって物体は軌道から離れ，
放物運動を行う。よって，**物体は B に達することができない**。

A 単振動

図1-122(a)のように，半径 A〔m〕の円周上を，角速度 ω〔rad/s〕で等速円運動をする小物体Pがある。Pから，円の定直径(図の x 軸)上へ下ろした垂線の足(正射影)Qは，円の中心点Oを中心として，直径上を往復運動する(同図(b))。この点Qの往復運動を **単振動** といい，点Oを **単振動の中心** という。

点Qの中心点Oからの変位(Oより上側にあるときを正)を x〔m〕とする。また，はじめPは図の P_0 の位置($x = 0$)にあり，その後，円周上を反時計回りに等速円運動したとする。時間 t〔s〕経過後には，Pは角度 ωt〔rad〕だけ回転しているから，そのときの点Qの変位 x は

$$x = A \sin \omega t \tag{1·151}$$

となる。A〔m〕を **振幅**，ωt〔rad〕を **位相** という。ω〔rad/s〕は等速円運動をするPの角速度で，これを **角振動数** という。また，点Qが直径上を1往復する時間(= Pが円運動する周期)T〔s〕を単振動の **周期**，1秒間に振動する回数 f〔Hz〕(= Pが円周をまわる回数 n)を **振動数** という。これらの ω, T, f の間には，等速円運動での式((1·137)〜(1·139)式)がそのまま成りたつ。

$$T = \frac{1}{f} = \frac{2\pi}{\omega}, \quad \omega = 2\pi f \tag{1·152}$$

点Qの変位は $x = A \sin \omega t$ であるから，縦軸に変位 x，横軸に時間 t をとって，x と t の関係をグラフで表すと，同図(c)のようになる。これを **正弦曲線**(サインカーブ)という。

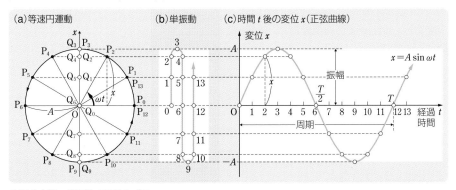

▲ 図 1-122　単振動の変位とグラフ

問題学習 ⋯⋯ 72

単振動を表す式 $x = 0.50 \sin(3.0 \times 10^3 \pi t)$ において，x〔m〕は振動の変位を，t〔s〕は時間を示すものとする。このとき，次の(1)〜(4)の値を求めよ。

(1) 振幅 A〔m〕　　(2) 振動数 f〔Hz〕　　(3) 周期 T〔s〕

(4) $t = 5.0 \times 10^{-4}$s での位相 θ〔rad〕

B　速度と加速度

　図1−123(a)において，単振動をする点Q の速度$\vec{v_x}$(成分v_x〔m/s〕)，加速度$\vec{a_x}$(成分a_x〔m/s²〕)は，等速円運動をする点Pの速度$\vec{v}$(大きさ$v = A\omega$〔m/s〕)，加速度$\vec{a}$(円の中心点Cに向かい，大きさ$a = A\omega^2$〔m/s²〕)を，図のx軸方向へ正射影したものであるから，それぞれ次のように表される。

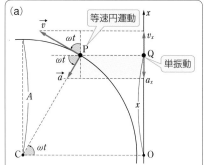

$$v_x = v\cos\omega t = A\omega\cos\omega t$$
$$(1\cdot153)$$
$$a_x = -a\sin\omega t = -A\omega^2\sin\omega t$$
$$(1\cdot154)$$

　また，(1・151)，(1・154)式から，次の式が得られる。

$$a_x = -\omega^2 x \qquad (1\cdot155)$$

　速度v_x，加速度a_xの時間変化は，同図(c)，(d)のようになる。これより，次のようなことがわかる。

①変位xが0のとき($\sin\omega t = 0$)

　　速度の大きさは最大：$|v_x| = A\omega$

　　加速度の大きさは0

②変位xの大きさが最大のとき

$$(\sin\omega t = 1\ または\ -1)$$

　　速度の大きさは0

　　加速度の大きさは最大：$|a_x| = A\omega^2$

補足 (1・151)，(1・153)，(1・154)式より，位相ωtが変化することによって，x，v_x，a_xの値も変化することがわかる。

　　つまり，位相は，物体の位置と運動の状態(速度・加速度)を与える変数であるといえる。

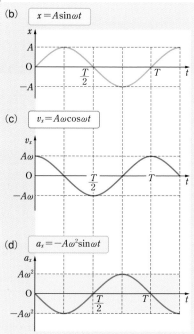

▲図1-123　単振動の変位・速度・加速度
(a) 等速円運動から単振動への投影図
(b) 変位の時間変化　(c) 速度の時間変化
(d) 加速度の時間変化

速度 v_x と変位 x の関係式は，次のようにして求められる。

(1・151)式より　$\omega^2 x^2 = A^2 \omega^2 \sin^2 \omega t$ ......①

(1・153)式より　$v_x{}^2 = A^2 \omega^2 \cos^2 \omega t$ ......②

①+②より　$\omega^2 x^2 + v_x{}^2 = A^2 \omega^2 (\sin^2 \omega t + \cos^2 \omega t) = A^2 \omega^2$

ゆえに　$|v_x| = \omega \sqrt{A^2 - x^2}$

問題学習 ····· 73

時刻 t〔s〕における変位が $x = 18 \sin \dfrac{\pi}{3} t$〔m〕で表される単振動がある。$t = 3.0\,$s のときの速度 v_x〔m/s〕，加速度 a_x〔m/s²〕を求めよ。

解答　$v_x = A\omega \cos \omega t = 18 \times \dfrac{\pi}{3} \cos\left(\dfrac{\pi}{3} \times 3.0\right) = 6.0\pi \cos \pi = -6.0\pi \fallingdotseq \boldsymbol{-19\,\text{m/s}}$

$a_x = -A\omega^2 \sin \omega t = -18 \times \left(\dfrac{\pi}{3}\right)^2 \sin\left(\dfrac{\pi}{3} \times 3.0\right) = -2.0\pi^2 \sin \pi = \boldsymbol{0\,\text{m/s}^2}$

C　単振動に必要な力

　単振動をしている質量 m〔kg〕の物体 Q は，加速度 $a_x (= -\omega^2 x)$ をもつから，運動方程式より，Q には 質量×加速度 に等しい力 F_x〔N〕がはたらいている。すなわち

$$F_x = ma_x = -m\omega^2 x \qquad (1 \cdot 156)$$

が得られる。

　また，(1・156)式で，F_x と x は正負が反対であるから，F_x は常に定点(振動の中心点) O に向き，O からの変位 x に比例する。すなわち，F_x は物体 Q を O に引きもどそうとする力となっている。

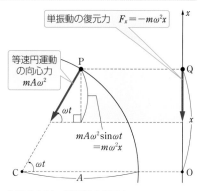

▲図 1-124　単振動の復元力

　このような，単振動を起こす力を**復元力**(または**起振力**)という。復元力は，等速円運動する物体 P にはたらく向心力の正射影と考えることもできる(図1−124)。

(1・156)式において

$$m\omega^2 = K \qquad (1 \cdot 157)$$

とおくことにより，復元力は一般に次のように表される。

$$F = -Kx \quad (K \text{ は正の定数}) \qquad (1 \cdot 158)$$

復元力が(1・158)式で表されるとき，単振動の角振動数 ω〔rad/s〕は(1・157)式より

$$\omega = \sqrt{\dfrac{K}{m}} \qquad (1 \cdot 159)$$

と表されるから，単振動の周期 T〔s〕は，これと(1・152)式より次のように表される。

$$T = \dfrac{2\pi}{\omega} = 2\pi \sqrt{\dfrac{m}{K}} \qquad (1 \cdot 160)$$

ばね定数 k〔N/m〕の軽いつる巻きばねの一端に，質量 m〔kg〕の小球をつけたものを**ばね振り子** という。

図1−125(a)のように，なめらかな水平面上に上記のばね振り子を置き，一端を面上の柱に固定する(水平ばね振り子)。このばねを，自然の長さから A〔m〕伸ばして(または縮めて)静かにはなす。自然の長さのときの小球の位置を原点 O とし，図のように右向きに x 軸を定めると，小球の位置が x〔m〕のときに小球にはたらく力は

$$F = -kx \qquad (1\cdot161)$$

と書け，復元力である。運動方程式は

$$ma = -kx \qquad (1\cdot162)$$

と与えられ，小球は単振動を始める。振幅は，はじめにばねの自然の長さから伸縮した長さ A で，周期は，(1·160)式から次のようになる。

$$T = 2\pi\sqrt{\frac{m}{k}} \qquad (1\cdot163)$$

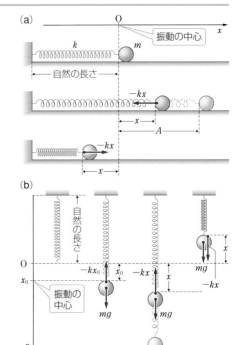

▲図1-125　ばね振り子

同図(b)のように，同じばね振り子を天井に固定した場合を考える(鉛直ばね振り子)。(a)と同様，ばねが自然の長さのときの小球の位置を原点 O とし，鉛直下向きに x 軸を定める。重力(mg)とばねの復元力($-kx_0$)がつりあう位置 $x = x_0$〔m〕から鉛直方向にばねを伸ばして(または縮めて)静かにはなすと，小球の位置が x〔m〕のときに小球にはたらく力は

$$F = -kx + mg = -k(x - x_0) \qquad (1\cdot164)$$

と書ける。このときの運動方程式は次のようになる。

$$ma = -k(x - x_0) \qquad (1\cdot165)$$

これは，つりあいの位置 $x = x_0$ を中心とした単振動をすることを示している。

基物 **E** 単振動のエネルギー

図1−125(a)の小球がもつ力学的エネルギー E〔J〕は，次のように考えることができる。

ばねの伸びが x〔m〕のときの小球の速さを v〔m/s〕とすると，小球のもつ運動エネルギーは $K = \frac{1}{2}mv^2$〔J〕，弾性力による位置エネルギーは $U = \frac{1}{2}kx^2$〔J〕である。よって，(1·151)，(1·153)式を用いると，E〔J〕は次のように表される。

$$E = K + U = \frac{1}{2}mv^2 + \frac{1}{2}kx^2 = \frac{1}{2}m\omega^2 A^2\cos^2\omega t + \frac{1}{2}kA^2\sin^2\omega t$$

ここで，$k = m\omega^2$ であるから

$$E = \frac{1}{2}m\omega^2A^2\cos^2\omega t + \frac{1}{2}m\omega^2A^2\sin^2\omega t$$

$$= \frac{1}{2}m\omega^2A^2 = \frac{1}{2}m(2\pi f)^2A^2$$

ゆえに $\boldsymbol{E = 2\pi^2 m f^2 A^2}$ (1・166)

すなわち，単振動している小球の力学的エネルギーは，その変位 x にかかわらず常に一定であり（図1−126），**振幅 A の2乗と振動数 f の2乗に比例する**。このことは，鉛直ばね振り子や単振り子（次項を参照）など，一般に単振動しているすべての物体について成りたつ。

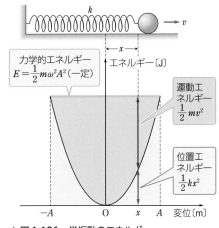

▲ 図 1-126　単振動のエネルギー

F　単振り子

軽くて伸びない糸の端に小球をつけ，鉛直面内で振らせる装置を **単振り子** という。

図1−127のように，質量 m〔kg〕の小球 P を長さ l〔m〕の糸で支点 C からつり下げ，C の鉛直下方の点 O を中心として左右に円弧上を往復運動させる。糸が鉛直線 CO となす角を θ〔rad〕，小球の O からの円弧にそった変位を x〔m〕（図の右側を正）とする。

このとき，小球にはたらく力は，重力 mg〔N〕と糸が引く力 S〔N〕であるが，S は常に小球の進行方向と垂直にはたらくので，小球を O に引きもどそうとする力は，重力の円弧の接線方向の成分 $F = mg\sin\theta$〔N〕である。

$x = l\theta$ であることを用いると，この場合の運動方程式は

$$ma = -F = -mg\sin\theta = -mg\sin\frac{x}{l} \quad (1 \cdot 167)$$

となる。小球の振れが小さい（θ が小さい）ときは，近似式 $\sin\theta \fallingdotseq \theta$ が成りたつから，（1・167）式は

$$ma = -mg\frac{x}{l} \quad (1 \cdot 168)$$

となり，角 θ が小さい振動では，小球は近似的に単振動をすることがわかる。単振動の周期 T〔s〕は，（1・160）式で $K = \dfrac{mg}{l}$ とおいて

$$T = 2\pi\sqrt{\frac{l}{g}} \quad\quad\quad (1 \cdot 169)$$

と求められる。

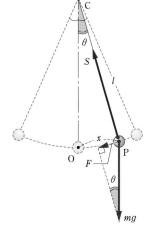

▲ 図 1-127　単振り子

NOTE

θ がきわめて 0 に近いとき
$\cos\theta \fallingdotseq 1$，$\sin\theta \fallingdotseq \theta$

（1・169）式より，周期は糸の長さのみに関係し，振幅やおもりの質量には無関係であることがわかる。これを振り子の **等時性** という。

CHART 24 単振動の式

変位	$x = A \sin \omega t$	（1・170）
速度	$v_x = A\omega \cos \omega t$	（1・171）
加速度	$a_x = -A\omega^2 \sin \omega t = -\omega^2 x$	（1・172）
周期	$T = \dfrac{2\pi}{\omega} = 2\pi\sqrt{\dfrac{m}{k}} = 2\pi\sqrt{\dfrac{l}{g}}$	（1・173）
	（ばね振り子）　（単振り子）	

★Point1　ばね振り子の力学的エネルギー保存則：$\dfrac{1}{2}mv^2 + \dfrac{1}{2}kx^2 =$ 一定
単振動の振幅（変位の最大値）や速度の最大値を求めるときに使う。

★Point2　運動方程式 $ma = -K(x - x_0)$ からわかること
　　①物体は単振動をする。
　　②単振動の周期は $T = 2\pi\sqrt{\dfrac{m}{K}}$
　　③単振動の中心の位置は $x = x_0$（力のつりあいの位置）

知っていると便利　復元力以外の力が加わっても，力の向きと大きさが一定であれば，振動の中心の位置がずれるだけで周期や振幅は変わらない。

さらに詳しく　鉛直ばね振り子の力学的エネルギー保存則
$mgh + \dfrac{1}{2}kx^2$（x：自然の長さからの伸び）の代わりに，
$\dfrac{1}{2}ky^2$（y：つりあいの位置からの伸び）を用いてもよい。

---

 24 ★Point1

変位が最大値（振幅 A）となったとき，速度は 0 になる。また，速度が最大値 V となったとき，変位は 0 になる。したがって，力学的エネルギー保存則から

$$\frac{1}{2}mV^2 = \frac{1}{2}kA^2$$

が成りたつ。このように，力学的エネルギー保存則を用いることによって，V が与えられたときに A を，または A が与えられたときに V を求めることができる。

また，鉛直方向のばね振り子や斜面に置いたばね振り子の場合は，重力による位置エネルギーを加える必要がある。ただし，弾性力による位置エネルギー $\dfrac{1}{2}kx^2$ のかわりに，$\dfrac{1}{2}ky^2$（y はつりあいの位置からの変位）を用いると，重力による位置エネルギーが $\dfrac{1}{2}ky^2$ に含まれることになる（→ さらに詳しく）。このようにして力学的エネルギー保存則の式を簡単に取り扱う方法もある。

CHART 24 ⭐Point2

物体にはたらく力がばねの弾性力のみであれば，単振動をすることは明らかである。一方，単振り子など，ばね以外から力を受ける場合でも単振動となるケースがある。このように，単振動になること自体を示す問題では，運動方程式を立て，力が復元力となること，つまり$-Kx$の形になることを示せばよい。

ばね振り子では，運動方程式が$ma = -kx$と書け，周期が$2\pi\sqrt{\dfrac{m}{k}}$となる。このことから，運動方程式が$ma = -Kx$という形で導ければ，この物体が単振動することがわかり，周期は$2\pi\sqrt{\dfrac{m}{K}}$と求められる。例えば，単振り子では復元力が$-\left(\dfrac{mg}{l}\right)x$となるので，周期が$2\pi\sqrt{\dfrac{m}{mg/l}} = 2\pi\sqrt{\dfrac{l}{g}}$と導かれる。

また，復元力のほかに別の一定の力fがはたらいて運動方程式が「$ma = -Kx + f$」となっても，単振動することには変わらない（→ 🕮 知っていると便利 ）。このとき，運動方程式を「$ma = -K(x - x_0)$」と変形することによって，振動の中心の位置$x = x_0$がわかる。

振幅や速度の最大値などは，⭐Point1のように，力学的エネルギー保存則から求める。

CHART 24 🕮 知っていると便利

復元力のほかに向きと大きさが一定の力fが加わると，運動方程式は $ma = -Kx + f$ となる。この式は次のように変形できる。

$$ma = -K\left(x - \frac{f}{K}\right) = -K(x - x_0) = -Kx'$$

$$\left(x' = x - x_0 = x - \frac{f}{K}\ とおいた\right)$$

したがって，この物体は$x' = 0$の位置，つまり$x = x_0$を中心とした単振動をする。一定の力fは復元力の比例定数Kには影響を及ぼさず，周期・振幅は変わらない。

CHART 24 さらに詳しく

鉛直ばね振り子（ばね定数k）の場合，ばねの弾性力に加えて，一定の力である重力mg

がはたらくから，次の運動方程式が得られる（xは自然の長さからの伸び）。

$$ma = -kx + mg$$
$$= -k\left(x - \frac{mg}{k}\right) = -k(x - x_0) = -ky$$

ここで，$y = x - x_0 = x - \dfrac{mg}{k}$であるから，$x_0$はつりあいの位置，$y$はつりあいの位置からの伸びを表している。

小球の速さをv，質量をmとし，ばねが自然の長さのときの点Oを重力による位置エネルギーの基準点とすると，力学的エネルギー保存則は次のようになる。

$$\frac{1}{2}mv^2 + \frac{1}{2}kx^2 - mgx = 一定 \quad\cdots\cdots①$$

この左辺は

$$\frac{1}{2}mv^2 + \frac{1}{2}k(x_0 + y)^2 - mg(x_0 + y)$$
$$= \frac{1}{2}mv^2 + \frac{1}{2}kx_0^2 + kx_0y + \frac{1}{2}ky^2$$
$$\qquad\qquad - mgx_0 - mgy$$
$$= \frac{1}{2}mv^2 + \frac{1}{2}ky^2 + \frac{1}{2}kx_0^2 - mgx_0$$

となる（ここで$kx_0 = mg$を用いた）。上式のあとの2項は一定だから，①式は

$$\frac{1}{2}mv^2 + \frac{1}{2}ky^2 = 一定 \quad\qquad\cdots\cdots②$$

となる。

②式は，つりあいの位置からの伸びyを用いると，重力による位置エネルギーがみかけ上なくなり，水平ばね振り子と同様に力学的エネルギー保存則の式が立てられることを表している。

ただし，このときの$\dfrac{1}{2}ky^2$は，弾性力による位置エネルギーを表しているのではないことに注意（yはばねの自然の長さからの伸びではないから）。

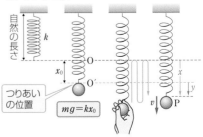

図のように，ばね定数 k〔N/m〕のつる巻きばねの一端を天井に固定し，他端にばねの自然の長さの位置Pで，質量 m〔kg〕のおもりをつり下げ手で支えた。点Pを原点（$x = 0$）とし，鉛直下方に x 軸の正の座標をとる。重力加速度の大きさを g〔m/s²〕として，以下の問いに答えよ。

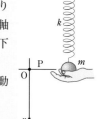

(1) おもりの支えを急に取り去ったとき，おもりは上下に単振動をすることを示せ。

(2) この振動の周期 T〔s〕を求めよ。

(3) 振動の中心を通過するときの，おもりの速さ v_0〔m/s〕を求めよ。

考え方 (1) 単振動であることを示すには，おもりの運動方程式が

$ma = -K(x - x_0)$ の形で表されることを示せばよい（K は正の比例定数）。

(2) おもりには復元力以外に重力がはたらくが，重力は一定の力であるので，ばね振り子の周期は変わらない（→ **CHART 24** — 知っていると便利）。

(3) 力学的エネルギー保存則より求める（→ **CHART 24** — ⭐Point 1）。この場合，原点をつりあいの位置（振動の中心）に取り直せば，重力による位置エネルギーを考えなくてすむ（→ **CHART 24** — さらに詳しく）。

解答 (1) x〔m〕のときにおもりにはたらく力は図のようになる。おもりの加速度を a〔m/s²〕とすると，運動方程式は

$$ma = mg - kx = -k\left(x - \frac{mg}{k}\right)$$

となる。

これは，おもりが，$x_0 = \dfrac{mg}{k}$〔m〕を中心とする単振動をすることを示している。

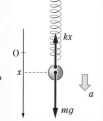

(2) (1・173)式より $T = 2\pi\sqrt{\dfrac{m}{k}}$ 〔s〕

(3) $x = 0$ を重力による位置エネルギーの基準点とし，これと $x = x_0$ において力学的エネルギー保存則を適用すると

$$0 = \frac{1}{2}mv_0^2 + \frac{1}{2}kx_0^2 - mgx_0 = \frac{1}{2}mv_0^2 + \frac{1}{2}k\left(\frac{mg}{k}\right)^2 - mg\left(\frac{mg}{k}\right)$$

$$= \frac{1}{2}mv_0^2 - \frac{1}{2}\cdot\frac{(mg)^2}{k}$$

よって $v_0 = g\sqrt{\dfrac{m}{k}}$ 〔m/s〕

参考 振動の中心 x_0 を原点とし，$y = x - x_0$ と座標を取り直すと，力学的エネルギー保存則は $\dfrac{1}{2}k(-x_0)^2 = \dfrac{1}{2}mv_0^2$ と書くことができ（→ **CHART 24** — さらに詳しく），やはり $v_0 = g\sqrt{\dfrac{m}{k}}$ が得られる。

A 惑星の運動

1 ケプラーの法則 16世紀の前半にコペルニクスは，惑星は太陽を中心とする円周上を運行すると考えたが(**地動説**)，実際の観測結果と完全には一致しなかった。17世紀のはじめケプラーは，天体観測の資料をもとに惑星の軌道は円ではなくだ円であることを発見し，続いて重要な2つの事実をも発見し，法則の形で発表した。これが惑星に関する**ケプラーの法則**であり，実測の結果とよく一致する(図1-128)。

第一法則 **惑星は太陽を1つの焦点とするだ円上を運動する。**

第二法則 **惑星と太陽とを結ぶ線分が，一定時間に通過する面積は一定である。**

第三法則 **惑星の公転周期 T の2乗と，軌道だ円の長半径(半長軸の長さ)a の3乗の比は，すべての惑星で一定になる。**

$$\frac{T^2}{a^3} = 一定 \tag{1·174}$$

2 中心力と面積速度 運動している物体にはたらく力の作用線が常に1つの定点を通り，その力の大きさが定点と物体間の距離によって決まるとき，この力を**中心力**，定点を**力の中心**という。2物体が互いに力を及ぼしあい，その作用線が2物体を通るときも，その力を中心力という。

力の中心と中心力を受けて運動する物体とを結ぶ線分を**動径**といい，動径が単位時間当たりに通過する面積を**面積速度**という。

したがって，ケプラーの第二法則は

太陽のまわりを運行する惑星の面積速度は一定である(面積速度一定の法則)。

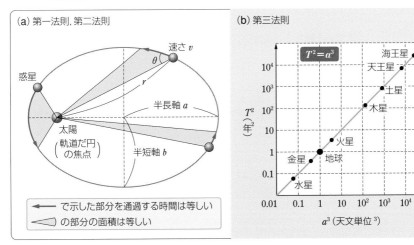

(a) 第一法則, 第二法則

速さ v
惑星
θ
r
半長軸 a
太陽
(軌道だ円の焦点)
半短軸 b

⟵ で示した部分を通過する時間は等しい
◁ の部分の面積は等しい

(b) 第三法則

$T^2 = a^3$

海王星
天王星
土星
木星
10^4
10^3
10^2
10
1
0.1
T^2(年^2)
火星
金星　地球
水星
0.01　0.1　1　10　10^2　10^3　10^4
a^3(天文単位^3)

▲図1-128　ケプラーの法則

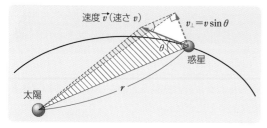

▲図1-129　面積速度

▼表1-2　公転周期 T と軌道長半径 a

惑星	T(年)	a(天文単位)
水星	0.241	0.387
金星	0.615	0.723
地球	**1**	**1**
火星	1.88	1.52
木星	11.9	5.20
土星	29.5	9.55
天王星	84.0	19.2
海王星	165	30.1

1 天文単位 $= 1.50 \times 10^{11}$ m
（地球の公転軌道の長半径）

ということもできる。

　図1-129のように，太陽と惑星とを結ぶ動径を r，惑星の速さを v，動径と惑星の軌道とのなす角を θ とすると，このときの面積速度は同図の斜線の三角形の面積で近似でき，これは同図の黄色い三角形の面積に等しいので，$\dfrac{1}{2}rv_{\perp} = \dfrac{1}{2}rv\sin\theta$（$v_{\perp}$は速度 $\vec{v}$ の r に垂直な成分）となる。

　よって，ケプラーの第二法則は次のように表すこともできる。

$$\frac{1}{2}rv_{\perp} = 一定 \tag{1·175}$$

補足　面積速度一定の法則は，惑星の運動に限らず，一般に中心力だけを受けて運動する物体すべてに成りたつ。

重要　1-15

ケプラーの法則

第一法則　**惑星はだ円軌道上を運動する**
（太陽はだ円の焦点）

第二法則　$\dfrac{1}{2}rv_{\perp} = 一定$ 　　(1·176)
（惑星ごとに異なる一定値）

第三法則　$\dfrac{T^2}{a^3} = 一定$ 　　(1·177)
（惑星によらない一定値）

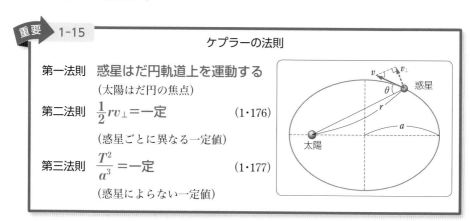

B　万有引力

　ニュートンは，惑星の運動は太陽が惑星に及ぼす引力（中心力）によると考え，その引力の大きさ F を検討した。ここでは簡単のため，惑星の軌道は円であると近似して考えることにする。

　ケプラーの第二法則から，惑星は円軌道を運動する場合は等速円運動をする。惑星の質量を m，角速度を ω，円軌道の半径を r，回転周期を T とすると，惑星にはたらく向心力は

$$F = mr\omega^2 = mr\left(\frac{2\pi}{T}\right)^2 = \frac{4\pi^2 mr}{T^2}$$

(1・178)

円の場合は，「半長軸＝半短軸＝半径」であるから，ケプラーの第三法則より

$$\frac{T^2}{r^3} = k \quad (k \text{ は定数})$$

(1・179)

(1・178)，(1・179)式より

$$F = \frac{4\pi^2 m}{kr^2} = K\frac{m}{r^2} \quad \text{ただし} \quad K = \frac{4\pi^2}{k}(=\text{一定})$$

(1・180)

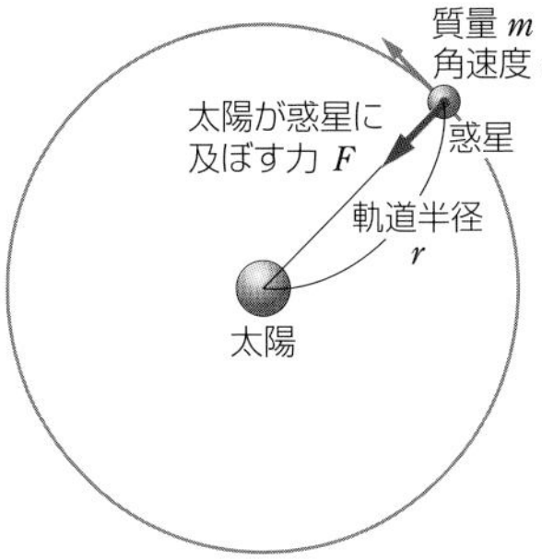

▲図 1-130　太陽が惑星に及ぼす力

　上式は，惑星が太陽からの距離の 2 乗に反比例し，惑星の質量に比例する引力を受けていることを表している。しかし，作用反作用の法則から，太陽も惑星から同じ大きさの引力を受けており，それは距離の 2 乗に反比例し，太陽の質量 M に比例する力と考えられる。

　ニュートンは一般に，任意の 2 物体には常に，両者の質量に比例し，距離の 2 乗に反比例する引力がはたらくと考え，**万有引力** と名づけた。すなわち

**　2 つの物体が及ぼしあう万有引力の大きさ F〔N〕は，2 物体の質量 m_1，**
m_2〔kg〕の積に比例し，物体間の距離 r〔m〕の 2 乗に反比例する。

$$F = G\frac{m_1 m_2}{r^2}$$

(1・181)

これを **万有引力の法則** という。G は物体によらない定数で，**万有引力定数** といわれる。

$$G = 6.67 \times 10^{-11} \text{N·m}^2/\text{kg}^2$$

(1・182)

C　重力

　地球とその付近に存在する物体との間にはたらく万有引力は，地球の各部が物体に及ぼす万有引力の合力であるが，それは，地球の全質量が中心にあると仮定して考えた場合の万有引力に等しい。

　これと，地球自転による遠心力との合力が **重力** となる。

　図 1−131 のように，地球を質量 M〔kg〕，半径 R〔m〕の完全な球とみなし，その自転の角速度を ω〔rad/s〕とする。このとき，緯度 ϕ〔rad〕の地表にある質量 m〔kg〕の物体にはたらく力を考える。

　遠心力の大きさは $mR\cos\phi\cdot\omega^2$〔N〕となるが，最大となる赤道上（$\cos\phi = 1$）でも万有引力の $\frac{1}{300}$ 倍ほどにすぎない。

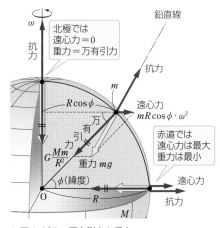

▲図 1-131　万有引力と重力

したがって，特に断りのないかぎり，遠心力は無視して「重力＝地表における万有引力」とすることが多い。すなわち，重力加速度の大きさを g〔m/s²〕とすると $mg = G\dfrac{Mm}{R^2}$ より，次の式が得られる。

$$g = \frac{GM}{R^2} \quad または \quad GM = gR^2 \tag{1·183}$$

地表面からの高さ h〔m〕での重力加速度の大きさを g_h〔m/s²〕とすると，(1·183)式より $GM = gR^2 = g_h(R + h)^2$ であるから，次のように表される。

$$g_h = g\left(\frac{R}{R + h}\right)^2 \tag{1·184}$$

基物 D 万有引力による位置エネルギー

重力と同様，万有引力も保存力である。したがって，物体は万有引力による位置エネルギーをもつ。質量 M〔kg〕の物体から距離 r〔m〕の点にある質量 m〔kg〕の物体がもつ，万有引力による位置エネルギー U〔J〕は，無限遠の点を基準点($U = 0$ の点)に選ぶと

$$U = -G\frac{Mm}{r} \tag{1·185}$$

となる(→ 参考)。物体を注目点から基準点(無限遠)まで移動する際に，万有引力がする仕事は負であるから，万有引力による位置エネルギーも負の値になる。

参考 万有引力による位置エネルギーの計算

質量 M〔kg〕の物体1の位置 O からの距離が r_a，r_b〔m〕の点をそれぞれ点 A，点 B とする。また，その間を細かく n 等分した点 P_1，P_2，……，P_{n-1} をとり，点 O からこれらの点までの距離を r_1，r_2，……，r_{n-1}〔m〕とする(図1−132)。

質量 m〔kg〕の物体2が AP_1 間を移動する間に，物体2が受ける万有引力の大きさは，$G\dfrac{Mm}{r_a{}^2}$〔N〕(点 A での値)から $G\dfrac{Mm}{r_1{}^2}$〔N〕(点 P_1 での値)まで変化する。これら両者の差は，n を大きくすると0に近づくので，AP_1 間での万有引力の大きさは $G\dfrac{Mm}{r_a r_1}$〔N〕(両者の間の値)と近似してもよい。

物体2が点 A から点 P_1 まで移動するとき，移動距離は $r_1 - r_a$〔m〕であるから，この間に万有引力が物体2にする仕事 $W_{a→1}$〔J〕は次のようになる。

$$W_{a→1} = -G\frac{Mm}{r_a r_1}(r_1 - r_a) = -GMm\left(\frac{1}{r_a} - \frac{1}{r_1}\right)$$

よって，物体2が点 A から点 B まで移動する間に万有引力がする仕事 W〔J〕は，次の式

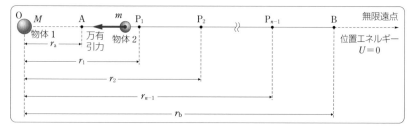

▲図1-132 万有引力のする仕事

で表される。

$$W = -GMm\left\{\left(\frac{1}{r_a} - \frac{1}{r_1}\right) + \left(\frac{1}{r_1} - \frac{1}{r_2}\right) + \cdots + \left(\frac{1}{r_{n-1}} - \frac{1}{r_b}\right)\right\}$$

$$= -GMm\left(\frac{1}{r_a} - \frac{1}{r_b}\right)$$

点Bを無限遠点にとれば，$r_b = \infty$ より，

$$W = -G\frac{Mm}{r_a} \quad \text{すなわち} \quad U = -G\frac{Mm}{r}\,\text{〔J〕となる。}$$

CHART 25 万有引力

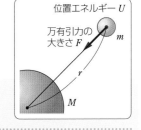

$$F = G\frac{m_1 m_2}{r^2} \tag{1・186}$$

$$U = -G\frac{Mm}{r} \tag{1・187}$$

位置エネルギー U
万有引力の大きさ F

⚠ミス注意 r は中心からの距離
（地表からの距離ではない）

⭐Point 重力 mg ＝地表における万有引力 $G\dfrac{Mm}{R^2}$
（自転による遠心力を無視する場合）

CHART 25 ⚠ミス注意

　例えば，地表から h の所で地球の周囲を回る人工衛星を考える。

　この人工衛星が地球から受ける万有引力を求めるには，公式の r には h ではなく，地球の半径 6400 km を加えた値を代入するようにしなければならない。

CHART 25 ⭐Point

　問題によっては，万有引力定数 G や地球の質量 M が与えられず，重力加速度の大きさ g や地球の半径 R のみが与えられることがある。

　このような場合は，重力が地表における万有引力であることを思い出して

$$mg = G\frac{Mm}{R^2}$$

から $GM = gR^2$ であることを導けるようにしておきたい。

　厳密には，万有引力と地球の自転による遠心力をあわせたものが重力となるが，遠心力は万有引力に比べてずっと小さいので，これを無視して，「重力＝万有引力」とすることが多い。

E 万有引力による運動

　人工衛星などの物体が万有引力を受けて運動するとき，その軌道，速さなどは，次の3つの式のいずれかを用いることにより求められる。

CHART 26 万有引力を受ける物体の運動

次の3つの式を用いる

円運動の運動方程式（等速円運動する場合のみ）

力学的エネルギー保存則　$\dfrac{1}{2}mv^2 + \left(-G\dfrac{Mm}{r}\right) = $ 一定

面積速度一定の法則　$\dfrac{1}{2}rv_\perp = $ 一定

適用条件　面積速度一定の法則
　　　　　：中心方向にのみ力を受ける場合に成りたつ。

さらに詳しく　だ円運動の周期の求め方
①ケプラーの第三法則　$\dfrac{T^2}{a^3} = $ 一定　または
②面積速度×周期＝だ円の面積

CHART 26

　一般に，万有引力を受ける物体の運動は，力学的エネルギー保存則と面積速度一定の法則を連立させて解く。

　物体が等速円運動をする場合は，中心方向の運動方程式　$m\dfrac{v^2}{r} = G\dfrac{Mm}{r^2}$　……Ⓐ
が成りたつ。なお，Ⓐ式が $rv^2 = GM$（一定値）となることからわかるように，万有引力を受けながら等速円運動をするためには，軌道半径と速さが一定の関係を満たす必要があることがわかる。これを満たさない場合は，物体はだ円など，円とは別の軌道をえがく。

　$v = r\omega = r \times \dfrac{2\pi}{T}$　をⒶ式に代入して v を消去すると　$\dfrac{T^2}{r^3} = \dfrac{4\pi^2}{GM}$（一定）　……Ⓑ
となり，等速円運動の場合についてケプラーの第三法則が成りたっていることがわかる。

　静止衛星は，地球の自転と同じ周期24時間で地球を回ることによって，地表からは静止しているように見える衛星である。Ⓑ式から，周期が決まると軌道半径は一通りに決まることがわかる。静止衛星（$T = 24$ h）の場合，Ⓑ式から，軌道は $r \fallingdotseq 42000$ km，つまり，地表から $42000 - 6400 \fallingdotseq 36000$ km の高さである

ことが求められる。

CHART 26 適用条件

　万有引力を受けて太陽のまわりを回る惑星の面積速度が一定であることを，ケプラーの第二法則として学んだ。この法則は，万有引力に限らず，中心力のみを受ける運動，すなわち中心方向にのみ力を受ける運動であれば（回転方向に力を受けなければ），常に成りたつ。

　例えば，図で糸を下に引いて半径を変えるような場合でも面積速度 $\dfrac{1}{2}rv$ は一定に保たれる。糸を下に引いて半径が小さくなると，そのぶん回転の速さ v は増していく。フィギュアスケートで腕を縮めると回転が速くなるのと同じ原理である。

ゴム栓

CHART 26 さらに詳しく

　だ円運動の周期は2通りの方法で求める。

　①の方法が使えるのは，問題文で別の物体のだ円運動の周期が与えられた場合である。一方，面積速度は単位時間に動径がだ円内部を通過する面積を表すので，周期（物体が一

周する時間)をかければ、だ円全体の面積となる。これを利用したのが②の方法である。

なお、だ円の面積は、半長軸を a、半短軸を b とすると πab となる。このことは、この

だ円が、半径 a の円(面積 πa^2)を半短軸の方向に $\dfrac{b}{a}$ 倍に縮小 $\left(\text{面積}\,\pi a^2 \times \dfrac{b}{a} = \pi ab\right)$ したものであると考えれば、簡単に導かれる。

問題学習 ····· 75

図のように、地表から h〔m〕の高さを等速円運動する人工衛星がある。地球の半径を R〔m〕、地表での重力加速度の大きさを g〔m/s^2〕とするとき、人工衛星の速さ v〔m/s〕を R, h, g を用いて表せ。

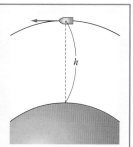

考え方 等速円運動の運動方程式を立てる。ただし、万有引力の公式の r には、$R + h$ を代入することに注意する（→**CHART 25**―⚠ミス注意）。また、G や M が与えられていないので、$GM = gR^2$ を用いる（→**CHART 25**―⭐Point）。

解答 万有引力定数を G〔N·m^2/kg^2〕、地球の質量を M〔kg〕、人工衛星の質量を m〔kg〕とする。円運動の運動方程式より

$$m\frac{v^2}{R+h} = G\frac{Mm}{(R+h)^2}$$

よって $v = \sqrt{\dfrac{GM}{R+h}}$ これに $GM = gR^2$ を代入して $v = \sqrt{\dfrac{gR^2}{R+h}}$〔m/s〕

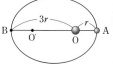
問題学習 ····· 76

図のように、定点 O にある大きな星のまわりを、小さな惑星が O, O′ を焦点とするだ円軌道上を運動している。

だ円の長軸の端を A, B とし、$OA = r$〔m〕, $OB = 3r$〔m〕として、以下の問いに答えよ。

(1) A, B における惑星の速さをそれぞれ v_A, v_B〔m/s〕とすると、v_A は v_B の何倍か。

(2) 惑星が A でもつ力学的エネルギーを E_0〔J〕とするとき、B での惑星の運動エネルギー K_B〔J〕と万有引力による位置エネルギー U_B〔J〕を E_0 で表せ。ただし、万有引力による位置エネルギーは無限遠を基準点とする。

考え方 (1) 惑星にはたらく力は中心力のみであるから、面積速度一定の法則を用いることができる（→**CHART 26**―適用条件）。

(2) A, B において力学的エネルギー保存則を用いる。

解答 (1) A，B において面積速度一定の法則を用いると

$$\frac{1}{2}\,r \cdot v_A = \frac{1}{2} \cdot 3r \cdot v_B \quad \text{よって} \quad \frac{v_A}{v_B} = 3 \quad \textbf{3倍}$$

(2) A における運動エネルギーと万有引力による位置エネルギーを K_A，U_A〔J〕とし，万有引力定数を G〔N·m²/kg²〕，星と惑星の質量を M，m〔kg〕とすると

$$K_A = \frac{1}{2} m v_A{}^2, \quad K_B = \frac{1}{2} m v_B{}^2 \quad \text{より}$$

$$K_A = 9K_B \qquad \qquad \cdots\cdots ①$$

$$U_A = -G\frac{Mm}{r}, \quad U_B = -G\frac{Mm}{3r} \quad \text{より}$$

$$U_A = 3U_B \qquad \qquad \cdots\cdots ②$$

$$K_A + U_A = E_0 \quad \text{および，①，②式より}$$

$$9K_B + 3U_B = E_0 \qquad \qquad \cdots\cdots ③$$

また，力学的エネルギー保存則より

$$K_B + U_B = E_0 \qquad \qquad \cdots\cdots ④$$

③，④式より $\quad K_B = -\dfrac{1}{3}E_0\textbf{(J)}, \quad U_B = \dfrac{4}{3}E_0\textbf{(J)}$

〔注〕 この場合，$E_0 < 0$ より，$K_B > 0$，$U_B < 0$（$E_0 > 0$ のときは無限遠方へ）

参考 第一宇宙速度・第二宇宙速度

　　質量 m〔kg〕の人工衛星を，地球（半径 $R = 6.38 \times 10^6$ m）の表面にそって等速円運動させるための速さ v_1〔m/s〕を考える。このとき円運動の運動方程式は，重力加速度の大きさを g〔m/s²〕とすると　$m\dfrac{v_1{}^2}{R} = mg$　であるから $v_1 = \sqrt{gR} \fallingdotseq 7.91 \times 10^3$ m/s $= 7.91$ km/s となる。これを **第一宇宙速度** という。

　　次に，同じ人工衛星を地上から打ち上げ，地球の重力の及ばない無限の遠方に飛ばすための最小の初速度 v_2〔m/s〕を考える。

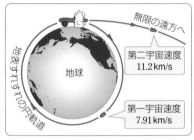

▲図 1-133　第一宇宙速度・第二宇宙速度

　　地球の中心から r〔m〕だけ離れた点に来たときの速さを v〔m/s〕とすると，力学的エネルギー保存則より

$$\frac{1}{2}m v_2{}^2 - G\frac{Mm}{R} = \frac{1}{2}m v^2 - G\frac{Mm}{r}$$

となる（G〔N·m²/kg²〕は万有引力定数，M〔kg〕は地球の質量）。r が無限大のとき

$$\left(-G\frac{Mm}{r} = 0\right), \quad v = 0 \text{ であればよいから} \quad \frac{1}{2}m v_2{}^2 - G\frac{Mm}{R} = 0 \quad \text{より}$$

$$v_2 = \sqrt{\frac{2GM}{R}} = \sqrt{2gR} \fallingdotseq 11.2 \times 10^3 \text{m/s} = 11.2 \text{km/s}$$

となる（ここで $GM = gR^2$ を用いた）。これを **第二宇宙速度** という。

　　また，太陽による万有引力も考慮して求めた，太陽系を抜け出すための最小の初速度を **第三宇宙速度**（$\fallingdotseq 16.7$ km/s）という。

第**2**編

熱と気体

第1章

熱と物質

1 熱と熱量
2 熱と仕事

---

1 熱と熱量

基礎 A 分子の熱運動と物質の三態

1 熱運動 自然界には種々雑多な物質が存在するが，これらの物質は非常に小さな（～10^{-10} m）原子・分子が多数集まって形づくられている。物質には固体・液体・気体の3形態（**相**という）があり，この形態は物質を構成している原子・分子（以後一括して分子という）の状態によって決まってくる。

気体を容器に入れると，どのような形をした容器でも瞬時に気体は容器全体に広がる。これは，気体分子が自由活発に動きまわっているためと考えられる。液体や固体の場合も気体ほど自由ではないが，それぞれの分子はたえず運動をしており，このような運動を **分子の熱運動** という。

2 物質の三態 固体・液体・気体について，分子の熱運動のようすを以下に述べよう。

(1) **固体** 分子間の距離が小さく，互いに引力（分子間力）がはたらいている。個々の分子はそれぞれ安定した位置を中心として，たえずせまい範囲内で不規則な振動を行う。このため，固体は一定の形を保つことができる。

▲図 2-1 物質の形態による分子の熱運動

(2) **液体**　分子の熱運動が固体より激しく，分子間にはたらく力は弱くなっている。固体のように分子の安定した位置はないが，互いに間隔があまり変化しない程度の不規則な運動をする。このため形は変わりやすく，容器に応じて自由に変形する。

(3) **気体**　分子の熱運動が大変激しくなり，分子間の距離が大きくなって，分子間力のはたらきはほとんどなくなる。分子はそれぞれ自由に不規則で活発な運動をする。

3 物質の３相と温度　物質には３つの相があり，温度が低いと**固相**，温度が高くなるにつれて**液相，気相**と相が転移していく。いずれの相においても，分子は熱運動による運動エネルギーと分子間力による位置エネルギーをもっている。

(1) **気相**　分子間の距離が大きく，分子間力はきわめて小さいので，気体分子はそれぞれ自由に運動することができる。温度が低くなると熱運動が弱まり，分子運動は不活発となって分子間の距離が小さくなり，液相に移っていく。この変化を**凝縮**(または**液化**)といい，その逆を**蒸発**(または**気化**)という。

(2) **液相**　分子間力がかなりはたらくようになって，分子は自由に運動することができなくなり，分子間力による安定した位置の近くで熱運動をする。さらに温度が下がっていくと，熱運動はますます不活発になって固相に移る。この変化を**凝固**といい，その逆を**融解**という。

(3) **固相**　分子は互いに分子間力を強くおよぼしあって，位置エネルギーの最低位置を中心として，不規則で不活発な熱運動をする。物質には温度によって固相からただちに気相に変化する場合もある。この変化を**昇華**という。

4 相の境界曲線　物質の相は一般に温度と圧力によって定まる。図2−2は，水の各相の間の境界曲線を示す。境界曲線上の点は両側の相が安定な状態で共存できる圧力と温度を表す。これを**相の平衡**という。

　これらの３曲線は１点で交わり，この点を**３重点**という。３重点の温度 T_0 と圧力 p_0 の状態では，水は固・液・気相の３相がつりあいを保っている。

　他の多くの物質についても，図2−2と同じような３相の境界曲線が得られる。

　融解曲線上の１点で熱を与えると固相の部分が液化し，液相が増していくだけで，温度は上昇しない。このときの温度を**融解点**といい，単位質量の固体をすべて液体に変えるのに必要な熱を**融解熱**という。

　液相を気相に変えるときも同じで，このときの熱を**蒸発熱**(または**気化熱**)という。融解熱や気化熱は物質の分子の状態を変えるエネルギーとして使われ，物質内に潜(ひそ)んでいると考えられるから，これを熱の**潜熱**という。

　逆に，気相から液相に，液相から固相に変わる場合は，エネルギーが余分となって潜熱が外部に放出され，その間，物質の温度は一定に保たれる。

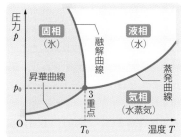

▲図2-2　物質の３相

　氷を持つと冷たく感じ，お湯に手を触れると熱く感じる。これは，水の分子の熱運動が人の皮膚に刺激を与えるからである。物体が人に与える刺激の程度が，その物体の温度の高低の感覚として受けとられる。このように，温度は全く感覚的なものといえる。しかし，物理学では人の感覚によって温度が異なるようでは困るので，温度を客観的に数値として表示する必要がある。温度計はこのために作られたものである。

　水銀温度計を高温物体に接触すると，物体内の分子の熱運動が水銀に伝えられ，水銀の分子の熱運動が活発となって，その運動範囲が広がる。このため水銀の体積が膨張し，水銀柱の高さ（長さ）が増す。これによって，物体の温度の程度を知ることができる。

1 セ氏（セルシウス）温度目盛り　圧力1気圧（→ *p*.64）のもとで沸騰する純粋な水の温度を100℃とし，氷と水が共存する状態を0℃とする。これらの状態に水銀温度計を入れて水銀柱の上端をそれぞれ100℃，0℃と目盛り，その間を100等分し，各間隔を1℃とする。水銀温度計では，この温度範囲内で水銀の温度による体積の膨張する割合はほぼ一定とみなすことができる。

2 絶対温度目盛り　セ氏温度−273.15℃を **絶対零度** といい，この温度を基準の温度として0にとる。温度目盛りの間隔はセ氏温度目盛りと同じにする。温度の単位は **ケルビン**（記号 **K**）を使用する。絶対温度 T〔K〕とセ氏温度 t〔℃〕との間の関係は，次の式で示される。

$$T = t + 273.15 \tag{2・1}$$

　0℃ = 273.15K，100℃ = 373.15K である。したがって，温度差を示すときは℃でも K でも同じ値となるが，温度差を示すときは一般に K で表すことが多い。

1 熱膨張　一般に，ほとんどの物質は，温度が上昇すると長さや体積が大きくなる。これを **熱膨張** という。

2 固体の長さ・体積の熱膨張　いま，物体の長さ *l* を各温度 *t* について測定し，図2−3のような点の分布が得られたとする。これから，この実験範囲での任意の温度 *t* における長さ *l* を与える式として，例えば

$$l = l_0(1 + at + bt^2 + ct^3 + \cdots) \tag{2・2}$$

のような実験式が得られる。ところで，係数 a の値は一般に 10^{-5} の程度であり，係数 b，c，……にいたっては $a \gg b \gg c$……である。したがって，実用的には，b，c，……などを a に対して無視できる場合が多い。これは，ある温度範囲に対しては，同図の曲線を直線とみなすことができるということである。

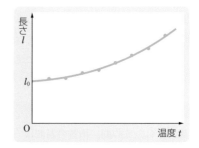

▲ 図2-3　物体の長さと温度

すなわち，ある温度範囲に対しては，長さの温度変化が直線的とみなせるということで，体積の温度変化についても同様なことがいえる。

ある固体の$0℃$，$t〔℃〕$のときの長さを$l_0〔m〕$，$l〔m〕$，体積を$V_0〔m^3〕$，$V〔m^3〕$とすると，一般に次の関係がある。

固体の長さ・体積の熱膨張

$$l = l_0(1 + \alpha t) \quad (l_0 : 0℃のときの長さ，l : t〔℃〕のときの長さ) \quad (2・3)$$
$$V = V_0(1 + \beta t) \quad (V_0 : 0℃のときの体積，V : t〔℃〕のときの体積) \quad (2・4)$$

$(2・3)$式の$\alpha〔1/K〕$を **線膨張率** といい，$(2・4$式$)$の$\beta〔1/K〕$を **体膨張率** という。

3 体膨張率と線膨張率との関係

線膨張率α，体膨張率βの等方性の物質（方向によって物理的性質が変わらない物質）の直方体がある。$0℃$における体積をV_0，3辺の長さをa_0，b_0，c_0とする。そして，$t〔℃〕$における体積をV，3辺の長さをa，b，cとすると

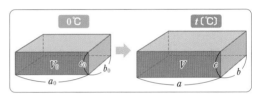

▲図2-4 固体の熱膨張（βとαの関係）

$$V_0 = a_0 b_0 c_0, \quad V = abc, \quad V = V_0(1 + \beta t),$$
$$a = a_0(1 + \alpha t), \quad b = b_0(1 + \alpha t), \quad c = c_0(1 + \alpha t),$$
$$abc = a_0 b_0 c_0(1 + \alpha t)^3 = a_0 b_0 c_0(1 + 3\alpha t + 3\alpha^2 t^2 + \alpha^3 t^3)$$

となる。ここで，αは非常に小さい量なので，α^2，α^3を含む項は省略できるから

$$V = V_0(1 + 3\alpha t)$$

と表すことができる。これと $V = V_0(1 + \beta t)$ を比べると次の式が得られる。

$$\beta = 3\alpha \tag{2・5}$$

問題学習 …… 77

$0℃$のときの長さが$49.8\,\mathrm{cm}$の銅の棒の一端を固定し，温度を変えて他端の位置をはかったところ，$12.0℃$のときの位置と，$98.9℃$のときの位置とは$0.077\,\mathrm{cm}$違った。銅の線膨張率αと体膨張率βを求めよ。

解答 $12.0℃$，$98.9℃$のときの棒の長さをそれぞれ$l_{12.0}$，$l_{98.9}〔\mathrm{cm}〕$とすると

$l_{12.0} = 49.8(1 + 12.0\alpha)$，$l_{98.9} = 49.8(1 + 98.9\alpha)$，$l_{98.9} - l_{12.0} = 0.077$

ゆえに $0.077 = 49.8\alpha(98.9 - 12.0)$

よって $\alpha ≒ \mathbf{1.8 \times 10^{-5}/K}$ $\quad \beta = 3\alpha ≒ \mathbf{5.3 \times 10^{-5}/K}$

1 熱量と熱容量 (1) **熱量** 物体の温度は，物体を構成する分子の熱運動の激しさを表している。物体を加熱すると，熱運動のエネルギーが増加するので物体の温度が上昇する。このとき，物体が受けとったエネルギーを **熱** または **熱エネルギー** といい，その量を **熱量** という。温度の異なる2物体を接触させると，温度の高いほうの物体Aの分子の熱運

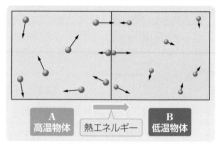

▲図 2-5　熱エネルギーの移動

動は，接触面を通して温度の低いほうの物体Bの分子に伝えられ，Bの分子の熱運動はしだいに活発となって温度が高くなる。つまり，物体AからBに熱エネルギーが流入（**熱伝導** という）していく。A, B両物体の温度が等しくなれば熱エネルギーの移動は停止する。この状態を，AとBとは **熱平衡** にあるという。熱はエネルギーの一種であるから，熱量の単位にはジュール〔J〕を用いる。

参考 熱は18世紀まである種の物質（カロリック）と考えられ，熱量の単位は独自のカロリー（記号cal）が使用された。19世紀に熱は物質分子の運動によるエネルギーであると判明し，エネルギーの一種となった。カロリー（cal）は，栄養学を除き使用されていない。1cal は4℃の水1gの温度を1K上げるのに必要な熱量である。　1J ≒ 0.24cal，1cal ≒ 4.2J

(2) **熱容量** 物体の温度を1K上げるのに必要な熱量を，その物体の **熱容量** という。熱容量の単位には，**ジュール毎ケルビン**（記号 **J/K**）が用いられる。熱容量 C〔J/K〕の物体の温度を，ΔT〔K〕だけ変化させるために必要な熱量 Q〔J〕は，次のようになる。

$$Q = C\Delta T \tag{2·6}$$

2 比熱 物質には温度の上がりやすいものと，上がりにくいものとがある。例えば，同じ質量の水と鉄に等量の熱を与えると，温度の上昇は鉄のほうが大きい。物質のこのような性質を示す物理量として **比熱** がある。比熱は単位質量の物質に対する熱容量，すなわち単位質量の物質の温度を1K上げるのに必要な熱量を表す。

比熱の単位には，次のようなものが用いられる。

　　ジュール毎グラム毎ケルビン（記号 **J/(g·K)**）

　　ジュール毎キログラム毎ケルビン（記号 **J/(kg·K)**）

比熱の大きい物質ほど温度を上げにくく，冷えにくい（温まりにくく，冷めにくい）。

質量 m〔g〕，比熱 c〔J/(g·K)〕の物体の熱容量 C〔J/K〕は次のようになる。

$$C = mc \tag{2·7}$$

▼表 2-1　物質の比熱〔J/(g·K)〕

物質	温度〔℃〕	比熱
金	0	0.128
鉄	0	0.435
銅	0	0.379
海水	17	3.93
磁器	0〜200	約 0.75
なたね油	20	2.04
木材	20	約 1.25

この物体を温度 Δt〔K〕だけ変化させるのに必要な熱量 Q〔J〕は，次の式で表される。

$$Q = C\Delta t = mc\Delta t \tag{2·8}$$

CHART 27 比熱・熱容量

$$Q = C\Delta T = mc\Delta T \qquad\qquad (2\cdot9)$$

⚠️ミス注意　単位に注意！　（g, kg など）

CHART 27 ⚠️ミス注意

　比熱 c の単位は J/(kg・K) や J/(g・K) が用いられる。$Q = mc\Delta T$ を使うときは，質量の単位を，比熱に（g, kg に）合わせないといけないことに注意する。

📖 問題学習 ⋯⋯ 78

質量 20g の銅の容器がある。この容器の熱容量は何 J/K か。また，この容器と同じ熱容量をもつ水の質量は何 g か。銅と水の比熱を 0.38J/(g・K)，4.2J/(g・K) とする。

解答 容器の熱容量を C〔J/K〕とすると　$C = mc = 20 \times 0.38 = \mathbf{7.6\,J/K}$

次に，求める水の質量を w〔g〕とする。その水の熱容量 C_0〔J/K〕は　$C_0 = w \times 4.2$

　　$C = C_0$　より　$7.6 = w \times 4.2$　よって　$w \fallingdotseq \mathbf{1.8\,g}$

📖 問題学習 ⋯⋯ 79

温度 20℃の水 1L を，30℃まで上げるのに必要な熱量はいくらか。水の密度は 1g/cm³，比熱は 4.2J/(g・K) とする。

解答 1L = 1000cm³ の水の質量は 1000g である。

　　$Q = mc\Delta t = 1000 \times 4.2 \times (30 - 20) = \mathbf{4.2 \times 10^4\,J}$

📖 問題学習 ⋯⋯ 80

質量 1.0kg の銅球に 760J の熱量を与えたら，温度が 2.0K 上昇した。これをもとに，銅の比熱 c〔J/(g・K)〕を求めよ。

考え方 比熱の単位は J/(g・K) だから，質量の単位を比熱に合わせて g に直し，計算する（→ **CHART 27** — ⚠️ミス注意）。

解答 1.0kg = 1000g　よって　$Q = mc\Delta t$　より　$c = \dfrac{760}{1000 \times 2.0} = \mathbf{0.38\,J/(g\cdot K)}$

温度の異なる 2 物体を接触させると，温度の高い物体 A から接触面を通して熱エネルギーが温度の低い物体 B に流入し，やがて物体 A，B は同じ温度の熱平衡の状態になる。このとき，A が失った熱量 Q〔J〕は B が受け取り，A，B 全体としての熱量は増減しない。これを **熱量の保存** という。

> **重要** **2-2**
>
> ### 熱量の保存
>
> ## 高温物体が失った熱量＝低温物体が得た熱量　　　　　　(2·10)

　質量 m_1〔g〕，比熱 c_1〔J/(g·K)〕，温度 t_1〔℃〕の物質と，質量 m_2〔g〕，比熱 c_2〔J/(g·K)〕，温度 t_2〔℃〕の物質を混合して，熱平衡の状態にしたとき，その温度が t〔℃〕になったとする。この両者間以外に熱の出入りがなければ，混合の前後において熱量は保存される（熱量の保存が成りたつ）。

　$t_1 > t > t_2$ とすると

　　　前者の失う熱量 Q〔J〕$= m_1 c_1 (t_1 - t)$ 〔J〕
　　　後者の得る熱量 Q'〔J〕$= m_2 c_2 (t - t_2)$ 〔J〕

となり，$Q = Q'$ であるから次のようになる。

$$m_1 c_1 (t_1 - t) = m_2 c_2 (t - t_2) \qquad (2·11)$$

　この方法によって物質の比熱を測定することができる。そのような比熱の測定装置に水熱量計がある。

参考 **水熱量計**

　　水熱量計は，図 2-6 のように水を入れる銅製容器，かき混ぜ棒と温度計を備え，全体を断熱材に入れた装置である。この装置で，物質の比熱を測定するには，全体の熱量保存を利用する。例えば，水熱量計（容器＋かき混ぜ棒＋温度計）の熱容量を w〔J/K〕とし，容器内の水の質量を m〔g〕，比熱を 4.2J/(g·K)，温度を t_1〔℃〕とする。

　　測定する物質の比熱を c〔J/(g·K)〕，その質量を M〔g〕，温度を t_2〔℃〕とする。この物質を熱量計の容器に入れ，よくかき混ぜて熱平衡の状態にする。このときの温度を t〔℃〕とし，$t_2 > t > t_1$ とすると熱量の保存より

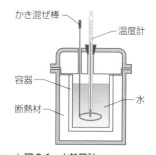

▲図 2-6　水熱量計

　　　　試料物質の失った熱量＝（水熱量計＋水）の得た熱量

であるから

$$Mc(t_2 - t) = (w + 4.2m)(t - t_1)$$

　ゆえに　$c = \dfrac{(w + 4.2m)(t - t_1)}{M(t_2 - t)}$

となる。

熱容量 126 J/K の水熱量計に，20.0℃の水 150 g が入っている。この中に 80.0℃に温められた質量 100 g の鉄塊を入れたところ，温度は 23.4℃で一定となった。鉄の比熱はいくらか。2桁の数値で答えよ。ただし，水の比熱を 4.20 J/(g・K) とする。

解答 鉄の比熱を c〔J/(g・K)〕とすると，鉄塊の失った熱量は $100c(80.0 - 23.4)$
熱量計と水の得た熱量は （$126 + 150 \times 4.20$）×（$23.4 - 20.0$）
したがって，熱量の保存から

$$100c(80.0 - 23.4) = (126 + 630) \times (23.4 - 20.0)$$

ゆえに $c = \dfrac{756 \times 3.4}{100 \times 56.6} \fallingdotseq \textbf{0.45 J/(g・K)}$

質量が等しい3種類の液体 A，B，C があり，その温度はそれぞれ 15.0℃，25.0℃，35.0℃である。A と B を混ぜるとその温度が 21.0℃となり，B と C を混ぜると 32.0℃になった。A と C を混ぜるとその温度は何℃になるか。ただし，熱は混合する2液以外には移動しないものとする。

考え方 混合する2液以外への熱の移動はないから，混合の前後で熱量は保存される（高温物体が失った熱量＝低温物体が得た熱量）。

それぞれの2液の混合ごとに熱量の
保存の式を立てる。

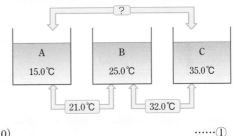

解答 A 液，B 液，C 液の熱容量を
それぞれ C_A，C_B，C_C〔J/K〕とする。
A と B の混合のときの熱量の保存より

$$C_A(21.0 - 15.0) = C_B(25.0 - 21.0) \qquad \cdots\cdots①$$

B と C の混合のときの熱量の保存より

$$C_B(32.0 - 25.0) = C_C(35.0 - 32.0) \qquad \cdots\cdots②$$

また，A 液と C 液を混合して t〔℃〕になったとすると

$$C_A(t - 15.0) = C_C(35.0 - t) \qquad \cdots\cdots③$$

①式より　$C_A = \dfrac{2}{3}C_B$

②式より　$C_C = \dfrac{7}{3}C_B$

③式より　$\dfrac{2}{3}C_B(t - 15.0) = \dfrac{7}{3}C_B(35.0 - t)$

ゆえに　$t \fallingdotseq \textbf{30.6℃}$

A 摩擦熱と仕事

1 摩擦熱 冬の寒い日に両手をこすりあわせて、冷たくなった手を温めた経験は誰にもあるであろう。これは、摩擦によって熱が発生し、手を温めるからである。このように、摩擦によって発生する熱をわれわれは古くから利用してきた。例えば、古代人は木をこすりあわせて火をつくり、現代ではマッチをすって発火させたりする。

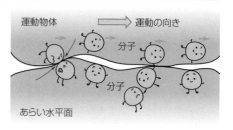

運動物体　運動の向き

分子

分子

あらい水平面

▲図 2-7　物体間の摩擦

このように、摩擦によって発生する熱を **摩擦熱** という。摩擦熱は接触する2物体が相対的に運動するときに、それぞれの物体内の分子が、接触面で互いに衝突したり、引きあったりして、分子の運動を活発にして発生すると考えられる。

2 仕事による熱の発生 あらい水平面上を物体がすべる場合を考えよう。面上の物体に初速度を与えてすべらせると、物体は面からの摩擦力を受けてしだいに速度が遅くなり、やがて止まってしまう。はじめに物体のもつエネルギーは、物体の運動エネルギーと物体内部の分子の熱運動のエネルギーである。

物体の運動エネルギーは、物体が摩擦力に逆らって運動するための仕事に費やされ、この仕事は物体と面との接触面での分子の熱運動を激しくするエネルギーとして使われる。分子が互いにぶつかりあうと、物体は力を受けて速度が遅くなり、互いに衝突しあった分子はその熱運動を激しくする。

接触面での分子の熱運動が激しくなると、その近くの分子も互いに力を及ぼしあって熱運動が盛んになり、接触面付近の分子全体の熱運動が活発になる。このようにして、接触面で活発となった分子の熱運動は順次全体にひろがっていく。

したがって、物体が止まったとき分子の熱運動のエネルギーの増加量は、摩擦熱の熱量と等しくなる。

このように、あらい水平面上を運動する物体は摩擦力を受けて減速し、その運動エネルギーは物体間の接触面を通して物体の分子の熱運動のエネルギーに変わる。つまり、運動する物体の力学的エネルギーが熱エネルギーに転換したことを意味し、このとき失われた力学的エネルギー W〔J〕と発生した熱量 Q〔J〕とは常に等しい。

この関係を実験によって確かめ、熱がエネルギーであることを実証したのがジュールである。

参考 **熱の仕事当量** ジュールが実験を行ったころ、熱と仕事とは別物だと考えられ、熱量の単位にはカロリー(記号 cal)が使われていた。

ジュールは図2-8のような装置を
用いて実験した。水熱量計の中に羽
根車をつけ，この回転軸の上端にひ
もを巻きつける。ひもは滑車につな
がれ，おもりが降下すると滑車の回
転によって左右に引かれ，羽根車が
回転する。

羽根車が回転すると熱量計の中の
水はかきまわされ，羽根車と水との
摩擦によって熱が発生し，水の温度
が上昇する。この水の温度の上昇から，
発生した熱量 Q〔cal〕を求めることが
できる。

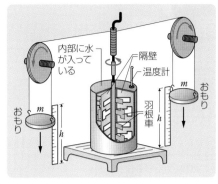

内部に水
が入って
いる

隔壁

温度計

羽根
車

おもり

おもり

m

m

h

h

▲ 図 2-8　ジュールの実験装置

ジュールの実験装置で，おもり1個の質量を m〔kg〕，降下する距離を h〔m〕とすると，
重力が2個のおもりにする仕事 W〔J〕は　$W = 2mgh$　である。この仕事は羽根車が水を
かきまわす仕事に変えられ，さらに熱エネルギーに変わる。この熱エネルギーが発生す
る熱量 Q〔cal〕である。

ジュールはくり返しこの実験を行って，W と Q との間には常に比例の関係が成りたつ
ことを確かめた。

$W = JQ$　（J は比例定数），

$J = 4.19$J/cal

J の値は 1cal の熱量に相当する仕事の量であるから，**熱の仕事当量** といわれる。1cal
の熱量は 4.19J の仕事に相当する。

このように，熱と仕事との量的関係が常に一定の比をもつということは，熱がエネル
ギーの一種であることを明確に示すものである。

📖 問題学習 ····· 83

あらい水平面上で，質量 4.0kg の物体を初速度
5.0m/s ですべらせた。物体が摩擦力によって止
まるまでに，発生する熱量は何Jか。運動エネ
ルギーがすべて熱に変化したとする。

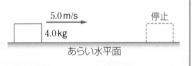

5.0 m/s

4.0 kg

停止

あらい水平面

また，これと同じ熱量で水 100g を温めると，水の温度は何 K 上昇するか。水の比
熱を 4.2J/(g·K) とする。

解答　はじめに物体のもつ運動エネルギー $\frac{1}{2}mv^2$ がすべて熱量 Q に変わる。

$Q = \frac{1}{2}mv^2 = \frac{1}{2} \times 4.0 \times 5.0^2 = \textbf{50J}$

上昇する温度を Δt〔K〕とする。　$Q = mc\Delta t$　より

$50 = 100 \times 4.2 \times \Delta t$

ゆえに　$\Delta t ≒ \textbf{0.12K}$

第2章

気体のエネルギーと
状態変化

1 気体の法則と気体分子の運動
2 気体の状態変化
3 不可逆変化と熱機関

---

1 気体の法則と気体分子の運動

A ボイル・シャルルの法則

1 気体の圧力　気体を容器に閉じこめると，多数の
気体分子は次々と器壁に衝突し，器壁に一様な力を及
ぼす。分子1個が及ぼす力は非常に小さいが，きわめ
て多くの分子が衝突するので，全体としては大きな力
を及ぼすことになる。

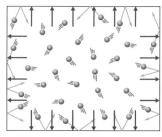

▲図 2-9　気体の圧力

　気体が面に及ぼす単位面積当たりの力が気体の圧力
であり，面積が $S(m^2)$ の面を気体が大きさ $F(N)$ の力
で押しているとき気体の圧力 p は $p = \dfrac{F}{S}$ で表される
（→ $p.64$）。圧力の単位として
パスカル（記号 **Pa**），**ニュートン毎平方メートル**（記号 **N/m²**），**気圧**（記号 **atm**）
などが用いられる。

　気体の圧力は，分子の運動エネルギーが大きいほど，また単位体積当たりの分子の数が
多いほど大きくなる。

2 ボイルの法則　一定量の気体をピストンを備えた容器に入れ，温度を一定に保ち，こ
の気体を圧縮して体積 V を減らすと圧力 p は増し，膨張させて V を大きくすると p は小さ
くなる。ボイルは気体の圧力 p と体積 V の間に次の関係が成りたつことを発見した。

温度が一定のとき，一定質量の気体の体積 V は圧力 p に反比例する。

　　$pV = k（一定）$　　　　　　　　　　　　　　　　　　　　　　　　（2・12）

　k は気体の種類，質量，温度によって定まる定数である。
　（2・12）式の関係を**ボイルの法則**という。

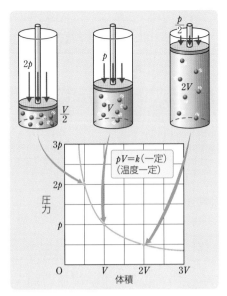

▲図 2-10　ボイルの法則

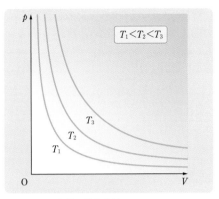

$T_1 < T_2 < T_3$

▲図 2-11　気体の等温曲線

この法則では，温度が一定であれば圧力 p と体積 V とは反比例するから，p-V 図をかくと図 2−10 のように直角双曲線となり，温度を高くすると双曲線は図 2−11 のように原点から遠ざかる曲線となる。これらの曲線を **等温曲線（等温線）**という。

問題学習 ····· 84

軽くて自由に動くピストンを備えた円筒形の容器に気体を密閉したら，容器の底からピストンまでの高さが 24 cm であった。ピストンの上におもりをのせると，その高さが 20 cm になった。

大気の圧力は 1.0×10^5 Pa であるとすると，温度が一定のとき，容器内の気体の圧力は何 Pa になったか。

解答 求める圧力を p〔Pa〕，円筒形容器の底面積を S〔cm²〕とすると，ボイルの法則から

$$p \times 20S = 1.0 \times 10^5 \times 24S$$

ゆえに　$p = 1.0 \times 10^5 \times \dfrac{24}{20} = \mathbf{1.2 \times 10^5\,Pa}$

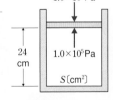

３ シャルルの法則　一定量の気体をピストンを備えた容器に入れ，圧力を一定に保ちながら気体の温度を上げていくと，気体の体積は増加していく（次ページ図 2−12）。

シャルルは，このとき気体の体積と温度の間に，次の関係が成りたつことを発見した。

一定圧力のもとで，0℃のときの体積 V_0〔m³〕の気体を，温度 t〔℃〕にすると，そのときの体積 V_t〔m³〕は次の式で与えられる。これを **シャルルの法則** という。

$$V_t = V_0\left(1 + \frac{1}{273}t\right) \tag{2·13}$$

絶対温度T〔K〕とセルシウス温度t〔℃〕との間には　$T = t + 273$　の関係があるから（→$p.166$），絶対温度を使うと，シャルルの法則の式は

$$V_t = V_0\left(1 + \frac{1}{273}\,t\right)$$
$$= V_0\left\{1 + \frac{1}{273}(T-273)\right\}$$
$$= \frac{V_0}{273}T$$

となる。

すなわち，シャルルの法則は次のように表すことができる。

圧力が一定のとき，一定質量の気体の体積Vは絶対温度Tに比例する。

$$\frac{V}{T} = k(一定) \qquad (2 \cdot 14)$$

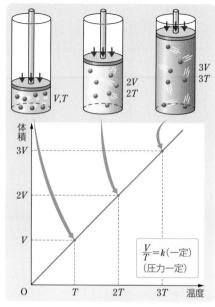

▲図2-12　シャルルの法則

📖 **問題学習 ⋯⋯ 85**

軽くて自由に動くピストンを備えた円筒形の容器に気体を密閉する。気体の温度が27℃のとき，容器の底からピストンまでの高さが25cmであった。気体に熱を与え，温度を87℃にすると，ピストンの高さは何cmになるか。

解答　求める高さをh〔cm〕，円筒形容器の底面積をS〔cm²〕とすると，シャルルの法則から　$\dfrac{hS}{273 + 87} = \dfrac{25S}{273 + 27}$

ゆえに　$h = \dfrac{360}{300} \times 25 = \textbf{30 cm}$

4 ボイル・シャルルの法則　一定量の気体が状態Ⅰ（p_1, V_1, T_1）から状態Ⅱ（p_2, V_2, T_2）に変化する場合は，ボイルの法則とシャルルの法則をあわせて適用することができる。その関係式は次のように表される。

一定質量の気体の体積Vは圧力pに反比例し，絶対温度Tに比例する。比例定数をKとすると　$\dfrac{pV}{T} = K(一定)$　　または　$\dfrac{p_1V_1}{T_1} = \dfrac{p_2V_2}{T_2} = K(一定)$　　　　$(2 \cdot 15)$

ボイル・シャルルの法則は現実の気体（実在気体）に完全にはあてはまらない。実在の気体分子には大きさがあり，分子どうしも力を及ぼしあっているからである。そこで，これらの影響がなく，ボイル・シャルルの法則に正確にしたがう気体を考えて，これを**理想気体**（→$p.178$）という。

CHART 28 ボイル・シャルルの法則

$$\frac{p_1 V_1}{T_1} = \frac{p_2 V_2}{T_2} = K(-定)$$

(2·16)

⚠ミス注意　単位に注意！
温度：K を使う（℃を使わない）。
圧力・体積：両辺で同じ単位を用いる。

CHART 28 ⚠ミス注意

シャルルの法則で，気体の体積が比例する
のは **絶対温度** であってセルシウス温度では
ない。したがって，温度の単位には K を使う。
　一方，圧力と体積の単位は，**両辺でそろっ**
ていれば 何を用いてもよい。

　これは，圧力や体積の単位は基準点（すな
わち 0 となる点）が同じ（例えば，0 atm = 0 Pa，
0 L = 0 m³ など）であるが，温度の場合は異な
る（0℃ = 273 K，0 K = −273℃）からである。

📖 問題学習 ····· 86

体積 1.0 m³，圧力 0.90 atm の気体の温度が 27℃ であった。体積を 5.0 m³，圧力を
0.20 atm にすると，温度は何℃になるか。

考え方　ボイル・シャルルの法則では，温度の単位に K を使わなければいけない。
圧力の単位は両辺で同じ単位を使えば何を用いてもよい（→ CHART 28 ─⚠ミス注意）。

解答　ボイル・シャルルの法則から
$$T_2 = \frac{p_2 V_2}{p_1 V_1} T_1 = \frac{0.20 \times 5.0}{0.90 \times 1.0} \times (273 + 27) \fallingdotseq 333\,\text{K} = \textbf{60℃}$$

📖 問題学習 ····· 87

図のように，理想気体をシリンダーの中に入れて大気中に置き，質
量 m〔kg〕，底面積 S〔m²〕のピストンでふたをした。ピストンは自
由に動くことができるとし，重力加速度の大きさを g〔m/s²〕とする。

(1) ピストンが静止しているとき，シリンダー内の気体の圧力は
p_0〔Pa〕，温度は T_0〔K〕であった。このときの大気圧はいくらか。

p_0, T_0

(2) ピストンを(1)の位置に固定して，気体の温度を $\frac{3}{2} T_0$〔K〕にすると，圧力はいく
らになるか。また，ピストンを固定したまま，さらに気体を温めていったら，圧
力が $3p_0$〔Pa〕になった。このときの気体の温度はいくらか。

考え方　(2) 温度一定のときはボイルの法則，圧力一定のときはシャルルの法則を
用いる。この問題は体積一定なので，ボイル・シャルルの法則を用いる。

解答 (1) 大気圧をP〔Pa〕とすると，底面積がSであるから，ピストンにはたらく力は右図のようになる。

したがって，ピストンにはたらく力のつりあいから

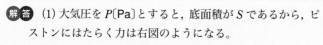

$$p_0 S - PS - mg = 0 \quad \text{よって} \quad P = p_0 - \frac{mg}{S} \text{〔Pa〕}$$

(2) ピストンを(1)の位置に固定したときのシリンダー内の気体の体積をV〔m³〕とし，求める気体の圧力をp_1〔Pa〕とすると，ボイル・シャルルの法則より $\dfrac{p_1 V}{\dfrac{3}{2} T_0} = \dfrac{p_0 V}{T_0}$

よって $p_1 = \dfrac{p_0}{T_0} \times \dfrac{3}{2} T_0 = \dfrac{3}{2} p_0$〔Pa〕

圧力が$3p_0$〔Pa〕になったときの気体の温度をT_2〔K〕とすると

$$\frac{3p_0}{T_2} = \frac{p_0}{T_0} \quad \text{よって} \quad T_2 = 3T_0 \text{〔K〕}$$

B 理想気体の状態方程式

1 理想気体 ボイル・シャルルの法則は，気体分子が大きさをもたず，また分子間力がはたらかないとしたときに成りたつ。実在の気体では，高温，低圧の場合には，比較的よくこの法則にしたがう。しかし，極端に温度が低いときや圧力が大きいときには，分子どうしが接近し，分子間力が無視できず，また分子の大きさの影響も現れるので，この法則が成りたたない。そこでこの法則に正確にしたがう気体を考えて，これを**理想気体**という。

2 アボガドロの法則 同じ温度，圧力の気体はすべて同じ体積中に同数の分子を含む。これを**アボガドロの法則**という。標準状態($0℃$，$1\,atm$ すなわち $273\,K$，$1.013 \times 10^5\,Pa$)では，どのような気体でも $2.24 \times 10^{-2}\,m^3$ の体積中に 6.02×10^{23} 個の気体分子が存在する。この 6.02×10^{23} 個の分子の集まりを 1 **モル**(記号 **mol**)といい，これを単位として表した物質の量を**物質量**という。6.02×10^{23}/mol を **アボガドロ定数** といい，N または N_A で表す。

3 理想気体の状態方程式 標準状態での理想気体 $1\,mol$ の体積を V_0($2.24 \times 10^{-2}\,m^3$)とすると，ボイル・シャルルの法則から $1\,mol$ の気体について $\dfrac{pV}{T} = \dfrac{p_0 V_0}{T_0} = 一定$ となる。この一定値はすべての気体について共通の定数となるから，これを R とおくと

$$1\,mol\,では \quad pV = RT \qquad n\text{〔mol〕では} \quad pV = nRT \tag{2·17}$$

となる。これらの式を **理想気体の状態方程式** といい，R を **気体定数** という。R の値は標準状態($p_0 = 1.013 \times 10^5\,Pa$，$V_0 = 2.24 \times 10^{-2}\,m^3$，$T_0 = 273\,K$)での $1\,mol$ の気体を上式に適用すると

$$R = \frac{p_0 V_0}{T_0} = \frac{1.013 \times 10^5 \times 2.24 \times 10^{-2}}{273} \fallingdotseq 8.31\,J/(mol \cdot K)$$

となる。実在の気体でも常温・常圧の付近では，理想気体からのずれがわずかなので，実

在の気体を理想気体と同様に扱ってよい。

4 気体の圧力・密度・温度 気体 1 mol の質量を m，標準状態での密度を ρ_0，温度 T の ときの密度を ρ，体積を V とすると $V_0 = \dfrac{m}{\rho_0}$，$V = \dfrac{m}{\rho}$ であるから (2・17) 式は体積のかわ りに密度を用いて，次のように表すことができる。

$$\frac{p}{\rho T} = \frac{p_0}{\rho_0 T_0} = 一定 \tag{2・18}$$

CHART 29 理想気体の状態方程式

$$pV = nRT \qquad (気体定数\ R = 8.31\,\mathrm{J/(mol \cdot K)}) \tag{2・19}$$

⚠ミス注意 　単位に注意！ $\begin{cases} 圧力\ p：\mathrm{Pa\,(N/m^2)} & 体積\ V：\mathrm{m^3} \\ 温度\ T：\mathrm{K}\,(℃を使わない) \end{cases}$

😊知っていると便利 $\quad nR\varDelta T = \varDelta(pV) = \begin{cases} p \cdot \varDelta V & (圧力一定の場合) \\ \varDelta p \cdot V & (体積一定の場合) \end{cases}$

CHART 29 ⚠ミス注意

気体の状態方程式の温度 T は絶対温度（単位 K）を用いる。ボイル・シャルルの法則では，圧力 p と体積 V の単位は両辺でそろっていれば何でもよいが，状態方程式では用いる単位が決まっていることに注意。

CHART 29 😊知っていると便利

気体の圧力・体積・温度が，それぞれ，
$$p → p + \varDelta p,\ V → V + \varDelta V,\ T → T + \varDelta T$$
のように変化するとき，変化前と変化後につ

いてそれぞれ状態方程式を立てると
$$pV = nRT,\ (p + \varDelta p)(V + \varDelta V) = nR(T + \varDelta T)$$
これらを辺々引いて，左辺の差を
$$\varDelta(pV) = (p + \varDelta p)(V + \varDelta V) - pV$$
と表すと，$\varDelta(pV) = nR\varDelta T$ となる。さらに，圧力が一定（$\varDelta p = 0$）ならば，$\varDelta(pV) = p \cdot \varDelta V$ 体積が一定（$\varDelta V = 0$）ならば，$\varDelta(pV) = \varDelta p \cdot V$

このように，物質量 n が一定であれば，温度変化 $\varDelta T$ を，体積変化 $\varDelta V$ や圧力変化 $\varDelta p$ を用いて表すことができる。

📖 **問題学習 …… 88**

A，B 2 つの容器があり，その体積をそれぞれ V_A，V_B〔$\mathrm{m^3}$〕とする。これらを細い管で つなぎ，中に温度 T_0〔K〕，圧力 p_0〔Pa〕の気体を密封した。

次に，A の温度を T_A〔K〕，B の温度を T_B〔K〕にしたときには圧力 p〔Pa〕はどのよう になるか。ただし，容器の膨張は無視できるものとする。

考え方▶ 各容器ごとに変化の前後で状態方程式を立てる。温度が変化して A，B の 間で気体が移動しても，A，B 全体では物質量は不変である。

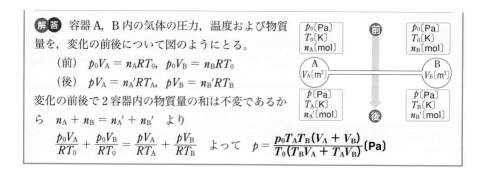

解答 容器 A，B 内の気体の圧力，温度および物質量を，変化の前後について図のようにとる。

(前)　$p_0 V_A = n_A R T_0$，$p_0 V_B = n_B R T_0$

(後)　$p V_A = n_A' R T_A$，$p V_B = n_B' R T_B$

変化の前後で 2 容器内の物質量の和は不変であるから　$n_A + n_B = n_A' + n_B'$　より

$$\frac{p_0 V_A}{R T_0} + \frac{p_0 V_B}{R T_0} = \frac{p V_A}{R T_A} + \frac{p V_B}{R T_B}$$　よって　$p = \dfrac{p_0 T_A T_B (V_A + V_B)}{T_0 (T_B V_A + T_A V_B)}$ (Pa)

C　気体分子の運動

1 気体の分子運動論　気体は分子や原子のような微粒子(以後単に分子という)の集まりであるから，その圧力や温度などの性質を分子の運動から説明できる。この考え方が気体の**分子運動論**であり，次の仮定(理想気体の性質)のもとに理論がつくられている。

(1)　同じ種類の気体分子はすべて同じ性質をもち，たえず運動している。

(2)　分子はなめらかで，弾性衝突をする球と考える。

(3)　分子の大きさは非常に小さく，その大きさは無視できる(点)として取り扱える。

(4)　各分子は衝突するとき以外は相互に力を及ぼさない。

(5)　各分子の運動はまったく不規則で，各方向に対して同等にふるまう。

気体分子はそれぞれ力学の法則にしたがって運動していると考えられるが，一般には取り扱う分子数が多く，しかも分子の運動は不規則，無秩序であるから，個々の分子の運動をすべて定めることは困難である。このため，気体の分子運動論では分子の運動の取り扱い方に確率的，統計的な考え方を取り入れている。この方法により，気体の性質を考える。

2 気体の圧力　気体を容器に入れると，気体分子は熱運動によって容器の壁に衝突し，そのたびに壁に力を与える。1 回の衝突では壁が力を受ける時間は短いが，多くの分子によってたえず衝突が行われているから，壁は平均として常に一定の力を受けているのと同じことになる。この力が壁の受ける気体からの圧力である。この圧力を分子運動論から求めよう。

なめらかな壁をもつ，1 辺の長さ L の立方体の容器に質量 m の気体分子を N 個入れる。この気体分子は，上記の分子運動論の仮定どおりの性質をもっているものとする。分子と壁との衝突は弾性衝突であるから，何回衝突しても分子の速度の大きさは変わらない。したがって，速度の各座標軸方向の成分の大きさも変わらない。容器内の分子どうしの衝突も弾性衝突であるから，衝突を無視しても同じ結果が得られるので，ここでは壁との衝突のみを考えることにする。

図 2-13 のように，立方体の容器を AOBC-DEFG とし，x 軸に垂直な壁 DEFG が受ける圧力を求めよう。この場合，速度の x 成分のみを考えればよいから，同図(c)のように，分子の運動の x-z 平面への正射影を考えると理解しやすい。

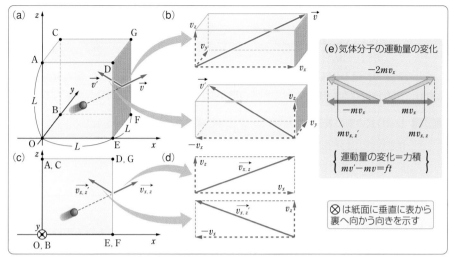

▲ 図 2-13　容器中の気体分子と壁から受ける力積

　ある分子の速度の大きさを v とし，その x 成分を v_x とすると，壁 DEFG との 1 回の衝突によって速度の x 成分は $-v_x$ に変わるから，運動量の変化＝力積（→ p.114）より，この分子の運動量の変化は $(-mv_x) - mv_x = -2mv_x$ となり，これが分子の壁から受けた力積となる。したがって，分子が壁に与えた力積は $2mv_x$ である。

　一方，この分子が x 軸に垂直な 2 つの壁 DEFG と AOBC の間を単位時間に往復する回数は $\dfrac{v_x}{2L}$ であるから，この分子が壁 DEFG に単位時間に与える力積は $2mv_x \cdot \dfrac{v_x}{2L}$ である。したがって，この壁が時間 t の間に 1 個の分子から受ける力積は $2mv_x \cdot \dfrac{v_x}{2L} \cdot t$ となる。力積は，時間 t の間力 f がはたらいたとき ft と表されるから，この壁の受ける力積を ft とすると　$ft = 2mv_x \cdot \dfrac{v_x}{2L} \cdot t = \dfrac{mv_x^2}{L} \cdot t$　となる。すなわち，壁 DEFG はこの 1 個の分子から $f = \dfrac{mv_x^2}{L}$　の力を受けていることになる。容器には N 個の分子が入っているので，速度 v とその x, y, z 成分 v_x, v_y, v_z の各 2 乗の平均をそれぞれ $\overline{v^2}$, $\overline{v_x^2}$, $\overline{v_y^2}$ および $\overline{v_z^2}$ とすると，$v^2 = v_x^2 + v_y^2 + v_z^2$ であるから，その平均値についても $\overline{v^2} = \overline{v_x^2} + \overline{v_y^2} + \overline{v_z^2}$ となる。

　また，気体分子は容器内でどの方向に対しても同等にふるまうから，速度成分の 2 乗の平均はすべて等しくなる。したがって，$\overline{v_x^2} = \overline{v_y^2} = \overline{v_z^2}$ であるから $\overline{v^2} = 3\overline{v_x^2}$ となる。

ゆえに　$\overline{v_x^2} = \dfrac{1}{3}\overline{v^2}$

　壁 DEFG が N 個の分子から受ける力 F は，1 個の分子から受ける力 f の総和となり

$$F = N \cdot \dfrac{m\overline{v_x^2}}{L} = \dfrac{Nm\overline{v^2}}{3L} \tag{2·20}$$

となる。

圧力は単位面積当たりにはたらく力であるから，壁にはたらく圧力 p は次の式で表される(容器の体積を V とし，$V = L^3$)。

$$p = \frac{F}{L^2} = \frac{Nm\overline{v^2}}{3L^3} = \frac{Nm\overline{v^2}}{3V} \tag{2・21}$$

以上の結果は，壁 DEFG が気体から受ける圧力を求めたものであるが，他の壁が受ける圧力も，立方体ではない任意の形の容器の壁が受ける圧力も，同じ式で与えられる。

補足 **(2・21)式の別の表現** (2・21)式の $\frac{N}{V}$ は単位体積中の分子の数であるから，$\frac{mN}{V}$ は単位体積中の気体分子の質量の和，すなわち密度である。これを ρ とすると，(2・21)式は $p = \frac{1}{3}\rho\overline{v^2}$ となる。

問題学習 …… 89

次の(1)，(2)の場合に，気体の圧力はどうなるか。ただし，どちらも気体の体積と分子の総数は変わらないものとする。
(1) 分子の速さが変わらず，分子の質量がすべて a 倍になった場合
(2) 分子の質量が変わらず，分子の速さがすべて b 倍になった場合

解答 $p = \dfrac{Nm\overline{v^2}}{3V}$ において $\begin{cases}(1)\ m\ \text{が}\ a\ \text{倍になると}\ p\ \text{は}\ a\ \textbf{倍になる。}\\(2)\ v\ \text{が}\ b\ \text{倍になると}\ p\ \text{は}\ b^2\ \textbf{倍になる。}\end{cases}$

D 分子の運動エネルギーと絶対温度

1 分子の運動エネルギー 容器内の理想気体の圧力は(2・21)式で与えられ $pV = \frac{1}{3}Nm\overline{v^2}$ となり，この式を変形すると次のように表される。

$$pV = \frac{2}{3}N\cdot\frac{1}{2}m\overline{v^2} \tag{2・22}$$

1 mol 中の分子の数がアボガドロ定数 $N_A(= 6.02 \times 10^{23}/\text{mol})$ なので，n〔mol〕の気体の分子数は $N = nN_A$ と表される。したがって，(2・22)式は次のようになる。

$$pV = \frac{2}{3}nN_A\cdot\frac{1}{2}m\overline{v^2} \tag{2・23}$$

(2・23)式と気体の状態方程式 $pV = nRT$ を比べると $\dfrac{2}{3}nN_A\cdot\dfrac{1}{2}m\overline{v^2} = nRT$ となり，次の式が得られる。

$$\frac{1}{2}m\overline{v^2} = \frac{3R}{2N_A}T \tag{2・24}$$

これから，理想気体では，平均運動エネルギーは温度だけで決まり，絶対温度に比例することがわかる。

補足 上述の議論は理想気体の分子について行ったものであり，実際にはヘリウム(He)，ネオン(Ne)，アルゴン(Ar)のような 1 個の原子で 1 分子となっている，いわゆる**単原子分子**の場合にこの結果はよく合う。2 個の原子からなる分子(二原子分子)のような場合は，もう少し複雑になる(→ $p.186$)。

2 分子の平均速度 気体の分子量を M とすると，1 mol の気体分子 N_A 個の質量は M〔g〕であるから，

$$mN_A = M \times 10^{-3} \text{〔kg/mol〕} \text{となる。}$$

(2·24)式から

$$\overline{v^2} = \frac{3R}{mN_A} T = \frac{3R}{M \times 10^{-3}} T \quad \text{となり}$$

$$\sqrt{\overline{v^2}} = \sqrt{\frac{3R}{M \times 10^{-3}} T} \tag{2·25}$$

と表される。

$\sqrt{\overline{v^2}}$ は分子の**2乗平均速度**といわれ，分子の平均的な速さを示す1つの目安になる(表2-2)。

▼表2-2 気体分子の $\sqrt{\overline{v^2}}$ (273K)

分 子	分子量	分子の質量(kg)	$\sqrt{\overline{v^2}}$ (m/s)
水 素	2.0	3.35×10^{-27}	1.8×10^3
ネオン	20	33.5×10^{-27}	0.60×10^3
窒 素	28	46.5×10^{-27}	0.49×10^3
酸 素	32	53.2×10^{-27}	0.46×10^3

[補足] **分子量**

　　炭素原子 $^{12}_{6}C$ 1個の質量を基準とし，これを12とした分子の質量の相対値が分子量である。1 mol の分子の質量は分子量を M とすると M〔g〕となる。

3 ボルツマン定数 気体定数 R をアボガドロ定数 N_A でわった値を k で表し，これを**ボルツマン定数**という。

$$k = \frac{R}{N_A} = \frac{8.31 \text{ J/(mol·K)}}{6.02 \times 10^{23}/\text{mol}} \fallingdotseq 1.38 \times 10^{-23} \text{ J/K} \tag{2·26}$$

この k を使うと，(2·24)式は次のように表される。

$$\frac{1}{2} m\overline{v^2} = \frac{3}{2} kT \tag{2·27}$$

CHART 30 気体分子の運動

圧力 $p = \dfrac{Nm\overline{v^2}}{3V}$ (2·28)

平均運動エネルギー $\dfrac{1}{2} m\overline{v^2} = \dfrac{3}{2} kT$ $\left(\text{ボルツマン定数 } k = \dfrac{R}{N_A}\right)$ (2·29)

気体分子の総数 $N = nN_A$

気体 1 mol の質量 $mN_A = M \times 10^{-3}$〔kg/mol〕

(n〔mol〕：物質量，N_A〔/mol〕：アボガドロ定数，m〔kg〕：気体分子1個の質量)

⭐Point $\quad p = \dfrac{Nm\overline{v^2}}{3V}$ の導き方を理解しておく。

[覚え方] $\dfrac{1}{2} m\overline{v^2} = \dfrac{3}{2} kT$ から他の式を導く。

CHART 30 ⭐Point

(2·28)式は，その導出過程そのものが問題になることが多い。したがって，式を覚えていることよりも，式を気体の分子運動論（→ p.180～181）によって自分で導けるようになることのほうが重要である。

CHART 30 覚え方

気体の物質量 n は気体が何 mol であるかを表しており，アボガドロ定数 N_A は 1 mol 当たりに含まれる分子の数を表している。したがって，これらの積 nN_A は気体分子の総数 N となる。「$N = nN_A$」はこのように理解しておけば，すぐ思い出すことができる。

また，1 mol の気体は，気体分子を N_A 個含んでいるので，その質量は mN_A〔kg/mol〕である（m は気体分子 1 個の質量）。一方，分子量 M は，分子 1 mol の質量（ただし，単位は g）を表す数値であるから，気体分子 1 mol の質量は，$M \times 10^{-3}$〔kg/mol〕と書くこともできる。

「$mN_A = M \times 10^{-3}$〔kg/mol〕」はこのように理解しておけば，すぐ思い出すことができる。

これらの関係を使うと，(2·29)式さえ覚えておけば，(2·28)式や(2·25)式を忘れても，(2·29)式から容易に導くことができる。

(2·28)式（圧力）を導く

$$p = \frac{nRT}{V} \quad \text{（気体の状態方程式より）}$$
$$= \frac{NRT}{N_A V} \quad (N = nN_A \text{ より})$$
$$= \frac{NkT}{V} \quad (k = \frac{R}{N_A} \text{ より})$$
$$= \frac{Nm\overline{v^2}}{3V} \quad ((2·29) \text{式より})$$

(2·25)式（2乗平均速度）を導く

$$\sqrt{\overline{v^2}} = \sqrt{\frac{3k}{m}T} \quad ((2·29) \text{式より})$$
$$= \sqrt{\frac{3R}{mN_A}T} \quad (k = \frac{R}{N_A} \text{ より})$$
$$= \sqrt{\frac{3R}{M \times 10^{-3}}T}$$
$$(mN_A = M \times 10^{-3}〔\text{kg/mol}〕 \text{より})$$

📖 問題学習 ····· 90

(1) 気体の圧力 p〔Pa〕の分子の速さの 2 乗の平均値を $\overline{v^2}$〔m²/s²〕，密度を ρ〔kg/m³〕とすると，$p = \dfrac{1}{3}\rho\overline{v^2}$ と表される。標準状態(0℃，1.0×10^5Pa)の理想気体 1 mol の体積は 2.24×10^{-2}m³/mol として，標準状態での窒素ガス分子(分子量 28)の 2 乗平均速度を求めよ。

(2) 0℃の窒素ガスの 1 分子当たりの平均運動エネルギー $\overline{K}$ を求めよ。アボガドロ定数を 6.0×10^{23}/mol とする。

解答 (1) 標準状態での窒素ガスの密度は $\quad \rho = \dfrac{28 \times 10^{-3}}{2.24 \times 10^{-2}} = 1.25$ kg/m³

$1.0 \times 10^5 = \dfrac{1}{3} \times 1.25\overline{v^2}$ より $\overline{v^2} = 24 \times 10^4$ m²/s²

ゆえに $\sqrt{\overline{v^2}} = \sqrt{24 \times 10^4} ≒ \mathbf{4.9 \times 10^2\,m/s}$

〔注〕 (2·25)式より

$$\sqrt{\overline{v^2}} = \sqrt{\frac{3RT}{M \times 10^{-3}}} = \sqrt{\frac{3 \times 8.3 \times 273}{28 \times 10^{-3}}} ≒ 4.9 \times 10^2\,\text{m/s}$$

(2) 気体分子 1 個の質量 $m = \dfrac{28 \times 10^{-3}}{N_A} = \dfrac{28 \times 10^{-3}}{6.0 \times 10^{23}} ≒ 4.67 \times 10^{-26}$ kg

$$\overline{K} = \frac{1}{2}m\overline{v^2} = \frac{1}{2} \times 4.67 \times 10^{-26} \times 24 \times 10^4 ≒ \mathbf{5.6 \times 10^{-21}\,J}$$

2 気体の状態変化

基物 A 気体の内部エネルギー

18世紀から19世紀にかけて熱は物質であるとし、この物質が物体を出入りすることによって物体の温度が変化すると考えられていた。しかし、ボイルやランフォードは「熱は運動に関した現象で物質的なものではない」と論じた。19世紀中期にマイヤーやジュールは「熱はエネルギーの一形態である」ことを明らかにした。他方、「物質は分子から構成されている」というアボガドロの分子論は「物質の分子はたえず運動している」という分子運動論に発展していった。これらのことを総合して考えると、

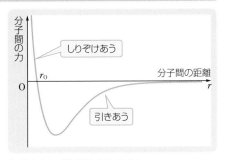

▲ 図2-14　分子間にはたらく力
分子間にはたらく力は、分子どうしがある距離よりも離れると引きあう向きに、近づくとしりぞけあう向きにはたらく。この力は分子間の距離によって決まる保存力であるから、位置エネルギーを考えることができる。

「熱は分子の運動エネルギーである」ということになる。この説を **熱の運動説** という。

その後、分子間には力がはたらきあっている（図2-14）ことがわかり、この力は保存力であるため分子間による分子の位置エネルギーも考えなければならなくなった。このため熱の運動説は「**熱は分子の力学的エネルギーである**」と修正された。しかし、熱はもともと物体の温度が変化するとき、物体に出入りするものとして考えられたものであったから、物体の内部に蓄えられてしまった力学的エネルギーとよぶにはふさわしくない。そこで、「熱とは物体が温度変化するとき物体を出入りする過程での分子の力学的エネルギーである」とし、物体に入ってしまった後の分子の力学的エネルギーは、**内部エネルギー** というようになった。

■1 **内部エネルギー**　物体を構成する分子や原子などの微粒子の運動エネルギーと位置エネルギーの総和、すなわち力学的エネルギーを **物体の内部エネルギー** という。また、高温物体からこれと接触している低温物体に移動する分子・原子などの力学的エネルギーを **熱** という。理想気体では分子間にはたらく力は無視できるので、位置エネルギーは0である。したがって、**理想気体の内部エネルギーは分子の運動エネルギーのみ** になる。

物体の内部エネルギーを増すには、次のような方法がある。

①**摩擦や圧縮などの仕事を加える**　あらい面上を物体がすべったときの接触面や、自転車の空気入れのピストンによる空気圧縮室は熱くなる。これは仕事（力学的エネルギー）が物体の内部エネルギーになったためである。

②**熱線や光線などの放射線を当てる**　熱線とは物体に吸収されて温度を高める作用をする放射線の意味で、主として赤外線をさすが光線も含める場合もある。

第2章　●気体のエネルギーと状態変化　**185**

熱放射は物体の内部エネルギーが熱線(放射線)のエネルギーとなって空間にひろがり，これが他の物体に吸収されて，その内部エネルギーを高める現象である。

③**熱を加える**　ガスコンロなどによる加熱は，化学変化により発生する熱を物体に送りこんで，これを物体の内部エネルギーにするものである。

2 理想気体の内部エネルギー　理想気体における内部エネルギーは，分子の運動エネルギーのみであるから，単原子分子の理想気体 1 mol の内部エネルギー U〔J〕は，(2·24)式から　$U = \dfrac{1}{2} m\overline{v^2} N_A = \dfrac{3}{2} RT$ となり，n〔mol〕ではこの n 倍となるから

$$U = \frac{3}{2} nRT \tag{2·30}$$

内部エネルギーは絶対温度と物質量に比例する。すなわち，n が与えられれば T のみで定まる。温度が ΔT〔K〕だけ高くなったとき，内部エネルギーが ΔU〔J〕だけ増加したとすると，(2·30)式から次の関係が成りたつ。

$$\Delta U = \frac{3}{2} nR(T + \Delta T) - \frac{3}{2} nRT = \frac{3}{2} nR\Delta T \tag{2·31}$$

[補足] 運動の自由度とエネルギー等分配則

　　物体の運動を定めるのに必要な運動成分の数を **運動の自由度** という。例えば，空間に直交座標(x, y, z)軸をとると，これら 3 方向の運動成分が決まれば，空間を移動する物体の運動が定まる。この場合の物体の運動の自由度は 3 である。

　　単原子分子の理想気体の分子 1 個の平均運動エネルギーは $\dfrac{1}{2} m\overline{v^2} = \dfrac{3}{2} kT$ であった。3 座標軸方向の速度成分を v_x, v_y, v_z とすると

$$\overline{v^2} = \overline{v_x{}^2} + \overline{v_y{}^2} + \overline{v_z{}^2}$$

ゆえに　$\dfrac{1}{2} m\overline{v^2} = \dfrac{1}{2} m\overline{v_x{}^2} + \dfrac{1}{2} m\overline{v_y{}^2} + \dfrac{1}{2} m\overline{v_z{}^2}$

運動は各方向について同等であると考えられるから，運動エネルギー $\dfrac{3}{2} kT$ は 3 等分され

$\dfrac{1}{2} m\overline{v_x{}^2} = \dfrac{1}{2} m\overline{v_y{}^2} = \dfrac{1}{2} m\overline{v_z{}^2} = \dfrac{1}{2} kT$　となる。すなわち，

1 個の分子の運動の 1 自由度当たりのエネルギーは $\dfrac{1}{2} kT$ であるといえる。したがって

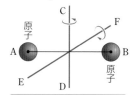

分子の運動エネルギーは，1 自由度ごとに $\dfrac{1}{2} kT$
ずつ等しく配分される。

これを **エネルギー等分配則** という。

　　二原子分子のときには回転運動の自由度 2 が加わり，全体の自由度は 5 となる。

　　したがって，内部エネルギーは次のようになる。

A, B に垂直で，互いに直交する 2 つの回転軸 CD, EF（自由度 2）がある

▲ 図 2-15　二原子分子

$$U = \frac{1}{2} kT \times 5 = \frac{5}{2} kT$$

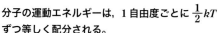

　問題学習 ····· 91

断熱された 1 つの箱が，熱を通しにくい隔壁によって相等しい体積をもつ 2 つの部分に分けられている。箱の中の片方には絶対温度 T_1 で圧力 p の気体が n_1〔mol〕，他方に

は絶対温度 T_2 で圧力 p の同じ種類の気体が n_2〔mol〕入っている。隔壁を破ると温度の異なる気体は拡散して，ついには一様な温度になる。この気体を理想気体とみなして，そのときの圧力と温度を求めよ。

考え方 理想気体の混合では，その前後で物質量の和は変わらない。混合前後での気体の状態方程式 $pV = nRT$ を立てる。また，熱の出入りはなく，外部にも仕事をしないから，混合前後での内部エネルギー $U = \dfrac{3}{2}nRT$ も変わらない。

混合前

p, V T_1, n_1	p, V T_2, n_2

$$\Downarrow$$

p' , T

混合後

解答 混合前の各容器の体積を V，気体定数を R，求める圧力を p'，温度を T とする。混合前の各容器の気体の状態方程式は $pV = n_1RT_1$, $pV = n_2RT_2$

上式から $2pV = (n_1T_1 + n_2T_2)R$ ……①

混合後の状態方程式は $p'(2V) = (n_1 + n_2)RT$ ……②

内部エネルギーは混合前後で変わらない。

$$\frac{3}{2}n_1RT_1 + \frac{3}{2}n_2RT_2 = \frac{3}{2}(n_1 + n_2)RT$$

$$(n_1T_1 + n_2T_2)R = (n_1 + n_2)RT$$ ……③

②＝③と①式から $2p'V = (n_1T_1 + n_2T_2)R = 2pV$ ゆえに $p' = p$

②式から $T = \dfrac{2pV}{(n_1 + n_2)R} = \dfrac{(n_1T_1 + n_2T_2)R}{(n_1 + n_2)R}$

また $n_1T_1 = n_2T_2$ から $n_2 = \dfrac{n_1T_1}{T_2}$

上式に代入して $T = \dfrac{2T_1T_2}{T_1 + T_2}$

基物 **B 熱力学第一法則**

1 エネルギーの保存 ジュールは与えた仕事とその仕事が転換されて発生した熱量とが比例することを実験によって確かめ，仕事と熱量との間の比例定数の値を求めた。この実験結果は次の2つの事実を示す。第1は熱と仕事の本源は同じである（熱も仕事もそれぞれエネルギーの1つの形態である）。第2は熱と仕事の間の変遷で，あらたに熱または仕事の発生や消滅はないということである。後者の関係はエネルギー保存則を表し，マイヤーが論じた。ヘルムホルツは力学的エネルギー保存則からさらに進んでエネルギー保存則を総合的に論じた。彼は力学的・熱・電気・磁気などのエネルギーに言及し，これらのエネルギーは相互に形を変えることはあっても，その総量は変わらないことを述べた。この他に音・光・化学的・その他のエネルギーの形態があるが，これらを含めても彼の考えは正しいものとされている。

2 熱力学第一法則 マイヤーの論じた熱と仕事に関連する現象についてのエネルギー保存則は，後に **熱力学第一法則** といわれるようになった。

これは次のように表現できる。

物体の内部エネルギーの変化 ΔU は，物体が受け取った熱量 Q と，物体がされた仕事 W の和に等しい。

$$\Delta U = Q + W \tag{2・32}$$

物体が外部に対して仕事をする場合は，上記の仕事を負 $(-)$ と考えればよい。

物体が受け取った熱量 Q の一部は物体が外部にする仕事 W' になり，残りが物体の内部エネルギーの変化 ΔU になる。

$$\Delta U = Q - W' \tag{2・33}$$

C 気体のモル比熱

■1 定積（等積）変化　体積が変わらない容器に気体を密閉し，熱を加えるか奪うかして，圧力と温度を変化させることを **定積（等積）変化** という。熱を加えたとき気体は仕事をしないから，その熱はすべて気体の内部エネルギーの増加となる。すなわち $\Delta U = Q$ である。この場合，1 mol の気体を温度 1 K 上げるのに必要な熱量を **定積（定容）モル比熱**(C_V) といい，単位は **J/(mol・K)** が用いられる。

単原子分子の理想気体 n〔mol〕を定積変化によって温度を ΔT〔K〕上げる場合，初めの温度を T〔K〕とすると，そのときの内部エネルギー U〔J〕および変化後の内部エネルギー U_1〔J〕は $(2・30)$ 式から

$$U = \frac{3}{2}nRT, \quad U_1 = \frac{3}{2}nR(T + \Delta T)$$

である。したがって，内部エネルギーの増加は $(2・31)$ 式より

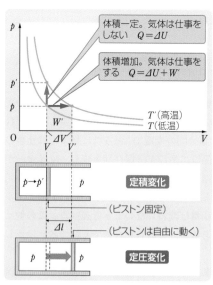

$\Delta U = \dfrac{3}{2}nR\Delta T$　となり，これに見合う熱を気体に加えなければならない。よって，定積モル比熱 C_V は

$$C_V = \frac{Q}{n\Delta T} = \frac{\Delta U}{n\Delta T}$$

$$= \frac{3}{2}R〔\text{J/(mol・K)}〕$$

$$\fallingdotseq 12.5\,\text{J/(mol・K)} \tag{2・34}$$

■2 定圧（等圧）変化　自由に動くピストンを備えた筒に気体を封入し，筒内の圧力を常に一定の大きさに（外圧と等しく）保ちながら，熱を加えるか奪うかして体積と温度を変化させるとき，これを **定圧（等圧）変化** という。

熱を加えた場合，一部は気体が外圧に逆らって膨張するための仕事に使われ，残り

▲図 2-16　定積変化と定圧変化

が気体の内部エネルギーの増加となる。すなわち，$\Delta U = Q - W'$ である。この変化で，1mol の気体の温度を 1K 上げるのに必要な熱量を **定圧モル比熱**(C_p) という。

定圧変化で気体が外部にする仕事 W' を求めよう。ピストンの面積を S，外圧を p として気体に少しずつ熱を加え，ゆっくりと気体を外圧 p に逆らって膨張させる。ピストンの移動距離を Δl とすると

$$\text{気体のする仕事}(W') = \text{力}(pS) \times \text{距離}(\Delta l) = p(S\Delta l) = \text{圧力}(p) \times \text{増加体積}(\Delta V)$$

ゆえに　$W' = p\Delta V$ （2・35）

このとき，加えた熱量　$Q = \Delta U + p\Delta V$ （2・36）

n〔mol〕の気体の圧力 p を一定に保って，温度 T〔K〕を ΔT〔K〕上げるとき，体積 V が ΔV 増加したとする。状態変化の前後における気体の状態方程式は，それぞれ次のようになる。

$$pV = nRT, \quad p(V + \Delta V) = nR(T + \Delta T)$$

ゆえに，気体が外部にした仕事　$W' = p\Delta V = nR\Delta T$

よって，（2・36）式より

$$C_p = \frac{\Delta U + p\Delta V}{n\Delta T} = \frac{\Delta U}{n\Delta T} + R \tag{2・37}$$

内部エネルギーは温度のみによって定まるから，（2・37）式に（2・34）式を代入すると，次の式が得られる。

$$C_p = C_V + R \quad (C_p - C_V = R \quad \cdots\cdots \text{マイヤーの関係}) \tag{2・38}$$

気体が単原子分子のとき　$C_V = \dfrac{3}{2}R$　から

$$C_p = \frac{5}{2}R \fallingdotseq 20.8\,\text{J/(mol·K)} \tag{2・39}$$

> 📖 **問題学習 ⋯⋯ 92**
>
> 標準状態の 1mol の気体を，圧力一定のまま体積を 2 倍に膨張させた。気体のした仕事はいくらか。
>
> **解答** 初めの体積 $V = 22.4 \times 10^{-3}\,\text{m}^3$，後の体積 $V' = 2V$，$p = 1\,\text{atm} = 1.013 \times 10^5\,\text{Pa}$
> ゆえに　$W' = p\Delta V = p(V' - V) = pV = 1.013 \times 10^5 \times 22.4 \times 10^{-3}$
> 　　　　$\fallingdotseq \mathbf{2.3 \times 10^3\,J}$

D　等温変化と断熱変化

1 等温変化　熱が自由に出入りできる壁をもち，容積も自由に変えられる容器に気体を入れる。この容器を定温の物質で囲み，一定温度のもとで気体の圧力(p)と体積(V)を変化させるとき，この状態変化を **等温変化** という。この場合の p と V の関係式がボイルの法則である。

$$pV = \text{一定} \quad （温度一定）$$

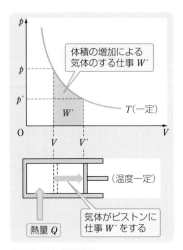

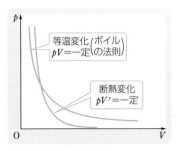

等温変化は温度が一定であるから，内部エネルギーは変化しない。

したがって，熱力学第一法則から，**気体が等温圧縮されるときは，外部からされた仕事 W はすべて熱量 Q' として外部へ放出される。**

逆に，等温膨張のときは，吸収した熱量 Q はすべて膨張のために仕事 W' として使われる。

2 断熱変化　熱が出入りできない断熱壁をもち，体積が自由に変えられる容器に気体を入れ，その気体の圧力・体積および温度を自由に変化させる。このように外部との熱の出入りを断って $(Q = 0)$，気体の状態を変化させる過程を **断熱変化** という。

気体の断熱圧縮では，圧縮の仕事が気体の内部エネルギーとなるから温度が上昇し，逆に膨張では，気体の内部エネルギーが外部からの圧力に抗して膨張する仕事に使われるので温度は下がる。

このように，断熱変化では圧縮すると温度が上がり，膨張すると下がるから，圧力の増し方，減り方はともにボイルの法則にしたがう場合(等温変化)よりも著しい。このようすを示したのが図 2−18 である。

▲図 2-17　等温変化

▲図 2-18　等温変化と断熱変化

3 比熱比　理想気体では，断熱変化するときの圧力 p と体積 V には

$$pV^\gamma = 一定 \tag{2·40}$$

の関係があることが知られている。これを **ポアソンの法則** という((2·40)式の取り扱いについては p.192 参照)。

ここで，γ は **比熱比** といわれ，定圧モル比熱と定積モル比熱の比である。単原子分子理想気体では　$\gamma = \dfrac{C_p}{C_V} = \dfrac{5/2}{3/2} = \dfrac{5}{3}$　となる。

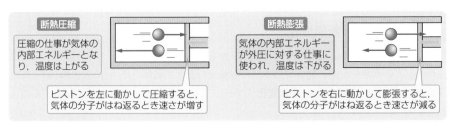

▲図 2-19　断熱変化

CHART 31 熱力学第一法則

$$\underbrace{\Delta U}_{\substack{\text{内部エネル}\\\text{ギーの変化}}} = \underbrace{Q}_{\substack{\text{気体が受け}\\\text{取った熱量}}} + \underbrace{W}_{\substack{\text{気体が}\\\text{された仕事}}} \qquad (2\cdot41)$$

$$W = -W'$$

$$\underbrace{\Delta U = \frac{3}{2}\,nR\Delta T}_{\substack{\text{単原子分子理想気体}\\\text{の場合}}} \qquad \underbrace{W'}_{\substack{\text{気体が}\\\text{した仕事}}} = \binom{p\text{-}V\text{図}}{\text{の面積}} = \underbrace{p\Delta V}_{\substack{\text{圧力一定}\\\text{の場合}}}$$

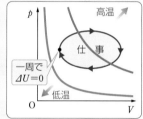

⚠ミス注意

符号に注意！
ΔU は内部エネルギーの変化……温度が下がる場合は負
Q は気体が受け取った熱量 ……気体が熱を放出する場合は負
W は気体がされた仕事 ………気体が仕事をする場合は負

★Point

p-V図
- 右上ほど温度が高い。
- 一周して0になるのは，内部エネルギーの変化
- 一周する場合の仕事 ＝ p-V曲線の囲む面積

さらに詳しく

断熱変化では $pV^\gamma =$ 一定
比熱比 $\gamma = C_p/C_V$
（途中で気体が不均一になる断熱変化には適用できない）

ΔU, Q, W のうち，わかっている量

$\begin{pmatrix}\text{定積変化の } W = 0,\ \text{等温変化の } \Delta U = 0,\\ \text{断熱変化の } Q = 0\end{pmatrix}$

や，計算で求められる量

$\begin{pmatrix}\text{定圧変化の } W' = p\Delta V,\\ \text{内部エネルギーの変化 } \Delta U = \dfrac{3}{2}nR\Delta T\end{pmatrix}$

を熱力学第一法則に代入し，不明の量を求めるのが原則。

定積変化・定圧変化に関しては，モル比熱を用いた熱量の式（$Q = nC_V\Delta T$, $Q = nC_p\Delta T$）を適用することもできる。しかし，上記の原則にしたがえば，モル比熱の値が与えられていない一般の場合であっても，この式を使わずに熱量 Q を求めることができる。

CHART 31 ⚠ミス注意

「$\Delta U = Q + W$」の左辺は温度変化 ΔT に比例しているので，温度が上がる場合が正となる。したがって，右辺の Q, W も，温度を上げるような操作（加熱や圧縮）を行う場合が正になる。加熱したり（気体が熱を受け取る），圧縮したり（気体が仕事をされる）すると，温度が上がって内部エネルギーが増加する，というイメージをもつことが重要。以下で，ΔU, Q, W の符号の判断方法を述べるが，このようなイメージがあると，より確実に判断できるようになる。

内部エネルギーの変化

$\Delta U = \dfrac{3}{2}nR\Delta T$ より，ΔT によって正負が決まる。つまり，温度が上がれば正，下がれば負。

熱量

気体が熱を受け取った場合が正，気体が熱を放出する場合が負。

仕事

気体の圧力による力は，常に気体が膨張する向きにはたらく。外部(大気圧による力や外力)が気体に及ぼす力は，常に気体を収縮させる向きにはたらく。仕事の正負は，

力の向きに動いた場合の仕事が正

力と逆向きに動いた場合の仕事は負

の原則にもとづいて，圧力とピストンの移動の向きから判断する。

収縮の場合 { (外部から)気体がされる仕事 W は正
気体が(外部に)する仕事 W' は負

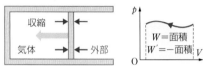

膨張の場合 { (外部から)気体がされる仕事 W は負
気体が(外部に)する仕事 W' は正

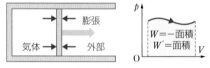

また一般に，「気体がした仕事 $W' = p\text{-}V$ 図の面積」であるが，仕事は，この「面積」に符号を付けたものであることに留意する。

CHART 31 ★Point

$pV = nRT$ より，温度 T が一定の場合 $p\text{-}V$ 曲線は反比例のグラフとなり，T が大きい(高温)ほど，グラフは右上に位置する。したがって，$p\text{-}V$ 図では右上ほど温度が高い。内部エネルギーは温度だけで決まるので，$p\text{-}V$ 図から温度変化，したがって内部エネルギーの増減を読みとることができる。

内部エネルギーの変化は，温度で決まり，途中の経路によらない。$p\text{-}V$ 図上で同じ点にもどってくれば，内部エネルギーももとにもどる($\varDelta U = 0$)。

また，気体がする仕事(気体がされる仕事)は，⚠ミス注意 で述べたように，符号を考慮した $p\text{-}V$ 図の面積となる。$p\text{-}V$ 図において一周する場合の仕事は，図のように，$p\text{-}V$ 曲線に囲まれた面積となる。なお，一周する向きが逆になると，仕事の符号も反対になるので注意する。

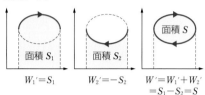

CHART 31 さらに詳しく

断熱変化の場合「$pV^\gamma = $一定」が成りたつ。また，ボイル・シャルルの法則「$\dfrac{pV}{T} = $一定」を用いて p を消去すると，この関係は，「$TV^{\gamma-1} = $一定」とも書ける。「$pV^\gamma = $一定」は，気体が均一に保たれる断熱変化($p.194$ 問題学習94(1)のような場合)に対して成りたつ。例えば，図

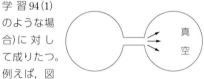

のように，コックを開いて真空部分に気体を噴出させるような場合は，途中で気体が不均一になるため，たとえ断熱容器であっても「$pV^\gamma = $一定」は成りたたない($p.194$ 問題学習94「考え方」(2))。

この例のような場合，何も仕事をしていないので $W = 0$ であり，断熱容器であることから $Q = 0$ である。したがって，$\varDelta U$ も0，つまり温度は変化しない。このことは，開いたコックを気体分子が通過するときに，気体分子の速さ(運動エネルギー)は増えも減りもしないことからも理解することができる。

なお「$pV^\gamma = $一定」は，通常，問題文で与えられるので記憶する必要はないが，問題学習94などでその使い方に慣れておくとよい。

断熱材でできたなめらかに動く断面積 S〔m²〕のピストンとシリンダーが大気中に置かれている。シリンダーの内部には理想気体が入っており，シリンダーの内部に取りつけたヒーターによって気体を加熱することができる。はじめに気体の圧力は大気圧 P_0

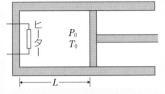

〔Pa〕に等しく，その温度は T_0〔K〕であり，シリンダー内部の底面からピストンまでの長さは L〔m〕であるとする。

シリンダー内部の気体にヒーターで Q〔J〕の熱量を与えたところ，気体が膨張しピストンははじめの位置から l〔m〕だけ移動して静止した。このとき，次の各問いに答えよ。

(1) シリンダー内の気体がピストンに及ぼす力の大きさ F〔N〕を求めよ。
(2) シリンダー内の気体は膨張する間に力 F〔N〕でピストンを押し，l〔m〕だけ移動させる。この過程で気体がピストンにした仕事 W'〔J〕を求めよ。
(3) ピストンが移動して静止したときの気体の温度 T〔K〕を求めよ。
(4) この過程での気体の内部エネルギーの変化 ΔU〔J〕を求めよ。

考え方　ピストンにはたらく力はつりあっているから，内外の気圧は P_0 で等しく，この過程は定圧変化である。

また，$P_0 = \dfrac{F}{S}$ より　$F = P_0 S$

(3) 定圧変化ではシャルルの法則が使える。
(4) W' は気体のする仕事であるから，熱力学第一法則では $-W'$ としなければならない（→ CHART 31 — ⚠ミス注意）。

解答　(1) この過程は定圧変化であるから，気体の圧力は P_0 で一定である。
したがって　$F = P_0 S$**(N)**

(2) ピストンは F の向きに l だけ移動したから

$$W' = Fl = P_0 Sl \textbf{(J)}$$

〔注〕　Sl は気体の体積の増加 ΔV である。定圧変化では
　　　気体が外部にする仕事(W')＝圧力(p)×体積の増加(ΔV)
と表せる。

(3) シャルルの法則　$\dfrac{V}{T} = $ 一定　より　$\dfrac{S(L+l)}{T} = \dfrac{SL}{T_0}$

よって　$T = \dfrac{S(L+l)}{SL} T_0$

$$= \dfrac{L+l}{L} T_0 \textbf{(K)}$$

(4) 熱力学第一法則から　$\Delta U = Q - W'$

ゆえに　$\Delta U = Q - P_0 Sl \textbf{(J)}$

(1) ピストンの付いたシリンダー内に単原子分子理想気体を入れる。この気体の圧力を p_0, 体積を V_0, 温度を T_0 とする。ピストンを気体の体積が $8V_0$ になるまで引き出す。シリンダーやピストンには断熱性があり, 気体の圧力 p と体積 V の間には $pV^{\frac{5}{3}} =$ 一定 の関係が成りたつ。ピストンを引き出した後の気体の圧力 p_1, 温度 T_1, およびこの状態変化で気体がした仕事 W_1 を求めよ。

(2) 体積 $8V_0$ の断熱性の容器の内部が, 仕切板によって体積 V_0 の左側部分と, 体積 $7V_0$ の右側部分に分けられている。最初, 右側部分は真空であり, 左側部分には, 圧力 p_0, 温度 T_0 の単原子分子理想気体が入れられている。この仕切板に穴をあけると, 気体が容器全体に広がった。このときの気体の圧力 p_2, 温度 T_2 を求めよ。

考え方 (1) 単原子分子理想気体の場合, $C_V = \dfrac{3}{2}R$ で, $C_p = \dfrac{5}{2}R$ であるから, 比熱比は $\gamma = \dfrac{C_p}{C_V} = \dfrac{5}{3}$ である。したがって $pV^\gamma = pV^{\frac{5}{3}} =$ 一定 となる。
また, 断熱変化における圧力は一定でないため, 仕事を計算で直接求めるのは難しい。そこで, ΔU を計算し, これと $Q = 0$ を熱力学第一法則に代入して仕事を求める(→ **CHART 31**)。

(2) 状態変化の途中で気体が不均一になるような場合は, 「$pV^\gamma =$ 一定」は使えない。ただし, このような場合でも, ボイル・シャルルの法則は使える(→ **CHART 31** ーさらに詳しく)。

解答 (1) 「$pV^{\frac{5}{3}} =$ 一定」より $p_0 V_0^{\frac{5}{3}} = p_1 (8V_0)^{\frac{5}{3}}$
上式の右辺 $= p_1 \cdot 8^{\frac{5}{3}} \cdot V_0^{\frac{5}{3}} = p_1 \cdot 2^{3 \cdot \frac{5}{3}} \cdot V_0^{\frac{5}{3}} = p_1 \cdot 2^5 \cdot V_0^{\frac{5}{3}}$ なので, $p_1 = \dfrac{1}{32} p_0$
ボイル・シャルルの法則より $\dfrac{p_0 V_0}{T_0} = \dfrac{p_1 \cdot 8V_0}{T_1}$ したがって

$$T_1 = \frac{p_1 \cdot 8V_0}{p_0 V_0} T_0 = \frac{1}{32} p_0 \cdot \frac{8V_0}{p_0 V_0} T_0 = \frac{1}{4} T_0$$

この気体の物質量を n とすると, 状態方程式より $p_0 V_0 = nRT_0$
また, 熱力学第一法則より $\Delta U = Q + (-W_1)$ で $Q = 0$ であるから

$$W_1 = -\Delta U = -\frac{3}{2} nR\Delta T = -\frac{3}{2} nR(T_1 - T_0) = -\frac{3}{2} nR \left(\frac{1}{4} T_0 - T_0 \right)$$
$$= \frac{9}{8} nRT_0 = \frac{9}{8} p_0 V_0$$

(2) この状態変化では, 気体も外部も仕事をせず, 熱の出入りもないため, 熱力学第一法則より $\Delta U = 0$ となる。したがって, 温度は変わらない。

$$T_2 = T_0$$
ボイル・シャルルの法則より $\dfrac{p_0 V_0}{T_0} = \dfrac{p_2 \cdot 8V_0}{T_2}$ よって $p_2 = \dfrac{p_0 T_2}{8T_0} = \dfrac{1}{8} p_0$

3 不可逆変化と熱機関

A エネルギーの変換と保存

1 いろいろなエネルギー　エネルギーには，力学的エネルギー(運動エネルギー＋位置エネルギー)や熱エネルギーの他にもいろいろな形のエネルギーがある。

① **電気エネルギー**　電流のはたらきによって仕事をするもので，電流が導線を流れるとき，電動機をまわす仕事をしたり，電球や電熱線から光や熱を発生させる。

② **化学エネルギー**　石炭や石油などの形で蓄えられているエネルギーで，これらが燃焼するとき熱エネルギーや光のエネルギーの形に変えられる。原子の化学的な結合で物質をつくっているとき，原子や分子どうしの間でもつ一種の位置エネルギーで，一般に，化学反応によって取り出されるエネルギーのことをいう。

③ **光エネルギー**　電波・光(赤外線・可視光線・紫外線)・X線などはすべて電磁波といわれ(→ p.411)，これらは広い意味での光である。光はものを暖めたり，太陽電池に当たると電力を生み出したりする。

④ **核エネルギー**　原子核内に蓄えられているエネルギーである。ウランやラジウムの原子核が崩壊したり分裂するときに大きなエネルギーを放出する。原子力発電は，このエネルギーを熱エネルギーにして，発電している。

2 エネルギー保存則　自然界にはさまざまな種類のエネルギーがあり，これらは互いに移り変わることができる(→次ページ図2−20)。力学的エネルギーは発電機をまわして電気エネルギーに，電気エネルギーは電気分解によって化学エネルギーに変換される。このように，自然界ではエネルギーはいろいろ姿を変えていくが，そのとき変化したエネルギーをすべて集めるとその総和は変わらない。

**　エネルギーの変換において，それに関係したすべてのエネルギーの和は一定である。**
これを **エネルギー保存則** という。これは，あらゆる自然現象において成りたつ重要な法則である。力学的エネルギーのみが関係するときは力学的エネルギー保存則となり，熱のやりとりだけの場合は熱量の保存となる。

B 熱現象における不可逆変化

1 可逆変化と不可逆変化　あらい水平面上で物体をすべらせると，物体は摩擦力に逆らってしばらく動いた後に停止する。このとき，物体の運動エネルギーはすべて摩擦熱となって接触面を温める。しかし，逆に静止した物体が周囲から自然に熱を吸収して，その熱を仕事に変えて動きだすというようなことは起こらない。

　また，氷を暖かい部屋に置いておくと，氷は周囲から熱を吸収してやがてとけて水になる。しかし，逆に水が部屋に熱を放出して氷にもどることはない。

　このように，時間の流れを逆向きにした現象が起こらない変化のことを **不可逆変化(不可逆過程)** という。

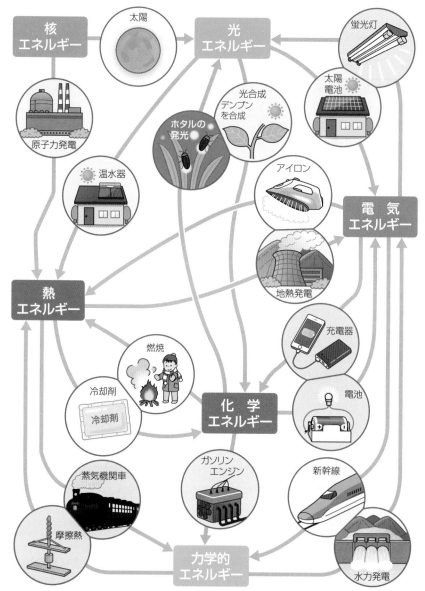

▲図 2-20 エネルギーの移り変わり

　これに対して，真空中で振り子を運動させると，糸の支点にまったく摩擦がなければ，おもりは1往復ごとに初めの位置にもどってくる(空気中での振り子の運動は，おもりが空気の抵抗を受け，支点もわずかに摩擦があるので，初めの位置にはもどってこない)。このように，おもりが一方の最高点の位置から他方の最高点に達する運動は，周囲に何の変化も残さずに元の状態にもどる変化で，このような変化を **可逆変化(可逆過程)** という。

以上に述べたことについて，一般的に表現してみると次のようになる。

1つの物体または物体系が状態Aから出発して他の状態Bに移り，次に状態Bから再び初めの状態Aにもどったとき（これを **サイクル** という），この変化の過程に関与したすべてのものが元の状態にもどり，周囲に何の変化も残さないとき，初めの変化A→Bを可逆変化といい，この変化の過程を可逆過程という。これに対して，どのような方法をとっても，周囲に変化を残すことなしに元の状態にもどれないとき，A→Bの変化を不可逆変化といい，この過程を不可逆過程という。

> **参考** 身近な可逆変化の例　①(真空中の)振り子の運動　②摩擦のない水平面上での物体の運動(厳密な例ではないが，エアホッケーがそれに近い)　など

2 熱力学第二法則　前述の面上で静止物体が周囲から熱を吸収して運動を始めるという逆過程は，熱力学第一法則(エネルギー保存則，→ p.195)に反するものではない。しかし，実際にはこのような運動は起こらない。これは，熱力学第一法則だけでは熱現象を含む自然現象を十分に説明することができないことを意味している。この自然界に起こる1つの向きにしか変化しない諸現象の不可逆性を示したものが **熱力学第二法則** である。これにはいろいろな表現の仕方があり，次にその例を述べる。

温度の異なる2物体を接触させると，熱は高温物体から低温物体に移り，その逆過程は自然には決して起こらない。2物体の接触だけでなく，他のどのような方法によっても

まわりに何の変化も残さずに，低温物体から高温物体に熱を移すことはできない。

これを熱力学第二法則の **クラウジウスの表現（クラウジウスの原理）** という。

一定温度をもつ物体から熱をとり，これをすべて正の仕事に変える装置は存在しない。

これを熱力学第二法則の **トムソンの表現（トムソンの原理）** という。

一定温度の熱源から熱をとり，これをすべて有用な仕事に変える装置を **第二種永久機関** という。もしこのような機関があれば，海洋や大気の熱(内部エネルギー)を工場や発電所の動力源とすることができ，現在のエネルギー問題は一挙に解決できることになる。しかし，これはトムソンの原理に反することであり，次のように表現される。

第二種永久機関をつくることはできない。

これを熱力学第二法則の **オストワルドの表現** という。

これら第二法則のいろいろな表現はいずれも同等であって，熱現象を含む自然現象の方向性を示したものである。すなわち，自然現象には常に不可逆変化が存在することを表したものである。不可逆変化の例を以下にあげておこう。

① 気体の低圧部への膨張
② 混合気体または溶液の濃度が一様になる現象(拡散)
③ 高温物体から低温物体への熱伝導
④ 摩擦による熱の発生

> **参考** 熱がエネルギーであることを知らなかった時代に，動力源なしに永久に仕事をする装置をつくることができるのではないかと考えられた。この装置を **第一種永久機関** という。これは熱力学第一法則に反するもので，実現できない機関である。

　熱機関とは，高温物体(熱源)から熱を受け取り，その熱の一部を低温物体(冷却体)に与え，残りの熱を仕事に変える過程をくり返し行う装置の一般的名称である。蒸気機関，蒸気タービン，ディーゼル機関，ガソリン機関，ガスタービンなどがこれに相当する。

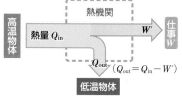

　熱機関で得られる仕事の供給熱量に対する割合を **熱効率(熱機関の効率)** という。

　熱機関が高温源から吸収した熱量を Q_{in}〔J〕，低温源に放出した熱量を Q_{out}〔J〕，得られた仕事を W'〔J〕とすると，熱効率 e は，次の式で表される。

▲図 2-21　熱機関の熱効率

$$e = \frac{W'}{Q_{in}} = \frac{Q_{in} - Q_{out}}{Q_{in}} \tag{2・42}$$

　上式において，トムソンの原理から $Q_{out} = 0$ とすることはできないから，常に $e < 1$ である。

▼表 2-3　熱効率の例

熱機関	熱効率(%)
蒸気機関	9〜21
蒸気タービン	22〜40
ディーゼル機関	28〜38
ガソリン機関	21〜31
ガスエンジン	15〜37

補足 ヒートポンプ

　　高温の物体から熱をとり出し，その熱を利用して力学的な仕事をさせる機械が熱機関(heat engine)である。

　　気体を圧縮すると温度が上がり，気体を膨張させると温度が下がるが，この原理を利用して，気体に力学的な仕事をしたり，させたりすることで，熱をとり出す(移動させる)機械がある。これが，ヒートポンプ(heat pump)で，電気冷蔵庫やエアコンもこの原理を利用した機械である。

問題学習 …… 95

断熱容器に入った気体に 5.0×10^3 J の熱量を与えたところ，その気体は膨張して外部に 1.2×10^3 J の仕事をした。
(1) この気体の内部エネルギーは何 J 増加したか。
(2) このときの熱効率は何%か。

解答 (1) 熱力学第一法則から
$$\Delta U = Q - W'$$
$$= 5.0 \times 10^3 - 1.2 \times 10^3$$
$$= 3.8 \times 10^3 \text{J}$$

(2) $e = \dfrac{W'}{Q_{in}}$ より

$e = \dfrac{1.2 \times 10^3}{5.0 \times 10^3} = 0.24$ と求められる。

よって **24%**

CHART 32 熱機関の熱効率

$$熱効率 e = \frac{W'}{Q_{\text{in}}} = \frac{Q_{\text{in}} - Q_{\text{out}}}{Q_{\text{in}}} \qquad (2 \cdot 43)$$

⚠ ミス注意　仕事 W'：「気体がした仕事」から「気体がされた仕事」を差し引く。
　　　　　　熱量 Q_{in}：「与えた熱量」であり，「放出した熱量」を差し引かない。

CHART 32 ⚠ ミス注意

熱機関の 1 サイクルにおいて次のようにする。

Q_{in}：気体に与えた熱量の大きさ

Q_{out}：気体が放出した熱量の大きさ

W_1：気体がした仕事の大きさ

W_2：気体がされた仕事の大きさ

この熱機関の熱効率を求めるとき，気体が外部にした仕事 W' としては $W_1 - W_2$ を代入

するが，熱には $Q_{\text{in}} - Q_{\text{out}}$ ではなく，Q_{in} を代入しなければならない。

　自動車のエンジンでいえば，Q_{out} は空気中に放出される熱量であり，エンジンを動かすのに必要な熱量はやはり Q_{in} であって $Q_{\text{in}} - Q_{\text{out}}$ ではない。つまり，熱機関を動かすのに必要な熱量は差し引きして求めてはいけない。

問題学習 …… 96

ピストンとシリンダーからなる容器に入れた単原子分子理想気体の体積・圧力が，図のように A → B → C → D → A と変化して元にもどった。以下の問いに答えよ。なお，過程については「A → B，C → D」のように，該当するものをすべてあげること。

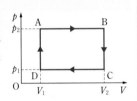

(1) 気体の内部エネルギーが増す過程，減る過程をそれぞれ答えよ。

(2) 気体のする仕事が正となる過程，負となる過程をそれぞれ答えよ。また，それぞれの仕事 W_1，W_2 を求めよ。

(3) 気体が熱を吸収する過程はどれか。また，その熱量 Q_0 を求めよ。

(4) この気体の状態変化を熱機関と考え，その熱効率 e を求めよ。

考え方　(1) 単原子分子理想気体の内部エネルギーは絶対温度 T に比例する。T は pV に比例するため，p-V 図の右上ほど高温である（→ **CHART 31** ― ✿ Point）。

(2) 気体の圧力の向きとピストンの動く向きから，仕事の正負を判断する（→ **CHART 31** ― ⚠ ミス注意）。

(3) 熱力学第一法則 $\Delta U = Q + W = Q - W'$ を $Q = \Delta U + W'$ のように変形し，Q の符号や値を求める（→ **CHART 31**）。

(4) 熱効率の式において，仕事は「気体がした仕事」から「された仕事」を差し引くが，熱は吸収した熱量 Q_0 のみを用いる（→ **CHART 32** ― ⚠ ミス注意）。

解答 (1) 気体の温度は p-V 図の右上ほど高く，単原子分子理想気体の内部エネルギーは温度に比例する。したがって，

内部エネルギーが増す $(\Delta U > 0)$ のは，温度の上がる $\mathbf{A} \to \mathbf{B}$，$\mathbf{D} \to \mathbf{A}$

内部エネルギーが減る $(\Delta U < 0)$ のは，温度の下がる $\mathbf{B} \to \mathbf{C}$，$\mathbf{C} \to \mathbf{D}$

(2) 気体の圧力は膨張の向きにはたらくので，気体のする仕事が正(つまり実際に外部に仕事をする)になるのは，気体が膨張するとき，すなわち $\mathbf{A} \to \mathbf{B}$。

気体がする仕事 $W_1 = p\Delta V = \boldsymbol{p_2(V_2 - V_1)}$

また，気体のする仕事が負(つまり実際には外部から仕事をされている)になるのは，気体が収縮するとき，すなわち $\mathbf{C} \to \mathbf{D}$。

気体がする仕事 $W_2 = p\Delta V = p_1(V_1 - V_2) = \boldsymbol{- p_1(V_2 - V_1)}$

(3) 一般に，気体が吸収する熱量を Q，気体がする仕事を W' とすると，熱力学第一法則より，$\Delta U = Q - W'$　したがって，$Q = \Delta U + W'$

$\mathbf{A} \to \mathbf{B}$ では，$W' = W_1 > 0$，$\Delta U > 0$　　　よって，$Q > 0$

$\mathbf{B} \to \mathbf{C}$ では，$W' = 0$，　　　$\Delta U < 0$　　　よって，$Q < 0$

$\mathbf{C} \to \mathbf{D}$ では，$W' = W_2 < 0$，$\Delta U < 0$　　　よって，$Q < 0$

$\mathbf{D} \to \mathbf{A}$ では，$W' = 0$，　　　$\Delta U > 0$　　　よって，$Q > 0$

以上より，熱を吸収する $(Q > 0)$ 過程は，$\mathbf{A} \to \mathbf{B}$，$\mathbf{D} \to \mathbf{A}$。

$\mathbf{A} \to \mathbf{B}$ で吸収する熱量 Q_{AB}

$= \dfrac{3}{2}nR\Delta T_{\mathrm{AB}} + W_1 = \dfrac{3}{2}(p_2 V_2 - p_2 V_1) + p_2(V_2 - V_1) = \dfrac{5}{2}p_2(V_2 - V_1)$

$\mathbf{D} \to \mathbf{A}$ で吸収する熱量 Q_{DA}

$= \dfrac{3}{2}nR\Delta T_{\mathrm{DA}} + 0 = \dfrac{3}{2}(p_2 V_1 - p_1 V_1) = \dfrac{3}{2}(p_2 - p_1)V_1$

以上より　$Q_0 = Q_{\mathrm{AB}} + Q_{\mathrm{DA}} = \dfrac{5}{2}\boldsymbol{p_2(V_2 - V_1)} + \dfrac{3}{2}\boldsymbol{(p_2 - p_1)V_1}$

〔補足〕　一般に，気体の状態方程式から「$nR\Delta T = \Delta(pV)$」が成りたつ（→ **CHART** *29* — 知っていると便利）。上記 Q_{AB}，Q_{DA} の計算で使用した。

〔別解〕　$\mathbf{A} \to \mathbf{B}$ は定圧変化，$\mathbf{D} \to \mathbf{A}$ は定積変化であるから，単原子分子理想気体のモル比熱 $\left(C_p = \dfrac{5}{2}R, \ C_V = \dfrac{3}{2}R\right)$ を用いて熱量を次のように求めることもできる。

$\mathbf{A} \to \mathbf{B}$(定圧変化)で，$Q_{\mathrm{AB}} = nC_p\Delta T = \dfrac{5}{2}nR\Delta T = \dfrac{5}{2}p_2(V_2 - V_1)$

$\mathbf{D} \to \mathbf{A}$(定積変化)で，$Q_{\mathrm{DA}} = nC_V\Delta T = \dfrac{3}{2}nR\Delta T = \dfrac{3}{2}(p_2 - p_1)V_1$

(4) 1 サイクルの間に気体がした仕事 W'

$= W_1 + W_2 = p_2(V_2 - V_1) - p_1(V_2 - V_1) = (p_2 - p_1)(V_2 - V_1)$

よって，$e = \dfrac{\text{気体がした仕事 } W'}{\text{吸収した熱量 } Q_0} = \dfrac{(p_2 - p_1)(V_2 - V_1)}{\dfrac{5}{2}p_2(V_2 - V_1) + \dfrac{3}{2}(p_2 - p_1)V_1}$

〔補足〕　$W' = (p_2 - p_1)(V_2 - V_1)$ は，p-V 図の長方形の面積になっている（→ **CHART** *31* — ⭐Point）。

第3編

波

physics

第1章

波の性質

1 波と媒質の運動
2 重ねあわせの原理と波の干渉
3 波の反射・屈折・回折

1 波と媒質の運動

基礎 A 波動

静かな池の水面に小石を落とすと，落下点を中心として波紋がまわりにひろがっていく。このとき，水も波紋のひろがりとともに進んでいくであろうか。もしそうであれば，石の落下点を中心として水はどんどん四方に移動していき，池の端では水面が盛り上がり，落下点では水面が下がって，池の表面は凹面状になってしまう。ところが，このようなようすは実際には見られな

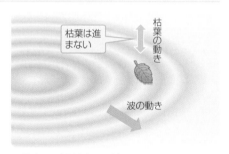

▲図 3-1　水面を伝わる波

い。水面に枯葉や木片が浮いていると，波が進んできてもこれらは同じ所で高低の運動をくり返すのみで，波紋とともに進んで行かない。このことから，表面近くの水の各部分は，波の到達前の位置を中心としてある種の上下運動をくり返し，その振動（くり返し起こる往復運動）が順次まわりに伝えられていくといえる。このように，振動が次々と周囲に伝わる現象を **波** または **波動** といい，最初に振動を起こした物質内の 1 点を **波源** という。

ところで，いままで静止状態にあった物質の各部分は波の到来とともにゆり動かされることになるから，この部分はエネルギーをもつことになる。つまり，波は波の進行とともにエネルギーも伝えていく。

ここでおもに考える波は，振動が連続的に生じ，振動が次から次へと周囲に伝わる **連続波** である。これに対して，きわめて短い振動が周囲に伝わる場合の波をパルス波という。波の伝わり方は，例えば図 3−2 のようにひもの一端を壁に固定し，水平にしたひもの他端を手で上下に振動させるとよくわかる。手の振動を連続的に行うと，波の形が同図(a)のよ

うに順次壁に向かって伝わる連続波となる。手を1回だけ上下に振動すると，1つの山（→p.204）のみが同図(b)のように伝わるパルス波となる。

　池の水面にできた波紋やひもを伝わる波の形は一般に曲線で表され，これを **波形** という。また，波を伝える物質を波の **媒質** という。水面の波では水，音では空気，地震波では地殻がそれぞれ媒質となる。このように，波は最初に媒質の一部が変位を起こし，これがもとの安定した位置にもどろうとする力（**復元力**）によって運動を始め，慣性（→p.47）によってもとの位置に止まらずに振動状態を続けるようになり，これが順次まわりに伝えられていく現象である。

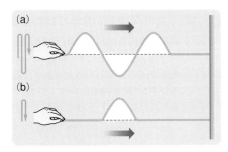

▲ 図3-2　ひもを伝わる波

基物 B　正弦波

1 等速円運動と単振動　波動は媒質中の1点が振動を起こし，これがまわりに伝えられていく現象である。最初にこの波源の振動について考えよう。

　図3-3(a)のように，物体が円周上を一定の速さで回る運動を **等速円運動** という。物体が1秒間に回る角度を **角速度** といい，ω（オメガ）で表す。角速度の単位は **ラジアン毎秒**（記号 **rad/s**，次ページ 参考 ）を用いる。

　また，円を1周する時間 T〔s〕を **周期** という。円の半径を A〔m〕，物体の速さを v〔m/s〕，角速度を ω〔rad/s〕とすると，1回転での，移動距離は円周 $2\pi A$〔m〕，回転角は 2π〔rad〕であるから，周期 T〔s〕は次のように表される。

$$T = \frac{2\pi A}{v} = \frac{2\pi}{\omega} \tag{3·1}$$

　一方，「弧の長さ＝半径×中心角」の関係から，ω と v の間には次の関係式が成りたつ。

$$v = A\omega \tag{3·2}$$

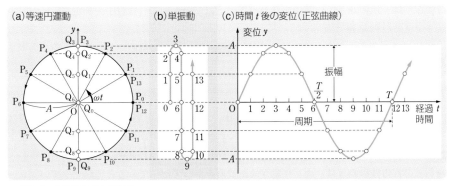

▲ 図3-3　等速円運動と単振動

等速円運動する点 P の定直径上への正射影(垂線の足)Q は，図 3−3(b)のように，直径上を O を中心として周期的に往復運動しているように見える。この運動を **単振動** という。

横軸に経過時間 t，縦軸に Q の O からの変位 y をとると，グラフは同図(c)のように **正弦曲線(サインカーブ)** を描く。Q の最大の変位(= P の円運動の半径)A を **振幅** という。

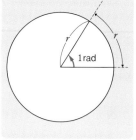

▲ 図 3-4 ラジアンの定義

参考 角度の単位ラジアン〔rad〕(再掲)

半径 r の円周上に半径に等しい長さの円弧 r をとったとき，その中心角の大きさを角度の単位として，1 **ラジアン**(記号 **rad**)という。よって，中心角が θ〔rad〕の円弧の長さは $l = r\theta$ となる。

$$360° = \frac{2\pi r}{r} = 2\pi\,\text{rad}, \quad 1\,\text{rad} = \frac{360°}{2\pi} \fallingdotseq 57.3°$$

等速円運動や単振動では角度の単位に rad を用いたが，波動や後述の交流(→ p.388)などでも特に断りのない限り，角度の単位として rad を用いる。

2 正弦波の発生 媒質中の 1 点 P_0 で，振幅 A〔m〕，周期 T〔s〕の上下運動する単振動が起きたとする。波動の伝わる向きに x 軸をとり，媒質の振動方向に y 軸をとる。時刻 0 で P_0 が上向きに動きだすとき，x 軸上の各点がどのように変位を生じるかを考えよう。

x 軸上に図 3−5(a)のように P_0 から順次 $\dfrac{T}{8}$〔s〕ごとに波動が到達する点を P_1，P_2，…，P_8，P_9，……と等間隔にとる。各点は，それぞれ $\dfrac{T}{8}$〔s〕ずつ遅れて同じ単振動を始めることになる。時刻 $\dfrac{T}{8}$〔s〕の点 P_0 の変位 y_0 を考える。同図の補助円(半径＝振幅 A)を使えば，点 P_0 の位置は反時計回転で $\dfrac{\pi}{4}$(= 45°)の所にあり，変位は y 軸上への正射影の位置となる。時刻 $\dfrac{2T}{8} = \dfrac{T}{4}$ では点 P_0 の変位は A となり，点 P_1 は P_0 より時間が $\dfrac{T}{8}$ 経過したあとで動きだすから，変位は前の P_0 の位置と同じ $y_1 = \dfrac{\sqrt{2}}{2}A$ になる。

このように，P_1，P_2，……の各点の変位は，上下方向の振動を点 P_0 から順次 $\dfrac{T}{8}$ ずつ遅らせたものとなる。このときの媒質の各点を連ねた曲線が波形となる。波源が単振動をすると，同図(b)のような，正弦曲線の波形をもつ波が生じる。この波形の波を **正弦波** という。波形は一定の速さで媒質中を伝わっている。このように，媒質中を一定方向に一定の速さで進む波動を **進行波** という。

各時刻での各点の変位を補助円上で表した際，それぞれの位置における中心角の大きさを **位相** という。例えば点 P_0 では，0 s のときの位相は 0，$\dfrac{1}{8}T$〔s〕のときは $\dfrac{\pi}{4}$ となる。また，T〔s〕のとき，点 P_8 の位相は 0，点 P_7 の位相は $\dfrac{\pi}{4}$，……となる。

ある時刻において，波形の最も高い所を **山**，最も低い所を **谷** という。山にいる媒質は次の瞬間下方に，谷にいる媒質は上方に動く。また，変位が 0 の媒質は，その瞬間の上下運動の速さが最大である。いずれの場合も，媒質は上下のみに運動し x 軸方向には移動しない。これら波の動きは，少し移動させた波形をかいて比べてみると理解しやすい。

(a) 補助円と単振動

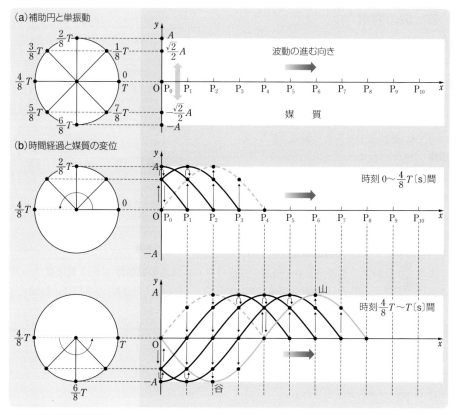

(b) 時間経過と媒質の変位

時刻 $0\sim\dfrac{4}{8}T$〔s〕間

時刻 $\dfrac{4}{8}T\sim T$〔s〕間

▲ 図 3-5　正弦波の伝播

重要　3-1

正弦波の動き

少し動かした波形をかいて考える

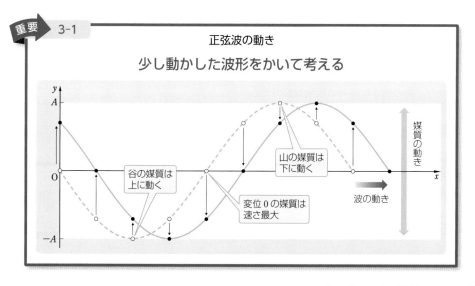

谷の媒質は
上に動く

山の媒質は
下に動く

変位 0 の媒質は
速さ最大

媒質の動き

波の動き

1 波長と振幅　同じ時刻に規則正しくくり返し配列されている媒質の，同じ振動の状態(これを同位相という。→ *p*.207)の隣りあう2点間の距離 λ を **波長** という。

また，振動の幅(山と谷との差)を **波高**，その半分(振動の中心からの最大変位)*A* を **振幅** という。

2 周期と振動数　媒質中の1点における振動が，1回終了するごとに波形は1波長 λ だけ前進する。したがって，振動の周期 *T* は波動が1波長だけ前進する時間でもある。この意味で *T* を **波動の周期** ともいう。

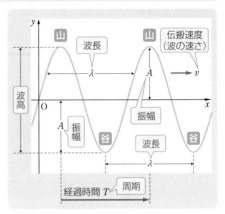

▲図3-6　波の要素

また，単位時間に媒質の1点を通過する波の数 *f* を **波動の振動数** または **周波数** という。これは，媒質の振動数(1秒間の振動回数)に等しい。振動数(周波数)の単位は1秒間に1回の振動をとり，1 **ヘルツ**(記号 **Hz**)を用いる。

3 波の伝搬速度(進行速度)　単位時間に波形(山や谷)が進む距離を **波の伝搬速度**，または **波の速度** (**速さ**)という。

4 波の基本式　波長 λ[m]，周期 *T*[s]の波動は *T*[s]間に1波長の距離を進むから，波の速さ *v*[m/s]は次の式で表される。

$$v = \frac{\lambda}{T} \tag{3・3}$$

また，1振動の時間が *T*[s]であるから，振動数 *f*[Hz]は $\frac{1}{T}$ となる。すなわち

$$f = \frac{1}{T} \tag{3・4}$$

これを(3・3)式に代入すると

$$v = f\lambda \tag{3・5}$$

となり，波の速さは波長の振動数倍である。

本書では，これらの式を波の基本式とよぶことにする。

補足　(3・1)式と(3・4)式から $\omega = 2\pi f$ が得られる。

重要 3-2

波の基本式

$$v = \frac{\lambda}{T} = f\lambda, \quad f = \frac{1}{T} \tag{3・6}$$

基物 D 正弦波の式と波のエネルギー

1 単振動の式　時刻 0 s に変位 0 m であった媒質の一点の単振動を考える。周期を T〔s〕，振幅を A〔m〕としたとき，時刻 t〔s〕での変位 $y_{0,\,t}$〔m〕は，角度 $\left(\omega t =\right)\dfrac{2\pi}{T}\,t$〔rad〕にある点の等速円運動の正射影であるから

$$y_{0,\,t} = A\sin\frac{2\pi}{T}\,t \qquad (3\cdot7)$$

と与えられる。

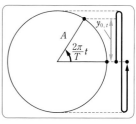

▲ 図 3-7　単振動の変位

2 正弦波の式　原点 O で時刻 t〔s〕のとき，振動の変位が (3・7) 式で表される単振動が起きており，この振動が x 軸の正の向きに v〔m/s〕の速さで伝わるとする。

原点から x〔m〕離れた点 P の時刻 t〔s〕での変位 $y_{x,\,t}$〔m〕を求めよう。

原点 O から P まで振動が伝わる時間は $\dfrac{x}{v}$〔s〕であるから，$y_{x,\,t}$ は時間が $\dfrac{x}{v}$〔s〕前の原点 O での変位と同じになる。

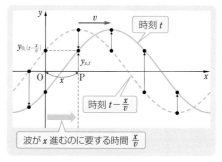

▲ 図 3-8　x 軸の正の向きに進む正弦波

すなわち，時刻 $\left(t-\dfrac{x}{v}\right)$〔s〕での原点 O の変位である。

$$y_{x,\,t} = y_{0,\,\left(t-\frac{x}{v}\right)} = A\sin\frac{2\pi}{T}\left(t-\frac{x}{v}\right) = A\sin 2\pi\left(\frac{t}{T}-\frac{x}{\lambda}\right) \qquad (3\cdot8)$$

上式の角度に相当する $\dfrac{2\pi}{T}\left(t-\dfrac{x}{v}\right)$ または $2\pi\left(\dfrac{t}{T}-\dfrac{x}{\lambda}\right)$ の項は，時刻 t での x における位相を表す。位相が 2π〔rad〕異なるごとに媒質中での各点では同じ振動状態となり，変位は等しくなる。このとき，各点は **同位相** であるという。

3 位相差　正の向きに進む正弦波のある時刻 $(t = 0)$ における媒質とその変位を表す y-x 図を次ページの図 3−9(a) とすると，点 P_1 は点 P_0 より $\dfrac{T}{4}$〔s〕だけ時間が遅れて同じ振動をし，位相は $\dfrac{\pi}{2}$〔rad〕遅れている。反対に，P_0 は P_1 より位相が $\dfrac{\pi}{2}$〔rad〕進んでいる。P_0，P_1 の y-t 図をかくと，同図 (b) のようになり，P_1 の y-t 図は P_0 のそれを $\dfrac{T}{4}$〔s〕右にずらしたものになる。このように，波の進む向きの前 (右側) にある媒質のほうが位相は遅れている。

次に，同じ向きに進む 2 つの等しい正弦波について，同じ位置 (P_0) での位相のようすを考えよう。次ページの図 3−10(a) のように，2 つの進行波を W，W′ とする。

波形 W′ の点 P_{0W}' の位相は W の点 P_{0W} のそれより $\dfrac{\pi}{2}$〔rad〕遅れている。

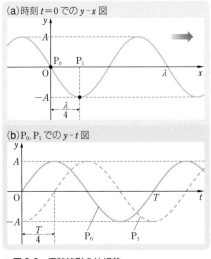

(a) 時刻 $t=0$ での y-x 図

(b) P_0, P_1 での y-t 図

▲ 図 3-9　正弦波形の位相差

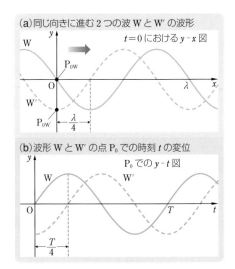

(a) 同じ向きに進む 2 つの波 W と W′ の波形

$t=0$ における y-x 図

(b) 波形 W と W′ の点 P_0 での時刻 t の変位

P_0 での y-t 図

▲ 図 3-10　2 つの進行波の位相差

これら 2 点の y-t 図をかくと同図(b)のようになり，やはり $P_{0W}{}'$ のグラフは P_{0W} のそれを $\dfrac{T}{4}$〔s〕右にずらしたものになる。

すなわち，2 つの振動では，y-t 図で左側(O に近い側)にあるほうが先行した振動で，位相は進んでおり，2 つの波では，y-x 図で右側(O から遠い側)にあるほうが位相は進んでいることになる。

4 **波のエネルギー**　(1) **波の強さ**　波が進むとき，いままで静止していた媒質は振動を始めるから，その部分の媒質は運動エネルギーと分子間力による位置エネルギー(→ p.185)をもつようになる。したがって，波の進行に伴ってエネルギーも伝搬される。波の進む向きに垂直な単位面積を単位時間に通過するエネルギーで **波の強さ** を表す。波の強さは，振幅と振動数が大きいほど大きい。

(2) **正弦波の強さ**　物質中を伝わる正弦波の強さを考えよう。媒質中質量 m の微小部分が単振動をするときのエネルギー E は，運動エネルギー K と位置エネルギー U の和で，力学的エネルギー保存則から一定の値になる。単振動の振幅を A，振動数を f，角振動数(円運動での角速度)を ω とすると，この微小部分が最大速度 v_{m} をもつとき，$U=0$ で $v_{\mathrm{m}}=A\omega$ となる(3・2 式)。ゆえに

$$E = K + U = \frac{1}{2}mv_{\mathrm{m}}^2 = \frac{1}{2}m(A\omega)^2 = \frac{1}{2}mA^2(2\pi f)^2 = 2\pi^2 mf^2 A^2 \qquad (3\cdot9)$$

正弦波の強さは振動数と振幅それぞれの 2 乗に比例する。

　　　すなわち **正弦波の強さ $\propto f^2 A^2$**

　　　媒質の密度を ρ〔kg/m³〕とすると，振動による単位体積(1m³)中のエネルギー E' は，

　　　m〔kg〕$= 1 \times \rho$〔kg〕　から　$E' = 2\pi^2 \rho f^2 A^2$

となる。

波の伝搬速度を v〔m/s〕とすると，単位時間に進む向きに垂直な単位面積を通過するエネルギー I〔J/m²·s〕は，E' の式に体積＝ $1 \times v$（1 は断面積）をかけて

$$I = 2\pi^2 \rho v f^2 A^2 \tag{3・10}$$

で表され，**正弦波の強さは振動数 f と振幅 A のそれぞれ 2 乗$(f^2,\ A^2)$に比例し，密度 ρ と波の伝搬速度 v に比例する。**

CHART 33 正弦波の式のつくり方

$$y_{x,\,t} = y_{0,\,\left(t-\frac{x}{v}\right)} \tag{3・11}$$

位置 x での時刻 t における変位　　原点 O での時刻 $\left(t-\dfrac{x}{v}\right)$ における変位

$$= A \sin \frac{2\pi}{T}\left(t - \frac{x}{v}\right) \tag{3・12}$$

$$= A \sin 2\pi \left(\frac{t}{T} - \frac{x}{\lambda}\right) \tag{3・13}$$

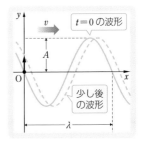

(3・11)式は，波が x 軸の正の向きに進むとき，一般に成立。

(3・12)，(3・13)式は，次の場合にのみ成立。

適用条件
①波が x 軸の正の向きに進むとき。
②原点 O の媒質が，原点 O を y 軸の正の向きに通過する時刻を $t = 0$ と決めたとき（上図）。

CHART 33 適用条件

①x 軸の負の向きに進む場合には，式中の v を$- v$ に置きかえればよい。すなわち

$$y_{x,\,t} = A \sin \frac{2\pi}{T}\left(t + \frac{x}{v}\right)$$

$$= A \sin 2\pi \left(\frac{t}{T} + \frac{x}{\lambda}\right)$$

②原点 O での変位 $y_{0,\,t}$ は，(3・12)式で $x = 0$ として

$$y_{0,\,t} = A \sin \frac{2\pi}{T} t$$

$y_{0,\,t}$-t 図（単振動のグラフ）は右上図のようになる。原点 O では，$t = 0$ に，原点 O の位置を上向き（正の向き）に通過している。

(3・12)式の $y_{x,\,t}$ は，$y_{0,\,t}$ の式中の t を

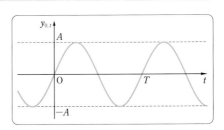

$\left(t - \dfrac{x}{v}\right)$ に置きかえて導かれている。

②の適用条件を満たさない x 軸の正の向きに進む正弦波を扱う場合には

（ⅰ）まず，原点 O での単振動の式を導き，

（ⅱ）次に，t を$\left(t - \dfrac{x}{v}\right)$に置きかえればよい。

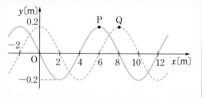

時刻 $t = 0\,\mathrm{s}$ と $t = 0.1\,\mathrm{s}$ の正弦波が実線と破線で図に示されている。縦軸に媒質の変位 $y\,\mathrm{[m]}$，横軸に位置を表す座標 $x\,\mathrm{[m]}$ がとってあり，実線の山 P は，0.1 秒後に破線の山 Q に移った。

(1) この波の振幅，波長，速さ，周期，振動数を求めよ。

(2) この波を表す式（正弦波の式）はどう表されるか。

解答 (1) 振幅 $A = 0.2\,\mathrm{m}$，波長 $\lambda = 8\,\mathrm{m}$

波は 0.1 秒間に 2m 進むので

速さ $v = \dfrac{2}{0.1} = 20\,\mathrm{m/s}$

周期 $T = \dfrac{\lambda}{v} = \dfrac{8}{20} = 0.4\,\mathrm{s}$

振動数 $f = \dfrac{1}{T} = \dfrac{1}{0.4} = 2.5\,\mathrm{Hz}$

(2) 時刻 $t = 0$ のとき，原点 O の媒質は原点を上方に通過中であるから

$$y = A \sin 2\pi \left(\dfrac{t}{T} - \dfrac{x}{\lambda} \right) = 0.2 \sin 2\pi \left(\dfrac{t}{0.4} - \dfrac{x}{8} \right)\,\mathrm{(m)}$$

E 横波と縦波

1 横波 媒質の各点の振動方向が，波の進む向きと直角である波を **横波** または **高低波** という。

図3−11の装置で，端の小球を小球列の方向と直角の方向にはじくと，小球の振動は隣の小球に伝わっていき，振動方向と波の進む向きとが直角になる横波を生じる（同図(a)）。

このように，横波は媒質の一部が変位するとき，その隣接部を分子間力によって引っ張っていこうとし，少し遅れて隣接部が変位を生じる。変位を生じた部分は復元力によってもとの位置にもどってくるが，慣性によってその点で静止しないで行き過ぎ振動が生じる。このように，横波は媒質中の隣接部分が互いに密に接して分子間力をはたらかせ，その運動を順次伝えていく現象である。したがって，横波の伝わる媒質は分子間の距離が短い固体の物体で，分子間の距離が比較的長い液体や気体中には横波は生じない。張った弦を長さの方向に直角にはじくとき（弦楽器の弦）に生じる波は横波の例である。

2 縦波 媒質の各点の振動方向が，波の進む向きと同じである波を **縦波** または **疎密波** という。図3−11の装置で，端の小球を小球列の方向にはじくと，この振動が隣の小球に順次伝わって，全体として小球の密の部分と疎の部分が生じ，疎密が振動方向に移動する（同図(b)）。

このように，縦波は媒質の一部が変位するとき，その前方にある媒質の他の部分に直接衝突するような形で力を及ぼし，その運動を順次伝えていく現象である。したがって，縦波は媒質の分子間距離が長い物質でも伝わることができる。すなわち，縦波は固体，液体，気体のどのような物質中でも生じる。音波は縦波の例である。

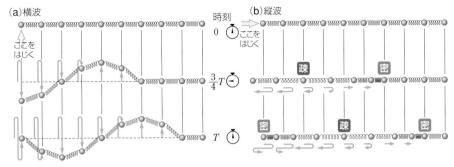

(a)横波　時刻　(b)縦波

ここをはじく

▲ 図 3-11　小球とばねを連ねた装置による横波と縦波

3　縦波の図示　縦波は媒質の振動方向と波の進行方向が同じなので，図 3−12 のように変位を 90° 回転させて表すことが多い。媒質の 1 点が x の正の向きに変位したときは変位

を y の正の向きに，x の負の向きに変位したときは y の負の向きに，変位の大きさに相当する y 座標をとる。これらの点をなめらかな曲線で結ぶ。

これにより，横波と同様の波形が得られる。この波形の場合の疎・密の関係は図 3−12 に示した位置にくる。すなわち，**波の進む向きに波形の山から谷に向かう斜面が密部，谷から山に向かう斜面が疎部** となる。

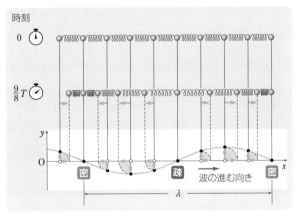

▲ 図 3-12　縦波の図示方法

問題学習 …… 98

図は x 軸の正の向きに進む正弦波の縦波の，ある時刻における変位を表したものである。ある瞬間における媒質の各点の平均位置からの変位が，x 軸の正の向きにずれた場合を y 軸の正の向きにとってある。

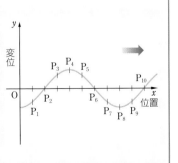

(1) $P_1 \sim P_{10}$ のうち，疎部，密部の中心にある位置はそれぞれどこか。

(2) 媒質の速さが 0 の位置はどこか。

(3) 媒質の速さが正の向きに最大の位置はどこか。

F　水面を伝わる波

　固体や液体の表面にそって伝わる表面波は，横波にも縦波にも属さない。

　水面に球が落ちると図3−13(a)の①のように凹部ができる。そうするとその周囲は盛り上がって②のようになり，水面の各点にはその表面を平らにしようとする力がはたらく。このために水面は平らになるように動きだすが，慣性のために平らになっても動きは止まらず行き過ぎて，中央は高く，その周囲は低く，そのまた周囲は盛り上がって③のようになる。このようにして，波紋は④，⑤のように順次まわりに広がっていく。

　波紋が広がるときの表面近くの水の分子の運動を観察すると，分子は上下に振動するのではなく，波の進む向きを含む鉛直面内で，深い場合は順次少しずつ遅れた円運動を，浅い場合にはだ円運動をしており，波の山にある分子は波の進む向きに，谷にある分子は逆向きに動いている。そして，波の振幅は円の半径，またはだ円の半短軸の長さになっている。深い水の表面で波がこないとき等間隔に並んでいた水の分子が，順次少しずつ遅れた円運動をして波を形づくるようすを描くと同図(d)となる（順次 $\frac{1}{8}$ 周期ずつ遅れている）。

　水の表面波の速さ v は波長に関係するが，波長に比べて水の深さ h が非常に小さく浅いときには，v は次の式で表されることがわかっており，波長には無関係となる。

$$v = \sqrt{gh} \qquad (g：重力加速度の大きさ) \tag{3・14}$$

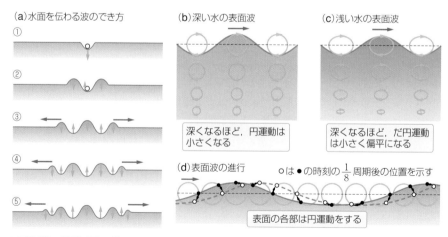

（a）水面を伝わる波のでき方
①
②
③
④
⑤

（b）深い水の表面波
深くなるほど，円運動は小さくなる

（c）浅い水の表面波
深くなるほど，だ円運動は小さく偏平になる

（d）表面波の進行　　○は●の時刻の $\frac{1}{8}$ 周期後の位置を示す
表面の各部は円運動をする

▲図3-13　水面を伝わる波のしくみ

2 重ねあわせの原理と波の干渉

A 重ねあわせの原理

　媒質の1点が2つの波を同時に受けると，その点の変位は各波が単独に到達したときの変位を合成したものとなる。これを **波の重ねあわせの原理** という。

　2つの波が重なる現象は，図3-14のようなウェーブマシンを用いて実験を行うとよくわかる。両端からそれぞれ山が1つのパルス波を送ると，2つの波は中央付近で会合し，重なりあってより高い山をつくるが，通りすぎた後はもとの2つの波にもどって左右に別れて進んでいく。

　このように，2つの波が重なりあう現象は，媒質の各点に2つの波の振動が同時に伝わるだけで，互いに他の波の進行を妨げたり，他の波に影響を与えたりはしない（図3-15）。これを **波の独立性** という。

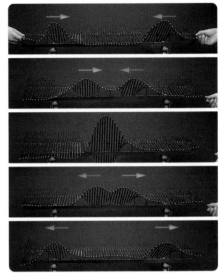

▲ 図3-14　波の重ねあわせの実験

　波は重ねあわさるが，それぞれの独立性（波形，波の速さなど）が保たれることが，波の特性である。2つの物体が衝突するときは，反発や合体現象が起こり，波のような独立性はない。

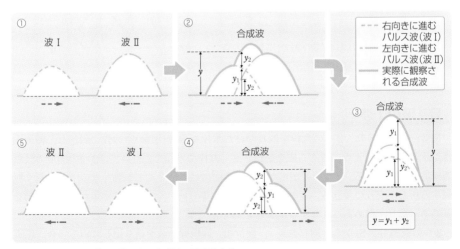

▲ 図3-15　2つのパルス波による合成波の時間的変化

2つの波が重なったときに現れる波形（合成波形）は，重ねあわせの原理を利用して，図3−16のようにかくことができる。

媒質の各点での，波 I による変位 y_1 と波 II による変位 y_2 の和 $y_1 + y_2$ が，合成波の変位 y となる。すなわち

$$y = y_1 + y_2 \qquad (3 \cdot 15)$$

したがって，媒質の各点で y を求めて図に記入し，これらの点をなめらかな曲線で結べば，波 I と波 II の合成波の波形が得られる。

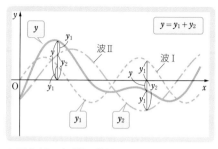

▲ 図3-16 合成波の作図

問題学習 ⋯⋯ 99

図のように，正弦波形のパルス波A，Bがx軸上をAは正の向き，Bは負の向きに0.1m/sの速さで進んでいる。

2秒後と3秒後の合成波を作図せよ。

ただし，パルス波Aの振幅はBの2倍である。

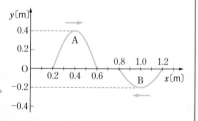

解答 2秒後，3秒後の各パルス波の位置を作図して，重ねあわせの原理にしたがって，各場合の変位の和を取り，合成波をかく。

Aの変位を y_1，Bの変位を y_2 とすると合成波の変位 y は $y = y_1 + y_2 (y_2 < 0)$ である。

2秒後の合成波は右の図の②で，3秒後の合成波は③で表される。

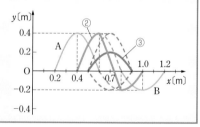

基物 **C** 波の干渉

図3−17のように，2本の丸棒を取りつけた木片を薄板（振動片）の先に固定し，棒の先端が水面に接するように置く。板を振動させ，丸棒で水面をたたいて，2つの円形の波を連続的に発生させる。2つの波が重なると，水面には，ほとんど振動しない所と大きく振動する所とが交互にできる。このように，波長の等しいいくつかの波が重なって，振動を強めあったり，弱めあったりする現象を**波の干渉**という。

2つの波源 S_1，S_2 から，同じ波長 λ，同位相，同振幅の波を送り出している場合，媒質上の点Pの振動はどのようになるかを考えてみよう。点Pと波源 S_1，S_2 との距離をそれぞ

れ l_1, l_2 とする。

① l_1 と l_2 の経路差が半波長の偶数倍(波長の整数倍)の点では強めあう。すなわち

$$|l_1 - l_2| = m\lambda = 2m \times \frac{\lambda}{2}$$

$$(m = 0, 1, 2, \cdots) \qquad (3\cdot16)$$

この場合は，あるときは山と山，あるときは谷と谷というように，両波は常に同位相で重なるから振幅が2倍の振動となる。

② l_1 と l_2 の経路差が半波長の奇数倍の点では弱めあう。すなわち

$$|l_1 - l_2| = \left(m + \frac{1}{2}\right)\lambda$$

$$= (2m + 1) \times \frac{\lambda}{2}$$

$$(m = 0, 1, 2, \cdots) \qquad (3\cdot17)$$

両波源からの波は常に正反対の位相で重なるから，その変位の大きさはいつも等しく，向きが反対の状態で重なる。したがって，振動はいつでも弱めあって波は消滅する。

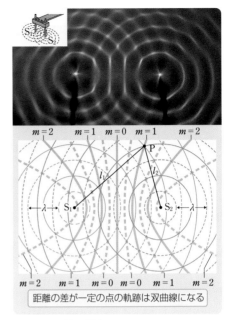

距離の差が一定の点の軌跡は双曲線になる

▲ 図 3-17　波の干渉

③ l_1 と l_2 の経路差が①と②の間のときは，これらの中間の振動をする。

　①および②を満足する点は，それぞれ S_1 と S_2 からの距離の差が一定であるから，これらの点の軌跡は双曲線となる。また，②の双曲線を **節線** という。

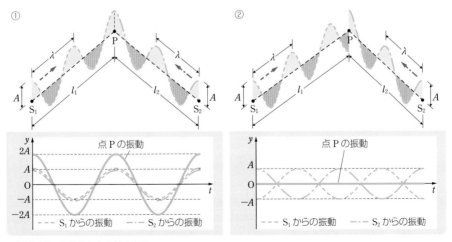

▲ 図 3-18　経路差による波の干渉

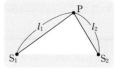

CHART 34 波の干渉の条件

$$強めあう点：|l_1 - l_2| = m\lambda \qquad (3\cdot18)$$

$$弱めあう点：|l_1 - l_2| = \left(m + \frac{1}{2}\right)\lambda \quad (3\cdot19)$$

$$(m = 0, 1, 2, \cdots)$$

適用条件 波源が同位相で振動している場合。
逆位相の場合は条件が逆。

....

⭐Point 節線の本数の見つけ方
節線の本数＝線分 S_1S_2 上の節(→ p.218)の数

CHART 34 適用条件

S_1，S_2 の振動が逆位相(位相が π ずれている)の場合，同位相の場合と干渉の条件が逆になることに注意する。

(強)　$|l_1 - l_2| = \left(m + \dfrac{1}{2}\right)\lambda$

(弱)　$|l_1 - l_2| = m\lambda$

CHART 34 ⭐Point

(同位相)：S_1S_2 の中点は腹(→ p.218) ……①

(逆位相)：S_1S_2 の中点は節(→ p.218) ……②

腹と節の間隔 $= \dfrac{\lambda}{4}$ ……③

節(腹)と節(腹)の間隔 $= \dfrac{\lambda}{2}$ ……④

①〜④から S_1S_2 上の節の位置がわかる。

📖 問題学習 ⋯⋯ 100

浅く水をはった大きな水槽で，水面の 2 点 S_1，S_2 を同じ周期で同時にたたき，同じ振幅の 2 つの波をつくる。図の円，円弧はある瞬間における，それぞれの波の山の位置を示したものである。

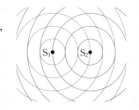

(1) 2 つの波が互いに弱めあう点を連ねる線(節線)は全部で何本できるか。

(2) 図に，示された範囲内の節線をすべてかけ。

(3) 任意の節線上の 1 点を P とすると，PS_1 と PS_2 との間にはどのような関係があるか。ただし，波長を λ とする。

(4) これらの節線が S_1S_2 を切る点の位置は，それぞれ S_1 からはかって波長の何倍の所か。

(5) 次に，S_1，S_2 から同じ振動数，同じ振幅の波を出し，さらに，S_2 から発生する波は，S_1 から発生する波より位相が π だけ遅れるように水面をたたいた。このとき，S_1 と S_2 にはさまれた水面の部分にできる節線の数は合計何本か。

216 第3編 ●波

(1), (2) 一方の山(谷)と他方の谷(山)の位置を示す円弧の交点を連ねた曲
  線が節線になる。

(3) 同位相の場合, 弱めあう点の条件は

$$|l_1 - l_2| = (半波長) \times (奇数) \quad (\to \boxed{CHART \ 34} \boxed{適用条件})$$

(4) 同位相の波源 S_1, S_2 の場合, 中点は強めあう点(腹(→ p.218))となり, これをは
  さむように節が並ぶ(→ $\boxed{CHART \ 34}$ —☆Point)。

(5) S_2 から出る円弧はすべて谷の位置に変わるから, 図上の円弧の交点を連ねた曲線
  が節線になる。あるいは, (4)と同様に考えてもよい(この場合, 中点は節)。なお,
  S_1, S_2 から $S_1 S_2$ の延長線上の任意の点までの距離の差は, $S_1 S_2$ の長さ($= 3\lambda$)に
  等しく, (半波長)×(偶数)となり, S_1 と S_2 が逆位相であることから, $S_1 S_2$ の延長
  線上では波はすべて打ち消される。

(解答) (1) 谷の位置を示す線を破線で記入する(図a)。実線の
  円弧(山)と破線の円弧(谷)の交点(図aの○印)を連ねた曲
  線が節線となる。**6本**

(2) **図a**

図a

(3) S_1, S_2 は同位相であるから, 距離の差が半波長の奇数倍の
  とき弱めあう。

$$|\mathbf{PS_1} - \mathbf{PS_2}| = \left(m + \frac{1}{2}\right)\lambda = (2m+1) \times \frac{\lambda}{2} \quad (m = 0, 1, 2, \cdots\cdots)$$

(4) $S_1 S_2$ の中点 M は腹となり, これに対し, 節
  $N_1 \sim N_6$ が図bのように並ぶ。この図をもと
  に, S_1 から $N_1 \sim N_6$ までの距離をそれぞれ
  求める。

$$\frac{1}{4}, \ \frac{3}{4}, \ \frac{5}{4}, \ \frac{7}{4}, \ \frac{9}{4}, \ \frac{11}{4} 倍$$

図b

(5) 問題文の図において, S_2 による円弧がすべ
  て破線(谷)にかわる。(1)と同様に節線をかくと図c
  のようになる。**5本**

図c

((4)の別解)(計算に時間がかかるのが難点)

$S_1 S_2$ 上の節点の1つをPとし, $PS_1 = x$ とすると(図d)

$PS_2 = 3\lambda - x$

よって, 干渉の条件より

$$|x - (3\lambda - x)| = \left(m + \frac{1}{2}\right)\lambda$$

ゆえに $\quad x = \dfrac{6 \pm (2m+1)}{4}\lambda$

図d

この式に $m = 0, 1, 2$ を代入する($m = 3, 4, \cdots\cdots$ の場合は不適)。

1 定在波の発生 波長 λ, 周期 T で振幅の等しい 2 つの正弦波が, 反対向きに進んで重なる場合の合成波を作図によって調べよう。

図 3-19 のように, 左右から進んできた 2 つの波が図の中央の点でであったとし, この点(2 つの波の位相が一致している)を座標の原点にとり, 以後 $\frac{1}{8}$ 周期ごとの各波と合成波を描いてみる。この合成波では, $\pm \frac{\lambda}{4}$, $\pm \frac{3}{4} \lambda$ ……の各点は常に静止しており, これらの点の間の各区間での媒質の各点は, 同じ向きの変位を生じる振動をしているが, 隣どうしの区間の変位は反対向きの変位を生じる振動を行っている(位相が π 〔rad〕異なる)。すなわち, 同図(b)のような波形の進まない一種の周期運動をする波が現れる。これを **定在波(定常波)** という。

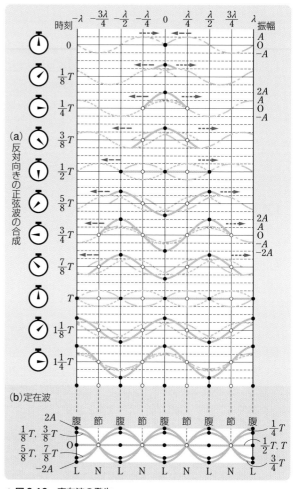

▲ 図 3-19 定在波の発生

定在波でまったく振動しない点 N を **節**, 最も大きな振幅で振動している点 L を **腹** という。一般に, 2 つの波源から同じ波が同位相で向かいあって出ているときの定在波の腹と節の座標は, 2 点間の中点を原点として次の式で表すことができる。

$$\text{腹} : x = \pm\, m\, \frac{\lambda}{2} \qquad (m = 0,\ 1,\ 2,\ \cdots\cdots)$$

$$\text{節} : x' = \pm (2m + 1) \frac{\lambda}{4} \qquad (m = 0,\ 1,\ 2,\ \cdots\cdots)$$

前式から隣どうしの腹と腹, 節と節との距離は $\frac{\lambda}{2}$ であり(λ ではない), 隣りあう腹と節との距離は $\frac{\lambda}{4}$ である。

また，最大振幅は進行波の2倍，周期は進行波と同じになる。

補足 点N，点Lとは，それぞれ節 ;node，腹 ;loop の頭文字をとり，大文字で表したものである。

 重要 **3-3**

定在波

腹と腹（節と節）の距離は $\dfrac{\lambda}{2}$

最大振幅は進行波の2倍，周期は進行波と同じ

---

2 定在波の式 x 軸の正の向きおよび負の向きに進む2つの正弦波（波長を λ，周期を T，振幅を A とする）による媒質の変位をそれぞれ y_1 および y_2 とし，これらがそれぞれ次の式で表されるものとする。

$$y_1 = A \sin 2\pi \left(\frac{t}{T} - \frac{x}{\lambda} \right), \qquad y_2 = A \sin 2\pi \left(\frac{t}{T} + \frac{x}{\lambda} \right)$$

両波が進んで重なった結果生じる媒質の変位を y とし，(3・15)式（$y = y_1 + y_2$）に代入し，三角関数の加法定理を用いると次のようになる。

$$
\begin{aligned}
y &= y_1 + y_2 \\
&= A \left\{ \left(\sin \frac{2\pi t}{T} \cos \frac{2\pi x}{\lambda} - \cos \frac{2\pi t}{T} \sin \frac{2\pi x}{\lambda} \right) \right. \\
&\quad \left. + \left(\sin \frac{2\pi t}{T} \cos \frac{2\pi x}{\lambda} + \cos \frac{2\pi t}{T} \sin \frac{2\pi x}{\lambda} \right) \right\}
\end{aligned}
$$

ゆえに $\quad y = 2A \cos \left(2\pi \dfrac{x}{\lambda} \right) \sin \left(2\pi \dfrac{t}{T} \right)$ 　　　　　　　　(3・20)

この式は，媒質の座標 x の点では，振幅が $2A \cos \left(2\pi \dfrac{x}{\lambda} \right)$，周期がもとの波と同じ T の単振動をすることを表している。

すなわち，(3・20)式は定在波を表す式である。

$x = 0$ は2つの波が同位相で会合した点（図3−19(a)の場合は中央の点）で，

$$x = 0, \ \pm 1 \times \frac{\lambda}{2}, \ \pm 2 \times \frac{\lambda}{2}, \ \cdots\cdots$$

では，$\left| \cos \left(2\pi \dfrac{x}{\lambda} \right) \right| = 1$ より，振幅は $2A$ となり，定在波の腹となる。

また，$x = \pm 1 \times \dfrac{\lambda}{4}, \ \pm 3 \times \dfrac{\lambda}{4}, \ \cdots\cdots$

では，$\cos \left(2\pi \dfrac{x}{\lambda} \right) = 0$ より振幅は0となり，定在波の節となる。

NOTE

三角関数の加法定理

$\sin (A + B) = \sin A \cos B + \cos A \sin B$

$\sin (A - B) = \sin A \cos B - \cos A \sin B$

$\cos (A + B) = \cos A \cos B - \sin A \sin B$

$\cos (A - B) = \cos A \cos B + \sin A \sin B$

A ホイヘンスの原理

　水面の波では，波源を中心に円形の波紋が広がる。このとき，同じ円周上の各点では振動の状態(位相)が等しい。このような，振動の状態が等しい点を連ねた面を **波面** といい，波面が球面の波を **球面波**，平面の波を **平面波** という。波の進む向きは波面に垂直になっている。

　一様な媒質では，波は波源からあらゆる方向に一定の速さで伝わるから，この場合の波は，波源を中心とする球面波となる。しかし，十分に大きな球の表面は平面に近いので，波源から十分に離れたときの波は，平面波とみなせる。例えば，太陽から地球に到達する光波は平面波(平行光線)として取り扱える。

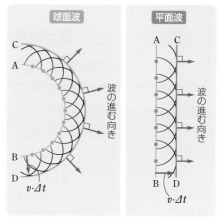

△図 3-20　ホイヘンスの原理

　ホイヘンスは，1678 年に発表した光の波動説で，光の進行に関する経験的法則，すなわち反射や屈折の法則などを説明するために，波面の進み方についての 1 つの原理を導入した。これが **ホイヘンスの原理** で，次のように表すことができる。

> **ある瞬間の 1 つの波面上のすべての点は新しい波源となり，同じ速さ，同じ振動数の球面波(素元波という)を送りだす。個々の素元波は観測されず，波の進む前方で，これらの素元波の波面に共通に接する曲面が次の波面として観測される。**

　図 3−20 のように，波源から送りだされた波の 1 つの波面を AB とすると，AB 上のすべての点から素元波(二次波ともいう)が送りだされる。

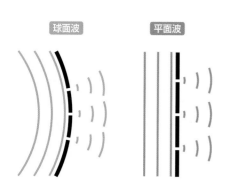

▲図 3-21　すき間からでる球面波

　このとき，波の速さを v とすると，これら素元波の波面は，時間 Δt 後には $v \cdot \Delta t$ を半径とする無数の球面となる。

　われわれの目には，それらの素元波の 1 つ 1 つは見えないが，それらに共通に接する面 CD 上では，すべての素元波の同じ位相の波面が密集するために，1 つの波面として観察されるのである。

　この素元波の存在は，図 3−21 のような実験を行うことによって類推することができる。

細いすき間をあけた板を水槽に置き，これに水面波を当てると，すき間から二次的に球面波が送りだされているようすがわかる。

図3-20では，ある瞬間の波面ABが，時間Δt後には$v\cdot\Delta t$だけ進んで新しい波面CDとなったように見えるが，実際には波面AB上の各点から無数の素元波が送りだされ，これらによって次の波面CDがつくられたと考えられる。

B 波の反射

1 反射の法則 ある媒質(媒質1)内を進む波が，異なる媒質(媒質2)との境界面に達すると，入射波の一部は図3-22のように境界面で反射し，残りは境界面で屈折して媒質2内に進んでいく。

このとき，境界面に垂直な直線(法線)と入射波の進行方向のなす角iを**入射角**，反射波の進行方向のなす角jを**反射角**という。

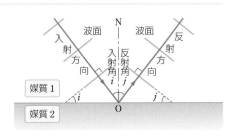

▲図3-22　入射角と反射角

波の反射では次の**反射の法則**が成りたつ。

> **入射波および反射波の進行方向は，入射点で立てた境界面の法線の両側にあり，これらはみな同一平面上にある。また，入射角iと反射角jは等しい。**
> $$i = j \tag{3・21}$$

2 反射の法則の説明 図3-23において，ABを入射波の波面とし，Aがまず境界面に達したとする。波の伝搬速度をvとし，波面AB上の点Bが境界面上の点Dに達するまでの時間をtとすると，この時間にAから出た素元波は，Aを中心とし，半径vt(BD)の半円周上まで進む。Dからこの円に接線DCを引くと，△ACDと△DBAは直角三角形で，斜辺と他の1辺が等しいから合同となる。

波面AB上の任意の点Pが境界面上の点Qに達したとき，QからCDに下ろした垂線の足をRとすると，PQ//BD，QR//ACより

$$\frac{PQ}{BD} = \frac{AQ}{AD} = \frac{AD - QD}{AD}$$
$$= 1 - \frac{QD}{AD} = 1 - \frac{QR}{AC}$$
$$= 1 - \frac{QR}{BD}$$

ゆえに　$\dfrac{PQ}{BD} + \dfrac{QR}{BD} = 1$

$$PQ + QR = BD (= vt)$$

となる。

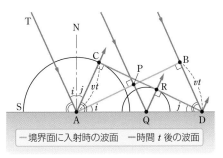

▲図3-23　反射の法則の説明

ゆえに，AD 上の各点から次々に遅れて出た素元波はすべて CD に接するので，CD は反射波の波面となる。したがって，点 A での反射波は AC の向きに進む。

　次に，△ABD ≡ △DCA，TA//BD であるから　　∠TAS＝∠BDA＝∠CAD
したがって，∠TAS，∠CAD の余角をとって　　∠TAN＝∠CAN　　　ゆえに　i＝j

　また，j＝∠CAN＝∠CDA＝∠BAD＝i となるから，入射角，反射角は入射波，反射波それぞれの波面と境界面との間の角に等しくなる。

CHART 35 反射の法則

入射角と反射角は等しい

★Point　波は反射面に関する波源の対称点から届くように見える。

知っていると便利　反射面が θ 傾くと，反射波の方向は 2θ 変化する。

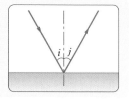

CHART 35 ★Point

　図で，SO，SP，SQ は，波源 S から出て反射面 M に当たる波の進路を示す。SO は M に垂直である。SO と SP の反射波の方向の交点を S′ とする。このとき，△OPS ≡ △OPS′（OP：共通，対応する 3 角が等しい）より

　　　　　　OS＝OS′

よって，S′ は M に関して S の対称点で定点となる。したがって，他のすべての反射波の延長線も S′ を通り，波は S′ から届くように見える。例えば，光が平面鏡に当たって反射している場合，光は S′ から出ているように見え，このとき，S′ を S の**虚像**とよんでいる。

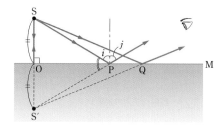

CHART 35 知っていると便利

　図(a)で，入射波 AO（M とのなす角 α）の方向とその反射波 OB の方向とのなす角（振れの角）は　　∠COB＝2α

　図(b)で，M が角 θ 傾くと，振れの角は

　　　　　∠COB′＝2(α＋θ)

よって，反射波の方向の変化は

　　　　　∠BOB′＝∠COB′－∠COB＝2θ

(a)

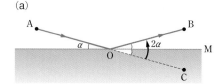

(b)

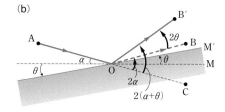

C 波の屈折

1 屈折の法則 媒質1内を進む波が異なる媒質2との境界面に達すると，入射波の一部は図3−24のように境界面で屈折し，媒質2内に進んでいく。境界面の入射点で，その面に垂直な直線(境界面の法線)と屈折波の進行方向とのなす角rを**屈折角**という。波の屈折では次の**屈折の法則**が成りたつ。

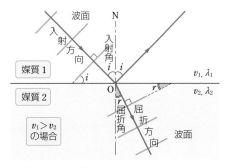

▲ 図3-24 入射角と屈折角

入射波(媒質1)および屈折波(媒質2)の進行方向は，入射点に立てた境界面の法線の両側にあり，これらはみな同じ平面内にある。また，入射角iの正弦と屈折角rの正弦との比は一定である。

媒質1，2での波の速さをv_1，v_2，波長をλ_1，λ_2とすると，次の式が成りたつ。

$$\frac{\sin i}{\sin r} = \frac{v_1}{v_2} = \frac{\lambda_1}{\lambda_2} = n_{12} \quad \textbf{(一定)} \tag{3·22}$$

上式のn_{12}を，波が媒質1から媒質2へ進むときの**屈折率**，または**媒質1に対する媒質2の屈折率**という。なお，波の屈折に際して，振動数は変化しない。

2 屈折の法則の説明 図3−25において，媒質1，2での波の伝搬速度をそれぞれv_1，v_2とする。ABを入射波の波面とし，Aが境界面Sに達したときから，波面AB上の点Bが境界面上の点Dに達するまでの時間をtとする。この間にAから媒質2内に出た素元波は，Aを中心とし，半径$v_2 t$の半円周上まで進んでいる。Dからこの円に接線DCを引く。

波面AB上の任意の点Pが境界面上の点Qに達するまでに時間t_1かかり，QからDCに下ろした垂線QRの距離を進むのに時間t_2を要するとすると，PQ//BD，QR//ACより

$$\frac{PQ}{BD} = \frac{AQ}{AD} = \frac{AD - QD}{AD}$$

$$= 1 - \frac{QD}{AD} = 1 - \frac{QR}{AC}$$

よって $\dfrac{PQ}{BD} + \dfrac{QR}{AC} = 1$

$$\frac{v_1 t_1}{v_1 t} + \frac{v_2 t_2}{v_2 t} = 1$$

ゆえに $t_1 + t_2 = t$ となる。

したがって，AD上の各点から次々に遅れて媒質2内に送りだされる素元波はすべてCDに接するようになり，CDは屈折波の波面となる。

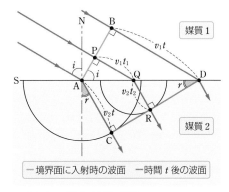

── 境界面に入射時の波面 ── 時間t後の波面

▲ 図3-25 屈折の法則の説明

したがって，屈折波は AC の向きに進むことになる。ゆえに

$$\frac{\sin i}{\sin r} = \frac{BD}{AD} \bigg/ \frac{AC}{AD} = \frac{BD}{AC} = \frac{v_1}{v_2} = \text{一定}$$

ところで，媒質 1 を伝わる波が媒質 2 との境界面に達すると，面上の媒質各点は到達した波の波源での振動と同じ振動をして，媒質 2 内に素元波を送りだすから，波の振動数は屈折によって変化することはない。

振動数を f とすると，波の基本式　$v = f\lambda$　から　$\dfrac{v_1}{v_2} = \dfrac{f\lambda_1}{f\lambda_2} = \dfrac{\lambda_1}{\lambda_2}$　となり，屈折の関係式が得られる。

また，屈折角 r は屈折波の波面と境界面との間の角に等しくなる（$r = \angle ADC$）。

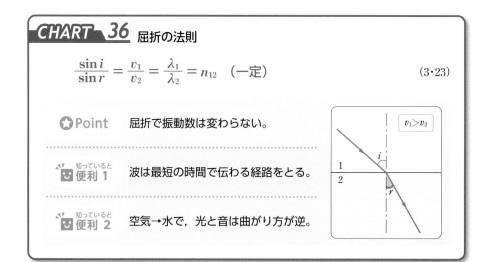

CHART 36　屈折の法則

$$\frac{\sin i}{\sin r} = \frac{v_1}{v_2} = \frac{\lambda_1}{\lambda_2} = n_{12} \quad (\text{一定}) \tag{$3\cdot23$}$$

⭐Point　　屈折で振動数は変わらない。

💡知っていると便利 1　　波は最短の時間で伝わる経路をとる。

💡知っていると便利 2　　空気→水で，光と音は曲がり方が逆。

$v_1 > v_2$

CHART 36 ⭐Point

入射波が境界面に達すると，その振動によって，境界面にある媒質 2 の粒子を同じ振動数で振動させる。この粒子の振動が新しい波源となり，媒質 2 に波が発生する。これが屈折波である。したがって，入射波と屈折波の振動数は等しく，屈折で振動数は変わらない。波の速さや波長は媒質で変わるので，波はふつう振動数を用いて表すことが多い。光波の場合には，ふつう，波長を用いて表しているが，このとき，真空中の値を用いている。

CHART 36 💡知っていると便利 1

フェルマーの原理　フェルマー（フランス，

1601～1665）は「光は最短の時間で伝わる経路をとる」として，反射の法則，屈折の法則，逆行の原理（逆に進むとき同じ経路をとること）などを説明した。

（反射）　図 (a) で，経路 Ⅰ（S → O → E = S'E）と経路 Ⅱ（S → O' → E = S'O' + O'E）を比べると，経路 Ⅰ＜経路 Ⅱ であり，光は最短距離，つまり最短時間で伝わる経路（反射の法則にしたがう経路）をとる。

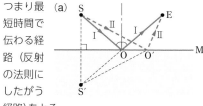

(a)

（屈折） 図(b)で，光が点Aから点Bに進む3つの経路Ⅰ〜Ⅲを考える。経路ⅠはAB間の距離が最も短く，$v_1 = v_2$ であれば，光は最短時間でBに達する。すなわち，このとき，直進する。しかし，$v_1 > v_2$ の場合は，経路Ⅱのように，経路を，媒質1ではⅠより長く，媒質2ではⅠより短くとったほうが短い時間で伝わる。反対に $v_1 < v_2$ の場合は，経路Ⅲのように，媒質1ではⅠより短く，媒質2ではⅠより長くとったほうが短い時間で伝わる。

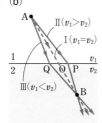

このように，波は最短の時間で伝わる経路，つまり，波の伝わる速さが大きい媒質のほうをより長く通過する経路をとる。このことを知っておけば，屈折の仕方がⅡとなるかⅢと

なるかを，容易に判断することができる。

屈折の法則　$\dfrac{\sin i}{\sin r} = \dfrac{v_1}{v_2}$

はホイヘンスの原理から説明されたが，フェルマーの原理からも導くことができる（ただし，微分が必要）。

CHART 36 知っていると便利 2

光や音が空気中から水中へ進む場合，水の中の速さは，空気中の速さに対し，光は遅くなり，音は逆に速くなる。したがって，光と音とでは，屈折の曲がり方が逆になる（下図）。

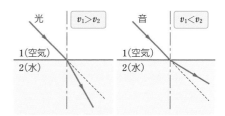

D　波の回折

1 波の回折現象　波を伝える媒質の状態が一様であれば，波は本来まっすぐ進む性質（直進性）をもっているから，進路が曲がることはない。よって，進路に波の進行をはばむ障害物があると，これに当たった波の部分はそこで止められ，当たらなかった部分はそのまま直進し，障害物の裏側には，図3-26(a)に示すような陰ができるのではないかと思われる。

このような考えで，波浪を防ぐ防波堤を築いたり，騒音を避ける防音壁を立てたりする。しかし，これらにはそれなりの効果はあるものの，実際には，海の波は防波堤の陰にまわりこんでくるし，騒音は防音壁の向こう側から遠慮なく襲来する。これは障害物があると波の直進性が乱され，波は障害物の裏側にまわりこむからである。

静かな湖の水面に2枚の板を少しはなして立てると，沖からやってきた波が，板のすき間から板の裏側に半円状に広がっていくのが見られる。

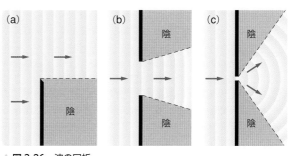

▲ 図3-26　波の回折

すき間の幅が波の波長より大きいと，波の大部分はまっすぐに進み，ごくわずかの部分しか板の陰にまわりこまないが(同図(b))，すき間の幅が波の波長と同程度か，それ以下であると板の陰に大きくまわりこむようになる(同図(c))。

このように，進行する波が障害物の陰になる場所にもまわりこんで伝わっていく現象を**波の回折**という。

2 回折の強さと波長の関係　波が障害物のすき間の面に達したとき，その面上の媒質各点は次の波の波源となり，それぞれの点から素元波が前方に送りだされる。そして，これらの素元波に共通に接する面が次の波面となり，また次の波の波源となる。このようにして波面が次々とつくりだされ，波は図3−26(b)，(c)のように障害物の陰の部分にも進んでいく。

すき間の幅が波長の長さ程度以下であると回折現象が強く現れ，幅が広くなると回折が弱まる，という事実は，次のように考えると理解できる。

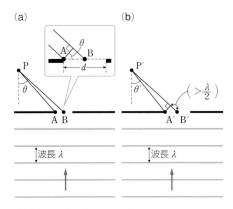

▲ 図 3-27　波の回折と波長の関係

図3−27のように，障害物の陰になる点Pに，すき間の端点Aと中央の点Bとから同時に届く素元波の経路差を考えてみる。

すき間の幅がせまく，波長と同程度以下のときは(同図(a))，経路差は

$$|AP - BP| \fallingdotseq \frac{d}{2}\sin\theta < \frac{\lambda}{2}$$

と，きわめて小さいから，これらの素元波はほぼ同位相で点Pに届く。したがって，すき間全体から届く素元波も，点Pではほぼ同位相で重なり，波は弱まらない。一方，すき間が広いときは(同図(b))，点Pに相当する点P′に，点A′，B′から同時に届く素元波の経路差 $|A'P' - B'P'|$ は，波長に比べて大きくなる。したがって，すき間全体から届く素元波は山から谷まで様々な位相をとり，打ち消しあい，回折現象を弱めてしまう。

補足　障害物の端でも波は回折現象を起こす。波長に比べて障害物の大きさが小さいほどよく回折し，逆に大きくなると回折は目立たなくなる。可視光線(→ $p.413$)の波長は〜10^{-7}mで短いため，光が物体に当たった場合，普通は回折が目立たず，影が明瞭にできる。音は波長が長いので，障害物の裏側にもよくまわりこむ。また，テレビ電波は，波長がラジオ電波に比べ短いので，ラジオ電波よりもビルや山などの障害物の後方に届きにくい。

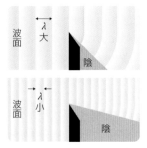

▲ 図 3-28　異なる波長の回折

E 固定端・自由端による反射

1 固定端での反射 図3−29のように，水平に張ったひもの端Bをひと振りして，1つの波（パルス波）をつくり，壁に固定した端Aに送ると，波は端Aで反射してもどってくる。このとき，端Aは固定されているから，波が到着しても動くことなくそこでの変位は常に0である。このように，媒質の端が固定され，波がきても変位できない場合，この端を**固定端**という。

固定端で，反射波の波形がどうなるかを考えてみよう。

パルス波が端Aに達したとき，ひもが続いていれば，パルス波の山はそのまま端Aを通過していく。しかし，端Aは固定されているため，変位AQを強制的に0にするような，点Qを端Aの向きに引っ張る力がはたらく。この力が原動力となって，ひもに反射波を生じさせることになる。これは，入射波による端Aの変位を常に打ち消すような仮想的な波（入射波と上下が反転している波）が，壁の後方から反対向きに進んできて入射波と干渉すると考えることができる。これが反射波になると考えるとたいへん理解しやすい。

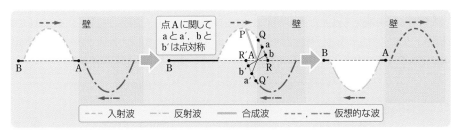

▲ **図 3-29** 固定端でのパルス波の反射

したがって，固定端での反射波は，入射波を端Aからそのまま延長した波（QR）を，固定端（端A）に関して点対称に移した波（Q′R′）となっている。固定端近くのひもで実際に見られる波は，これら入射波と反射波が重なりあった合成波PAである。

2 自由端での反射

図3−30のようにひもを鉛直につり下げ，パルス波の反射を考えてみよう。

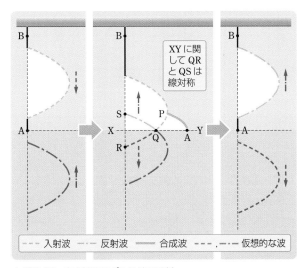

▲ **図 3-30** 自由端でのパルス波の反射

上端Bから下端A(自由に動ける状態になっている)にパルス波を送ると，波は下端Aで反射してもどってくる。このように，媒質の端が自由に変位できる場合，この端を**自由端**という。端Aに波が到達したとき，仮にひもが続いているとすると，端Aはその束縛を受けた変位をするはずである。ところが自由端ではこのような束縛はないから，ひもが続いている場合よりも大きく変位する。これは，入射波とまったく同じ形状の波が下から反対向きに進んできて，入射波と干渉し強めあうと考えるとうまく説明がつく。これが自由端での反射波になる。

　したがって，自由端での反射波は，入射波を端からそのまま延長した波(QR)を，自由端でのXYに関して線対称に移した波(QS)となっている。自由端の近くのひもで実際に見られる波は，入射波とこの反射波との重なりあった合成波PAとなる。

3 正弦波の反射　入射波が正弦波のときもパルス波と同様，固定端での反射波は，入射波を上下反転させたのち折り返して得られ，自由端での反射波は，入射波をそのまま折り返して得られる。これは，固定端では反射波の位相はπ〔rad〕変化し，自由端では変化しないと考えてもよい。

　入射波と反射波をそれぞれ描くと図3-31(a)のようになり，実際に観察される波は同図(b)のように定在波となる。固定端での変位は0，自由端での変位は2倍であるから，固定端は定在波の節になり，自由端は定在波の腹になる。節と節との間隔は半波長である。

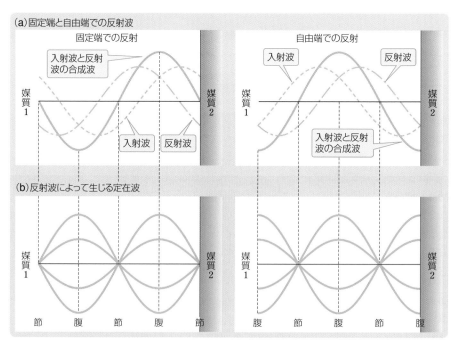

▲図3-31　反射波の位相と合成波

CHART 37 反射波の作図方法

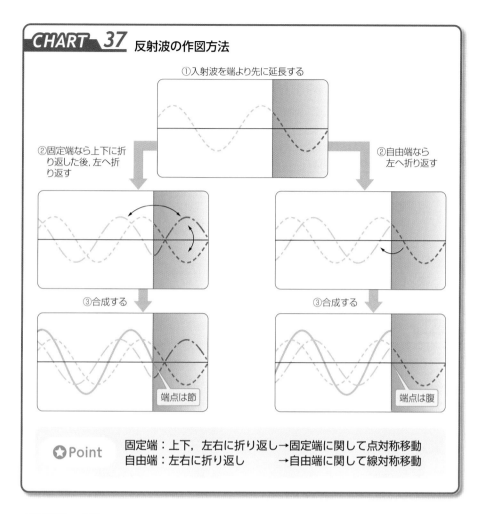

①入射波を端より先に延長する

②固定端なら上下に折り返した後, 左へ折り返す

②自由端なら左へ折り返す

③合成する

③合成する

端点は節

端点は腹

⭐Point

固定端：上下，左右に折り返し→固定端に関して点対称移動

自由端：左右に折り返し　　→自由端に関して線対称移動

CHART 37 ⭐Point

上の作図法によって求められる反射波は，結局，次のようになる。

入射波の波形を端より先にそのまま延長し，その部分を，点対称に移した波形が固定端での反射波となり（右図(a)），線対称に移した波形が自由端での反射波となる（右図(b)）。

自由端反射では位相のずれを生じないが，固定端反射では π [rad]の位相のずれを生じ，山（谷）は谷（山）となって反射される。

（注）　実際に観察される波形は，入射波と反射波の合成波の波形である。

(a)固定端

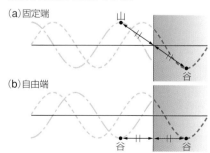

山

谷

(b)自由端

谷

谷

x軸の正の向きに連続的に伝わる振動数 0.25 Hz の正弦波（横波）が，$x = 8$ m の所の境界面を固定端として反射している。図1は，入射波の時刻 $t = 0$ s でのようすを1波長分だけ示している。y軸は媒質の変位（振幅 a〔m〕）を表している。次の問いに答えよ。ただし，波形を図にかく問題では，すでに，時刻 $t = 0$ s での波形を破線で示してあるので参考にせよ。

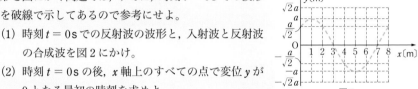

図1：時刻 $t=0$s での変位

(1) 時刻 $t = 0$ s での反射波の波形と，入射波と反射波の合成波を図2にかけ。

(2) 時刻 $t = 0$ s の後，x軸上のすべての点で変位 y が 0 となる最初の時刻を求めよ。

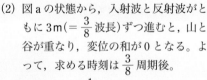

図2

(3) 入射波と反射波が重なりあう結果，定在波ができる。定在波の節の位置のすべてを，図に示した範囲で求め，x の値で答えよ。

(4) (3)の定在波について，腹の位置での振動の振幅と周期を求めよ。

考え方 (1) 固定端での反射波は，端から先に延長した波を上下，左右に折り返して（あるいは，固定端に関して点対称に移動して）得られる（→ **CHART 37** — ⭐ **Point**）。

(2) 固定端では，入射波の山または谷が反射面に来たとき，合成波の変位がすべての位置で 0 になる（自由端では合成波の振幅が最大になる）。

(3) 反射点は，固定端では節，自由端では腹になる。

解答 (1) 延長した波を上下に反転させた後，折り返したものが反射波になる。**図 a**

　この反射波と入射波を足すと合成波が得られる。**図 b**

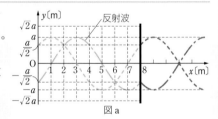

図 a

(2) 図 a の状態から，入射波と反射波がともに 3 m $\left(= \dfrac{3}{8} \right.$ 波長$\left. \right)$ ずつ進むと，山と谷が重なり，変位の和が 0 となる。よって，求める時刻は $\dfrac{3}{8}$ 周期後。

周期　$T = \dfrac{1}{0.25} = 4$ s　より

$$\dfrac{3}{8} T = \mathbf{1.5 s}$$

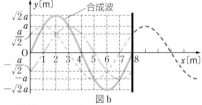

図 b

(3) 固定端は節になり，そこから半波長ごとに節が並ぶ。$x = \mathbf{0, 4, 8 m}$

(4) 定在波の腹の位置での振幅はもとの波の2倍，周期は同じである。

　振幅：$2a$（m），周期：4 s

第2章

音

1 音の伝わり方
2 発音体の振動と共振・共鳴
3 音のドップラー効果

1 音の伝わり方

A 音波

音が出ている太鼓の膜面を手のひらで触れると、前後に激しく振動していることがわかる。この振動が、膜面に接している空気を振動させ、それがまた隣の空気を振動させる。膜に接している空気は、膜が前方に変位したときは圧縮されて密に、後方に変位したときは膨張して疎になる。このように、物体が激しく振動すると、それに接した空気も振動し、その振動が疎密波（縦波）として伝わる。

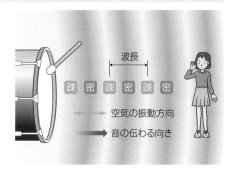

▲ 図 3-32　音の伝わるしくみ

これが**音波**である。

音波は、固体、液体、気体のいずれの中でも伝わるが、真空中では伝わらない。音波が伝わると、媒質の粒子は、音波の進行方向と同方向の振動をする。このとき、媒質の粒子はその位置を中心に振動するだけで、音波とともに移動するわけではない。実際に移動するのは、媒質の疎・密の状態だけである。

音波においても波の基本式（→ *p.206*）が成りたつ。すなわち、音波の波長を λ、周期を T、振動数を f、伝搬速度（進行速度）を v とすると

$$\lambda = vT \left(\text{または } v = \frac{\lambda}{T}\right), \quad v = f\lambda$$

$$f = \frac{1}{T}$$

の式が成りたつ。

B 音の要素

1 音の高低 自転車を後輪が自由に回転できるように立て、ペダルを踏んで車輪を回転させる。この車輪のスポークに紙片が触れると、紙片が振動して音が出る。車輪の回転を速くすると紙片の振動は激しくなって(振動数が増して)、音はしだいに高くなる。これからもわかるように、音の高低は音波の振動数の大小による。われわれの耳に感じる音の振動数の範囲は、およそ 20〜20000 Hz である。

> NOTE
> 高い音→振動数大
> 低い音→振動数小

（補足）振動数 20000 Hz 以上の音波を **超音波** という。超音波は波長が短いため直進性がよく、また水中での吸収が弱いので魚群探知機や音響測深機に利用される。

（補足）振動数が 2 倍の音を **1 オクターブ高い音** という。

2 音の強弱 音の強さは、音波の進む向きに垂直な単位面積を 1 秒間に通過する波のエネルギーで表される。波のエネルギー(→ p.208)で述べたように、これは音波を伝える媒質の周期運動による力学的エネルギーである。209 ページの(3・10)式から、密度の大きい媒質中ほど、また振幅・振動数の大きい音波ほど強い音となることがわかる。音の強さの単位には **デシベル**(記号 **dB**)がよく使われる。

（補足）振動数 1000 Hz の純音(振動数が単一の音で波形は完全な正弦波)で人が聞きとれる最小の音の圧力(20μPa)を 0 デシベルとする。1 m 離れたふつうの会話は 60〜65 デシベルくらいである。

3 音の大きさ 人が感じる音の大きさは複雑で、同じ強さ(同じデシベル)でも、振動数が異なると違った大きさに感じる。外部から伝えられる音波は鼓膜を振動させ、これが内耳を経て大脳に伝えられる。また、一定振動数の音波では振幅が大きいほど内耳に与える刺激が大きいから、音は大きく聞こえる。

音の大きさが一定限度をこえると騒音となる。騒音の単位には、振動数による影響を補正した音の強さである **フォン** も用いられる。

C 音の速さ

音の伝わる速さは、振動数や波長に関係なく、媒質の種類だけで決まる。乾燥している空気中の 0℃ での音の速さは 331.5 m/s で、温度が 1℃ 上がるごとに 0.6 m/s ずつ増す。したがって、温度 t〔℃〕での空気中での音の速さは次の式で表される。

$$V = 331.5 + 0.6t \, \text{(m/s)} \qquad (3 \cdot 24)$$

湿度が増しても音の速さは大きくなる。また、気体より液体、液体より固体中のほうが音の速さは大きくなる。表 3−1 に示すように、水中での音の速さは空気中の音の速さのおよそ 5 倍である。固体中の音の速さは物質によってかなりの差があるが、空気中での音の速さのおよそ 10 倍くらいである。

▼ 表 3-1 様々な媒質中での音の速さ

媒質	温度(℃)	速さ(m/s)
空気(乾燥)	0	331.5
ヘリウム	0	970
水蒸気	100	404.8
水素	0	1270
水	23〜27	1500
海水	20	1513
金(棒)	常温	2030
ガラス	常温	3000〜6000

温度 t〔℃〕の空気中を伝わる音の速さ V〔m/s〕が $V = 331.5 + 0.6t$ と表されるとする。20 Hz および 20000 Hz の音波の，温度 15℃の乾燥空気中における波長はいくらか。有効数字 2 桁で答えよ。

解答 音の速さ $V = 331.5 + 0.6 \times 15 = 340.5 \, \text{m/s}$ であるから

$$\lambda_{20} = \frac{340.5}{20} ≒ \mathbf{17\,m} \qquad \lambda_{20000} = \frac{340.5}{20000} ≒ \mathbf{1.7 \times 10^{-2}\,m}$$

D 音の反射・屈折・回折・干渉

1 音の反射 音が反射することは，山びこの現象からも知ることができる。音波がある媒質中を進み，異なる媒質との境界面に達すると，入射音波の一部は，境界面で反射の法則（→ p.221）にしたがって反射する。このことは，次の実験で確かめられる。2 個のメスシリンダーを用意し，その一方の底にスピーカーを入れ，他方の底にはマ

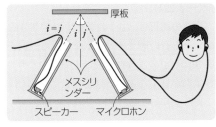

▲ 図 3-33 音波の反射実験

イクロホンを置いて音を観測できるようにする。図 3-33 のように，厚板に対して反射の法則が成りたつようにメスシリンダーをセットすると，スピーカーからの音がマイクロホンを通して聞こえるようになり，音が反射していることが確認できる。

広い部屋で音を出すと，反射音の往復によって弱い定在波が生じ，音が止んでも音がしばらくの間聞こえることがある。音楽ホールは，この**残響現象**によって音がまるみをもつように設計されている。

時速 72 km で走る自動車の前方に山がある。警笛を鳴らしたら 4 秒後にこだまが返ってきた。風は自動車の進む向きに 10 m/s で吹いていた。音の速さを 340 m/s として，こだまが返ってきたときの自動車と山との間の距離を有効数字 3 桁で求めよ。

解答 風が吹いているときのみかけの音の速さは，追い風のとき（音速＋風速），向かい風のとき（音速－風速）である。

求める距離を x〔m〕とすると，

72 km/h = 20 m/s であるから

$$\frac{x + 20 \times 4}{340 + 10} + \frac{x}{340 - 10} = 4 \qquad \text{ゆえに}^{▶1)} \quad x ≒ \mathbf{641\,m}$$

> 1) 通分して整理すると
> $330x + 350x$
> $= 4 \times 350 \times 330 - 80 \times 330$
> この式から x を求める。

2 音の屈折 一般の波と
同様に，音波も異なる媒質
の境界面に達すると，波の
屈折の法則

$$\frac{\sin i}{\sin r} = \frac{v_1}{v_2} = \frac{\lambda_1}{\lambda_2} = n_{12}$$

(→ p.223)にしたがって屈
折する。

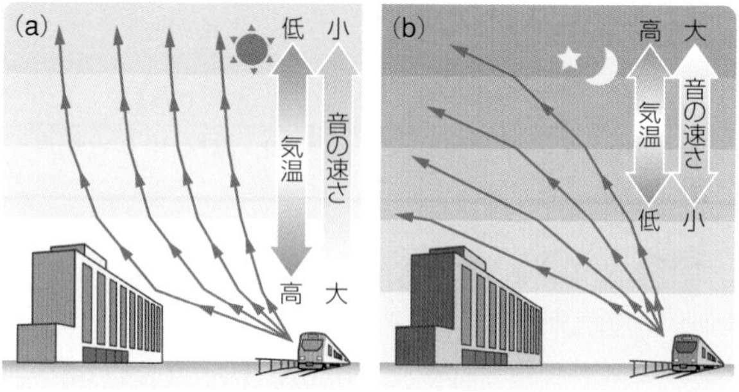

音の速さは空気中より水

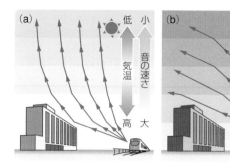

▲ 図 3-34　音波の屈折

中のほうが速いから，音が
空気から水に進むときには，入射点に立てた境界面の垂線から遠ざかるように屈折して進
む(→ p.224)。

音波の屈折は，1つの媒質中でも部分的に音の速さが異なれば起こる。つまり，温度が
高いほど音の速さは大きくなるから，例えば，日中のように上空ほど気温が低いときは，
図3−34(a)のように音波は上方へ曲がりながら進む。一方，晴れた夜など，地上に近いほ
ど気温が低くなるようなときは，同図(b)のように地上のほうへ曲がり，音は遠くまで聞
こえるようになる。

3 音の回折 障害物の大きさが音波の波長と同程度かそれ以下であると，音は障害物の
陰の部分にもよく届く。これは音の回折現象(→ p.225)のためである。

楽器や会話などの音波は，その波長が10cmから数mくらいであるから，かなり太い柱
や人体などの背後でも，それらがないときと同じように聞こえる。

音波をさえぎるための塀形防音壁の高さは，防ごうとする音波の波長より十分高くしな
ければあまり効果がない。

4 音の干渉 図3−35のように，2つのス
ピーカーA，Bを少し離して置き，同一の
振動数，振幅，位相の音を出すと，前方で
は，音がよく聞こえる所と聞こえない所が
できる。これは，波の干渉(→ p.214)と同
様に，2つの音源から出た音波の干渉によ
って，空気がよく振動する所とほとんど振
動しない所ができるからである。

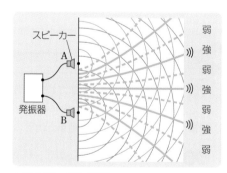

▲ 図 3-35　音波の干渉

また，図3−36(a)のように，鳴らしたお
んさを耳もとでゆっくりとまわすと，1回
転で4回の強弱の変化が聞こえる。これも，おんさの枝部から発する音波の干渉によって
生じる現象である。

おんさの振動は同図(b)のように，その先端部がともに外側に振れたり，内側に振れた

りする。外側に振れたときは，その外部の空気は一瞬押されて密部をつくり，反対に内部は膨張して空気は疎部となる。内側に振れたときはその逆となり，おんさの AB 方向とこれに垂直な方向に強い疎密波が送りだされる。このとき，AB 方向とこれに垂直に送りだされる音波の位相は π だけずれている（同図(c)）。このため，両者の波が干渉して弱めあう所が生じ，音は聞こえなくなる。

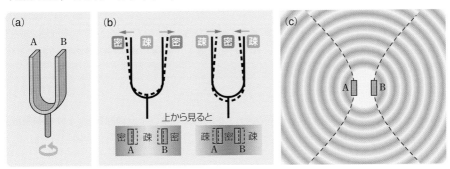

▲ 図 3-36　おんさによる音の干渉

E　うなり

　振動数がわずかに異なる 2 つのおんさを同時に鳴らすと，ウォーン，ウォーンというように，音の大小が周期的にくり返されて聞こえる。このような現象を**うなり**という。うなりは，振動数がわずかに異なる 2 つの音波が重なって，振幅が大きくなったり小さくなったりするために起こる。釣鐘のうなりは，釣鐘の異なる部分から生じる振動数のわずかに異なる音波の重なりによると考えられている。

　図 3-37 のように，振動数がわずかに異なる 2 つのおんさ A，B を同時に鳴らしたときに生じるうなりについて考えてみよう。

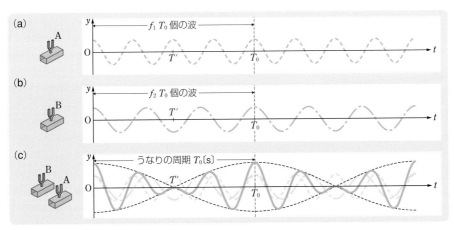

▲ 図 3-37　2 つのおんさによるうなり

図3-37(a)はAだけを鳴らした場合の，同図(b)はBだけを鳴らした場合の，耳もとでの空気の変位の時間変化を表し，また，同図(c)はA，Bを同時に鳴らした場合の合成波の時間変化を表している。2つの波は，時刻0では同位相で重なりあって強めあい(音は最大)，位相のずれが進んだ時刻T'では反対の位相で重なって弱めあう(音は最小)。さらに，振動が1回分だけずれた時刻T_0では，再び同位相で重なって強めあう。したがって，うなりは時間T_0〔s〕に1回聞こえる。

うなりが1回聞こえる時間(音の強弱を1回ずつ含む時間)T_0〔s〕をうなりの周期という。おんさA，Bの振動数をそれぞれf_1，f_2〔Hz〕とすると，T_0〔s〕の間のA，Bの波の数はそれぞれ$f_1 T_0$，$f_2 T_0$で，これらの差が1であるから

$$|f_1 T_0 - f_2 T_0| = 1 \qquad \text{ゆえに} \quad T_0 = \frac{1}{|f_1 - f_2|}$$

うなりは，T_0〔s〕の間に1回生じるので，1秒間に生じるうなりの回数(うなりの振動数)fは，$f = \dfrac{1}{T_0}$より，次のように表される。

$$f = |f_1 - f_2| \tag{3·25}$$

2つの音の振動数が一致したときはうなりが生じないので，基準になる音と楽器の音のうなりをもとにして楽器の調律を行うことができる。

参考 **音の干渉とうなり** 音の干渉は，同じ振動数，同じ振幅の2つの波が重なって，空間(媒質)内に強めあう場所と弱めあう場所ができる現象であるが，うなりは，異なる振動数，同じ振幅の2つの波が媒質の1点で重なって，その点で時間の経過とともに強弱をくり返す現象である。すなわち，干渉は音の強弱の場所による変化であり，うなりは音の強弱の時間による変化である。うなりの現象は，一般の干渉とは違ったタイプの波の干渉であるといえる。

補足 うなりの現象は音波の場合だけでなく，一般のどのような波動においても起こる。この場合にも(3·25)式が成りたつ。

重要 3-4

うなり

$$f = |f_1 - f_2| \tag{3·26}$$

 問題学習 ····· 104

振動数未知のおんさAを，振動数415HzのおんさBと同時に鳴らしたら，毎秒2回のうなりが聞こえ，Aを振動数420HzのおんさCと同時に鳴らしたら，毎秒3回のうなりが聞こえた。Aの振動数はいくらか。

解答 Aの振動数をf〔Hz〕とすると　$f = 415 \pm 2$　より　413または417である。
また　$f = 420 \pm 3$　より　417または423である。
よって，両者に共通な値をとって　$f = \textbf{417 Hz}$

A 弦の振動

1 弦の振動 両端を固定して張った弦の中央を指ではじくと，そこから横波が生じる。弦の両端は固定されているから，そこでは波の変位は起きず，反射に対して固定端となる。両端で発生した反射波はそれぞれ他の端に進行し，そこで再び反射する。このようにして，両端に対する入射波とそこからの反射波とが干渉し，図3−38(a)のような両端を節とする定在波ができる。また，端から弦の長さの $\frac{1}{2}$，$\frac{1}{3}$，……の点を指で軽くおさえて，その点と弦の端との中

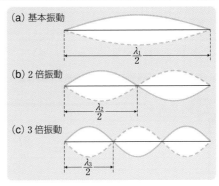

▲ 図3-38 弦の振動

央をはじくと，同図(b)，(c)のように，どれも両端を節とする定在波ができる。これらの定在波の波長は次のように求められる。

　弦の長さを l〔m〕とし，定在波の腹が m 個できるときの波長を λ_m〔m〕とすると，節と節との間隔が半波長 $\frac{\lambda_m}{2}$ で，その m 倍が弦の長さ l に等しいから

$$l = m \cdot \frac{\lambda_m}{2} \qquad ゆえに \quad \lambda_m = \frac{2l}{m} \quad (m = 1, 2, 3, \cdots\cdots) \tag{3·27}$$

2 弦の固有振動数 弦を伝わる横波の速さを v〔m/s〕とすると，弦に生じる定在波の振動数 f_m〔Hz〕は　$v = f_m \lambda_m$　より，

$$f_m = \frac{v}{\lambda_m} = m \cdot \frac{v}{2l} = m f_1 \quad (m = 1, 2, 3, \cdots\cdots) \tag{3·28}$$

のように表される。

　弦に定在波ができるのは，振動数が(3·28)式で表される特定の値を取る場合だけである。このように定在波になる振動を弦の**固有振動**といい，その振動数を**固有振動数**という。固有振動で，$m = 1, 2, 3, \cdots\cdots$ の場合をそれぞれ**基本振動**(図3−38(a))，**2倍振動**(同図(b))，**3倍振動**(同図(c))，……といい，そのとき生じる音をそれぞれ**基本音**，**2倍音**，**3倍音**，……という。

　弦から出る音は，これらの音の混合であるが，全体としての音の高さは基本振動の振動数で決まり，基本音の高さになる。また，はじく位置によって出る音の音色が変わるのは，倍音の混じり方の違いにより音の波形が異なってくるからである。

　弦の定在波では，腹と節の位置が固定され，一見波は進まないように見えるが，これは，進行波と端での反射波の合成波を見ているためである。

補足 一般に，音を区別して感じるための音の性質を音色という。

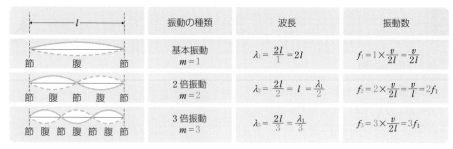

	振動の種類	波長	振動数
節　　腹　　節	基本振動 $m=1$	$\lambda_1=\dfrac{2l}{1}=2l$	$f_1=1\times\dfrac{v}{2l}=\dfrac{v}{2l}$
節　腹　節　腹　節	2倍振動 $m=2$	$\lambda_2=\dfrac{2l}{2}=l=\dfrac{\lambda_1}{2}$	$f_2=2\times\dfrac{v}{2l}=\dfrac{v}{l}=2f_1$
節 腹 節 腹 節 腹 節	3倍振動 $m=3$	$\lambda_3=\dfrac{2l}{3}=\dfrac{\lambda_1}{3}$	$f_3=3\times\dfrac{v}{2l}=3f_1$

▲ 図 3-39　弦の振動の波長・振動数と振動様式

重要　3-5

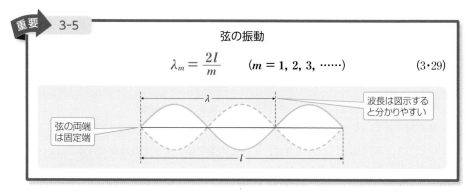

弦の振動

$$\lambda_m=\dfrac{2l}{m}\qquad (m=1,\ 2,\ 3,\ \cdots\cdots)\qquad(3\cdot29)$$

波長は図示すると分かりやすい

弦の両端は固定端

発展 **3 弦を伝わる横波の速さ**　弦を伝わる波の速さは弦を張る力が大きいほど，また，弦の単位長さ当たりの質量(**線密度**)が小さいほど大きくなる。

　弦を伝わる横波の速さ v〔m/s〕は，弦を張る力を S〔N〕，線密度を ρ〔kg/m〕とすると，次の式で表されることがわかっている。

$$v=\sqrt{\dfrac{S}{\rho}}\tag{3\cdot30}$$

　上式は，弦を張る力が強いと弦の復元力が大きく，短時間でもとにもどり波が速く伝わるが，弦の密度が大きいと慣性(→ p.47)によってもとにもどるのに時間がかかり，波の速さは遅くなることを意味している。

　また，(3・28)式の $f_m=m\cdot\dfrac{v}{2l}$ に，(3・30)式の v を代入すると，次の式のようになる。

$$f_m=\dfrac{m}{2l}\sqrt{\dfrac{S}{\rho}}\qquad(m=1,\ 2,\ 3,\ \cdots\cdots)\tag{3\cdot31}$$

　この式から，弦に生じる定在波の振動数は　① 弦の長さに反比例し，② 弦を張る力の平方根に比例し，③ 線密度の平方根に反比例する
ということがわかる。

補足　(3・30)式において，張力 S の単位は N = kg·m/s²(→ p.48)，線密度 ρ の単位は kg/m であるから，右辺の単位は $\sqrt{\dfrac{\mathrm{kg\cdot m/s^2}}{\mathrm{kg/m}}}=\sqrt{\dfrac{\mathrm{m^2}}{\mathrm{s^2}}}=$ m/s　となり，速さの単位と等しくなることが確認できる。

弦を張る力を S〔N〕とし，線密度を ρ〔kg/m〕とすると，弦を伝わる波の速さ v〔m/s〕は $v = \sqrt{\dfrac{S}{\rho}}$ で与えられる。

いま，質量 1.0×10^{-3} kg，長さ 1.0 m の一様な針金を，40 N の力で張り，弦をはじいて振動させた。次の各問いに答えよ。

(1) この弦を伝わる横波の速さはいくらか。

(2) 発生する基本音の振動数はいくらか。

(3) 3倍音の振動数はいくらか。

解答 (1) 弦を張る力　$S = 40$ N

線密度　$\rho = \dfrac{1.0 \times 10^{-3}}{1.0} = 1.0 \times 10^{-3}$ kg/m

ゆえに　横波の速さ　$v = \sqrt{\dfrac{S}{\rho}} = \sqrt{\dfrac{40}{1.0 \times 10^{-3}}} = \mathbf{2.0 \times 10^2}$ **m/s**

(2) $l = 1.0$ m であるから　$f_1 = \dfrac{v}{2l} = \dfrac{2.0 \times 10^2}{2 \times 1.0} = \mathbf{1.0 \times 10^2}$ **Hz**

(3) 3倍音の振動数　$f_3 = 3f_1 = 3 \times 1.0 \times 10^2 = \mathbf{3.0 \times 10^2}$ **Hz**

基礎 B　気柱の振動

1 気柱の振動　クラリネットやフルートなどの管楽器は，管の中の空気を振動させて音を出している。管楽器などのような細長い管の，内部にある空気のことを **気柱**（空気柱）という。管楽器ではこの気柱が音源となり，弦楽器での弦と同じようなはたらきで音を出している。ま

> **NOTE**
> 気柱の種類
> 　閉管：一端が閉じた管
> 　開管：両端が開いた管

た，音源としての管で，一端が閉じた管を **閉管** といい，両端が開いた管を **開管** という。

　管口から息を吹きこむと，管口での空気の振動が，管内の気柱に縦振動（管の軸方向の振動）として伝わる。この縦波が気柱の両端で反射し，弦の場合と同様に，入射波と反射波が重なりあう。

　もし，気柱の長さが定在波をつくる条件を満足していれば，気柱に縦波の定在波ができ，長続きする振動になる。これを **気柱の振動** という。この場合，空気が動けない閉口端（管底）は固定端となり，定在波の節となる。また，空気が自由に動ける開口端（管口）は自由端となり，定在波の腹ができる。気柱の定在波の図示には，便宜上，縦波の変位を 90° 回転して，横波の定在波と同じように表すことが多い。

　閉管，開管の気柱には，ともに，特定の振動数の定在波だけができる。この振動を **気柱の固有振動** といい，その振動数を **固有振動数** という。

2 閉管の振動　この場合には，閉端を節とし開端を腹とする振動のみが可能である。管長を l〔m〕，基本振動の波長を λ_1〔m〕とすると，$l = \dfrac{\lambda_1}{4}$ となる。

倍振動では，節が1つ増すごとに気柱内にある波の数は半波長ずつ増す。したがって，固有振動の波長を λ_m〔m〕とすると，一般に次の式が成りたつ。

$$m \cdot \frac{\lambda_m}{4} = l \quad \text{または} \quad \lambda_m = \frac{4l}{m} \qquad (m = 1,\ 3,\ 5,\ \cdots\cdots) \tag{3·32}$$

管内気体中の音の速さを V〔m/s〕とすると，振動数 f_m〔Hz〕は次の式で表される。

$$f_m = \frac{V}{\lambda_m} = m \cdot \frac{V}{4l} = m f_1 \qquad \left(f_1 = \frac{V}{4l},\ m = 1,\ 3,\ 5,\ \cdots\cdots \right) \tag{3·33}$$

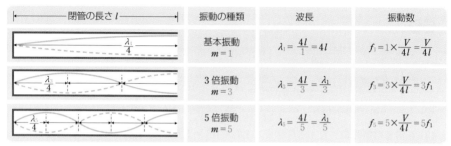

▲ 図 3-40　閉管の振動の波長・振動数と振動様式

3 開管の振動　この場合には，両端を腹とする振動のみが可能である。基本振動は中央に1つの節をもつので，半波長が管長に等しくなり，$\dfrac{\lambda_1}{2} = l$ である。倍振動では波の数が半波長ずつ増えるから，一般に次の式が成りたつ。

$$m \cdot \frac{\lambda_m}{2} = l \quad \text{または} \quad \lambda_m = \frac{2l}{m} \qquad (m = 1,\ 2,\ 3,\ \cdots\cdots) \tag{3·34}$$

振動数 f_m は次の式で表される。

$$f_m = \frac{V}{\lambda_m} = m \cdot \frac{V}{2l} = m f_1 \qquad \left(f_1 = \frac{V}{2l},\ m = 1,\ 2,\ 3,\ \cdots\cdots \right) \tag{3·35}$$

補足　気柱では通常，基本振動も倍振動も同時に発生するが，管の断面積が大きいときは倍振動は起こりにくく，細い管の場合には倍振動が起こりやすい。

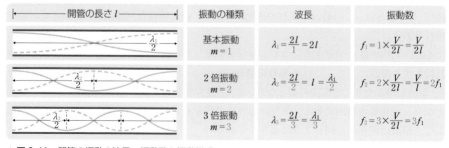

▲ 図 3-41　開管の振動の波長・振動数と振動様式

4 開口端補正　実験によると，図3−42のように，開端よりわずか外に出た所が腹になっていることが知られている。よって，厳密には(3・32)，(3・34)式中の *l* としては，管長よりわずかに大きい値，例えば閉管のときは *l* + Δ*l* とするべきである。この開端より腹までの距離 Δ*l* を **開口端補正** という。

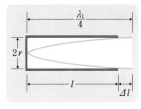

▲ 図 3-42　開口端補正

　Δ*l* は管口の半径 *r* に比例し，Δ*l* = *kr* となる。比例定数 *k* は管口の形によって異なるが，普通の円筒管では 0.6 くらいである。同じ長さの太い管と細い管とでは，細い管のほうが実質的な管長は短いので，それらの2つを鳴らしてみると，細い管のほうが高い音を出すことがわかる。

注意 開口端補正は，問題によっては考えない(無視する)ことも多いので，問題文をよく読むなど注意が必要である。

5 気柱の密度・圧力変化　管内の気柱の縦振動の腹では，音波の媒質である気体分子の運動は最も活発で，振幅が最も大きいが，腹点付近の媒質が全体として管の長さの方向に同時に同じ向きに動く振動をするから，密度と圧力の変化はない。

　これに反し，節点の気体分子は少しも動かず，振幅は0であるが，ここへ隣接部の気体が同時に寄せたり(圧力大)，引いたり(圧力小)するので，密度と圧力の変化は最も激しくなる。つまり

　　媒質の変動の腹(節)
　　が密度・圧力変化の
　　節(腹)に対応

する。すなわち，気柱内の圧力は，外気に接する開端(腹の位置)では，変動せずに大気圧に保たれ，また，閉端(節の位置)では，大気圧を中心として，上下に変動している(図3−43)。

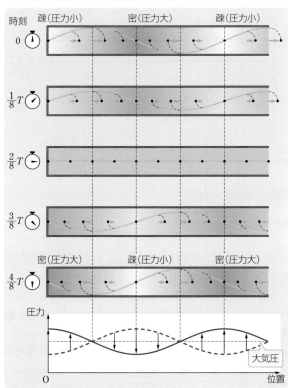

▲ 図 3-43　腹と節における振幅と圧力

気柱の振動

$$閉管のとき \quad \lambda_m = \frac{4l}{m} \quad (m = 1, 3, 5, \cdots\cdots) \quad\quad (3\cdot36)$$

$$開管のとき \quad \lambda_m = \frac{2l}{m} \quad (m = 1, 2, 3, \cdots\cdots) \quad\quad (3\cdot37)$$

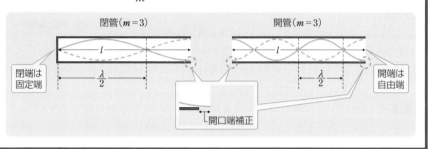

閉管($m=3$)　　　　　　　　　開管($m=3$)

閉端は固定端　　　$\dfrac{\lambda}{2}$　　開口端補正　　$\dfrac{\lambda}{2}$　　開端は自由端

問題学習 …… 106

長さ 18.0 cm のメスシリンダーの口から息を吹きこんだとき，発生する基本音の振動数はいくらか。
ただし，開端の部分が腹になっているとし，音の速さを 340 m/s とする。

解答 閉管の場合の基本音であるから，管の長さを l [m]，波長を λ [m] とすると

$$l = \frac{\lambda}{4} \quad より \quad \lambda = 4l = 4 \times 0.180 = 0.720\,m$$

ゆえに　振動数 $f = \dfrac{V}{\lambda} = \dfrac{340}{0.720} \fallingdotseq \mathbf{4.72 \times 10^2\,Hz}$

基礎 C 共振・共鳴

1 共振・共鳴 子供を乗せたブランコを少し引いてはなすと，ブランコは一定の周期，つまり，一定の振動数でゆれ動く。ブランコのゆれを大きくしたいときは，この振動数に合わせ，子供の背中を周期的に押してやればよい。押し方が不規則な場合には，ゆれを止めてしまうこともある。

このように，振動体を自由に振動させたときの振動を **固有振動** といい，そのときの振動数を **固有振動数** という。

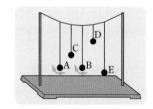

▲ 図 3-44 振り子の共振

その固有振動の周期に合わせて，振動体に周期的に変化する外力を加えると，小さな力でも振動を始める。このような現象を **共振** または **共鳴** という。

図 3-44 のように，横に張ったひもから，長さが等しい振り子 A，B と長さが異なる振り子 C 〜 E をつるす。いま，振り子 A だけを，ひもに直角の方向に振動させると，それ

に伴ってひもが振動し，この振動がほかの振り子の支点をゆり動かすようになる。

このとき，振り子Aと同じ固有振動数をもつ振り子Bは，共振して振動を始め，しだいに大きくゆれだすが，固有振動数が異なるほかの振り子では，この現象は起こらない。

> **補足** A～Eのような単振り子(糸に小球をつるした振り子)の周期は，振幅(小さい場合)や小球の質量によらず，振り子の長さのみで決まる。

> **補足** 力学的な振動現象のみを取り扱うときは共振といい，音を伴う場合には共鳴ということが多い。また，電気的振動のときは同調という。

2 おんさの共鳴 図3-45のように，振動数が等しい2つのおんさを並立し，その一方のおんさAをやわらかい槌で打って振動させ，しばらくしてAをおさえてその振動を止めると，他方のおんさBが鳴っていることがわかる。この現象は，おんさAの振動によって同じ振動数の音波が発生し，

▲図 3-45　2つのおんさの共鳴

これがBに伝搬してBを振動させることに起因する。図のように，おんさを立てた木箱(**共鳴箱**)は，生じる音を強めるはたらきをする。おんさの振動は箱の板に伝わり，板の振動は箱の中の気柱に伝わる。気柱の振動数がおんさの振動数に等しいか，近いときは共鳴の度合も大きくなる。

このように，共鳴現象は1つの振動体が固有振動数が同じほかの振動体に振動のエネルギーを伝える現象ともいえる。

> **補足** 共鳴箱をつけると，おんさのエネルギー消費が早くなり，大きな音が出る代わりに，おんさは早く減衰してしまう。共鳴箱をつけないと，おんさはかなり長く鳴りつづける。

3 気柱の共鳴 図3-46の装置でおんさを鳴らし，底板Cを管口からしだいに遠ざけていくと，気柱の固有振動数がほぼおんさの振動数に等しくなる所で，気柱はおんさに共鳴して鳴りだす。このような隣りあう2つの底板の位置A，B間の距離sは，半波長$\dfrac{\lambda}{2}$である。管内の空気中の音の速さをVとすると，おんさの振動数fは，次の式で表される。

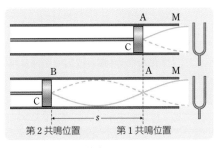

▲図 3-46　気柱の共鳴

$$f = \frac{V}{\lambda} = \frac{V}{2s} \tag{3·38}$$

$\dfrac{s}{2}\left(=\dfrac{\lambda}{4}\right)$から，AM(Mは開端)を引いた差$\Delta l$が，開口端補正になる。

図のような，水面の高さを調節して気柱の長さ l を変化させることができるガラス管がある。振動数 f のおんさをガラス管の管口付近で鳴らしながら，ガラス管内の水面を管口からしだいに下げていくと，$l = l_1$ のときに最初の共鳴が起こり，$l = l_2$ のときに2回目の共鳴が起こった。

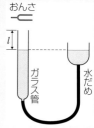

(1) このときの空気中の音の速さ V を求めよ。

(2) 共鳴が生じているとき，音波は定在波になっている。

  このとき，開口端付近における振動の腹は，開口端の外側にある。開口端からその腹の位置までの距離 Δl (開口端補正)を求めよ。

(3) 2回目の共鳴が起こっているとき，空気の疎密の変化が最も激しいのは，管口からいくらの距離の所か。次の①～⑥の中から1つ選べ。

  ① 0　② l_1　③ $2l_1$　④ 0と $2l_1$　⑤ l_1 と $2l_1$　⑥ l_1 と l_2

(4) 3回目の共鳴が起こるときの気柱の長さ l_3 を，l_1 と l_2 で表せ。

(5) 気温が下がると，共鳴するときの管口から水面までの長さ l_1, l_2 はどう変わるか。次の①～⑤の中から1つ選べ。

  ①両方とも短くなる　　②両方とも変わらない　　③両方とも長くなる

  ④ l_1 のみ短くなる　　⑤ l_2 のみ長くなる

考え方　(1) 閉管の気柱の共鳴になるから，水面が定在波の節となる所で共鳴する。波長を λ とすると，節と節の間隔は $\dfrac{\lambda}{2}$ であるから，$l_2 - l_1 = \dfrac{\lambda}{2}$ となる。開口端補正があるから，$l_1 = \dfrac{\lambda}{4}$ としてはいけない。

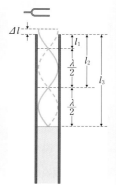

(3) 空気の疎密の変化は，節の位置で最も大きく，腹の位置では変化がない(腹の位置の密度は常に外部の空気と同じになっている)。

(5) 気温が下がると，音の速さ V は小さくなるが，気柱の振動数 f には変化がないので，$V = f\lambda$ より波長 λ が短くなる。

解答　(1) $l_2 - l_1 = \dfrac{\lambda}{2}$　より　$\lambda = 2(l_2 - l_1)$　　ゆえに　$V = f\lambda = \boldsymbol{2f(l_2 - l_1)}$

(2) 上図より　$l_1 + \Delta l = \dfrac{\lambda}{4}$　　よって　$\Delta l = \dfrac{\lambda}{4} - l_1$

  (1)の λ の値を代入して　$\Delta l = \dfrac{l_2 - l_1}{2} - l_1 = \boldsymbol{\dfrac{l_2 - 3l_1}{2}}$

(3) **⑥**　　(4) 上図より　$l_3 = l_2 + \dfrac{\lambda}{2} = l_2 + (l_2 - l_1) = \boldsymbol{2l_2 - l_1}$

(5) **①**　Δl は一定であり，λ が短くなるので，l_1, l_2 ともに短くなる。

A ドップラー効果

救急車のサイレンの音は，救急車が近づくときは高く聞こえ，遠ざかるときは低く聞こえる。また，電車に乗って聞く踏切の警報機の音は，電車が踏切に近づくときは高く聞こえ，遠ざかるときは低く聞こえる。このように，音源や観測者が動くことによって，音源の振動数(音の高さ)と異なった振動数の音が観測される現象を**ドップラー効果** という。

ドップラー効果はすべての波動で起こる現象である。図3-47は，水槽で波源を動かしたときの波面のようすを示したもので

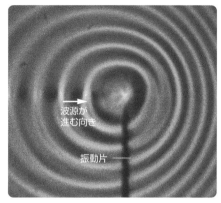

▲図3-47　水面波のドップラー効果

ある。波面の間隔は波源の進む前方では狭くなり，後方では広くなる。

したがって，前方では波長が短くなって振動数が大きくなり，後方では波長が長くなって振動数が小さくなる。

B 音源が動く(観測者は静止)場合

図3-48のように，音源Sが静止している観測者Oに向かって直線上を進む場合を考える。このとき，音源の出す音波の振動数をf〔Hz〕，波長をλ〔m〕，音の速さをV〔m/s〕とし，音源は最初Sにあり，速度u_S〔m/s〕$(u_S < V)$で進み，1秒後にS′にきたとする。また，この間に音源はf個の波を出し，最初に出た波は図のAに達しているとすると，S′Aの間にf個の波があることになる。

よって，この波の波長λ'〔m〕は次の式で表される。

$$\lambda' = \frac{SA - SS'}{f} = \frac{V - u_S}{f}$$

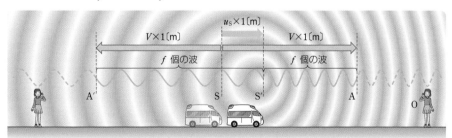

▲図3-48　音源が動く場合のドップラー効果

$f = \dfrac{V}{\lambda}$ であるから，これを λ' の式に代入すると

$$\lambda' = \lambda\left(1 - \frac{u_{\mathrm{S}}}{V}\right) \tag{3・39}$$

となり，波長は $\lambda' < \lambda$ であることがわかる。

　つまり，観測者が観測する音波の波長は短くなる。

　また，観測される音波の振動数 f'〔Hz〕は次の式で表される。

$$f' = \frac{V}{\lambda'} = \frac{V}{V - u_{\mathrm{S}}} f \tag{3・40}$$

$V > V - u_{\mathrm{S}}$ だから，振動数は $f' > f$ と大きくなるので，音は高く聞こえる。

　音源が遠ざかる場合は，音源が近づくときの速度 u_{S} を負（$-u_{\mathrm{S}}$）にすればよい。

$$\lambda' = \lambda\left(1 + \frac{u_{\mathrm{S}}}{V}\right), \quad f' = \frac{V}{V + u_{\mathrm{S}}} f \tag{3・41}$$

　このとき，振動数は $f' < f$ と小さくなるので，音は低く聞こえる。

C　観測者が動く（音源は静止）場合

　静止している音源 S から出る音波の波長は変わらないが，動いている観測者 O の聞く音波の振動数は変わって聞こえる。

　音源の出す音波の振動数を f〔Hz〕，波長を λ〔m〕，観測者の速度を u_0〔m/s〕とし，音の速さを V〔m/s〕（$u_0 < V$）とする。また，図 3−49 のように，音源の位置を S，観測者の最初の位置を O とし，観測者が音源から遠ざかって 1 秒後に O′ の位置にきたとする。そして，最初 O を通過した波が，この間（1 秒間）に進んだ先端の位置を A とすると，観測者が聞く音波の数は O′A の中にあるだけである。したがって，観測者の聞く音波の振動数 f'〔Hz〕は，$f' = \dfrac{\mathrm{O'A}}{\lambda}$ となり，$V = f\lambda$ を用いて次のように表される。

$$f' = \frac{\mathrm{O'A}}{\lambda} = \frac{\mathrm{OA} - \mathrm{OO'}}{\lambda} = \frac{f}{V}(\mathrm{OA} - \mathrm{OO'}) = \frac{V - u_0}{V} f \tag{3・42}$$

　このとき，振動数は $f' < f$ と小さくなるので，音は低く聞こえる。

　観測者が音源に近づく場合は，遠ざかるときの速度 u_0 を負（$-u_0$）にすればよい。

$$f' = \frac{V + u_0}{V} f \tag{3・43}$$

振動数は $f' > f$ と大きくなるので，音は高く聞こえる。

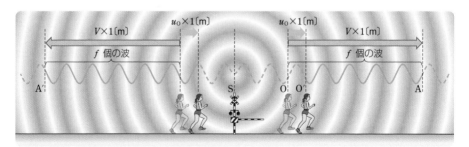

▲ 図 3-49　観測者が動く場合のドップラー効果

音と同じ向きに速さ u_0 で進む観測者は，音の速さを $V - u_0$ と観測し，逆向きに進む場合は，$V + u_0$ と観測する。したがって，このみかけの音の速さを使うと，観測者の聞く音波の振動数は

$$f' = \frac{V \mp u_0}{\lambda} = \frac{V \mp u_0}{V} f$$

となり，前の2式と同じ式が得られる。

D 音源も観測者も動く場合

音源も観測者もともに同一直線上を動くとき，音源から観測者に向かう向きを正の向きにとる。音源から出た音波の波長は，音源の運動により $\lambda' = \dfrac{V - u_S}{f}$ 〔m〕となる。また，観測者の運動により振動数は $f' = \dfrac{V - u_0}{\lambda'}$ 〔Hz〕に変わる。したがって，観測者が聞く音波の振動数は次の式のようになる。

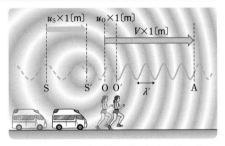

▲図 3-50 音源も観測者も動く場合のドップラー効果

$$f' = \frac{V - u_0}{\lambda'} = \frac{V - u_0}{V - u_S} f \tag{3·44}$$

上式は，図3-50のように，音源Sと観測者Oとが同一直線上を同じ向きに進み，OがSの前方にいる場合を標準と考え，SとOの運動が標準の場合でないときでも，条件に応じて音源の速度 u_S および観測者の速度 u_0 の正負の符号を変えて，いろいろな場合に適用することができる。

問題学習 ····· 108

速さ 26.0 m/s で走る自動車が，振動数 800 Hz の警笛を鳴らした。この自動車と逆向きに速さ 16.0 m/s で進んでくる自動車に乗っている人は，すれ違う前と後でどのような振動数の音を聞くか。

ただし，音の速さを 340 m/s とする。

解答 近づくときは $u_S = 26.0$ m/s, $u_0 = -16.0$ m/s であるから，自動車に乗っている人が観測する振動数 f'〔Hz〕は

$$f' = \frac{340 + 16.0}{340 - 26.0} \times 800 ≒ 907 \, \text{Hz}$$

遠ざかるときは $u_S = -26.0$ m/s, $u_0 = 16.0$ m/s であるから，自動車に乗っている人が観測する振動数 f''〔Hz〕は

$$f'' = \frac{340 - 16.0}{340 + 26.0} \times 800 ≒ 708 \, \text{Hz}$$

1 固定反射板の場合 板面に対して音源の対称点(鏡像点)に同じ振動数の別の音源があり，実際の音源と反対の向きに運動しているとすると，ドップラー効果の式をそのまま適用することができる。

例えば，板に向かって進む音源の振動数を f，その速さを u_S，音の速さを V，静止している観測者の聞く反射音の振動数を f' とすると

$$f' = \frac{V}{V - u_S} f$$

となる。

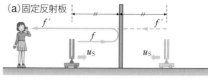
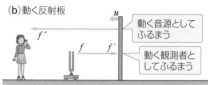

▲図 3-51 反射板がある場合のドップラー効果

2 動く反射板の場合 まず，板を動く観測者と考えて，板面の受ける音の振動数を求める。板はこの振動数の音をすぐ送りかえすから，次に，板を動く音源と考えて，観測者に届く音の振動数を求める。例えば，静止している音源に向かって進んでくる板の速度を u，音源の振動数を f とすると，板の受ける音の振動数は

$$f' = \frac{V + u}{V} f$$

である。この振動数をもった音源(板)が，u の速度で，静止している観測者に近づくと考えると，観測者の聞く反射音の振動数は

$$f'' = \frac{V}{V - u} f' = \frac{V + u}{V - u} f \tag{3·45}$$

となる。

基物 F 風があるときのドップラー効果

音の速さを V，風の速さを w とする。音波の進む向きに風が吹けば，みかけの音の速さは $V + w$ となる。このときのドップラー効果の式は次のようになる。

$$f' = \frac{(V + w) - u_O}{(V + w) - u_S} f \tag{3·46}$$

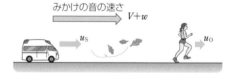

▲図 3-52 風が吹く場合

音波と逆の向きに風が吹く場合は，みかけの音の速さは $V - w$ となるので

$$f' = \frac{(V - w) - u_O}{(V - w) - u_S} f \tag{3·47}$$

となる。

1 音源が斜めに動く場合 図3-53のように，音源Sと観測者Oを結ぶ直線の方向（視線方向という）へのSの速度成分が，Oに近づく（あるいは遠ざかる）速さを表す。図では，S（速度u_S）が地点Aを通過するときに出した音がOに届く場合を示し，この瞬間，AO方向では，Sは速さ$u_S\cos\theta$でOに近づいている。

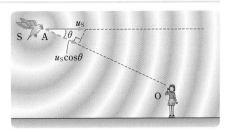

▲図 3-53 音源が斜め方向に動く場合

したがって，AO方向からOに届く音の振動数f'は，（3・40）式（→ p.246）で，u_Sを$u_S\cos\theta$に置きかえて

$$f' = \frac{V}{V - u_S\cos\theta}f \tag{3・48}$$

となる。

2 観測者が斜めに動く場合 図3-54のように，直線SO方向へのOの速度成分が，Sから遠ざかる（あるいは近づく）速さを表す。図では，O（速度u_O）が地点Bを通過する瞬間を示し，このとき，SB方向では，Oは速さ$u_O\cos\theta$でSから遠ざかっている。

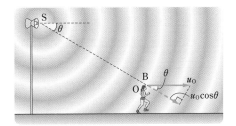

▲図 3-54 観測者が斜め方向に動く場合

したがって，SB方向からOに届く音の振動数f'は，（3・42）式（→ p.246）で，u_Oを$u_O\cos\theta$に置きかえて

$$f' = \frac{V - u_O\cos\theta}{V}f \tag{3・49}$$

となる。

参考 **衝撃波**

図3-55のように，音源の速さuが音の速さVより大きい場合（$u > V$），現在の音源の位置（図中S_3）は，過去の位置（図中S_1，S_2）で出された音波の波面より先に進むことになり，いままでの議論が成りたたなくなる。この場合，各点で過去に出された波面は，すべてS_3を頂点とする円すい面上に到達しており，この円すい面

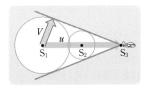

▲図 3-55 衝撃波

では，媒質が激しく圧縮され非常に密度が高くなる。この高密部分が音の速さで媒質中を伝わり，**衝撃波**といわれる音波となる。

uとVの比$M = \dfrac{u}{V}$を**マッハ数**（マッハ；オーストリアの物理学者）といい，ジェット機やロケットの速さを表すのに用いられる。

CHART 38 ドップラー効果

$$f' = \frac{V - u_O}{V - u_S} f \qquad (3 \cdot 50)$$

(u_O：観測者の速度，u_S：音源の速度)

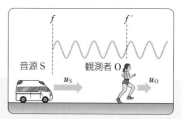

音源 S　　　観測者 O

覚え方　観測者が上，音源が下。

⚠ミス注意　速度の符号に注意！　音の伝わる向き（音源→観測者）が正。

⭐Point　計算したら結果を確認。両者が近づくときは大きい振動数，遠ざかるときは小さい振動数になる。

さらに詳しく1　反射板がある場合：観測者として音波を受け，音源として音波を送り出す。

さらに詳しく2　風が吹く場合：音の速さを $V \pm w$（w は風の速さ）で置きかえる。

さらに詳しく3　斜め方向のドップラー効果：音源，観測者を結ぶ直線の方向の速度成分のみで考える。

CHART 38 覚え方

音源 S の運動によって短縮された波長 λ'

$$\lambda' = \frac{V - u_S}{f} \qquad \cdots\cdots ①$$

観測者 O の運動による振動数の変化

$$f' = \frac{V - u_O}{\lambda'} \qquad \cdots\cdots ②$$

①，②式から　$f' = \dfrac{V - u_O}{V - u_S} f$

と導出されている。公式丸暗記ではなく，成りたちを十分に理解した上で覚えたい。u_O, u_S の扱いにミスが多いので，次のように覚えておくとよい。

> **NOTE**
> 観測者 O（**O**bserver）が **over**（上（分子））
> 音源 S（**S**ource（源））が **sub**（下（分母））

CHART 38 ⚠ミス注意

この公式は，u_S, u_O の符号が音の伝わる向き（S→O の向き）を正として成りたっており，符号を間違えると第一歩からつまずくことになる。u_S, u_O の符号の決定には十分に注意したい。反射板を含む場合には，板が観測者・音源を兼ねる上，さらに音の伝わる向きも変わるので，特に注意を払いたい。

CHART 38 ⭐Point

救急車 S が近づくとき，対向する車 O では最も高い音を聞く。これは，S, O ともに相手に近づく場合である。u_S, u_O を速さのみを考えて，ともに正の数とすると，これは，分子が最も大きい（$V + u_O$），分母が最も小さい（$V - u_S$）となることになる。

よって，f' が最も大きくなり

$f' = \dfrac{V + u_0}{V - u_S} f$ となる。この式をもとにして，一方が遠ざかる向きに動くときは，**分子では引き，分母では加え**ればよい。すべての場合を含めれば

$$f' = \dfrac{V \pm u_0}{V \mp u_S} f \quad (u_0, \; u_S \text{ は正の数})$$

となる。これを計算に用いてもよいし，また，符号を用いた場合のチェックにも使える。

反射板がある場合については p.248 参照。

風が吹く場合については p.248 参照。

斜め方向のドップラー効果については p.249 参照。

問題学習 …… 109

図のように，振動数 684 Hz の音源 S が 2 m/s の速さで反射板 R に垂直に近づいている。R が静止しているとき，S の後方に静止している観測者 O にうなりが聞こえた。音の速さを 340 m/s とし，風はないものとする。

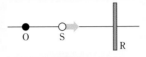

(1) S から直接 O に届く音の振動数 f_1〔Hz〕はいくらか。

(2) R で反射して O に届く音の振動数 f_2〔Hz〕はいくらか。

(3) O が聞くうなりの振動数（1 秒間のうなりの回数）n〔Hz〕はいくらか。

(4) この後，ある速さで R を右方に移動させたところ，O が聞くうなりはまったく観測されなくなった。このときの R の速さ v〔m/s〕はいくらか。

考え方 S の速さを $u\,(= 2\,\text{m/s})$ とする。

(1) S → O の向きが正となるので $u_S = -u$

(2) S → R の向きが正となるので $u_S = u$

（→ CHART 38 — ⚠ミス注意）。R は静止しており，反射による振動数変化はない。

(4) R は動く観測者として音波を受け，次に，動く音源として音波を送り出す（→ CHART 38 — さらに詳しく1）。

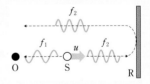

解答 (1) $f_1 = \dfrac{V}{V - (-u)} f = \dfrac{V}{V + u} f = \dfrac{340}{340 + 2} \times 684 = \mathbf{680\,Hz}$

(2) $f_2 = \dfrac{V}{V - u} f = \dfrac{340}{340 - 2} \times 684 \fallingdotseq \mathbf{688\,Hz}$

(3) $n = f_2 - f_1 = \mathbf{8\,Hz}$

1) 通分して整理すると
$(V + v)(V - u)$
$\qquad = (V + u)(V - v)$
展開して整理すると $v = u$ が得られる。

(4) 観測者として R が受ける音 $f_2' = \dfrac{V - v}{V - u} f$

O が新音源 R から受ける音 $f_3 = \dfrac{V}{V + v} f_2' = \dfrac{V}{V + v} \cdot \dfrac{V - v}{V - u} f$

うなりが消えたので，$f_1 = f_3$ より $\dfrac{V}{V + u} f = \dfrac{V}{V + v} \cdot \dfrac{V - v}{V - u} f$ ▶1)

ゆえに $v = u = \mathbf{2\,m/s}$

図のように，直線状線路 A_1A_2 と直線状道路 B_1B_2 が踏切 C で直交している。いま，電車が $30.0\,\text{m/s}$ の速さで A_1 から A_2 の方向に向かって走行している。電車の警笛の振動数を $700\,\text{Hz}$，音の速さを $340\,\text{m/s}$，無風状態として，次の問いに答えよ。答えは有効数字 3 桁まで求めよ。

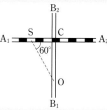

(1) 踏切 C で静止している人が，近づいてくる電車の警笛を 2.75 秒間聞いた。この場合，電車の運転手は警笛を何秒鳴らしたか。

(2) 図において，電車が点 S にさしかかったとき，警笛を鳴らした。

  (a) この警笛を道路の点 O にいる人が聞いた。直線 SO が A_1A_2 となす角は $60°$ である。この人が聞いた警笛の振動数 $f_1\,[\text{Hz}]$ はいくらか。

  (b) B_1 から B_2 の方向に向かって $15.0\,\text{m/s}$ の速さで走行する自動車がある。この自動車の運転手が，ちょうど点 O を通過するときに，この警笛を聞いた。運転手が聞いた警笛の振動数 $f_2\,[\text{Hz}]$ はいくらか。

考え方 (1) 音の速さを $V\,[\text{m/s}]$，電車の速さを $u_S\,[\text{m/s}]$，警笛を鳴らしていた時間を $T\,[\text{s}]$ とすると，鳴らし終えた時点で，電車は C に対して $u_S T\,[\text{m}]$ だけ近い位置にあるので，音が距離 $u_S T\,[\text{m}]$ を通過する時間 $\dfrac{u_S T}{V}\,[\text{s}]$ だけ，C にいる人には警笛の時間が短く聞こえる。

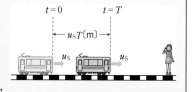

(2) 音源や観測者が斜め方向に動く場合は，音源と観測者を結ぶ方向の速度成分のみを考えて式を立てる（→ **CHART 38** — 詳しく 3）。

解答 (1) $T - \dfrac{30.0\,T}{340} = 2.75$　ゆえに　$T \fallingdotseq \textbf{3.02\,s}$

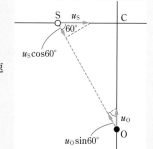

(2) (a) 音源の速度の SO 方向の成分は

$$u_S \cos 60° = 30.0 \times \frac{1}{2} = 15.0\,\text{m/s}$$

点 O に静止している人に，音源が $15.0\,\text{m/s}$ の速さで近づくので

$$f_1 = \frac{340}{340 - 15.0} \times 700 \fallingdotseq \textbf{732\,Hz}$$

(b) 観測者(運転手)の速度の SO 方向の成分は

$$u_O \sin 60° = 15.0 \times \frac{\sqrt{3}}{2} \fallingdotseq 13.0\,\text{m/s}$$

観測者と音源は，$13.0\,\text{m/s}$，$15.0\,\text{m/s}$ の速さで，ともに相手に近づくので

$$f_2 = \frac{340 + 13.0}{340 - 15.0} \times 700 \fallingdotseq \textbf{760\,Hz}$$

エンジンつきの模型飛行機が，点 C を中心にして矢印の向きに等速円運動をしている。この飛行機のエンジンから出ている音の振動数を点 O で観測したところ，高低をくり返したが，A 点で出た音の最高の 765 Hz を測定してから 3.14 秒後に，B 点で出た音の最低の 680 Hz を測定した。

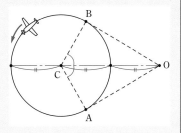

ただし，O は飛行機の軌道の円と同じ平面上にあり，CO は軌道の円の直径に等しい。音の速さを 340 m/s，円周率 $\pi = 3.14$ として，次の各問いに答えよ。
(1) 測定される振動数が大きくなったり小さくなったりするのはなぜか。
(2) 飛行機の速さは何 m/s か。
(3) エンジンから出ている音の振動数は何 Hz か。
(4) 軌道の円の半径は何 m か。

考え方 ▶ 円運動する音源の近くで観測すると，音源が観測者へ近づくときと遠ざかるときがくり返されて音の振動数が変化する。このとき，速度の向きがまっすぐ観測者に向かうときに最高音，まっすぐ観測者から離れるときに最低音になる。

解答 (1) 音源と観測者を結ぶ方向への，音源の速度成分が，刻々と変化するため。
(2) 飛行機の速さを u_S〔m/s〕，エンジンの音の振動数を f〔Hz〕とすると

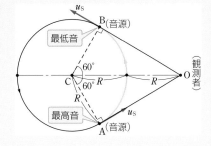

$$765 = \frac{340}{340 - u_S} \times f$$
$$680 = \frac{340}{340 + u_S} \times f$$

これらの 2 式より $u_S = \textbf{20 m/s}$

(3) (2)の式に u_S の値を代入して $765 = \dfrac{340}{340 - 20} \times f$ ゆえに $f = \textbf{720 Hz}$

(4) 軌道の円の半径を R〔m〕とすると，CO $= 2R$〔m〕，OA，OB は O から円へ引いた接線なので $\angle OAC = \angle OBC = 90°$ であり，$\angle OCA = \angle OCB = \theta$ とすると $\cos\theta = \dfrac{R}{2R} = \dfrac{1}{2}$ だから $\theta = 60°$ よって $\angle ACB = 120°$ となる。
したがって，$\overparen{AB}$ は円周の $\dfrac{1}{3}$ に相当する。
飛行機が点 A から点 B まで進むのに要する時間が 3.14 秒だから

$$u_S \times 3.14 = 2\pi R \times \frac{1}{3}$$ (2)で $u_S = 20$ m/s だから
$$20 \times 3.14 = 2 \times 3.14 \times R \times \frac{1}{3}$$ ゆえに $R = \textbf{30 m}$

1 光の性質

A 光とその種類

　光とは，われわれの目に感じる**可視光線**のことをいうが，目に感じない赤外線や紫外線をも含めていう場合も多い。しかし，電波やX線，γ線も光と同じ種類の波で，これらを総称して**電磁波**（→ p.411）という。電磁波はふつうの波（水面波，音波など）と異なり，媒質のない真空中でも横波の形で伝わる。

　可視光線の色は光の振動数（波長）によって決まる（表3-2）。可視光線の中で最も波長の長い光は赤色で，最も短いのは青紫である。単一波長からなる光を**単色光**といい，太陽光線のように複数の波長の光を含み，色あいを感じない光を**白色光**という。

▼**表3-2 光の波長と色** 色感の波長帯は人により個人差がある。

波長 λ [m]（空気中）	
7.7×10^{-7}	｝赤
6.4×10^{-7}	｝橙
5.9×10^{-7}	｝黄
5.5×10^{-7}	｝緑
4.9×10^{-7}	｝青
4.3×10^{-7}	｝青紫
3.8×10^{-7}	

B 光の速さ

1 光の速さの測定　光の速さの測定は，1675年レーマーによって，木星の衛星の食（衛星が木星の陰に入ること）の周期を利用する方法で，最初に行われた。その後も天体からの光を利用して光の速さの測定が行われたが，地上での最初の測定は1849年にフィゾーが回転歯車による方法で行った。図3-56のように，光源Sからの光を半透明のガラス板Pに当てる。

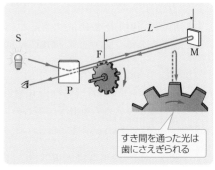

すき間を通った光は歯にさえぎられる

▲**図3-56 フィゾーによる光の速さの測定**

反射光を歯車の歯のすき間 F を通して反射鏡 M で反射させ，再び F にもどす。この間に歯車が回転し F に歯がくると，P を通過した光は暗くなる。歯の総数を N，歯車の回転数を毎秒 $n\left(回転周期\dfrac{1}{n}〔s〕\right)$ とすると，光が MF 間を往復する時間 t は $t = \dfrac{1}{2Nn}$〔s〕であり，MF $= L$〔m〕とすると，光の速さ c〔m/s〕は $c = \dfrac{2L}{t} = 4NnL$ となる。

　フィゾーは，$N = 720$，$n = 12.6\,\text{Hz}$，$L = 8633\,\text{m}$ として，$c = 3.13 \times 10^8\,\text{m/s}$ を得た。

2 真空中の光の速さ　真空中の光の速さはあらゆる速さの中で最も速く，振動数(したがって波長)には関係しないで，その値は $c = 3.00 \times 10^8\,\text{m/s}$ である。空気などの気体中での速さもほぼ同じ値である。詳しい値は $c = 2.99792458 \times 10^8\,\text{m/s}$ で，現在これをもとにして長さの単位が決められている。

3 物質中の光の速さ　ある単色光の真空中および物質中の光の速さと波長をそれぞれ c，v および λ，λ' とする。音波の振動数は反射・屈折の際に変わらないが，光の場合も同様で，決まった色の光の振動数 f は，真空中でも物質中でも変わらない。したがって，$c = f\lambda$，$v = f\lambda'$ となる。

$$\text{ゆえに}\quad \frac{c}{\lambda} = \frac{v}{\lambda'} = f \ \text{(一定)} \tag{3・51}$$

光の速さと波長は比例の関係にある。

基物 C　光の反射

1 反射の法則　光線(光とその道筋をいう)が物体に当たると，入射光線の一部は表面から物体に進入し，残りの部分は表面で反射する。この反射については，すでに学んだ反射の法則(→ p.221)がそのまま成りたつ。

> **入射光線と，入射点に立てた境界面の法線と，反射光線とは同じ平面内にあり，入射角 i と反射角 j とは等しい($i = j$)。**

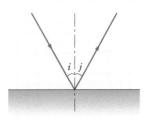

▲ 図 3-57　反射の法則

2 平面鏡の回転　図 3−58 のように，入射光線 PO の向きを変えないで鏡面 M を角 θ だけ回転すると，反射光線 OQ は 2θ だけ回転する(→ p.222)。これは**光のてこ**といわれ，反射光線の動きを計器の指針のかわりに使い，微小な角度の変化を精密に求める場合によく利用される。

(a)反射光線の回転角＝鏡面の回転角×2
(b)反射光線の回転の角速度＝鏡面の回転の角速度×2

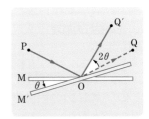

▲ 図 3-58　鏡の回転

3 平面鏡による像の作図法　大きさのある物体の像を作図するには，鏡面またはその延長に対する物体の各点の対称点を求め，これらの点を結べばよい(→ p.272)。

4 反射の際の位相の変化

媒質1中を進む光波が異なる媒質2との境界面に達すると，反射波と屈折波を生じる。屈折波は入射波の延長と考えてよく，境界面を通過するとき位相に変化は

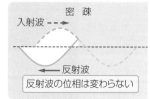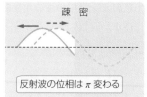

▲図 3-59　反射波の位相変化

ない。ところが，反射波のほうは，波の反射波の位相(→ *p*.227)の所で述べたように，位相が変化しない場合と，πrad 変化する場合とがある。媒質2が媒質1に対して光学的に疎(→ *p*.257)であるときは境界面が自由端に相当し，位相は変化しない。逆に，媒質2が媒質1より光学的に密(→ *p*.257)である場合は固定端に相当し，位相が逆転する。

　例えば，光が空気中からガラス板に入射した場合には，ガラス板の上面で反射した光波の位相は，反射の際に π だけ変わるが(固定端)，ガラス板の下面で反射した光波の位相は，変化を受けない(自由端)。

D　光の屈折

1 屈折の法則
光が異なる媒質の境界面に達すると，光の透過媒質であれば入射光線の一部は進む向きを変え，屈折光線となって第2の媒質中を進む。この屈折については，すでに学んだ屈折の法則(→ *p*.223)がそのまま成りたつ。

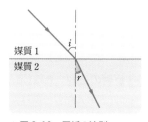

> 入射光線と，入射点に立てた境界面の法線と，
> 屈折光線とは同じ平面内にあり，入射角 *i* の
> 正弦と，屈折角 *r* の正弦との比は一定である。

▲図 3-60　屈折の法則

2 屈折率と絶対屈折率
図3-60 のように，媒質1での光線の入射角を *i*，媒質2での屈折角を *r* とすると，屈折の法則から

$$\frac{\sin i}{\sin r} = n_{12}（一定）$$

となる。n_{12} は媒質1に対する媒質2の屈折率である。光が逆に進むときも光の道筋は同じで(**光の逆行の原理**)，入射角が *r*，屈折角が *i* となる。したがって，このときの *r* と *i* の関係は

$$\frac{\sin r}{\sin i} = n_{21} = \frac{1}{n_{12}} \tag{3·52}$$

となり，媒質2に対する媒質1の屈折率は，媒質1に対する媒質2の屈折率の逆数に等しいことがわかる。

　真空に対する媒質Aの屈折率 n_{A} を媒質Aの **絶対屈折率** または単に **屈折率** という。これは，空気に対する屈折率とほとんど等しい。つまり，空気の絶対屈折率はほぼ1である。その他の媒質の絶対屈折率の大きさを表3-3にまとめる。入射角 *i* が屈折角 *r* より大きい

とき$(i > r)$，媒質1は2より**光学的に疎**，媒質2は1より**光学的に密**であるという。このとき，絶対屈折率は2のほうが1より大きい。光学的疎密と物性的疎密(つまり密度)とは必ずしも一致しない(例えば，エチルアルコールの密度は水より小さいが，光学的には水より密である)。しかし，同じ種類の流体(液体と気体を総称して流体という)では，密度の大きいときのほうが光学的にも密である。

▼表3-3　絶対屈折率
(波長 5.893×10^{-7}m の光に対する屈折率)

媒質	絶対屈折率
空気(0 ℃, 1 気圧)	1.000292
二酸化炭素(0 ℃, 1 気圧)	1.000450
水(20 ℃)	1.333
エチルアルコール(20 ℃)	1.362
石英ガラス(18 ℃)	1.459
ダイヤモンド(20 ℃)	2.420

重要　3-7

光学的疎密

1. 光学的に疎 → 絶対屈折率小
　　　　密 → 　　　　　　大
2. 光学的に疎な媒質での反射 → 位相の変化なし
　　　　密　　　　　　　　　 → 位相が π 変化

　光においても波の屈折の法則が成りたつから，媒質1での光の速さを v_1，媒質2での光の速さを v_2 とし，真空中の光の速さを c とすると，(3·23)式($\to p.224$)

$$\frac{\sin i}{\sin r} = \frac{v_1}{v_2} = n_{12}$$

から，真空に対する各媒質の屈折率は

$$\frac{c}{v_1} = n_1, \quad \frac{c}{v_2} = n_2$$

となり，次の関係式が得られる。

$$\frac{v_1}{v_2} = \frac{n_2}{n_1} \tag{3·53}$$

ゆえに，次のような屈折率の関係式が得られる。

$$\frac{\sin i}{\sin r} = \frac{n_2}{n_1} \quad または \quad n_1 \sin i = n_2 \sin r$$

　媒質の屈折率とその媒質での入射角または屈折角の正弦との積は，1本の光線について等しくなる。したがって，図3−61のように，異なる媒質が何層か重なって，その境界面がすべて平行であれば，各境界面を通って進む1つの光線は，次の関係式を満たすことになる。　$n_1 \sin i = n_2 \sin r_2 = n_3 \sin r_3$

つまり　$n \cdot \sin \theta = 一定$ 　　　　　(3·54)

　上の式から導かれる重要な結果を以下に示しておこう。

①図3−61の場合，最初の入射光線と，最後の屈折光線とは平行になる。

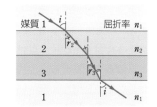

▲図 3-61　平行な境界面での光の屈折

②屈折率の大きい媒質のほうが光学的に密で，屈折率の小さい媒質のほうが光学的に疎である。

③ $n_{12} \times n_{23} \times n_{31} = 1$, $\quad n_{23} = \dfrac{n_{13}}{n_{12}}$, $\quad n_{23} = \dfrac{n_3}{n_2}$

(3・54)式は一般的な屈折の法則((3・23)式)の変形に過ぎないが，扱いやすく覚えやすいのでよく用いられる。

3 絶対屈折率と光の速さ・波長の関係 光が真空中から屈折率 n の物質へ入射するとき，屈折の法則から

> **重要 3-8**
>
> ### 光の屈折の法則
>
> $$n \cdot \sin\theta = 一定 \qquad (3・55)$$

$$n = \frac{c}{v} = \frac{\lambda}{\lambda'} \quad (v：物質中の光の速さ，\lambda, \lambda'：真空中と物質中の光の波長)$$

となる。ゆえに，次の式が得られる。

$$v = \frac{c}{n}, \quad \lambda' = \frac{\lambda}{n} \qquad (3・56)$$

すなわち，波の速さ，波長が真空中の $\dfrac{1}{n}$ 倍になる。また，振動数は変化しない($\rightarrow p.224$)。

> **重要 3-9**
>
> ### 絶対屈折率と光の速さ・波長の関係
>
> 絶対屈折率 n の媒質中では，光の速さ，波長が真空中の $\dfrac{1}{n}$ 倍になる

(3・56)式から，光が真空中を距離 l 進むのに要する時間 t は $t = \dfrac{l}{c}$ であるが，屈折率 n の媒質中を同じ距離を進むには $t' = \dfrac{l}{c/n} = \dfrac{nl}{c} (>t)$ だけの時間がかかる。これから，屈折率 n の媒質中の距離 l は，光の進行に対しては真空中での距離 nl に相当することになる。この nl を **光路長** または **光学距離** という。

> **重要 3-10**
>
> ### 光路長
>
> 光路長＝屈折率×距離

4 屈折による浮き上がり 屈折率 n の媒質中の点 P を上から見ると，図 3-62(a) のように浮き上がって点 P' にあるように見える。これは，点 P から出た光線が屈折によって，点 P' から出たようにふるまうからである。

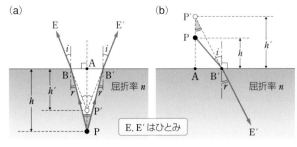

▲図 3-62 屈折による浮き上がり

境界面に垂直に近く進む2つの光線を PBE，PB′E′ とし，これらの光線がそれぞれ2つの目に入るとする。図の角 i，r はきわめて小さいから，次の式が成りたつ。

$$n = \frac{\sin i}{\sin r} \fallingdotseq \frac{\tan i}{\tan r} = \frac{AB/P'A}{AB/PA} = \frac{PA}{P'A} = \frac{h}{h'}$$

したがって，次の式が得られる。

$$h' = \frac{h}{n} \qquad\qquad (3\cdot57)$$

逆の場合は遠くになり（同図(b)），次の式のようになる。

$$h' = nh \qquad\qquad (3\cdot58)$$

📖 **問題学習 …… 112**

(1) 屈折率 1.5 のガラス中での光の速さはいくらか。ただし，真空中での光の速さを 3.0×10^8 m/s とする。

(2) 屈折率 1.34 の液体内で，液面から 2.01 m の所にある物体を真上近くから見ると，物体はいくらの深さにあるように見えるか。

解答 (1) ガラス中での光の速さを v〔m/s〕とすると

$$v = \frac{c}{n} = \frac{3.0 \times 10^8}{1.5} \fallingdotseq 2.0 \times 10^8 \text{m/s}$$

(2) h'〔m〕の深さにあるように見えるとすると

$$h' = \frac{h}{n} = \frac{2.01}{1.34} = 1.50 \text{m}$$

⬛物 E 全反射

　光が，大きい屈折率 n_2 の（光学的に密な）媒質2から，小さい屈折率 n_1 の（光学的に疎な）媒質1に入射するときは，入射角 i より屈折角 r のほうが大きいから，入射角のある値に対して屈折角が $90°$ となることがある。

　このときの入射角を i_0 とすると，屈折の法則より

$$n_2 \sin i_0 = n_1 \sin 90°$$

したがって，これから次の式が得られる。

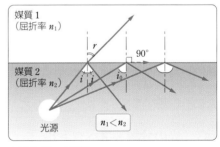

▲図3-63　全反射

$$\sin i_0 = \frac{n_1}{n_2} \qquad\qquad (3\cdot59)$$

媒質1が真空のときは $\sin i_0 = \dfrac{1}{n_2}$ である。

　入射角が i_0 より大きいときは，屈折光線は全くなく，反射光線だけとなる。この現象を**全反射**といい，i_0 を媒質1に対する媒質2の**臨界角**という。

全反射

臨界角は，屈折の法則で「屈折角＝ 90°」を代入して求める

　光が境界面で全反射する条件は $n_2 \sin i > n_1$ となる。この現象を利用した **光ファイバー** は，細いガラス繊維で中心部の屈折率を大きくし，光がこの中で全反射して外に出ないで進むようにし，これを多数束ねたものである。これは，人体の内視鏡，光通信のケーブルや室内電飾品などに利用されている。

F　光の散乱

　光が，空気中の気体分子や塵などの微粒子に当たると，四方に散っていく。これを **光の散乱** という。光が空気中の分子のような，波長 λ よりも小さな粒子に当たるときは，散乱される割合は波長が短いほど大きい。したがって，波長が短い青色や紫色の光は散乱されやすく，波長が長い赤色や橙色の光は散乱されにくく直進する。

▲ 図 3-64　太陽光の散乱

　太陽が地線に近い位置にある朝夕には，太陽光は大気中の最も長い距離を通過する。したがって，青系統の光は多く散乱され，赤系統の光はあまり散乱されずに進む。このため，赤系統の光が多く目に届き，朝焼けや夕焼けは赤く見える。一方，昼間は，散乱された青系統の光が目に入るので，空は青く見える（図 3−64）。

　くもり空では，雲中の氷晶（氷の結晶）が光の波長よりはるかに大きく，すべての波長の光をほぼ一様に散乱させる。したがって，雲は白っぽく見える。

G　光の分散・スペクトル

■ **光の分散**　スリットを通した自然光をプリズムに当てると，光は色によって屈折率が違うので各色の光が分離する。この現象を **光の分散** という。分散された光を白紙に受けると色がし

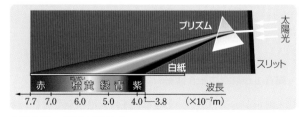

▲ 図 3-65　分散スペクトル

だいに変わる光の帯が得られる。このように，光が波長の順に並んだ色帯を **光のスペクトル** といい，プリズムを用いて得られるスペクトルを **分散スペクトル** という。

　図3−65のプリズムによる分散スペクトルの色の配列を見ると，波長の長い光（赤色）よりも波長の短い光（青紫色）のほうが大きく屈折しており，屈折率が大きいことがわかる。

　このほかに回折格子による **回折スペクトル**（→ *p*.280）がある。回折スペクトルでは回折角（入射方向と回折光の進行方向のなす角）が波長に比例しているから，赤色のほうが大きく曲がり，色の配列がプリズムによる分散スペクトルと逆になる。

2 **スペクトルの種類**　スペクトルには **発光スペクトル** と **吸収スペクトル** とがある。発光スペクトルは，光源からの光を直接分光器（図3−66）に通してつくったスペクトルである。一方，物質には自分が出す光と同じ波長の光を吸収する性質があり，白熱電灯からの光をそれより低温の物質に通すと，光源からの光のスペクトルを背景とする黒い（正しくは暗い）スペクトルを生じる。これを吸収スペクトルという。太陽光を分光すると，多数の吸収スペクトル線が見られ，これらを **フラウンホーファー線** という。

　これは，大部分は太陽の大気の（一部は地球の大気の）吸収によって生じたものであり，太陽の大気の組成を知る手がかりとなる。また，分光器で得られるスペクトルの形状によって（図3−67），次に示すような3種類の分類法もよく用いられる。

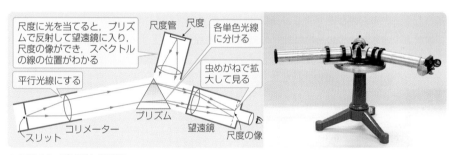

▲ 図3-66　プリズム分光器

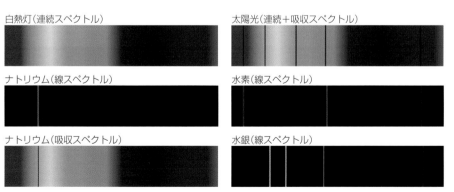

白熱灯（連続スペクトル）

太陽光（連続＋吸収スペクトル）

ナトリウム（線スペクトル）

水素（線スペクトル）

ナトリウム（吸収スペクトル）

水銀（線スペクトル）

▲ 図3-67　いろいろなスペクトル

①**連続スペクトル** 白熱電灯の光を分光すると，色が赤色から青紫色まで連続的に変化する長い1本の帯状スペクトルが得られる。これを連続スペクトルといい，一般に高温度の物質から発する。

②**線スペクトル**（発光スペクトルでは**輝線スペクトル**ともいう） 1本1本が細い線状になっているスペクトルである。原子から発するので，**原子スペクトル**ともいう。

③**帯スペクトル** 多数の線スペクトルが密集している場合，分光器では分離しきれず，1本の幅の広い帯状に見える。これを帯スペクトルという。主に分子から発するので，**分子スペクトル**ともいう。

H 光のドップラー効果

ドップラー効果（→ p.245）は光の場合にも起こる。光源と観測者が相対運動をしているとき，光源から送られてきた波の振動数は，両者が近づきつつあるときは光源での振動数より大きく観測され，両者が遠ざかりつつあるときは小さく観測される。このため，光源が観測者に近づいたり，遠ざかったりするときは，光がいくぶん青味を帯びたり，赤味を帯びたりする（一般には目で見てわかるほどではない）。

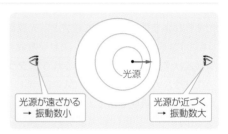

▲ 図 3-68 光のドップラー効果

観測者の速さが光源のそれに比べて無視できる程度遅いとすると，観測者は静止しているとして取り扱うことができる。

このとき光源が出す光の波長を λ，光の速さを c とすると，光源が速さ u で観測者から遠ざかるときに観測される波長 λ' は，$(3\cdot41)$式（→ p.246）より

$$\lambda' = \lambda\left(1 + \frac{u}{c}\right) \tag{3·60}$$

となる。したがって，観測者から遠ざかる光源から出た光のスペクトル線は赤色のほうにずれ，そのずれの大きさ $\Delta\lambda$ は次のようになる。

$$\Delta\lambda = \lambda' - \lambda = \frac{u}{c}\lambda \tag{3·61}$$

参考 **赤方偏移** 宇宙にはわれわれの銀河系のような銀河が多数存在し，これらからくる光を調べると遠方の銀河のようすを知ることができる。原子から発する光を分光すると，その原子特有の輝線スペクトル（線スペクトル）をつくるから，光のスペクトルの配列により，その対象の組成元素を知ることができる。

また，この配列のずれを見れば，ド

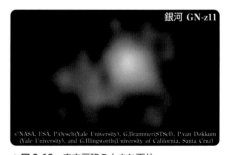

銀河 GN-z11

©NASA, ESA, P.Oesch(Yale University), G.Brammer(STScI), P.van Dokkum (Yale University), and G.Illingworth(University of California, Santa Cruz)

▲ 図 3-69 赤方偏移の大きな天体

ップラー効果を使って銀河の地球に対する速度も知ることができる。その結果，銀河からのスペクトルが赤色のほうへずれており，しかも遠い銀河ほどそのずれが大きいということが判明した。これを**赤方偏移**という。

　これは，われわれの銀河系から遠い銀河ほど大きい速度で遠ざかっていくこと，つまり，宇宙はどんどん膨張していることを意味する。一説によると，約138億年前に**ビッグバン**(**Big-Bang**)といわれる宇宙創生の大爆発が起こり，その瞬間から膨張が始まったといわれている。

問題学習 113

ある銀河のスペクトルを調べたら，本来，波長 $\lambda = 3.934 \times 10^{-7}$m にある輝線スペクトル(線スペクトル)が 2.88×10^{-10}m だけ赤色(長波長)のほうに偏移していた。この結果から，この銀河はいくらの速さで遠ざかっているか。

　光の速さを 3.00×10^8m/s とする。

解答　観測される波長 λ' は本来の波長 λ より長く，その差は

$$\Delta\lambda = \lambda' - \lambda = 2.88 \times 10^{-10} \text{m}$$

である。(3・61)式から　　$u = \dfrac{\Delta\lambda}{\lambda} c$

ここで，$c = 3.00 \times 10^8$m/s, $\Delta\lambda = 2.88 \times 10^{-10}$m, $\lambda = 3.934 \times 10^{-7}$m であるから

$$u = \frac{2.88 \times 10^{-10}}{3.934 \times 10^{-7}} \times 3.00 \times 10^8 \fallingdotseq 2.20 \times 10^5 \text{m/s} = \mathbf{2.20 \times 10^2 \text{km/s}}$$

Ⅰ　偏光

1 偏光の性質　ひもを上下に振った場合，横波の振動は鉛直面内に限られる。このように，横波の振動方向が1つの平面内に限られているとき，波は**偏っている**という。太陽光や電球の光にはこのような偏りはなく，いろいろな方向の波が含まれている。このような光のことを**自然光**という。

　一方，振動方向が特定の方向に偏っている光を**偏光**という。このような光は，振動方向が進行方向を含む1平面に限られているので，**平面偏光**ともいう。また，進行方向から見れば一直線上に振動するように見えることから，**直線偏光**とよぶこともある。

2 偏光板による偏光　電気石や人工のポーラロイドの薄い板は，ある特定の方向(軸)に振動している光だけを通す性質がある。したがって，これらに自然光を通すと偏光が得られる。このような偏光をつくる板を**偏光板**という。

　図3−70のように，2枚の偏光板を重ね，一方を回しながら透過光を観察する。

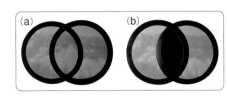

▲ 図3-70　偏光板

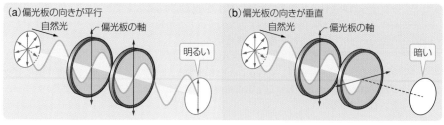

▲ 図 3-71　偏光と偏光板の向き

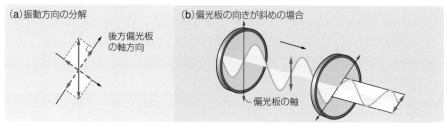

▲ 図 3-72　偏光板の向きに斜め方向の振動

　このようにして観察すると，90°回すごとに明暗がくり返される。

　自然光は，いろいろな振動方向をもつ偏光の集合であると考えられる。各偏光の振動の変位を，偏光板の軸に平行な成分と垂直な成分とに分解すると，自然光は，互いに垂直で強さが等しい2つの偏光の集合と見なせる。垂直な成分は前方偏光板によって吸収されるので，そこを通過した光の強さはおよそ半分になる。両偏光板の軸が平行な場合は，この光がそのまま通過し（図3-71(a)），垂直な場合は，完全に遮断される（同図(b)）。

　偏光板が斜めに重なる場合は，図3-72(a)のように，前方偏光板を通過し，後方偏光板に入射する光の振動変位を，後方偏光板の軸方向とそれに垂直な方向とに分解して考える。軸に垂直な成分は吸収され，後方偏光板を通過した光の振幅は小さくなるから（同図(b)），両偏光板の軸が平行な場合（図3-71(a)）と比べて暗くなる。

　縦波では波の偏りの現象は生じない。偏光現象は光が横波であることの証拠でもある。

補足　太陽光や電球の光は，光源を構成しているいろいろな原子が放射している光の集合である。個々の原子が出す光は振動方向がまちまちであるため，これら自然光には，いろいろな振動方向の光が混じっている。

3 偏光角　透明体の表面に斜めに自然光を投射すると，その一部は反射し，一部は屈折する。これを調べてみると，反射光には入射面（入射光と反射光を含む面）に直角に振動する平面偏光が多く含まれ，屈折光には入射面内で振動する平面偏光が多く含まれている。このように，振動面に一部偏りがある光を**部分偏光**という。一方，完全に1平面に偏った光は**完全偏光**という。

　ブルースターは，次のような事実を発見した。

透明体の屈折率を n とすると，入
　　射角 θ が $\tan\theta = n$ を満足すると
　　きは，反射光は完全偏光になる。

　この法則を**反射による偏光の法則**，また
は**ブルースターの法則**という。また，上の
ような入射角 θ を**偏光角**という。

　水面下の物体を水上から観察したり，カ
メラで撮影したりする際に，反射光によっ
て水中がよく見えないときがある。水面か
らの反射光は偏光しているから，これを吸
収する向きに偏光板（偏光フィルター）を置
くと，水中のようすがよくわかり，また写
真もよく写るようになる。

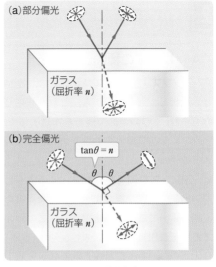

(a)部分偏光

(b)完全偏光
$\tan\theta = n$
ガラス
（屈折率 n）

▲ 図 3-73　部分偏光と完全偏光

J　光と音のちがい

　上記の偏りの現象の有無が光と音との根本的なちがいであるが，これを含めてその他の
相違点を表 3−4 に示しておこう。

▼ 表 3-4　光と音のちがい

項目	光	音
波の種類	横波であるから，偏り（偏光）の現象がある。	縦波であるから，偏りの現象はない。
媒質中の速さ	波長によって異なるから，プリズムによって分散スペクトル（→ p.261）が得られる。	振動数や波長によって異ならないから，光の分散のような現象は起こらない。
波長の長さ	短い（$10^{-7} \sim 10^{-6}$ m）から，光の回折現象は目立たない。	長い（$10^{-2} \sim 10$ m）から，音の回折現象は著しい。

 問題学習 ⋯⋯ 114

　透明体に偏光角で光が入射するとき，反射光線と屈折光線とが $90°$ をなす。このこと
を説明せよ。

解答　透明体の屈折率を n とする。入射角（偏光角）を θ，屈折角を ϕ とすると，屈折
の法則より　$\dfrac{\sin\theta}{\sin\phi} = n$

また，ブルースターの法則より　$\tan\theta = \dfrac{\sin\theta}{\cos\theta} = n$

ゆえに　$\sin\phi = \cos\theta$　したがって　$\phi + \theta = 90°$

A レンズの種類と通る光

1 凸レンズ・凹レンズ レンズは，光が空気中から透明な物体（ガラスなど）に入射するとき屈折して進むことから，これを利用して光線を集束したり，発散させたりする目的でつくられ，2つの球面で囲まれた透明体である。これら両球面の中心を結ぶ直線を**光軸**という。レンズには，中心部が周辺部より厚い**凸レンズ**と中心部が周辺部より薄い**凹レンズ**とがある。

2 凸レンズを通る光 図3-74のように，薄い凸レンズに，その光軸に平行な光線を左側から当てると，各光線はレンズの両面でそれぞれ屈折し，レンズの反対側（右側）に出たのち，すべて光軸上の1点Fを通過する。この点Fを凸レンズの**焦点**といい，レンズの中心点Oからの距離OFを**焦点距離**という。

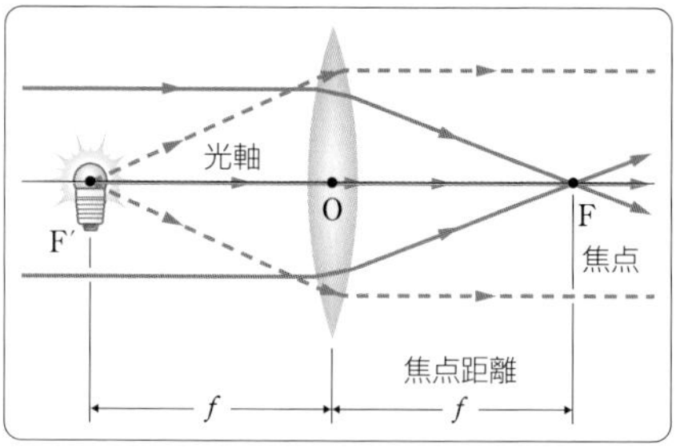

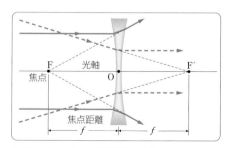

▲図3-74 凸レンズの光軸と焦点

同様に，光軸に平行な光線を右側から当てると，左側の焦点F′に集まる。

薄いレンズでは，焦点距離OF′とOFは等しい。

また，光は，逆行する場合に同じ経路をとる（光の逆行の原理→p.256）から，焦点FあるいはF′から出る光は，レンズを通過後，光軸に平行に進む。

このように，凸レンズには，広がった光を集める（集束する）はたらきがある。

また，レンズの中心部では両面が平行なので，中心を通過した光線は，はじめの入射光線と平行な方向に進む（→p.257）。しかし，薄いレンズの場合はそのずれが無視でき，レンズの中心Oに入射した光は，向きによらずそのまま直進する。

3 凹レンズを通る光 図3-75のように，凹レンズに光軸に平行な光線を左側から当てると，レンズを通った光はレンズ前方の光軸上の1点Fから出たように進む。この点Fを凹レンズの**焦点**という。凹レンズの焦点もレンズの両側にあり，焦点距離は互いに等しい。

逆に，レンズ後方の焦点F′に向かって進む光線は，屈折後光軸に平行に進む。

このように，凹レンズには，光を広げる（発散させる）はたらきがある。

また，凸レンズと同様に，薄い凹レンズの中心を通る光は，そのまま直進する。

▲図3-75 凹レンズの光軸と焦点

太陽光線のように十分に遠方にある光源から届く光は，ほとんど平行になっている。したがって，凸レンズを太陽に向けると，太陽光は焦点に集まる。

B 凸レンズによる実像

図3-76のように，凸レンズの焦点 F' の外側に，光軸に垂直に置いた物体 PQ の像 P'Q' を考える。像のできる位置は，前述の凸レンズを通る光の性質を使って，作図によって求めることができる。

点 Q から出てレンズに入る3光線(光軸に平行な光線 QA，焦点 F' を通る光線 QB，中心 O に向かう光線 QO)は，レンズを通った後，点 Q' に集まる。この3光線だけでなく，点 Q から出てレンズに入る光線は，すべて点 Q' に集まる。物体 PQ 上の各点から出た光も，このように P'Q' 上に集まるので，この位置に，光軸に垂直にスクリーンを置くと，スクリーン上に物体 PQ の **倒立像** P'Q' が生じる。このように，実際に物体からの光が集まってできる像を **実像** という。

レンズの中心 O から物体の位置 P までの距離を OP = a，像の位置 P' までの距離を OP' = b，焦点距離 OF = OF' = f とする。

PQ = OA であり，△AOF と△Q'P'F は相似であるから

$$\frac{P'Q'}{PQ} = \frac{P'Q'}{OA} = \frac{FP'}{OF} = \frac{b-f}{f} \qquad \cdots\cdots ①$$

また，△OPQ と△OP'Q' も相似であるから

$$\frac{P'Q'}{PQ} = \frac{OP'}{OP} = \frac{b}{a} \qquad \cdots\cdots ②$$

①＝②より $\dfrac{b-f}{f} = \dfrac{b}{a}$ 両辺を b でわれば $\dfrac{1}{f} - \dfrac{1}{b} = \dfrac{1}{a}$ となり，次の式が得られる。

$$\frac{1}{a} + \frac{1}{b} = \frac{1}{f} \qquad (3 \cdot 62)$$

(3・62)式は物体(光源)とその像の位置関係を表す式で，**写像公式** という。また，物体の大きさに対する像の大きさの比 m(**倍率**)は次のようになる。

$$m = \frac{P'Q'}{PQ} = \frac{b}{a} \qquad (3 \cdot 63)$$

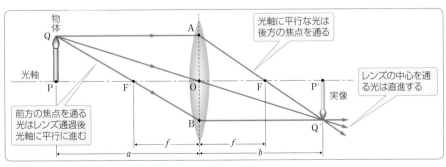

▲ 図3-76　凸レンズによる実像

すなわち，$a = b$ のとき $m = 1$（等倍）となる。

このとき，(3・62)式より，$a = b = 2f$　だから

$$f < a < 2f のとき\quad m > 1$$
$$a = 2f のとき\qquad\quad m = 1$$
$$2f < a のとき\qquad\quad m < 1$$

となる。

基物 C 凸レンズによる虚像

　図 3−77 のように，物体 PQ を焦点 F′ よりもレンズに近い位置に置くと，前述の 3 光線 QA，QB，QO はレンズを通った後に広がるので，実像はできない。しかし，レンズの後方から見ると，これらの光線は，逆向きへの延長線の交点 Q′ から出た光のように見える。したがって，物体 PQ はあたかも P′Q′ にあるように見える。この像を**虚像**という。虚像は，実際には光が集まっていないので，スクリーン上に写すことはできない。また，この場合の像は倒立していない像であるから，**正立像**という。

　同図で，OP $= a$，OP′ $= b$，OF $=$ OF′ $= f$ とすると，図からわかるように，△AOF と △Q′P′F，△OPQ と△OP′Q′ はそれぞれ相似であるから

$$\frac{P'Q'}{PQ} = \frac{P'Q'}{OA} = \frac{FP'}{FO} = \frac{b+f}{f} \qquad\qquad \cdots\cdots ③$$

$$\frac{P'Q'}{PQ} = \frac{OP'}{OP} = \frac{b}{a} \qquad\qquad\qquad\qquad \cdots\cdots ④$$

③＝④より，$\dfrac{1}{a} - \dfrac{1}{b} = \dfrac{1}{f}$　あるいは　$\dfrac{1}{a} + \dfrac{1}{(-b)} = \dfrac{1}{f}$　となる。この関係式で，右辺 $\dfrac{1}{f}$ は正であるから，$\dfrac{1}{a} > \dfrac{1}{b}$　すなわち $a < b$ となり，倍率 $m\left(= \dfrac{b}{a}\right)$ は常に 1 より大きくなる。

　このように像がレンズの前方にできる場合，b の値を負とすることに決めると，上式は (3・62)式（写像公式）と同じ形で表される。なお，(3・62)式を使う場合には，像の倍率 m は絶対値 $\left|\dfrac{b}{a}\right|$ として得られる。

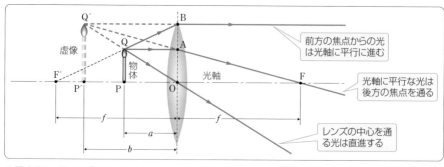

▲ 図 3-77　凸レンズによる虚像

D 凹レンズによる虚像

図3−78のように，凹レンズの前方に光軸に垂直に置いた物体 PQ の像 P′Q′ は，凹レンズを通る光の性質(→ *p*.266)を使って，作図により求めることができる。

光軸に平行な光線 QA，レンズの後方の焦点 F′ に向かう光線 QB，レンズの中心 O に向かう光線 QO の 3 光線は，レンズを通った後に広がるので，実像はできない。しかし，レンズの後方から見ると，これらの光は逆向きの延長線の交点 Q′ から出た光のように見える。したがって，物体 PQ は P′Q′ の位置にあるように見える。像 P′Q′ は実際に光が集まっているわけではないから，**虚像**である。凹レンズの場合は，物体 PQ がレンズの焦点より近くても遠くても実像はできず，レンズを通して，常に**正立像**が見える。

同図で，OP = a，OP′ = b，OF = OF′ = f とすると，△FP′Q′ と△FOA，△OP′Q′ と△OPQ はそれぞれ相似であるから

$$\frac{P'Q'}{PQ} = \frac{P'Q'}{OA} = \frac{FP'}{FO} = \frac{f-b}{f} \qquad \cdots\cdots ⑤$$

$$\frac{P'Q'}{PQ} = \frac{OP'}{OP} = \frac{b}{a} \qquad \cdots\cdots ⑥$$

⑤＝⑥より $\dfrac{f-b}{f} = \dfrac{b}{a}$　この両辺を b でわれば $\dfrac{1}{b} - \dfrac{1}{f} = \dfrac{1}{a}$

ゆえに $\dfrac{1}{a} - \dfrac{1}{b} = -\dfrac{1}{f}$　あるいは $\dfrac{1}{a} + \dfrac{1}{(-b)} = \dfrac{1}{(-f)}$

この関係式で，右辺 $-\dfrac{1}{f}$ は負であるから，$\dfrac{1}{a} - \dfrac{1}{b} < 0$　よって $a > b$　したがって，凹レンズの倍率 $m\left(= \dfrac{b}{a}\right)$ は，常に 1 より小さくなる。

また，凸レンズによる虚像の場合と同じように，凹レンズの場合も，像の位置がレンズの前方(虚像)のとき，レンズから虚像までの距離 b を負と決め，さらに，凹レンズの焦点距離 f の値を負とすることに決めると，上述の関係式は(3・62)式(写像公式)で表すことができる。

なお，この場合，像の倍率は $m = \left|\dfrac{b}{a}\right|$ として与えられる。

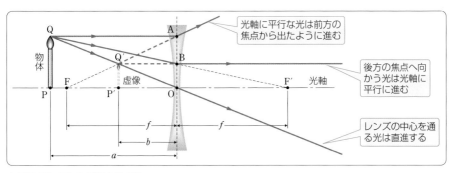

▲ 図3-78　凹レンズによる虚像

写像公式と像のでき方

$$\frac{1}{a} + \frac{1}{b} = \frac{1}{f} \qquad\qquad (3\cdot64)$$

$$倍率\ m = \left|\frac{b}{a}\right| \qquad (3\cdot65)$$

a(物体の位置)：正(単一レンズの場合)

b(像の位置)　：レンズに対し物体と

　　　　　　　　　反対側→正

　　　　　　　　　同じ側→負

f(焦点距離)　：凸→正，凹→負

	凸レンズ		凹レンズ
f	正		負
a	正		正
	$a > f$	$a < f$	
b	正	負	負
像	倒立実像	正立虚像	正立虚像

E　組合せレンズ

1 2枚のレンズによる像　光軸を一致させて置いた2枚のレンズL_1, L_2による物体P(位置a_1)の像P_2の位置b_2は，次の手順で求めていく(図3−79)。

①L_1によるPの像P_1の位置b_1を求める(写像公式または作図による)。

②L_2に対してP_1を物体と考え，L_2によるP_1の像P_2の位置b_2を求める。ただし，P_1がL_2の前方にできるときは**実物体**と考え，$a_2 > 0$とし，後方にできるときは**虚物体**と考え，$a_2 < 0$とする。

なお，倍率mは

$$m = m_1 m_2 = \left|\frac{b_1}{a_1}\right|\left|\frac{b_2}{a_2}\right| \quad (3\cdot66)$$

となる。

発展 2 2枚の薄いレンズを密着させた場合

図3−80のように，2枚の十分に薄いレンズL_1, L_2を，光軸を一致させ密着させたときの全体の焦点距離をFとする。

L_1, L_2の焦点距離をf_1, f_2とすると，L_1について

$$\frac{1}{a_1} + \frac{1}{b_1} = \frac{1}{f_1} \qquad\cdots\cdots⑦$$

が成りたつ。

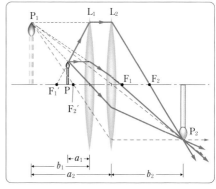

▲ 図3-79　2枚のレンズによる像

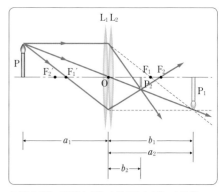

▲ 図3-80　密着させた2枚のレンズによる像

一方，L_2 に対して，b_1 が物体（虚物体 P_1）の位置になるので，$a_2 = -b_1$ として

$$\frac{1}{-b_1} + \frac{1}{b_2} = \frac{1}{f_2}$$ 　　　　　　……⑧

⑦＋⑧より　$\dfrac{1}{a_1} + \dfrac{1}{b_2} = \dfrac{1}{f_1} + \dfrac{1}{f_2}$

1枚のレンズと考えると　$\dfrac{1}{a_1} + \dfrac{1}{b_2} = \dfrac{1}{F}$　よって

$$\frac{1}{F} = \frac{1}{f_1} + \frac{1}{f_2}$$ 　　　　　　(3·67)

f_1，f_2 の符号を，凸レンズで正，凹レンズで負とすれば，密着させるすべての2枚の薄いレンズについて，(3·67)式を適用することができる。

問題学習……115

焦点距離 $f_1 = 12\,\text{cm}$ の凸レンズ L_1 と，焦点距離 $f_2 = 10\,\text{cm}$ の凹レンズ L_2 とを光軸を共通にして 12cm 離して置く。凸レンズ L_1 の前方 30cm の所に光源 M を置いた。光源 M の像は，どこにどのような像として得られるか。

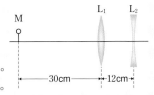

解答　L_1 による像の位置 b は

$$\frac{1}{30} + \frac{1}{b} = \frac{1}{12}$$

より　$b = 20\,\text{cm}$

像は L_1 の後方 20cm の位置にできる。これが L_2 に対して虚物体となるから，L_2 までの距離 a' は

$$a' = 12 - 20 = -8\,\text{cm}$$

L_2 でつくられる像の位置を b' とすると，次の式が成りたつ。

$$\frac{1}{-8} + \frac{1}{b'} = \frac{1}{-10}$$

より　$b' = 40\,\text{cm}$

　像は M と反対側に L_2 の後方 40cm の位置にできるから実像となる。像の向きは L_1 で倒立となり，L_2 で同じ向きになるから**倒立像**。

　像の倍率 m は

$$m = \left| \frac{b}{a} \times \frac{b'}{a'} \right| = \frac{20}{30} \times \frac{40}{8} \fallingdotseq \mathbf{3.3\,倍}$$

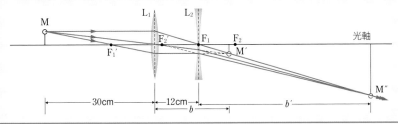

F 鏡による像

1 平面鏡による像 図3−81のように，物体を平面鏡の上方に置くと，鏡面に関して対称な像ができる。この像は，実際にこの位置に光が集まっているわけではないので虚像であり，倍率1倍（等倍）の像である。

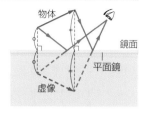

▲図3-81 平面鏡による像

2 凹面鏡と凸面鏡 鏡面が凹面の鏡を **凹面鏡** といい，鏡面が凸面の鏡を **凸面鏡** という。鏡面が球面になっている凹面鏡と凸面鏡を **球面鏡** という。凹面鏡は，遠方からくる光を集める性質をもち，凸面鏡は，平面鏡に比べて広い範囲からの光が目に届き，視野を広くする性質をもっている。

レンズの焦点はレンズの前後に2つあるのに対し，球面鏡の焦点Fは1つしかなく，凹面鏡は前方に，凸面鏡は後方にある。鏡面上の点Mと球面の中心Oを結ぶ直線を **主軸**，MF間の距離を **焦点距離** という。

凹面鏡と凸面鏡で反射する光は，図3−82のようになる。

参考 オリンピックの聖火は大きな凹面鏡によって，太陽からとられる。また，凸面鏡はカーブミラーなどに利用されている。

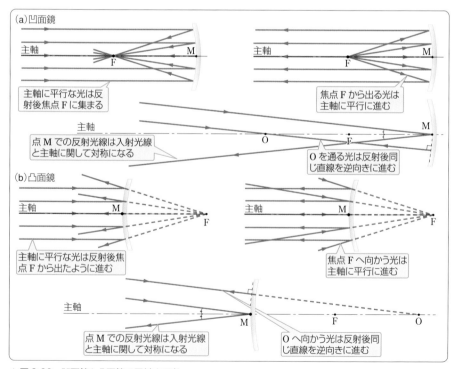

▲図3-82 凹面鏡と凸面鏡で反射する光

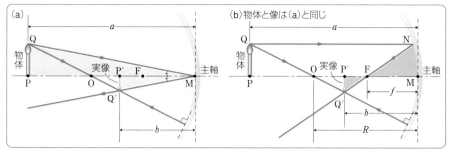

▲図 3-83　凹面鏡による実像

補足　厳密には，焦点は鏡面が放物面のときに存在するが，鏡の長さに比べて球面半径が大きく，主軸と平行に近い光の場合，球面鏡にも焦点があるとみなしてよい。

③ 凹面鏡による実像　凹面鏡の球面(半径 R)の中心 O の前方に物体を置いたとき，図3-82 にしたがって作図すると，倒立実像ができることがわかる(図 3-83)。凹面鏡と物体との距離を a，像との距離を b，凹面鏡の焦点距離を f とする(∞は相似であることを示す)。

図 3-83(a)において，$\triangle$MPQ$\infty$$\triangle$MP'Q'　より　$\dfrac{P'Q'}{PQ} = \dfrac{MP'}{MP} = \dfrac{b}{a}$　……①

同図(b)より，球面半径が十分に大きいとき，$\triangle$FMN$\infty$$\triangle$FP'Q' とみなせるので

$$\frac{P'Q'}{PQ} \fallingdotseq \frac{P'Q'}{MN} \fallingdotseq \frac{FP'}{FM} = \frac{b-f}{f} \qquad \cdots\cdots②$$

①，②式より　$\dfrac{b}{a} = \dfrac{b-f}{f}$　よって　$\dfrac{1}{a} + \dfrac{1}{b} = \dfrac{1}{f}$　(写像公式)　……③

また，$\triangle$OPQ$\infty$$\triangle$OP'Q'　より　$\dfrac{P'Q'}{PQ} = \dfrac{OP'}{OP} = \dfrac{R-b}{a-R}$　……④

①，④式より　$\dfrac{R-b}{a-R} = \dfrac{b}{a}$　……⑤

⑤式より　$(a+b)R = 2ab$

両辺を ab でわって　$\left(\dfrac{1}{a} + \dfrac{1}{b}\right)R = 2$

③式を代入して　$f = \dfrac{R}{2}$

また，レンズの場合と同様に　倍率 $m = \left|\dfrac{b}{a}\right|$

写像公式と倍率の式から，像の位置 b と倍率 m は，a と f で決まることがわかる。

④ 凸面鏡による虚像　凸面鏡の球面(半径 R)の中心 O の前方に物体を置いたとき，図3-82 にしたがって作図すると，正立虚像ができることがわかる(次ページ，図 3-84)。

凹面鏡の場合と同様に，凸面鏡と物体との距離を a，像との距離を b，凸面鏡の焦点距離を f とすると

図 3-84(a)において，$\triangle$MPQ$\infty$$\triangle$MP'Q'　より　$\dfrac{P'Q'}{PQ} = \dfrac{b}{a}$　……①

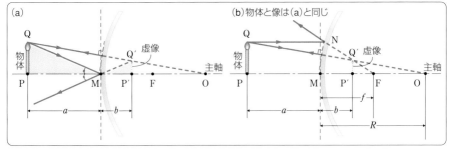

▲ 図 3-84　凸面鏡による虚像

同図(b)より，球面半径が十分に大きいとき，$\triangle FMN \backsim \triangle FP'Q'$ とみなせるので

$$\frac{P'Q'}{PQ} \fallingdotseq \frac{P'Q'}{MN} \fallingdotseq \frac{FP'}{FM} = \frac{f-b}{f} \qquad\qquad \cdots\cdots ②$$

①，②式より　$\dfrac{b}{a} = \dfrac{f-b}{f}$　よって　$\dfrac{1}{a} - \dfrac{1}{b} = -\dfrac{1}{f}$ $\qquad\qquad \cdots\cdots ③$

また，$\triangle OPQ \backsim \triangle OP'Q'$ より　$\dfrac{P'Q'}{PQ} = \dfrac{OP'}{OP} = \dfrac{R-b}{a+R}$ $\qquad\qquad \cdots\cdots ④$

①，④式より　$\dfrac{R-b}{a+R} = \dfrac{b}{a}$ $\qquad\qquad\qquad\qquad \cdots\cdots ⑤$

⑤式より　$(b-a)R = -2ab$

両辺を ab でわって　$\left(\dfrac{1}{a} - \dfrac{1}{b}\right)R = -2$

③式を代入して　$f = \dfrac{R}{2}$

また，レンズの場合と同様に　倍率 $m = \left|\dfrac{b}{a}\right|$

　写像公式や倍率の式は，a, b, f, R の正負を右の表のように定めると，虚像や凸面鏡に対しても成りたつ。

	凹面鏡		凸面鏡
f, R	正		負
a	正		正
	$a > f$	$a < f$	
b	正	負	負
像	倒立 実像	正立 虚像	正立虚像

補足　凹面鏡の O と F の間（$a > f$），または凹面鏡の F の内側（$a < f$）に物体を置いた場合には，次のような像ができる。

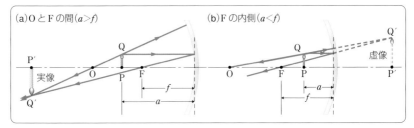

▲ 図 3-85　凹面鏡による実像・虚像

A 光の干渉条件

光も波の性質をもつから、一般的な波の干渉条件の式である$(3\cdot18)$、$(3\cdot19)$式が成りたつ。したがって、図3-86で光源S_1、S_2からまったく同じ（同位相の）光波が出ていると、S_1、S_2の間隔dに比べて十分遠い点Pでの干渉は

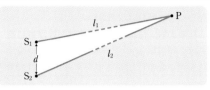

▲図3-86 光路差

$$光路差 = 2m\cdot\frac{\lambda}{2} = m\lambda \qquad (m = 0,\ 1,\ 2,\ \cdots\cdots) \qquad (3\cdot68)$$

のとき、波の山と山、谷と谷が重なり波は強めあって**明るく**なり、

$$光路差 = (2m + 1)\cdot\frac{\lambda}{2} = \left(m + \frac{1}{2}\right)\lambda \qquad (m = 0,\ 1,\ 2,\ \cdots\cdots) \qquad (3\cdot69)$$

のとき、波の山と谷が重なり波は弱めあって**暗く**なる。ここで、$(3\cdot68)$、$(3\cdot69)$式の左辺は経路差（距離の差）ではなく、光路差（光路長の差）であることに注意する。したがって、同図において絶対屈折率nの媒質中で干渉条件を考える際は、以下の式を$(3\cdot68)$、$(3\cdot69)$式に代入する必要がある（→ p.258）。

$$光路差 = 屈折率 \times 経路差 = n \times |l_1 - l_2| \qquad (3\cdot70)$$

また、S_1、S_2から出る光の位相がπ（半波長）ずれている場合は、干渉条件が逆になる。すなわち、$(3\cdot68)$式を満たすとき暗くなり、$(3\cdot69)$式を満たすとき明るくなる。

CHART 39 光が強めあう・弱めあう条件

$$強めあう：光路差 = m\lambda \qquad (3\cdot71)$$

$$弱めあう：光路差 = \left(m + \frac{1}{2}\right)\lambda \qquad (3\cdot72)$$

$$(m = 0,\ 1,\ 2,\ \cdots\cdots)$$

一方の光の位相がπ変化する場合は、条件式は逆になる

⭐Point　屈折率小から大への反射：位相がπ変化
　　　　　屈折率大から小への反射：位相は変わらない

⚠ミス注意　光路差を考えるときは、波長は真空中のものを用いる。

CHART 39 ⭐Point

薄膜による光の干渉(→ *p.281*)では，2つの光の経路差，薄膜中での光の波長の変化などに加え，薄膜の上，下面での反射の際の，反射光の位相の変化まで含めて，干渉の条件式をつくらなければならない。

反射の際，位相変化 π（半波長分）が生じるのは，屈折率（絶対屈折率）n の小さい物質から大きい物質に当たる場合だけである（固定端反射に相当）ことをしっかり覚えておきたい。この反対の反射（自由端反射に相当）や境界での屈折では，位相の変化は起こらない。

例えば，空気($n \fallingdotseq 1$)からガラス($n > 1$)への反射，空気から石けん膜($n > 1$)への反射などでは，位相が π 変化するが，これと反対の反射では位相の変化は起こらない。

CHART 39 ⚠️ミス注意

水面波や音波の干渉は，波源が存在する媒質と同一の媒質内で起こるが，光の干渉では，光源のある媒質（例えば真空）から他の媒質（屈折率 n）へ進み，そこで干渉を起こすこともある。この場合，波長が $\frac{\lambda}{n}$ と変化するから，屈折率 n の扱いが大切になる。

干渉の条件式での n の扱いは
①左辺を**光路差**（＝経路差 × n）とする場合は，右辺の波長に λ（真空中の値）を用い，
②左辺を**経路差**とする場合は，右辺の波長に $\lambda' \left(= \frac{\lambda}{n}\right)$ を用いる

のどちらでもよいが，両辺に n を用いるなどの間違いをしないよう気をつけたい。

📖 問題学習 ····· 116

空気中の波長が 5.6×10^{-7} m の光が，屈折率 1.4 の薄膜に入射した場合の光の干渉について，次の各問いに答えよ。ただし，空気の屈折率を 1.0 とする。

(1) 図1のように，空気中に置いた薄膜に光が垂直に入射した場合の，薄膜の表面で反射した光と裏面で反射した光との干渉を考える。反射光が弱めあうための膜の最小の厚さはいくらか。

(2) 図2のように，空気中に置いた薄膜に光が垂直に入射した場合の，反射することなく透過した光と，2回反射したのち透過した光との干渉を考える。透過光が強めあうための膜の最小の厚さはいくらか。

(3) 図3のように，表面に薄膜を貼ったガラス板(屈折率1.5)に，表面に垂直に光が入射した場合の反射光の干渉を考える。反射光が弱めあうための膜の最小の厚さはいくらか。

(4) 図3のガラス板で，図4のように，ガラス板の下方から，薄膜の裏面に垂直に光が入射した場合の反射光の干渉を考える。反射光が弱めあうための膜の最小の厚さはいくらか。

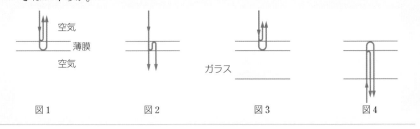

図1　　　　　図2　　　　　図3　　　　　図4

考え方 空気中の光の波長を λ，薄膜の屈折率を n，厚さを d とすると，図1〜4 のどの場合も，2つの反射光の経路差は $2d$（膜内を光が往復する距離）で，光路差は $2nd$ となる（→ **CHART 39** — ⚠ミス注意）。あとは，薄膜の上面と下面の反射光の位相変化の有無を考え，干渉の条件式をつくる（→ **CHART 39** — ★Point）。

解答 (1) 一方の反射光だけ位相が π 変化しており（図a），この場合の弱めあう条件式

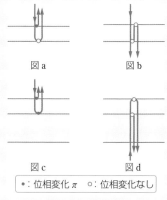

$$2nd = m\lambda \quad \text{より} \quad d = \frac{m\lambda}{2n}$$

$m = 1$ のとき，d は最小になり

$$d = \frac{\lambda}{2n} = \frac{5.6 \times 10^{-7}}{2 \times 1.4}$$
$$= 2.0 \times 10^{-7}\,\text{m}$$

図a　図b　図c　図d

●：位相変化 π　○：位相変化なし

(2) 2回の反射光ともに位相変化がなく（図b），強めあう条件式は $2nd = m\lambda$ と，(1)と同じ結果になる。

よって　$d = 2.0 \times 10^{-7}\,\text{m}$

〔注〕 (1)，(2)のように，反射光と透過光とでは，明・暗が逆になる。

(3) 両反射光ともに位相が π 変化し（図c），位相の変化がない場合と同じになる。

よって，弱めあう条件式は　$2nd = \left(m + \dfrac{1}{2}\right)\lambda$

$m = 0$ のとき，d は最小になり

$$d = \frac{\lambda}{4n} = 1.0 \times 10^{-7}\,\text{m}$$

〔注〕 (3)は，カメラやめがねのレンズ，ショーウィンドウのガラスなど，外からやってくる光の反射防止膜として利用されている。

(4) 両反射光ともに位相変化がないから（図d），(3)の結果と同じになる。

$$d = 1.0 \times 10^{-7}\,\text{m}$$

B いろいろな干渉・回折現象

1 ヤングの実験 1801年にヤングは光の干渉実験を行い，光の波長を最初に測定した。この実験は，光が波であることを証明するもので，**ヤングの干渉実験** としてよく知られている。以下にその方法を述べよう。

次ページの図3−87のように，2枚の平行板 A，B を置き，A にはスリット（細隙）S_0 を，B には S_0 から等距離に S_1，S_2 のスリットを設ける。B に平行にスクリーン C を置き，S_0 の手前に波長 λ の単色光源 L を置くと，S_1，S_2 は干渉性の光を出す2つの光源となる。S_1 と S_2 の中点を S，C 上で S_1，S_2 から等距離の点 O から x だけ離れた点を P とする。

$S_1S_2 = d$, $BC = l$, $S_1P = l_1$, $S_2P = l_2$, $\angle PSO = \theta$ とし，d, x に対して l がきわめて大きい場合（$d \ll l$, $x \ll l$）を考えると，S_1P, S_2P は SP に平行とみなせる。よって，S_1 から S_2P に下ろした垂線の足を H とすると，2 光線の光路差 $|l_2 - l_1|$ は

$$\text{光路差} = |l_2 - l_1| \fallingdotseq S_2H = S_1S_2 \sin\theta = d\sin\theta \qquad \cdots\cdots ①$$

また，θ はきわめて小さくなるから　$\sin\theta \fallingdotseq \tan\theta = \dfrac{x}{l}$ $\qquad\qquad \cdots\cdots ②$

①，②式より

$$\text{光路差} = |l_2 - l_1| \fallingdotseq d\sin\theta \fallingdotseq \frac{dx}{l} \qquad (3\cdot73)$$

よって，$\dfrac{dx}{l} = m\lambda\,(m = 0, 1, 2, \cdots\cdots)$ のときに P には明線ができ，明線の横の S_1, S_2 からの光路差が半波長の奇数倍の点は暗くなり，C 上には明暗の縞(干渉縞)ができる。

干渉の条件式は以下のようになる。

$$x = \frac{l\lambda}{d} \times \begin{cases} m & \cdots\cdots \text{明線} \\ \left(m + \dfrac{1}{2}\right) & \cdots\cdots \text{暗線} \end{cases} \quad (m = 0, 1, 2, \cdots\cdots) \qquad (3\cdot74)$$

P のすぐ上の明線の位置を P′ とし，$OP' = x'$ とすると $x' = \dfrac{(m+1)l\lambda}{d}$ となる。したがって，隣りあう明線間の距離 Δx は

$$\Delta x = x' - x = \frac{l\lambda}{d} \qquad (3\cdot75)$$

上式から d, Δx, l を実測して，光の波長 λ を求めることができる。

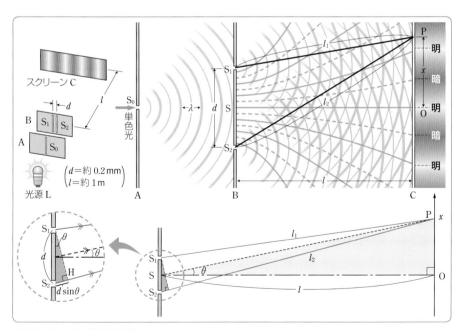

▲図 3-87　ヤングの干渉実験

ヤングの干渉実験の光路差は次のように求めてもよい。三平方の定理より

$$l_1 = \sqrt{l^2 + \left(x - \frac{d}{2}\right)^2} = l\sqrt{1 + \left(\frac{x - \dfrac{d}{2}}{l}\right)^2}$$

$$= l\left\{1 + \left(\frac{x - \dfrac{d}{2}}{l}\right)^2\right\}^{1/2}$$

同様に $\quad l_2 = l\left\{1 + \left(\dfrac{x + \dfrac{d}{2}}{l}\right)^2\right\}^{1/2}$

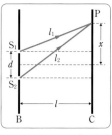

▲図 3-88　ヤングの実験の光路差

a がきわめて 0 に近い場合の近似式 $(1 + a)^n \doteqdot 1 + na$ を用いると

$$l_1 \doteqdot l\left\{1 + \frac{1}{2}\left(\frac{x - \dfrac{d}{2}}{l}\right)^2\right\}$$

$$l_2 \doteqdot l\left\{1 + \frac{1}{2}\left(\frac{x + \dfrac{d}{2}}{l}\right)^2\right\}$$

よって　**光路差** $= |l_2 - l_1| = \dfrac{1}{2l}\left\{\left(x + \dfrac{d}{2}\right)^2 - \left(x - \dfrac{d}{2}\right)^2\right\}$

$$= \frac{1}{2l}\left(x^2 + dx + \frac{d^2}{4} - x^2 + dx - \frac{d^2}{4}\right) = \frac{dx}{l}$$

また，次のようにしてもよい。

$$l_1{}^2 = l^2 + \left(x - \frac{d}{2}\right)^2, \quad l_2{}^2 = l^2 + \left(x + \frac{d}{2}\right)^2$$

$$l_2{}^2 - l_1{}^2 = \left(x + \frac{d}{2}\right)^2 - \left(x - \frac{d}{2}\right)^2 = 2dx \qquad ゆえに \quad l_2 - l_1 = \frac{2dx}{l_2 + l_1}$$

$d \ll l, \; x \ll l$ であるから，$l_2 + l_1 \doteqdot 2l$ と考えてよい。

よって　$|l_2 - l_1| = \dfrac{dx}{l}$

2　回折格子　ガラス板に $1\,\text{cm}$ 当たり数百本から数千本の細い直線の溝を等間隔につけたものを **回折格子** という。溝と溝の間が光を通すスリットの役目をする。

　回折格子に直角に単色平行光線を当てると，個々のスリット上のすべての点から，背後の各向きに素元波が送りだされるが，それらのうち入射方向と角 θ（回折角）をなす向きに進む光線群について考える。

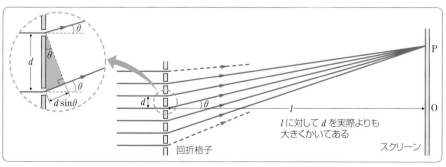

▲図 3-89　回折格子

各スリットの対応点間の距離(**格子定数** という)を d とする。

ヤングの実験と同様に考えると，隣りあうスリット間の光路差は以下のように求まる。

$$\text{光路差} = d\sin\theta \tag{3·76}$$

これが波長の整数倍のとき，スリットの対応点からきた光は干渉により互いに強めあうから，スクリーン上に **輝線**(明線)を生じる。干渉の条件式は

$$d\sin\theta = m\lambda \quad \cdots\cdots\text{明線} \quad (m = 0, 1, 2, \cdots\cdots) \tag{3·77}$$

となる。$m = 0$ の方向，すなわち入射方向を中心として，その両側に対称的に $m = 1, 2,$ ……に応じて輝線を生じ，それらが明暗の縞をつくる。これを **回折縞** という。白色平行光線を当てると，同じ m についても λ の違いにより回折角 θ が異なるから，しだいに色の変わる光の帯，すなわちスペクトルが得られる。これを **回折スペクトル** という。スリットの数が多いほどスペクトルは鮮明になる。

$m = 1$ の場合を **第1次のスペクトル**，$m = 2$ の場合を **第2次のスペクトル** という。

θ〔rad〕が小さいとき $\sin\theta \doteqdot \theta$ とおけるから $\quad \theta = \dfrac{m\lambda}{d}$

したがって，$\theta \propto \lambda$，すなわち，スペクトルの回折角は波長に比例する。単色光による線スペクトル(→ p.262)の場合には，スペクトル線の回折角(実際にはスペクトルの中央からの距離)から容易に波長を知ることができる。

参考 単スリットによる干渉

　　これまでは，スリット自身の幅は十分に小さいとして考慮にいれなかったが，単一スリット内での光の干渉が無視できない場合もある。

　　いま，単スリットから距離 l 離れたスクリーン上に生じる干渉を考える(図3-90)。l は十分大きく，スリット上の各点とスクリーン上の点を結ぶ方向は互いに平行であると考えてよいとする。スリット幅 AB を d とし

$$d\sin\theta_1 = \lambda \tag{3·78}$$

を満たす方向 θ_1 にあるスクリーン上の点を P_1 とする。このとき，同図(a)のように，AB の中点 Q でスリットを2つの部分 AQ および QB に分けると，それぞれ対応する点 X, Y (AX = QY)から P_1 までの光路差は $\dfrac{\lambda}{2}$ となり，AQ と QB を通った光は点 P_1 で弱めあって暗くなる。スクリーン上で A, B から等距離の点 P_0 から P_1 までの距離 x_1 は，θ がきわめて 0 に近いときの近似式 $\sin\theta \doteqdot \tan\theta$ を用いて次のようになる。

$$x_1 = l\tan\theta_1 \doteqdot l\sin\theta_1 = \frac{l\lambda}{d} \tag{3·79}$$

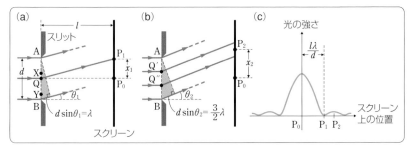

▲ 図3-90　単スリットによる干渉

次に，角度をさらに大きくし，同図(b)のように

$$d \sin \theta_2 = \frac{3}{2} \lambda \tag{3・80}$$

を満たす点 P_2 を考える。AB 間を Q′，Q″ で 3 等分して考えると，P_1 の場合と同様に，AQ′ と Q′Q″ を通った光は干渉して弱めあうが，Q″B を通る光の分だけは P_2 に到達するので，P_2 は(P_0 ほど明るくないが)明点になる。

スクリーン上の P_0 からの距離と干渉光の強さを図示すると同図(c)のようになる。中心から離れるにつれて，単スリット内での干渉が無視できなくなることがわかる。広い範囲でこの影響を取り除くためには x_1 を大きくすればよいから，(3・79)式より，光の波長 λ に対し十分にスリット幅 d を小さくすればよい。

3 薄膜による光の干渉 水面に広がった油は赤や青に色づいて見える。これは，油の薄い膜の上面と下面で反射した光が干渉するからである。屈折率 n の媒質中では光の波長は $\dfrac{1}{n}$ となるから，その媒質の長さ l の部分に含まれている波の数は，真空の長さ nl の部分に含まれている波の数に等しい。したがって，このような干渉を考えるときは，屈折率 n の媒質の長さ l の部分の光路長を nl とし(→ p.258)，光は真空(または

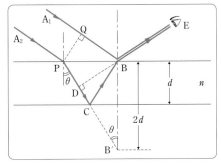

▲ 図 3-91　薄膜による光の干渉

空気)中を進むものと考え，波長や光の速さは変わらないとして扱うとよい。

図 3-91 のように，空気中(屈折率を 1 とする)にある，厚さ d，屈折率 $n(n > 1)$ の薄膜に，波長 λ の単色光が入射する場合の干渉について考える。

薄膜上面で反射する $A_1 \to B \to E$ の経路の光と，薄膜の中を屈折角 θ で屈折して進み，薄膜の下面で反射した $A_2 \to P \to C \to B \to E$ の経路の光とが点 B で重なり，その干渉光を点 E で観測する。

PQ は入射光の波面，DB は屈折光の波面で，P と Q，D と B はそれぞれ同位相の点である(屈折の際の位相の変化はない)。したがって，点 B で重なる，上面と下面とでの反射光の経路差は(DC ＋ CB)となり，光路差は $n \times$ (DC ＋ CB)となる。そこで，薄膜の下面に対する点 B の対称点を B′ とすると，CB ＝ CB′ より

光路差 $= n \times$ (DC ＋ CB) $= n \times$ (DC ＋ CB′) $= n \times$ DB′ $= 2nd \cos \theta \tag{3・81}$

ところが，空気の屈折率が薄膜の屈折率 n より小さいから，薄膜の上面での反射は固定端反射に相当し，反射光線の位相は π 変わり，下面では自由端反射に相当し，位相は変わらない。

したがって，干渉の条件式は次のようになる。

$$2nd \cos \theta = \left(m + \frac{1}{2} \right) \lambda \quad \cdots\cdots \textbf{明るい}$$
$$2nd \cos \theta = m\lambda \quad\quad\quad \cdots\cdots \textbf{暗い} \quad\quad (m = 0, 1, 2, \cdots\cdots) \tag{3・82}$$

補足 薄膜に照射される光が白色光で，入射角が一定でなく，液膜のように膜の厚さ d も厳密に一定でないときは，膜上面の場所によって弱められる色と強められる色とが異なるので，膜面は複雑な色模様を示す。

シャボン玉の表面が虹のように色づいて見えるのはその例である（図 3-92）。

▲図 3-92 シャボン玉

4 くさび形空気層の干渉 図 3-93 のように，2 枚の平面ガラスを重ねて一端に薄い紙などをはさむと，ガラス間にくさび形の空気層ができる。これに単色光線を垂直に投射すると，層の上面と下面で反射する光線の干渉によって，両面の交線に平行な干渉縞ができる。

2 枚のガラスの接点からの距離 x の点での層の厚みを d とすると（d は x に比べきわめて小さいとする），2 光線の光路差は

$$光路差 = 2d = 2x\tan\theta \fallingdotseq 2x\theta$$

(3・83)

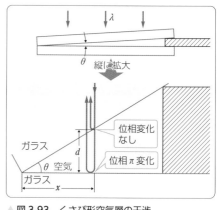

▲図 3-93 くさび形空気層の干渉

と求まる。ここで，θ がきわめて 0 に近いときの近似式 $\tan\theta \fallingdotseq \theta$ を用いた。上のガラス面の下で反射する光は位相は変化せず，下のガラス面の上で反射する光は位相が π ずれるので，干渉の条件式は以下のようになる。

$$2x\theta = \left(m+\frac{1}{2}\right)\lambda \quad \cdots\cdots 明るい$$
$$2x\theta = m\lambda \quad \cdots\cdots 暗い \qquad (m = 0, 1, 2, \cdots\cdots) \qquad (3・84)$$

隣りあう明線（または暗線）の位置における層の厚さの差は，光の波長 λ の半分である。

5 ニュートンリング 大きな半径の球面をもつ平凸レンズを平面ガラス板にのせて上から見ると，色のついた多くの同心円が見える。また，暗室内で単色光を照らすと，明暗の同心円が見える。この円を**ニュートンリング（ニュートン環）**という。

これは，レンズとガラス板との間の空気層が，くさび形の空気層となるために起きる。

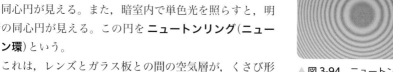

▲図 3-94 ニュートンリング

図 3-95(a) のように，半径が R の凸面をもつ平凸レンズを置いた場合，あるリングの半径を r，そこでの空気層の厚さを d とすると（d は R，r に比べきわめて小さいとする），$\triangle$ADC と $\triangle$CDB は相似であるから

$$r : (2R - d) = d : r \quad より$$
$$r^2 = d(2R - d) \fallingdotseq 2dR$$

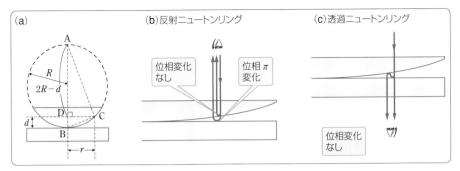

▲図3-95 ニュートンリングの光路差と位相変化

ここで，右辺の d^2 は $2dR$，r^2 に比べきわめて小さい値であるので無視できるとした。よって，2光線の光路差は以下のように求まる。

$$光路差 = 2d \fallingdotseq \frac{r^2}{R} \tag{3・85}$$

この装置を上から，すなわち光源側から観察するとき見えるニュートンリングを**反射ニュートンリング**という。

この場合には，平凸レンズの下面での反射は，自由端(密→疎)の反射であるから位相に変化はなく，ガラス板の上面での反射は固定端(疎→密)の反射であるから，反射波の位相は π だけ変わる。したがって，前述のくさび形空気層の場合と同様に，干渉の条件式は次のようになる。

$$\frac{r^2}{R} = \left(m + \frac{1}{2} \right) \lambda \quad \cdots\cdots 明環$$
$$\frac{r^2}{R} = m\lambda \qquad\quad \cdots\cdots 暗環 \qquad (m = 0, 1, 2, \cdots\cdots) \tag{3・86}$$

装置を下から，すなわち光源と反対側から観察したとき見えるニュートンリングを**透過ニュートンリング**という。

この場合は，反射光線は2度(疎→密)の反射をするため位相は変わらず，干渉の条件式は反射ニュートンリングのそれと逆になる。

$$\frac{r^2}{R} = \left(m + \frac{1}{2} \right) \lambda \quad \cdots\cdots 暗環$$
$$\frac{r^2}{R} = m\lambda \qquad\quad \cdots\cdots 明環 \qquad (m = 0, 1, 2, \cdots\cdots) \tag{3・87}$$

ニュートンリングによって，レンズの球面の半径を正確に求めたり，球面の精度を調べたりすることができる。

補足 レンズとガラス板との間を水で満たすとき，水中の波長は $\dfrac{1}{水の屈折率}$ 倍となるから，波長は短くなり，空気のときに比べてリングの半径は小さくなる。

CHART 40 いろいろな光路差

ヤングの実験

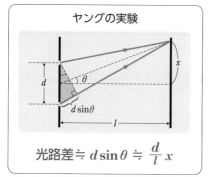

$$光路差 ≒ d \sin θ ≒ \frac{d}{l} x$$

回折格子

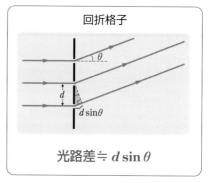

$$光路差 ≒ d \sin θ$$

薄膜

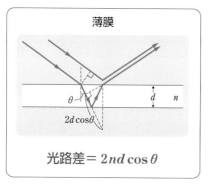

$$光路差 = 2nd \cos θ$$

くさび形空気層

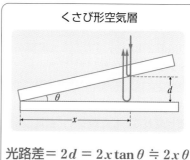

$$光路差 = 2d = 2x \tan θ ≒ 2x θ$$

ニュートンリング

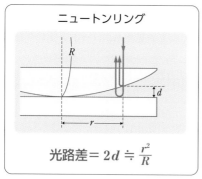

$$光路差 = 2d ≒ \frac{r^2}{R}$$

⭐Point

薄膜以外でも，装置全体が屈折率 n の媒質中にあれば，光路差は n 倍になる。

CHART 40 ⭐Point

薄膜だけでなく，ヤングの実験装置や回折格子などを透明液体中(屈折率 n)に置くと，波長の短縮($\frac{1}{n}$ 倍)により，光路差は n 倍になる。このため，干渉による明線(暗線)の方向は液体を満たさない場合とずれてくる。このような，特殊な状況のときは，特に処理の仕方に注意したい。

284 第3編 ●波

図において, A, B, C は互いに平行なスクリーン
で, S_0, S_1, S_2 はそれぞれ互いに平行なスリット
を示す。S_1 と S_2 は間隔が d で, S_0 より等距離に
ある。点線 S_0O はスクリーンに垂直で S_1 と S_2 の
中点 M を通り, B と C の距離 MO $= l$ は d に比
べてきわめて大きいものとする。このとき, 波長
λ の単色光を S_0 に当てると, C 面上に明暗の縞模
様ができる。次の問いに答えよ。

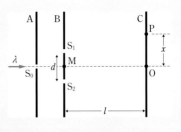

(1) スリット S_0 のはたらきは何か簡単に述べよ。

(2) C 面上で, 点 O から x の距離にある点を P とする。S_1P と S_2P の差を l, d, x を
用いて表せ。ただし, x は l に比べてきわめて小さいものとする。

(3) 点 O にできる明線を 0 番目とするとき, 点 O から m 番目の明線までの距離 x_m を,
m, l, d, λ を用いて表せ。

(4) 隣りあう明線の間隔 Δx を, l, d, λ を用いて表せ。

(5) もし, B と C の間を屈折率 n の液体で満たすと, 隣りあう明線間隔は, (4) の Δx
の何倍になるか。ただし, 空気の屈折率を 1 とする。

考え方　(2) MP の方向を表す角を θ とすると, 経路差は近似的に $d\sin\theta$ となる。さ
らに, θ がきわめて小さいため $\sin\theta \fallingdotseq \tan\theta = \dfrac{x}{l}$ としてよい(下図)。

(3) 明線の条件式は, 経路差 $= m\lambda$

(5) 液体中で波長は $\dfrac{1}{n}$ 倍に短縮していることを考える(→ **CHART 40** — ✿Point)。

解答　(1) **S_1, S_2 に位相がそろった波を送る**
はたらき

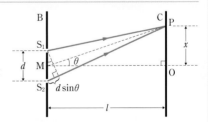

　〔注〕　レーザー光のように, 位相がそろ
った波の場合はスリット S_0 は不
要である。

(2) $|S_2P - S_1P| \fallingdotseq d\sin\theta$
$\qquad\qquad \fallingdotseq d\tan\theta$

$\tan\theta = \dfrac{x}{l}$　より　$|S_2P - S_1P| = \dfrac{d}{l}x$

(3) 明線の条件式より　$\dfrac{d}{l}x_m = m\lambda$　ゆえに　$x_m = \dfrac{ml\lambda}{d}$

(4) $\Delta x = x_{m+1} - x_m = \dfrac{(m+1)l\lambda}{d} - \dfrac{ml\lambda}{d} = \dfrac{l}{d}\lambda$

(5) (4)より, Δx は λ に比例する。液中で λ が $\dfrac{1}{n}$ 倍になるから, Δx は $\dfrac{1}{n}$ **倍**

図で，AとBは平行平面ガラス板で，両者は端Oで接している。そこからLの位置にアルミホイルがはさまれている。このため，A，Bの間には微小角 θ〔rad〕の傾きをもつくさび形の空気層ができている。いま，真上から波長 λ の光を当て，上方から見ると等間隔の干渉縞が見える。これはBの上面で反射した光とAの下面で反射した光との干渉による。

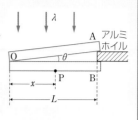

　このような光の干渉について，次の問いに答えよ。なお，必要なら $\tan\theta \fallingdotseq \theta$ を使ってよい。

(1) A，Bが接している点O付近の縞は明線か，暗線か。

(2) 点Oから x だけ離れた点Pにおける，2つの反射光の光路差を，x，θ を用いて表せ。ただし，空気の屈折率を1とする。

(3) O側から数えて m 番目（$m = 1, 2, 3, \cdots\cdots$）の明線の位置を $x = x_m$ とする。x_m を m，λ，θ を用いて表せ。

(4) 隣りあう明線の間隔 D を λ，θ を用いて表せ。

(5) 隣りあう明線の位置での空気層の厚さの差 Δd を，λ を用いて表せ。

(6) $L = 10\,\text{cm}$，$\lambda = 6.0 \times 10^{-7}\,\text{m}$，$D = 2.0\,\text{mm}$ とすると，アルミホイルの厚さ h〔mm〕はいくらか。

考え方 (1)，(3)　光路差と反射による位相変化とを考えて，干渉の明暗の条件を考える（→ **CHART 39** ─ ✿Point）。なお，(3)では，$m = 1, 2, 3, \cdots\cdots$ としており，干渉の条件式が，光路差 $= \left(m - \dfrac{1}{2}\right)\lambda$ となることに注意する。

解答 (1) 点O（経路差0）では，B面での反射のみ位相が π 変化するので，両反射光は弱めあう。よって　**暗線**

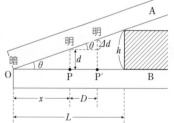

(2) 空気層の厚さ $d = x\tan\theta \fallingdotseq x\theta$
　光路差は，光が空気層を往復する距離となるから　$2x\theta$

(3) 干渉の条件式（明線）は，B面での位相変化 π を考えて　$2x_m\theta = \left(m - \dfrac{1}{2}\right)\lambda$　ゆえに　$x_m = \left(m - \dfrac{1}{2}\right)\dfrac{\lambda}{2\theta}$

(4) $D = x_{m+1} - x_m = \dfrac{\lambda}{2\theta}$

(5) 右図より　$\Delta d = D\tan\theta \fallingdotseq D\theta = \dfrac{\lambda}{2\theta} \times \theta = \dfrac{\lambda}{2}$

(6) 右図より　$\tan\theta = \dfrac{h}{L} = \dfrac{\Delta d}{D}$　よって　$h = \dfrac{L \cdot \Delta d}{D} = \dfrac{L\lambda}{2D}$

　ゆえに　$h = \dfrac{10 \times 10^{-2} \times 6.0 \times 10^{-7}}{2 \times 2.0 \times 10^{-3}} = 1.5 \times 10^{-5}\,\text{m} = \mathbf{1.5 \times 10^{-2}\,\text{mm}}$

第4編

電気と磁気

電場

1 静電気力

A 物体がもつ電気と静電気力

　絹の布でこすって帯電させた(電気を帯びた)ガラス棒に，同様に帯電させた別のガラス棒を近づけると互いに反発しあい，ウールの布でこすって帯電させた塩化ビニルのパイプを近づけると引きつけあう。この事実を物質の内部構造から考えてみる。

　物質を細かく分けていくと，その物質の化学的性質を決める最小単位である**分子**にいきつく。分子をさらに分解すると，もはやもとの化学的性質をもたない**原子**となる(図4-1)。原子の中心には，正の電気をもついくつかの**陽子**と，電気をもたないいくつかの**中性子**からなる小さくて重い**原子核**があり，そのまわりに負の電気をもついくつかの**電子**がある。陽子のもつ正の電気と電子のもつ負の電気は等量である。原子は通常，同じ数の陽子と電子をもっており，電気的に中性に保たれている(表4-1)。

　電子は，原子核のまわりの，いくつかの決まった軌道上を回っていると考えることができる。

　各軌道上に入ることのできる電子の数は一定であり，一般に，原子が重くなるにつれて，電子は内側の軌道から順次埋まっていく(そうでない場合もある)。軌道上に電子が過不足なく埋まっている原子は，化

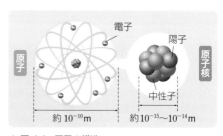

▲ 図4-1　原子の構造

▼ 表4-1　原子の構成例

原子	原子記号	陽子数	中性子数	電子数
水素	^1_1H	1	0	1
ヘリウム	^4_2He	2	2	2
炭素	$^{12}_6C$	6	6	6
マグネシウム	$^{24}_{12}Mg$	12	12	12
塩素	$^{35}_{17}Cl$	17	18	17
ウラン	$^{238}_{92}U$	92	146	92

学的に大変安定である(図4-2(a))。

　これよりも1個または2個電子を余分にもっている原子では，それらの電子はさらに外側の軌道に入るが，束縛が弱いため外に飛び出しやすい。反対に，軌道上に電子1，2個分の空きがある原子では，外から電子を引き入れて軌道上の電子を満席にしようとする(同図(b))。このように，原子に電子の不足や過剰が起きると，電気的にみればこれらの原子は全体として正または負の電気をもつ原子となる。これを **イオン** といい，前者を **陽**(または**正**)**イオン**，後者を **陰**(または**負**)**イオン** という。

　冒頭に述べた物体の帯電現象は，物体内の電子の過不足により引き起こされている。ガラス棒を絹布でこすると，摩擦によってガラス内の電子が絹布に移動し，それぞれが正，負の帯電状態となると解釈される。

　帯電した物体(**帯電体**)のもつ電気を **電荷** といい，電気の正負により **正電荷・負電荷** と区別される。また，帯電体の大きさが無視できる小さい点状の電荷を **点電荷** という(電子やイオンも点電荷として扱われることが多い)。これらの電荷の間にはたらく力を **静電気力(クーロン力)** といい，電荷の正負の組合せにより，斥力(互いに反発しあう力)になったり引力(互いに引きよせあう力)になったりする。

　　　　同種(同符号)の電気は互いに斥力を，異種(異符号)の電気は互いに引力
　　　　を及ぼしあう。

　電荷がもつ電気の量を **電気量** という。電気量の単位には **クーロン**(記号 **C**)が用いられる。1クーロンは，電気素量(→ p.291)の値から決められる電気量である。

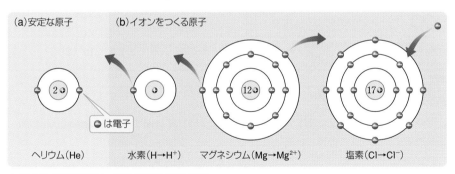

▲ 図4-2　安定な原子とイオンになりやすい原子

B　クーロンの法則

　クーロンは，帯電させた2つの金属球の間にはたらく静電気力を精密に測定し，次のような事実を発見した。

　　　　2つの帯電体間にはたらく静電気力は，それらの電荷(電気量)の積に比
　　　　例し，距離の2乗に反比例する。

　これを，静電気力に関する **クーロンの法則** という。

両電荷の電気量を q_1, q_2〔C〕，距離を r〔m〕，静電気力を F〔N〕とすると，クーロンの法則は次のように表される。

$$F = k\frac{q_1 q_2}{r^2}$$

$（k$ は比例定数$）$　　　　(4・1)

電気量 q_1, q_2 の符号を電気の符号と同じ

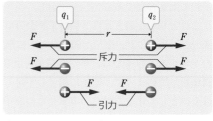

▲ 図4-3　クーロンの法則

にとると（正電荷の場合は正の値に，負電荷の場合は負の値にする），(4・1)式で F の値が正のときは斥力，負のときは引力がはたらくことになる。(4・1)式中の比例定数$（k > 0）$は，帯電体のまわりの物質の種類によって異なる。真空中での k の値を k_0 とすると

$$k_0 = 9.0 \times 10^9\,\text{N·m}^2/\text{C}^2$$　　　　　　　　　　　　　　　　(4・2)

となる。空気中での k の値もほぼ k_0 に等しい。

補足　理論的には $k_0 = c^2 \times 10^{-7}$〔N·m²/C²〕$（c$: 真空中での光の速さ$）$と表される。

📖 問題学習 …… 119

真空中 0.10 m の距離で，正負等量の電荷をもつ 2 つの小物体間にはたらく力が 0.90 N であった。それぞれの電気量 $+q$, $-q$〔C〕を求めよ。クーロンの法則の比例定数を $9.0 \times 10^9\,\text{N·m}^2/\text{C}^2$ とする。

解答　クーロンの法則より　$0.90 = 9.0 \times 10^9 \times \dfrac{q^2}{0.10^2}$

ゆえに　$q = \sqrt{\dfrac{0.90 \times 0.10^2}{9.0 \times 10^9}} = 1.0 \times 10^{-6}\,\text{C}$　よって　$\pm q = \pm 1.0 \times 10^{-6}\,\text{C}$

📖 問題学習 …… 120

図のように，同じ長さの 2 本の軽い糸の下端に，同じ質量 m の質点をつるす。この質点に等しい電気量 Q を与えると，穴から下の糸の長さが L，2 質点間の距離が $2r$ でつりあった。この同じ質点にそれぞれ 2 倍の電気量 $2Q$ を与えたとき，糸と鉛直線のなす角が電気量 Q を与えたときと同じ角度 θ でつりあうためには，糸の長さは電気量 Q のときの長さ L の何倍にすればよいか。

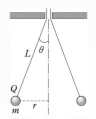

考え方　各質点にはたらく力は，重力 mg（g は重力加速度の大きさ），糸が引く力 S，静電気力 F の 3 つであり，これらがつりあっている。図のように

$$\tan\theta = \frac{F}{mg}$$

となることを用いて式を立てればよい。

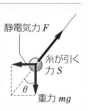

解答 電気量 Q でつりあっているときの静電気力を F, 電気量 $2Q$ でつりあっているときの静電気力, 糸の長さ, 2質点間の距離を F', L', $2r'$ とすると, クーロンの法則より

$$F = k\frac{Q^2}{(2r)^2}, \quad F' = k\frac{(2Q)^2}{(2r')^2}$$

図より $\tan\theta = \dfrac{F}{mg} = \dfrac{F'}{mg}$ であるから $F = F'$

$$k\frac{Q^2}{4r^2} = k\frac{4Q^2}{4r'^2} \quad \text{ゆえに} \quad r' = 2r$$

よって, $r:r' = L:L'$ より $L' = 2L$ ゆえに **2倍**

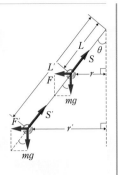

C 電気量保存の法則

すべての物質は原子の集まりであり, その原子の電気をもつ構成要素の微粒子は, 陽子と電子である。これらは正負等量の電気をもち, それらをさらに分解することは, 一般的には不可能である。このことから, 陽子または電子のもつ電気量も分割することはできない。すなわち, これらのもつ電気量の大きさ(絶対値)が電気の最小単位量となる。この量を **電気素量** といい, e で表す。その値は

$$e = 1.602176634 \times 10^{-19}\,\text{C} \fallingdotseq 1.60 \times 10^{-19}\,\text{C} \tag{4·3}$$

である。自然界に存在する電気量は, すべてこの e の整数倍となる。したがって, 帯電体どうしが電荷(電気)をやりとりする際にも, この e の整数倍の正または負の電気量で行われる。このように電荷の移動があったときも, その前後での電気量の総和は変化しない。これを **電気量保存の法則** という。

> **重要** 4-1
>
> ### 電気量保存の法則
> ## 帯電体どうしの電気のやりとりでは, 前後で電気量の総和は変わらない

参考 原子の構成要素である陽子, 中性子および電子は, これ以上分割できない究極的な粒子と考えられていた。しかし, 最近の研究から陽子や中性子は **クォーク** という粒子からつくられ, これらは $\dfrac{e}{3}$ または $\dfrac{2e}{3}$ の大きさの電気量をもつとされている(→ p.471)。

問題学習 …… 121

ガラス棒を絹布でこすったところ, ガラス棒は $1.2 \times 10^{-9}\,\text{C}$ の正の電気量をもった。何個の電子が絹布に移動したか。電気素量を $1.6 \times 10^{-19}\,\text{C}$ とする。

解答 移動電子数を N, 電気量を Q とすると $Q = Ne$ と表される。

よって $N = \dfrac{Q}{e} = \dfrac{1.2 \times 10^{-9}}{1.6 \times 10^{-19}} = \textbf{7.5} \times \textbf{10}^9$ 個

基物
A 電場

1 **電場の考え方** 2つの電荷の間にはたらく静電気力は，それらが離れていても伝達する。この現象は

> 電荷のまわりの空間は，電荷の影響によりある種のひずみを受ける。
> このひずみどうしが相互作用を起こし，静電気力(引力または斥力)となって現れる。

と解釈される。

この考えは，空間は単なる空(無)ではなく，物理的な性質をもつある種の媒質とし，これを媒介にして力が伝わるとしたものである。このように静電気力を生じる場所(空間)を**電場**(または **電界**)という。

> 参考 **近接作用説と遠隔作用説** 上記のように，空間を物理的な性質をもつ媒質とみなす考え方を **近接作用説(媒達説)** という。一方，力は物体間で直接的にはたらき，途中の空間や物質に無関係であるという考え方を **遠隔作用説(直達説)** という。
>
> **場の概念** 空間をある種の物理的性質をもつ一種の媒質と考えて，物理現象を説明する方法は現代物理学においても広く用いられている。このように，物理的なある種の力がはたらく空間を一般に場という。例えば，重力のはたらく空間を重力場，磁気力のはたらく空間を磁場(→ p.355)という。

> 補足 電場は理学関係の用語として，電界は工学関係の用語として用いられる。

2 **電場の向きと強さ** 電場内の1点に +1C の正電荷(**試験電荷** という)を置いたとき，これにはたらく静電気力の向きと大きさを，その点での **電場の向き**，**電場の強さ** と定める。したがって，電場はベクトルで表すことが

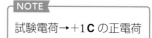

NOTE
試験電荷→+1C の正電荷

できる。このベクトルを **電場ベクトル** という。

1C の電荷が受ける力の大きさが1N である電場の強さを1**ニュートン毎クーロン**(記号 **N/C**)とし，これを電場の単位として用いる。

したがって，$\vec{E}$[N/C]の電場内にある電荷 q[C]にはたらく静電気力 $\vec{F}$[N]は，次のようになる(図4-4)。

$$\vec{F} = q\vec{E} \qquad (4\cdot4)$$

負電荷が電場から受ける力の向きは，電場の向きと反対になる。

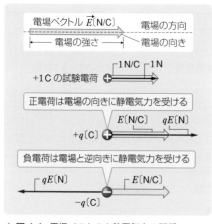

▲ 図4-4 電場ベクトルと静電気力の関係

帯電体のまわりには電場が生じている。図4−5(a)のように，空間の1点Aに正の点電荷$+Q$〔C〕があるとする。Aからの距離r〔m〕の点Pでの電場の強さをE〔N/C〕とし，Pに試験電荷($+1$C)を置くと，これにはたらく力F〔N〕は(4·4)式から

$$F = 1 \times E = E \tag{4·5}$$

となる。一方，F〔N〕を，Aにある$+Q$〔C〕からの静電気力と考えると，(4·1)式から次のように表される。

$$F = k\frac{Q \times 1}{r^2} = k\frac{Q}{r^2} \tag{4·6}$$

(4·5)式と(4·6)式のFは同じ力を表しているから，Pの電場の強さEは

$$E = k\frac{Q}{r^2} \tag{4·7}$$

となる。電場の向きは力の向きとなるから，AからPの向きを示すことになる。

　一方，点Aに負の点電荷$-Q$〔C〕がある場合は，電場の向きはPからAの向きとなり，電場の強さは正電荷のときと同じく(4·7)式で表される。

物 **C** 電場の重ねあわせ

　図4−5(b)のように，A，B2点のそれぞれに$+Q_1$〔C〕と$-Q_2$〔C〕があるときの点Pの電場を考えよう。Pに試験電荷($+1$C)を置くと，試験電荷には，$+Q_1$からと$-Q_2$からとの力$1 \times \vec{E_1}$〔N〕と$1 \times \vec{E_2}$〔N〕が同時にはたらく。したがって，Pでの試験電荷にはたらく力は$\vec{E_1}$と$\vec{E_2}$のベクトル和(合成ベクトル)となる。すなわち，Pに生じる電場$\vec{E}$〔N/C〕は，両電荷がそれぞれ単独にあるときにPに生じる電場ベクトル$\vec{E_1}$，$\vec{E_2}$のベクトル和になる。これを **電場の重ねあわせ** という。

　空間に点電荷が3個以上存在するときも(同図(c))，上記と同様の取り扱いにより，各電荷が単独に存在するときの点Pの電場ベクトル$\vec{E_1}$，$\vec{E_2}$，……〔N/C〕をベクトル合成すればよい。

$$\vec{E} = \vec{E_1} + \vec{E_2} + \cdots\cdots \tag{4·8}$$

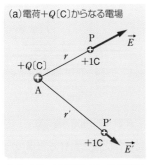

(a)電荷$+Q$〔C〕からなる電場

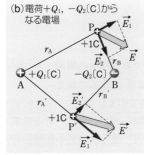

(b)電荷$+Q_1$，$-Q_2$〔C〕からなる電場

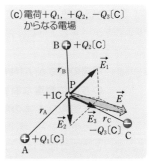

(c)電荷$+Q_1$，$+Q_2$，$-Q_3$〔C〕からなる電場

▲ 図4-5　点電荷のまわりの電場

点 A にある $Q = +4.0 \times 10^{-9}$C の点電荷から距離 $r = 0.60$ m の点 P での電場の強さ E_P〔N/C〕はいくらか。また，P に $q = -2.0 \times 10^{-9}$C の点電荷を置いたときの，静電気力の大きさ F_P〔N〕と向きを求めよ。クーロンの法則の比例定数を 9.0×10^9 N·m²/C² とする。

解答 (4·7)式から $\quad E_P = k\dfrac{Q}{r^2} = \dfrac{9.0 \times 10^9 \times 4.0 \times 10^{-9}}{0.60^2} = \mathbf{1.0 \times 10^2\, N/C}$

(4·4)式から $\quad F_P = |q|E_P = 2.0 \times 10^{-9} \times 1.0 \times 10^2 = 2.0 \times 10^{-7}$ N

P → A の向きに $F_P = 2.0 \times 10^{-7}$ N

D 電気力線

1 電気力線 　電場内に置いた正の点電荷を，電場から受ける力の向きに少しずつ動かすと，1つの曲線(または直線)を描く。この曲線(または直線)に正電荷が動いた向きの矢印を付けたものを **電気力線** という。電気力線上の各点での接線は，その点での電場(電場ベクトル)の方向と一致する。電気力線は正の電荷から出て負の電荷に入る。正電荷が1つある場合は，電気力線は正の電荷から出て無限遠に達し，負電荷が1つある場合は，電気力線は無限遠からきて負の電荷に入る(図4−6)。

(a) 1つの電荷による電場

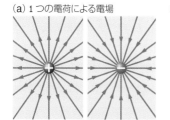

(b) 正·負等量の2つの電荷による電場

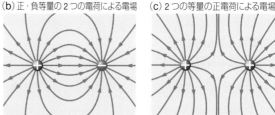

(c) 2つの等量の正電荷による電場

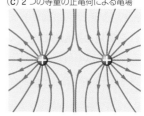

▲ 図4-6　電荷による電気力線のようす

2 電気力線の数 　電気力線により電場の強さのようすを表すことができるように，電気力線の本数を次のように決めておく。

> 電場の強さが E〔N/C〕である所は，電場
> の方向に垂直な断面を通る電気力線を
> 1m² 当たり E 本の割合で引く。

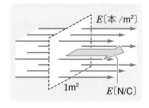

▲ 図4-7　電気力線の数

　このように決めると，電場が強い所では電気力線は密集し，弱いところではまばらになり，電気力線の全体図から空間の各位置における電場の向きと強さを知ることができる。

3 電気力線の性質　これまでに述べてきたとおり，電気力線には以下のような性質がある。

①電気力線は正電荷から出て負電荷に入る。

②電気力線上の各点での接
　線は，その点での電場の
　方向を表す。

③電気力線の数が1m²当
　たりE本の点では，電場
　の強さはE[N/C]となる。

これらに加え，電気力線に
は以下の性質もある。

④電気力線は交わったり，
　折れ曲がったり，枝分か
　れしたりしない。

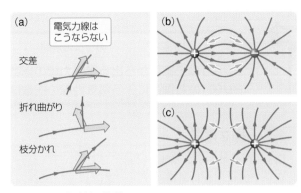

▲ 図4-8　電気力線の性質

　もしそのようなことが
あると，図4-8(a)のように，接線を2本引くことができ，電場内の1点では電場は1つ
に定まっていることと矛盾する。

⑤電気力線はその向きに縮まろうとする性質をもち，隣りあう電気力線は互いに押しあう
　と考えられる。

　帯電体間にはたらく静電気力は，帯電体のまわりの空間がひずみを受けるために生じ
　ると考えたが(→ *p*.292)，これは，異種の電荷間にはたらく静電気力の引力は，電気力
　線がその向きに縮もうとする性質(同図(b))，また同種の電荷間にはたらく斥力は，隣
　りあう電気力線どうしが反発する性質による(同図(c))と考えることもできる。

E　ガウスの法則

　$+Q$[C]の正電荷から出る電気力線の総
数は以下のように求められる(図4-9)。

　電荷から距離 r[m]の点における電場の
強さは $E = k\dfrac{Q}{r^2}$[N/C]であり，電場の向き
は電荷を中心にした半径 r[m]の球面に直
交した向きである。電気力線はこの球面を
1m²当たり E本貫いており，球面の面積は
$4\pi r^2$[m²]であるから，球面全体を貫く電気
力線の総数 N は次のようになる。

$$N = E \times 4\pi r^2 = k\frac{Q}{r^2} \times 4\pi r^2$$

$$= 4\pi kQ \qquad (4\cdot9)$$

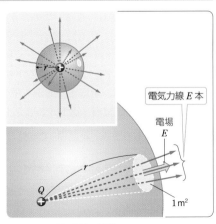

▲ 図4-9　電気力線の総数

$-Q$〔C〕の負電荷に入る電気力線の総数も同じく $4\pi kQ$ 本である。一般に，電荷が大きさのある物体に分布している場合でも，総量 Q〔C〕の電荷から出入りする電気力線の総数は $4\pi kQ$ 本である。これを **ガウスの法則** という。

> ## ガウスの法則
>
> $+Q$〔C〕の正電荷から出る電気力線の総数は $4\pi kQ$ 本
> $-Q$〔C〕の負電荷に入る電気力線の総数は $4\pi kQ$ 本

F　一様な電場

　図4-10(a)のように，無限に広い平面に一様に電荷が分布しているとする。電場内の1点Aの電場ベクトル $\vec{E}$ は，平面上のあらゆる場所の電荷による電場ベクトルの合成である。Aから平面に下ろした垂線の交点を点Bとし，これを対称の中心とする平面上の任意の1組の点C，D

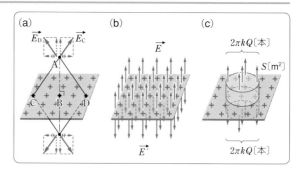

▲ 図4-10　一様に分布した電荷による電場

をとる。C，DからのAにおける電場ベクトル $\vec{E_C}$，$\vec{E_D}$ を合成すると，同図のように平面に平行な成分は互いに打ち消しあい，垂直な成分のみが残る。このように，平面上のすべての部分はBに関して対称となる部分があり，Aの電場ベクトル $\vec{E}$ は電荷平面に垂直となる。したがって，電場内の電場ベクトルは，すべて電荷平面に垂直となる。つまり，電気力線は電荷平面に垂直で，すべて平行となり，電荷の分布が一様であるから，その間隔も同図(b)のように等しくなる。このような電場を**一様な電場**という。

　平面の面積 S〔m²〕に Q〔C〕の割合で電荷が分布しているとする。この電荷平面の両側に，平面に平行な上底と下底をもつ断面積 S〔m²〕の直円柱を考える。電場ベクトル $\vec{E}$ の向きは，すべて円柱の側面に平行になっているから，ガウスの法則により，円柱内の電荷から出る電気力線 $4\pi kQ$ 本は，上底と下底から半分ずつ面に垂直な向きに出ている。したがって，上底または下底での電場ベクトルの強さを E〔N/C〕とすれば，両面で合計した電気力線の数は $2ES$ 本であるから，$\sigma = \dfrac{Q}{S}$〔C/m²〕（**面密度** という）とすると

$$E = \frac{4\pi kQ}{2S} = 2\pi k\frac{Q}{S} = 2\pi k\sigma \tag{4・10}$$

となる（同図(c)）。この式には平面からの距離が含まれないから，電場の大きさは電荷平面からの距離に無関係となる。したがって，電荷平面の両側で，電場ベクトル $\vec{E}$ はそれぞれどこでも一定となり（上，下側で $\vec{E}$ の向きが逆になる），一様な電場が生じている。

A 電位

高い所にある物体は，重力による位置エネルギーをもっている。図4−11(a)のように，基準水平面から高さ h〔m〕の位置に質量 m〔kg〕の物体があるとき，この物体がもっている重力による位置エネルギー U〔J〕は，物体が基準水平面まで移動するときに重力がする仕事 mgh〔J〕に等しい。

同様に，電場の中にある電荷も位置エネルギーをもっている。電場の中のある点で，電荷がもっている静電気力による位置エネルギーは，電荷が静電気力を受けて，その点から基準の位置まで移動するときに静電気力がする仕事に等しい。

電場の中で，+1C の試験電荷をある点Aから基準の位置まで運ぶときに，電場(静電気力)が試験電荷にする仕事が V〔J〕であるとき，点Aの **電位** は V **ボルト**(記号 **V**)であるという(同図(b))。電位はその点で試験電荷がもつ位置エネルギーを表すから，スカラー量である。

一方，試験電荷を q〔C〕の電荷に置きかえて考えると，静電気力の大きさが q 倍になるから，電荷を基準の位置まで移すとき静電気力がする仕事は qV〔J〕となる(同図(c))。したがって，q〔C〕の電荷が電位 V〔V〕の点でもつ **静電気力による位置エネルギー** U〔J〕は，次のように表される。

$$U = qV \tag{4·11}$$

(4·11)式より $V = \dfrac{U}{q}$ であるから，電位の単位ボルト(V)は **ジュール毎クーロン**(記号 **J/C**)であることがわかる。すなわち，J = C·V，V = J/C

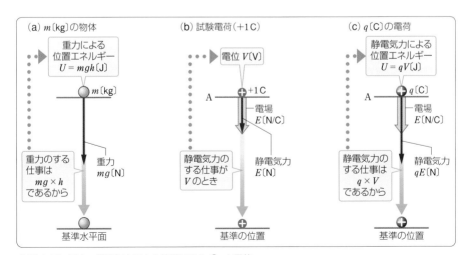

▲ 図4-11 重力，静電気力による位置エネルギーと電位

電位 V は，電荷を運ぶ経路によらず，点 A と基準点の位置だけで定まる。つまり，電場内で電荷にはたらく静電気力は保存力である。電位の基準点(電位 0 V の点)の選び方は任意であるが，理論上では無限遠点をとり，実用上では地球(アース，→ $p.309$)をとる場合が多い。

補足　電場内で，電位の基準点(電位 0 V の点)から点 A まで，静電気力に逆らって，つまり，静電気力とつりあう外力を加えて，＋1C の試験電荷をゆっくりと運ぶのに必要な仕事は，点 A から電位の基準点まで試験電荷が移動するとき，電場(静電気力)が電荷にする仕事(電位)に等しい。

　　　したがって，点 A の電位の定義には，次の 2 つの表し方がある。

　　①＋1C の電荷を点 A から基準の位置まで移す間に電場(静電気力)がする仕事

　　②＋1C の電荷を基準の位置から点 A までゆっくり運ぶときに外力がする仕事

B　電位差

　電場内に 2 点 A(電位 V_A)，B(電位 V_B)を考え，V_A が V_B より大きいとする。このとき，点 A は点 B より **電位が高い** といい，点 B は点 A より **電位が低い** という。また，電位の差 $V = V_A - V_B$〔V〕を，点 A と点 B の間の**電位差**または**電圧**という(図4−12(a))。電位差(電圧)の単位も電位と同じボルト(V)を使用する。

　電位差 V は，点 A から点 B まで +1C の電荷を移す間に電場がする仕事であり，また，点 B から点 A まで +1C の電荷を運ぶのに必要な仕事でもある。

　したがって，q〔C〕の正電荷を，点 A から，電位が低い点 B まで移す間に電場が電荷にする仕事 W〔J〕は次のようになる。

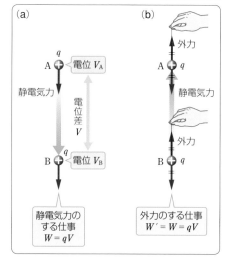

▲ 図 4-12　電位差と仕事

$$W = qV \qquad (4 \cdot 12)$$

ほかに仕事をするものがない場合，W〔J〕は電荷の運動エネルギーに変換される。

　また，q〔C〕の正電荷を，点 B から電位の高い点 A まで運ぶのに必要な仕事 W〔J〕も(4・12)式で表される。この仕事により，電荷の位置エネルギーは増加する(同図(b))。

　点 A，B 間で，電荷を移動する(運ぶ)仕事 W は，2 点 A，B の位置のみによって定まり，電荷を運ぶ AB 間の経路には無関係である。

　したがって，電場内の一巡の経路にそって電荷がひとまわりして同じ点にもどったとき，電場が電荷にした仕事は 0 となる。

A，B 間の電位差が $V = 10\mathrm{V}$ のとき，陽子(電気量 $q = +1.6 \times 10^{-19}\mathrm{C}$)を点 B から電位の高い点 A まで運ぶのに必要な仕事 $W[\mathrm{J}]$ はいくらか。

解答 (4・12)式より　$W = qV = 1.6 \times 10^{-19} \times 10 = \mathbf{1.6 \times 10^{-18}\,J}$

C 一様な電場による電位・電位差

電場の強さが $E[\mathrm{N/C}]$ の一様な電場内に $q[\mathrm{C}]$ の正電荷を置くと，この電荷は電場から大きさ $qE[\mathrm{N}]$ の静電気力を受ける。電荷を力の向きに $d[\mathrm{m}]$ 離れた電位差 $V[\mathrm{V}]$ の点まで移動すると，静電気力のする仕事は $qE \cdot d[\mathrm{J}]$ となり，これは(4・12)式から qV $[\mathrm{J}]$ に等しい。すなわち $qEd = qV$ である。

ゆえに，一様な電場の強さと電位差との間には，次のような関係がある。

$$V = Ed \quad \text{または} \quad E = \frac{V}{d}$$

$$(4 \cdot 13)$$

上式 $V = Ed$ は，$+1\mathrm{C}$ の電荷に $E[\mathrm{N}]$ の力がはたらき，その向きに $d[\mathrm{m}]$ 移動する

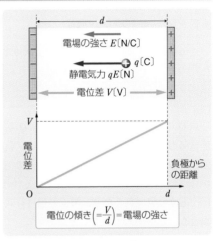

▲ 図 4-13　一様な電場と電位差

ときの静電気力のする仕事が $V[\mathrm{J}]$ であることを示している。また，$E = \dfrac{V}{d}$ は，電場の強さ E がその方向の距離 1m 当たりの電位差(電位の傾き)となることを意味している(図 4−13)。

なお，電場の強さの単位は N/C であるが，(4・13)式から，電場の強さは電位差 V を距離 m でわることになるから，**ボルト毎メートル**(記号 **V/m**)と表してもよいことがわかる。すなわち，N/C = V/m

D 点電荷のまわりの電位

点 O にある電気量 $Q[\mathrm{C}]$ の点電荷から $r[\mathrm{m}]$ 離れた点 A の電位 $V[\mathrm{V}]$ を考える。

点電荷が正の場合($Q > 0$)，$+1\mathrm{C}$ の試験電荷を点電荷に近づけるときは，静電気力に逆らって移動することになるから，外部から正の仕事をしなければならない。これは，点 O に近いほど電位が高いことになる(次ページ，図 4−14(a))。

したがって，電位の基準点を無限遠点にとれば，点 A の電位は無限遠点から $+1\mathrm{C}$ の電荷を点 A まで運ぶのに要する仕事 W となる。これは，電場(静電気力)が点 A から $+1\mathrm{C}$ の電荷を無限遠点まで運ぶ仕事に等しい。

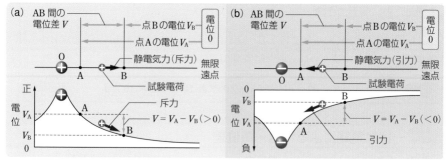

▲ 図4-14　点電荷のまわりの電位

　この仕事は万有引力による位置エネルギーを導出したときと同様の手順によって得られ（→ *p*.158），その結果は次のように表される。

$$V = k\frac{Q}{r} \tag{4·14}$$

　点 O の点電荷の電気量 Q〔C〕が負（$Q < 0$）のときには，点 A にある +1C の試験電荷は静電気力によって引力を受けるから，試験電荷が点 O に近づくときは電場が正の仕事をし，遠ざかるときは静電気力に抗して外部から仕事をしなければならない。したがって，点 A から点 O に近づくほど電位は低くなる（同図(b)）。無限遠点を電位の基準点（$V = 0$）にとれば，電位の値は負となり，電位の(4·14)式の Q を正負の符号も含んでいるとすれば，この場合も同じ形の式で表すことができる。

　点 A にある試験電荷を電気量 q〔C〕の点電荷に置きかえて考えると，点電荷のもつ静電気力による位置エネルギー U〔J〕は，(4·11)式と(4·14)式より次のように表される。

$$U = k\frac{qQ}{r} \tag{4·15}$$

　一方，質量 M〔kg〕の物体から距離 r〔m〕の位置にある質量 m〔kg〕の物体がもつ，万有引力による位置エネルギーは $U = -G\dfrac{Mm}{r}$（G は万有引力定数，→ *p*.157）であり，静電気力による位置エネルギーの k，q，Q と G，M，m とが対応していることがわかる（図4−15）。ただし，万有引力は引力であるから，位置エネルギーは負の値となったが，同符号での静電気力は斥力であるから，電位や位置エネルギーは正の値になる。異符号のときは万有引力と同じ引力となるため，電位や位置エネルギーは負になる。

▲ 図4-15　静電気力による位置エネルギーと万有引力による位置エネルギーの関係

参考 点電荷のまわりの電位の式((4・14)式)の導出

点電荷 Q〔C〕($Q > 0$ とする)の位置 O からの距離が r_a, r_b〔m〕の点をそれぞれ点 A, 点 B とする。

また，その間を細かく n 等分した点 P_1, P_2, ……, P_{n-1} をとり，点 O からこれらの点までの距離を r_1, r_2, ……, r_{n-1}〔m〕とする(図4−16)。

試験電荷 $+1C$ が AP_1 間を移動する間に，電荷が受ける静電気力(クーロン力)は，$k\dfrac{Q \times 1}{r_a{}^2}$〔N〕(点 A での値)から $k\dfrac{Q \times 1}{r_1{}^2}$〔N〕(点 P_1 での値)まで変化する。

したがって，AP_1 間での静電気力の平均値は $k\dfrac{Q \times 1}{r_a r_1}$〔N〕と考えてよい。

$+1C$ の電荷が点 A から点 P_1 まで移動するとき，移動距離は $r_1 - r_a$〔m〕であるから，この間に電場が電荷にする仕事 $W_{a \to 1}$〔J〕は次のようになる。

$$W_{a \to 1} = k\frac{Q \times 1}{r_a r_1}(r_1 - r_a) = kQ\left(\frac{1}{r_a} - \frac{1}{r_1}\right)$$

よって，試験電荷が点 A から点 B まで移動する間に電場がする仕事 W〔J〕は，次の式で表される。

$$W = kQ\left\{\left(\frac{1}{r_a} - \frac{1}{r_1}\right) + \left(\frac{1}{r_1} - \frac{1}{r_2}\right) + \cdots\cdots + \left(\frac{1}{r_{n-1}} - \frac{1}{r_b}\right)\right\}$$
$$= kQ\left(\frac{1}{r_a} - \frac{1}{r_b}\right)$$

点 B を無限遠点にとれば，$r_b = \infty$ より，$W = k\dfrac{Q}{r_a}$

すなわち $V = k\dfrac{Q}{r}$〔V〕となる。

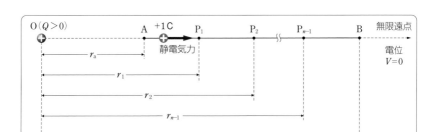

▲ 図4-16 点電荷のまわりの電位の式の導出

E 電位の重ねあわせ

電場が2つ以上の点電荷 Q_1〔C〕，Q_2〔C〕，……からつくられているとき，それらから r_1〔m〕，r_2〔m〕，……の距離にある点 P の電位 V〔V〕は，電位がスカラー量であるから，点電荷がそれぞれ単独にあるときの電位の代数和をとることによって得られ

$$V = k\frac{Q_1}{r_1} + k\frac{Q_2}{r_2} + \cdots\cdots \qquad (4\cdot16)$$

と表される。

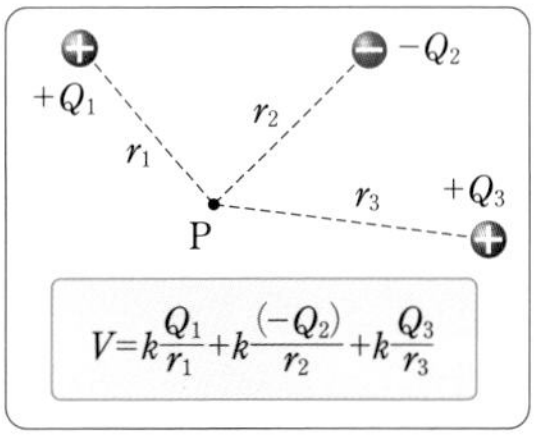

$$V = k\frac{Q_1}{r_1} + k\frac{(-Q_2)}{r_2} + k\frac{Q_3}{r_3}$$

▲ 図4-17 電位の重ねあわせ

F 等電位面

電場内で電位の等しい点を連ねると，1つの面ができる。これを **等電位面** という。一定の電位差で等電位面をかくと，地形図の等高線のようになり，電場のようすがよくわかる。

図 4−18 は，正および負の点電荷のまわりの電場を，電気力線と等電位面で表した平面図と，等電位面で表した断面図((4・14)式になっている)である。

等電位面には以下のような性質がある。

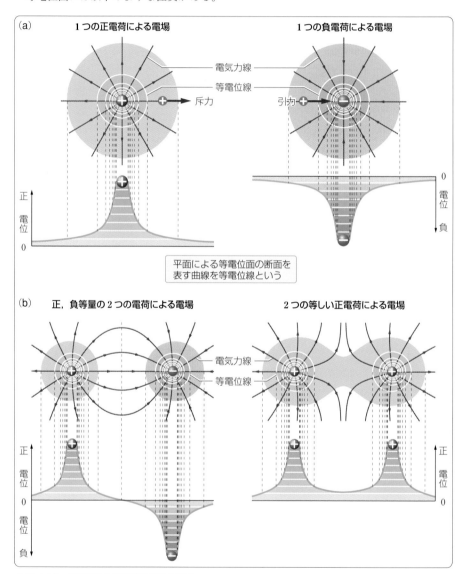

▲ 図 4-18　点電荷による等電位面のようす

(1) **等電位面は電気力線と常に直交する。**

電気力線と垂直な方向には静電気力の成分がないので，その方向に試験電荷を移動しても，静電気力のする仕事は 0 である。

したがって，電気力線と垂直な方向の電位は等しいことになるから，等電位面と電気力線は常に直交する。

(2) **等電位面の間隔が狭い所ほど電場が強い。**

断面図の正電荷は山の頂上となり，負電荷は谷の底となる。また，等電位線（平面による等電位面の断面を表す曲線）の間隔が狭い所ほど（電気力線が密なほど），電位の傾きが大きいことがわかる。

これは，地図の等高線間隔が狭い所ほど傾斜が急になっていることと同様である。電位の傾きは電場の強さを表しているので，断面図での山や谷の傾斜が急な所ほど電場が強いことになる。

CHART 41　電場に関する式のまとめ

①すべての電場

$$F = qE$$
$$U = qV \ (V\text{は電位})$$
$$W = qV \ (V\text{は電位差})$$

②一様な電場

$$V = Ed \ (V\text{は電位差})$$
$$\times q \downarrow$$
$$W = Fd$$

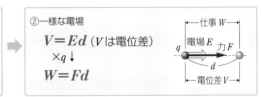

③点電荷のまわりの電場

$$E = k\frac{Q}{r^2} \qquad V = k\frac{Q}{r} \ (V\text{は電位})$$
$$\times q \downarrow \qquad\qquad \times q \downarrow$$
$$F = k\frac{qQ}{r^2} \qquad U = k\frac{qQ}{r}$$

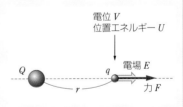

⚠ **ミス注意**　電位と電位差は，ともに記号 V を用いることが多いので注意。

⭐ **Point1**　複数の電荷による電場を重ねあわせる場合はベクトル和をとる。
複数の電荷による電位を重ねあわせる場合は代数和をとる。

⭐ **Point2**　静電気力がする仕事は経路によらない。

CHART 41 ⚠️ミス注意

　電位，電位差の違いは，電位は基準の位置に対しての電位の差，電位差は2点間の電位の差であること。したがって，電位には正(基準より高い)，負(基準より低い)があるが，電位差は大きさだけである。

　標高に例えるなら，電位は海抜ゼロメートルからの高さに，電位差は2か所の高さの差になる。標高も高度差も h[m]などで表すように，電位，電位差ともに V[V]で表す。

CHART 41 ⭐Point1

　電場はベクトル，電位はスカラーなので，重ねあわせの手法が異なることに注意したい。

　電位は，電場の中で +1C の電荷を基準の位置まで運ぶとき，静電気力がする仕事を，電場は，電場の方向1m 当たりの電位差，つまり，電位の傾きを表している。斜面に例えるなら，電位は斜面上の点の高さを，電場はその点での斜面の傾きを表している。海抜ゼロの海岸の地点に海へ向かう傾きがあるように，電位ゼロの点と電場ゼロの点は異なる。

CHART 41 ⭐Point2

　静電気力も重力と同様に保存力である。つまり，電場内で電荷を移動させるとき，静電気力のする仕事は途中の経路によらない。このことは，点電荷のまわりの電場のような，静電気力の大きさ・向きが場所によって異なる場合でも成りたつ。

📖 **問題学習 …… 124**

図のように，原点 O に正の電荷 $4Q$[C]，OP $= d$[m]となる点 P に負の電荷 $-Q$[C]を置いた。
(1) x 軸上で電場の強さが0となる点の座標を求めよ。
(2) 電荷から無限に遠い点の電位を0とするとき，x 軸上で電位が0となる点(無限遠の点は除く)の座標を求めよ。

考え方 　(1) 電場はベクトルであるから，合成電場が0となるのは，2つの電荷がつくる電場が反対向きで大きさが等しくなる点(→**CHART 41**─⭐Point1)。
(2) 電位はスカラーであるから，電位0の点は，2つの電荷による電位の代数和が0となる点で，(1)とは異なる。

解答 　(1) クーロンの法則の比例定数を k，求める点の座標を x[m]とする。

$$k\frac{4Q}{x^2} = k\frac{Q}{(x-d)^2} \quad より \quad \frac{4}{x^2} = \frac{1}{(x-d)^2}$$

ゆえに　$x = 2d, \dfrac{2}{3}d$ [1)]

|
| 1) $4(x-d)^2 = x^2$　整理して |
| $3x^2 - 8dx + 4d^2 = 0$ |
| ゆえに　$x = 2d, \dfrac{2}{3}d$ |

後者は OP 間の点で，電場が同じ向きに重なるので不適。　$x = 2d$(m)

(2) 求める点の座標を x[m]とする。　$k\dfrac{4Q}{|x|} + k\dfrac{(-Q)}{|x-d|} = 0$

$$\frac{4}{|x|} - \frac{1}{|x-d|} = 0 \quad よって \quad \frac{|x|}{|x-d|} = 4$$

ゆえに　$x = \dfrac{4}{5}d$(m)，$\dfrac{4}{3}d$(m) [2)]

|
| 2) $\dfrac{x}{x-d} = \pm 4$　より |
| $x = \pm 4(x-d)$ |
| ゆえに　$x = \dfrac{4}{3}d, \dfrac{4}{5}d$ |

A 導体と不導体

　金属のように電気をよく通す物質を **導体** といい，ガラスやゴムなどのように電気を通しにくい物質を **不導体（絶縁体）** という。

　一般に，金属原子では，原子核のまわりを回る電子群のうち，一番外側の軌道にあるいくつかの電子は，原子核からの束縛力が弱く，原子を離れ，物質内を自由に動き回っている。この電子を **自由電子** という。金属ではこの自由電子の移動によって電気が伝えられる。

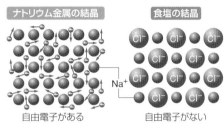

ナトリウム金属の結晶　　**食塩の結晶**

自由電子がある　　　自由電子がない

▲ 図 4-19　導体と不導体

　不導体では，原子中のすべての電子は原子核に強く束縛され，原子から離れることができず，自由電子は存在しない（図4-19）。

> **参考**　導体のなかま　銅，鉄，アルミニウムなどの金属類，炭素，食塩水（食塩水中には自由電子がなく，水溶液中を動く正，負のイオンが電気を伝える），大地など。
> 　　　　　不導体のなかま　ガラス，ゴム，絹，プラスチック，塩化ビニル，油，空気など。

B 導体の静電誘導

　図4-20のように，帯電していない金属に帯電体を近づけると，金属内の自由電子は静電気力を受けるため，帯電体が正に帯電している場合は帯電体に近い側に，負に帯電している場合はその反対側に移動する（正電荷をもつ原子核も静

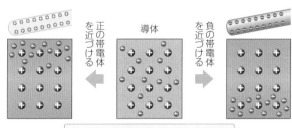

導体

正の帯電体を近づける　　　負の帯電体を近づける

⊕ は陽イオンを，⊖ は自由電子を表す

▲ 図 4-20　導体の静電誘導

電気力を受けるが，原子核間の束縛のため移動することはできない）。その結果，帯電体に近い側には帯電体と異種の電荷が現れ，反対側には帯電体と同種の電荷が現れる。

　これを導体の **静電誘導** という。

問題学習 …… 125

　絹糸でつるした金属の軽い小球（電気振り子）に，負に帯電した塩化ビニル棒を近づけると，引きよせられて棒に触れるが，すぐに反発されて棒から逃げまわる。この理由を述べよ。

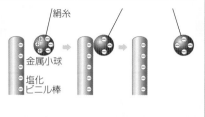

解答 金属小球には，静電誘導によって図の
ように電荷が現れ，棒に引きよせられる。棒
に触れると棒の負電荷が金属球に移り，正電
荷を中和するため，金属球も負に帯電する。
このため，棒と金属球はともに負に帯電し，
斥力を及ぼしあうことになるからである。

絹糸
金属小球
塩化
ビニル棒

基物 C 箔検電器

箔検電器は，静電誘導の現象を利用して，物体の帯電の有無や
程度，正負の区別などを調べる装置である。

箔検電器は，導体部分の金属円板，金属棒，金属箔（金属を紙の
ように薄く平たくのばしたもの）と，不導体部分のゴム（コルク）
栓，ガラスびんとからできている（図4-21）。

帯電体
金属円板
ゴム栓　　　金属棒
ガラス
びん　　　　箔

▲ 図4-21　箔検電器

1 帯電の有無を調べる　上部の金属円板に物体を近づけたとき，
これが帯電体であれば下部の箔が開くので，帯電の有無がわかる。
帯電体を近づけた場合，導体部分に静電誘導が起こり，金属円板
の上面には帯電体と異種の，箔には同種の電気が現れる。2枚の箔どうしは同種の電気を
帯びているので斥力を及ぼしあって開く。金属円板から帯電体を遠ざけると，電荷は元通
りに分布して箔は閉じる。

2 帯電させる方法　(1) 帯電体の電気と同種に帯電させる（図4-22(a)）

　　帯電体を金属円板に接触させ，
　　その上で数回ころがしてから離
　　せばよい。

(2) 帯電体の電気と異種に帯電させる
　　（図4-22(b)）
　　①帯電体を金属円板に近づける。
　　　金属円板と箔に電荷が現れる
　　　（静電誘導）。箔は開く。
　　②帯電体を近づけたまま，導体
　　　部を接地する（→ p.309，金属
　　　円板に指を触れる）。金属円
　　　板の電荷は，帯電体に引きつ
　　　けられた状態で残り，箔の電
　　　荷は大地へ移る。箔は閉じる。

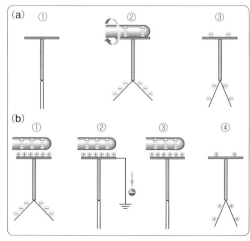

▲ 図4-22　箔検電器を帯電させる方法

③帯電体を近づけたまま接地を外す(指を離す)。

④最後に，帯電体を金属円板から遠ざける。金属円板の電荷(帯電体の電気と異種)は
　導体部全体に広がる。

　　このため箔は再び開く。

3 電気の種類の判定　箔検電器を **2** の
(1)または(2)の方法であらかじめ正または
負に帯電させ，箔が開いている状態にして
おく。

　この箔検電器の金属円板に，上方から帯
電体(電気の種類が未知)を近づけていくと
き，箔の開きが増せば箔の電気と同種であ
り，開きが減っていけば箔の電気と異種で
ある(図4−23)。

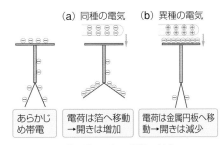

(a) 同種の電気　　(b) 異種の電気

| あらかじ
め帯電 | 電荷は箔へ移動
→開きは増加 | 電荷は金属円板へ移
動→開きは減少 |

▲ 図4-23　帯電体の電気の種類の判定

D　導体の電場・電位・電荷

1 導体の電場と電位　電場の中に導体を置くと静電誘導が起こる。このときの導体内部
のようすについて考えてみよう。

　図4−24(a)のように，一様な電場の中に導体を置くと，導体内部の自由電子(負電荷)は
電場から電場と反対の向きの力を受け，その一部はすぐに力の向きに移動して電場の向き
と反対側の表面に集まる(同図(b))。

　この結果，その端の表面には負の電荷が，反対側の表面には正の電荷が現れる(静電誘
導)。このため，導体内部には外部の電場を打ち消す向きの電場が新しく生じる。自由電子
の移動は，導体内で外部の電場が打ち消され，導体内部全体で電場が0になるまで続く(同
図(c))。このように，電場の中に置かれた導体内部では，電場がいたる所で0になる。一
様な電場内に置いた導体のまわりの電場の強さは，次ページ図4−25(b)のようになる。

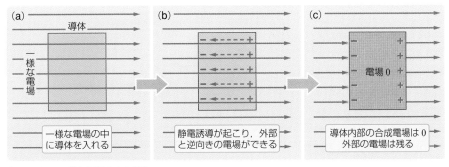

▲ 図4-24　一様な電場の中の導体

また，電場の強さは電位の傾きを表すから（→ *p*.299），電位は図4−25(c)のようになる。これから，導体には次の性質があることがわかる。

①導体内部に電場は存在しない。

②導体全体は等電位となっている。

導体の表面は等電位面であり，等電位面と電気力線は垂直に交わることから

③導体表面近くの電場の方向は，導体表面に垂直となる。

また，導体内部には電場がないので，電荷は存在しない（もし電荷があると，それにより電場が生じる）。

すなわち

④電荷は導体表面にのみ現れ，内部には現れない。

帯電体の近くに置かれた導体の場合でも，一様な電場内に置かれた導体と同じように扱えばよい。正に帯電した帯電体の場合，その電場のはたらきで，導体内部の自由電子が移動し，その端の表面に負電荷が，反対側の表面に正電荷が現れ，導体内の電場は0になる。

したがって，帯電体から出て導体に達した電気力線はその表面で終わりとなり，導体の内部に進入することはない（図4−26）。

注意 導体に電流が流れているときには，導体内部には電場ができており，電子がたえず移動している。

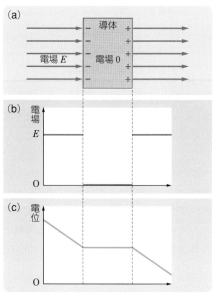

▲ 図4-25　一様な電場内の導体の電場と電位

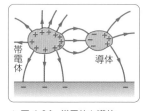

▲ 図4-26　帯電体と導体

2 導体の電荷分布　図4−27(a)のように，導体に外部から電荷を与えると，電荷どうしは静電気力によって互いに反発しあい，力のつりあった所の導体表面に分布し，導体内部に電荷は分布しない。このため，やはり導体内部には電場は存在しなくなる。

外から見た場合，帯電した導体球のまわりの電場は，等量の点電荷が球の中心に

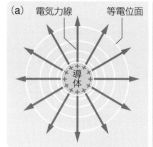

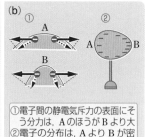

①電子間の静電気斥力の表面にそう分力は，AのほうがBより大
②電子の分布は，AよりBが密

▲ 図4-27　帯電した導体の電荷分布

置かれたときと同じになる。例えば，Q〔C〕に帯電した導体球の中心からrの距離にある球外の点の電場や電位は$k\dfrac{Q}{r^2}$，$k\dfrac{Q}{r}$になる。

　同図(b)のように，導体の表面が球体でない場合の表面の電荷分布を考える。電子間の静電気力による反発力の表面方向の分力は，曲がり方のゆるやかなAのほうがBよりも大きいから，Aの表面の電子は表面にそって動きやすく，電子の分布はまばらとなる。曲がり方の急なBの表面の電子は表面方向にはたらく力が弱く，電子の分布は密となる。

> **補足**　曲がり方の急な部分に電荷が集まる性質を利用したのが**避雷針**である。避雷針は，雷雲による静電誘導で帯電した電荷がその先端に密に集まるので，付近の物体より放電(落雷)しやすくなる。そして，落雷により流れた電気をアース(以下を参照)で地球に導き，まわりに被害を与えないようにする。

3 接地（アース）　地球は大きい導体と考えることができる。したがって，全体が等電位であるから，実用上は地球の電位を電位の基準(0V)とする場合が多い。導体を地球につなぐことを**接地（アース）**といい，接地した導体は地球と等電位(0V)になる（図4-28）。導体に指を触れるだけで接地できる。

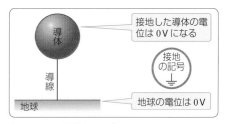

▲ 図4-28　接地（アース）

4 静電遮蔽　これまでに述べた通り，電場内に置かれた導体では，静電誘導によって生じた電荷による電場と外部からの電場とが打ち消しあって，その内部では電場が0になる。

　これは，外部の電気力線が導体の内部に入りこめないことを意味する。したがって，図4-29のように，導体に中空部分がある場合でも，この中空部分には外部からの電気力線は入ってこない。つまり，導体で囲まれた所は外部の電場の影響を受けない。このようなはたらきを**静電遮蔽**という。

　図4-30のように，中空導体内部に正に帯電した物体を置くと，静電誘導によって中空導体の内面に負の，外面に正の電荷が現れる。

　よって，外側の正電荷による電気力線が外部にも存在することになり，外部の

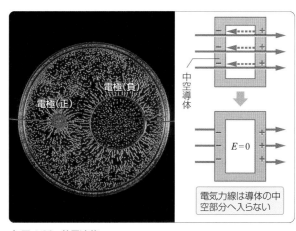

▲ 図4-29　静電遮蔽

物体はこの電場の影響を受ける。しかし，中空導体を接地すると，地球から自由電子が流入することにより表面の正電荷は打ち消され，外部の電気力線は消滅する。したがって，電場の影響は外部に及ばないようになる。これも静電遮蔽の1つの例である。つまり，静電遮蔽によって導体の内側空間と外側空間とは電気的に隔離された状態になっている。

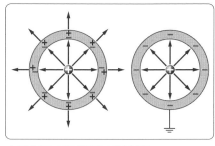

▲ 図 4-30　正の帯電体の静電遮蔽

　中空導体が金網の場合も同じはたらきをする。例えば，図4-31(a)のように，箔検電器に負に帯電した帯電体を近づけると，静電誘導により箔は負に帯電し，互いに反発して箔は開く。

　しかし，箔検電器を金網で囲んだ場合(同図(b))，静電誘導によって，金網の上部には正，下部には負電荷がそれぞれその外側表面

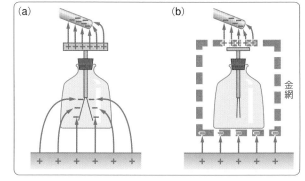

▲ 図 4-31　金網での静電遮蔽

に現れるが，金網の内部は静電遮蔽のため電場0に保たれる。したがって，内部の検電器の箔では静電誘導が起こらず，箔は閉じたままになる。

　高電圧の変電所が金網に囲まれているのは，変電所を外部空間と電気的に隔離するためである。

参考　**静電遮蔽の例**

　自動車，電車などの内部にいれば，それらに落雷しても内部には電気が通りにくいことが，実験で確かめられている。

　その一方で，自動車や電車内ではラジオ，テレビがよく受信できないのも，この静電遮蔽のためである。ラジオ・テレビでは，送られた電波(→ p.413)の電場が，導体である自動車や電車内に入りこめないからである。

　鉄筋コンクリートやラス・モルタル(ラス(金網)の上にモルタルを塗ったもの)塗りの建造物でも同じことで，このような場合には，受信アンテナを車外や屋外に出さなければならないわけである。

1 誘電分極 ガラスやゴムなどでは，物体内部の電子はすべて原子や分子に属し，自由電子がないため，電気を通しにくい。これらの物質は**不導体（絶縁体）**といわれる。

不導体に帯電体を近づけても，導体のような静電誘導現象は起こらない。しかし，帯電体の静電気により，個々の原子・分子内の電子の位置がずれ，両端に正負の電荷が現れる（図4－32(a)）。これを**分極**という。また，水の

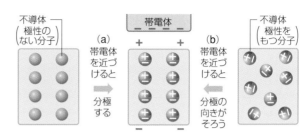

▲ 図 4-32　不導体の誘電分極

分子のように，もともと内部で正負の電気の分布に偏りのある分子（**極性分子**という）では，帯電体がないときは分子の正負の向きがばらばらになっているが，帯電体が近くにあるとその静電気力により正負の向きが一方向にそろう（同図(b)）。いずれの場合でも，不導体内部の隣りあう正負の電気どうしは外部に対して打ち消しあうが，表面では打ち消しあう相手がいないので，正負の電気がそれぞれ残る。このため，導体の静電誘導と同様，不導体は帯電体に引きよせられる。これを**誘電分極**という。不導体は誘電分極を行う物体の意味で**誘電体**ともいう。

2 不導体の電場と電位 一様な電場の中に不導体を置くと，誘電分極により不導体表面に正負の電荷が現れる（図4－33(a)）。この電荷が，不導体内部に外部の電場と逆向きに弱い電場をつくるから，不導体内部の電場の強さは外部に比べ弱くなる（同図(b)）。

したがって，電位を表すグラフは，不導体の内外で傾きが変わり，折れ線となる（同図(c)）。

> **注意** 静電誘導によって導体表面に現れた電荷は外部に取り出すことができるが，誘電分極によって不導体表面に現れている電荷は，不導体の分子・原子内の電子のずれによるものであるから，外部に取り出すことはできない。

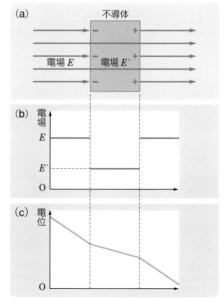

▲ 図 4-33　誘電分極と不導体の電場・電位

5 コンデンサー

A コンデンサーの充電

　図4-34(a)のように，面積の等しい2枚の金属板A，Bを平行に置き，これに電池，スイッチ，抵抗，電流計を接続する。スイッチを閉じると，同図(b)のようにAの金属板の自由電子が電池の正極に，また電池の負極からBの金属板に電子が移動する。電流の流れる向きは電子の移動の向きと逆であるから（→p.324），電流はBからAのほうへ流れる。このようにして，順次A，Bの金属板にそれぞれ正，負等量の電荷が帯電していく。

　金属板A，Bの電位が電池の正極，負極とそれぞれ等電位になると（この時間はきわめて短い），同図(c)のように電流の流れは止まり，電流計の針は0にもどる。しかし，A，Bに帯電している電荷は互いに引きあっているから，スイッチを開いても電荷はそのまま残っている（同図(d)）。このように，1組の金属板が正，負等量の電荷を蓄える装置を **コンデンサー** といい，電荷をためることを **充電** という。1組の導体（**極板**）が図4-34のように平行な金属板のとき，これを **平行板コンデンサー** という。

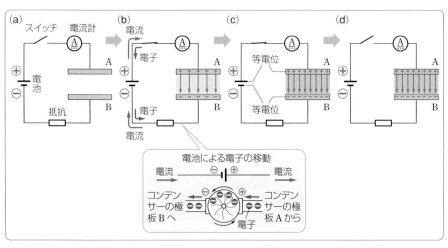

▲ 図4-34　コンデンサーの充電

B コンデンサーの電気容量

　極板間の間隔に対し極板の大きさがきわめて大きく，極板の間にのみ一様な電場ができ，周辺部の電場が無視できるような平行板コンデンサーを考える。コンデンサーの両極板をA，Bとする。A，Bにはそれぞれ $+Q$〔C〕，$-Q$〔C〕の電気量がたまっているとし，極板の面積を S〔m²〕とすると，それぞれの極板がつくる一様な電場の強さ E_0〔V/m〕は，(4・10)式より $2\pi k \dfrac{Q}{S}$〔V/m〕である。

　また，その向きは図4-35(a)のようになる。

極板付近の各点での電場の強さ E〔V/m〕は，A により生じる電場と B により生じる電場のベクトル和となる。A，B の外側では，それぞれの電場の向きが反対で打ち消しあうから電場の強さは 0 となる。一方，A，B の間ではそれぞれの電場の向きが同じであるから

$$E = 2 \times 2\pi k \frac{Q}{S} = 4\pi k \frac{Q}{S}$$

$$(4 \cdot 17)$$

の一様な電場ができる（同図(b)）。

極板間の距離を d〔m〕とすると，極板間の電位差 V〔V〕は，(4·13)，(4·17)式から次のように求められる。

$$V = Ed = 4\pi k \frac{d}{S} Q \qquad (4 \cdot 18)$$

ゆえに $Q = \dfrac{1}{4\pi k} \dfrac{S}{d} V$ となるから，Q は V に比例することがわかる。この比例定数を C とおくと次の式が得られる。

$$Q = CV \qquad (4 \cdot 19)$$

$$C = \frac{1}{4\pi k} \frac{S}{d} \qquad (4 \cdot 20)$$

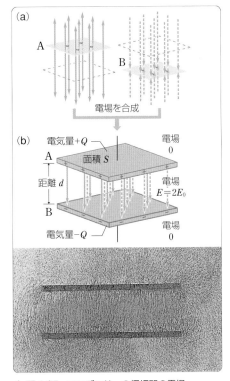

▲ 図4-35　コンデンサーの極板間の電場

C は 1 つの平行板コンデンサーについて一定の値（定数）となり，**極板の面積に比例し，極板間の距離に反比例**する。また，極板の電気量 Q は電位差 V に比例し，これはほかの一般のコンデンサーについても成りたつ。この C をコンデンサーの**電気容量**という。

(4·19)式からもわかるように，電気容量 C は極板間の電位差を 1V 高めるのに必要な電気量である。

電気容量の単位としては，1C の電気量を与えると，極板間の電位差が 1V 増すような電気容量をとり，これを 1 **ファラド**（記号 **F**）と定める。すなわち，F = C/V

補足 1F は実用上大きすぎる量のため，補助単位として，**マイクロファラド**（記号 **μF**）や**ピコファラド**（記号 **pF**）がよく用いられる。

$$1\mu F = 10^{-6} F$$
$$1 pF = 10^{-6} \mu F = 10^{-12} F$$

極板間に加えることのできる電圧（電位差）には，コンデンサーによって使用上の限界があり，限界以上の電圧を加えると極板間に放電が起こり，極板間に絶縁物体がある場合にはそれを破壊することもある。この限界の電圧をそのコンデンサーの**耐電圧**という。コンデンサーを使用するときは，表示されている耐電圧以上の電圧を加えないように注意する必要がある。

　大部分のコンデンサーは
極板間に誘電体(絶縁体)を
入れた構造になっている。
これは，誘電体の誘電分極
(→ *p*.311)のはたらきで電
気容量が増すこと，また，
極板どうしの絶縁性を高め
耐電圧が増すことなどによ
る(図4−36)。

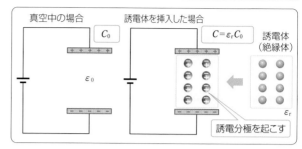

▲ 図4-36　誘電体のはたらき

　極板間に誘電体を入れた平行板コンデンサーの電気容量は $C = \dfrac{1}{4\pi k}\dfrac{S}{d}$ である。クーロ

ンの法則の比例定数 k は誘電体の種類によって異なる。$\dfrac{1}{4\pi k} = \varepsilon$ とおくと，電気容量は

$$C = \varepsilon\frac{S}{d} \tag{4・21}$$

となる。ε をその誘電体の **誘電率** という。**真空の誘電率** ε_0 は次のようになる。

$$\varepsilon_0 = \frac{1}{4\pi k_0} = 8.85 \times 10^{-12}\,\text{F/m} \tag{4・22}$$

空気の誘電率もほぼこれに等しい。極板間が真空の場合の電気
容量を C_0 とすると

$$\frac{C}{C_0} = \frac{\varepsilon}{\varepsilon_0} = \varepsilon_r \tag{4・23}$$

となる。ε_r をその誘電体の **比誘電率** という(表4−2)。

　極板間に誘電体を入れる手順の異なる次の2つの場合につい
て，極板上の電気量 Q，極板間の電位差 V と電場 E などのよう
すは次のようになる(図4−37)。

▼ 表 4-2　物質の比誘電率
(常温)

物質の種類	比誘電率
乾燥空気	1.0005
パラフィン	2.2
ボール紙	3.2
雲母	7.0
ソーダガラス	7.5
チタン酸 バリウム	約 5000

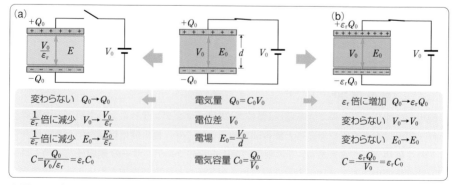

▲ 図 4-37　極板間に誘電体を入れる2つの場合

(a) **充電後，スイッチを切った状態で誘電体を入れる**

　電気量は充電した状態 Q_0 に保たれる。極板に接する誘電体の表面に，極板上の電荷と反対符号の，誘電分極による電荷が現れる（→ p.311）。このため，極板間の電場が $\dfrac{1}{\varepsilon_r}$ 倍に弱められているとすると，極板間の電位差 V（＝電場の強さ×極板間の距離）も同じく $\dfrac{1}{\varepsilon_r}$ 倍の $\dfrac{V_0}{\varepsilon_r}$ に減少する。したがって，$C = \dfrac{Q_0}{V}$ より，電気容量が

$$C = \frac{Q_0}{V_0/\varepsilon_r} = \varepsilon_r \frac{Q_0}{V_0} = \varepsilon_r C_0 \text{ になることがわかる。}$$

(b) **スイッチを入れた状態で誘電体を入れる**

　電位差 V_0 が一定に保たれるので，$Q = CV_0$，$C = \varepsilon_r C_0$ より $Q = \varepsilon_r C_0 V_0 = \varepsilon_r Q_0$ となる。すなわち，電気容量 C が ε_r 倍になるため，電気量 Q も ε_r 倍に増加する。

CHART 42　コンデンサーの基本式

電気量	$Q = CV$	(4・24)
電気容量	$C = \varepsilon \dfrac{S}{d}$　（平行板コンデンサーの場合）	(4・25)

⭐**Point**　極板の片方にたまった電荷が $+Q$ なら，他方は $-Q$ になる。

さらに詳しく
　極板間隔を変える場合・誘電体を挿入する場合
　①スイッチを閉じたまま→電位差 V が一定，電気量 Q が変化
　②スイッチを開いてから→電気量 Q が一定，電位差 V が変化

CHART 42 ⭐Point

　電池のはたらきによるコンデンサーの充電では，一方の極板から電池の正極に入る自由電子の数と，電池の負極から他方の極板へ送られる自由電子の数は等しく，結局，両極板には，等量の正負の電荷がたまる。

　通常，コンデンサーに蓄えられた電気量は Q というが，これは，一方の極板に $+Q$，他方の極板に $-Q$ の電荷がたまっているということである。充電されたコンデンサーの両極板を導線で短絡すれば，正負等量の電荷が打ち消しあうので，両極板上の電荷ともに，充電前の 0 の状態にもどる。

CHART 42 さらに詳しく

　電気をためるコンデンサーと水をためる容器は，はたらきがよく似ている。

$$Q = C \times V$$

　電気量（水量）＝電気容量（容器の底面積）
　　　　　　　　　×電位差（水面の高さ）

① V_0（電位差・水面の高さ）が同じとき，Q は C に比例して変化。

② Q_0（電気量・水量）が同じとき，V は C に反比例して変化。

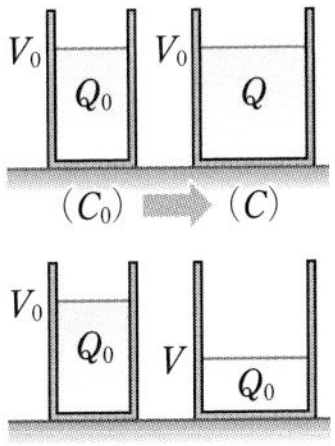

図のように覚えるとよい。

極板間の距離 d，電気容量 C_0 の平行板コンデンサーに両極間の電位差 V_0 の電池とスイッチSを図のようにつないだ。Sを閉じて十分に時間が経ったとき，コンデンサーに蓄えられた電荷を Q_0，極板間の空間の電場の強さを E_0 とする。空気の比誘電率は1とする。

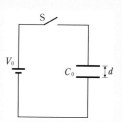

(1) Sを閉じたまま，極板間の距離を $2d$ に広げた。

   コンデンサーに蓄えられた電荷 Q_1，および極板間の空間の電場の強さ E_1 は，それぞれ Q_0，E_0 の何倍になるか。

(2) Sを閉じたまま極板間の距離を d にもどし，十分に時間が経った後，Sを開いた。その後，極板間の距離を $2d$ に広げた。極板間の電位差 V_2，および極板間の空間の電場の強さ E_2 は，それぞれ V_0，E_0 の何倍になるか。

(3) 再び極板間の距離を d にもどし，Sを閉じて十分に時間が経った後，Sを開いて，極板間を比誘電率3の誘電体で満たした。極板間の電位差 V_3，および誘電体内の電場の強さ E_3 は，それぞれ V_0，E_0 の何倍になるか。

(4) (3)の操作の後，Sを閉じた。コンデンサーに蓄えられた電荷 Q_4，および誘電体内の電場の強さ E_4 は，それぞれ Q_0，E_0 の何倍になるか。

考え方　Sを閉じたときは，極板間の電位差は V_0 に保たれ，Sを開いたときは，極板上の電荷は Q_0 に保たれる（→ **CHART 42** — **さらに詳しく**）。

また，電気容量は，極板間隔が $2d$ になると，$C = \varepsilon \dfrac{S}{2d} = \dfrac{1}{2}C_0$ となり，誘電体を満たすと $C' = \varepsilon_r C_0 = 3C_0$ となる。

解答 (1) $Q_0 = C_0 V_0$，$Q_1 = CV_0$，$C = \dfrac{1}{2}C_0$ より　$Q_1 = \dfrac{1}{2}Q_0$　**$\dfrac{1}{2}$倍**

$E_0 = \dfrac{V_0}{d}$，$E_1 = \dfrac{V_0}{2d}$　より　$E_1 = \dfrac{1}{2}E_0$　**$\dfrac{1}{2}$倍**

(2) $Q_0 = C_0 V_0 = CV_2$，$C = \dfrac{1}{2}C_0$ より　$V_2 = 2V_0$　**2倍**

$E_0 = \dfrac{V_0}{d}$，$E_2 = \dfrac{V_2}{2d}$，$V_2 = 2V_0$　より　$E_2 = E_0$　**1倍**

(3) $Q_0 = C_0 V_0 = C'V_3$，$C' = 3C_0$　より　$V_3 = \dfrac{1}{3}V_0$　**$\dfrac{1}{3}$倍**

$E_0 = \dfrac{V_0}{d}$，$E_3 = \dfrac{V_3}{d}$，$V_3 = \dfrac{1}{3}V_0$　より　$E_3 = \dfrac{1}{3}E_0$　**$\dfrac{1}{3}$倍**

(4) $Q_0 = C_0 V_0$，$Q_4 = C'V_0$，$C' = 3C_0$　より　$Q_4 = 3Q_0$　**3倍**

電位差 V_0，極板間の距離 d とも変化ないので

$$E_4 = E_0　\textbf{1倍}$$

〔注〕　誘電体内では，誘電分極による電荷のつくる電場が，外の電場の一部を打ち消すので，極板の電荷が3倍になっても電場は3倍にならない。

D　コンデンサーの接続

コンデンサーの並列接続と直列接続について考えてみよう。

1 並列接続　図4−38(a)のように，2つのコンデンサーの一方の極板どうしと，他方の極板どうしをそれぞれ接続する接続の仕方を **並列接続** という。

この両端に電位差 V〔V〕を加えると，各コンデンサーの極板間の電位差は等しく V〔V〕となる。各コンデンサーの電気容量を C_1, C_2〔F〕とし，各極板に帯電している電気量をそれぞれ Q_1, Q_2〔C〕とすると，各コンデンサーについて，$Q_1 = C_1V$, $Q_2 = C_2V$ が成りたつ。したがって，コンデンサーに蓄えられる電気量の総量は

$$Q = Q_1 + Q_2 = (C_1 + C_2)V \tag{4・26}$$

となる。これは，2つのコンデンサーを

$$C = C_1 + C_2 \tag{4・27}$$

の電気容量をもつ1つのコンデンサーとして考えてもよいことを示している。この全体の電気容量 C〔F〕を **合成容量** という。

また，$V = \dfrac{Q_1}{C_1} = \dfrac{Q_2}{C_2}$　であるから，各コンデンサーに蓄えられる電気量の比は次のようになる。

$$Q_1 : Q_2 = C_1 : C_2 \tag{4・28}$$

一般に，複数個のコンデンサーを並列接続したときの合成容量 C〔F〕，および各コンデンサーの電荷の比は以下のように表される。

$$C = C_1 + C_2 + C_3 + \cdots\cdots \tag{4・29}$$

$$Q_1 : Q_2 : Q_3 : \cdots\cdots = C_1 : C_2 : C_3 : \cdots\cdots \tag{4・30}$$

2 直列接続　図4−38(b)のように，2つのコンデンサーを一列になるようにつなぐ接続の仕方を **直列接続** という。

2つのコンデンサーの電気容量を C_1, C_2〔F〕とし，はじめ極板には電荷はないとする。

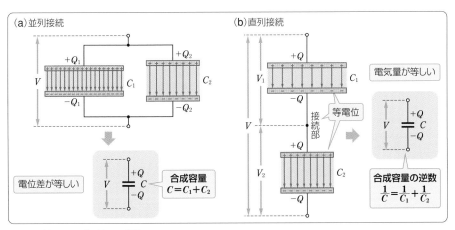

▲ 図4-38　コンデンサーの接続

この両端に電位差 V〔V〕を加えると，図の上端と下端の極板には $+Q$, $-Q$〔C〕の電荷がたまり，2つのコンデンサーの接続部側の極板には，静電誘導によって，$-Q$, $+Q$〔C〕の電荷が現れる。すなわち，直列接続ではすべての極板上の電気量の大きさは等しくなる。それぞれの電位差を V_1, V_2〔V〕とすると，各コンデンサーについて $Q = C_1V_1 = C_2V_2$ が成りたつ。したがって，各電位差は $V_1 = \dfrac{Q}{C_1}$, $V_2 = \dfrac{Q}{C_2}$ となる。

接続部側の2つの極板は等電位であるから，V_1 と V_2 の和が全体の電位差 V となる。すなわち

$$V = V_1 + V_2 = \left(\dfrac{1}{C_1} + \dfrac{1}{C_2}\right)Q \qquad\qquad (4\cdot31)$$

となるので，合成容量を C〔F〕とすると，次の式が成りたつ。

$$\dfrac{1}{C} = \dfrac{1}{C_1} + \dfrac{1}{C_2} \qquad\qquad (4\cdot32)$$

また，各コンデンサーの電位差の比は次のようになる。

$$V_1 : V_2 = \dfrac{1}{C_1} : \dfrac{1}{C_2} \qquad\qquad (4\cdot33)$$

一般に，複数個のコンデンサーを直列接続したときの合成容量 C〔F〕，および各コンデンサー両端の電位差の比は以下のように表される。

$$\dfrac{1}{C} = \dfrac{1}{C_1} + \dfrac{1}{C_2} + \dfrac{1}{C_3} + \cdots\cdots \qquad\qquad (4\cdot34)$$

$$V_1 : V_2 : V_3 : \cdots\cdots = \dfrac{1}{C_1} : \dfrac{1}{C_2} : \dfrac{1}{C_3} : \cdots\cdots \qquad\qquad (4\cdot35)$$

補足 コンデンサーの耐電圧を大きくするには，複数のコンデンサーを直列接続し，個々の負担する電圧(電位差)を小さくする。また，電気容量を大きくするには，複数のコンデンサーを並列に接続すればよい。

なお，合成容量の式は後述の合成抵抗(→ $p.332$)の式と逆になる。

CHART 43 合成容量の式

並列接続　$C = C_1 + C_2$　(4·36)　……電位差 V 一定, $Q_1 : Q_2 = C_1 : C_2$

直列接続　$\dfrac{1}{C} = \dfrac{1}{C_1} + \dfrac{1}{C_2}$　(4·37)　……電気量 Q 一定, $V_1 : V_2 = \dfrac{1}{C_1} : \dfrac{1}{C_2}$

覚え方　「合成抵抗の式」(→ $p.333$ 重要 4-8)と逆。

適用条件　直列接続の場合，はじめに両コンデンサーにたまっている電気量が 0 であること。

CHART 43 覚え方

　合成抵抗(→ p.332)は，直列接続では増加し，並列接続では減少する。これと反対に，合成容量は，直列接続では減少し，並列接続では増加する。したがって，コンデンサーの場合，直列，並列の合成容量の式の形が，抵抗の場合とそれぞれ反対になる。

　合成容量の式は，直感的には理解しにくいが，合成抵抗の式はわかりやすい。したがって，合成容量は「合成抵抗の式と逆」と覚えておくと，実用上便利である。

CHART 43 適用条件

　コンデンサーの直列接続での合成容量の式 $\dfrac{1}{C} = \dfrac{1}{C_1} + \dfrac{1}{C_2}$ は，はじめ，極板上に電荷がないという条件で導出されている。はじめから一部のコンデンサーが電荷をもっていると，この公式は成りたたない。

　並列接続の場合は，はじめ電荷をもっていても，各コンデンサーともに，新たに電源の電位差に充電し直されるので，はじめ，電荷がなかった場合と同じ結果になる。

問題学習 …… 127

電気容量がそれぞれ $C_1 = 10\,\mu\mathrm{F}$，$C_2 = 15\,\mu\mathrm{F}$ の電荷のないコンデンサー A，B がある。
(1) A，B を並列に接続して両端に 30 V の電位差を与える。このときの A，B の合成容量 $C\,[\mu\mathrm{F}]$，および A，B にたまる電気量 Q_1，$Q_2\,[\mathrm{C}]$ を求めよ。
(2) A，B を直列に接続して両端に 30 V の電位差を与える。このときの A，B の合成容量 $C'\,[\mu\mathrm{F}]$，A，B それぞれの両端の電位差 V_1，$V_2\,[\mathrm{V}]$ を求めよ。

考え方　(1) 並列接続では各コンデンサーの極板間の電位差は等しい。V 一定
(2) 直列接続では各コンデンサーにたまる電気量は等しい。Q 一定
　また，全体の電位差は各コンデンサーの電位差の和になる。$V = V_1 + V_2$

解答　(1) $C = C_1 + C_2 = 10 + 15 = \mathbf{25\,\mu F}$
　　　　$Q_1 = C_1 V = 10 \times 10^{-6} \times 30 = \mathbf{3.0 \times 10^{-4}\,C}$
　　　　$Q_2 = C_2 V = 15 \times 10^{-6} \times 30 = \mathbf{4.5 \times 10^{-4}\,C}$
〔参考〕　全電荷 $Q = Q_1 + Q_2 = 7.5 \times 10^{-4}\,\mathrm{C}$
　　　　　（$Q = CV$ を用いてもよい）

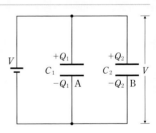

(2) $\dfrac{1}{C'} = \dfrac{1}{C_1} + \dfrac{1}{C_2} = \dfrac{1}{10} + \dfrac{1}{15} = \dfrac{5}{30}$
　　よって　$C' = \mathbf{6.0\,\mu F}$
　　$Q = C_1 V_1 = C_2 V_2$　より
　　　　$10 \times 10^{-6} V_1 = 15 \times 10^{-6} V_2$
　　よって　$2V_1 = 3V_2$　　　　……①
　　また，$V_1 + V_2 = V$　より
　　　　$V_1 + V_2 = 30$　　　　……②
　　①，②式より　$V_1 = \mathbf{18\,V}$，$V_2 = \mathbf{12\,V}$
〔参考〕　極板上の電荷は $Q = C_1 V_1 = 1.8 \times 10^{-4}\,\mathrm{C}$
　　　　　（$Q = C'V$ を用いてもよい）

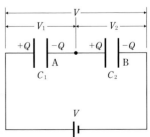

　図4-39のように，電気容量 C〔F〕の平行板コンデンサーに，電圧 V〔V〕の電池を接続すると，コンデンサーの極板間の電位差が V になったときに充電が完了し，コンデンサーには $Q = CV$〔C〕の電気量が蓄えられる。このとき，充電するまでのコンデンサーの電位差と蓄えられた電気量との関係は，同図のグラフのような直線になる。充電している間，電池は極板間の電位差に逆らって仕事をしており，その仕事は，十分小さい電気量 ΔQ〔C〕ずつ電荷を運ぶのに必要な仕事の和として求められる。コンデンサーの電位差が V'〔V〕に

なったときに，さらに ΔQ だけ充電する間は電位差が一定に保たれているとすると，この間の必要な仕事は $\Delta Q \cdot V'$〔J〕であり，これは同図の斜線の長方形の面積で表される。したがって，電位差が 0 から V まで充電するのに必要な仕事 W〔J〕は，ΔQ をきわめて小さくとることにより，図の△OAB の面積で表される。

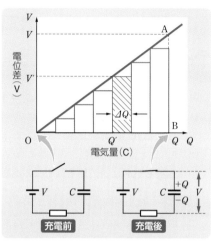

▲ 図4-39　コンデンサーを充電するときの仕事

　すなわち，△OAB の面積 $= W = \dfrac{1}{2}QV$ となり，この仕事をコンデンサーはエネルギーとして蓄える。このエネルギーを **静電エネルギー** という。静電エネルギー U〔J〕を $Q = CV$ を用いて C と V，あるいは C と Q で表すと次のようになる。

重要 4-3

> **コンデンサーの静電エネルギー**
>
> $$U = \frac{1}{2}QV = \frac{1}{2}CV^2 = \frac{Q^2}{2C} \tag{4・38}$$

　充電されているコンデンサーの両極板を導線で連結すると，導線に電流が流れる。これを，コンデンサーの **放電** という。

　導線の途中に豆電球をつなぐと点灯する。点灯時間はきわめて短いが，コンデンサーは仕事をしたことになる。

物 **F** 極板間にはたらく力

　極板面積 S〔m²〕，極板間隔 d〔m〕，極板間誘電体の誘電率 ε〔F/m〕，電気容量 C〔F〕の平行板コンデンサーがあり，両極板の電気量の絶対値を Q〔C〕とし，蓄えられている静電エネルギーを U〔J〕とすると，$C = \varepsilon\dfrac{S}{d}$，$U = \dfrac{Q^2}{2C} = \dfrac{Q^2 d}{2\varepsilon S}$　である。

両極板は静電気力 F〔N〕で互いに引きあっているので，同じ大きさの外力 F〔N〕を一方の極板にはたらかせて，引力と反対の向きに Δd〔m〕極板を遠ざける。このとき，外力のする仕事は $\Delta U = F \cdot \Delta d$〔J〕であり，静電エネルギーはその分だけ増加する。

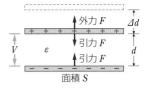

▲ 図 4-40 極板間にはたらく力

極板間の距離が $(d + \Delta d)$ になったときの静電エネルギー U'〔J〕は $U' = \dfrac{Q^2(d + \Delta d)}{2\varepsilon S}$ である。よって $F \cdot \Delta d = \Delta U = U' - U = \dfrac{Q^2 \cdot \Delta d}{2\varepsilon S}$ より $F = \dfrac{Q^2}{2\varepsilon S}$ となる。また，遠ざける前の極板間の電位差と電場の強さを V〔V〕，E〔V/m〕とすると，$Q = CV = \varepsilon \dfrac{S}{d} \cdot V$，$E = \dfrac{V}{d}$ より $E = \dfrac{Q}{\varepsilon S}$ であるから，力 F〔N〕は，電気量 Q〔C〕と電場の強さ E〔V/m〕を用いて

$$F = \frac{Q^2}{2\varepsilon S} = \frac{1}{2}QE \tag{4・39}$$

と表すことができる。

G 導体・誘電体をはさんだ平行板コンデンサー

平行板コンデンサー（極板面積 S，極板間隔 d）の極板間に，厚さ t の導体や誘電体の板を極板に平行に入れた場合の電気容量は，次の①〜③の手順で導くことができる。

①導体板や誘電体板を片側の極板によせる。

②導体板の部分は導線とみなし，誘電体の部分は，極板間隔 t，誘電率 ε のコンデンサーとみなす。

③複数のコンデンサーに分解して考え，並列接続や直列接続の合成容量の式を用いて，合成容量を導出する。

(1) 極板間に導体板（金属板）（面積 S，厚さ t）を入れた場合

図 4-41(a) に示すように，この場合の電気容量 C は，面積 S，極板間隔 $d - t$ のコンデンサーと同じになる。

$$C = \varepsilon_0 \frac{S}{d - t} = \frac{d}{d - t} C_0 \quad \left(\text{ただし，} C_0 = \varepsilon_0 \frac{S}{d} \right)$$

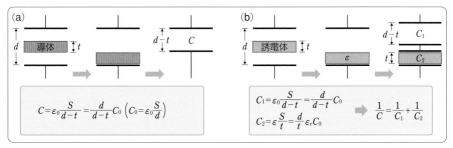

▲ 図 4-41 導体板・誘電体板を入れたコンデンサー

(2) 極板間に誘電体板（面積 S，厚さ t，誘電率 ε（比誘電率 ε_r））を入れた場合

図4−41(b)に示すように，誘電体が入っていない極板間隔 $d - t$ のコンデンサー（電気容量 C_1）と，誘電体が入った極板間隔 t のコンデンサー（電気容量 C_2）を，直列に接続した場合と同じになる。

(3) 極板間に極板面積の半分まで導体板や誘電体板を入れた場合

導体（誘電体）が入っていない半分の部分$\left(\text{電気容量 } \dfrac{C_0}{2}\right)$と，入っている半分の部分（電気容量は，(1)，(2)のように求める）を，並列に接続した場合と同じになる。

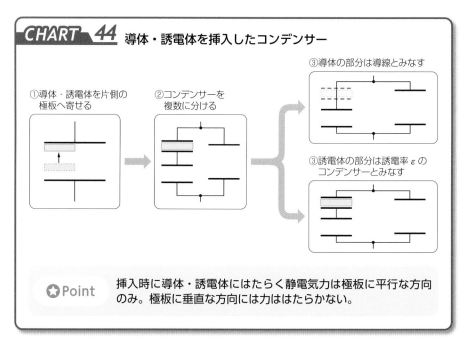

CHART 44 導体・誘電体を挿入したコンデンサー

① 導体・誘電体を片側の極板に寄せる

② コンデンサーを複数に分ける

③ 導体の部分は導線とみなす

③ 誘電体の部分は誘電率 ε のコンデンサーとみなす

⭐Point 挿入時に導体・誘電体にはたらく静電気力は極板に平行な方向のみ。極板に垂直な方向には力ははたらかない。

CHART 44 ⭐Point

　平行板コンデンサーの極板間で，導体・誘電体の板を極板に垂直な方向に移動させても，コンデンサーの電気容量 C は変わらず，コンデンサーに蓄えられている静電エネルギー $U = \dfrac{Q^2}{2C}$（Q 一定）の増減はない。したがってこのとき，導体・誘電体になされた仕事は 0 であり，極板に垂直な方向には力ははたらかない。

　これに対し，導体・誘電体の板を極板に平行に挿入していくと，電気容量 C は増していく。導体・誘電体にはたらく静電気力とつりあう外力を加えて，導体・誘電体をゆっくり挿入していく場合，静電エネルギー $U = \dfrac{Q^2}{2C}$ は，C の増加とともに減少する。したがって，外力がする仕事は負で，外力の向きは，挿入する向きと逆になり，静電気力の向きは導体・誘電体を吸いこむ向きとなる。外力を加えない場合は，静電エネルギーの減少分は運動エネルギーに変わる。

図のように，極板間隔 d，電気容量 $C_0 = 2.0 \times 10^{-6} \mathrm{F}$ の平行板コンデンサーがある。これを $V_0 = 60 \mathrm{V}$ の電源につなぎ充電した。

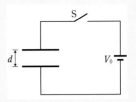

(1) コンデンサーにたまった電荷 $Q_0 (\mathrm{C})$ を求めよ。

次に，スイッチ S を開いて極板間隔を $2d$ にした。

(2) 極板間の電位差 $V_1 (\mathrm{V})$ を求めよ。

(3) 極板間隔を d から $2d$ にするのに必要な仕事 $W_1 (\mathrm{J})$ を求めよ。

続いて，極板間隔を d にもどした後，比誘電率 $\varepsilon_r = 3.0$，厚さ d の誘電体を極板の面積の半分だけ，ゆっくりと挿入した。

(4) 極板間の電気容量 $C (\mathrm{F})$ を求めよ。

(5) 誘電体を挿入するのに必要な仕事 $W_2 (\mathrm{J})$ を求めよ。

考え方 (3), (5) S が開いている場合，電池とのエネルギーのやりとりがないので静電エネルギーの変化＝外力がした仕事

(4) 誘電体のある部分の電気容量を C_A，ない部分の電気容量を C_B とすると，全体の電気容量 C は，C_A と C_B の並列合成容量となる。 $C = C_A + C_B$

解答 (1) $Q_0 = C_0 V_0 = 2.0 \times 10^{-6} \times 60 = \mathbf{1.2 \times 10^{-4} C}$

(2) 極板間隔を 2 倍にしたときの電気容量 C_1 は C_0 の半分になる。$C_1 = \dfrac{C_0}{2}$

$Q_0 = C_1 V_1 = C_0 V_0$ より $V_1 = \dfrac{C_0}{C_1} V_0 = 2V_0 = \mathbf{1.2 \times 10^2 V}$

(3) $W_1 = \dfrac{1}{2} Q_0 V_1 - \dfrac{1}{2} Q_0 V_0 = \dfrac{1}{2} Q_0 (V_1 - V_0) = \dfrac{1}{2} \times 1.2 \times 10^{-4} \times 60$

$= \mathbf{3.6 \times 10^{-3} J}$

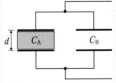

(4) C_B は極板面積が半分になるので $C_B = \dfrac{C_0}{2}$

C_A は誘電体が入るので $C_A = \varepsilon_r C_B = \dfrac{3}{2} C_0$

よって $C = C_A + C_B = 2C_0 = \mathbf{4.0 \times 10^{-6} F}$

(5) 誘電体の挿入による電気量 Q_0 の変化はないので，挿入後の電位差を $V_2 (\mathrm{V})$ とすると $Q_0 = C V_2 = C_0 V_0$ より $V_2 = \dfrac{C_0}{C} V_0 = \dfrac{V_0}{2} = 30 \mathrm{V}$

よって $W_2 = \dfrac{1}{2} Q_0 V_2 - \dfrac{1}{2} Q_0 V_0 = \dfrac{1}{2} Q_0 (V_2 - V_0)$

$= \dfrac{1}{2} \times 1.2 \times 10^{-4} \times (-30) = \mathbf{-1.8 \times 10^{-3} J}$

〔参考〕 $W_2 < 0$ であるから，外力がする仕事は負で，外力の向きは誘電体を挿入する向きと逆になる。誘電体には，極板に平行な方向，誘電体を吸いこむ向きの静電気力がはたらいており（→ *CHART 44* ―❖Point），外力を加えない場合には，吸いこまれて反対側の対称の位置まで達してしまう。

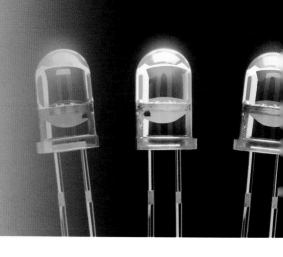

第2章

電流

1 オームの法則

A 電流

1 電気伝導と電流 導体内の2点間に電位差があると，導体内には電場が生じる。自由に動くことのできる電荷があると，正電荷は電場の向きに，負電荷は反対向きに力を受けて移動する。この現象を**電気伝導**といい，電気が移動することを**電流**という。また，一定の向きに流れる電流を**直流**という。

2 電流の向き 正電荷の移動する向きを電流の向きと定める。金属などの導体を流れる電流は，負電荷をもつ自由電子の移動によって生じるので，電流の向きはその自由電子の流れとは逆になる。図4-42のように，電池に豆電球をつないだ回路を考えると，回路内の電場は(電池の正極)→(豆電球)→(電池の負極)の向きに生じるので，内部の自由電子はこれとは逆に，電池の負極から出て

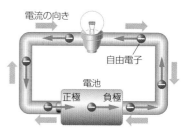

▲ 図4-42 自由電子の移動と電流の向き

正極に流れこむ向きに移動する。電流の向きはこれと逆なので，電池の正極から出て負極に流れこむ。

3 電流の大きさ 電流の大きさは，1秒間(単位時間)に運ばれる電荷の電気量で表す。電流の大きさの単位は，1秒間に1Cの電気量が運ばれる場合をとり，1**アンペア**(記号 **A**)とする(→ *p*.368)。

よって，単位の間の関係は C = A・s，A = C/s となる。

I〔A〕の電流がt〔s〕間流れるとき，運ばれる電気量 Q〔C〕は次の式で表される。

電気量と電流

$$Q = It, \quad I = \frac{Q}{t} \qquad (4 \cdot 40)$$

補足 電流は電気回路に限った現象ではない。例えば，イオンの間で電子のやりとりが起こる**電気分解**では，イオンの存在している溶液中に電流が流れていることになる。また，真空中で電子を加速する**真空放電**は，放電管の中に流れている電流(電子の流れ)が目に見えるようになる現象である。

参考 **電池** 電池とは，内部の化学反応により2つの金属間に電位差を生じさせるものである。2つの金属のうち，電位の高いほうを**正極**，低いほうを**負極**という。電池を表す回路記号 ─┤├─ のうち，長い棒の側が正極である。電池には使い捨ての**一次電池**と充電可能な**二次電池**とがあり，また，半導体(→ $p.348$)を利用して太陽エネルギーを電気エネルギーに変換する**太陽電池(光電池)**などもある。目的に応じて，それぞれ適合する電池が用いられている。

B オームの法則

1 オームの法則 ドイツの物理学者オームは，導線の両端に加えた電圧(電位差)V〔V〕と，その導線を流れる電流 I〔A〕とは比例の関係にあることを発見した(図4−43)。比例定数を R とすると，この関係は以下の式で表される。

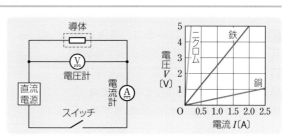

▲ 図4-43 電流と電圧の関係

オームの法則

$$I = \frac{V}{R}, \qquad V = RI \qquad (4 \cdot 41)$$

これを**オームの法則**という。

(4・41)式の R は，電流の流れにくさを示す量で，**電気抵抗**(または単に**抵抗**)という。電気抵抗の単位には**オーム**(記号 Ω)を用いる。導体の両端に電圧1Vを加えるとき流れる電流が1Aになる導体の抵抗を1Ω と定める。

よって，単位の間の関係は Ω = V/A，V = A・Ω となる。

2 電圧降下　R〔Ω〕の抵抗に I〔A〕の電流が流れると，電流の流れる向きに $V = RI$〔V〕だけ電位が下がる。これを**電圧降下**という。

図 4−44 のように，電源と電球をつないだ回路を考える。これらを結ぶ導線部全体の抵抗 R〔Ω〕が無視できるほど小さいなら，電球には電源の電圧がそのまま加わる。しかし，R の大きさが無視できない場合は，電球を流れる電流を I〔A〕とすると，導線による電圧降下のため，電球に加わる電圧は $V = RI$〔V〕だけ小さくなる。

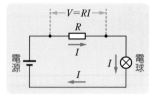

▲ 図4-44　電圧降下

📖 問題学習 ····· 129

(1) $V = 3$V の電池に豆電球をつないだら，$I = 0.6$A の電流が流れた。豆電球の抵抗 R〔Ω〕を求めよ。導線の抵抗は無視できるとする。

(2) $R = 20$kΩ の抵抗に $I = 0.25$mA の電流が流れているとき，抵抗による電圧降下 V〔V〕を求めよ。

解答　(1) $R = \dfrac{V}{I} = \dfrac{3}{0.6} = \mathbf{5\,Ω}$　(2) $V = RI = 20 \times 10^3 \times 0.25 \times 10^{-3} = \mathbf{5.0\,V}$

---

3 抵抗率　電気抵抗の値は，導体の材質・長さ・太さ・温度などによって異なる。同一温度のもと，同じ材質の均質な導体の場合は，抵抗値 R〔Ω〕は，その長さ l〔m〕に比例し，断面積 S〔m²〕に反比例する（図4−45）。すなわち，比例定数を $\overset{\text{ロー}}{\rho}$ とすると

$$R = \rho \cdot \dfrac{l}{S} \qquad (4 \cdot 42)$$

となる（→ p.331 参照）。ρ をその導体の材質の**抵抗率**（または**比抵抗**）という。

(4·42) 式より $\rho = R \cdot \dfrac{S}{l}$ であるから

$$右辺の単位 = Ω \times \dfrac{m^2}{m} = Ω \cdot m$$

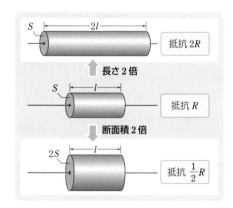

▲ 図4-45　導体の形状と抵抗の関係

となるので，抵抗率の単位は**オームメートル**（記号 **Ω·m**）となることがわかる。

📖 問題学習 ····· 130

断面が半径 0.10mm の円で，長さ 30cm の一様な導線の両端に 3.0V の電圧を加えたところ，0.75A の電流が流れた。導線の抵抗率 ρ〔Ω·m〕を求めよ。

解答 半径 0.10 mm の導線の断面積 S は
$$S = \pi \times (0.10 \times 10^{-3})^2 = 3.14 \times 10^{-8}\,\mathrm{m}^2$$
(4・41)式より 抵抗値 $R = \dfrac{V}{I} = \dfrac{3.0}{0.75} = 4.0\,\Omega$

ゆえに $\rho = R \cdot \dfrac{S}{l} = 4.0 \times \dfrac{3.14 \times 10^{-8}}{0.30} \fallingdotseq 4.2 \times 10^{-7}\,\Omega \cdot \mathrm{m}$

基物 C 抵抗率の温度変化

白熱電灯の両端に電圧を加え，電灯に流れる電流を測定する実験を行う。電圧を一定に保ったまま，白熱電灯のフィラメント（タングステン）を加熱すると，電流が小さくなる。これは，温度が上がると，フィラメントの抵抗が大きくなることを意味する。

一般に，導体の抵抗値は温度が上昇すると増加する。これは，温度が上昇すると導体中の原子や分子（陽イオン）の振動が活発となって，自由電子の進行を妨げるからである。

金属の温度が $0\,^\circ\mathrm{C}$ および $t\,(^\circ\mathrm{C})$ のときの抵抗率をそれぞれ $\rho_0,\ \rho\,(\Omega \cdot \mathrm{m})$ とすると，せまい温度範囲内では次の近似的な関係が成りたつ。

$$\rho = \rho_0(1 + \alpha t) \qquad (4\cdot43)$$

$\alpha\,(/\mathrm{K})$ は温度上昇 $1\,\mathrm{K}$ 当たりの抵抗率の増加の割合で，**抵抗率の温度係数** という。金属では一般に $\alpha > 0$ である。

上記実験で，フィラメントを加熱せずに電圧を増加させ，流れる電流を測定すると，電圧と電流の関係は図4−46のようになる。これは，電圧を大きくすると，フィラメントで発生するジュール熱（→ p.328）が増し，フィラメントの温度が上昇して抵抗が大きくなり，電流が流れにくくなることを示している（→ p.345 参照）。

抵抗率の温度変化を利用したものに **抵抗温度計** がある。これは抵抗を測定して，接触している物体の温度を求める計器である。

注意 半導体（→ p.348）では $\alpha < 0$ で，金属の場合と逆に，温度が上昇すると抵抗は減少するようになる。

▼ **表4-3 導体の抵抗率とその温度係数**
※ 0〜100 ℃の平均の温度係数
※※ニッケル約 80％，クロム約 20％

物質	温度（℃）	抵抗率（10^{-8} Ω·m）	抵抗率の温度係数※（10^{-3}/K）
銅	−195	0.2	
	0	1.55	4.4
	100	2.23	
鉄	0	8.9	6.5
ニクロム※※	0	107.3	0.093
タングステン	0	4.9	
	700	24	4.9
	1200	39	

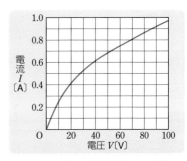

▲ **図4-46 白熱電灯の電流-電圧関係**

CHART 45 抵抗率・抵抗率の温度変化

抵抗 　$R = \rho \cdot \dfrac{l}{S}$ 　　　　　　　　　　　　　　　(4·44)

抵抗率 　$\rho = \rho_0(1 + \alpha t)$ 　　　　　　　　　　　　(4·45)

⚠ ミス注意 　温度の単位に注意！　かならず℃を用いる。

CHART 45 ⚠ ミス注意

　抵抗率の式 $\rho = \rho_0(1 + \alpha t)$ において，ρ_0 は 0 ℃における抵抗率を表すので，温度 t の単位は℃である。ケルビン (K) ではないので注意したい。α は温度上昇 1 K当たりの抵抗率の増加の割合を表すので，/K の単位が使われる。

📖 問題学習 ····· 131

10 ℃での抵抗値が $R_{10} = 12\,\Omega$ のタングステン線がある。この導線の 80 ℃での抵抗値 R_{80}〔Ω〕を求めよ。

　抵抗率の温度係数を $\alpha = 5.0 \times 10^{-3}$/K とする。

考え方　抵抗値 $R_0 = \rho_0 \cdot \dfrac{l}{S}$，$R = \rho \cdot \dfrac{l}{S}$，および，抵抗率 $\rho = \rho_0(1 + \alpha t)$ とから $R = R_0(1 + \alpha t)$ の関係式が導かれる。

解答　$12 = R_0(1 + 5.0 \times 10^{-3} \times 10)$ ……①
　　　$R_{80} = R_0(1 + 5.0 \times 10^{-3} \times 80)$ ……②

②÷①式より　$\dfrac{R_{80}}{12} = \dfrac{1.4}{1.05}$　　ゆえに　$R_{80} = \mathbf{16\,\Omega}$

基物 D ジュール熱

1 電流の熱作用　導体の両端に電圧を加えると，導体中に電場が生じ，自由電子は静電気力を受けて移動し始める。電場によって加速された自由電子は，導体中の陽イオンと衝突して運動エネルギーを陽イオンに与える。自由電子がこのような衝突をくり返しながら導体中を進むと，導体は陽イオンの熱運動がしだいにさかんになって，温度が上がる。このように導体中を電流が流れるときに発生する熱を **ジュール熱** という。

　導線上の 2 点 A, B の電位をそれぞれ V_A, V_B（$V_A > V_B$）〔V〕とする。時間 t〔s〕の間に AB 間を電気量 q〔C〕が移動したとすると，電荷の電気的位置エネルギーは $q(V_A - V_B)$〔J〕減る。これが AB 間の導線内で熱エネルギーに変わる。

単位時間の発熱量は $\dfrac{q(V_A - V_B)}{t}$〔J〕となるが，$\dfrac{q}{t}$〔C/s〕$= I$〔A〕（電流）であるから，この発熱量は $I(V_A - V_B)$〔J〕と表される。AB間の抵抗を R〔Ω〕とすると

$$V_A - V_B = RI$$

ゆえに $I(V_A - V_B) = I^2R$

AB間の電圧を $V(= V_A - V_B)$ とすると，時間 t の間の総発熱量は $IVt = I^2Rt$ となる。

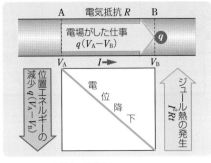

▲ 図4-47 電流の熱作用

2 ジュールの法則 電圧 V〔V〕，抵抗 R〔Ω〕の導線を電流 I〔A〕が t〔s〕間流れるときに，導線に発生する熱量 Q〔J〕は次のように表される。

$$Q = IVt = I^2Rt = \dfrac{V^2}{R}t \tag{4・46}$$

これを **ジュールの法則** という。

問題学習 …… 132

抵抗器の許容電流は，単位時間の発熱量によっておさえられ，同じ型の抵抗器では単位時間の発熱量の上限が同じになる。抵抗値が $10\,k\Omega$ のときの許容電流が $0.010\,A$ である抵抗器と同じ型の抵抗器で，抵抗値が $1.0\,k\Omega$ のとき，その許容電流はいくらか。必要であれば $\sqrt{10} = 3.16$ を使うこと。

考え方 許容電流が流れるときの単位時間の発熱量が同じになる。$I^2R = I'^2R'$ として，両辺で同じ単位を使用すれば，抵抗の単位として $k\Omega$ を使用してもよい。

解答 $R = 10\,k\Omega$，$I = 0.010\,A$ とし，$R' = 1.0\,k\Omega$ の許容電流を I'〔A〕とすると

$$I'^2R' = I^2R$$

ゆえに $I' = I\sqrt{\dfrac{R}{R'}} = 0.010 \times \sqrt{\dfrac{10}{1.0}} = 0.0316 \fallingdotseq \textbf{0.032 A}$

E 電力量と電力

q〔C〕の電気量が導線内の電場による静電気力を受けて，t〔s〕間に電位差 V〔V〕の2点間を移動すると，電気的位置エネルギーの減少 qV〔J〕は，静電気力のした仕事，すなわち電流が導線を流れるときにする仕事 W〔J〕である。ところが，電気量 q は電流 I〔A〕と電流を流した時間 t を用いて $q = It$ と書けるから，W は $W = IVt$ となる。この電流のする仕事の量を **電力量** という。

このときの単位時間の仕事，すなわち仕事率 $P = \dfrac{W}{t} = IV$ を **電力** という。

これらの式をまとめると，次のようになる。

電力量と電力

電力量　$W = IVt = Pt$　　　　　　　　　　　　　(4・47)

電力　$P = IV$　　　　　　　　　　　　　　　　　(4・48)

上式にオームの法則　$V = RI$（R: 導線の抵抗）　を組みあわせると，電力 P は次のようになる。

$$P = IV = I^2R = \frac{V^2}{R} \tag{4・49}$$

電力は電流のする仕事率であるから，単位は **ワット**（記号 **W**）である。仕事率の単位にはキロワットも用いられる。$1\,\mathrm{kW} = 10^3\,\mathrm{W}$ である。

一方，**電力量＝電力×時間**　であるから，電力量の単位は **ワット時**（記号 **Wh**）または **キロワット時**（記号 **kWh**）で表される。

$$1\,\mathrm{W} \times 1\,\mathrm{h} = 1\,\mathrm{J/s} \times 3600\,\mathrm{s} = 3600\,\mathrm{J}$$
$$1\,\mathrm{kWh} = 1000\,\mathrm{Wh} = 3.6 \times 10^6\,\mathrm{J}$$

問題学習 …… 133

600 W の電気釜で，1 回の炊飯に 25 分間の通電を必要とするとき，これを 1 日 3 回使用すると，この釜の 1 日の電気の消費エネルギーは何 kWh か。

解答　$W = Pt$　より

$W = 600\,\mathrm{W} \times \dfrac{25}{60}\,\mathrm{h} \times 3 = 750\,\mathrm{Wh} = \mathbf{0.75\,kWh}$

F　電子の運動による電流のモデル化

導体中の自由電子の運動から，電流，電気抵抗（(4・44)式），ジュール熱（(4・46)式）について，次のように説明できる。

1 電流(I)　図 4−48 のように，断面積 S〔$\mathrm{m^2}$〕の導体を考える。電流の大きさ I〔A〕は，導体の断面を単位時間当たりに通過する電気量で表される（→ p.324）。

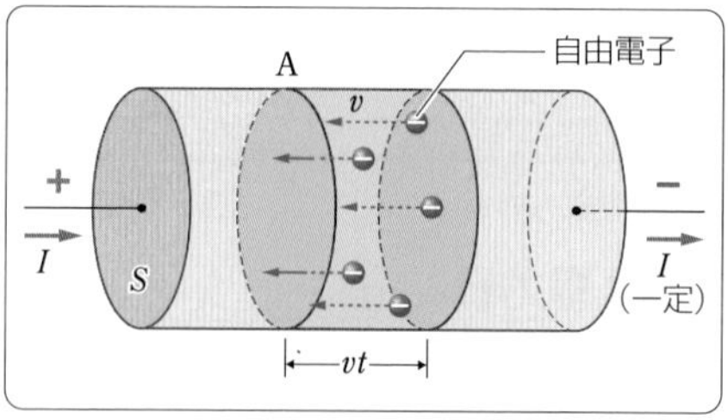

▲ 図 4-48　電流の大きさの導出

自由電子（電気量 $- e$〔C〕）は，導体内の電場による加速と，陽イオンとの衝突による減速をくり返しながら，平均して一定の速さ v〔m/s〕で導体中を移動する。

時間 t〔s〕の間に，断面 A を通過する自由電子の数 N は，長さ vt〔m〕（体積 vtS〔$\mathrm{m^3}$〕）の円柱に含まれる自由電子の数に等しい。単位体積当たりの自由電子の数を n〔$/\mathrm{m^3}$〕とすると，

$N = nvtS$ となる。

したがって，時間 t〔s〕の間に断面Aを通過する電気量の大きさは $eN = envtS$〔C〕となり，電流 I〔A〕は次のように表される。

> **重要** 4-7
>
> **自由電子の運動と電流の関係**
>
> $$I = envS \tag{4.50}$$

参考 銅の場合，原子1個当たり1個の自由電子があるとすると，$n = 8.4 \times 10^{28}$/m³ となる。銅線で，$S = 1.0\,\text{mm}^2 = 1.0 \times 10^{-6}\,\text{m}^2$，$I = 8.4\,\text{A}$ の場合は，$e = 1.6 \times 10^{-19}$C として

$v = \dfrac{I}{enS} ≒ 6.3 \times 10^{-4}\,\text{m/s} = 0.63\,\text{mm/s}$ となる。このように，導体中での自由電子の移動の速さはきわめて小さい。

2 電気抵抗(R) 導体の長さを l〔m〕，電圧を V〔V〕とする。自由電子は導体内の電場 $E\left(= \dfrac{V}{l}\right)$ から，力 $F_1 = e\dfrac{V}{l}$〔N〕を受け，また，熱振動する陽イオンから，速さ v に比例した，動きを妨げる抵抗力 $F_2 = kv$〔N〕(k は比例定数)を受ける(図4−49)。自由電子は力 F_1 と F_2 がつりあった状態で一定の速さ v で移動するので，$kv = e\dfrac{V}{l}$ より

$v = \dfrac{eV}{kl}$

(4.50)式に v の値を代入して $I = \dfrac{e^2 nS}{kl}V$

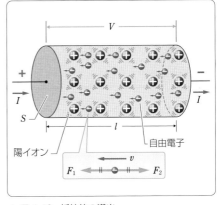

▲ 図4-49 抵抗値の導出

この式とオームの法則の式((4.41)式)を比較して $R = \dfrac{k}{e^2 n}\cdot\dfrac{l}{S}$ となる。

また，$\rho = \dfrac{k}{e^2 n}$ とすると $R = \rho\cdot\dfrac{l}{S}$ となる((4.44)式)。

3 ジュール熱(Q) 自由電子は，電場からの仕事によって得たエネルギーを，衝突によって陽イオンに与え，これが導体の熱エネルギー Q に変わる。自由電子1個が t〔s〕間に電場からされる仕事 w は $w = $力×距離$= e\dfrac{V}{l} \times vt$ であるから，導体中の総数 nlS 個の自由電子が t〔s〕間に電場からされる仕事 W は

$$W = w \times nlS = e\dfrac{V}{l} \times vt \times nlS$$

$$= envS\cdot Vt = IVt$$

となり，これが t〔s〕間に発生するジュール熱 Q〔J〕に等しい((4.46)式)。

2　抵抗の接続と電流計・電圧計

基物 A　抵抗の接続

抵抗の直列接続と並列接続について考えてみよう。

1 直列接続　図4-50(a)のように，各抵抗を直線状に連結する方法を **直列接続** という。

抵抗値が R_1，R_2〔Ω〕の2つの抵抗 R_1，R_2 を直列接続し，両端に電圧 V〔V〕を加えたときの，各抵抗の両端の電圧を V_1，V_2〔V〕とすると　$V = V_1 + V_2$　である。

また，各抵抗には等しい電流 I〔A〕が流れる。

したがって，オームの法則から　$V_1 = R_1I$，$V_2 = R_2I$　となる。

よって，次の式が成りたつ。

$$V = V_1 + V_2 = (R_1 + R_2)I \tag{4·51}$$

これは，2つの抵抗を

$$R = R_1 + R_2 \tag{4·52}$$

の抵抗値をもつ1つの抵抗と考えてもよいことを示している。この全体の抵抗値 R〔Ω〕を **合成抵抗** という。また，$I = \dfrac{V_1}{R_1} = \dfrac{V_2}{R_2}$ であるから，各抵抗に加わる電圧の比は次の式のようになる。

$$V_1 : V_2 = R_1 : R_2 \tag{4·53}$$

一般に，複数の抵抗を直列接続したときの合成抵抗 R〔Ω〕，および各抵抗に加わる電圧の比はそれぞれ次のように表される。

$$R = R_1 + R_2 + R_3 + \cdots \cdots \tag{4·54}$$

$$V_1 : V_2 : V_3 : \cdots\cdots = R_1 : R_2 : R_3 : \cdots\cdots \tag{4·55}$$

2 並列接続　図4-50(b)のように，各抵抗の端どうしをそれぞれ連結する方法を **並列接続** という。

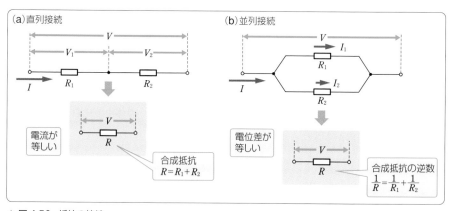

▲ 図4-50　抵抗の接続

抵抗値が R_1, R_2〔Ω〕の 2 つの抵抗 R_1, R_2 を並列接続し，両端に電圧 V〔V〕を加える。回路全体を流れる電流を I〔A〕，R_1, R_2 を流れる電流を I_1, I_2〔A〕とすると　$I = I_1 + I_2$　であり，また　$V = R_1I_1 = R_2I_2$　であるから

$$I = I_1 + I_2 = \frac{V}{R_1} + \frac{V}{R_2} = \left(\frac{1}{R_1} + \frac{1}{R_2}\right)V \tag{4・56}$$

となる。よって，合成抵抗を R〔Ω〕とすると，次の式が成りたつ。

$$\frac{1}{R} = \frac{1}{R_1} + \frac{1}{R_2} \tag{4・57}$$

または　$$R = \frac{R_1R_2}{R_1 + R_2} \tag{4・58}$$

　また，各抵抗を流れる電流の比は次のようになる。

$$I_1 : I_2 = \frac{1}{R_1} : \frac{1}{R_2} \tag{4・59}$$

　一般に，複数の抵抗を並列接続したときの合成抵抗 R〔Ω〕，および各抵抗を流れる電流の比はそれぞれ次のように表される。

$$\frac{1}{R} = \frac{1}{R_1} + \frac{1}{R_2} + \frac{1}{R_3} + \cdots\cdots \tag{4・60}$$

$$I_1 : I_2 : I_3 : \cdots\cdots = \frac{1}{R_1} : \frac{1}{R_2} : \frac{1}{R_3} : \cdots\cdots \tag{4・61}$$

補足 （4・52），（4・57）式から，直列接続の合成抵抗の大きさは，個々のどの抵抗よりも大きく，並列接続の合成抵抗の大きさは，どれよりも小さいことがわかる。

重要 4-8

合成抵抗の式

直列接続　$R = R_1 + R_2$　（4・62）……電流 I 一定，$V = V_1 + V_2$

並列接続　$\dfrac{1}{R} = \dfrac{1}{R_1} + \dfrac{1}{R_2}$　（4・63）……電圧 V 一定，$I = I_1 + I_2$

📖 問題学習 ⋯⋯ 134

次の各場合の，AC 間の合成抵抗 R〔Ω〕を求めよ。

(1) $R_1 = 3.0\,Ω$　$R_2 = 4.0\,Ω$　A───C

(2) $R_1 = 2.0\,Ω$　$R_2 = 3.0\,Ω$　A───C

(3) $R_1 = 2.0\,Ω$　$R_2 = 4.0\,Ω$　$R_3 = 6.0\,Ω$　A───B───C

解答 (1) $R = R_1 + R_2 = 3.0 + 4.0 = $ **7.0Ω**

(2) $\dfrac{1}{R} = \dfrac{1}{R_1} + \dfrac{1}{R_2} = \dfrac{1}{2.0} + \dfrac{1}{3.0} = \dfrac{5.0}{6.0}$　より　$R = \dfrac{6.0}{5.0} = $ **1.2Ω**

(3) BC 間の合成抵抗 R_{23}〔Ω〕は　$R_{23} = \dfrac{R_2R_3}{R_2 + R_3} = \dfrac{4.0 \times 6.0}{4.0 + 6.0} = 2.4\,Ω$　より

$R = R_1 + R_{23} = 2.0 + 2.4 = $ **4.4Ω**

1 電流計 電流計は，導線を流れる電流の大きさを測定する計器であり，導線の途中に直列に接続する。図4-51のように，電流計は，指針のついたコイル・磁石・ゼンマイから構成されている。コイルに電流が流れると，コイルが磁石から力(→ p.363)を受け回転し，ゼンマイの復元力とつりあう角度で停止する。そのときの指針の位置で電流の大きさを測定する。直流用の電流計の回路記号は —Ⓐ— を，交流用(→ p.388)の電流計の回路記号は —Ⓐ— を用いる。

電流計内部にも抵抗(**内部抵抗**)があるため，電流計の接続によって回路を流れる電流が変化する。この変化を小さくするために，電流計の内部抵抗は小さくなるようにつくられている。

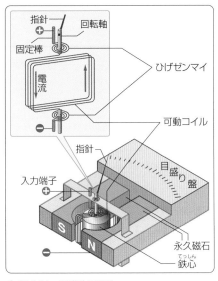

▲ 図4-51 電流計の原理

電流計の最大目盛り(最大測定範囲)がI_0〔A〕のものを使用して，測定範囲をn倍，つまり最大電流nI_0〔A〕($n > 1$)まで測定できるようにするには，$(n-1)I_0$〔A〕の電流を流す分路を電流計と並列に接続すればよい(図4-52)。この分路の抵抗を電流計の**分流器**という。並列接続した両端の電圧をV〔V〕，分流器の抵抗をR_A〔Ω〕，電流計の内

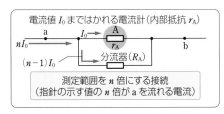

▲ 図4-52 電流計と分流器

部抵抗をr_A〔Ω〕とすると，電流計と分流器に加わる電圧は等しいので

$V = r_A \cdot I_0 = R_A \cdot (n-1)I_0$ が成りたつ。

したがって，分流器の抵抗R_A〔Ω〕は次のようになる。

$$R_A = \frac{r_A}{n-1} \tag{4·64}$$

2 電圧計 電圧計は，回路上の2点間の電位差を測定する計器で，はかろうとする2点に並列に接続する。電圧計の構造は電流計と基本的に同じである。計器の内部抵抗をr_V〔Ω〕とし，計器に流れる電流と端子間の電圧をI〔A〕，V〔V〕とすると，$V = r_V I$であるから，電流計での目盛り表示をr_V倍することで，電圧計として使用できるようになることがわかる。直流用の電圧計の回路記号は —Ⓥ— を，交流用の電圧計の回路記号は —Ⓥ— を用いる。

電圧計は回路に並列に接続するので、電圧計に流れる電流を極力小さくし、回路に対する影響を小さくする必要がある。このため、電圧計の内部抵抗は大きな値となる。

電圧計の最大目盛り（最大測定範囲）がV_0〔V〕のものを使用して、測定範囲をn倍、つまり最大電圧nV_0〔V〕（$n > 1$）まで測定できるようにするには、R_V〔Ω〕の抵抗を電

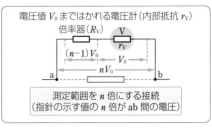

▲ 図 4-53　電圧計と倍率器

圧計に直列に接続すればよい（図4−53）。この抵抗を電圧計の**倍率器**という。流れる電流をI〔A〕、電圧計の内部抵抗をr_V〔Ω〕とすると、電圧計と倍率器に流れる電流は等しいので

$$I = \frac{V_0}{r_V} = \frac{(n-1)V_0}{R_V}$$　が成りたつ。

したがって、倍率器の抵抗値R_V〔Ω〕は次のようになる。

$$R_V = (n-1)r_V \tag{4・65}$$

補足　わずかな電流がどちら向きに流れているかを調べるための、鋭敏な電流計を**検流計（ガルバノメーター）**という。

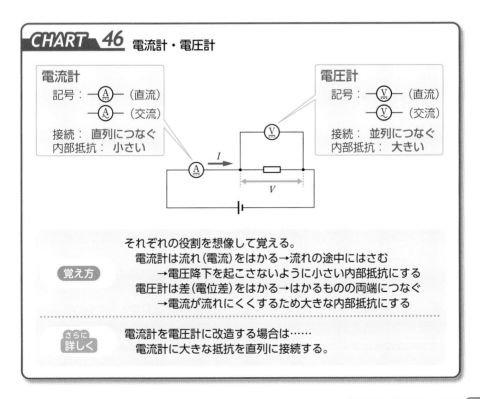

CHART 46　電流計・電圧計

電流計
記号：─Ⓐ─（直流）
　　　─Ⓐ─（交流）
接続：　直列につなぐ
内部抵抗：　小さい

電圧計
記号：─Ⓥ─（直流）
　　　─Ⓥ─（交流）
接続：　並列につなぐ
内部抵抗：　大きい

覚え方
それぞれの役割を想像して覚える。
電流計は流れ（電流）をはかる→流れの途中にはさむ
　　→電圧降下を起こさないように小さい内部抵抗にする
電圧計は差（電位差）をはかる→はかるものの両端につなぐ
　　→電流が流れにくくするため大きな内部抵抗にする

さらに詳しく
電流計を電圧計に改造する場合は……
電流計に大きな抵抗を直列に接続する。

CHART 46 覚え方

電流計や電圧計の役割を理解し，つなぎ方をしっかり把握しておけば，電流計は直列につないだ抵抗値の小さい抵抗器，電圧計は並列につないだ抵抗値の大きい抵抗器と考えることができる。したがって，電流計や電圧計を含む回路は，これらをすべて抵抗と考え，直列回路の性質(電流 I 一定，$V = V_1 + V_2$)や並列回路の性質(電圧 V 一定，$I = I_1 + I_2$)を利用して，回路の電圧や電流などを求めることができる。

分流器の抵抗値 R_A，倍率器の抵抗値 R_V について，それぞれ並列回路，直列回路の性質を利用して導くことができるので，あえて，結果の式を覚えておかなくてもよい。

CHART 46 さらに詳しく

電流計も電圧計も，その基本構造は同じものである。電流計のコイルの抵抗値は非常に小さく，これに直接高い電圧を加えると，大きい電流が流れてコイルが焼け切れてしまうので，コイルに直列に大きい抵抗をつけたものが電圧計である。したがって，電流計を電圧計として使用することもできる。

問題学習 ‥‥‥ 135

図で，E は内部抵抗を無視できる電圧 3.0 V の電池，A は内部抵抗 50 Ω，最大目盛り 10 mA の直流電流計，R_1 は可変抵抗，R_2 は抵抗値 100 Ω の抵抗，R は抵抗値未知の抵抗，S はスイッチである。

(1) S を閉じ，A が最大目盛り 10 mA を示すように R_1 を調整したときの，次の各値を求めよ。

   ① A に加わる電圧 V_1

   ② R_2 に加わる電圧 V_2 と流れる電流 I_2

   ③ R_1 に流れる電流 I_1 とその抵抗値 R_1

(2) 次に，S を開くと，A は 5.0 mA を示した。未知抵抗 R の抵抗値 R を求めよ。

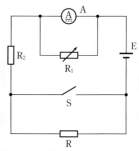

考え方 (1) このとき，R に流れる電流は 0，R_1 と A(並列)に加わる電圧は V_1，R_2 に流れる電流 I_2 ＝ A と R_1 に流れる電流の和，V_1 と V_2 の和(直列)＝電源電圧　の関係がある。

(2) A の電流が(1)の半分になると，R_1，R_2 の電流もそれぞれ(1)の半分になる。

解答 (1) ① オームの法則より　$V_1 = 50 \times 10 \times 10^{-3} = \textbf{0.50 V}$

   ② $V_1 + V_2 = 3.0$　より　$V_2 = 3.0 - V_1 = 3.0 - 0.50 = \textbf{2.5 V}$

$$I_2 = \frac{V_2}{R_2} = \frac{2.5}{100} = 0.025\,\text{A} = \textbf{25 mA}$$

   ③ $I_1 = I_2 - 10 = \textbf{15 mA}$　　ゆえに　$R_1 = \frac{V_1}{I_1} = \frac{0.50}{15 \times 10^{-3}} \fallingdotseq \textbf{33 Ω}$

(2) このとき，R_2 に流れる電流 $I_2'(= \text{R に流れる電流})$ は，(1)の I_2 の半分の 12.5 mA，また，R_2 と A に加わる電圧の和も(1)の場合の半分の 1.5 V となる。よって，R に加わる電圧は $V = 3.0 - 1.5 = 1.5\,\text{V}$ となり，電流 $I_2' = 12.5\,\text{mA}$ から

$$R = \frac{V}{I_2'} = \frac{1.5}{12.5 \times 10^{-3}} = \textbf{120 Ω}$$

(4·49)式で，電力は抵抗を含む2通りの式 $P = I^2R$ と $P = \dfrac{V^2}{R}$ で表される。P は前式では R に比例し，後式では R に反比例して，矛盾しているように見える。これは，前式で一定電流のとき P は R に比例し，後式は一定電圧で P が R に反比例することを意味する。前式は抵抗が直列接続されている場合に相当し，このときは抵抗が大きいほど消費電力は大となる。後式は抵抗の並列接続に相当し，抵抗が大きいほど電力は小となる。すなわち

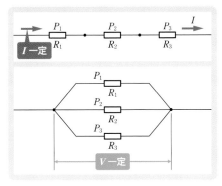

▲ 図4-54　抵抗の接続と電力

① **抵抗の直列接続**（電流 I ＝一定）：電力は抵抗に比例する。

$$P_1 : P_2 = R_1 : R_2$$

② **抵抗の並列接続**（電圧 V ＝一定）：電力は抵抗に反比例する。

$$P_1 : P_2 = \frac{1}{R_1} : \frac{1}{R_2}$$

問題学習 ⋯⋯ 136

図のように，$100\,\Omega$ の抵抗 R_1 と $0 \sim 200\,\Omega$ の間で抵抗値を変えることのできる可変抵抗 R_2 を $12\,V$ の電源に直列につないだ。可変抵抗の値 $R_2〔\Omega〕$ を $0 \sim 200\,\Omega$ の間で変えるとき，R_2 で消費される電力が最大となる R_2 の値を求めよ。また，このとき R_2 で消費される最大電力 P_{max} を求めよ。

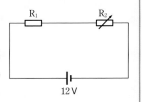

考え方 消費電力の式を R_2 を含んだ形で表す。消費電力の最大値を求める計算では，$(a+b)^2$ のような和の平方の式が出てくることが多い。この式は次のように差の平方の式に変形できる。　$(a+b)^2 = (a-b)^2 + 4ab$

解答 回路を流れる電流は $I = \dfrac{12}{100 + R_2}$ であるから，R_2 での消費電力 P は

$$P = I^2 R_2 = \frac{144 R_2}{(100 + R_2)^2} = \frac{144}{\left(\dfrac{100}{\sqrt{R_2}} + \sqrt{R_2}\right)^2} = \frac{144}{\left(\dfrac{100}{\sqrt{R_2}} - \sqrt{R_2}\right)^2 + 400}$$

P が最大となるのは，上式で分母が最小になるときだから

$$\frac{100}{\sqrt{R_2}} - \sqrt{R_2} = 0 \qquad よって \quad R_2 = \mathbf{100\,\Omega}$$

このとき　$P_{max} = \dfrac{144}{400} = \mathbf{0.36\,W}$

電池や抵抗をいくつか接続した複雑な回路網に定常電流が流れている場合，起電力・電流・抵抗の間の関係を述べたものに，次の**キルヒホッフの法則**がある。

Ⅰ 回路中の任意の交点について(図4−55(a))

流れこむ電流の和＝流れ出る電流の和

Ⅱ 回路中の，任意の一回りの閉じた経路について(同図(b))

起電力(→ p.341)の和＝電圧降下の和

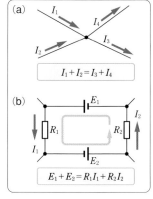

▲ 図4-55 キルヒホッフの法則

1 Ⅰについて 電気量保存の法則(→ p.291)から，回路中の1つの交点に単位時間に流れこむ電気量の和は，流れ出る電気量の和に等しいことを述べたものである。電流の流れる向きが不明の場合は，向きを適当に決めて計算する。計算した結果が負の値となれば，逆向きの電流が流れていることになる。

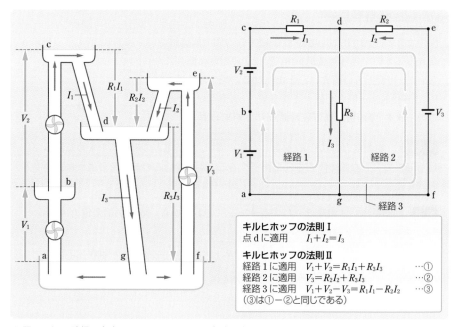

▲ 図4-56 回路網と水流によるキルヒホッフの法則の説明図
図中にキルヒホッフの法則を適用した式の立て方の例を示してある。

2 Ⅱについて 初めに閉じた経路を1周する向きを決め，以下のように起電力と電圧降下の正負を定めて和を求める。

起電力……1周する向きと，電池が流そうとする電流の向きが同じ場合は正（＋），逆の場合は負（－）の値にする。

電圧降下…1周する向きと，流れる電流の向きが同じ場合は正（＋），逆の場合は負（－）の値にする。

なお，法則のⅠとⅡとを併用して用いる場合，最初に決める電流の流れる向きは，両方で同じにしておかなければならない。また，実際に計算するとき，計算が楽になり，早くなる方法の例を以下に記述した。

CHART 47 キルヒホッフの法則

Ⅰ 回路中の任意の交点について
流れこむ電流の和＝流れ出る電流の和

Ⅱ 回路中の，任意の一回りの閉じた経路について
起電力の和＝電圧降下の和

⭐**Point** Ⅰでの電流の向き，Ⅱでの一回りする向きは，どちらかひとつの向きに仮定する。

知っていると
😊**便利** Ⅰや，「電圧降下は経路によらない」ことをうまく活用すれば，変数を減らすことができる。

CHART 47 ⭐Point

法則Ⅰで，回路中の交点に電流が流れこむのか，流れ出るのか不明の場合には，電流の向きは適当に仮定して計算する。計算で得た電流の値は，決めた向きと同じ場合には正となり，反対の場合には負となる。

電流の向きを適当に仮定するのは，電流の向きが不明のときだけで，回路中のすべての点でランダムに仮定してよいということではない。ランダムにすると，法則Ⅱの式を立てるのがたいへんになる。

回路全体を見渡して，だいたいの電流の道すじを予想し，不明の所だけに絞って，向きを仮定するのがよい。

CHART 47 知っていると 😊便利

法則Ⅰ・Ⅱの式を立てるとき，次の①，②の例のように，できるだけ少ない文字（未知量）数にすると，計算が楽になる。

① 回路中の交点で，流入電流が I_1，I_2，流出電流が I_3 のとき，$I_1 + I_2 = I_3$ とするより，最初から，流入電流 I_1，I_2，流出電流 $I_1 + I_2$ とおくと計算が楽になることがある。

② 並列接続した抵抗値の等しい抵抗に流れる電流は同じ大きさになる。流入電流が I のとき，各電流を $I_1 = I_2$，和を $I_1 + I_2 = I$ とするより，「流入電流 I，各電流 $\dfrac{I}{2}$，$\dfrac{I}{2}$」とするほうが計算が早くなる。

図の回路で，次の値を求めよ。ただし，電池の
内部抵抗は無視できるものとし，回路上の点 B
の電位を 0V とする。

(1) 抵抗 R_1, R_2, R_3 に流れる電流の大きさと向き

(2) 回路上の点 A の電位

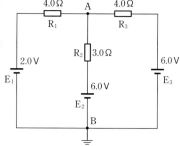

考え方 (1) キルヒホッフの法則 I，II を適
　　用して各電流の大きさ，向きを求める。各
　　電池の正極が向かいあい，電流の向きが予
　　想できないので，下図のように仮定してみる(→ **CHART 47** ─ ★Point，逆向きに
　　仮定してもよい)。

(2) 点 A の電位は，電池 E_1 の正極の電位よりも，抵抗 R_1 による電圧降下分 R_1I_1〔V〕
　　だけ高くなる(または低くなる)。

解答 (1) 各抵抗に流れる電流の向きと大き
さを図のように仮定する。

キルヒホッフの法則 I より

点 A について

　　$I_3 = I_1 + I_2$　　　⋯⋯①

キルヒホッフの法則 II より

経路 I について

　　$-2.0 + 6.0 = 4.0I_1 - 3.0I_2$ ⋯⋯②

経路 II について

　　$-2.0 + 6.0 = 4.0I_1 + 4.0I_3$ ⋯⋯③

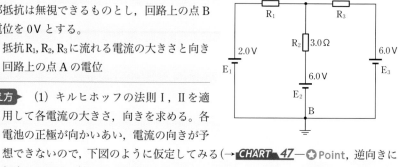

①〜③式を連立して解くと　$I_1 = 0.70\text{A}$，　$I_2 = -0.40\text{A}$，　$I_3 = 0.30\text{A}$

よって，抵抗 R_1 には，**左向きに 0.70 A**

　　　　　抵抗 R_2 には，**上向きに 0.40 A**

　　　　　抵抗 R_3 には，**左向きに 0.30 A**

(2) 点 A の電位を V_A〔V〕とする。点 A は，電池 E_1 の正極の電位
　　(＝起電力 E_1)より，抵抗 R_1 による電圧降下分 R_1I_1〔V〕だけ
　　電位が高いから

　　　$V_A = E_1 + R_1I_1 = 2.0 + 4.0 \times 0.70 = \textbf{4.8 V}$

　　〔別解〕　E_3，R_3 に着目すると，点 A の電位は，E_3 の正極
　　よりも電圧降下分 R_3I_3 だけ低くなるから

　　　$V_A = E_3 - R_3I_3 = 6.0 - 4.0 \times 0.30 = \textbf{4.8 V}$

　　　E_2，R_2 に着目しても同様である。

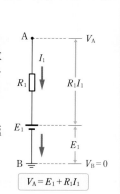

電池は，化学変化によって正極と負極の間に一定の電位差をつくるものである(→ p.325)。抵抗などを接続していないときの両極間の電位差を電池の **起電力** という。

図4-57(a)のように，起電力 E〔V〕の電池と可変抵抗器を接続し，その抵抗値 R〔Ω〕を変えながら電池の両端の電圧 V〔V〕と流れる電流 I〔A〕を測定すると，V と I の関係は同図(b)のようになり，I が大きくなるほど V が小さくなっていくことがわかる。これは，電池自身にも内部抵抗 r〔Ω〕があると考えると説明がつく。この電池の両端の電圧 V〔V〕を **端子電圧** という。電池の内部抵抗による電圧降下は rI〔V〕であるから，E と V との関係は

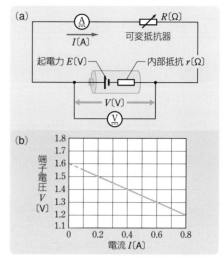
▲ 図4-57　電池の内部抵抗

$$V = E - rI \tag{4・66}$$

と表される。また，オームの法則より $V = RI$ である。これを(4・66)式に代入すると

$$E = (R + r)I \tag{4・67}$$

となり，R と r は直列接続の抵抗としてはたらくことがわかる。

(4・66)式は，同図(b)の直線を表す式である。(4・66)式より，電流 $I = 0$ のとき $V = E$ となるから，直線が V 軸と交わる点が電池の起電力 E である。また，グラフの直線の傾き($-r$)の絶対値が内部抵抗の値となる。同図では，電池の起電力 $E = 1.6$V，内部抵抗 $r = 0.5$Ω となっている。

問題学習 ⋯⋯ 138

$R = 4.5$Ω の抵抗を，起電力 $E = 3.2$V，内部抵抗 $r = 0.50$Ω の電池につなぐとき，流れる電流 I〔A〕，端子電圧 V〔V〕を求めよ。

解答　(4・67)式より　$I = \dfrac{E}{R + r} = \dfrac{3.2}{4.5 + 0.50} = \mathbf{0.64\,A}$

(4・66)式より　$V = E - rI = 3.2 - 0.50 \times 0.64 ≒ \mathbf{2.9\,V}$

問題学習 ⋯⋯ 139

起電力 $E = 2.0$V，内部抵抗 $r = 0.20$Ω の電池2個と，$R = 12$Ω の抵抗がある。2個の電池を次のように連結し，これに抵抗を接続したとき，抵抗に流れる電流 I〔A〕を求めよ。

(1) 電池を直列に連結した場合　　(2) 電池を並列に連結した場合

(1) 起電力 $2E$〔V〕の 1 つの電池と考えればよい（図 a）。内部抵抗も直列に
接続されているので、（4·62）式より、全内部抵抗は $r + r = 2r$〔Ω〕となる。

(2) 並列の場合は、電池を何個つないでも起電力は E〔V〕のままである（図 b）。全内部
抵抗は、（4·63）式より $\dfrac{r}{2}$〔Ω〕となる。

解答 (1) 図 a のように、起電力 $2E$〔V〕、内部抵抗 $2r$〔Ω〕の電池と考えればよい。

（4·67）式より $I = \dfrac{2E}{R + 2r} = \dfrac{2 \times 2.0}{12 + 2 \times 0.20} \fallingdotseq \mathbf{0.32\,A}$

(2) 図 b のように、起電力 E〔V〕、内部抵抗 $\dfrac{r}{2}$〔Ω〕の電池と考えればよい。

（4·67）式より $I = \dfrac{E}{R + (r/2)} = \dfrac{2.0}{12 + (0.20/2)} \fallingdotseq \mathbf{0.17\,A}$

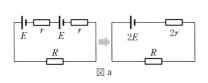
図 a

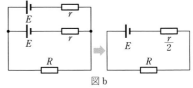
図 b

C 抵抗の測定

　導体の電気抵抗を測定するにはいろいろ
な方法があるが、基本的にはその抵抗の両
端の電圧 V と、そこを流れる電流 I がわか
れば、オームの法則から抵抗 R が求められ
る。しかし、電圧計や電流計の内部抵抗の
ため、電圧や電流を正確に求めることは容
易ではない。そこで、実際の抵抗の測定に
は、**ホイートストンブリッジ** の回路とよば
れるものがよく用いられる。

　図 4−58 のように、未知の抵抗の抵抗値
を R_x〔Ω〕とし、これと R_1, R_2〔Ω〕の 2 つの

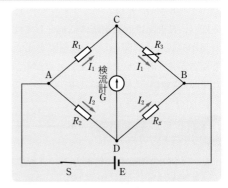
▲ 図 4-58　ホイートストンブリッジ

抵抗、可変抵抗器、検流計 G、電池 E、スイッチ S をつなぐ。スイッチ S を閉じても、検
流計 G に電流が流れないように、可変抵抗器の抵抗値を調節する。このときの可変抵抗器
の抵抗値を R_3〔Ω〕とすると、このとき、C, D は等電位になるから、ACB, ADB を流れる
電流をそれぞれ I_1, I_2〔A〕とすると

　　　　AC 間の電圧 = AD 間の電圧より　$R_1 I_1 = R_2 I_2$

　　　　CB 間の電圧 = DB 間の電圧より　$R_3 I_1 = R_x I_2$

よって　$\dfrac{R_1}{R_2} = \dfrac{R_3}{R_x}$ 　　　　　　　　　　　　　　　　　　　　（4·68）

したがって，R_1，R_2，R_3 の値から未知抵抗 R_x の値を求めることができる。

CHART 48 ホイートストンブリッジ

$$\frac{R_1}{R_2} = \frac{R_3}{R_x}$$

(4・69)

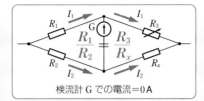

覚え方 図示して覚える。

検流計 G での電流＝0 A

CHART 48 覚え方

この式は，抵抗値 R_1，R_2，R_3 が既知の抵抗から，不明の抵抗値 R_x を求めるのに使われる。検流計を間にはさんで

左側の抵抗比＝右側の抵抗比 $\quad \dfrac{R_1}{R_2} = \dfrac{R_3}{R_x}$

上側の抵抗比＝下側の抵抗比 $\quad \dfrac{R_1}{R_3} = \dfrac{R_2}{R_x}$

の関係がある。これを覚えておこう。

この回路を簡易にしたものに**メートルブリッジ**がある。1 本の抵抗線を抵抗値 R_1 と R_3 の 2 つの抵抗の役目に使う方法である。実際の回路は，ホイートストンブリッジと異なるように見えるが，回路図に直して考えると，同じであることがわかる。

📖 問題学習 ····· 140

図のメートルブリッジの回路で，AB は太さが一様な長さ 100 cm の抵抗線，R は抵抗値 $R = 10.0\,Ω$ の抵抗，X はコイル状に巻いた抵抗値不明の鉄線である。接点 C を AC ＝ 56.8 cm としてスイッチ S を閉じたところ，検流計 G の針が 0 を示した。

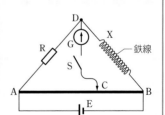

鉄線

(1) X の抵抗値 $R_X\,(Ω)$ を求めよ。

次に，AC ＝ 56.8 cm の状態で X を加熱し，S を閉じたところ，D から C に電流が流れた。

(2) G の針を再び 0 にするには，接点 C をどちら側に動かせばよいか。

考え方 (1) 抵抗線の AC 間，CB 間の抵抗値はそれぞれの長さ l_1，l_2 に比例する。
(2) 鉄線の抵抗値は，温度が上がると増加する。

解答 (1) (4・69)式より $\dfrac{R}{l_1} = \dfrac{R_X}{l_2}$ よって $R_X = \dfrac{l_2}{l_1}R = \dfrac{43.2}{56.8} \times 10.0 ≒ \mathbf{7.61\,Ω}$

(2) R_X が増加するので，CB 間の抵抗値も増加させる必要がある。 **A 側**

図の回路で，次の値を求めよ。

(1) R_1 に流れる電流 I_1　　(2) R_2 に流れる電流 I_2

(3) R_5 に流れる電流 I_5　　(4) AB 間の合成抵抗 R

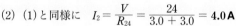

考え方 $\dfrac{R_1}{R_2} = \dfrac{R_3}{R_4}$ が成りたち，R_5 には電流が流れない。

解答 (1) R_1 と R_3 の合成抵抗 $R_{13} = R_1 + R_3 = 4.0\,\Omega$

よって　$I_1 = \dfrac{V}{R_{13}} = \dfrac{24}{4.0} = \mathbf{6.0\,A}$

(2) (1)と同様に　$I_2 = \dfrac{V}{R_{24}} = \dfrac{24}{3.0 + 3.0} = \mathbf{4.0\,A}$

(3) $I_5 = \mathbf{0\,A}$

(4) 全電流　$I = I_1 + I_2 = 10\,A$　より　　$R = \dfrac{V}{I} = \dfrac{24}{10} = \mathbf{2.4\,\Omega}$

〔別解〕　$\dfrac{1}{R} = \dfrac{1}{R_{13}} + \dfrac{1}{R_{24}} = \dfrac{10}{24}$　より　$R = \mathbf{2.4\,\Omega}$

D 電位差計

電池の起電力や回路の 2 点間の電位差を精密に測定する装置に **電位差計** がある。図 4−59 のように，ものさしのついた一様な抵抗線 AB，可動接点 C，検流計 G，起電力 E_S〔V〕が既知の電池 E_S，起電力の大きな電池 E，抵抗 R，スイッチ S からなる電位差計に，起電力 E_x〔V〕が未知の電池 E_x を接続する。

まず，S を E_S 側に入れ，検流計 G の振れが 0 になる位置 C_S を決める。このとき，E_S には電流が流れず，内部抵抗による電圧降下

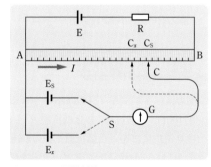

▲ 図 4-59　電位差計

がないので，起電力＝端子電圧　となる。したがって，AB の単位長さ当たりの抵抗を r〔Ω〕，AB 間に流れる電流を I〔A〕とすると，キルヒホッフの法則 II より

　　　　経路 $E_S AC_S S$ について　$E_S = r \times AC_S \times I$

次に，S を E_x 側に入れ，同様に G の振れが 0 になる位置 C_x を決める。このとき，AB 間に流れる電流は，上の I〔A〕と同じであるから，キルヒホッフの法則 II より

　　　　経路 $E_x AC_x S$ について　$E_x = r \times AC_x \times I$

以上より，次の式が得られ，これから未知の起電力 E_x〔V〕が求められる。

$$E_x = \frac{AC_x}{AC_S} \cdot E_S \tag{4·70}$$

また，E_x を別の回路の 2 点に置きかえれば，その 2 点間の電位差が正確に求められる。

電球のフィラメントのように，電流を流すとその温度が大きく上昇する導体では，温度上昇に伴って抵抗値が大きくなるので，電流は電圧に比例しない（→ p.327）。このように，電流と電圧の関係を示すグラフが直線にならない抵抗を，**非直線抵抗** という。

非直線抵抗を含む回路に流れる電流は，次のように求められる。

重要 4-9

非直線抵抗を含む回路の解き方

①非直線抵抗に加わる電圧を V〔V〕，流れる電流を I〔A〕とし，キルヒホッフの法則から V と I の関係式を出す

②①の関係を I-V 図上にかき，交点を求める

問題学習 ⋯⋯ 142

図の電流-電圧特性をもつ電球 L を (1)，(2)のように接続する。このとき，電球に流れる電流はそれぞれ何 A か。

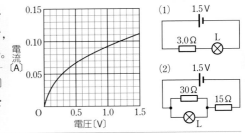

考え方 電球の両端の電圧 V〔V〕と電流 I〔A〕の関係式を出し，これを I-V 図上にかき入れる。

解答 (1) $3.0\,\Omega$ の抵抗の両端の電圧は $3.0I$〔V〕であるから（図 a−1）

$$1.5 = 3.0I + V \quad \cdots①$$

①式を I-V 図上にかき入れ（図 b），交点の座標を読んで $I = \mathbf{0.10\,A}$

(2) $30\,\Omega$ の抵抗に流れる電流は

$$I' = \frac{V}{30}\ \text{〔A〕}$$

$15\,\Omega$ の抵抗に流れる電流は

$$I + I' = I + \frac{V}{30}\ \text{〔A〕}$$

になるから（図 a−2）

$$1.5 = V + 15\left(I + \frac{V}{30}\right)$$

整理して $1.0 = 10I + V$ ⋯⋯②

②式を I-V 図上にかき入れ（図 b），交点の座標を読んで $I = \mathbf{0.06\,A}$

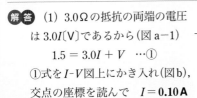
図 a−1

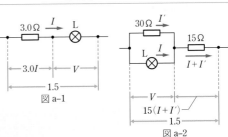
図 a−2

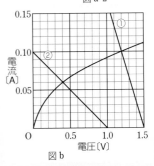
図 b

図4-60(a)のようなコンデンサーを含む回路で，スイッチSを閉じると，電流が流れコンデンサーが充電されていく。このとき，回路の電流 I，コンデンサー両端の電圧 V は，それぞれ，同図(b)，(c)のように，時間 t とともに変化する。

コンデンサーの充電中，コンデンサーに加わる電圧を V，抵抗に加わる電圧を V_R とすると，キルヒホッフの法則Ⅱより $E = V + V_R$ であるから，コンデンサーの充電の過程は次のように説明できる。

(1) **充電開始**(Sを閉じた瞬間) コンデンサーの電荷 $Q = 0$ より $V = 0$ よって $V_R = E$
となり，電池の電圧 E はすべて抵抗に加わるから $I = \dfrac{E}{R}$

したがって，このとき，コンデンサーは抵抗値0の導線とみなせる。

(2) **充電の途中** コンデンサーに電荷 Q が蓄えられ，$V > 0$ となる。

$$I = \frac{V_R}{R} = \frac{E - V}{R}$$

(3) **充電終了後** $V = E$ で充電が終わり $I = 0$
したがって，このとき，コンデンサーは抵抗値が無限に大きい抵抗とみなせる。

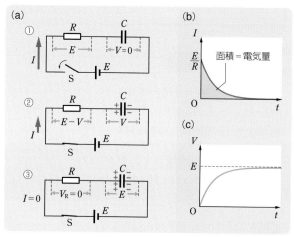

▲ 図4-60 コンデンサーを含む回路

CHART 49 コンデンサーを含む回路の解き方

コンデンサーは，次のように扱う
- 充電開始直後：抵抗値0の導線とみなす
- 充電途中：電荷 Q〔C〕がある場合，起電力 $\dfrac{Q}{C}$〔V〕の電池とみなす
- 充電終了後：抵抗値無限大の抵抗(切れた導線)とみなす

適用条件 充電開始直後に抵抗値0の導線とみなせるのは，初めにコンデンサーに電荷が蓄えられていないとき。

⭐Point 回路中のほかから絶縁された部分では，電気量が保存される。

CHART 49 適用条件

CHART 49 ★Point

充電する前にコンデンサーが電荷を蓄えている場合は、極板間に電位差が生じているため、抵抗値0の導線とみなすことはできない。この場合は、充電途中のように、コンデンサーを電池とみなす。

例えば、回路中に図のような場所があると、極板A、Bの電荷の合計は常に同じ値に保たれる。これを考えなければ解けない問題も多い。

問題学習 ⋯⋯ 143

図のように、内部抵抗の無視できる電池 E、電荷のないコンデンサー A, B、抵抗 R_1, R_2、スイッチ S を接続した。次の値を求めよ。

(1) S を a 側へ倒した直後に R_1 に流れる電流 I〔A〕

(2) S を a 側へ倒して十分時間がたった後の A の電位差 V〔V〕、電荷 Q〔C〕、静電エネルギー U〔J〕

(3) (1)→(2)の間に、R_1 で消費されたジュール熱 W_1〔J〕

(4) 次に S を b 側へ倒す。その直後に R_2 に流れる電流 I'〔A〕

(5) (4)から十分時間がたつまで、R_1 と R_2 で消費されたジュール熱の和 W_2〔J〕

考え方 (3) 電池がした仕事が、(2)のエネルギー U と R_1 でのジュール熱 W_1 になる。

(5) A, B 間で電荷が移動するためジュール熱が発生する。「R_1 と R_2 でのジュール熱の和＝静電エネルギーの減少分」である。また、両コンデンサーの電気量が保存されることに注意する（→ **CHART 49** — ★Point）。

解答 (1) このとき、A を抵抗値0の導線とみなして $\quad I = \dfrac{E}{R_1} = \dfrac{10}{2.0} = \mathbf{5.0\,A}$

(2) このとき $I = 0$ より R_1 による電圧降下 $= 0$ となるので

$$V = E = \mathbf{10\,V}, \quad Q = C_A V = 2.0 \times 10^{-6} \times 10 = \mathbf{2.0 \times 10^{-5}\,C}$$

$$U = \frac{1}{2}QV = \frac{1}{2} \times 2.0 \times 10^{-5} \times 10 = \mathbf{1.0 \times 10^{-4}\,J}$$

(3) 電池がした仕事は $W = QV$ で、このうち U を引いた分がジュール熱となる。

$$W_1 = W - U = \frac{1}{2}QV = \mathbf{1.0 \times 10^{-4}\,J}$$

(4) A を起電力 $E = 10\,V$ の電池、B を抵抗値0の導線とみなす。

$$E = (R_1 + R_2)I' \quad \text{ゆえに} \quad I' = \frac{10}{2.0 + 3.0} = \mathbf{2.0\,A}$$

(5) 電荷 Q は保存されているので、A, B の静電エネルギーの和 U'〔J〕は

$$U' = \frac{Q^2}{2(C_A + C_B)} = \frac{(2.0 \times 10^{-5})^2}{2 \times 5.0 \times 10^{-6}} = 4.0 \times 10^{-5}\,J$$

静電エネルギーの減少分 ΔU〔J〕がジュール熱に変換されるので

$$W_2 = \Delta U = U - U' = \mathbf{6.0 \times 10^{-5}\,J}$$

4 半導体

A 半導体

抵抗率が導体と不導体の中間の物質を **半導体** という。固体の導体は自由電子を多くもつため電気伝導性があるが，不導体（絶縁体）は自由電子をもたないため電気伝導性にとぼしい。しかし，半導体では電子の役割は単純ではない。

真性半導体（純粋半導体） といわれる物質は，低温では伝導性がほとんどないが，温度が高くなると，自由電子に相当する電子が発生し，伝導性をもつようになる。これは，一般の導体金属とは逆の性質をもっていることになる。この半導体の例として，単体ではケイ素（シリコン Si），ゲルマニウム（Ge），セレン（Se）など，化合物では酸化亜鉛（ZnO），酸化銅（I）（Cu_2O），硫化鉛（PbS）などがある。

これに対して，Si や Ge にごく微量のある種の元素が不純物として入ったものは，そのために伝導性が与えられるので，これらを **不純物半導体** という。

不純物半導体は n 型半導体と p 型半導体に分けられる。

1 n 型半導体　元素の周期表の 14 族の Si や Ge の原子は，最も外側の電子殻に 4 個の価電子をもち，この 4 個の電子を隣接原子が互いに共有することによって，原子間の結合が保たれ（共有結合），結晶をつくっている。図 4-61 はこれを平面的に示した説明図である。

参考　一般に，原子にはエネルギーの異なる電子の層が複数存在する。この層を **電子殻** という。最も外側の電子殻に入っている電子のうち，原子どうしが結びつくときに重要なはたらきを示す電子を **価電子** という。

分子がいくつかの原子からなるとき，原子の価電子が 2 つの原子に共有されて結びつく結合を **共有結合** といい，原子が多数，次々に共有結合した構造の結晶を **共有結合の結晶** という。

▼ 表 4-4　元素の周期表の一部

族 周期	13	14	15
2	$_5$B	$_6$C	$_7$N
3	$_{13}$Al	$_{14}$Si	$_{15}$P
4	$_{31}$Ga	$_{32}$Ge	$_{33}$As
5	$_{49}$In	$_{50}$Sn	$_{51}$Sb
6	$_{81}$Tl	$_{82}$Pb	$_{83}$Bi

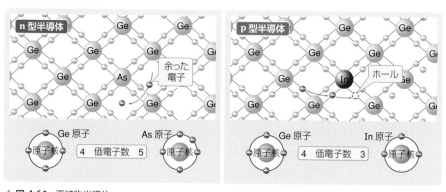

▲ 図 4-61　不純物半導体

ゲルマニウム(Ge)を例にとって説明しよう。

純粋な Ge の結晶中のある原子が，15 族の元素，例えばヒ素(As)の原子とおきかわったとすると，As の価電子は 5 個であるから電子が 1 個余り，これが自由電子と同じはたらきをし，電流の担い手(**キャリア**)となる。このように，14 族の Si や Ge に，ごく微量の 15 族の元素が混じったものを **n 型半導体** という。

2 p 型半導体 純粋な Ge の結晶中のある原子が，13 族の元素，例えばインジウム(In)の原子とおきかわったとすると，In の価電子は 3 個で，結晶をつくるのに必要な電子数が不足し，電子のない所ができる。これを **ホール**(または **正孔**)という。このホールに近くの電子が移ると，その電子の位置が空

▲ 図 4-62 電子とホール

席，すなわちホールとなる。電子が次々とホールに移動すると，結局ホールが電子の運動と逆向きに移動していく。このようにしてホールは正の荷電粒子と同じようにふるまい，キャリアとなる。このように，14 族の Si や Ge に，ごく微量の 13 族の元素が混じったものを **p 型半導体** という。

補足 電流の担い手(キャリア)が負(negative)の電荷をもつ電子のとき，n 型半導体といい，正(positive)の電荷に相当するホールのとき，p 型半導体という。

B 半導体ダイオード

p 型と n 型の半導体結晶片を接合し，両端に電極をつけたものを **半導体ダイオード**(または**ダイオード**)という。

図 4-63(a)のように，p 型部を電池の陽極に，n 型部を陰極につなぐと，接合面を通って p 型部のホールは n 型部に，n 型部の過剰な自由電子は p 型部に移動する。このホールと電子は接合面付近で 1 対ずつ **再結合** して消える。n 型部の電子は電池の陰極から補充され，p 型部の価電子は飛び出して電池の陽極に進み，ホールが補充される。このようにして，次々とキャリアができるので，電流は流れ続けることになる。この電池のつなぎ方，すなわち半導体の p 型から n 型の向きに電場を生じる電圧の加え方を **順方向** という。

逆に，同図(b)のように n 型部を電池の陽極に，p 型部を陰極につなぐ。

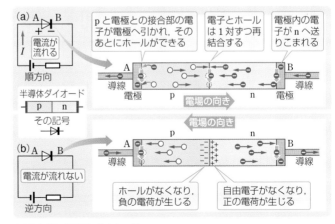

▲ 図 4-63 半導体ダイオード

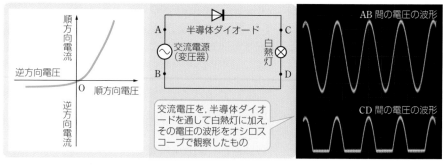

▲ 図4-64　半導体ダイオードの電圧-電流特性曲線と整流回路

　このようにつないで電圧を加えると，ホールと自由電子とは互いに離れる向きに移動する。このため，両部の接合面付近では，p型側に負イオン(ホールの移動したあとを電子が埋め電子が過剰となる)，n型側に正イオン(自由電子が移動して電子が不足する)が残る。この結果，p型部とn型部の間に電位差が生じ，この電位差が電池の電圧と等しくなると，電流はもはや流れなくなる。この電圧の加え方を**逆方向**という。

　半導体ダイオードではp型部からn型部へは電流が流れるが，n型部からp型部へは流れにくい。電圧と電流の関係は図4-64の特性曲線のようになる。このようにダイオードは，順方向の電圧のときだけ電流が流れるので，交流を直流に直す回路に使用される。このはたらきをダイオードの**整流作用**という。

問題学習 ⋯⋯ 144

図1のような，4Ωの抵抗2個，3Ω
の抵抗，ダイオード，電球，電圧が変
えられる直流電源からなる回路がある。
電球は図2のような電圧-電流特性を
示し，加える電圧によって抵抗が変化
する。ダイオードは，順方向に電圧が
加わったとき電流を流し，そのときの

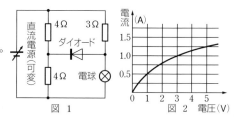

抵抗は0である。また，逆方向の電圧に対してはまったく電流を流さない。

(1) 電源の電圧を上げていくと，初めダイオードに電流は流れなかったが，ある電圧
　　でダイオードに電流が流れるようになった。電流が流れだすときの電源の電圧は
　　いくらか。
(2) 電源の電圧が2.5Vのとき，電球を流れる電流はいくらか。
(3) (2)のとき，ダイオードに加わる電圧はいくらか。
(4) 電球に1.25Aの電流が流れているとき，電源にはいくらの電流が流れているか。

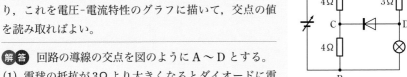

考え方 ダイオードに流れる電流は順方向のみであるから，下図の D 点の電位が C 点の電位よりも高くなったときに CD 間に電流が流れる。CD 間に電流が流れないとき，AC, CB 間の電圧はそれぞれ電源電圧の $\frac{1}{2}$ 倍になることから，電球の抵抗が 3Ω より大きくなると，ダイオードに電流が流れだすことがわかる。

電球に加わる電圧と電球を流れる電流の関係式をつくり，これを電圧-電流特性のグラフに描いて，交点の値を読み取ればよい。

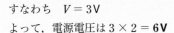

解答 回路の導線の交点を図のように A 〜 D とする。

(1) 電球の抵抗が 3Ω より大きくなるとダイオードに電流が流れだす。

このときの電球の両端の電圧を V，流れる電流を I とすると

$$V = 3I \qquad \cdots\cdots ①$$

ダイオードに電流が流れだすときの電球の両端の電圧は，①式と電球の V-I 曲線とのグラフ上の交点で与えられる。

すなわち $V = 3\,\mathrm{V}$

よって，電源電圧は $3 \times 2 = \mathbf{6\,V}$

(2) このときダイオードに電流は流れない。

したがって

$$V + 3I = 2.5 \qquad \cdots\cdots ②$$

②式のグラフと特性曲線の交点から，電球を流れる電流 I が求められる。

$$I = \mathbf{0.50\,A}$$

(3) $V_{\mathrm{BC}} = \dfrac{2.5}{2} = 1.25\,\mathrm{V}$

②式のグラフと特性曲線の交点から $V_{\mathrm{BD}} = 1.0\,\mathrm{V}$

よって，ダイオードに加わる電圧 V_{CD} は次のようになる。

$V_{\mathrm{CD}} = V_{\mathrm{BC}} - V_{\mathrm{BD}} = 1.25 - 1.0$

$\qquad = \mathbf{0.25\,V}$

(4) このとき，電球の両端の電圧は電球の V-I 曲線から 5.0V で，これは 3.0V 以上のためダイオードに電流が流れる。

電流が流れるときのダイオードの抵抗は 0 であるから，ダイオードでは電圧降下がない。このため BC, BD 間の電圧は等しい。

BC 間の電流は $\dfrac{5.0\,\mathrm{V}}{4\,\Omega} = 1.25\,\mathrm{A}$

ゆえに $1.25 \times 2 = \mathbf{2.50\,A}$

1 トランジスターの構造

トランジスター は，3個の不純物半導体を組み合わせて接合したもので，2つの p 型半導体の結晶片の間に，薄い n 型半導体の結晶片をはさんだ構造の**pnp型トランジスター** と，2つの n 型結晶片の間に，薄い p 型結晶片をはさんだ構造の **npn 型トランジスター** とがある。

pnp 型の場合は図 4−65(a)のように，npn 型の場合は同図(b)のように電池につなぐと，図のようにホール，または自由電子の移動が起きて電流が流れる。左側の結晶片 E を **エミッタ**，中央の結晶片 B を **ベース**，右側

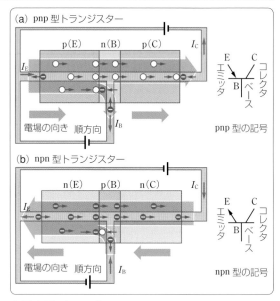

▲ 図4-65 トランジスター

の結晶片 C を **コレクタ** といい，それらを流れる電流をそれぞれ **エミッタ電流**(I_E)，**ベース電流**(I_B)，**コレクタ電流**(I_C) という。pnp 型ではキャリア(電荷の運び手)は主としてホールで，電流は E から C に向かって流れ，npn 型ではキャリアは主として自由電子で，電流は C から E に向かって流れる。

> 補足　エミッタのほうは不純物が多くて抵抗率がやや小さく，コレクタのほうは不純物が少なくて抵抗率がやや大きい。

2 トランジスターと電圧

トランジスターを作動させる際には図4−65のように，必ずエミッタ(E)とベース(B)の部分には順方向(p から n の向き)の電圧を，ベース(B)とコレクタ(C)の部分には逆方向(n から p の向き)の電圧を加えなければならない。そして，これらの大きさは，前者より後者のほうがはるかに大きい。

pnp 型トランジスターの場合について考えてみると，まず，エミッタ，ベース間に順方向の電圧が加わっているので，エミッタのホールはエミッタ電流(I_E)としてエミッタ，ベース接合面をこえてベースに流れこむ。

ところが，ベースはきわめて薄い($\sim 10^{-5}$m 以下)のでベース電流(I_B)となるホールはごくわずかで，大部分のホールはベース，コレクタ接合面に達する。ここでは，ホールを引き寄せるさらに大きい逆方向電圧が加わっているので，ホールはコレクタに引きこまれ，コレクタ電流(I_C)として外部に出ていく。

npn 型トランジスターの場合も同様に考えることができるが，この場合は電子がエミッタからベースに入り，さらにコレクタとの間の大きい逆電圧によってコレクタに引きこまれていく。

3 増幅作用 トランジスターを流れる電流には，エミッタ電流 I_E，ベース電流 I_B，コレクタ電流 I_C があり，これらの間には

$$I_E = I_B + I_C$$

の関係がある。

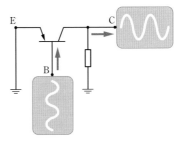

▲ 図 4-66　トランジスターの増幅作用

I_B は微小電流で I_E の数％程度であり，残りの 90％以上は I_C となる。したがって，I_B を変化させると I_C が大きく変化する。例えば，図 4-66 のように，pnp 型トランジスターのコレクタに大きい負荷抵抗をつなぎ，I_B を変動させると，この抵抗に変動電流が流れ，両端に大きな変動電圧が現れる。すなわち，**増幅作用** が行われる。

npn 型の場合も，まったく同じように考えられる。

4 集積回路 (IC) 半導体を利用した種々の機能をもつ電気部品を **半導体素子** という。電気信号の増幅などをするトランジスターはその 1 つである。半導体であるシリコンの酸化膜が良質の絶縁体となることを利用して，シリコンの基板上にトランジスターや膜状の抵抗体，コンデンサーなどの回路素子をそれぞれ形成し，それら集積されたものを，相互に接続してできあがった超小型電子回路を **集積回路**（Integrated Circuit. **IC**）という。1 つのチップに 1〜10 万個の素子を集積した **大規模集積回路**（Large Scale Integration. **LSI**）から 10〜1000 万個の素子を集積した **VLSI**

▲ 図 4-67　大規模集積回路

（Very Large Scale Integration），1000 万個をこえる素子を集積した **ULSI**（Ultra-Large Scale Integration）までつくられており，一般的に広く使用されている。現在では，システム LSI とよばれる，多数の機能を 1 個のチップ上に集積した超多機能 LSI もつくられ，多くの電子機器に使用されている。

IC の利用は，コンピュータから家庭用品に至る種々の電気機器の小型，軽量，高速化をもたらしている。

電流と磁場

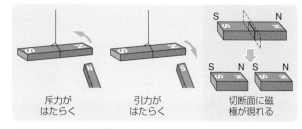

1 磁場
2 電流のつくる磁場
3 電流が磁場から受ける力
4 ローレンツ力

1 磁場

A 磁極

棒磁石を砂鉄に近づけると，両端付近に多くの砂鉄が付着する。この部分を**磁極**といい，引きつける力を**磁気力**という。また，磁極の磁気の量を**磁気量（磁極の強さ）**という。

自由に回転できる棒磁石や磁針を水平に保つと，ほぼ南北をさす。北を向く磁極を**N極**，南を向く磁極を**S極**という。

磁石（磁極）には次のような性質がある（図4-68）。

① 1つの磁石では，両極の磁気量は等しい。

▲ 図 4-68 磁石の性質

② 同種の極どうしは互いに反発しあい，異種の極どうしは互いに引きあう。

③ N極とS極は対で存在し，電気の場合の正電荷・負電荷のような，片方の磁極だけの磁石は存在しない。棒磁石を横に切断しても，切断面にN極とS極が現れる。

クーロンは，2本の長い棒磁石の磁極の間にはたらく磁気力の大きさを測定し，静電気力でのクーロンの法則（→ *p.*289）と同形の，次の法則を発見した。

> 2つの磁石の磁極間にはたらく力の大きさ F は，磁気量の大きさ m_1, m_2 の積に比例し，磁極間の距離 r の2乗に反比例する。

$$F = k_\mathrm{m} \frac{m_1 m_2}{r^2} \quad (k_\mathrm{m} \text{ は比例定数}) \tag{4・71}$$

これを，**磁気力に関するクーロンの法則**という。

真空中で磁気量の等しい2つの磁極を1m離して置くとき，両極間にはたらく磁気力の大きさが $\dfrac{10^7}{(4\pi)^2}\,\mathrm{N} \fallingdotseq 6.33 \times 10^4\,\mathrm{N}$ であるような磁気量を1 **ウェーバ**（記号 **Wb**）と定める。すなわち，(4・71)式の比例定数 k_m は，真空中で $k_\mathrm{m} = 6.33 \times 10^4\,\mathrm{N\cdot m^2/Wb^2}$ となる。

> **補足** 磁極間にはたらく力を測定するには，反対側の磁極の影響をできるだけ除くために，十分に長い棒磁石を使用して実験する必要がある。

B 磁場

静電気力と同様に，磁気力も2つの磁極が離れていても伝わる。これは，磁極のまわりの空間が，ほかの磁極に力を及ぼすような空間（場）になっていると考えることができる（→電場 $p.292$）。このような空間を **磁場**（**磁界**）という。

磁場は電場と同様，ベクトル量である。磁場内で1WbのN極にはたらく磁気力の向きと大きさで，その場所での **磁場の向き**，**磁場の強さ** を表す。この磁場を表すベクトル $\vec{H}$ を **磁場ベクトル** という。

1Wbの磁極が受ける力が1Nである磁場の強さを1 **ニュートン毎ウェーバ**（記号 **N/Wb**）とし，これを磁場の単位として用いる。したがって，磁場ベクトル $\vec{H}$〔N/Wb〕の磁場内にある m〔Wb〕のN極にはたらく磁気力 $\vec{F}$〔N〕は，次のようになる（図4−69）。

$$\vec{F} = m\vec{H} \tag{4・72}$$

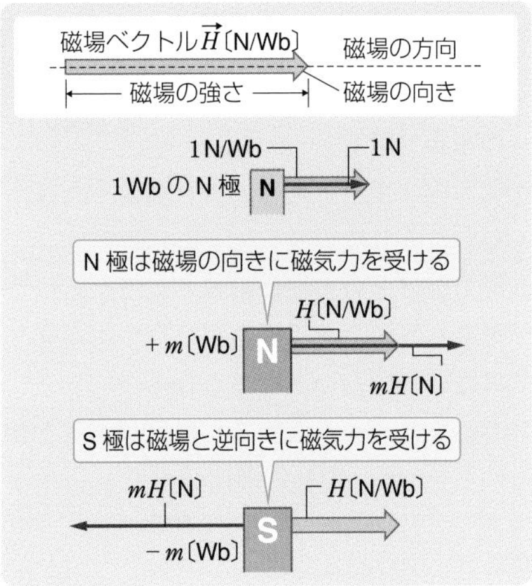

S極が磁場から受ける力の向きは，磁場の向きと反対になる。

図4−70のように，方位磁針を磁場内に置くと，両磁極にはたらく磁気力は偶力となるから，磁針と磁場の方向が一致する（偶力のモーメントが0になる）位置で静止する。この場合，N極のさす向きが磁場の向きとなる。

▲ 図4-69　磁場ベクトルと磁気力の関係

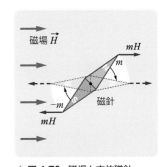

▲ 図4-70　磁場と方位磁針

C 磁力線

磁場内に小磁針を置き，N極のさす向きにゆっくり動かすと，1つの曲線（または直線）を描く。この線にN極の向きに矢印をつけたものを **磁力線** という。

磁石の上の厚紙に鉄粉をまき，厚紙を軽くたたくと，鉄粉は磁力線のようすを示すように並ぶ（次ページ図4−71）。

電気力線(→ *p*.294)と同様，磁力線には以下のような性質がある。

①磁力線はN極から出てS極に入る。

②磁力線上の各点での接線は，その点での磁場の方向を表す。

③磁場の強さH〔N/Wb〕の点では，$1m^2$当たりH本の割合で引く。

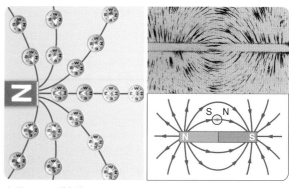

▲ 図 4-71　磁力線

④磁力線は交わったり，折れ曲がったり，枝分かれたりしない。

⑤磁力線はその方向に縮まろうとするはたらきをもち，隣りあう磁力線は互いに反発しあうはたらきをもつと考えられる。

これまで述べたとおり，磁気は電気と類似した性質をもつ。これらの比較を表4-5にまとめる。

▼ 表 4-5　磁気と電気の比較
※については *p*.358 参照

磁気	電気
磁極(磁気量 m〔Wb〕)	電荷(電気量 q〔C〕)
N極，S極	正電荷，負電荷
磁気力に関するクーロンの法則 $F = k_m \dfrac{m_1 m_2}{r^2}$ $k_m = 6.33 \times 10^4$ N·m²/Wb²	静電気力に関するクーロンの法則 $F = k_0 \dfrac{q_1 q_2}{r^2}$ $k_0 = 9.0 \times 10^9$ N·m²/C²
磁場	電場
H〔N/Wb〕(〔A/m〕※)	E〔N/C〕(〔V/m〕)
磁力線	電気力線
N極，S極を単独で取り出せない	正電荷，負電荷を単独で取り出せる

D 地球の磁場(地磁気)

地球上で方位磁針が常に南北の方向をさすのは，地球のまわりに磁場が存在することを示している。これは，地球自身が，北部にS極，南部にN極をもつ1つの大きな磁石であると考えるとうまく説明がつく(図4-72(a))。地球がもつ磁気を **地磁気** という。

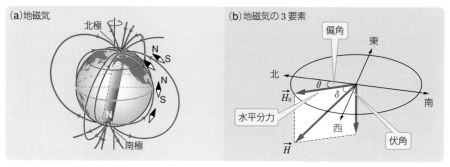

(a)地磁気

北極
N S
N S
南極

(b)地磁気の3要素

偏角
東
北
θ
$\vec{H_0}$
δ
南
水平分力
西
$\vec{H}$
伏角

▲ 図 4-72　地磁気による磁場

地磁気の磁場の向きや強さは場所によって異なっており，向きでは，南北方向からのずれや水平方向からの傾きがある。地磁気の磁場ベクトルの水平成分を**水平分力**，北からのずれを**偏角（方位角）**，水平方向からの傾きを**伏角**といい，これらをその地点の**地磁気の3要素**という（同図(b)）。

補足 東京付近では，偏角は西へ約7°，伏角は約49°，水平分力は約24N/Wbである。

問題学習 …… 145

地磁気の水平分力 $H_0 = 25\,\mathrm{N/Wb}$ の水平面内に棒磁石をつるす。この棒磁石の位置に，強さ $H\,(\mathrm{N/Wb})$ の東向きの一様な磁場をつくったら，N極が東へ60°振れた。H の大きさはいくらか。ただし，偏角を0°とする。

解答 図より $\tan 60° = \dfrac{H}{H_0}$

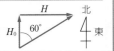

ゆえに $H = \tan 60° \times H_0 = \sqrt{3} \times 25 \fallingdotseq \boldsymbol{43\,\mathrm{N/Wb}}$

E 磁化

磁気を帯びていない鉄片を磁石の近くに置くと，磁石に引き寄せられる。このとき，鉄片は磁石の磁場により，磁石の性質を帯び，鉄片の磁石が磁石から磁気力を受けたと考えることができる。鉄は，内部にたくさんの小磁石をもつと考えられ，磁気を帯びていない鉄は，小磁石の向きがふぞろいのため，外部には磁石の性質が現れないが，磁場があると，小磁石の向きがそろえられ，磁石の性質を帯びるようになる（図4-73）。この現象を**磁化**という。

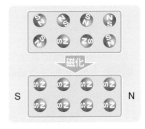

▲ 図4-73 磁化

磁化のようすは物質によって異なる（図4-74）。磁場の向きに強く磁化される物質を**強磁性体**といい，強磁性体と同じ向きに弱く磁化される物質を**常磁性体**という。一方，強磁性体と逆向きに弱く磁化される物質を**反磁性体**という。

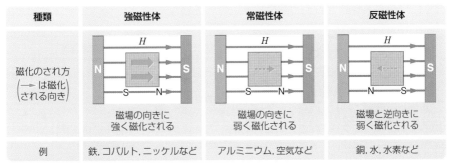

種類	強磁性体	常磁性体	反磁性体
磁化のされ方（→は磁化される向き）	磁場の向きに強く磁化される	磁場の向きに弱く磁化される	磁場と逆向きに弱く磁化される
例	鉄，コバルト，ニッケルなど	アルミニウム，空気など	銅，水，水素など

▲ 図4-74 磁性体の種類

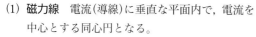

2 電流のつくる磁場

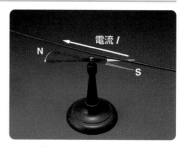

A 直線電流がつくる磁場

エルステッドは，方位磁針と同じ方向に置いた導線に電流を流すと，磁針が大きく振れることを発見した（図4-75）。これは，電流がまわりに磁場をつくることを示している。

真空中で（空気中でもほとんど同じ），十分長い導線を流れる直線電流がつくる磁場は，次のようになる（図4-76）。

▲ 図4-75 エルステッドの実験

(1) **磁力線** 電流（導線）に垂直な平面内で，電流を中心とする同心円となる。

(2) **磁場の向き** 右ねじの進む向きに電流が流れるとき，ねじの回る向きとなる（**右ねじの法則**）。

(3) **磁場の強さ** 電流の大きさに比例し，電流からその点までの距離に反比例する。大きさが I〔A〕の電流からの距離が r〔m〕の点での磁場の強さ H〔N/Wb〕は次の式で表される。

$$H = \frac{I}{2\pi r} \tag{4·73}$$

(4·73)式の右辺からわかるように，磁場の強さ H の単位は A/m でも表される。

（補足） A/m = N/Wb の証明

直線電流 I〔A〕から r〔m〕の距離にある円周上を，磁気量 m〔Wb〕の N 極が1周するときに磁場がした仕事 W〔J〕を考える。この円周上での磁場の強さを H〔N/Wb〕とすると，N極は磁場から円の接線方向に $F = mH$〔N〕の大きさの力を受けるから，(4·73)式を用いて

$$W = F \cdot 2\pi r = mH \cdot 2\pi r = m \cdot \frac{I}{2\pi r} \cdot 2\pi r = mI$$

より J = Wb·A となる。

J = N·m であるから N·m = Wb·A
したがって
A/m = N/Wb となる。

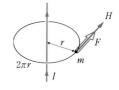

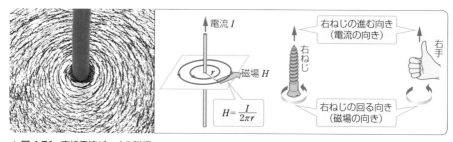

▲ 図4-76 直線電流がつくる磁場

B 円形電流がつくる磁場

円形の導線に流れる電流がつくる磁場は，短い直線電流が周囲につくる磁場のベクトル和と考えればよい(図4-77)。図4-78のように，円形電流は円の中心から放射状に飛び出すような磁場をつくる。これは磁石がつくる磁場(図4-71)とよく似ている。

円形電流が中心につくる磁場は次のようになる。

▲ 図4-77 円形電流がつくる磁場の考え方

(1) **磁力線** コイル面に対し垂直となる。

(2) **磁場の向き** 右ねじの回る向きに電流が流れるとき，右ねじが進む向きに磁場ができる(右ねじの法則)。

(3) **磁場の強さ** 電流の大きさに比例し，半径に反比例する。半径 r〔m〕の円形電流 I〔A〕がつくる磁場の，円の中心における磁場の強さ H〔A/m〕は次の式で表される。

$$H = \frac{I}{2r} \tag{4·74}$$

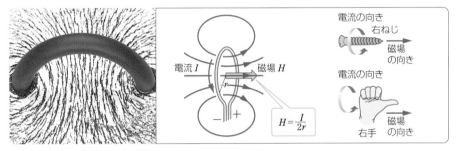

▲ 図4-78 円形電流がつくる磁場

複数の円形電流を並べたものを**円形コイル**という(図4-79)。上記と同じ条件の円形電流を N 巻き並べた円形コイルの中心における磁場の強さは，(4·74)式の N 倍になるから，次のようになる。

$$H = N\frac{I}{2r} \tag{4·75}$$

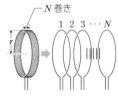

▲ 図4-79 円形コイル

問題学習 …… 146

半径 $r = 5.0\,\text{cm}$ で $N = 10$ 回巻きの円形コイルに $I = 0.40\,\text{A}$ の電流を流したとき，円の中心における磁場の強さ H〔A/m〕を求めよ。

解答 (4·75)式より

$$H = N\frac{I}{2r} = 10 \times \frac{0.40}{2 \times 0.050} = \textbf{40\,A/m}$$

長く密に巻いた円筒形コイルを**ソレノイド**という。ソレノイドは，中心軸が共通な円形電流が多数並んでいると考えることができ，その内部での磁場のようすは次のようになる（図4-80）。

(1) **磁力線**　内部の磁力線は両端部分を除いて中心軸と平行になり，一様な磁場ができる。外部には棒磁石と同じような磁場ができる。

(2) **磁場の向き**　右ねじの回る向きに電流が流れるとき，右ねじが進む向きに磁場ができる（右ねじの法則）。

(3) **磁場の強さ**　電流の大きさに比例し，単位長さ当たりの巻数にも比例する。電流 I〔A〕で単位長さ当たりの巻数が n〔/m〕のソレノイド内部における磁場の強さ H〔A/m〕は次の式で表される。

$$H = nI \qquad\qquad (4\cdot76)$$

補足　一様な電場（→ p.296）に対し，磁場の強さ・向きがどこでも等しい磁場を，**一様な磁場**という。

　　　一様な磁場での磁力線は，平行で等間隔になっている。

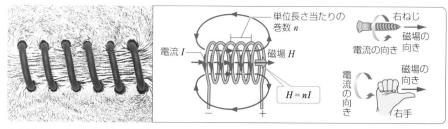

▲ 図4-80　ソレノイドがつくる磁場

参考　ビオ・サバールの法則

　　直線電流や円形電流に限らず，一般の電流による磁場については，ビオとサバールによって得られた次の法則が成りたつ。

　　導線に電流 I〔A〕が流れているとき，そのきわめて短い部分 $\varDelta s$〔m〕が距離 r〔m〕だけ離れた点 P につくる磁場の強さ $\varDelta H$〔A/m〕は，$\varDelta s$ と点 P の方向とのなす角を θ とすると，次の式で与えられる。

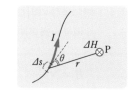

▲ 図4-81　ビオ・サバールの法則

$$\varDelta H = \frac{1}{4\pi} \cdot \frac{I \cdot \varDelta s \cdot \sin\theta}{r^2} \qquad\qquad (4\cdot77)$$

　　磁場の向きは $\varDelta s$ と r を含む面に垂直で，$\varDelta s$ 部分の電流のほうから r のほうへ，右ねじを回したときのねじの進む向きとなる。

　　これを**ビオ・サバールの法則**という。直線電流や円形電流のつくる磁場の式（(4・73)，(4・74)式）も，この法則をもとに求められている（ただし，公式を求めるには複雑な計算を必要とする）。

CHART 50 電流がつくる磁場

	直線電流	円形電流	ソレノイド
磁力線	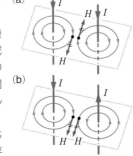		単位長さ当たりの巻数 n
磁場の向き	電流の向き / 磁場の向き / 右手	右手 / 電流の向き / 磁場の向き	
磁場の強さ	$H = \dfrac{I}{2\pi r}$	$H = \dfrac{I}{2r}$	$H = nI$

⭐Point　複数の磁場を重ねあわせる場合は，ベクトル和をとる。

さらに詳しく　I〔A〕の電流を囲む任意の閉曲線にそって，1Wb の正磁極を1周させるとき，磁場から受ける仕事は I〔J〕となる。

CHART 50 ⭐Point

　磁場はベクトルであるから，複数の磁場が重なる場合の合成磁場は，電場の重ねあわせと同様に，ベクトル和となる。

　例えば，同じ向きの等しい平行電流の場合（図(a)）は，中点の位置では，2つの磁場が逆向きに重なり，合成磁場は0となる。

　また，逆向きの等しい電流の場合（図(b)）は，磁場が同じ向きに重なり，単独の場合の2倍の強さとなる。

CHART 50 さらに詳しく

　直線電流 I〔A〕を囲む半径 r〔m〕の円周にそって，1Wbの正磁極を運ぶ場合の仕事を例にとる。

磁場は，円の接線方向 $H = \dfrac{I}{2\pi r}$ 〔N/Wb〕で，1Wb の磁極にはたらく磁気力は $1 \times H = H$〔N〕となるから，磁極を 1 周させるとき，電流の磁場

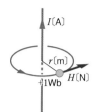

が磁極にする仕事 W〔J〕は

$$W = H\text{〔N〕} \times 2\pi r\text{〔m〕} = I\text{〔J〕}$$

となることがわかる。この関係はこの例だけでなく，一般に，I〔A〕の電流を囲む任意の閉曲線にそって，1Wb の正磁極を 1 周させるとき，磁場がする仕事は I〔J〕となる。これを，**アンペールの法則**という。

問題学習 …… 147

4 本の長い平行導線 A，B，C，D が鉛直に配置されている。A，C には同じ向きに大きさ I〔A〕の電流が流れ，B，D には A，C と逆向きで同じ大きさの電流が流れている。図では，導線 A，B，C，D に垂直な断面内を座標軸とともに示してある。

(1) 原点 O における，4 電流による合成磁場の強さ H〔A/m〕を，I および図中の a〔m〕を用いて表せ。

(2) この電流配置は原点 O の付近に一様な磁場を生じる配置として知られている。この磁場の向きを適当に選んで原点 O 付近の地磁気の水平成分を打ち消すようにしたい。$a = 1$m としたとき，打ち消すのに必要な電流 I〔A〕のおおまかな値を求めよ。地磁気の水平成分の大きさ $H_0 = 30$A/m とする。

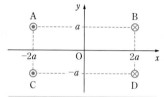

記号◉は紙面裏より表の向きの電流
記号⊗は紙面表より裏の向きの電流

考え方 (1) 右ねじの法則より磁場ベクトル $\overrightarrow{H_A}$，$\overrightarrow{H_B}$，$\overrightarrow{H_C}$，$\overrightarrow{H_D}$ を作図し，ベクトル和 $\overrightarrow{H}$ を求める（→ **CHART 50**─✿Point）。磁場の強さはすべて等しい。

(2) (1)の H が地磁気の水平成分に等しければ，これを打ち消すことができる。

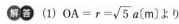

解答 (1) $OA = r = \sqrt{5}\,a$〔m〕より

$$H_A = \frac{I}{2\pi r} = \frac{I}{2\sqrt{5}\,\pi a} \text{〔A/m〕}$$

$\overrightarrow{H_A} \sim \overrightarrow{H_D}$ の x 成分は打ち消しあうので，合成磁場は y 成分の和となる。

x 軸と $\overrightarrow{H_A}$ のなす角を θ とすると，図a，bより

$$H = (H_A \sin\theta) \times 4 = \frac{4I}{5\pi a} \text{(A/m)}$$

$$\left(\text{ただし} \quad \sin\theta = \frac{2a}{\sqrt{5}\,a} = \frac{2}{\sqrt{5}}\right)$$

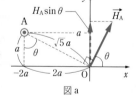

図 a

(2) $H_0 = 30$A/m より $\quad \dfrac{4I}{5\pi a} = 30$

ゆえに $\quad I = \dfrac{5\pi a \times 30}{4} \fallingdotseq \mathbf{1 \times 10^2 A}$

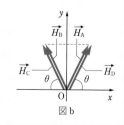

図 b

電流が磁場から受ける力

A 直線電流が受ける力

図4−82(a)のように，直線電流をはさむように磁石を置くと，磁石のN極，S極は電流がつくる磁場により図の左向きに力を受ける。一方，導線はその反作用として，右向きに力を受ける。これは，電流が磁石の磁場から力を受けると解釈することもできる。

電流が磁場から力を受ける現象は，次のように説明できる。同図(b)のように，磁石の磁場と電流がつくる磁場は，導線の左側で同じ向きとなり，右側では反対向きとなる。このため，左側では磁場が強められ，右側では弱められる。したがって，これら2つの磁場の合成磁場は同図(c)のようになり，磁場は互いに反発して元にもどろうとするから，導線は強い磁場の左側から弱い磁場の右側の向きに力を受ける。

直線電流が磁場から受ける力の向きは，電流や磁場の向きに対し垂直となっている（図4−83(a)）。これを

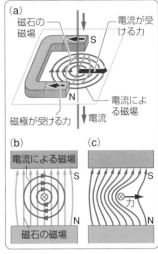

▲ 図4-82 電流が磁場から受ける力

表現するのに次の2つの方法があり，どちらの方法で表現してもよいが，一般的には②が多く用いられる。

①電流の向きから磁場の向きに右ねじを回すとき，ねじの進む向きが力の向きとなる。

②左手の3本の指を互いに直角に開き，中指を電流，人差し指を磁場の向きに合わせると，親指が力の向きに対応するようになる。これを **フレミングの左手の法則** という。

磁場の強さ H〔A/m〕の一様な磁場中，磁場と垂直な方向に置かれた長さ l〔m〕の導線に電流 I〔A〕が流れるとする。この導線にはたらく力 F〔N〕は，H，I，l に比例する。すなわち，比例定数を μ とすると，次の式が成りたつ。

$$F = \mu IHl \qquad (4\cdot78)$$

磁場 H と導線の方向が角 θ をなす場合は，電流 I を，その磁場に垂直な成分 $I' = I\sin\theta$ に置き換えて考える（同図(b)）。

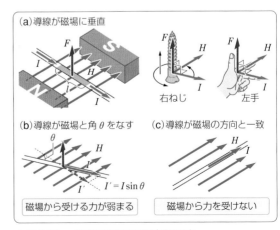

▲ 図4-83 一様な磁場内で電流が受ける力

すなわち

$$F = \mu I H l \sin\theta \qquad (4\cdot79)$$

(4・79)式から，導線にはたらく力は，導線が磁場に垂直な場合($\sin\theta = 1$)に最も強く，平行な場合($\sin\theta = 0$)には 0 になることがわかる(同図(c))。

比例定数 μ〔N/A²〕は導線のまわりの物質の種類によって決まる値で，**透磁率**という。真空の透磁率 μ_0 は

$$\mu_0 = 4\pi \times 10^{-7}\,\text{N/A}^2$$
$$\fallingdotseq 1.26 \times 10^{-6}\,\text{N/A}^2 \qquad (4\cdot80)$$

で，空気の透磁率もほぼ同じ値になる。また，ある物質の透磁率 μ の代わりに μ_0 を基準にした**比透磁率** μ_r もよく使用される(表4−6)。

すなわち

$$\mu_r = \frac{\mu}{\mu_0} \qquad (4\cdot81)$$

μ または μ_r の大きい物質は磁場内で磁気を帯び(磁化され)，磁石のはたらきをする(強磁性体，→ p.357)。

▼ 表4-6 比透磁率
常磁性体と反磁性体の比透磁率は 1 として計算することが多い。
※は最大比透磁率。

種類	物質	比透磁率
常磁性体	アルミニウム(20℃)	1.000021
	空気(20℃)	1.00000036
反磁性体	水(20℃)	0.999991
	銅(20℃)	0.999990
強磁性体	鉄	8000※
	方向性ケイ素鋼	40000※
	スーパーマロイ	6000000※

B 磁束密度(じそく)

(4・79)式より，電流が磁場から受ける力は透磁率 μ に比例するので，その力の大きさは，同じ磁場，同じ電流でも，まわりの物質により異なってくる。このため，まわりの物質の影響も含めて磁場のようすを表すには，磁場と透磁率の積 $\mu H = B$ を使用すると便利である。B を**磁束密度**といい，磁場と同じ向きをもつベクトル量とする。すなわち

$$\vec{B} = \mu \vec{H} \qquad (4\cdot82)$$

磁束密度の単位には**テスラ**(記号 **T**)を用いる。

電流が磁場から受ける力((4・79)式)は，磁束密度を用いると次のように表される。

$$F = IBl\sin\theta \qquad (4\cdot83)$$

(4・83)式より，B の単位は N/(A・m)とも表される。

一方，A/m = N/Wb(→ p.358)だから N/(A・m) = $\dfrac{\text{N/m}^2}{\text{A/m}} = \dfrac{\text{N/m}^2}{\text{N/Wb}}$ = Wb/m² となる。

磁束密度の単位：T = N/(A・m) = Wb/m² $\qquad (4\cdot84)$

(4・73)〜(4・76)式より，電流がつくる磁束密度は次のように表される。

直線電流がつくる磁場の磁束密度 $\qquad B = \dfrac{\mu I}{2\pi r} \qquad (4\cdot85)$

円形電流が中心につくる磁場の磁束密度 $\qquad B = \dfrac{\mu I}{2r} \qquad (4\cdot86)$

ソレノイドが内部につくる磁場の磁束密度 $\qquad B = \mu n I \qquad (4\cdot87)$

磁力線を用いて磁場を表現したように(→ p.355)，磁束密度 $\vec{B}$ も曲線と矢印で表現することができる。これを**磁束線**という。磁力線と同様，磁束線は，$\vec{B}$ に垂直な断面を通る

本数が$1\,\mathrm{m}^2$当たりB本となるように，$\vec{B}$の方向に引く。よって，一様な磁場の場合は，磁束線に垂直な面積$S\,[\mathrm{m}^2]$の平面を通過する磁束線の数$\boldsymbol{\Phi}$(ファイ)は次のようになる。

$$\Phi = BS \tag{4・88}$$

Φを**磁束**という(図4-84)。磁束の単位は磁気量と同じWbとなる。

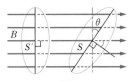

▲ 図4-84　磁束

磁束線と面が垂直でない面積Sの平面での磁束Φは，磁束線と垂直になる方向の平面上に，その面を投影した面積S'を用いて$\Phi = BS' = BS\cos\theta$となる。

磁束と磁気量が同じ単位(Wb)となることから，磁極から出る(または磁極に入る)磁束の数で，その磁極のもつ磁気量を表現できることがわかる。

参考 電磁石

コイル内部に鉄心など比透磁率μ_rの大きい強磁性体を入れて電流を流すと，コイル内の磁束密度B($= \mu_\mathrm{r}\mu_0 nI$)は，鉄心がない場合の磁束密度B_0($= \mu_0 nI$)に比べてたいへん大きくなる。そのためコイルの端近くに生じる外部の磁場$H(= \mu_\mathrm{r} nI)$は著しく強くなる。

電磁石はこれを利用し，鉄心を曲げ両端の磁極間をせまくし，間に強力な磁場をつくる装置である。

電磁石は，鉄スクラップなどを移動するための建設機械などに利用されている。

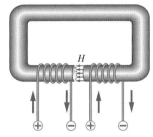

▲ 図4-85　電磁石の原理

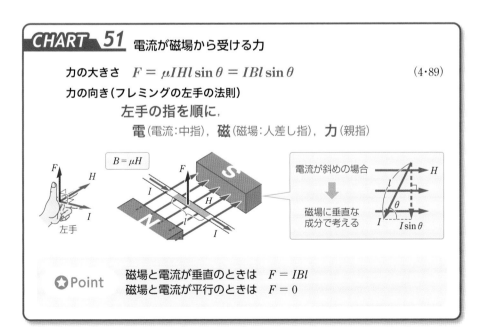

CHART 51　電流が磁場から受ける力

力の大きさ　$F = \mu IHl \sin\theta = IBl \sin\theta$ 　　(4・89)

力の向き(フレミングの左手の法則)

左手の指を順に，

電(電流:中指)，**磁**(磁場:人差し指)，**力**(親指)

$B = \mu H$

左手

電流が斜めの場合

↓

磁場に垂直な成分で考える

$I\sin\theta$

⭐**Point**　磁場と電流が垂直のときは　$F = IBl$
　　　　　　磁場と電流が平行のときは　$F = 0$

CHART 51 ★Point

電流が磁場から受ける力は，電流の大きさや磁場の強さが同じでも，磁場と電流のなす角 θ によって変わる。垂直のときに最大となり，平行のときには 0 となる。ただし，θ が変わっても，力の向きは垂直の場合と同じなので注意しよう。

電流と磁場との角度の関係は，稲刈りでの鎌と稲の関係に似ている。稲と平行に鎌を入れても，空を切るだけで，鎌は稲から力を受けることはない。電流が磁場から受ける力は，稲刈りのイメージで感覚的に覚えておくとよいだろう。

この考えは，ローレンツ力（→ p.369）や，電磁誘導の法則（→ p.379）などにも当てはまり，役立つことと思う。

問題学習 …… 148

図のように，辺の長さ a, b〔m〕の 1 回巻きのコイルがある。これに電流 I〔A〕を流し，磁束密度 B〔T〕の一様な磁場中に，コイルの中心軸 OO′ が磁場の方向に垂直で，コイルの面が磁場の方向と角 α をなすように置いた。

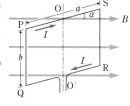 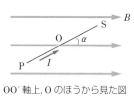

OO′ 軸上，O のほうから見た図

(1) 辺 PQ が磁場から受ける力 F_{PQ}〔N〕の大きさを求めよ。

(2) コイルが磁場から受ける偶力のモーメント M〔N·m〕の大きさを求めよ。
また，この偶力のモーメントのはたらきは，軸 OO′ のまわりを O のほうから見て，時計回り，反時計回りのどちらか。

(3) 磁場から辺 PS にはたらく力 F_{PS} と，辺 QR にはたらく力 F_{QR} は，互いに打ち消しあっている。力 F_{PS}〔N〕の大きさと向きを求めよ。

考え方 (1) $F = IBl\sin\theta$ を利用する。磁場と電流が垂直なので F は最大値 IBl である（→ CHART 51 — ★Point）。

(2) （偶力のモーメント）＝（力）×（偶力の作用線間の距離）

(3) 磁場に垂直な電流の成分に着目して，フレミングの左手の法則を用い，力の向きを見つける。

解答 (1) 磁場と辺 PQ が垂直（$\theta = 90°$）であるから
$$F_{PQ} = IBb\,\textbf{(N)}$$

(2) 偶力 F_{PQ}, F_{SR} の作用線間の距離は，図より，
$$l = a\cos\alpha\,\text{〔m〕}\text{であるから}$$
$$M = F_{PQ}\cdot l = IBab\cos\alpha\,\textbf{(N·m)}$$
図より，偶力のモーメントは **時計回り**

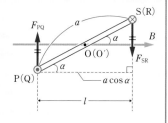

(3) 磁場と辺 PS のなす角が α であるから
$$F_{PS} = IBa\sin\alpha\,\textbf{(N)}$$
力 F_{PS} の向きは，フレミングの左手の法則より **O → O′ の向き**。

2本の平行な長い導線の一方に I_1〔A〕, 他方に I_2〔A〕の電流を流すと, それぞれの導線は他方の電流によってつくられる磁場内にあるため, 力を及ぼしあう。平行な導線間の距離が r〔m〕のときの, 互いの長さ l〔m〕の部分にはたらく力の大きさ F〔N〕と, その向きは次のようになる。

(1) **同じ向きに流れる平行電流の場合**(図4−86(a)) 電流 I_1 によって I_2 上につくられる磁場の磁束密度 B_1〔T〕は, (4・85)式より $B_1 = \dfrac{\mu I_1}{2\pi r}$ である。その向きは, 右ねじの法則より, 図のように定まる。この磁場によって電流 I_2 が受ける力の向きは, フレミングの左手の法則より求められ, 図のように I_1 への向きとなる。また, その力の大きさ F〔N〕は次の式のようになる。

$$F = I_2 B_1 l = I_2 \cdot \frac{\mu I_1}{2\pi r} \cdot l = \frac{\mu I_1 I_2}{2\pi r} l \tag{4・90}$$

電流 I_1 が I_2 から受ける力も同じ大きさとなり, その向きはやはり I_2 への向きとなる。よって, 2つの導線には互いに引きあう力(引力)がはたらく。

(2) **反対向きに流れる平行電流の場合**(同図(b)) 電流 I_1 によって I_2 上につくられる磁束密度 B_1〔T〕は(1)の場合と同じであるが, 電流が逆向きであるため, 電流 I_2 の導線にはたらく力は I_1 への向きと反対向きになる。電流 I_1 にはたらく力も同様であり, 2つの導線には互いに反発しあう力(斥力)がはたらく。また, その力の大きさは, (4・90)式に等しい。

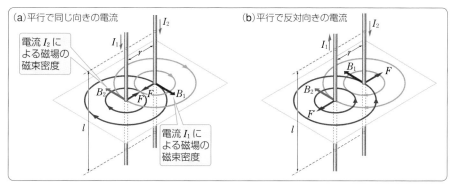

▲ 図4-86 平行電流が及ぼしあう力

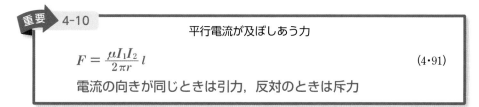

重要 4-10

平行電流が及ぼしあう力

$$F = \frac{\mu I_1 I_2}{2\pi r} l \tag{4・91}$$

電流の向きが同じときは引力, 反対のときは斥力

　かつて，電流の大きさの単位 A は，平行電流の間にはたらく力の大きさをもとに定義されていたが，現在は，電気素量の値を正確に $1.602176634 \times 10^{-19}$C と定めることで設定される($\to$ *p.492*)。

　電気素量の値を正確に決めることによって 1C の大きさが決まり，324 ページで述べたように「1A は 1 秒間に 1C の電気量を運ぶ電流」と決められるのである。また，直線電流のまわりに生じる磁場の強さ $H = \dfrac{I}{2\pi r}$（(4·73)式）から，磁気に関する諸単位も決められる。

　長さ・質量・時間の単位を m·kg·s とし，これら 3 つの基本単位を組み合わせてつくった一連の単位系を **MKS 単位系** といい，これに電流の基本単位として A を加えたものを **MKSA 単位系** という。さらに，温度の単位 K，物質の量を表す物質量の単位 mol，光源の明るさを表す光度の単位 cd(カンデラ)を加えた 7 つの基本単位からなる単位系を **国際単位系(SI)** といい，自然科学をはじめ多くの分野で用いられている。

📖 問題学習 ····· 149

図で，CD は紙面内にある十分長い直線状の導線で，矢印の向きに I_1 の電流が流れている。長方形 PQRS は同じ紙面内にある導線の回路で，PQ と CD が平行になるように置かれており，矢印の向きに I_2 の電流が流れている。PQ $= a$，QR $= b$，PQ と CD の距離を r とし，透磁率を μ とする。

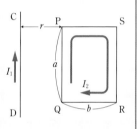

(1) PQ の部分が直線電流 CD から受ける力の大きさ F_{PQ} と向きを求めよ。

(2) RS の部分が直線電流 CD から受ける力の大きさ F_{RS} と向きを求めよ。

(3) PS と QR の部分が受ける力は互いに打ち消しあう。このことを利用して，PQRS 全体にはたらく力の大きさ F と向きを求めよ。

解答 (1) (4·91)式より　$F_{PQ} = \dfrac{\mu I_1 I_2}{2\pi r} a$

PQ での電流は I_1 と同じ向きだから，力の向きは **左向き**(引力)になる。

(2) CD と RS の距離は $r + b$ であるから

$$F_{RS} = \dfrac{\mu I_1 I_2}{2\pi(r + b)} a$$

RS での電流は I_1 と反対向きだから，力の向きは **右向き**(斥力)になる。

(3) $F = F_{PQ} - F_{RS}$

$$= \dfrac{\mu I_1 I_2}{2\pi r} a - \dfrac{\mu I_1 I_2}{2\pi(r + b)} a = \dfrac{\mu I_1 I_2 ab}{2\pi r(r + b)}$$

左向き

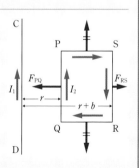

A ローレンツ力

前節で述べたように，磁場の中に置かれた導線に流れる電流は磁場から力を受ける。実際には電流は電子の流れであるから，電流が受ける力は，動いている電子が受ける力の総和であると考えることもできる。

一般に，電子に限らず荷電粒子が磁場の中を動くと，荷電粒子は磁場から力を受ける。この力を **ローレンツ力** という。

図4-87のように，磁束密度B〔T〕の磁場中に，垂直に置かれた長さl〔m〕の導線abに電流I〔A〕を流したときにはたらく力を考える。導線が磁場から受ける力の大きさF〔N〕は，(4・89)式より

$$F = IBl \qquad \cdots\cdots ①$$

と与えられる。一方，導線内部にある自由電子の電気量を$-e$〔C〕，平均の速さをv〔m/s〕，導線$1\,m^3$当たりの自由電子の数をn〔/m^3〕，導線の断面積をS〔m^2〕とすると，(4・50)式より

$$I = envS \qquad \cdots\cdots ②$$

が成りたつ。電子1個当たりにはたらくローレンツ力の大きさをf〔N〕とすると，F

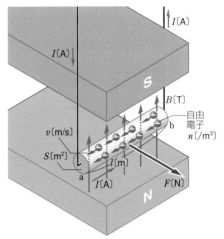

▲ 図4-87 ローレンツ力

〔N〕は導線ab中にあるnSl個の自由電子が受けるローレンツ力の合計であるから

$$f = \frac{F}{nSl} \qquad\qquad\qquad\qquad\qquad\qquad\qquad\qquad \cdots\cdots ③$$

①，②式を③式に代入すると次の式が得られる。

$$f = \frac{IBl}{nSl} = \frac{envSBl}{nSl} = evB \qquad\qquad\qquad (4\cdot92)$$

一般に，電気量q〔C〕をもつ粒子が，磁束密度B〔T〕の磁場内をこれと垂直の方向に速さv〔m/s〕で運動するとき，この荷電粒子の受けるローレンツ力の大きさf〔N〕は，次の式で表される。

$$\boldsymbol{f = qvB} \qquad\qquad\qquad\qquad\qquad\qquad (4\cdot93)$$

また，粒子の速度と磁場の方向が角度θをなす場合は，電流が磁場から受ける力の場合（→ $p.363$）と同様，磁場と垂直な速度の成分$v\sin\theta$を用いて次のようになる。

$$\boldsymbol{f = qvB\sin\theta} \qquad\qquad\qquad\qquad\qquad (4\cdot94)$$

(4・94)式から，ローレンツ力は，荷電粒子の運動方向が磁場に垂直な場合（$\sin\theta = 1$）に最も強く，平行な場合（$\sin\theta = 0$）には0になることがわかる。

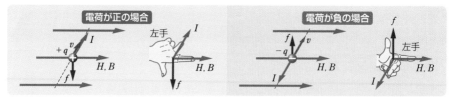

▲ 図4-88　ローレンツ力の向き

　また，ローレンツ力のはたらく向きは，正電荷の運動の向きを電流の向きと考えて，フレミングの左手の法則（→p.363）にしたがって決めることができる（図4-88）。電荷が負の場合は，電流が反対向きに流れていると考えるので，ローレンツ力のはたらく向きは正電荷のときと反対向きになる。

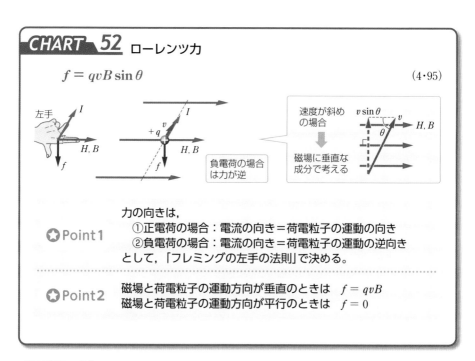

CHART 52　ローレンツ力

$$f = qvB \sin \theta \qquad\qquad (4\cdot95)$$

速度が斜めの場合
↓
磁場に垂直な成分で考える

負電荷の場合は力が逆

力の向きは，
　⭐Point1　①正電荷の場合：電流の向き＝荷電粒子の運動の向き
　　　　　②負電荷の場合：電流の向き＝荷電粒子の運動の逆向き
として，「フレミングの左手の法則」で決める。

　⭐Point2　磁場と荷電粒子の運動方向が垂直のときは　$f = qvB$
　　　　　磁場と荷電粒子の運動方向が平行のときは　$f = 0$

CHART 52 ⭐Point1

　ローレンツ力の向きは，荷電粒子の運動を電流に置きかえて考えれば，フレミングの左手の法則を適用して求めることができる。

　その際，正電荷の場合はその進む向きを電流の向きと考え，負電荷の場合はその進む向きの反対を電流の向きと考えればよい。

CHART 52 ⭐Point2

　ローレンツ力の大きさfも「電流が磁場から受ける力」と同様に，磁場に対する荷電粒子の入射角θによっても変わり，この場合も「稲刈りのイメージ」（→p.365，**CHART 51**ー⭐Point）が役に立つ。つまり，$\theta = 0°$で$f = 0$，$\theta = 90°$で$f = qvB$（最大）となる。

次の図(a)〜(d)それぞれの場合について，原点Oにある正電荷 $+q$ あるいは負電荷 $-q$ が磁場から受けるローレンツ力の大きさ f と向きを求めよ。ただし，$\vec{B}$ は磁束密度を表し，$\vec{v}$ は電荷の速度を表す。

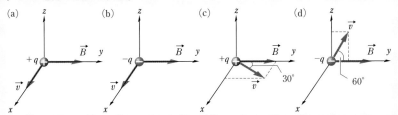

考え方▶ 電流の向きを，$+q$ の場合は $\vec{v}$ の向きにとり，$-q$ の場合は $\vec{v}$ と反対の向きにとって，フレミングの左手の法則を適用する（→ **CHART 52**—❶Point1）。また，$\vec{v}$ と $\vec{B}$ が角度 θ をなしているときは，磁場に垂直な速度の成分 $v\sin\theta$ を用いて考える。

解答 (a) $\theta = 90°$ より　(b) $\theta = 90°$ より　(c) $\theta = 30°$ より　(d) $\theta = 60°$ より

$f = qvB$　　　　　$f = qvB$　　　　　$f = qvB\sin 30°$　　　$f = qvB\sin 60°$

向きは　　　　　向きは　　　　　$= \dfrac{1}{2}qvB$　　　$= \dfrac{\sqrt{3}}{2}qvB$

z 軸の正の向き　**z 軸の負の向き**　向きは　　　　　向きは

　　　　　　　　　　　　　　　　z 軸の正の向き　**x 軸の正の向き**

B　一様な磁場内の荷電粒子の運動

1 垂直に入射した荷電粒子　図4-89のように，磁束密度 B〔T〕の一様な磁場内へ，質量 m〔kg〕，電気量 q〔C〕（> 0）の荷電粒子が，磁場に垂直に速さ v〔m/s〕で入射したときの粒子の運動を考える。

　この荷電粒子にはローレンツ力 $f = qvB$〔N〕がはたらく。この力 f は常に速度に垂直にはたらき，粒子に仕事をしないので，粒子の速さを変えずに向きだけを変える。粒子の速さ v が一定に保たれるから，ローレンツ力の大きさも常に一定に保たれる。このため，ローレンツ力が向心力の役目をして，この粒子は等速円運動をする。

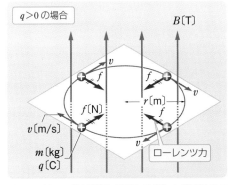

▲ 図4-89　一様な磁場に垂直に入射した荷電粒子の運動（$q > 0$ の場合）

円運動の半径を $r\text{〔m〕}$ とすると，円運動の運動方程式は

$$m\frac{v^2}{r} = f = qvB$$

であるから，r は次のように表される。

$$r = \frac{mv}{qB} \qquad (4\cdot96)$$

また，この等速円運動の周期 $T\text{〔s〕}$ は，次のようになる。

$$T = \frac{2\pi r}{v} = \frac{2\pi m}{qB} \qquad (4\cdot97)$$

(4・97)式から，等速円運動の回転周期は粒子の速さによらないこと，また，**比電荷**（→ $p.419$）$\dfrac{q}{m}\text{〔C/kg〕}$ が等しい粒子は同じ周期で円運動することがわかる。

荷電粒子の電気量が負（$q < 0$）の場合も，ローレンツ力は粒子の速度および磁場と垂直であるから，粒子はやはり等速円運動をする。円運動の半径，周期は電気量が正の場合と同じであるが，円運動の回転の向きは逆になる。

2 斜めに入射した荷電粒子　図 4−90 のように，磁束密度 $B\text{〔T〕}$ の一様な磁場内へ，質量 $m\text{〔kg〕}$，電気量 $q\text{〔C〕}$（> 0）の荷電粒子が，磁場と角 θ をなす向きに速さ $v\text{〔m/s〕}$ で入射した場合の粒子の運動を考える。

この入射速度を，磁場に平行な成分 $v\cos\theta$ と，磁場に垂直な成分 $v\sin\theta$ とに分解して考える。磁場に平行な方向には力がはたらかないから，粒子はこの方向には速さ $v\cos\theta$ の等速直線運動をする。一方，磁場に垂直な方向には大きさ $qvB\sin\theta$ のローレンツ力がはたらき，この力が向心力となって等速円運動を行う。円運動の半径を $r\text{〔m〕}$ とすると

$$m\frac{(v\sin\theta)^2}{r} = qvB\sin\theta \quad \text{より}$$

$$r = \frac{mv\sin\theta}{qB} \qquad (4\cdot98)$$

また，円運動の周期 $T\text{〔s〕}$ は

$$T = \frac{2\pi r}{v\sin\theta} = \frac{2\pi m}{qB} \qquad (4\cdot99)$$

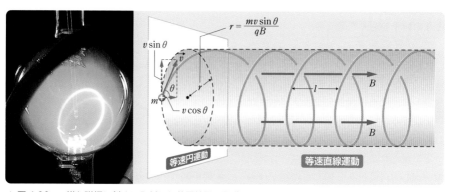

▲図 4-90　一様な磁場に斜めに入射した荷電粒子の運動

と求められ，磁場に垂直に入射した場合と同じ値になる。

1回転する間に，粒子は磁場の向きに

$$l = v \cos \theta \cdot T = \frac{2\pi m v \cos \theta}{qB} \tag{4·100}$$

だけ進む。

この距離 l〔m〕を **ピッチ** という。

これらの2つの運動を合成すると，粒子は図4−90に示すようならせん運動をしながら，磁場の向きに進んでいくような軌道を描くことになる。

また，(4·96)，(4·98)式から，円運動の半径は磁場が強いほど小さく，速さが小さいほど小さいことがわかる。

参考 **オーロラ**

太陽などで加速された荷電粒子は，大気圏外から地球の極付近に飛来する際，地球の磁場によってらせん運動をする。このとき，荷電粒子と衝突した空気の分子が発光し，オーロラとして観測される。

オーロラは惑星に磁場と大気が存在していることの証拠である。水星には磁場はあるが，大気がきわめて希薄なためオーロラは起こらない。

▲ 図4-91　オーロラ

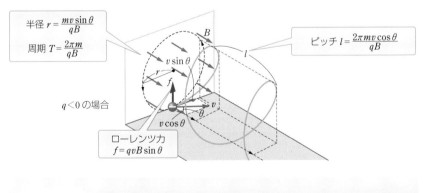

CHART 53　一様な磁場内の荷電粒子の運動

磁場に平行な方向・垂直な方向に分けて考える
　磁場に平行：等速直線運動
　磁場に垂直：「向心力＝ローレンツ力」の等速円運動

半径 $r = \dfrac{mv \sin \theta}{qB}$

周期 $T = \dfrac{2\pi m}{qB}$

ピッチ $l = \dfrac{2\pi m v \cos \theta}{qB}$

$q < 0$ の場合

$v \sin \theta$

ローレンツ力
$f = qvB \sin \theta$

$v \cos \theta$

知っていると 便利　**等速円運動の周期は，荷電粒子の速度の大きさ・向きに無関係。**

CHART 53 😊 知っていると便利

　一様な磁場内での荷電粒子の等速円運動の周期は，粒子の比電荷 $\dfrac{q}{m}$ と磁場の磁束密度 B で決まり，粒子の速さ v によらない。サイクロトロン（→ p.376）はこの原理を利用して，粒子を加速している。この装置は，粒子が速くなると軌道半径が大きくなるが，磁場の強さと加速電圧の周波数を変化させて，軌道半径を一定に保ちながら加速するシンクロトロンなどの加速器（→ p.376）も使われる。

📖 **問題学習 …… 151**

質量 m〔kg〕，電荷 $-q$〔C〕の荷電粒子 P の，一様な磁場内での運動を考える。重力の影響は無視する。図 1 のように，z 軸の正の向きに磁束密度 B〔T〕の磁場を加えておく。P は，yz 面内で y 軸と $30°$ の角をなし，速さ v〔m/s〕で原点 O に入射し，その後，z 方向の等速直線運動と xy 面内の等速円運動からなるらせん運動をして，z 軸上の $z = a$〔m〕の点 A を通過した。

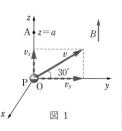
図 1

(1) 原点 O に入射した直後の，P の速度の y 成分 v_y〔m/s〕と z 成分 v_z〔m/s〕を求めよ。

(2) P が O に入射した直後に，P が磁場から受ける力の大きさ f〔N〕とその向きを求めよ。

(3) z 軸の正側から見た場合の，P の円軌道の概形を図 2 に記し，移動する向きに矢印をつけよ。

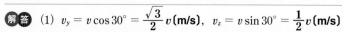
図 2

(4) P の円運動の半径 r〔m〕と周期 T〔s〕を求めよ。

(5) 原点 O から点 A までの間の，P の円運動の回数 n を求めよ。

考え方 (2) P は負電荷だから，v_y と逆向きが電流の向きとなる（→ **CHART 52** 💡Point1）。

(5) 距離 a がピッチ l（1 回転の間に z 方向に進む距離）の何倍かを考える。

解答 (1) $v_y = v\cos 30° = \dfrac{\sqrt{3}}{2}v$ **(m/s)**, $v_z = v\sin 30° = \dfrac{1}{2}v$ **(m/s)**

(2), (3) 磁場に垂直な速度成分は v_y であるから

$$f = qv_yB = \dfrac{\sqrt{3}}{2}qvB \text{(N)}$$

力 f の向きは **x 軸の負の向き**。円軌道の概形は **右図**（点 C は円軌道の中心）。

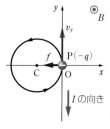

(4) 円運動の運動方程式より　$m\dfrac{v_y^2}{r} = f(= qv_yB)$

ゆえに　$r = \dfrac{mv_y}{qB} = \dfrac{\sqrt{3}}{2}\dfrac{mv}{qB}$ **(m)**, $T = \dfrac{2\pi r}{v_y} = \dfrac{2\pi m}{qB}$**(s)**

(5) ピッチ $l = v_z T$　より　$n = \dfrac{a}{l} = \dfrac{a}{v_z T} = \dfrac{qBa}{\pi mv}$**(回)**

C ホール効果

図 4−92(a)のように，y 軸の正の向きに電流 I〔A〕が流れている薄い物体に，z 軸の正の向きの磁場（磁束密度 B〔T〕）を加えると，x 軸方向に電位差が生じる。これは，電流を担う荷電粒子（**キャリア** という）にローレンツ力 f がはたらき（同図(b)），運動の方向が曲げられ，キャリアが電流と磁場とに垂直な方向に集められるからである。この現象を **ホール効果** という。ホール効果により，導体中のキャリアの速さ v〔m/s〕や密度 n〔/m³〕（1m³ 当たりのキャリアの数）などを知ることができる。

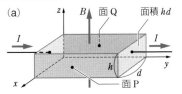

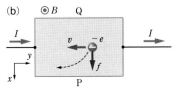

幅 d〔m〕，厚さ h〔m〕（断面積 $S = hd$〔m²〕）の薄片を考える。

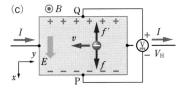

(1) **キャリアが電子の場合**（同図(b)，(c)） 導体や n 型半導体（→ p.348）の中を速さ v〔m/s〕で y 軸の負の向きに動いている電子（電気量 $-e$〔C〕）は，x 軸の正の向きにローレンツ力 f を受け面 P に集まる。これは，磁場を加えると瞬時に起こる。これより，面 P は負に，面 Q は自由電子が不足して正に帯電し，導体中に x 軸の正の向きの電場 E〔V/m〕ができる。ローレンツ力 f と電子が電場から受ける力 f' とがつりあうと，電子はま

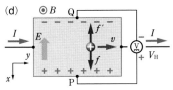

▲ 図 4-92　ホール効果

っすぐ進むようになる。このとき，$f = f'$，$f = evB$，$f' = eE$ より　$E = vB$
よって，PQ 間の電位差（**ホール電圧** という）V_H〔V〕は

$$V_H = Ed = vBd \qquad (4\cdot101)$$

したがって，V_H，B，d を測定することにより，(4・101)式から v が求められる。

さらに，(4・50)式から $I = envS = env \times hd$ より　$v = \dfrac{I}{enhd}$　であるから

$$V_H = vBd = \frac{IB}{enh} \qquad (4\cdot102)$$

したがって，I，B，V_H，h を測定することにより，(4・102)式から n が求められる。

(2) **キャリアが正電荷の場合**（同図(d)） p 型半導体（→ p.349）のように，正電気をもったホール（正孔）がキャリアとなる場合である。ローレンツ力 f の向きは，負電荷の場合と同じであるが，ホール電圧 V_H の向きは反対の，面 P が正，面 Q が負となる。つまり，両側面の正負の違いにより，キャリアの電荷の正負がわかる。

参考　銅の場合，測定値 $h = 0.10$mm，$I = 1.0$A，$B = 2.0$T，$V_H = 1.2$μV より

$$n = \frac{IB}{ehV_H} = \frac{1.0 \times 2.0}{1.6 \times 10^{-19} \times 1.0 \times 10^{-4} \times 1.2 \times 10^{-6}} \fallingdotseq 1.0 \times 10^{29}/\text{m}^3$$

　原子核反応などの大型実験などに必要な，高速の粒子を生成する**加速器**の一つに，ローレンツ力を用いた**サイクロトロン**とよばれるものがある。

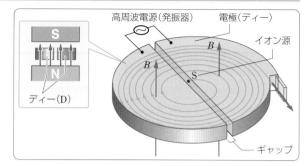

　図4-93のように，2つの半円形の電極(**ディー，D**)を互いに向きあわせ，これらを高周波発振器に接

▲ 図4-93　サイクロトロンの原理

続し，半円の面に垂直に磁場を与える。円の中心部に置かれたイオン源からイオンを発生させると，イオンは電極間(ギャップ)の電場によって加速される。加速されたイオンは磁場によるローレンツ力を受けるので，電極内で円軌道を描き再びギャップにもどってくる。このとき，左右の電極の電位が逆転するように，発振器の周波数(→ p.389)を調整しておくと，イオンはギャップ間でさらに加速されるようになる。このようにして，イオンはギャップを通過するたびに加速され，大きなエネルギーをもつようになる。

　イオンの円運動の周期は速さによらないから(→ p.372)，イオンがギャップを通る周期も一定となり，したがって発振器の周波数は一定値のままでよい。一方，円運動の半径は速さに比例するため((4・96)式)，イオンのエネルギー増大(速さの増大)とともに，円運動の半径が大きくなっていく。よって，イオンの軌道は図のような渦巻き状になる。

　イオンのエネルギーが大きくなりすぎると，相対性理論(→ p.466)の効果により周期が変わってしまったり，イオンが電磁波(→ p.411)を放出してエネルギーを失ったりするため，サイクロトロンによる加速には限界がある。

　サイクロトロン以外には，次のような種々の加速器が使用される。

(1) **シンクロトロン**　円運動の半径が一定になるように，磁場の強さや加速電圧の周波数を変化させて粒子を加速する加速器。荷電粒子の運動半径が一定のため，全体の形は環状(ドーナツ型)となっている(図4-94)。

▲ 図4-94　シンクロトロンのある高エネルギー加速器研究機構(KEK)

(2) **シンクロサイクロトロン**　磁場の強さを一定にしておいて，加速電圧の周波数のみを変化させて粒子を加速する加速器。

(3) **ベータトロン**(→ p.387)　電磁石による磁場で荷電粒子の運動方向を変えると同時に，磁束を時間的に変えて誘導起電力(次ページ参照)を生じさせ，粒子を加速する加速器。主として，電子の加速に利用される。

第4章

電磁誘導と電磁波

1 電磁誘導の法則   4 交流回路
2 交流の発生   5 電磁波
3 自己誘導と相互誘導

---

1 電磁誘導の法則

A 電磁誘導

　第3章で述べたとおり，静電気と磁気はよく似た性質をもつ。したがって，電流が磁場をつくる（→ p.358）のであれば，その逆に，磁場が電流をつくることが予想される。

　ファラデーは1831年に，コイルに棒磁石を入れたり，出したりすると，コイルに接続した回路に電流が流れ，コイルの両端に起電力が生じることを発見した（図4−95(a)）。この現象を **電磁誘導** といい，コイルに生じた起電力を **誘導起電力**，回路に流れる電流を **誘導電流** という。磁石を固定し，コイルの面を磁石の磁極に近づけたり，遠ざけたりしてもこの現象が現れることから（同図(b)），電磁誘導はコイルと磁石の相対運動によるものと考えられる。コイルも磁石も動かさなければ誘導起電力は生じないし，回路に誘導電流も流れない。この事実から

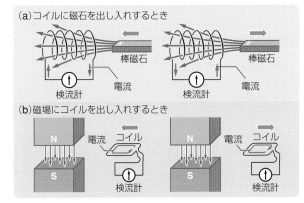

(a) コイルに磁石を出し入れするとき

棒磁石　棒磁石
検流計　電流　検流計　電流

(b) 磁場にコイルを出し入れするとき

N　電流　コイル　N　電流　コイル
S　検流計　S　検流計

▲ 図4-95　電磁誘導の現象と誘導電流の向き

　　電磁誘導の現象は，コイルを貫く磁場（磁束）に変化があったときのみに起きる。

と考えられる。

図4-96のように，棒磁石をコイルの面に近づけたり遠ざけたりする場合の，回路に流れる誘導電流の向き（コイルに生じる誘導起電力の向き）は，次のようになる。

①のようにコイルにN極を近づけると，コイルを図の右向きに貫く磁束が増加する。このときコイルは，磁束の増加を妨げるような向きに電流を流そうとする。図では左向きの磁場をつくればよいから，右ねじの法則（→ *p.*358）より，電流はコイルの左側から入り右側に出るような向きに流れる。

これは，外部に対して，電流を流し出すコイルの右端が電池の正極に，電流が流れこむ左端が負極に対応していることになる。

一方，②のようにN極をコイルから遠ざけるときは，コイルを貫く右向きの磁束が減少することになる。よって，誘導電流はこれを減らさないように，つまり，①とは逆向きに流れる。

棒磁石のS極を近づける場合も（③），遠ざける場合も（④），N極のときと同じように棒磁石からの磁束の増加，または減少を妨げる向きに誘導電流が流れる。

以上をまとめると次のようになる。

コイルを貫く磁束が外から変化を受けると，その変化を打ち消すような
向きに誘導起電力が生じる。

これを **レンツの法則** という。

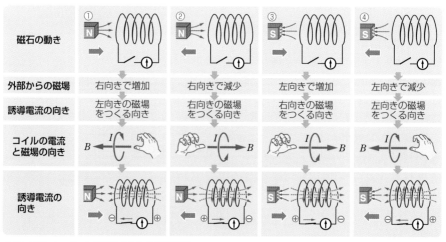

▲ 図4-96 コイル内の磁場の変化と誘導電流

C ファラデーの電磁誘導の法則

図4-96のように，棒磁石をコイルに近づけたり遠ざけたりするとき，磁石の磁場が強いほど，また，その近づける速さが大きいほど，大きな誘導起電力が生じることが知られている。

ファラデーは，誘導起電力の大きさはコイル
を貫く磁束の時間的変化に等しくなることを発
見した。つまり，1巻きのコイルを通る磁束の，
Δt〔s〕間での増加分を$\Delta\Phi$〔Wb〕とし，図4−97
のように，$\Delta\Phi$を増す向きを起電力の正の向き
にとると，回路に生じる誘導起電力V〔V〕は次
のようになる。

$$V = -\frac{\Delta\Phi}{\Delta t} \qquad (4\cdot103)$$

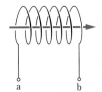

▲ 図4-97　誘導起電力とその正負

N回巻きのコイルで，各1巻きを貫く磁束の時間変化が等しい場合，1巻きコイルをN
個直列につないだことと同じになり，誘導起電力は上式のN倍となる。すなわち

$$V = -N\frac{\Delta\Phi}{\Delta t} \qquad (4\cdot104)$$

これを **ファラデーの電磁誘導の法則** という。(4・104)式は，正・負の符号により誘導起
電力の向きも示しているから，レンツの法則も含んでいることになる。

コイルに磁石を近づけたり，遠ざけたりするとき，誘導起電力を大きくするには，(4・
104)式から，次のようにすればよいことがわかる。

①コイルの巻数を多くする
②磁石の動きを速くする
③コイルの断面積を広くする
④磁束密度を増す(強い磁場を用いる)
⑤磁場の方向とコイルの断面を垂直にする

[補足] コイルの断面に垂直方向が磁場の方向と角θをなすとき，磁束$\Phi = BS\cos\theta$である(B
は磁束密度，Sはコイルの断面積)。

問題学習 …… 152

断面積が$S = 3.0 \times 10^{-3} \mathrm{m}^2$で，$N = 40$巻きのコイルがある。コ
イルの面に垂直な磁束密度が，$\Delta t = 0.60\,\mathrm{s}$間に図の矢印の向きに
6.0 T から 8.0 T に増加しつつある。

(1) a，b間に生じる誘導起電力の大きさV〔V〕を求めよ。
(2) 誘導起電力による a，b の電位はどちらが高いか。

[解答]　(1) 磁束の増加量は

$$\Delta\Phi = \Delta B\cdot S = (8.0 - 6.0) \times 3.0 \times 10^{-3} = 6.0 \times 10^{-3}\,\mathrm{Wb}$$

より　$V = N\left|\dfrac{\Delta\Phi}{\Delta t}\right| = 40 \times \dfrac{6.0 \times 10^{-3}}{0.60} = \mathbf{0.40\,V}$

(2) a，b間に抵抗 R を接続すると，誘導電流は左向きの磁束を生じるように，
a → R → b の向きに流れる。したがって，**a のほうが b より電位が高い。**

基物 D 磁場を横切る導線に生じる誘導起電力

1 まっすぐに横切る導線 図 4−98 のように，一様な磁束密度 B〔T〕の磁場中にある，コの字形の導線 ABCD 上で，導線 PQ を辺 AB，CD に垂直に接しながら速さ v〔m/s〕で磁場に垂直に動かすときにも，PQ に誘導起電力が生じる。

PQ は Δt〔s〕間に $v\Delta t$〔m〕移動するので，BC $= l$〔m〕とすると，この間に PBCQ の面積は $\Delta S = lv\Delta t$〔m^2〕だけ増加する。よって，閉回路 PBCQP を通る磁束も，Δt〔s〕間に $\Delta \Phi = B\Delta S = Blv\Delta t$〔Wb〕増加する。

ゆえに，PQ に生じる誘導起電力の大きさ V〔V〕は，(4･103) 式から $V = \left|\dfrac{\Delta \Phi}{\Delta t}\right| = \dfrac{Blv\Delta t}{\Delta t}$ より

$$\boldsymbol{V = vBl} \qquad (4\cdot105)$$

となる。誘導起電力の向きは，一様な磁場による磁束を減らす向き (図では下向き) となる。したがって，誘導電流は P → B → C → Q → P の向きに流れる。

BC 間の抵抗を R〔Ω〕とし，導線のほかの部分の抵抗は無視できるとすると，流れる誘導電流 I〔A〕は次のようになる。

$$\boldsymbol{I = \frac{V}{R} = \frac{vBl}{R}} \qquad (4\cdot106)$$

図 4−99 のように，導線の移動方向と磁場の方向が角度 θ をなすときには，磁場に対して垂直な速度成分 $v\sin\theta$ で磁場を横切ることになるので，誘導起電力の大きさは次のようになる。

$$\boldsymbol{V = vBl\sin\theta} \qquad (4\cdot107)$$

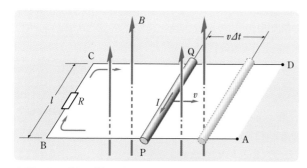

▲ 図 4-98　磁場を横切る導線に生じる誘導起電力

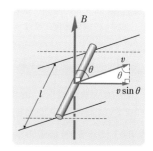

▲ 図 4-99　磁場を斜めに横切る場合の誘導起電力

2 回転して横切る導線 図 4−100 のような，磁束密度 B〔T〕の鉛直上向きの一様な磁場中に，長さ l〔m〕の導線 OP，円形導線 XX′ を同一水平面上に配置し，OP の O 端と XX′ の X 端に抵抗 R を接続した回路がある。OP を，P 端を XX′ に接しながら，O 端を中心として一定の角速度で回転させると，OP に誘導起電力が生じる。

OP の回転を，上から見て反時計回りとし，角速度を ω〔rad/s〕とすると，OP は，Δt〔s〕

間に $\omega \cdot \Delta t$〔rad〕だけ回転し，扇形 OPX の面積は扇形 OPP′ の面積 ΔS〔m²〕だけ増加する。

$$\Delta S = \pi l^2 \times \frac{\omega \cdot \Delta t}{2\pi} = \frac{1}{2}l^2 \omega \cdot \Delta t$$

したがって，閉回路 OPXO を貫く磁束は，Δt〔s〕の間に，
$\Delta\Phi = B \cdot \Delta S = \frac{1}{2}\omega Bl^2 \cdot \Delta t$〔Wb〕だけ増加する。

よって，OP に生じる誘導起電力の大きさ V〔V〕は次のようになる。

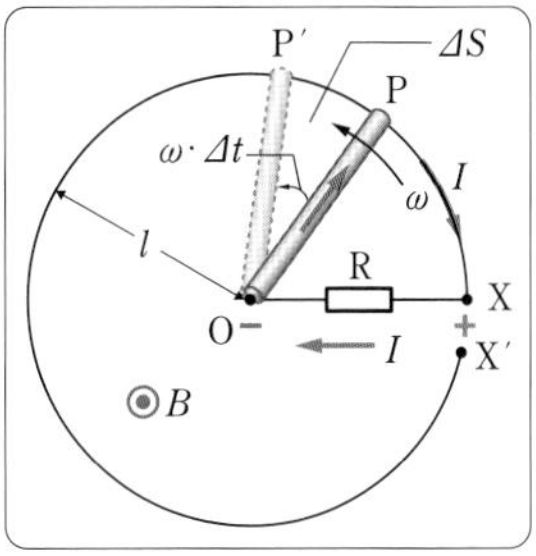

$$V = \left| \frac{\Delta\Phi}{\Delta t} \right| = \frac{1}{2}\omega Bl^2 \qquad (4\cdot108)$$

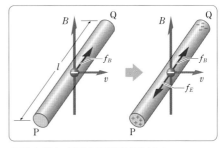
▲ 図 4-100　回転導線に生じる誘導起電力

その向きは，レンツの法則により O → P の向きとなり，抵抗 R には X → O の向きに誘導電流が流れ，中心 O の電位に対し，XX′ の電位は V〔V〕だけ高くなっている。

OP の回転を，O 端の速さ 0 と，P 端の速さ $l\omega$ の平均の速さ（= OP の中点の速さ）
$\bar{v} = \frac{1}{2}(0 + l\omega) = \frac{1}{2}l\omega$ で磁場をまっすぐに横切ると考えると，(4·105)式より

$$V = \bar{v}Bl = \frac{1}{2}l\omega \cdot Bl = \frac{1}{2}\omega Bl^2$$

となり，(4·108)式と同じ結果が得られる。

E　ローレンツ力と誘導起電力

磁場内を運動する導線に生じる誘導起電力を，導線内の自由電子の移動から考える。

図 4−101 のように，磁束密度 B〔T〕の一様な磁場内に垂直に置かれた導線 PQ を，磁場と垂直な方向へ速さ v〔m/s〕で動かす。導線内の自由電子（電気量 $-e$〔C〕）は負電荷であるため，P → Q の向きへローレンツ力 $f_B = evB$〔N〕を受ける。このため自由電子の一部は Q のほうへ移動し，P 側には陽イオンが残るから，P のほうが Q より電位が高くなる。したがって，導線内には P → Q の向きに電場 E〔V/m〕が生じる。自由電子はこの電場から，Q → P の向きへ静電気力 $f_E = eE$〔N〕を受ける。

Q 側へ移動した自由電子が増えるにつれて E が大きくなり，$f_E = f_B$　すなわち

$$E = vB \qquad (4\cdot109)$$

となると，静電気力とローレンツ力がつりあい，電子の移動が終わる。

PQ の長さを l〔m〕とすると，PQ 間の電位差 V〔V〕は(4·109)式より

$$V = El = vBl \qquad (4\cdot110)$$

となり，(4·105)式と同じ結果になる。

誘導起電力の向きは，レンツの法則により求められる（→ p.378）。また，別の求め方もある。

▲ 図 4-101　導線内の電子が受ける力

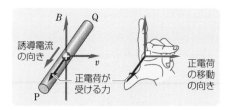

▲ 図4-102　導線に生じる誘導起電力の向き

ローレンツ力を想定することにより次のように考えることもできる(図4-102)。

導線内の自由電子はP→Qの向きへ移動するので，誘導電流はその逆のQ→Pの向きへ流れる。これは，導線内部の正電荷がQ→Pの向きにローレンツ力を受け，その向きに移動する(誘導電流が流れる)と考えても同等である。つまり，フレミングの左手の法則(→p.363)で，電流の流れる向き(中指)を導線(正電荷)の移動の向き，はたらく力の向き(親指)を誘導起電力の向き，と置き換えることで，誘導起電力の向きを考えることができる。

F　誘導起電力とエネルギーの保存

図4-103のように，磁束密度B〔T〕の磁場を横切る長さl〔m〕の導線PQを，おもり(質量m〔kg〕)をつけた糸で水平方向に一定の力F〔N〕で引っ張ると，PQは，やがて一定の速さv〔m/s〕になる。このとき，磁場がPQの電流に及ぼす力f〔N〕と力F〔N〕がつりあっている。このときの誘導起電力の大きさをV〔V〕，誘導電流をI〔A〕，回路内の抵抗値をR〔Ω〕とすると，
$V = vBl$，$V = RI$，$f = IBl$，$f = F$より

$$vBl = RI，\quad F = IBl \qquad (4 \cdot 111)$$

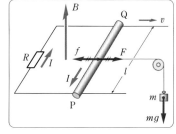

▲ 図4-103　誘導起電力とエネルギー①

したがって，時間t〔s〕(移動距離vt〔m〕)の間に力Fのする仕事は

$$\boldsymbol{F \cdot vt} = IBl \times \frac{RI}{Bl} \times t = \boldsymbol{I^2 Rt} \qquad (4 \cdot 112)$$

となり，力Fのする仕事は，抵抗でのジュール熱(→p.328)として消費され，エネルギーが保存されていることがわかる。

補足　(4·111)式より，一定の速さは$v = \dfrac{FR}{B^2 l^2}$となる。

図4-103で示した抵抗のかわりに，図4-104のように，起電力V_0〔V〕の電池と可変抵抗器を直列につないだ回路をつくる。可変抵抗器の抵抗値R〔Ω〕を小さく，PQの電流を大きくし，磁場がPQに及ぼす力f〔N〕を，$f > F$とすると，PQは左向きに加速されるが，やがて一定の速さv'〔m/s〕になる。これは，PQが動きだすと，PQの両端に電池の起電力V_0と逆の誘導起電力が生じて，PQの電流が小さくなることによる。

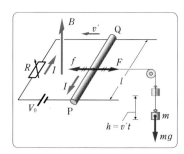

▲ 図4-104　誘導起電力とエネルギー②

この電流をI〔A〕とすると，このときの誘導起電力の大きさは$v'Bl$〔V〕となるから，
$f = IBl$，$f = F = mg$ (gは重力加速度の大きさ)より

$$mg = IBl \qquad (4 \cdot 113)$$

キルヒホッフの法則II（→ p.338）より

$$V_0 - v'Bl = RI \qquad (4 \cdot 114)$$

時間t〔s〕の間におもりが$h = v't$〔m〕上昇するとき，この間に電池のする仕事は，$(4 \cdot 114)$式の両辺にItをかけて

$$IV_0t = v'tIBl + I^2Rt = mgh + I^2Rt \qquad (4 \cdot 115)$$

すなわち，（電池のする仕事）＝（おもりの位置エネルギーの増加）＋（抵抗で発生するジュール熱）となり，エネルギーが保存されていることがわかる。

補足 このときの一定の速さv'は，$F = IBl$と$(4 \cdot 114)$式より$v' = \dfrac{V_0Bl - FR}{B^2l^2}$となる。

CHART 54 ファラデーの電磁誘導の法則とその使い方

$$V = -N\frac{\varDelta\varPhi}{\varDelta t} \qquad (4 \cdot 116)$$

①誘導起電力の正の向きを定める

②$(4 \cdot 116)$式から，誘導起電力の大きさと向きを求める

③誘導起電力の生じる部分を電池に置きかえ，直流回路の問題にする

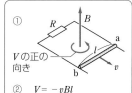

② $V = -vBl$

a→bに電流 誘導起電力
を流す向き の大きさ

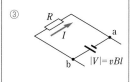

$|V| = vBl$

★Point 誘導起電力の向き（正負）は，レンツの法則で決めるとわかりやすい。

⚠ミス注意 誘導起電力は，低電位→高電位に電流を流そうとする。

 知っていると便利 電磁誘導は安定になろうとする現象である。

 さらに詳しく1 導線が一様磁場中をまっすぐ進むとき
$|V| = vBl\sin\theta$
回転するとき
$|V| = \dfrac{1}{2}\omega Bl^2$

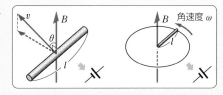

さらに詳しく2 エネルギー保存則は，回路の抵抗で消費されるジュール熱も含めて考える。

CHART 54 ⭐Point

ファラデーの電磁誘導の誘導起電力の式には－記号（負の符号）がついている。これは，レンツの法則を表しているが，正負の意味まで考えて式を扱うのは難しい。むしろ，式は誘導起電力の大きさのみを考え，－記号を省いて使い，誘導起電力(誘導電流)の向きは，レンツの法則により

「磁束が増える場合は減らす向きに電流を流す向き」

というように決めていくのがわかりやすい。

ただし，回路に電池を含み，その起電力と誘導起電力が逆向きの場合は，－記号をつけて和をとらなければならない。

CHART 54 ⚠ミス注意

誘導起電力が生じている導体は，1つの電池に相当する。水流に例えると，電池と同様に，水をくみ上げるポンプのはたらきをしている。

379ページの問題学習152で，コイルをポンプに例えると，ポンプは，水位の低いbから水位の高いaに水をくみ上げるはたらきをしている。aとbの間を管でつなぐと，水はaからbへ流れ落ちる。この問題では，a，b間が開いており，誘導起電力が生じていても，誘導電流は流れないが，a，b間を抵抗でつなぐと，抵抗には高電位のaから低電位のbの向きに誘導電流が流れ，コイルには低電位のbから高電位のaの向きに流れる。

これを，コイルだけに着目して，電流がb→aの向きに流れているので

「bの電位はaより高い」

とするミスがある。十分に注意したい。

CHART 54 知っていると便利

磁石を円形コイルに近づけるときは，磁石とコイルの間に斥力がはたらき，遠ざけるときは引力がはたらく。これは，誘導起電力によって流れる誘導電流が，磁場の変化を妨げ

るような向きに流れるからである。このように，電磁誘導は変化を妨げる現象といえる。

一様な磁場内で導線に力を加えると，初めは加速されるが，速度が増加するにつれて誘導電流が増加し，磁場からの運動を妨げる向きの力も大きくなる。したがって，しばらくすると，外力と磁場からの力がつりあって導線は一定の速度で運動するようになる。また，回転運動では一定の角速度に落ち着く。

CHART 54 さらに詳しく1

導線に生じる誘導起電力の大きさ $|V| = \left| \dfrac{\Delta\Phi}{\Delta t} \right|$ は1秒当たりの磁束の変化であるから

$|V| = $（磁束密度 B）×（1秒間に導線が磁場を垂直に横切る面積）

となる。したがって，図をかいて，1秒間に導線が横切る面積を出せば，これらの式を導くことができる。例えば

直線運動では $|V| = B \times (vl) = vBl$
（磁場と運動の向きが垂直の場合）

回転運動では $|V| = B \times \left(\pi l^2 \times \dfrac{\omega}{2\pi} \right)$

$$= \frac{1}{2}\omega Bl^2$$

CHART 54 さらに詳しく2

誘導起電力による誘導電流が流れる回路でのエネルギー保存則では，外力や電池がする仕事に加えて，抵抗で消費されるジュール熱を考える必要がある。

電池がない回路の場合は
　　外力のする仕事＝ジュール熱
電池を含む回路の場合は
　　（電池のする仕事）＋（外力のする仕事）
　　＝ジュール熱

となる（運動状態の変化がない場合）。例えば，図4-104の場合は，電池のする仕事は $IV_0 t$，重力のする仕事は $-mgh$ であるから

$$IV_0 t + (-mgh) = I^2 Rt$$

すなわち $IV_0 t = mgh + I^2 Rt$

(a)のように，磁束密度 B〔T〕の鉛直上向きの一様な磁場中に，平行導線を距離 l〔m〕を隔てて，水平に置き，抵抗 R〔Ω〕を端につなぐ。別の導線 PQ を平行導線上に垂直に渡し，滑車 K を経て，質量 m〔kg〕のおもりに糸でつないだ。PQ はなめらかに平行導線上を移動し，K も摩擦はないものとする。また，重力加速度の大きさを g〔m/s²〕とする。

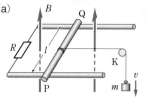

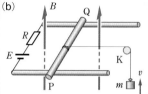

(1) おもりの落下開始後，十分時間が経過した後の，落下速度 v〔m/s〕を求めよ。

(2) (1)の状態において，抵抗に流れる電流 I〔A〕，単位時間当たりに発生するジュール熱 W〔J〕を求めよ。

(3) 次に，(b)のように，(a)の回路の途中に電池(内部抵抗は無視できる)をつなぎ，十分に時間が経過した後のおもりの上昇速度の大きさを，(1)の状態の速さと同じにした。この電池の起電力 E〔V〕を求めよ。

考え方 ▶ (a)，(b)の場合ともに，PQ は等速運動するので，おもりから受ける力 mg と磁場から受ける力 IBl がつりあっており，誘導起電力の大きさ，電流の大きさと向きはどちらも同じである。(a)と(b)で異なるのは誘導

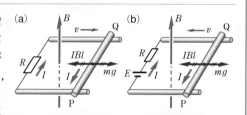

起電力の向きで，(a)では Q → P の向き，(b)では P → Q の向きとなる。(b)の場合，電流の向きが誘導起電力 V と逆になるのは，電池の起電力の大きさ E が V より大きいことによる。

解答 (1) PQ に生じる誘導起電力の大きさ $V = vBl$ …①

回路の電流 $I = \dfrac{V}{R} = \dfrac{vBl}{R}$ …②

PQ(等速)での力のつりあい $mg - IBl = mg - \dfrac{vB^2l^2}{R} = 0$ …③

ゆえに $v = \dfrac{mgR}{B^2l^2}$ (m/s)

(2) ②式より $I = \dfrac{vBl}{R} = \dfrac{mg}{Bl}$ (A)，$W = I^2R \times 1 = \left(\dfrac{mg}{Bl}\right)^2 R$ (J)

(3) キルヒホッフの法則Ⅱより $E - V = RI$ …④

②，④式より $E - V = V$ ゆえに $E = 2V = 2vBl$

v の値を代入して $E = \dfrac{2mgR}{Bl}$ (V)

図のように，磁束密度 B の鉛直上向きの一様な磁場の中に，長さ l の導体 OP と円形導体 A が水平に置かれている。OP と A の抵抗は無視できる。OP の O 端と A は，スイッチ S，抵抗値 R の抵抗を介して接続されている。いま，S を開いた状態で，OP を O 端を中心として，P 端を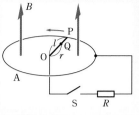
A に接しながら，上から見て反時計回りに一定の角速度 ω で回転させる。

(1) OP 中の自由電子は，OP とともに回転するので，磁場からローレンツ力を受ける。O 端から距離 r の点 Q にある電子（電荷 $-e$）が磁場から受ける力の大きさ f_B を求めよ。

(2) 上記の力により，電子は移動し，OP の両端は帯電する。このとき，O，P の電位はどちらが高くなるか。

(3) OP の帯電により，OP 内に電場がつくられる。点 Q における電場の強さ E を r の関数として求め，さらに，OP 間の電位差 V を求めよ。

　次に，S を閉じた状態で，OP を一定の角速度 ω で回転させる。

(4) この回転に必要な外力の仕事率 P を求めよ。

考え方　(1)，(2)　電子が，磁場から受ける力 f_B と電場から受ける力 f_E は，右図のようになる。

(3) OP 間の電位差（＝誘導起電力）は E–r 図の面積で表される（右下図）。

(4) 外力の仕事率 P ＝抵抗での消費電力
（→ **CHART 54**—さらに詳しく2）。

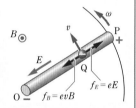

解答　(1) Q の速さ $v = r\omega$ より　$f_B = evB = er\omega B$

(2) 電子は O のほう（f_B の向き）へ移動するので，O は負，P は正に帯電する。よって，**P が高電位**

(3) 電子に電場からはたらく静電気力 f_E と f_B がつりあうから　$eE = er\omega B$　ゆえに　$E = r\omega B$
E–r 図（比例のグラフ）は図のようになる。OP 間の電位差 V は $E{\cdot}\varDelta r$ の総和として求められ，E–r 図の面積で表される。

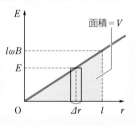

$$V = \frac{1}{2}l\omega B \times l = \frac{1}{2}\omega Bl^2 \quad (\to p.381,\ (4\cdot108)式と一致)$$

(4) $P = \dfrac{V^2}{R} = \dfrac{(\omega Bl^2)^2}{4R}$

〔別解〕　$P =$（電流が磁場から受ける力 F）×（OP の平均の速さ $\bar{v}$）$= IBl \times \left(\dfrac{1}{2}l\omega\right)$

$I = \dfrac{V}{R} = \dfrac{\omega Bl^2}{2R}$　を代入して　$P = \dfrac{(\omega Bl^2)^2}{4R}$

物 G 渦電流

電磁誘導は，導
線やコイルに限ら
ず，一般の導体に
おいても起こる現
象である。

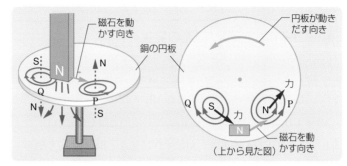

▲ 図 4-105　渦電流

　図 4-105 のよ
うに，中心軸まわ
りに回転できる金
属円板の上で棒磁
石を軸を中心に回

すことを考える。図の点 P 付近では，磁石の動きに応じて下向きの磁束が増すから，これ
を妨げるように上向きの磁束をつくるような渦状の誘導電流が流れる。逆に点 Q 付近では，
下向きの磁束が減少することになるから，下向きの磁束をつくるように P とは逆回りの誘
導電流が流れる。これらの誘導電流のことを **渦電流** という。

　渦電流が P，Q につくる磁束を磁石とみなすと，P では表面が N 極，Q では表面が S 極
に対応するから，P は磁石から斥力を，Q は引力を受ける。これらの力はいずれも磁石の
移動の向きと同じ向きであるから，円板は磁石に引きずられるように同じ向きに回転を始
める。一方，磁石を固定し，金属円板を回転させる場合は，円板の回転を止めるような渦
電流が生じるため，円板にブレーキがかかるようになる。

　この原理は，大型のトラックやバスで渦電流ブレーキとして補助ブレーキ装置に利用さ
れている。

> 補足 　電磁調理器や IH 炊飯器は，渦電流によって発生するジュール熱を利用して加熱する装置
> である。

物 H ベータトロン

　ベータトロン(→ *p.*376)は，誘導起電力によって電子を加速する装置である。

　図 4-106 のように，電磁石の磁極間にドーナツ型の真空パイプを置き，中に電子を入れ
る。磁極間の磁場の強さを変えると，ドーナツ円形面を貫
く磁束が変化し，円形パイプ内に誘導起電力が生じる。こ
れにより生じた電場によって，電子は力を受けて加速さ
れる。

　電子の速さが増すと，同じローレンツ力では回転半径
が大きくなってしまう。このため，ベータトロンでは，電
子の加速に応じて磁場も強くなるような構造になってお
り，常に電子が同じ円周上を回転するように調節されて
いる。

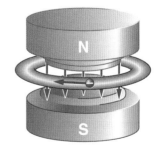

▲ 図 4-106　ベータトロンの原理

第 4 章　●電磁誘導と電磁波　**387**

A コイルの回転と交流の発生

図4-107(a)のように，1巻きの長方形コイル ABCD(AB = a〔m〕，BC = b〔m〕)を磁束密度 B〔T〕の一様な磁場内で，磁場に垂直な軸のまわりに角速度 ω〔rad/s〕で回転させる。このとき，磁束を横切って回転する AB，CD には誘導起電力が生じる。

AB と CD は，速さ $v = \dfrac{b}{2}\omega$〔m/s〕で等速円運動をするので，コイル面の垂線が磁場の方向となす角が θ〔rad〕のとき，AB，CD は速さ $v\sin\theta$〔m/s〕で磁場を垂直に横切ることになる(同図(b))。したがって，(4·107)式より，AB，CD にはそれぞれ

$$V' = vBa\sin\theta = \frac{1}{2}\omega Bab\sin\theta \text{〔V〕}$$

の大きさの誘導起電力が生じる。AB と CD には，同じ向きで同じ大きさの誘導起電力が生じるが，磁場を横切らずに回転する BC と AD には誘導起電力は生じない。したがって，コイル全体に生じる誘導起電力の大きさ V〔V〕は

$$V = 2V' = \omega Bab\sin\theta \tag{4·117}$$

となる。誘導起電力の向きは，$0 < \theta < \pi(\sin\theta > 0)$ では，D → C → B → A の向き，$\pi < \theta < 2\pi(\sin\theta < 0)$ では，A → B → C → D の向きとなる。D → C → B → A の向きを起電力の正の向きと定めると，(4·117)式で起電力の大きさと向きを表すことができる。

ここで，コイル面の面積を $S = ab$〔m²〕，コイルを貫く磁束の最大値(コイル面が磁場に垂直のときに貫く磁束)を $\varPhi_0 = BS$〔Wb〕とし，時刻 0 のとき，$\theta = 0$ とすると，時刻 t〔s〕には $\theta = \omega t$〔rad〕となるので，(4·117)式は次のようになる。

$$V = V_0\sin\omega t \quad \text{ただし} \quad \boldsymbol{V_0 = \omega\varPhi_0} \tag{4·118}$$

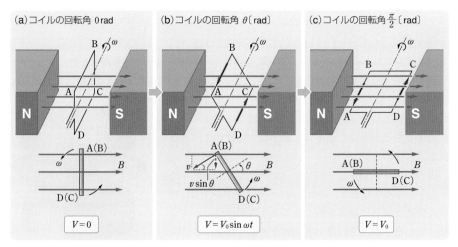

(a)コイルの回転角 0 rad

(b)コイルの回転角 θ〔rad〕

(c)コイルの回転角 $\dfrac{\pi}{2}$〔rad〕

$V = 0$

$V = V_0\sin\omega t$

$V = V_0$

▲ 図4-107 コイルに生じる交流電圧

コイルの回転周期を T〔s〕$\left(T = \dfrac{2\pi}{\omega}\right)$ として V と t の関係をかくと，図 4−108(a)のようになる。コイル面が磁場に垂直になる時刻 $t = 0$，$\dfrac{1}{2}T$，T，……では $V = 0$ に，コイル面が磁場に平行になる時刻 $t = \dfrac{1}{4}T$，$\dfrac{3}{4}T$，……では $|V| = V_0$（最大値）となり，V は符号（向き）を変えながら

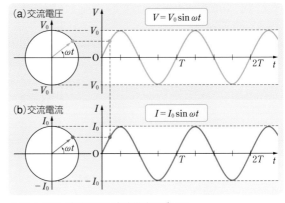

(a)交流電圧 $V = V_0 \sin \omega t$

(b)交流電流 $I = I_0 \sin \omega t$

▲ 図 4-108　交流電圧と交流電流のグラフ

周期的に変化する電圧となる。これを **交流電圧** という。また，V_0 を **交流電圧の最大値**，ωt を **位相** という。コイルの両端に抵抗 R〔Ω〕を接続すると，抵抗を流れる電流 I〔A〕は

$$I = \dfrac{V}{R} = I_0 \sin \omega t \quad \text{ただし} \quad I_0 = \dfrac{V_0}{R} \tag{4・119}$$

となり，やはり向きが周期的に変わる **交流電流（交流）** が流れる（同図(b)）。

　交流の電圧が 1 回振動するのに要する時間 T〔s〕を交流の **周期** といい，1 秒間の振動の回数 f〔Hz〕を交流の **周波数**（波での振動数に相当する）という。また，ω を交流の **角周波数** という。等速円運動（→ p.133）と同様，f，T，ω の関係は次のようになる。

$$T = \dfrac{2\pi}{\omega}, \ f = \dfrac{1}{T} = \dfrac{\omega}{2\pi}, \ \omega = 2\pi f \tag{4・120}$$

　抵抗に交流電流が流れる場合，交流電圧が最大のときには交流電流も最大であり，電圧が 0 のときは電流も 0 になる。このように，電圧と電流の時間変化の大きさ・向きがそろっている場合，これらは **同位相** であるという。

　一般家庭に供給されている電気（電流）は交流であり，その周波数は，東日本は 50 Hz，西日本は 60 Hz である。

参考　**50 Hz と 60 Hz**　電気事業が開始された当初，電気機器類を，東日本ではヨーロッパ（50 Hz）から，西日本ではアメリカ（60 Hz）から輸入し，それぞれの周波数に応じた電気機器が普及したため，2 種類の周波数の交流が使われている。

参考　**コイルを貫く磁束の変化から求める交流電圧**　交流電圧の式（(4・118)式）は次のように求めることもできる。

　図 4−109 より，時間 t〔s〕のときにコイル面を貫く磁束 Φ〔Wb〕は $\Phi = Bab \cos \omega t = \Phi_0 \cos \omega t$ となる。微小時間 $\varDelta t$〔s〕後にコイル面を貫く磁束は $\Phi_0 \cos \omega (t + \varDelta t)$ であるから，この間での Φ の変化量 $\varDelta \Phi$〔Wb〕は，三角関数の加法定理を用いて次のように計算される。

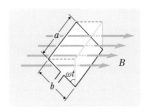

▲ 図 4-109　コイルを貫く磁束

$$\varDelta \Phi = \Phi_0 \cos \omega (t + \varDelta t) - \Phi_0 \cos \omega t$$
$$= \Phi_0 (\cos \omega t \cdot \cos \omega \varDelta t - \sin \omega t \cdot \sin \omega \varDelta t - \cos \omega t)$$

ここで，$\omega\Delta t$ がきわめて 0 に近いときの近似
$$\cos\omega\Delta t \fallingdotseq 1,\ \sin\omega\Delta t \fallingdotseq \omega\Delta t$$
を用いると
$$\Delta\Phi \fallingdotseq \Phi_0(\cos\omega t -$$
$$\sin\omega t\cdot\omega\Delta t - \cos\omega t)$$
$$= -\omega\Phi_0\Delta t\sin\omega t$$
となり，誘導起電力 V〔V〕は次のように，（4・118）式と同じ形になる。
$$V = -\frac{\Delta\Phi}{\Delta t}$$
$$= \omega\Phi_0\sin\omega t = V_0\sin\omega t$$

NOTE
三角関数の加法定理
$$\sin(A + B) = \sin A\cos B + \cos A\sin B$$
$$\sin(A - B) = \sin A\cos B - \cos A\sin B$$
$$\cos(A + B) = \cos A\cos B - \sin A\sin B$$
$$\cos(A - B) = \cos A\cos B + \sin A\sin B$$

NOTE
θ がきわめて 0 に近いとき
$$\cos\theta \fallingdotseq 1,\ \sin\theta \fallingdotseq \theta$$

B 交流の実効値

交流の電圧・電流が（4・118），（4・119）式で表されるとき，抵抗で消費される電力 P〔W〕は次のようになる。
$$P = IV = I_0V_0\sin^2\omega t \qquad (4\cdot121)$$
$\cos$ の 2 倍角の公式を用いて（4・121）式を変形すると
$$P = \frac{1}{2}I_0V_0(1 - \cos 2\omega t)\quad(4\cdot122)$$
となり，これをグラフに示すと図4−110のようになる。平均の電力 $\overline{P}$〔W〕は，図の@の部分とⓑの部分が同じ面積であることから
$$\overline{P} = \frac{1}{2}I_0V_0 \qquad (4\cdot123)$$
と求められる。ここで

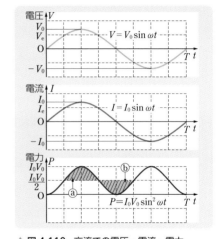

▲ 図4-110　交流での電圧・電流・電力

$$I_e = \frac{1}{\sqrt{2}}I_0,\ V_e = \frac{1}{\sqrt{2}}V_0 \qquad (4\cdot124)$$
である一定値 I_e, V_e を用いると
$$\overline{P} = I_eV_e \qquad (4\cdot125)$$
となる。I_e を **交流電流の実効値**，V_e を **交流電圧の実効値** という。通常，1V，または1A の交流といえば，実効値が1V，または1A である交流を意味する。

NOTE
$\cos$ の 2 倍角の公式
$$\cos 2\theta = \cos^2\theta - \sin^2\theta$$
$$= 1 - 2\sin^2\theta$$
$$= 2\cos^2\theta - 1$$

交流ではその電流，電圧の強さにそれぞれの実効値を用いると，オームの法則や電力を表す式を直流の場合と同様に用いることができるようになり，たいへん便利である。

実効値に対して，各瞬間の電圧，または電流の値をそれぞれの **瞬間値** という。V_0, I_0 は最大の瞬間値である。

補足　実効値 V_e, I_e は，瞬間値の 2 乗平均値の平方根 $\sqrt{\overline{V^2}}$, $\sqrt{\overline{I^2}}$ に等しい。

$$V = V_0 \sin \omega t, \quad I = I_0 \sin \omega t \qquad (4 \cdot 126)$$

電圧(電流)の実効値

$$= \frac{\text{電圧(電流)の最大値}}{\sqrt{2}} \qquad (4 \cdot 127)$$

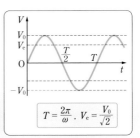

$$T = \frac{2\pi}{\omega}, \quad V_e = \frac{V_0}{\sqrt{2}}$$

⚠ ミス注意　　実効値は平均値ではない！

....

適用条件　　(4・126)式は, 抵抗に流れる交流の場合だけ成りたつ。

CHART 55 ⚠ ミス注意

　交流(電流)は $I = I_0 \sin \omega t$ の形で電流が変わるので, 1周期間の平均をつくると0になってしまう。そこで, $I^2 (> 0)$ の1周期間の平均 $\overline{I^2}$ をつくり, その平方根 $\sqrt{\overline{I^2}}$ で, 直流に相当する強さを示している。これが実効値である。電圧についても同様である。実効値は平均値とは異なるので注意したい。

CHART 55 適用条件

　この式が適用できるのは, 抵抗に流れる交流の場合だけである。抵抗に流れる交流電流は加えられた交流電圧と同位相で変化し, V-t図, I-t図では位相がそろった振動をする。回路中にコンデンサーやコイルがある場合は, 電圧と電流の位相がずれるので, それを考慮した式をつくらなければならない。

📖 問題学習 ····· 155

　周波数 $f = 50\,\text{Hz}$, 電圧(実効値)$V_e = 100\,\text{V}$ の交流について次の問いに答えよ。
(1) 電圧の絶対値が最大になるのは1秒間に何回か。　(2) 最大電圧 $V_0\,[\text{V}]$ を求めよ。
(3) この交流電圧を電力 $P = 500\,\text{W}$ の電気器具に接続するとき, 流れる電流の実効値 $I_e\,[\text{A}]$ と最大値 $I_0\,[\text{A}]$ を求めよ。

考え方▶　(2) 最大値は実効値の $\sqrt{2}$ 倍となる。実効値は平均値とは異なることに注意する(→ CHART 55 ― ⚠ ミス注意)。
(3) 電力は, 電圧と電流の実効値の積となる。最大値の積ではない。

解答　(1) 電圧の山も谷も絶対値は最大となるから, その回数は
$$2f = 2 \times 50 = \textbf{100 回/s}$$
(2) $V_0 = \sqrt{2}\,V_e = \sqrt{2} \times 100 \fallingdotseq \textbf{140 V}$
(3) $P = I_e V_e$, $I_0 = \sqrt{2}\,I_e$ より
$$I_e = \frac{P}{V_e} = \frac{500}{100} = \textbf{5.0 A}, \quad I_0 = \sqrt{2}\,I_e = \sqrt{2} \times 5.0 \fallingdotseq \textbf{7.1 A}$$

A 自己誘導

コイルに流れる電流を変化させると，その電流による磁場が変化し，コイルを貫く磁束も変化するので，そのコイル自身に誘導起電力が生じる。この現象を，コイルの**自己誘導**という。

図4-111のように，コイルと抵抗 R_1，R_2 を直列につなぎ，抵抗 R_2 とスイッチ S を並列につないだ回路を考える。スイッチ S を開いた状態で定常電流 I_1 が流れているものとする。

スイッチ S を閉じると，コイルに流れる電流が増加する。これにより，コイルを貫く磁束が増加しようとする。このときコイルには，磁束の増加を打ち消す向きに誘導起電力が生じる。この起電力の向きは電池の起電力と逆になるので，回路を流れる電流は瞬時には変化しない。電流は時間とともに増加し，やがて定常電流 I_2 に達する。

定常電流 I_2 の状態でスイッチ S を開くと，コイルを流れる電流の減少を妨げるように，定常電流 I_2 と同じ向きに誘導電流が流れ，電流は瞬時には I_1 にはならない。

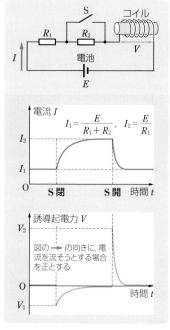

▲ 図4-111 自己誘導

コイルを含む回路では，スイッチの開閉によってコイルに流れる電流を急に切ったりすると，コイルの磁束が瞬時に 0 になるような激しい変化が起こるため，高い起電力が生じ，スイッチ部に火花放電が起こることもある。

B コイルの自己インダクタンス

1 自己インダクタンス　N 巻きのコイルに電流が流れるとき，コイルを貫く磁束 Φ〔Wb〕は電流の強さ I〔A〕に比例するから，$\Phi = kI$ とおける（k は比例定数）。

コイルを流れる電流が，短時間 Δt〔s〕の間に ΔI〔A〕変化したとき，磁束も $\Delta \Phi$〔Wb〕変わったとする。$\Delta \Phi$ と ΔI も比例し $\Delta \Phi = k\Delta I$ であるから，この場合の自己誘導起電力 V〔V〕は(4・116)式から，次のようになる。

$$V = -N\frac{\Delta \Phi}{\Delta t} = -Nk\frac{\Delta I}{\Delta t} = -L\frac{\Delta I}{\Delta t} \tag{4・128}$$

ここで，$L = Nk$ とおいた。L は，コイルの自己誘導の大きさを表す定数で，コイルの**自己インダクタンス**という。自己インダクタンスの単位は，毎秒 1A の割合で電流が変化するときの誘導起電力が 1V である場合を取り，これを 1 **ヘンリー**（記号 **H**）という。

2 ソレノイドの自己インダクタンス 単位長さ当たりの巻数が n〔/m〕，長さが l〔m〕，断面積が S〔m²〕で，透磁率 μ〔N/A²〕の物質の芯をもつソレノイドコイルがある。このソレノイドに I〔A〕の電流が流れるときの，ソレノイド内の磁束密度は，(4·87)式より $B = \mu n I$〔T〕であるから，このソレノイドを貫く磁束は $\varPhi = BS = \mu n I S$〔Wb〕である。コイルの巻数は $N = nl$ であるから，電流が $\varDelta t$〔s〕間に $\varDelta I$〔A〕変化したときにコイルに生じる誘導起電力 V〔V〕は

$$V = -N\frac{\varDelta \varPhi}{\varDelta t} = -\mu n^2 lS\frac{\varDelta I}{\varDelta t} \tag{4·129}$$

上式と(4·128)式より，ソレノイドコイルの自己インダクタンス L〔H〕は

$$L = \mu n^2 lS \tag{4·130}$$

となり，L はコイル内の透磁率，コイルの巻数や形に関係することがわかる。

補足 自己インダクタンスの単位として，**ミリヘンリー**(記号 **mH**) $= 10^{-3}$H や，**マイクロヘンリー**(記号 **μH**) $= 10^{-6}$H もよく用いられる。

参考 自己インダクタンスが大きいと，わずかの電流の変化でも大きな誘導起電力が生じ，その変化の進行を止めるはたらきをする。これは，物体の運動状態を変えにくい性質，すなわち慣性の大きさを示す物体の質量によく似ている。

C コイルに蓄えられるエネルギー

自己インダクタンス L〔H〕のコイルに電流を流すとき，電流が0から I〔A〕まで増加していくためには，誘導起電力に逆らって仕事をしなければならない。電流が i〔A〕のとき，時間 $\varDelta t$〔s〕の間に電流を $\varDelta i$〔A〕だけ増加するのに必要な仕事 $\varDelta W$〔J〕は，そのときの誘導起電力を V〔V〕とすると

$$\varDelta W = -iV\varDelta t = -i \times \left(-L\frac{\varDelta i}{\varDelta t}\right)\varDelta t$$
$$= Li\varDelta i \tag{4·131}$$

となる。Li と i との関係は図4−112のようになり，仕事 $\varDelta W$ は図の斜線部長方形の面積となる。

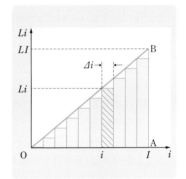

▲ 図4-112 誘導起電力に逆らってする仕事

したがって，電流が0から I まで増加する間に必要な仕事 W〔J〕は，図の△OAB の面積で表され，これがコイルに蓄えられるエネルギー U〔J〕となる。すなわち

$$U = \frac{1}{2}LI^2 \tag{4·132}$$

となる。逆に，コイルに流れている一定電流 I〔A〕を0にすれば，電流と同じ向きの誘導起電力 V〔V〕が生じ，この場合はコイルがエネルギー U〔J〕を放出する。

コイルに電流が流れているときには，そのまわりに磁場を生じ，電流がなくなれば磁場も消失することから，エネルギー U〔J〕は，この磁場をつくるために使用され，磁場に蓄えられていると考えられる。

1 相互誘導 鉄心に2つのコイルを巻き，一方のコイルに流れる電流を変化させると，その電流によって生じていた磁場が変化し，他方のコイルを貫いていた磁束も変化するので，このコイルにも誘導起電力が生じる。このような現象を **相互誘導** という。

図4-113のように，一次コイルの回路のスイッチを開閉して，電流を流したり断ったりしてみる。同図(a)のように，スイッチを入れて一次コイル（I）に電流を流す場合は，それによって生じる磁束を打ち消すように，二次コイル（II）にIの電流と逆向きの誘導電流が流れる。同図(b)のように，Iのスイッチを切って電流を断つ場

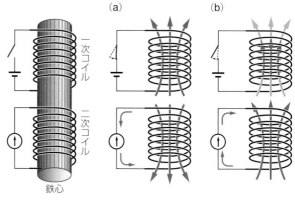

▲ 図4-113 相互誘導

合は，それまであった磁束が消えるのを補うように，IIに同じ向きの電流が流れるような誘導起電力が生じる。

このように，一次コイルに電流を流すときには二次コイルに逆向きの，電流を断つときは同じ向きの誘導電流が流れる。

2 相互インダクタンス 図4-113において，一次コイル（I），二次コイル（II）の単位長さ当たりの巻数を n_1, n_2〔/m〕，コイル内部の透磁率を μ〔N/A²〕とする。Iに流れる電流が I_1〔A〕のとき，Iを貫く磁束 Φ_1〔Wb〕は(4·87)式より $\Phi_1 \propto \mu n_1 I_1$ であり（∝は比例の関係にあることを示す），IIを貫く磁束 Φ_2〔Wb〕は $\Phi_2 \propto \Phi_1$ である。よって，I_1 が短時間 Δt〔s〕の間に ΔI_1〔A〕変化したときにIIに生じる誘導起電力 V_2〔V〕は次のようになる。

$$V_2 \propto -n_2 \frac{\Delta \Phi_2}{\Delta t} \propto -n_2 \frac{\Delta(\mu n_1 I_1)}{\Delta t} \propto -\mu n_1 n_2 \frac{\Delta I_1}{\Delta t} \qquad (4\cdot133)$$

よって，$M \propto \mu n_1 n_2$ である正の定数 M を用いることにより，V_2 は自己誘導の場合と同様な以下の式で表せることになる。

$$V_2 = -M \frac{\Delta I_1}{\Delta t} \qquad (4\cdot134)$$

比例定数 M は2つのコイルの形，巻数，相対的位置，コイル内部の物質によって定まる定数で，**相互インダクタンス** という。M の単位は L と同様にヘンリー（H）である。

> **参考** **誘導コイル** 電流の断続を利用して高電圧を得る装置で，鉄心のまわりに巻かれた一次コイルと，その外に巻かれた二次コイルとからなる。一次コイルを電池に接続し，電流を断続すると，二次コイルの両端には相互誘導による起電力が生じる。このとき，電流

が切れるときの磁束の減少はきわめて速いので，たいへん大きな誘導起電力が得られる。

通常，適当な容量のコンデンサーを一次コイルに並列に接続し，電流が切れるときに放電が生じるのを防ぐようにしてある。

基物 E　変圧器とエネルギーの保存

　変圧器(トランス)は，相互誘導を利用して交流の電圧を変える装置で，共通の鉄心(または絶縁体の筒)のまわりに2つ以上のコイルを巻いたものである(図4-114)。一次コイルを交流電源に接続すると，交流電圧は向きと大きさが連続的に変化するので，鉄心内の磁束も常に変化し，相互誘導が起こる。

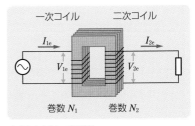

▲ 図 4-114　変圧器

　それぞれのコイルの巻数を N_1，N_2，生じる誘導起電力を V_1，V_2〔V〕とする。コイルを貫く磁束 Φ〔Wb〕とその変化量 $\Delta\Phi$〔Wb〕は両方のコイルで共通であるから

$$V_1 = -N_1 \frac{\Delta\Phi}{\Delta t}, \ \ V_2 = -N_2 \frac{\Delta\Phi}{\Delta t} \tag{4·135}$$

が成りたつ。したがって，V_1，V_2 の実効値を V_{1e}，V_{2e}〔V〕とすると

$$V_{1e} : V_{2e} = N_1 : N_2 \tag{4·136}$$

となり，電圧の比は巻数の比に等しいことがわかる。

　導線などの抵抗値がきわめて小さく，電力損失が無視できるような理想的な変圧器の場合には，キルヒホッフの法則Ⅱより，V_1 は交流電源の交流電圧に等しいことがわかる。また，一次コイルの電力と二次コイルの電力が等しいので，それぞれの電流の実効値を I_{1e}，I_{2e}〔A〕とすると，次の式が成りたつ。

$$I_{1e}V_{1e} = I_{2e}V_{2e} \tag{4·137}$$

基物 F　送電

　都市から離れた発電所で起こした電気を，遠い消費地に送ることを **送電**，または **電力輸送** という。

　電力 $P = IV$〔W〕を輸送する場合，電圧 V〔V〕を高くすると，電流 I〔A〕は小さくなるので，送電線で熱(ジュール熱)となって失われる電力 I^2R〔W〕(R は送電線の抵抗値)を小さくすることができる。通常発電所では，交流発電機を用いて交流をつくり，変圧器によって高電圧として消費地に送電する。

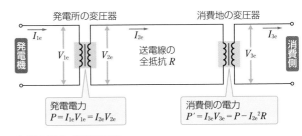

▲ 図 4-115　送電の原理

消費地では再度変圧器によって低電圧に変えて消費者に配電する（図4−115）。直流では変圧器が使えず，また直流発電機はその構造上，高電圧の発電ができないので，電力輸送が経済的に不利である。

重要 4-11

コイルに関する式

自己誘導　$V = -L \dfrac{\Delta I}{\Delta t}$ $\qquad\qquad\qquad\qquad\qquad$ (4·138)

相互誘導　$V_2 = -M \dfrac{\Delta I_1}{\Delta t}$ $\qquad\qquad\qquad\qquad$ (4·139)

コイルに蓄えられるエネルギー　$\qquad U = \dfrac{1}{2}LI^2$ $\qquad\qquad$ (4·140)

変圧器（電圧の比・コイルの巻数の比）　$V_{1e} : V_{2e} = N_1 : N_2$ $\qquad$ (4·141)

問題学習 ····· 156

図の回路で，スイッチ S を入れてから $\Delta t = 0.01\,\mathrm{s}$ 後の電流が $\Delta I = 100\,\mathrm{mA}$ で，このときコイルの両端に生じた誘導起電力の大きさが $V = 200\,\mathrm{V}$ であった。電流の増加を一様として，コイルの自己インダクタンス $L\,[\mathrm{H}]$ を求めよ。

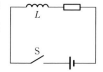

解答　$|V| = L\left|\dfrac{\Delta I}{\Delta t}\right|$　より　$L = \left|\dfrac{V\Delta t}{\Delta I}\right| = \dfrac{200 \times 0.01}{0.1} = \mathbf{20\,H}$

問題学習 ····· 157

電力損失のない変圧器があり，一次側に $V_{1e} = 3000\,\mathrm{V}$ の交流電圧を加えると，二次側で $V_{2e} = 100\,\mathrm{V}$ の交流電圧が得られる。

　この変圧器について，次の各問いに答えよ。

(1) コイルの巻数の比 $N_1 : N_2$ を求めよ。

(2) 二次側に $R = 20\,\Omega$ の抵抗を接続したとき，流れる電流 $I_{2e}\,[\mathrm{A}]$ を求めよ。

(3) このとき，一次側の電流 $I_{1e}\,[\mathrm{A}]$ はいくらか。

解答　(1) $N_1 : N_2 = V_{1e} : V_{2e} = 3000 : 100 = \mathbf{30 : 1}$

(2) $I_{2e} = \dfrac{V_{2e}}{R} = \dfrac{100}{20} = \mathbf{5.0\,A}$

(3) 電力損失が無視できる理想的な変圧器であるから，$I_{1e}V_{1e} = I_{2e}V_{2e}$

　　よって　$I_{1e} = I_{2e}\dfrac{V_{2e}}{V_{1e}} = 5.0 \times \dfrac{100}{3000} \fallingdotseq \mathbf{0.17\,A}$

A コイルのリアクタンス

図4−116のように，電球とコイルとを直列に接続し，これに直流電圧を加えたときと，それと実効値が等しい交流電圧を加えたときとでは，交流電圧の場合のほうが電球の明るさは暗くなる。

これは，交流は電流の大きさ，向きが時間とともに変化するので，コイルに電流の変化を打ち消す向きの自己誘導起電力が生じ，電流を流れにくくするためである。すなわち，コイルが交流に対して抵抗のようなはたらきをしていることを意味する。

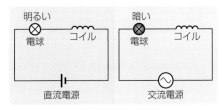

▲ 図4-116 コイルに流れる直流と交流の比較

コイルに加える交流電圧の実効値が V_{Le}〔V〕，コイルに流れる交流電流の実効値が I_{Le}〔A〕のとき，$X_{\mathrm{L}} = \dfrac{V_{\mathrm{Le}}}{I_{\mathrm{Le}}}$〔Ω〕が交流に対するコイルの抵抗のはたらきを示す量となる。これをコイルの **リアクタンス（誘導リアクタンス）** という。

X_{L} は電流の流れにくさを示す量であるので，コイルの誘導起電力が大きいほど，つまり，コイルの自己インダクタンス L〔H〕が大きいほど，また交流電流の変化が速い，すなわち交流の周波数 f〔Hz〕（角周波数 $\omega = 2\pi f$）が大きいほど，大きな値となる。詳しい計算によると，X_{L}〔Ω〕は次のように表されることが知られている（→ p.400）。

$$X_{\mathrm{L}} = \frac{V_{\mathrm{Le}}}{I_{\mathrm{Le}}} = \omega L \quad (\omega = 2\pi f) \tag{4・142}$$

B コイルに流れる電流

図4−117(a)のように，抵抗の無視できる自己インダクタンス L〔H〕のコイルを，交流電源に接続する。

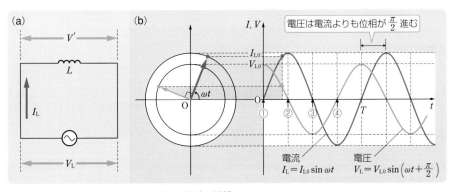

▲ 図4-117 コイルに流れる交流の電圧と電流の関係

同図(b)のように，回路に流れる電流が $I_L = I_{L0}\sin\omega t$〔A〕（実効値 I_{Le}）と表されるとする（図の右回りを正とする）。

　このとき，コイルに加わる電圧(交流電源の電圧)を V_L〔V〕（実効値 V_{Le}），コイルに生じる誘導起電力を V'〔V〕とすると（図の右回りに電流を流そうとする向きを正とする），キルヒホッフの法則II（→ $p.338$）から $V_L + V' = 0$　（$R = 0$）より，V_L は常に V' と同じ大きさで向きの異なる電圧となる。このことから，同図(b)の時刻①～④での V_L は次のように求められる。

①I_L の増加の割合が最大の点であるので，V' は負の向き（左回りに電流を流そうとする向き）で最大となり，よって，V_L は正の向きで最大となる。

②この瞬間は，I_L は最大値で変化していないので，V' も V_L も 0 となる。

③I_L の減少の割合が最大の点であるので，①とは逆に，V_L は負の向きで最大となる。

④②と同様，V_L は 0 となる。

　以上を図示すると同図(b)のようになり，V_L のグラフも I_L と同様，正弦曲線となることがわかる。また，V_L の山や谷は，I_L の山や谷より $\dfrac{T}{4}$〔s〕（T は周期）先に現れていることから，次のことがわかる。

　　コイルに加わる交流電圧は，コイルを流れる交流電流よりも，位相が $\dfrac{\pi}{2}$ だけ進んでいる。

　したがって，V_L の最大値を V_{L0}〔V〕とすると，V_L は次のように表される。

$$V_L = V_{L0}\sin\left(\omega t + \frac{\pi}{2}\right)　ただし　\frac{V_{L0}}{I_{L0}} = \frac{V_{Le}}{I_{Le}} = \omega L \tag{4・143}$$

物 C　コンデンサーのリアクタンス

　図4-118のように，電球とコンデンサーを直列に接続して直流電圧を加えると，電球は一瞬点灯してすぐ消える。これは，コンデンサーを充電するときは電流が流れるが，その後は流れなくなるためである。

　一方，直流電圧の代わりに交流電圧を加えると，電球は光り続ける。これは，交流は電圧の大きさ，向きが周期的に変わり，コンデンサーは充電されたり，放電したりすることによって，回路に交流電流が流れるためである。このとき，コンデンサーの両端には，そのときに蓄えられている電気量に応じた電位差が生じているので，コンデンサーはコイルと同様，抵抗のようなはたらきをする。

　コンデンサーに加える交流電圧の実効値が V_{Ce}〔V〕，コンデンサーに流れる交流電流の実効値が I_{Ce}〔A〕のとき，$X_C = \dfrac{V_{Ce}}{I_{Ce}}$〔Ω〕が交流に対するコンデンサーの抵抗のはたらきを示す量となる。これをコンデンサーの**リアクタンス（容量リアクタンス）**という。

▲ 図4-118　コンデンサーに流れる直流と交流の比較

X_C は電流の流れにくさを示す量であるので，コンデンサーの極板間の電位差 $V = \dfrac{Q}{C}$ 〔V〕が大きいほど，つまり，電気容量 C〔F〕が小さいほど大きな値となる。また，コンデンサーに流れる電流は充電開始直後が最も大きいから(図4-60)，交流電流の変化が速い，すなわち交流の周波数 f〔Hz〕(角周波数 $\omega = 2\pi f$) が大きいほど，X_C は小さくなる。詳しい計算によると，X_C〔Ω〕は次のように表されることが知られている($\rightarrow$ p.400)。

$$X_C = \frac{V_{Ce}}{I_{Ce}} = \frac{1}{\omega C} \quad (\omega = 2\pi f) \tag{4・144}$$

D　コンデンサーに流れる電流

　図4-119(a)のように，電気容量 C〔F〕のコンデンサーを交流電源に接続する。

　同図(b)のように，回路に流れる電流が $I_C = I_{C0}\sin\omega t$〔A〕(実効値 I_{Ce})と表されるとする(図の右回りを正とする)。

　このとき，コンデンサーに加わる電圧(交流電源の電圧)を V_C〔V〕(実効値 V_{Ce}，図の右回りに電流を流そうとする向きを正とする)，コンデンサーの極板に蓄えられている電気量を Q〔C〕(図の左側の極板に正の電荷が蓄えられているときを正とする)とすると，(4・24)式より $V_C = \dfrac{Q}{C}$ が成りたつ。また，電流はコンデンサーの極板に電荷を運ぶはたらきをしているから，I_C が大きいときは Q(または V_C)の変化割合も大きくなり，I_C が0の瞬間は Q(または V_C)も変化していない。これらのことから，同図(b)の時刻①〜④での V_C は次のように求められる。

① I_C が0であるから，V_C はこの瞬間は変化していない。

② I_C が正の最大値であるから，正の電荷が右の極板から左の極板へ最も多く運ばれているときであり，よって V_C の増加割合も最も大きくなる。

③①と同様，この瞬間に V_C は変化していない。また，①〜③の間には正の電流が流れていたから，V_C は正の最大値となる。

④ I_C が負の最大値であるから，V_C の減少割合が最大となる。

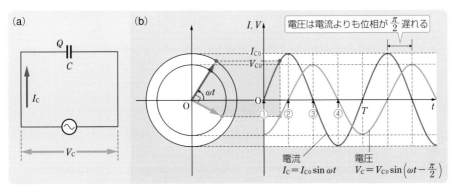

▲ 図4-119　コンデンサーに流れる交流の電圧と電流の関係

以上を図示すると同図(b)のようになり，V_C のグラフも I_C と同様，正弦曲線となることがわかる。

また，V_C の山や谷は，I_C の山や谷より $\frac{T}{4}$〔s〕（T は周期）遅れて現れていることから，次のことがわかる。

コンデンサーに加わる交流電圧は，コンデンサーを流れる交流電流よりも，位相が $\frac{\pi}{2}$ だけ遅れている。

したがって，V_C の最大値を V_{C0}〔V〕とすると，V_C は次のように表される。

$$V_C = V_{C0} \sin\left(\omega t - \frac{\pi}{2}\right) \quad \text{ただし} \quad \frac{V_{C0}}{I_{C0}} = \frac{V_{Ce}}{I_{Ce}} = \frac{1}{\omega C} \tag{4・145}$$

参考 リアクタンス・交流電圧の式の導出

コイル・コンデンサーのリアクタンスと交流電圧の式（(4・142)〜(4・145)式）は，次のような計算により求められる。

(1) **コイル** 微小時間 Δt〔s〕間での I_L の変化量 ΔI_L〔A〕は

$$\Delta I_L = I_{L0} \sin\omega(t + \Delta t) - I_{L0}\sin\omega t$$
$$= I_{L0}(\sin\omega t\cos\omega\Delta t + \cos\omega t\sin\omega\Delta t - \sin\omega t)$$

となる。

ここで，近似式 $\cos\omega\Delta t \fallingdotseq 1$，$\sin\omega\Delta t \fallingdotseq \omega\Delta t$（→ p.390）を用いると

$$\Delta I_L = I_{L0}(\sin\omega t + \cos\omega t\cdot\omega\Delta t - \sin\omega t)$$
$$= \omega I_{L0}\cos\omega t\cdot\Delta t$$

よって，$V_L + V' = 0$ $(R = 0)$，$V' = -L\dfrac{\Delta I_L}{\Delta t}$

より $V_L = \omega L I_{L0}\cos\omega t = V_{L0}\sin\left(\omega t + \dfrac{\pi}{2}\right)$

（→ (4・143)式）

> **NOTE**
> $$\cos\theta = \sin\left(\theta + \frac{\pi}{2}\right)$$
> $$\sin\theta = \cos\left(\theta - \frac{\pi}{2}\right)$$

と求められる。

ここで，$V_{L0} = \omega L I_{L0}$ とおいた。したがって，コイルのリアクタンス X_L は次のようになる。

$$X_L = \frac{V_{Le}}{I_{Le}} = \frac{V_{L0}}{I_{L0}} = \omega L \quad (\to (4・142)\text{式})$$

(2) **コンデンサー** 時刻 t〔s〕においてコンデンサーに蓄えられている電気量が $Q = Q_0\sin(\omega t + \phi)$〔C〕と表されるとする。微小時間 Δt〔s〕間での Q の変化量 ΔQ〔C〕は，(1)と同様の計算により $\Delta Q = \omega Q_0\cos(\omega t + \phi)\cdot\Delta t$ となる。

また，Q の変化量が電流 I_C となるから $I_C = \dfrac{\Delta Q}{\Delta t} = \omega Q_0\cos(\omega t + \phi)$

これと $I_C = I_{C0}\sin\omega t$ より $\cos(\omega t + \phi) = \sin\omega t$ よって $\phi = -\dfrac{\pi}{2}$

$Q = CV_C$ であるから

$$V_C = \frac{Q}{C} = \frac{Q_0}{C}\sin\left(\omega t - \frac{\pi}{2}\right)$$
$$= V_{C0}\sin\left(\omega t - \frac{\pi}{2}\right) \quad (\to (4・145)\text{式})$$

ここで，$V_{C0} = \dfrac{Q_0}{C}$ とおいた。また，$I_{C0} = \omega Q_0$ であるから，コンデンサーのリアクタンス X_C は次のようになる。

$$X_C = \frac{V_{Ce}}{I_{Ce}} = \frac{V_{C0}}{I_{C0}} = \frac{Q_0}{C}\cdot\frac{1}{\omega Q_0} = \frac{1}{\omega C} \quad (\to (4・144)\text{式})$$

交流に対する抵抗のはたらきをするリアクタンスは、コイルでは周波数 f に比例し、コンデンサーでは反比例する。したがって、コイルは高い周波数の交流を流しにくく、コンデンサーは低い周波数の交流を流しにくい。交流を周波数によって、高い周波数の交流と低い周波数の交流とに分けるのに、この性質が用いられる。

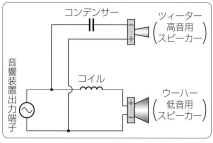

▲ 図4-120　スピーカーに使われる回路の例

　図4-120の回路は、音響装置に使われるスピーカーの回路の例である。スピーカーは電気エネルギーを音のエネルギーに変換する装置である。人が聞く音の振動数の範囲は広く、約 20 Hz 〜20 kHz の範囲であり、スピーカーの接続コードには、この範囲のさまざまの交流電流(音の振動数に応じた交流電流)が流れる。しかし、1つのスピーカーでは周波数の範囲に限界があるので、音響装置では高音域と低音域とに分けて、それぞれ専用のスピーカーを使う場合が多い。このとき、高音用スピーカーには高い周波数の交流だけが、低音用スピーカーには低い周波数の交流だけが流れる交流回路にする必要がある。同図は、高音用と低音用のスピーカーにそれぞれコンデンサーとコイルを直列につなぎ、それぞれ、低い周波数の交流、高い周波数の交流が流れこまないようにした回路である。

　この回路では、2つのスピーカーが並列につながれており、2つに共通に加わる交流電圧に対して、交流電流の位相は、コンデンサーでは $\dfrac{\pi}{2}$ 進み、コイルでは $\dfrac{\pi}{2}$ 遅れる。コンデンサーとコイルでは π だけずれるので、高音用と低音用のスピーカーの正負を逆に接続してそのずれを打ち消し、2つのスピーカーの音の位相が等しくなるようにしている(音の位相のずれはスピーカーの位置にもよるので、正負を同じにして接続することもある)。

物 **F** コンデンサー・コイルで消費するエネルギー

　抵抗、コイル、コンデンサーそれぞれに交流電流が流れるとき、消費される電力は次のように計算される(電圧・電流の最大値を V_0〔V〕、I_0〔A〕とする)。

抵抗　　　　$P_R = I_0 V_0 \sin^2 \omega t$　　（(4・121)式)）

コイル　　　$P_L = I_L V_L = I_0 \sin \omega t \times V_0 \sin\left(\omega t + \dfrac{\pi}{2}\right)$

$$= I_0 \sin \omega t \times V_0 \cos \omega t$$

$$= \dfrac{I_0 V_0}{2} \sin 2\omega t \qquad (4 \cdot 146)$$

> NOTE
>
> $\sin$ の2倍角の公式
> $\sin 2\theta = 2\sin\theta\cos\theta$

コンデンサー　$P_C = I_C V_C = I_0 \sin \omega t \times V_0 \sin\left(\omega t - \dfrac{\pi}{2}\right)$

$$= I_0 \sin \omega t \times (-V_0 \cos \omega t) = -\dfrac{I_0 V_0}{2} \sin 2\omega t \qquad (4 \cdot 147)$$

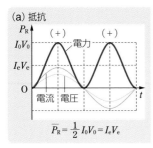
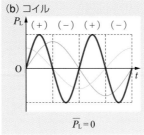
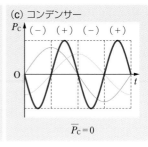

(a) 抵抗　(b) コイル　(c) コンデンサー

▲ 図4-121　抵抗・コイル・コンデンサーで消費される電力

これを図示すると図4-121のようになる。

　抵抗で消費される平均の電力は $\overline{P_R} = \dfrac{1}{2} I_0 V_0$〔W〕であるが（→ p.390），コイルとコンデンサーで消費される電力は，$\dfrac{1}{4} T$〔s〕（T は周期）ごとに正負が入れかわるので，その平均の電力 $\overline{P_L}$, $\overline{P_C}$〔W〕はいずれも 0 となる。すなわち，コイルやコンデンサーでは電力を消費しない。

CHART 56　交流に対する抵抗・コイル・コンデンサーの性質

	抵抗 抵抗値 R〔Ω〕	コイル 自己インダクタンス L〔H〕	コンデンサー 電気容量 C〔F〕
抵抗としてのはたらき	抵抗値 R〔Ω〕 交流の周波数によらない	リアクタンス ωL〔Ω〕 周波数が高いほど電流が流れにくい	リアクタンス $\dfrac{1}{\omega C}$〔Ω〕 周波数が低いほど電流が流れにくい
電流と電圧の関係	電圧と電流は同位相	電圧は電流より $\dfrac{\pi}{2}$ 進む	電圧は電流より $\dfrac{\pi}{2}$ 遅れる
平均の消費電力	$I_e V_e = \dfrac{1}{2} I_0 V_0$	0	0

覚え方
コイル：電圧が先
　→誘導起電力が小さくなってから，電流が流れる。
コンデンサー：電流が先
　→電流がコンデンサーに電気をためると，電圧が生じる。

CHART 56 覚え方

コイル コイルに生じる誘導起電力は，加え
た電圧と逆向きの起電力となる。コイルに
誘導起電力が生じていると，この逆起電力
に妨げられ電流は流れにくくなる。誘導起
電力がなくなるとはじめて電流がスムーズ
に流れるようになるので，電流の位相は電

圧より遅れる（電圧の位相は電流より進む）。

コンデンサー コンデンサーの極板間の電圧
は，蓄えられている電気量で決まる。電気
量は電流が運ぶので，電荷を運びこみ電流
がなくなると，電気量や電圧は最も大きく
なる。つまり，電流の位相は電圧より進む
（電圧の位相は電流より遅れる）。

問題学習 …… 158

図のような交流電流が流れているときの，(1), (2)
の電圧の時間変化のグラフを図示せよ。
(1) 自己インダクタンス $L = 0.25\,\mathrm{H}$ のコイルに流
れているときの，コイルの両端の電圧 $V_\mathrm{L}\,\mathrm{[V]}$
の時間変化。
(2) 電気容量 $C = 45\,\mathrm{\mu F}$ のコンデンサーに流れ
ているときの，コンデンサーの両端の電圧
$V_\mathrm{C}\,\mathrm{[V]}$ の時間変化。

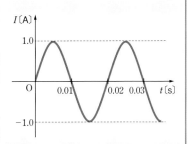

考え方 コイルに流れる交流では，電圧が電流より $\dfrac{\pi}{2}$ 進むので，電圧のグラフは電
流のグラフを $\dfrac{1}{4}$ 周期分左に動かしたような形になる。コンデンサーでは逆に，電圧の
グラフは右に移動する（→ CHART 56 ─ 覚え方1 ）。

解答 (1) 問題の図より，交流電流の最大値は $I_0 = 1.0\,\mathrm{A}$，周波数は $f = 50\,\mathrm{Hz}$
よって，コイルの両端の電圧の最大値 $V_\mathrm{L0}\,\mathrm{[V]}$ は
$$V_\mathrm{L0} = \omega L I_0 = 2\pi f L I_0 = 2 \times 3.14 \times 50 \times 0.25 \times 1.0 \fallingdotseq 79\,\mathrm{V}$$
電流との位相差を考慮すると，V_L のグラフは**図 a**のようになる。
(2) コンデンサーの両端の電圧の最大値 $V_\mathrm{C0}\,\mathrm{[V]}$ は
$$V_\mathrm{C0} = \frac{I_0}{\omega C} = \frac{I_0}{2\pi f C} = \frac{1.0}{2 \times 3.14 \times 50 \times 45 \times 10^{-6}} \fallingdotseq 71\,\mathrm{V}$$
電流との位相差を考慮すると，V_C のグラフは**図 b**のようになる。

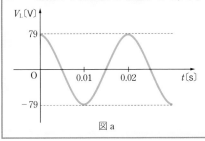

図 a

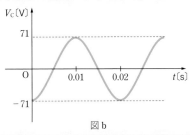

図 b

図4−122のように，抵抗値 R〔Ω〕の抵抗，自己イン
ダクタンス L〔H〕のコイル，電気容量 C〔F〕のコンデン
サーを，交流電源に直列に接続した回路を考える。直
列回路での交流電流の瞬間値は，すべての部分で同じ
である。時刻 t〔s〕のときの電流を $I = I_0 \sin \omega t$〔A〕とし，
このときの電源電圧および抵抗・コイル・コンデンサ

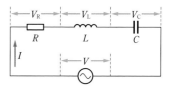

▲ 図4-122　RLC 直列回路

ーに加わる電圧を，それぞれ，V，V_R，V_L，V_C〔V〕とする。ここで，Vを表す式および I と
V の位相差 $\varPhi$ は，次のように考えることができる。

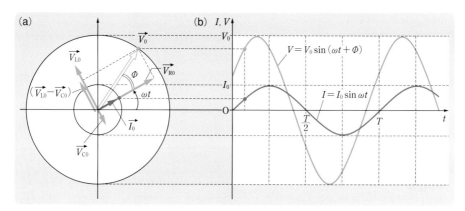

▲ 図4-123　抵抗・コイル・コンデンサー両端の電圧の時間変化

電流 I を基準とした各部分の電圧の位相は，V_R は同位相，V_L は $\dfrac{\pi}{2}$ の進み（(4・143)式），
V_C は $\dfrac{\pi}{2}$ の遅れ（(4・145)式）で，各電圧は，すべて電流 I と同じ周期 $T = \dfrac{2\pi}{\omega}$〔s〕で変化す
る。電源電圧の最大値と各部分の電圧の最大値をそれぞれ V_0，V_{R0}，V_{L0}，V_{C0}〔V〕とし，位
相差を考えて，これらをベクトルで表すと，図4−123(a)のようになる。ベクトル和 $\overrightarrow{V_0}$
（$= \overrightarrow{V_{R0}} + \overrightarrow{V_{L0}} + \overrightarrow{V_{C0}}$）と $\overrightarrow{V_{R0}}$ とのなす角，つまり，$\overrightarrow{V_0}$ と $\overrightarrow{I_0}$ とのなす角 $\varPhi$〔rad〕が，V と I の
位相差を表す（図では，V が I より進んでいる）。ベクトル $\overrightarrow{V_0}$ がほかのベクトルとともに，
一定の角速度 ω〔rad/s〕で反時計回りに回転するとき，時刻 t〔s〕での $\overrightarrow{V_0}$ の回転角 θ〔rad〕は

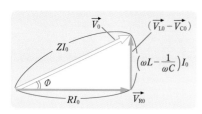

▲ 図4-124　インピーダンスの導出

$\theta = \omega t + \varPhi$ となる。このとき，時刻 t〔s〕での
電源電圧（瞬間値）V〔V〕は，$\overrightarrow{V_0}$ の縦軸方向の正
射影（成分）で表され

$$V = V_0 \sin (\omega t + \varPhi) \qquad (4・148)$$

となる（同図(b)）。

電圧の最大値 V_0 と位相差 $\varPhi$ は，図4−124の
ようなベクトル図から求めることができる。

各部の電圧の最大値は，$V_{R0} = RI_0$, $V_{L0} = \omega LI_0$, $V_{C0} = \dfrac{I_0}{\omega C}$〔V〕であり，ベクトル$\vec{V_0}$, $\vec{V_{R0}}$, $(\vec{V_{L0}} - \vec{V_{C0}})$の位置関係は図4−124のようになるから，三平方の定理より

$$V_0 = \sqrt{V_{R0}{}^2 + (V_{L0} - V_{C0})^2} = \sqrt{(RI_0)^2 + \left(\omega LI_0 - \dfrac{I_0}{\omega C}\right)^2}$$

$$= I_0\sqrt{R^2 + \left(\omega L - \dfrac{1}{\omega C}\right)^2} \tag{4·149}$$

ここで $Z = \sqrt{R^2 + \left(\omega L - \dfrac{1}{\omega C}\right)^2}$ (4·150)

とおくと，V_0とI_0，またはその実効値V_eとI_eとの間の関係は

$$V_0 = ZI_0, \quad V_e = ZI_e \tag{4·151}$$

となり，Z〔Ω〕は交流に対する回路全体の抵抗のはたらきをする量となることがわかる。これを **インピーダンス** という。また，同図より，位相差Φ〔rad〕は次の式を満たす角度であることがわかる。

$$\tan\Phi = \dfrac{\omega L - \dfrac{1}{\omega C}}{R} \tag{4·152}$$

補足 RLC直列回路での消費電力P〔W〕は次のようになる。

$$P = IV = I_0V_0 \sin\omega t \cdot \sin(\omega t + \Phi) \tag{4·153}$$

1周期についての平均の電力$\overline{P}$〔W〕は，計算により次のように求められる。

$$P = I_0V_0 \sin\omega t \cdot \sin(\omega t + \Phi)$$
$$= I_0V_0 \sin\omega t(\sin\omega t \cos\Phi + \cos\omega t \sin\Phi)$$
$$= I_0V_0(\sin^2\omega t \cos\Phi + \sin\omega t \cos\omega t \sin\Phi)$$

ここで，$\sin^2\omega t$の1周期についての平均は$\dfrac{1}{2}$（→ p.390），$\sin\omega t \cos\omega t = \dfrac{1}{2}\sin 2\omega t$（→ p.401）の平均は0であるから

$$\overline{P} = \dfrac{1}{2}I_0V_0 \cos\Phi = \dfrac{I_0}{\sqrt{2}}\dfrac{V_0}{\sqrt{2}}\cos\Phi = I_eV_e \cos\Phi \tag{4·154}$$

(4·154)式中の$\cos\Phi$を回路の**力率**という。

📖 **問題学習 ····· 159**

図の交流回路で，交流電流計は$I = 2.0$Aを指示している。交流電源の周波数を$f = \dfrac{100}{2\pi}$〔Hz〕として，次の値を求めよ。ただし，電流，電圧は実効値とする。

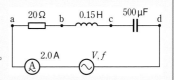

(1) ab間の電圧V_{ab}〔V〕，bc間の電圧V_{bc}〔V〕，cd間の電圧V_{cd}〔V〕

(2) ac間の電圧V_{ac}〔V〕，bd間の電圧V_{bd}〔V〕

(3) ad間の電圧（電源電圧）V〔V〕，回路全体のインピーダンスZ〔Ω〕

考え方 交流のRLC直列回路では，電圧の瞬間値では$V = V_R + V_L + V_C$となるが，実効値では $V_e = \sqrt{V_{Re}{}^2 + (V_{Le} - V_{Ce})^2}$，つまり $V_e \neq V_{Re} + V_{Le} + V_{Ce}$である。各部位ごとの電圧の和が，全体の電圧にはならない。

解答 (1) $V_{ab} = RI = 20 \times 2.0 = \mathbf{40\,V}$

この交流の角周波数 $\omega = 2\pi f = 2\pi \times \dfrac{100}{2\pi} = 100\,\text{rad/s}$ より，コイル，コンデンサーのリアクタンスはそれぞれ

$$X_L = \omega L = 100 \times 0.15 = 15\,\Omega$$

$$X_C = \frac{1}{\omega C} = \frac{1}{100 \times 500 \times 10^{-6}} = 20\,\Omega$$

よって $V_{bc} = X_L I = 15 \times 2.0 = \mathbf{30\,V}$

$$V_{cd} = X_C I = 20 \times 2.0 = \mathbf{40\,V}$$

(2) V_R と V_L の位相差 $\dfrac{\pi}{2}$ より $V_{ac}{}^2 = V_{ab}{}^2 + V_{bc}{}^2$

ゆえに $V_{ac} = \sqrt{V_{ab}{}^2 + V_{bc}{}^2} = \sqrt{40^2 + 30^2} = \mathbf{50\,V}$

また，V_L と V_C の位相差 π より

$$V_{bd} = |V_{bc} - V_{cd}| = |30 - 40| = \mathbf{10\,V}$$

(3) 電源電圧 V は，各素子の電圧の位相を考えて $V^2 = V_{ab}{}^2 + (V_{bc} - V_{cd})^2$

よって $V = \sqrt{40^2 + (30 - 40)^2} = \sqrt{1700} \fallingdotseq \mathbf{41\,V}$

また，回路全体のインピーダンス Z は，$V = ZI$ より

$$Z = \frac{V}{I} = \frac{41}{2.0} \fallingdotseq \mathbf{21\,\Omega}$$

〔別解〕 $Z = \sqrt{R^2 + \left(\omega L - \dfrac{1}{\omega C}\right)^2} = \sqrt{20^2 + (15 - 20)^2}$

$$= \sqrt{425} \fallingdotseq \mathbf{21\,\Omega}$$

基物 H 並列の交流回路 発展

　図4−122と同様な抵抗・コイル・コンデンサーのいずれかを，図4−125のように並列に接続し，交流電源につないだ場合，両端に加わる電圧がいつでも等しくなる。よって，交流電圧を基準として，以下のように考える(交流電圧の最大値を V_0 とする)。

①抵抗を流れる電流は，最大値 $I_{R0} = \dfrac{V_0}{R}$ で，電圧と同位相になる。

②コイルを流れる電流は，最大値 $I_{L0} = \dfrac{V_0}{\omega L}$ で，電圧より $\dfrac{\pi}{2}$ 位相が遅れる。

③コンデンサーを流れる電流は，最大値 $I_{C0} = \omega C V_0$ で，電圧より $\dfrac{\pi}{2}$ 位相が進む。

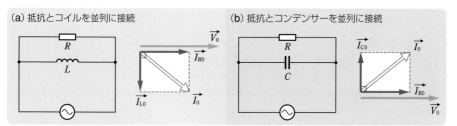

▲ 図4-125　並列の交流回路

1 直列の共振回路 図4-122と同様な,
交流電源, 抵抗, コイル, コンデンサーを
直列に接続した回路において, 交流電源の
周波数を変化させながら流れる電流の実
効値を測定すると, 特定の周波数で大きな
電流が流れる(図4-126)。この現象を回路
の **共振** という。

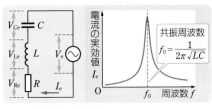

▲ 図4-126 交流回路の共振

抵抗, コイル, コンデンサーに加わる電圧の実効値
を V_{Re}, V_{Le}, V_{Ce}〔V〕とすると, 流れる電流の実効値は
$I_e = \dfrac{V_{Re}}{R}$〔A〕で表されるから, I_e を最大にして共振を
起こすためには, V_{Re} が最大であることが条件となる。
電源電圧の実効値を V_e〔V〕とすると, これと V_{Re}, V_{Le},
V_{Ce} との間の関係は図4-127(a)のようになり, V_e が一
定のもとで V_{Re} が最大となるには, 同図(b)のように
V_{Le} と V_{Ce} が等しければよいことがわかる。$V_{Le} = \omega L I_e$,
$V_{Ce} = \dfrac{I_e}{\omega C}$ より, 共振の条件は $\omega L = \dfrac{1}{\omega C}$ となるから,
共振が起こるときの交流の周波数 f_0〔Hz〕は次のよう
になる。

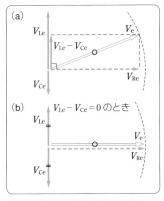

▲ 図4-127 共振が起こる条件

$$f_0 = \frac{\omega_0}{2\pi} = \frac{1}{2\pi\sqrt{LC}} \quad \left(\omega_0 = \frac{1}{\sqrt{LC}}\right) \qquad (4\cdot155)$$

これを **共振周波数** といい, 共振を起こしている回路を **共振回路** という。L と C の値を
調節して共振させることを, **同調** をとるといい, そのため共振回路を **同調回路** ともいう。

補足 回路全体のインピーダンス(→ p.405)を Z〔Ω〕とすると, $I_e = \dfrac{V_e}{Z}$ であるから, Z が最小の
ときに共振が起こる(I_e が最大になる)と考えてもよい。(4・150)式から, この条件は
$\omega L - \dfrac{1}{\omega C} = 0$ であり, (4・155)式と同じ結果になる。

2 並列の共振回路 図4-128のように, コイルとコンデンサーを並列に接続した回路で
は, 共振周波数 f_0 のとき, I_L と I_C は同じ大きさで位相が反転した状態となる(→ p.406)。
回路全体を流れる電流 I は I_L と I_C のベク
トル和であるから, このとき, I は0とな
る。

すなわち, 共振周波数のとき, LC直列
回路では電流が最大, LC並列回路では電
流が最小の値をとる(共振周波数は同じ値
である)。

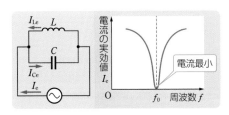

▲ 図4-128 並列の共振回路

図4−129のように，コイル，コンデンサー，電池および
スイッチ S_1，S_2 を接続する。まず，S_2 を開いたまま S_1 を
閉じてコンデンサーを充電する。次に S_1 を開き，S_2 を閉じ
ると，コンデンサーは放電をはじめ，電流が流れる。スイ
ッチを入れた直後は，電流の流れを妨げる向きにコイルに
誘導起電力が生じるので(自己誘導)，電流は流れないが

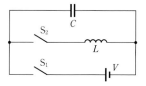

▲ 図4-129　振動回路

(図4−130①)，しだいに電流はゆっくりと増加する(同図②)。やがてコンデンサーに蓄え
られた電気量が0になるが(同図③)，コイルの自己誘導起電力のため，同じ向きに電流が
流れ続け(同図④)，コンデンサーの両極板は初めと反対の符号に帯電し(同図⑤)，電流は
0となる。この瞬間を境として電流は逆に流れはじめ，同様の経過でコンデンサーは初め
と同じ状態に充電される(同図⑨)。

このようにして，回路には一定周期で向きの変わる電流が流れ続ける。この現象を **電気
振動** といい，流れる電流を **振動電流** という。

コイルの自己インダクタンスを L〔H〕，コンデンサーの電気容量を C〔F〕，電気振動の角
周波数を ω〔rad/s〕とすると，コンデンサーとコイル両端の電圧は常に等しいので，共振回
路の場合と同様，$\omega L = \dfrac{1}{\omega C}$ が成りたつ。よって，電気振動の周波数 f〔Hz〕は

$$f = \frac{\omega}{2\pi} = \frac{1}{2\pi\sqrt{LC}} \tag{4・156}$$

となり，共振周波数に等しくなる。これを **固有周波数** という。

電気振動は，コンデンサーに蓄えられるエネルギーと，コイルに蓄えられるエネルギー
とのやりとりによって起こると考えられ，回路に抵抗がない場合は，その和は一定に保存
される。

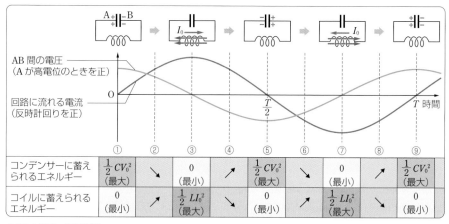

▲ 図4-130　電気振動

すなわち，極板間の電圧とコイルの電流を $V[\text{V}]$，$I[\text{A}]$ とすると

$$\frac{1}{2}CV^2 + \frac{1}{2}LI^2 = 一定 \qquad (4\cdot157)$$

これは，なめらかな水平面上でのばね振り子の単振動(→ p.150)での，ばねの弾性エネルギー $\frac{1}{2}kx^2$ と小球の運動エネルギー $\frac{1}{2}mv^2$ の関係に似ている。

ばね振り子は，空気の抵抗などにより，振動が小

▲ 図 4-131 電気振動の減衰

さくなりやがて止まる。電気振動の場合も，回路に抵抗があると振動はしだいに弱まり，**減衰振動** となって，やがて電流は流れなくなる(図 4-131)。

CHART 57 共振回路・振動回路

$$共振周波数 = 固有周波数 = \frac{1}{2\pi\sqrt{LC}} \qquad (4\cdot158)$$

⭐**Point1** 　直列の共振回路に流れる電流は，抵抗の抵抗値 R が小さいほど大きい。コイルやコンデンサーには無関係。

⭐**Point2** 　振動回路の電圧・電流の最大値は，エネルギー保存則から求めることができる。

さらに詳しく　並列の共振回路は，振動回路と同じはたらきをしている。

CHART 57 ⭐Point1

　直列回路のインピーダンス Z は，共振時には，$X_L = X_C$ より $Z = R$ となる。

このとき，電流の実効値 $= \dfrac{電圧の実効値}{R}$

となるから，R を十分に小さくとれば，電流は十分に大きくでき，L や C の両端からは，電源電圧よりはるかに大きい電圧をとりだすことができる。

CHART 57 ⭐Point2

　電気振動では，コンデンサーの電場とコイルの磁場との間でエネルギーのやりとりが行われる。コンデンサーのエネルギーが 0(電圧 $V = 0$)のとき，コイルのエネルギーは最大(電流 I が最大)，コイルのエネルギーが 0(電流 $I = 0$)のとき，コンデンサーのエネルギーは最大(電圧 V が最大)になる。

CHART 57 さらに詳しく

　LC の並列回路では，電流 I_L と I_C は逆位相になり，回路の分岐点に一方が流れこむときは他方は流れ出る。したがって，並列部分では，並列部だけでぐるっと回り，半周期ごとに向きを変える振動電流が流れる。電流は外に出てこないため，回路全体の電流 I は，共振時には 0 となる。

図のように，コンデンサーとコイルがスイッチS_2を通じて直列に接続されている。また，コンデンサーの両端に，スイッチS_1を通じて電池を接続してある。コンデンサーの電気容量$C = 10\mu F$，コイルのインダクタンス$L = 10H$，電池の起電力$E = 100V$とする。

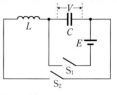

(1) S_2を開き，S_1を閉じてコンデンサーの充電が完了してからS_1を開いた。このとき，コンデンサーに蓄えられたエネルギー$U_C〔J〕$を求めよ。

(2) 次にS_2を閉じて，その直後からコンデンサーの両極間の電圧$V〔V〕$を測定すると，時間的に変化することがわかった。S_2を閉じた瞬間を$t = 0s$として，Vの時間変化の概形をグラフにかけ。ただし，図の右側のコンデンサー極板の電位が高いときをVの正の値に定める。

(3) この回路に流れる電流の最大値$I_0〔A〕$を求めよ。

(4) S_2を閉じてから電流が初めに$I_0〔A〕$になるまでの時間$t〔s〕$を求めよ。

(5) 回路の抵抗が無視できない場合，(2)のグラフはどのように変化するか，簡潔に述べよ。

考え方 (3) 回路に流れる電流はエネルギー保存則により求められる（→ **CHART 57** —**✿Point2**）。電流が最大になるときは，コンデンサーに蓄えられたエネルギーが0になったときである。

解答 (1) $U_C = \dfrac{1}{2}CE^2 = \dfrac{1}{2} \times 10 \times 10^{-6} \times 100^2 = \textbf{5.0} \times \textbf{10}^{-2}\textbf{J}$

(2) 周期$T = 2\pi\sqrt{LC} = 2\pi \times 10^{-2}〔s〕$の電気振動となる。
$t = 0s$で$V = 100V$（最大値）であるから，図の①のようなグラフとなる。

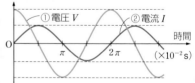

(3) コンデンサーに蓄えられるエネルギーが0のとき，電流は最大となる。
エネルギー保存則より

$$U_C + 0 = 0 + \dfrac{1}{2}LI_0^2$$

よって $I_0 = \sqrt{\dfrac{2U_C}{L}} = \sqrt{\dfrac{2 \times 5.0 \times 10^{-2}}{10}} = \textbf{0.10A}$

(4) 電流の時間変化のグラフは図の②のようになるから

$$t = \dfrac{T}{4} = \dfrac{1}{4} \times 2 \times 3.14 \times 10^{-2} \fallingdotseq \textbf{1.6} \times \textbf{10}^{-2}\textbf{s}$$

(5) **抵抗でのジュール熱によりエネルギーが消費されるため，時間とともに交流電圧の振幅が小さくなっていく。**

5 電磁波

ファラデーは，電気振動は電荷の高速の往復運動であることから，この振動によってまわりの電場が急速にかき乱されるであろうと考えた。また，電流は磁場をつくるから，まわりの磁場も急速に変化するであろうとした。マクスウェルは，電気振動によって生じる電場および磁場の変化は，光の速さに等しい速さで，横波としてまわりに伝わると予言し(1864年)，後にこの考えは，ヘルツによって実験的に確かめられた(1888年)。この波を**電磁波**という。

マクスウェルはさらに，光が横波であり，理論的に計算した真空中の電磁波の速さと同じ速さで伝播することから，光も電磁波の一種であると考えた(1871年)。その後，赤外線や紫外線，X線やγ線も電磁波の一種であることがわかった。

基物 B 電磁波の発生

図4−132のように，コイルに磁石を近づけたり遠ざけたりすると，コイル内の磁場が変化し，その変化を妨げる向きにコイルに誘導電流が流れる。これは，コイルにそって電場が生じたためである。マクスウェルは，コイルのような導線がない空間でも，このことが成りたつとした。つまり，

▲ 図 4-132　磁場の変化による電場の発生

磁場が変化すると，そのまわりの空間に電場が生じる。

また，図4−133のように，コンデンサーに交流電圧を加えて極板間の電場を変動させるとき，極板間に図のような環状のコイルを入れておくと，このコイルに電流が流れる。これは，コンデンサーによる電場が変化することでそれに伴う磁場も変化し，この変化した磁場の影響でコイルに誘導起電力が生じ電流が流れたため，と解釈できる。つまり，

電場が変化すると，そのまわりの空間に磁場が生じる。

この場合の磁場は，回路に流れる電流が極板間を流れたとしたときにできる磁場と等しい。

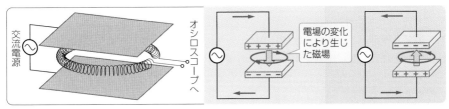

▲ 図 4-133　電場の変化による磁場の発生

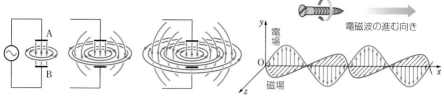

▲ 図4-134　電磁波の発生

　コンデンサーに交流電圧を加えると，極板間に振動する電場が生じ，これによって磁場ができる。この磁場の変動によってまた電場ができ，これら電場と磁場の変動が次々と生まれ，極板間から順次まわりの空間に，図4−134のような形で広がっていく。この波が電磁波である。

　電磁波の伝播には以下のような特徴がある。

①電場の振動方向と磁場の振動方向とは互いに垂直で，電場と磁場の位相は一致している。また，電場の向きから磁場の向きへ右ねじを回転するとき，ねじの進む向きが電磁波の進む向きとなる。

②電磁波は真空中および絶縁物質中でも伝搬し，伝わる速さはその中の光の速さと等しく，およそ $c = 3 \times 10^8$ m/s である。

　　真空中の電磁波の速さは，理論的には，誘電率 ε_0〔F/m〕と透磁率 μ_0〔N/A^2〕を用いて次の式で表される。

$$c = \frac{1}{\sqrt{\varepsilon_0 \mu_0}} \tag{4·159}$$

③電磁波はその進む向きに圧力を及ぼす。これを **放射圧** という。

基物 C　電磁波の性質

　光以外の電磁波も光と同様，横波であるので，以下のような性質をもつ(図4−135)。

(1) **偏り**　送信アンテナの方向に，受信アンテナを同図(a)①のようにセットするとよく受信できる。しかし，(a)②のように受信アンテナを90°回転すると，ほとんど受信できない。

　　これは電波が横波で，偏っていることを示している。電波の電場の振動方向と受信アンテナの方向が一致していると，この電場によってアンテナ内の自由電子が強く振動するが，垂直の方向では十分な振動ができないからである。

(2) **遮蔽**　送信アンテナと受信アンテナの間に大きな金属板を立てると，電磁波は遮蔽される。

(3) **回折と干渉**　ラジオの電波(中波)は山の陰にも届くが，テレビの電波(超短波)は届かないので，山頂で中継をする。波長の長い中波はよく回折して陰の部分にまわりこむが，波長の短い超短波は回折しにくいためである。回折した電波は互いに重なりあって干渉するから，ラジオの受信では場所によってよく聞こえる所と，聞こえにくい所ができる。

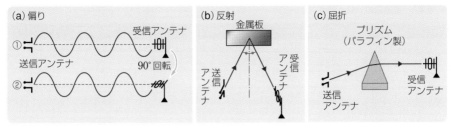

▲ 図 4-135　電磁波の性質

(4) **反射と屈折**　電波発信器の送信アンテナの軸を金属板に向けて電波を発信すると，反射の法則にしたがう方向に受信アンテナを置いたとき強く受信される(同図(b))。これは，金属板がよく電波を反射することを示している。また，パラフィン製などのプリズム面に斜めに電波を当てると，電波の波面はプリズム面で屈折し，その方向で受信アンテナは強く反応する(同図(c))。

基物 D　電磁波の分類

電磁波は，波長の長いほうから，次のように分類される(図4-136)。

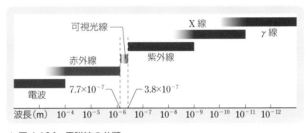

▲ 図 4-136　電磁波の分類

(1) **電波**　赤外線より波長の長い電磁波を総称して電波という。波長の長さによって，さらに次のページの表4-7のような名称がつけられている。通信・放送などでよく利用される。

参考　**電波の変調**　ラジオやテレビの放送では，一定の周波数の電波(**搬送波**)を利用する。音声や映像の情報を電気信号に変換し，その電気信号に応じて搬送波を変化させて電波を送信している。

搬送波を音声や映像の信号で変化させることを **変調** という。変調には，搬送波の振幅を変調させる方法の **振幅変調**(AM方式)や，搬送波の周波数を変調させる方法の **周波数変調**(FM方式)などがある。

(2) **赤外線**　太陽や白熱電球など高温物体から放射される。物体に当たると吸収されて熱エネルギーになりやすいので，**熱線** ともいわれる。

(3) **可視光線**　目に感じる電磁波で，波長は 7.7×10^{-7}m(赤色)から 3.8×10^{-7}m(青紫色)の範囲である。

(4) **紫外線**　非常に温度の高い物体から放射され，太陽光線にも含まれている。紫外線は物質に化学変化を起こさせやすいので，殺菌や化学作用に利用されている。また，日焼けなどの原因となる。

(5) **X線**　高速の電子が物質に衝突して急に減速したりするときに発生する(→ *p*.431)。

名称		波長(m)	〔周波数(Hz)〕	おもな用途
電波	超長波(VLF)	10^4 ～10^5	〔3×10^3～3×10^4〕	
	長波(LF)	10^3 ～10^4	〔3×10^4～3×10^5〕	標準電波
	中波(MF)	10^2 ～10^3	〔3×10^5～3×10^6〕	AM ラジオ放送
	短波(HF)	10 ～10^2	〔3×10^6～3×10^7〕	非接触 IC カード
	超短波(VHF)	1 ～10	〔3×10^7～3×10^8〕	FM ラジオ放送
	極超短波(UHF)	10^{-1}～1	〔3×10^8～3×10^9〕	TV 放送，携帯電話，電子レンジ
	センチ波(SHF)	10^{-2}～10^{-1}	〔3×10^9～3×10^{10}〕	レーダー，衛星放送
	ミリ波(EHF)	10^{-3}～10^{-2}	〔3×10^{10}～3×10^{11}〕	レーダー，衛星通信，電波望遠鏡
	サブミリ波	10^{-4}～10^{-3}	〔3×10^{11}～3×10^{12}〕	
赤外線		7.7×10^{-7}～10^{-3}		赤外線写真，暖房器具
可視光線		3.8×10^{-7}～7.7×10^{-7}		光学器械
紫外線		10^{-10}～3.8×10^{-7}		殺菌，化学作用の利用
X線		10^{-12}～10^{-9}		X線写真，医療
γ線		～10^{-11}		食品照射，医療

（電波の行の「超長波～サブミリ波」のうち「極超短波～サブミリ波」は「マイクロ波」に分類される）

〔注〕　紫外線，X線，γ線の境界ははっきりと定まっていない。

　　写真のフィルムを感光させたり，気体を電離させたりする。医療や工業用のX線写真などに利用される。

(6) **γ線**　波長が最も短い電磁波である。主に放射性元素から放出され(→ p.457)，透過力が強い。また，電離作用も強い。食品照射や医療用に用いられる。

E　高温の物体からの放射

　　物体(例えば鉄のような固体)の温度を徐々に上げていくと，温度が高くなるにつれてしだいに赤味を帯びた光を出すようになる。さらに温度が高くなると，物体の色は白っぽくなり，光の量も著しく増大する。このように，物体がみずから光や赤外線などの電磁波を放射する現象を**熱放射**という。

　　熱放射の電磁波は，主として物体内の電子の熱運動によって放出される。よって，電磁波の波長(振動数)の分布は物体の温度によって定まり(図4-137)，物体の種類にはよらない。

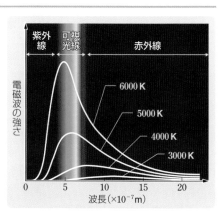

▲ 図 4-137　熱放射の波長(振動数)分布

　　物体の温度が低い間は，長波長の電磁波が多く放射され(数100℃程度ではほとんど赤外線が放射される)，温度が高くなるにつれて，短波長の電磁波が含まれる割合が多くなり，全体としての放射量も増加する。

第**5**編

原子

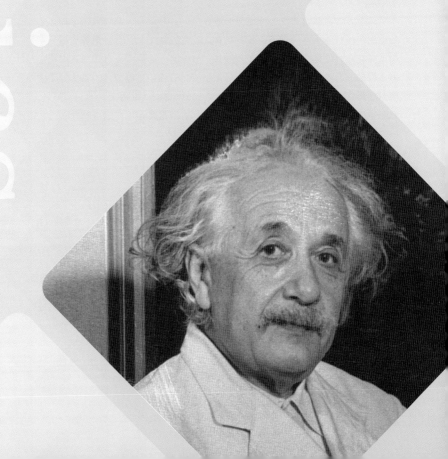

第1章

電子と光

1 電子
2 光の粒子性
3 X線
4 粒子の波動性

---

1 電子

ⓘ A 気体放電

　空気などの気体は，ふつう電気を通さない。しかし，高い電圧を加えると，気体の中でも電流が流れるようになる。気体の中で電流が流れる現象を **気体放電** という。雷雨にともなって見られる稲光，空気の乾燥時に，セーターを脱ぐときにでる火花などは気体放電による現象である。高い電圧によって生じている強い電場では，気体分子中の原子から電子が引き離され，原子が陽イオンと電子とに分かれる（**電離** という）。さらに，その電子が他の原子にぶつかって電離させる。このように，電離がくり返されながら，電子やイオンが移動するため，気体中を電流が流れる。

ⓘ B 陰極線

1 真空放電　ガラス管の両端に電極をとりつけ，高い電圧を加えておく。初め，管内の気圧が1気圧（≒ 1.0×10^5 Pa）ほどの状態では電流は流れないが，真空ポンプで管内の空気を抜いて気圧を下げていくと，管内の空気が光りだし，電流が流れるようになる。このような希薄な気体による放電を **真空放電** という。

▲ 図 5-1　放電管

　管内の気圧をさらに下げていくと，管内の光は消え，陽極側のガラス管壁が黄緑色の蛍光を発するようになる。

> **補足** 蛍光
> 　　　自分から発光するのではなく，他の光や粒子など（紫外線，X線，陰極線など）の照射を受けて発光する光を **蛍光** という。蛍光灯，テレビのブラウン管などの光がこれである。

2 陰極線とその性質

真空放電の実験は，19世紀末頃に盛んに行われた。陽極側のガラス管壁が蛍光を出すのは，陰極から何かが出て陽極に向かって進み，管壁にぶつかるためであると考えられ，この何かを **陰極線** とよんだ。実験の結果，次のような陰極線の性質がわかった。

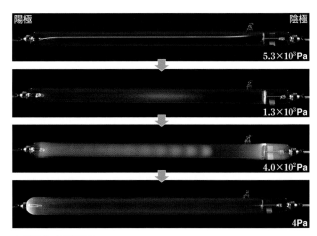

▲ 図 5-2　真空放電

(1) 写真フィルムを感光させる(**写真作用**)。

(2) 蛍光物質に当たると，蛍光を出させる(**蛍光作用**)。

(3) 原子や分子に当たってイオンをつくる(**電離作用**)。

(4) 進路をさえぎる金属板を置くと，その後方に同じ形の影ができる(図5-3(a))。

(5) 進路をはさんで1組の電極A，Bを置き，電圧を加え，A，B間に電場をつくると，進路は電場と逆の向きに曲げられる(同図(b))。

(6) 陰極線に磁石を近づけると，その磁場により進路が曲げられる(同図(c))。

(7) 性質(1)〜(6)は，陰極の金属の種類や管内の気体の種類には関係がない。

3 陰極線の本体

上記の(4)〜(7)のような性質から，陰極線は負電荷をもつ1種類の粒子の流れで，その粒子はすべての物質の中に含まれる基本的な粒子であることがわかった。この粒子が **電子** である。すなわち，陰極線は **電子線** である。

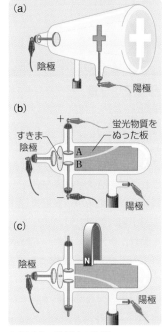

▲ 図 5-3　陰極線の性質

⚡物 C 蛍光灯のしくみ

蛍光灯は，真空放電を利用した照明器具で，そのしくみは次ページの図5-4のようになっている。

補足 図5-4において，バイメタルは線膨張率が異なる2つの金属を貼りあわせたもので，温度が変化したときの2つの金属板の伸びが異なるため，温度が上昇すると伸びの小さい板のほうへ曲がる。

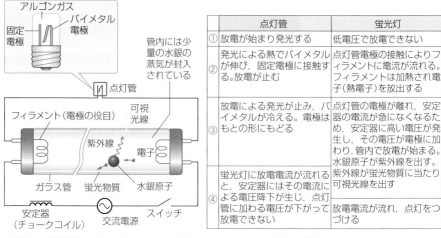

	点灯管	蛍光灯
①	放電が始まり発光する	低電圧で放電できない
②	発光による熱でバイメタルが伸び，固定電極に接触する。放電が止む	点灯管電極の接触によりフィラメントに電流が流れる。フィラメントは加熱され電子（熱電子）を放出する
③	放電による発光が止み，バイメタルが冷える。電極はもとの形にもどる	点灯管の電極が離れ，安定器の電流が急になくなるため，安定器に高い電圧が発生し，その電圧が電極に加わり，管内で放電が始まる。水銀原子が紫外線を出す。紫外線が蛍光物質に当たり可視光線を出す
④	蛍光灯に放電電流が流れると，安定器にはその電流による電圧降下が生じ，点灯管に加わる電圧が下がって放電できない	放電電流が流れ，点灯をつづける

▲ 図 5-4　蛍光灯のしくみ　スイッチを入れると，①〜④のようなしくみで点灯する。

D　電子の比電荷の測定

1 ブラウン管　ブラウン管は熱電子の細い束（ビーム）を利用して，いろいろな電磁現象を光学像として観察する真空管である（図5-5）。陰極 K がヒーターによって加熱され，発生した熱電子線（陰極線）は，高電圧で加速されて陽極 A の小穴を通過し，互いに直角に置かれた 2 組の平行板電極（垂直偏向板 P, Q と水平偏向板 R, S）の間を通って電気的偏向を受け，蛍光面に当たって輝点をつくる。これらの電極を **偏向電極** という。

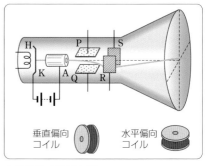

▲ 図 5-5　ブラウン管

　偏向電極のかわりに 2 組のコイルを偏向電極の位置に置き，これに電流を流してコイル間に磁場をつくり，電子ビームに電磁的偏向を与える構造のものもある。これらのコイルを **偏向コイル** という。

> **参考**　ブラウン管の蛍光面の輝点は，電圧の変化に応じて瞬間的に忠実に動く。したがって，周期の短い振動現象を調べるとき，この振動を電圧の変化に変えて垂直偏向板（上下方向偏向板）に加え，水平偏向板には，ある値に達すると瞬間的に 0 にもどるように変化するのこぎり歯状の電圧を加え，その周期を振動現象の周期と一致させると，その振動の波形（縦軸に変位，横軸に時間）が蛍光面に輝線で描かれる。ブラウン管オシロスコープは，この原理を用いた装置である。

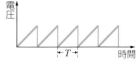

▲ 図 5-6　のこぎり歯状の電圧

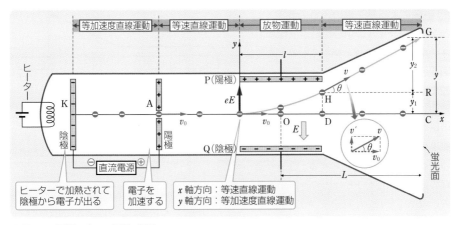

▲図 5-7　電場の中での電子の運動

2　電場による電子線のふれの測定　電子(陰極線粒子)の電気量を $-e$〔C〕, 質量を m〔kg〕とする。ブラウン管の陽極 A の小穴を速度 v_0〔m/s〕で通過した電子が, 偏向板の間の電場に, その方向に垂直(偏向板に平行)に入射し, 電場によって向きを変えられ, 蛍光面上の点 G に輝点を生じたとする。点 C は電場がない場合の輝点の位置で, 蛍光面はこのときの電子の経路に垂直であるとする。電場の強さを E〔V/m〕とすると, 電子にはたらく力は $F = eE$〔N〕, 電子が得る加速度は　$a = \dfrac{F}{m} = \dfrac{eE}{m}$〔m/s²〕である。電子が電場を出るときの, 上下方向の位置のずれ DH の大きさを y_1〔m〕, 電子が電場を通過する時間を t〔s〕, 偏向板の長さを l〔m〕とすると

$$y_1 = \frac{1}{2}at^2 = \frac{1}{2}\left(\frac{eE}{m}\right)\left(\frac{l}{v_0}\right)^2 = \frac{El^2}{2}\left(\frac{e}{m}\cdot\frac{1}{v_0{}^2}\right)$$

電場を出てからは, 電子は等速直線運動をして点 G で蛍光面に当たる。H から蛍光面に下ろした垂線の足を R, 偏向板間の中心を点 O, $OC = L$〔m〕とすると, $HR = L - (l/2)$〔m〕となる。$RG = y_2$〔m〕とし, H における速度の電場方向の成分を v'〔m/s〕とすると

$$v' = at = \left(\frac{eE}{m}\right)\left(\frac{l}{v_0}\right) \qquad ゆえに \quad \frac{RG}{HR} = \frac{y_2}{L-(l/2)} = \frac{v'}{v_0} = \frac{eEl}{mv_0}\cdot\frac{1}{v_0}$$

したがって　$y_2 = \left(L - \dfrac{l}{2}\right)\dfrac{e}{m}\cdot\dfrac{El}{v_0{}^2}$

よって, 電場によるふれは

$$y = y_1 + y_2 = \frac{e}{m}\cdot\frac{El}{v_0{}^2}L$$

ゆえに　$\dfrac{e}{m} = \dfrac{v_0{}^2}{ElL}y$ 　　　　(5・1)

上式から電子の x 軸方向の速度成分 v_0〔m/s〕がわかれば, e/m〔C/kg〕の値も求めることができる。この e/m を電子の **比電荷** という。

> **NOTE**
>
> 復習
>
> 等速直線運動　　　　$x = vt$
>
> 初速度 0 の
> 等加速度直線運動 $\begin{cases} v = at \\ x = \dfrac{1}{2}at^2 \end{cases}$
>
> 運動方程式　　　　　$ma = F$

⓷ 磁場による電子線のふれの測定

2つの偏向コイルの中心を結ぶ直線は，ブラウン管の中心軸と交わるものとする。図5−8の黄色の円 O の部分が磁場の範囲であるとし，その直径を d〔m〕とする。紙面の表から裏に向かう磁束密度 B〔T〕の磁場に電子が速度 v_0〔m/s〕で入射し，磁場によって向きを変えられ，蛍光面上の点 G に輝点を生じたとする。電子の経路の磁場内の部分 FE は円の一部で，その円の中心を O′，半径を R〔m〕とすると，向心力＝ローレンツ力　より

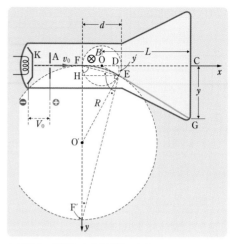

$$\frac{mv_0^2}{R} = ev_0B$$

ゆえに　$\dfrac{1}{R} = B\left(\dfrac{e}{m}\cdot\dfrac{1}{v_0}\right)$ 　　……①

▲ 図5-8　磁場による電子線のふれ

電子が磁場から出るときの上下方向の位置のずれの大きさを $y′$〔m〕，F を通る円 O′ の直径を FF′（$= 2R$），E から FF′ に下ろした垂線の足を H とすると，△EHF ∽ △F′HE より

$$\frac{EH}{FH} = \frac{F'H}{EH} \qquad \text{よって} \quad EH^2 = FH\cdot F'H$$

位置のずれ $y′$ が小さく，点 E は中心軸の近くにあるとすると　$EH \fallingdotseq d$
また，$FH = DE = y′$，$F'H = FF' - FH = 2R - y′$　より

$$d^2 = y'(2R - y')$$

ここで $y′ \ll R$ とすると　$d^2 = 2Ry′$　から　$\dfrac{1}{R} = \dfrac{2y'}{d^2}$
となる。

これを前述のローレンツ力による式①に代入すると

$$\frac{2y'}{d^2} = B\left(\frac{e}{m}\cdot\frac{1}{v_0}\right) \qquad \text{ゆえに} \quad y' = \frac{Bd^2}{2}\left(\frac{e}{m}\cdot\frac{1}{v_0}\right) \qquad ……②$$

磁場を出てからは電子は等速直線運動をする。その経路 EG を逆に延長すると，磁場の中心 O を通るから △OED ∽ △OGC となり，$\dfrac{DE}{DO} = \dfrac{CG}{CO}$ である。$CG = y$〔m〕，$CO = L$〔m〕とすると　$\dfrac{y'}{d/2} = \dfrac{y}{L}$ 　ゆえに　$y' = \dfrac{d}{2L}y$ 　　……③

③式を②式に代入すると

$$\frac{d}{2L}y = \frac{Bd^2}{2}\left(\frac{e}{m}\cdot\frac{1}{v_0}\right)$$

したがって，次の式が得られる。

$$y = BLd\left(\frac{e}{m}\cdot\frac{1}{v_0}\right) \tag{5・2}$$

磁束密度のかわりに磁場の強さ H〔A/m〕が与えられているときは，上式の B のかわりに

$\mu_0 H$ とおけばよい。

このようにして得られた $(5\cdot1)$, $(5\cdot2)$ 式で, $\dfrac{e}{m}$, v_0 以外は測定できる量であるから, 両式より電子の比電荷 $\dfrac{e}{m}$ および速度 v_0 を求めることができる。現在得られている比電荷の値は次の通りである。

$$\frac{e}{m} = 1.758820150 \times 10^{11}(\fallingdotseq 1.76 \times 10^{11})\,\text{C/kg}$$

補足 電子の加速のための電極板 K, A 間に加える電圧を V_0 とすると

$$\frac{1}{2}mv_0^2 = eV_0 \qquad \text{ゆえに} \quad \frac{1}{2V_0} = \frac{e}{m} \cdot \frac{1}{v_0^2}$$

これを $(5\cdot2)$ 式と組み合わせて $\dfrac{e}{m}$ と v_0 を求めることもできる。

4 電子の速さの測定 偏向板と偏向コイルを図5-9のように置き, 電場 E と磁場 B を直交するように加えると, 電子は電場から静電気力 $F = eE$ を受け, 磁場から電磁力 $F' = ev_0B$ を受ける。

E と B を適当に調節し, 蛍光面の輝点の位置が中央になるようにすると

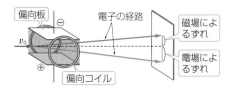

▲ 図5-9 偏向板と偏向コイルの組みあわせ

$$F = F' \quad \text{より} \quad eE = ev_0B \qquad \text{ゆえに} \quad v_0 = \frac{E}{B}$$

これによって速度 v_0 が求められるから, $(5\cdot1)$ 式または $(5\cdot2)$ 式に代入して, 比電荷 $\dfrac{e}{m}$ を求めることもできる。

問題学習 …… 161

電子線が, 磁束密度 $2.5 \times 10^{-3}\,\text{T}$ の磁場に垂直に入射した。この磁場に垂直に強さ $5.0 \times 10^3\,\text{V/m}$ の電場を加えたら, 電子線は曲がらずに直進した。

(1) この電子の速さは何 m/s か。

(2) 電場を取り去ると, 電子は磁場中で円運動する。磁場によって描く円軌道の半径を測定すると, $4.5 \times 10^{-3}\,\text{m}$ であった。
　　電子の比電荷は何 C/kg となるか。

解答 (1) 電子線が直進するとき, 磁場から受ける力 evB =電場から受ける力 eE となっている。したがって

$$v = \frac{E}{B} = \frac{5.0 \times 10^3}{2.5 \times 10^{-3}} = \mathbf{2.0 \times 10^6\,m/s}$$

(2) 円運動の向心力＝ローレンツ力　より　$\dfrac{mv^2}{r} = evB$

　ゆえに　$\dfrac{e}{m} = \dfrac{v}{Br} = \dfrac{2.0 \times 10^6}{2.5 \times 10^{-3} \times 4.5 \times 10^{-3}}$

　　　　　$\fallingdotseq \mathbf{1.8 \times 10^{11}\,C/kg}$

1 ミリカンの油滴実験　ミリカンは電荷を与えた不揮発性の油滴が電場内で運動するようすを観測することで，初めて電子の電気量を正確に測定した(1909 年)。この実験を**ミリカンの油滴実験**という。図5-10 はその装置の原理を示したものである。まず，霧吹きによってつくった油の細かい粒を水平に置かれた 2 枚の金属板の上から落とし，板の中央に開けた小穴を通って落下するものを横から光で照らして顕微鏡で観察する。

金属板(電極板)を電源につながないときは，油滴は重力によって自由落下するが，上向きにはたらく空気の抵抗力と下向きにはたらく重力とがつりあうようになると，油滴は等速で落下する。油滴の速度が小さいときの空気の抵抗力は，速度に比例することが知られているから，その比例定数を k とし，等速の落下速度を v_1〔m/s〕，油滴の質量を m〔kg〕，重力加速度の大きさを g〔m/s²〕とすると

　空気の抵抗力↑＝重力↓　となる。

ゆえに　$kv_1 = mg$　　　　　　　　　　　　　　　　　　　　……①

次に，X線などの放射線を照射し，空気を電離させて正負のイオンをつくると，これが付着した油滴は正または負に帯電する。そこで，上下の電極板を直流電源につないで電場をつくると，油滴には上の 2 種の力の他に静電気力が作用し，前と異なる等速で上昇または下降するようになる。このときの速度を v_2〔m/s〕とし，油滴の電気量を q〔C〕，電極間の電場の強さを E〔V/m〕とすると，上昇の場合には下向きに空気の抵抗力と重力がはたらき，上向きに静電気力がはたらくから

　静電気力↑＝重力↓＋抵抗力↓　となる。

ゆえに　$qE = mg + kv_2$　　　　　　　　　　　　　　　　　……②

①式を②式に代入すると

　　　$qE = k(v_1 + v_2)$　　　　　　　　　　　　　　　　　……③

となる。

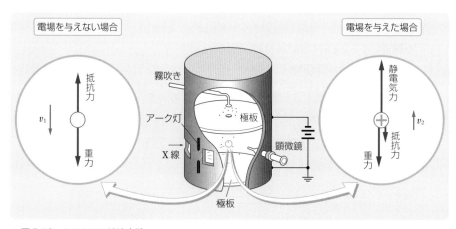

▲ **図5-10　ミリカンの油滴実験**

電場の強さ E は，極板間の電位差 V を極板間隔 d でわったもの $\left(E = \dfrac{V}{d} \right)$ で与えられ，比例定数 k は電場を加えないときの等速落下の観測で，例えば油の密度 $\rho \left[\text{kg/m}^3 \right]$ と油滴の半径 r を測定することによって質量 $m \left(= \dfrac{4}{3} \pi r^3 \rho \right)$ を知り，①式　$k v_1 = mg$　によって定めることができる。また，油滴の速度 v_1，v_2 も測定できるから③式により油滴の電気量 q を求めることができる。ミリカンはくり返し実験を行って，多くの油滴についてその電気量 q を測定したところ，q はある電気量 e の整数倍，すなわち $q = e$, $2e$, $3e$, ……であり，e より小さい q は見出されなかった。このことから，e は自然界に存在する電気量の最小単位と考えられるので，これを **電気素量** ということにした。

電気素量の現在の測定値は次の通りである。

$$e = 1.602176634 \times 10^{-19} (\fallingdotseq 1.60 \times 10^{-19}) \text{C}$$

2 電子の電気量と質量　ミリカンの実験で油滴の電気量が電気素量 e の整数倍になることは，電離作用を受けた空気分子(原子)の陽イオン，または遊離した電子の陰イオンにより油滴は電荷を得たのであるから，1個の電子のもつ電気量の絶対値が電気素量そのものであることを意味する。電子のもつ電気量がわかれば，比電荷 $\dfrac{e}{m}$ の値と組み合わせ，電子の質量を求めることができる。

電子の質量 $m \left[\text{kg} \right]$ は次のような値になる。

$$m = e \div \dfrac{e}{m} = (1.602176634 \times 10^{-19}) \div (1.75882001076 \times 10^{11})$$
$$\fallingdotseq 9.1093837015 \times 10^{-31} (\fallingdotseq 9.11 \times 10^{-31}) \text{kg}$$

📖 問題学習 ····· 162

電気素量を求める実験で，いろいろな油滴の電気量 $q \left[\text{C} \right]$ を測定し，次の結果を得た。q は電気素量 $e \left[\text{C} \right]$ の整数倍であるとして，e の値を求めよ。

　　q の値：3.21，6.41，8.03，12.80，14.41　（$\times 10^{-19}$ C）

考え方　ミリカンの油滴実験から電気素量を求める場合，隣りあった2つの測定値の差を順にとると値が小さくなって見やすくなる。それらの値はほぼ 1.6 の整数倍になることから e の値はほぼ 1.6×10^{-19} C と考えることができる。各測定値を e の整数倍とおいて e の平均値を求める。

解答　測定値の差を順にとると 3.20，1.62，4.77，1.61 となり，これらはほぼ 1.6 の 2 倍，1 倍，3 倍，1 倍であることが容易にわかる。これから e の値はほぼ 1.6×10^{-19} C と考えられる。したがって，各測定値は $2e$, $4e$, $5e$, $8e$, $9e$ としてよいから，e の平均値は

$$e = \dfrac{(3.21 + 6.41 + 8.03 + 12.80 + 14.41) \times 10^{-19}}{2 + 4 + 5 + 8 + 9}$$
$$= \dfrac{44.86 \times 10^{-19}}{28} \fallingdotseq \mathbf{1.60 \times 10^{-19}} \textbf{C}$$

次の(1)～(4)の各問いに答えよ。

(1) 質量 5.7×10^{-15} kg の油滴が一定の速さで落下している。このとき，油滴がまわりの空気から受ける抵抗力の大きさは速さに比例するものとして，抵抗力の値を求めよ。なお，重力加速度の大きさを 9.8 m/s² とする。

(2) この油滴に鉛直下向きに 1.4×10^5 N/C の電場を加えたところ，油滴は上昇し始めた。なぜか。

(3) このとき上昇の速さが最終的には電場を加える前と同じ速さになった。この油滴がもつ電気量の大きさを求めよ。

(4) いろいろな油滴について上記の実験をくり返して，その電気量の大きさを測定したところ，上記のほかに

   11.2， 9.6， 4.8， 3.2 （単位は× 10^{-19} C）

の値が得られた。

   これからなにが求められるか。また，その値はいくらか。

考え方 (1) 物体の重力による落下運動においては，落下の速さの増加につれて空気の抵抗力も増し，抵抗力が重力に等しくなると，以後物体は等速運動となる。

(3) 電場による静電気力が，油滴にはたらく重力と油滴にはたらく空気の抵抗力との和に等しくなると，油滴は一定の速さで上昇するようになる。

(4) 隣りあう2つの電気量の差をとってみる。

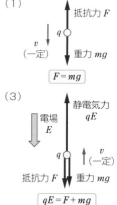

解答 (1) 落下の速さが一定であるから，空気の抵抗力は油滴にはたらく重力に等しい。

$$F = mg = 5.7 \times 10^{-15} \times 9.8 \fallingdotseq \mathbf{5.6 \times 10^{-14} N}$$

(2) 油滴が負に帯電していたため，電場からの静電気力が油滴にはたらく重力よりも大きくなって油滴は上昇を始めた。

(3) 静電気力が油滴にはたらく重力と空気の抵抗力の和と等しくなると，上昇の速さは一定となる。

$$qE = F + mg = 2mg \quad より$$
$$q = \frac{2mg}{E} = \frac{2 \times 5.6 \times 10^{-14}}{1.4 \times 10^5} = \mathbf{8.0 \times 10^{-19} C}$$

(4) 得られた油滴の電気量 11.2，9.6，8.0，4.8，3.2(× 10^{-19} C)の隣りあう数値の差をとると，1.6，1.6，3.2，1.6 となり，各値は 1.6 の 7，6，5，3，2 倍となっている。これより，電気量の最小単位である**電気素量** e が求められる。

$$平均値\ e = \frac{11.2 + 9.6 + 8.0 + 4.8 + 3.2}{7 + 6 + 5 + 3 + 2} \times 10^{-19} = \mathbf{1.6 \times 10^{-19} C}$$

2 光の粒子性

A 光電効果

1 光電効果 19世紀の末に，負に帯電した物体に紫外線を当てると負電気が失われ，正に帯電した物体に当てたときは正電気が失われないことが注目された。その後，紫外線を金属面に当てると，その面から電子が放出されることが見出され，これが上の現象を引き起こす原因であることが明らかになった。

このように，金属の表面に紫外線，X線，γ線などの光を当てると，その表面

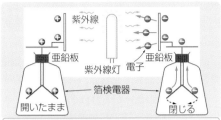

負に帯電した箔検電器に亜鉛板をつなぎ，紫外線を当てると電子が飛び出し，箔が閉じる。
正に帯電している場合は，箔は開いたままである。

▲ 図 5-11　光電効果

から電子が飛び出す現象を **光電効果** といい，飛び出す電子を **光電子** という。

一般に，金属内部には自由電子が存在し，これらの電子は金属内で陽イオンとなっている原子からの引力を受けているので，外部には自由に飛び出すことができない。しかし，外部から光を当ててエネルギーを与えると，電子は金属原子の束縛を振り切って，光電効果として金属の外に飛び出してくる。このエネルギーの最小値は金属の種類によって異なっており，この値をその金属の **仕事関数** という。

2 光電管 光電効果を利用した装置に，光の強さの変化に応じて変化する電流を得る **光電管** がある。これは，真空のガラス管内面に光電効果の著しい物質を付着させた陰極と，管の中央に光をできるだけさえぎらないように，小さい板または線でつくった陽極を置いた真空管である。

光電子によって流れる電流を **光電流** という。

図 5−12 は光電流を得る装置の原理図である。光が管の透明部(窓)を通って入射して陰極面に当たると，光電子が放出され，これは中央の陽極に引きつけられて回路に光電流が流れる。光の強さが周期的に変化する場合には，回路の抵抗器の両端に光の変化に応じて変化する振動電圧が生じるから，これを増幅して強い振動電流が得られる。

また，光電子を高電圧で加速し増幅して計数する，光電子増倍管といった非常に高感度な光センサーが実用化されている。

補足 陰極(光電面)の物質としては，K(カリウム)・Rb(ルビジウム)・Cs(セシウム)といったアルカリ元素とSb(アンチモン)との複合体が多く用いられる。

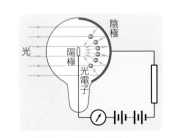

▲ 図 5-12　光電管の原理

3 光電効果の性質 図5−13(a)のような光電管を利用した装置を用い，光電面に当てる光の振動数や強さを変えたとき，その面から放出される電子の数(光電流の強さ)や運動エネルギーの最大値がどのように変化するかを調べよう。

光電管の回路中の可変抵抗器の接点CとOを一致させると，陽極Pと陰極Kとの間の電圧は0Vとなる。接点CをA側にすると，陽極Pは電位が正となる。したがって，陰極K(光電面)から放出される光電子はPに集まり，電流が流れる。この光電流の強さは光電子の数に比例するから，電流によって光電子の数を求めることができる。

抵抗器の接点CをB側に移すと，Pの電位は負になり，光電子は反対向きの静電気力を受けるようになる。光電面から放出される光電子は，面から飛び出るとき初速度をもっているから，Pの電位がそれほど低くないとき光電子はPに到達し，電流が流れる。Pの電位を下げていき，$-V_0$〔V〕で電流が0になったとすると，電子は電場から$-eV_0$〔J〕の仕事をされ，Pに達する直前に運動エネルギーが0になったことになる。この運動エネルギーをK_0〔J〕とすると，$K_0 = eV_0$となる。これからV_0(これを **阻止電圧** という)を測定して，K_0を求めることができる。上記の実験結果から，光電効果には次の性質のあることが判明した。

① 陰極として用いる金属には，それぞれの金属に固有な **限界振動数** ν_0(**限界波長** λ_0)があり，照射光の振動数νがν_0より小さいとき(波長λがλ_0より長いとき)は，どんなに強い光を照射しても光電効果は起こらない。また，限界振動数ν_0以上の振動数νの光(限界波長λ_0以下の波長λの光)を当てるときは，それがどのように弱い光であっても，当てた瞬間に光電子が飛び出す。

② 放出光電子の最大運動エネルギーK_0は，照射光の強さには無関係で，図5−13(b)のようにその振動数νが大きいほど(波長λが短いほど)大きい。

③ 振動数νが一定のとき，放出される光電子の数は光の強さに比例する(同図(c))。

ところで，光を電磁波として取り扱うと，上記の諸性質を説明することは大変困難である。一般に金属内には多数の自由電子が存在し，それが金属の表面から飛び出さないのは，自由電子を金属内に拘束する力がはたらいているからである。光電効果の現象は，電子がこの拘束力に打ち勝って金属外に脱出するためのエネルギー(仕事関数 W〔J〕)を，光から与えられることによって起こると考えられる。光が電磁波のような波であるとすると，振

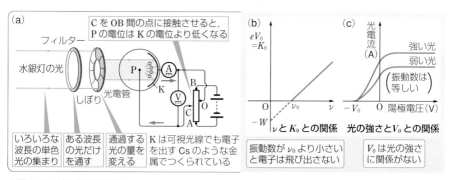

▲ 図5-13　光電効果の実験

動数や波長に関係なく，弱い光(エネルギーの小さい光)より強い光(エネルギーの大きい光)のほうが光電効果を起こしやすいと思われる(正弦波のエネルギーは振幅の2乗と振動数の2乗に比例し，振幅が大きければ振動数が小さくても光電効果は起きる)。ところが，①の性質はこれに反している。また照射光が強いほど，エネルギーの大きい光電子が放出されるはずであるのに，②の性質はこの予想に反するものである。

このように，光を電磁波すなわち波と考えることには無理がある。

■物 B 光量子説

1 量子仮説 プランクは，次の仮説を立ててこの現象を支配する法則を導いた(1900年)。

> 物質を構成する要素(分子，原子，電子など)が，振動数 ν の光を放射または吸収する場合には，そのエネルギーは振動数に比例した量 $h\nu$ ずつ不連続的に変化する。

$h\nu$ を振動数 ν の**エネルギー量子**，比例定数 h を**プランク定数**といい，その値は $h = 6.62607015 \times 10^{-34} (\fallingdotseq 6.63 \times 10^{-34})$ J·s である。この説を**プランクの量子仮説**という。

> [参考] 量子仮説はエネルギーの不連続性を主張している点で画期的な考えであっただけでなく，現代物理学の基礎をなしている量子論の出発点となったことで，物理学史上きわめて重要な価値をもつ。量子仮説を土台として展開された物理学の理論を総称して**量子論**といい，1925年以後に発展した部分は**量子力学**といわれる。

2 光量子説 プランクは，光の放射および吸収がエネルギー量子 $h\nu$ ずつで行われると仮定して，ある一定温度の物体から放射される熱エネルギー(電磁波のエネルギー)の波長に対する分布が，図4-137(→ p.414)のようになる実験結果とよく一致する理論式を導き出すことに成功した。しかし，彼はさらに物体から放射された光のエネルギーが，どのような状態で空間を伝搬するかについては述べなかった。アインシュタインはプランクの説を一歩進めて，次のような説を提唱し，これによって光電効果の諸性質を説明した(1905年)。

> 光は光量子(光子)と名づける一種のエネルギーの粒子となって進行し，物質に当たって吸収されるときも光源から放射されるときも，この粒子は分割されない。光量子のエネルギー E〔J〕は光の振動数 ν〔Hz〕に比例し，$h\nu$〔J〕で表される。

この仮説を**アインシュタインの光量子説**という。h はプランク定数である。

$$E = h\nu \tag{5·3}$$

3 光量子説による光電効果の説明 飛来した光量子がそのエネルギーを金属の自由電子に与え，電子を金属から飛び出させる現象が光電効果である。照射光の振動数を ν〔Hz〕(波長 λ〔m〕)，1個の電子を金属から引き離すのに要する最小のエネルギー(仕事関数)を W〔J〕とすると，放出される光電子の運動エネルギーが最大となる場合には，電子は受けたエネルギー $h\nu$〔J〕の一部 W〔J〕を引いた残りが，その放出後の運動エネルギー K_0〔J〕となる。

$$K_0 = h\nu - W \tag{5·4}$$

重要 5-1

光電効果

$$（電子の運動エネルギー）＝（光子のエネルギー）－（仕事関数）\qquad (5 \cdot 5)$$

限界振動数を ν_0〔Hz〕（限界波長 λ_0〔m〕），光の速さを c〔m/s〕とすると，$c = \nu\lambda = \nu_0\lambda_0$ であるから，仕事関数 W〔J〕は次のようになる。

$$W = h\nu_0 = \frac{hc}{\lambda_0} \qquad (5 \cdot 6)$$

したがって，(5・4)式は次のように表される。

$$K_0 = h(\nu - \nu_0) = hc\left(\frac{1}{\lambda} - \frac{1}{\lambda_0}\right) \qquad (5 \cdot 7)$$

上式から光電効果の諸性質を次のように説明できる。

①電子が金属から飛び出せるためには $K_0 > 0$, すなわち $\nu > \nu_0$, $\lambda < \lambda_0$ でなければならない。

限界振動数 ν_0 は金属によってそれぞれ異なり，例えば図5−15のようにナトリウムと亜鉛については，それぞれの直線が ν 軸と交わる点となり，仕事関数 W はそれらの直線が K_0 軸と交わる点の絶対値となる。

②ν が大きいほど（λ が小さいほど），放出光電子の運動エネルギーの最大値 K_0 は大きくなる。

③照射光が強いということは，照射光量子の数が多いということで，放出される光電子の数もこれに応じて多くなる。

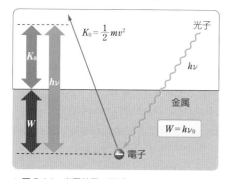

▲ 図5-14　光電効果の説明　　　　　　　▲ 図5-15　Na と Zn の K_0-ν 図

4 光の二重性　光電効果の現象は光が粒子性をもつことを示しており，光の波動説では説明できない。

他方，干渉・回折・偏光などの現象は光が波動性をもつことを示しており，光量子説では説明できない。われわれが目で見，手で触れて知る感覚的世界では，波動と粒子とは全く対立する概念であり，1つのものが波（物質によって起こる現象）と同時に粒（物質そのもの）であるということは矛盾している。

しかし，前記の実験事実は，光が波動性と粒子性の二重性を合わせもっていることを示している。

問題学習 ····· 164

波長 $5.0 \times 10^{-7}\mathrm{m}$ の単色光が $5.0\mathrm{W}$ の割合で放出されるとき，毎秒放出される光量子の数はいくらになるか。

ただし，プランク定数 $h = 6.6 \times 10^{-34}\mathrm{J \cdot s}$，光の速さ $c = 3.0 \times 10^{8}\mathrm{m/s}$ とする。

解答 光量子のエネルギー $h\nu = \dfrac{hc}{\lambda} = \dfrac{6.6 \times 10^{-34} \times 3.0 \times 10^{8}}{5.0 \times 10^{-7}} \fallingdotseq 4.0 \times 10^{-19}\mathrm{J}$

$5.0\mathrm{W} = 5.0\mathrm{J/s}$ であるから

毎秒放出される光量子数 $= \dfrac{5.0}{4.0 \times 10^{-19}} \fallingdotseq \mathbf{1.3 \times 10^{19}}$ **個**

C 原子や電子などのエネルギーの単位

初速度 0 の 1 個の電子が，電位差 $1\mathrm{V}$ の 2 点間で加速され，運動して得る運動エネルギーの大きさ K は次のようになる。

$$K = eV = 1.6 \times 10^{-19}\mathrm{C} \times 1\mathrm{V} = 1.6 \times 10^{-19}\mathrm{J}$$

この量をエネルギーの単位として，**電子ボルト（エレクトロンボルト，記号 eV）**といい，電子や原子などの微小な粒子や，光子のエネルギーを表す単位としてよく用いられる。その 10^{3} 倍を **キロ電子ボルト**（記号 **keV**），10^{6} 倍を **メガ電子ボルト**（記号 **MeV**），10^{9} 倍を **ギガ電子ボルト**（記号 **GeV**），さらに 10^{12} 倍を **テラ電子ボルト**（記号 **TeV**）という。

$$\mathbf{1\,eV = 1.6 \times 10^{-19}\,J}, \quad \mathbf{1\,J = 6.25 \times 10^{18}\,eV}$$

光子 1 個のエネルギーは $h\nu = \dfrac{hc}{\lambda}$ であるから，電子ボルト（eV）で表したエネルギーを波長 λ に対応させると，およそ表 5-1 のようになる。

注意 電子ボルト（eV）と，電子が電圧 V〔V〕で加速されて得るエネルギー eV〔J〕とを混同しないように注意しよう。

eV〔J〕＝電子の電荷×電圧＝ V〔eV〕である。

▼表 5-1　電磁波の波長と電子ボルトで表したエネルギー

電磁波	可視光線	紫外線	X 線	γ 線
波長 λ〔m〕	$(4 \sim 8) \times 10^{-7}$	$4 \times 10^{-7} \sim 10^{-10}$	$10^{-9} \sim 10^{-12}$	$10^{-11} >$
エネルギー $h\nu$〔eV〕	$1.5 \sim 3$	$3 \sim 10^{4}$	$10^{3} \sim 10^{6}$	$10^{5} <$

問題学習 ····· 165

照射光によって飛び出した光電子を，$3.0\mathrm{V}$ の電圧で停止させることができた。光電子の運動エネルギーの最大値は何 J か。また，それは何 eV か。ただし，電子の電荷の絶対値を $e = 1.6 \times 10^{-19}\mathrm{C}$ とする。

解答 運動エネルギーの最大値 $K_0 = eV_0 = 1.6 \times 10^{-19} \times 3.0$
$$= 4.8 \times 10^{-19} \text{J}$$
また，$K_0 = \dfrac{4.8 \times 10^{-19}}{1.6 \times 10^{-19}} = 3.0\text{eV}$

問題学習 ····· 166

図の光電管に光を当てたとき，電極 C の金属から
光電子が飛び出し，光電流として回路を流れる。
しかし，可変抵抗器 R を調節して P の電位を下げ
ていくと，光電流はしだいに弱くなる。

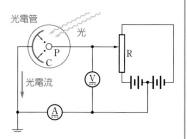

(1) 1個の電子が E〔V〕の電圧で加速されたとき
　　に得るエネルギーは E〔eV〕であるが，これは
　　J の単位で表せばいくらか。ただし，電気素
　　量は e〔C〕とする。

(2) P の電位が $-V_0$〔V〕$(V_0 > 0)$に達したとき，光電流は 0 となった。
　　　　電子の質量を m〔kg〕として，金属表面を飛び出すときの光電子の速さの最大値
　　v_m〔m/s〕を求めよ。

(3) 当てる光の振動数を ν_1〔Hz〕，ν_2〔Hz〕として，(2)の方法で求めた v_m から光電子の
　　最大エネルギーを決めたら，それぞれ K_1〔J〕，K_2〔J〕となった。これからプランク
　　定数 h〔J·s〕，および電子1個を金属内から取り出すために必要なエネルギーの最
　　小値 W〔J〕を求めよ。

考え方 (2) 光電流が 0 となるとき，速さ v_m で金属面 C から飛び出した光電子が
　　電場から仕事を受けて陽極 P の直前で運動エネルギーが 0 になる。
(3) 電子の運動エネルギー＝光子のエネルギー－仕事関数

解答 (1) eE〔J〕
(2) P の電位が $-V_0$ のとき，光電子が PC 間の電場から受ける仕事は $-eV_0$ であるから
$$\frac{1}{2}mv_m^2 - eV_0 = 0$$
よって　$v_m = \sqrt{\dfrac{2eV_0}{m}}$〔m/s〕

(3) $K_1 = h\nu_1 - W$　　……①
　　$K_2 = h\nu_2 - W$　　……②
①，②式より h，W は次のように求められる。
$$h = \frac{K_1 - K_2}{\nu_1 - \nu_2}\text{〔J·s〕}$$
$$W = \frac{K_1\nu_2 - K_2\nu_1}{\nu_1 - \nu_2}\text{〔J〕}$$

3 　X線

A 　X線の発見

レントゲンは紙に包んだ放電管を用いて陰極線に関する実験を行っているとき，この放電管からかなり離れた場所に置いた白金シアン化バリウム(蛍光物質)を塗った紙が光っているのに気づき，その原因を追求した結果，陰極線が当たる管壁から黒紙や木片のような不透明体を透過し，蛍光作用や写真作用をもつ放射線が出るのを発見し，これを **X線** と名づけた(1895 年)。

やがて，一般にX線は高速度で運動している電子が物質に当たって，急に止められるときに発生することがわかった。

B 　X線の発生

1 X線発生装置　図5−16(b)のような真空度の高いガラス管に 2 つの電極を封入した真空管で，陰極のフィラメント F は熱電子を放出する。対陰極の陽極 T は，高電圧のもとで加速された高速電子のターゲットをも兼ねており，X線を発生する。フィラメント F の電流を加減することによって電子の数，したがって発生するX線の強さを調節し，また電子の加速電圧を加減することによってX線の **透過度**(**硬さ** または **硬度**)が調節できるようになっている。

2 種類のX線　X線発生装置から出るX線には，図5−16(c)に示すように連続的に変化している波長をもつ **連続X線** と，電子が当たった物質の元素に固有の波長をもつ **固有 X線**(**特性X線**)とが混じっている。

(1) **連続X線**　連続X線は，入射電子のエネルギーの一部，または全部が直接X線の光子のエネルギーとなったものである。

発生X線の振動数を ν〔Hz〕とし，入射電子の入射前と後でのエネルギーを E, E'〔J〕とすると，次の関係がある。

$$h\nu = E - E' \tag{5·8}$$

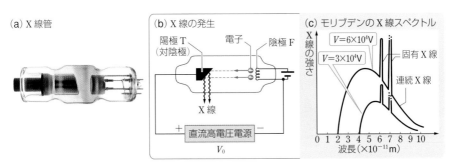

(a) X線管

(b) X線の発生

陽極 T (対陰極)　電子　陰極 F

X線

＋ 直流高電圧電源

V_0

(c) モリブデンのX線スペクトル

X線の強さ

$V=6\times10^4$V

$V=3\times10^4$V

固有 X線

連続 X線

0 1 2 3 4 5 6 7 8 9 10

波長(×10^{-11}m)

▲図 5-16 　X線の発生とX線スペクトル

電子の加速電圧を V〔V〕とすると，$E = eV$ で与えられる。$E' = 0$ のときが最大振動数 ν_0〔Hz〕（最短波長 λ_0〔m〕）のX線を出す場合である。このときは最短波長 λ_0 は加速電圧 V に反比例する。すなわち，次の式が得られる。

$$eV = h\nu_0 = h\frac{c}{\lambda_0} \qquad \text{または} \qquad \lambda_0 = \frac{hc}{eV} \tag{5・9}$$

E' は各電子ごとにまちまちな値をとるので，λ は最短波長 λ_0 以上（ν は最大振動数 ν_0 以下）のいろいろな値をとり，光の場合の連続スペクトルのようになる。X線の強さの波長分布をとったのが図5−16(c)で，λ_0 を最短波長として λ の長いほうに山型の形で分布している部分が連続X線である。

(2) **固有X線** 図5−16(c)で，特定の波長の所が急に強くなっている部分がある。これは加速された電子がターゲットTの原子に衝突して，原子核に近い軌道にある電子（原子内での位置エネルギーが低い）をたたき出して空席をつくり，そこへ外側の軌道にある電子（原子内での位置エネルギーが高い）が落ちこんで，そのエネルギーの差に相当する余分のエネルギーをX線光子として放出するからである。原子内の軌道にある電子の位置エネルギーは，軌道によって定まっているため，2軌道間の電子の転位によって生じるエネルギー差は一定のため，放出されるX線光子のエネルギーも一定，すなわち特定の波長をもった光子のみが放出される（→ *p.448*）のである。これが固有X線となり，同図で線スペクトルのような鋭い分布となって現れる。

3 X線の性質と作用 通常のX線は波長の短い（$1 \times 10^{-12} \sim 1 \times 10^{-9}$ m）電磁波で，光と同様に波動性（結晶による回折）と粒子性（蛍光作用，電離作用，光電効果）をもっている。

光のように直進し，電場や磁場を通るときも向きを変えることはない。

(1) **透過作用** X線は光に対して不透明な物質でもよく透過する。同じ波長のX線でも物質によって透過度が異なり，密度の大きい物質よりも小さい物質のほうがよく透過する。また，同じ物質に対しては，波長の短い（硬い）X線は長い（軟らかい）X線より透過度が大きい。

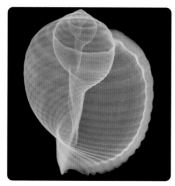

▲ 図5-17 巻き貝のX線写真

(2) **蛍光作用** X線が蛍光物質に当たると蛍光が出る。

(3) **電離作用** X線は，原子や分子に当たると電子をはじきとばし，原子や分子をイオンにするはたらきをもつ。

(4) **写真作用** X線は光と同様に写真の感光剤を感光させる。(2)，(3)，(4)の作用は，X線の検出や測定に応用される。

(5) **生物体に対する作用** X線はその電離作用により，生物組織を刺激，または破壊する。この作用は治療や品種の改良に応用される。

X線管の陽極に衝突する個々の電子の運動エネルギーが，全部X線のエネルギーに変換されるとすると，陽極電圧が 1.0×10^4 V のときに出るX線の波長はどれだけになるか。プランク定数を 6.6×10^{-34} J·s，光の速さを 3.0×10^8 m/s，電子の電荷の絶対値を 1.6×10^{-19} C とする。

解答 電荷 e〔C〕の電子が V〔V〕の電圧で加速されたときに得る運動エネルギーは eV〔J〕で，これがX線光子のエネルギー $h\nu = \dfrac{hc}{\lambda}$ となるから $eV = \dfrac{hc}{\lambda}$

ゆえに $\lambda = \dfrac{hc}{eV} = \dfrac{6.6 \times 10^{-34} \times 3.0 \times 10^8}{1.6 \times 10^{-19} \times 1.0 \times 10^4} \fallingdotseq \mathbf{1.2 \times 10^{-10}\,m}$

C X線の波動性とブラッグの条件

1 X線の回折 X線の進路が電場や磁場の影響を受けないことから，レントゲンは，X線の本体は電磁波であろうと推定した。X線の波動性を実証するには，干渉または回折現象を示せばよいが，これはラウエによって行われた（1912年）。ラウエは，結晶の規則正しい原子の配列は，X線に対して立体的な回折格子として作用すると考えた。平面的な回折格子による光の回折像は平行線から成る縞模様であるが，立体回折格子によるX線の回折像は，幾何学的な斑点模様になるであろうと推論し，この考えは彼の助手たちによって実験的に確かめられた。

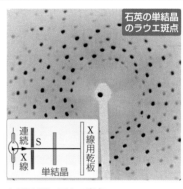

▲ 図 5-18 ラウエ斑点

連続X線を金属板に開けた細孔Sを通して細束とし，単結晶の小片に当て，その後方に写真乾板を置くと，結晶内の原子によって回折されたX線は，干渉の結果，特定の波長のX線が特定の方向で強めあい，写真乾板上に規則的に並んだ多くの黒点が得られる。これが求める回折像であり，**ラウエ斑点** といわれる。

2 X線の反射 物質を構成する原子が規則正しく配列されたものを **結晶** という。結晶内では，多数の原子を含む平行な平面群を幾組も考えることができる（図5-19）。このような平面を **格子面**，隣りあう平行な2つの格子面の距離を **格子面間隔** という。ブラッグ父子は，結晶の格子面によるX線の反射について，次のような考察を行った（1912年）。

X線を結晶に投射すると，格子面においてX線は反射の法則にしたがって反射する。ただし，X線は透過度が大きいから，最初の格子面で入射X線がすべて反射するわけではない。

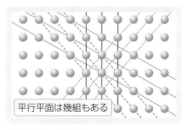

平行平面は幾組もある

▲ 図 5-19 格子面

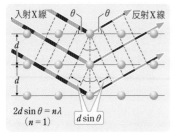

入射X線　θ θ　反射X線

$2d\sin\theta = n\lambda$
$(n = 1)$

$d\sin\theta$

▲ 図5-20　格子面によるX線の反射

内部に進入して，第2，第3，……の相続く平行な格子面で少しずつ反射する。入射X線が格子面と図5-20のようにθの角度をなすとすると，第1の格子面で反射したX線と，第2の格子面で反射したX線との経路差は，格子面間隔をdとして$2d\sin\theta$である。これがX線の波長λの整数倍に等しいときは，各格子面からの反射X線の干渉の結果，それらは強めあって強いX線となるが，そうでないときはX線は観察されない。

このような反射を **ブラッグの反射** といい，このときの反射の条件（**ブラッグの条件**）は次のように表される。

重要　5-2

ブラッグの条件

$$2d\sin\theta = n\lambda \quad (n = 1, 2, 3, \cdots\cdots)$$

(5・10)

ラウエ斑点やブラッグの反射の実験は，X線の波動性を証明するものであるが，またX線の波長の測定や結晶構造を調べるのに応用される。

📖 **問題学習 ⋯⋯ 168**

格子面間隔d〔m〕の単結晶に対し，結晶面となす角度θで波長3.0×10^{-10}mのX線を照射し，同じ大きさの反射角となる方向で観測する。角度θを$0°$からしだいに大きくしていったところ，$\theta_1 = 30°$で最初の強い反射強度を観測した。この結晶の格子面間隔dを求めよ。

解答　$\theta_1 = 30°$のとき最初（$n = 1$）の強い反射を観測したから，ブラッグの条件の式より　$2d\sin\theta_1 = \lambda$

ゆえに　$d = \dfrac{\lambda}{2\sin\theta_1} = \dfrac{3.0 \times 10^{-10}}{2 \times 0.5} = \mathbf{3.0 \times 10^{-10}}$**m**

物　D　X線の粒子性とコンプトン効果

前述のように，X線は蛍光作用や電離作用の性質をもっているが，これらの作用はX線の粒子性に基づくものである。しかし，もっとはっきりした形でX線の粒子性を示す事実が，コンプトンによって発見された（1923年）。これは，X線を物質に当てると，物質中の電子がX線によってはね飛ばされる現象で，このことはX線が広がりのある波とすると説明のつかないことである。

X線が物質に当たって散乱される場合に，**散乱X線**の透過度が入射X線より弱くなる

（軟らかくなる）ことは当時すでに知られていた。

　この現象について，コンプトンは次のように考えた。散乱X線の中には，波長が入射X線のそれよりも長いものが混じっており，そのようになる原因はX線の粒子性によるものであるとした。

　すなわち，入射X線の粒子が散乱体の物質中の電子に当たってこれをはね飛ばし，電子にエネルギーを与え，その結果衝突後のX線（散乱X線）の粒子のエネルギーは減少して，散乱X線の振動数は小さくなり，波長は長くなる。彼はX線の粒子は光の粒子（光量子）と同じ種類の量子であり，振動数 ν〔Hz〕，波長 λ〔m〕のX線光子のエネルギー E〔J〕および運動量 p〔J·s/m〕は次のように表されるとした。

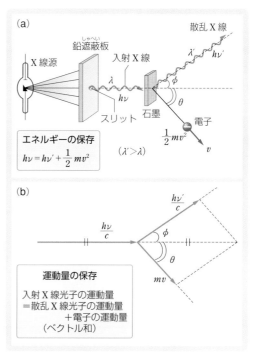

▲ 図5-21　コンプトン効果

$$E = h\nu\left(= h\frac{c}{\lambda}\right), \quad p = \frac{h\nu}{c}\left(= \frac{h}{\lambda}\right) \tag{5·11}$$

ここで，c〔m/s〕は光の速さであり，運動量 p の単位 J·s/m は kg·m/s に等しい。

　彼は入射X線光子のエネルギー $h\nu$ と散乱X線光子のエネルギー $h\nu'$ の差が電子の運動エネルギー $\frac{1}{2}mv^2$ に等しいとし，また運動量保存則も成りたつ，つまりX線光子と電子との間では弾性衝突が起こるとして取り扱った（図5−21）。エネルギー保存則から次の式が成りたつ。

$$h\nu - h\nu' = \frac{1}{2}mv^2 \tag{5·12}$$

運動量保存則から次の式が成りたつ。

（入射方向の成分）　$\dfrac{h\nu}{c} = \dfrac{h\nu'}{c}\cos\phi + mv\cos\theta$ (5·13)

（入射方向に垂直な成分）　$0 = \dfrac{h\nu'}{c}\sin\phi - mv\sin\theta$ (5·14)

　ここで，電子の質量を m〔kg〕，衝突後の速度を v〔m/s〕とし，角度 ϕ はX線の散乱角，θ は反跳電子が飛び出す方向とX線の入射方向との間の角度である。

　（5·12〜5·14）式から，$\lambda = \dfrac{c}{\nu}$，$\lambda' = \dfrac{c}{\nu'}$ とし，$\lambda' \fallingdotseq \lambda$ とすると，散乱X線と入射X線の波長の差 $\lambda' - \lambda = \Delta\lambda$ は

$$\Delta\lambda = \lambda' - \lambda = \frac{h}{mc}(1 - \cos\phi) \tag{5·15}$$

のようになる（下記の 補足 参照）。

　コンプトンは，このような計算結果が実験で得られる結果とよく一致することを示した。
散乱X線の波長が入射X線のそれよりも長くなる，前述の現象を **コンプトン効果**（または
コンプトン散乱）という。これにより，X線も波動性と粒子性の二重性をもつことが明らか
になった。

 重要 5-3

コンプトン効果

運動量保存則・エネルギー保存則を連立させて求める

$$\Delta\lambda = \lambda' - \lambda = \frac{h}{mc}(1 - \cos\phi) \tag{5・16}$$

補足 (5・16)式の導出

エネルギー保存則　　$E - E' = \dfrac{hc}{\lambda} - \dfrac{hc}{\lambda'} = \dfrac{1}{2}mv^2$　　　　　　　………①

運動量保存則　　　　$p = p'\cos\phi + mv\cos\theta$　　　　　　　　………②

　　　　　　　　　　$0 = p'\sin\phi - mv\sin\theta$　　　　　　　　　………③

②，③式より

$$\cos\theta = \frac{p - p'\cos\phi}{mv}, \quad \sin\theta = \frac{p'\sin\phi}{mv}$$

上式をそれぞれ2乗して，左右各辺の和をとれば

$$\cos^2\theta + \sin^2\theta = 1 = \frac{(p - p'\cos\phi)^2 + p'^2(1 - \cos^2\phi)}{(mv)^2}$$

$$= \frac{p^2 + p'^2 - 2pp'\cos\phi}{(mv)^2}$$

①式から　　$(mv)^2 = 2mhc\left(\dfrac{1}{\lambda} - \dfrac{1}{\lambda'}\right)$

これを前式に代入すると，$p = \dfrac{h}{\lambda}$，$p' = \dfrac{h}{\lambda'}$

であるから

$$2mhc\left(\frac{\lambda' - \lambda}{\lambda\lambda'}\right) = \left(\frac{h}{\lambda}\right)^2 + \left(\frac{h}{\lambda'}\right)^2 - \frac{2h^2\cos\phi}{\lambda\lambda'}$$

$$= h^2\left(\frac{1}{\lambda} - \frac{1}{\lambda'}\right)^2 + \frac{2h^2}{\lambda\lambda'} - \frac{2h^2\cos\phi}{\lambda\lambda'}$$

$\lambda \fallingdotseq \lambda'$　とすると　　$(\Delta\lambda)^2 = (\lambda' - \lambda)^2 \fallingdotseq 0$　とみなすことができるから

$$\left(\frac{1}{\lambda} - \frac{1}{\lambda'}\right)^2 = \left(\frac{\lambda' - \lambda}{\lambda\lambda'}\right)^2 \fallingdotseq 0$$

よって　　$\Delta\lambda = \lambda' - \lambda = \dfrac{h}{mc}(1 - \cos\phi)$

〔注〕　コンプトン効果に関する問題は，そのほとんどが問題文にしたがって関係式をつ
くり，変形していけばよいものである。ただし，式の変形が多少複雑であるので，注意
しなければならない。

波長 λ_0 のX線を物質に当てると，物質中の電子(質量 m)と衝突し，波長の長い λ のX線が散乱される。プランク定数を h，光の速さを c としたとき，入射X線のエネルギーおよび運動量はそれぞれ $E_0 = \dfrac{hc}{\lambda_0}$，$p_0 = \dfrac{h}{\lambda_0}$ で表される。図のように，散乱X線の向き，エネルギー，運動量をそれぞれ θ，E，p とし，反跳電子の速さ，向き，運動エネルギーをそれぞれ v，ϕ，E_K とする。

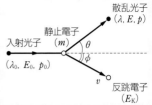

衝突前の電子は静止しているものとして，次の問いに答えよ。

(1) 入射X線(光子)と電子との衝突の前後において成立する次の関係式を求めよ。

    (a) 運動量保存則における入射方向成分

    (b) 運動量保存則における垂直方向成分

    (c) エネルギー保存則

(2) 次の要領で，波長のずれ $\Delta\lambda = \lambda - \lambda_0$ を計算する。□ の中に当てはまる数式を記せ。

    まず，(1)で求めた関係式から v と ϕ を消去して次の式を導く。

$$\frac{1}{\lambda_0} - \frac{1}{\lambda} = \boxed{\ \ ア\ \ }$$

この式の両辺に $\lambda \cdot \lambda_0$ をかけた後，$\lambda \fallingdotseq \lambda_0$ の場合は右辺で $\dfrac{\lambda}{\lambda_0} + \dfrac{\lambda_0}{\lambda} \fallingdotseq 2$ と近似することができ，その結果 $\Delta\lambda$ は θ の関数として次のように表される。

$$\Delta\lambda \fallingdotseq \frac{h}{mc}\boxed{\ \ イ\ \ }$$

(3) 上の結果から，$\Delta\lambda$ の物理的に重要と思われること2つを簡潔に記せ。

考え方 ▶ コンプトン効果の現象においては，運動量保存則とエネルギー保存則が成りたつ。光や電子の波動性と粒子性によるそれぞれの運動量，エネルギーの表示のしかたを覚えておくこと。

(2) 運動量保存則とエネルギー保存則から $\Delta\lambda$ を導出する過程については，436ページの **補足** を参照のこと。

解答 (1) (a) $\dfrac{h}{\lambda_0} = \dfrac{h}{\lambda}\cos\theta + mv\cos\phi$

    (b) $0 = \dfrac{h}{\lambda}\sin\theta - mv\sin\phi$

    (c) $\dfrac{hc}{\lambda_0} = \dfrac{hc}{\lambda} + \dfrac{1}{2}mv^2$

(2) (ア) $\dfrac{h}{2mc}\left(\dfrac{1}{\lambda_0{}^2} + \dfrac{1}{\lambda^2} - \dfrac{2}{\lambda_0\lambda}\cos\theta\right)$ (イ) $(1 - \cos\theta)$

(3) ① **入射X線の波長に関係しない。**

   ② **散乱角 θ によって決まる。**

4 粒子の波動性

A 物質波

1 物質波 コンプトンは，波長 λ〔m〕，振動数 ν〔Hz〕の光やX線は，エネルギー $E = h\nu$ 〔J〕，運動量 $p = \dfrac{h\nu}{c} = \dfrac{h}{\lambda}$〔J・s/m〕の粒子である光子からなると考えて，コンプトン効果を説明した。ド・ブロイは，光が電磁波としての波動性と光子としての粒子性の二重性をもつものならば，通常粒子と考えられている物質にも波動性があるのではないかと考えた。

そして，物質粒子にも上の関係式が存在するはずであるとして，次のような学説を発表した（1924年）。

エネルギー E〔J〕，運動量 p〔kg・m/s〕の物質粒子には

$$\text{振動数 } \nu = \frac{E}{h} \text{〔Hz〕}, \quad \text{波長 } \lambda = \frac{h}{p} = \frac{h}{mv} \text{〔m〕} \tag{5・17}$$

の波が伴い，そのために粒子は波動性をもつ。

とした。この波を **物質波（ドブロイ波）** といい，この物質波の波長 λ を **ドブロイ波長** という。

2 電子波の波長 電子の場合の物質波を **電子波** という。静止している電子（質量 m〔kg〕，電荷 $-e$〔C〕）を電位差 V〔V〕で加速して，速さ v〔m/s〕を与えたとすると，電子の運動エネルギーの式から運動量 p が次のように求められる。

$\dfrac{1}{2}mv^2 = eV$〔J〕であるから，運動量 $p = mv = \sqrt{2meV}$〔kg・m/s〕となる。これを（5・17）式の物質波の波長の式に代入すると

$$\lambda = \frac{h}{p} = \frac{h}{\sqrt{2meV}} \fallingdotseq \frac{12.3}{\sqrt{V}} \times 10^{-10} \text{〔m〕} \tag{5・18}$$

が得られる。

ただし，$h = 6.63 \times 10^{-34}$ J・s，$m = 9.1 \times 10^{-31}$ kg，$e = 1.6 \times 10^{-19}$ C である。例えば，$V = 10000$ V とすると $\lambda = 0.12 \times 10^{-10}$ m となり，V がこれ以上になると，λ はさらに小さくなる。これは光波の波長（$4000 \sim 8000 \times 10^{-10}$ m）に比べて著しく小さく，短波長のX線と同程度である。

> 補足 物質波は粒子の種類により，**電子波，陽子波，中性子波** などとよばれる。
>
> また，運動エネルギー，運動量を $\dfrac{1}{2}mv^2$，mv と表すことができるのは，粒子の速さが光の速さより十分小さいときであり，高エネルギー現象を扱う際には，特殊相対性理論（→ p.466）を考慮しなくてはならない。

📖 問題学習 ····· 170

力学での運動量の単位には〔kg・m/s〕が一般に使用される。光子でのそれは〔J・s/m〕で表される。両者が同一のものであることを示せ。

解答 次元(→ *p*.493)で各単位を示すと次のようになる。

$$[\text{kg·m/s}] = [\text{MLT}^{-1}]$$

$$[\text{J·s/m}] = [\underline{\text{MLT}^{-2}\text{L·T·L}^{-1}}] = [\text{MLT}^{-1}]$$

(仕事)＝(質量×加速度×距離)

これにより，両者が同一のものであることがわかる。

📖 **問題学習** ⋯⋯ 171

次の(1)と(2)の各場合における物質波の波長を求めよ。

ただし，プランク定数 $h = 6.6 \times 10^{-34}$ J·s，電子の質量 $m = 9.1 \times 10^{-31}$ kg とする。
(1) 速さ 22 m/s で飛んでいる質量 0.15 kg の野球のボール
(2) 速さ 10^6 m/s の電子線

解答 (1) $\lambda = \dfrac{h}{mv} = \dfrac{6.6 \times 10^{-34}}{0.15 \times 22} = 2.0 \times 10^{-34}$ m

(2) $\lambda = \dfrac{h}{mv} = \dfrac{6.6 \times 10^{-34}}{9.1 \times 10^{-31} \times 10^6} ≒ 7.3 \times 10^{-10}$ m

〔注〕 (1)で求めた波長は，あまりにも短くて観測できない。したがって，ボールの波動性は問題にならないが，(2)で求めた波長は，結晶中の原子の間隔程度であるから，結晶に当てたとき回折して波動性を示す。

B 粒子と波動の二重性

1 粒子性と波動性 ド・ブロイが提唱するように，粒子の運動が波動の伝搬と密接に結びついているならば，運動する物質粒子，例えば電子は，光が示すような干渉，あるいは回折の現象を示すものと思われる。電子波の波長は一般にきわめて短く，短波長のX線の程度であるから，X線の場合と同様に，陰極線などの電子線は結晶によって回折現象を起こすはずである。このような考えから，菊池正士その他の人々が電子線を結晶に当てたところ，X線を結晶に当てた場合とよく似た反射や回折の起こるのが見られた。これは，電子に粒子性の他に波動性もあることを示すものである。

菊池正士らは，高電圧で加速した電子線を雲母の薄片(単結晶)に投射し，規則正しく配列された斑点模様の回折写真を得た。これは，X線の場合のラウエ斑点に相当するものである。

さらに，得られた電子波の波長λを計算して加速電圧 V との関係を調べた。

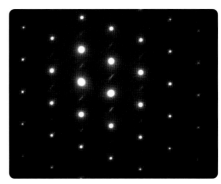

▲ 図 5-22　電子線の回折像(ヒ化ガリウムの結晶)

それにより，ド・ブロイが導いた電子波の波長の式 $\lambda = \dfrac{12.3}{\sqrt{V}} \times 10^{-10}$〔m〕（（5・18）式）が V の広い範囲にわたって成りたつことを確かめた。

このように，電磁波であるX線などは波動の特性である干渉・回折現象を示すと同時に，光電効果やコンプトン効果などに現れる粒子性をも備えている。

反対に，物質粒子である電子などは電子線の回折現象に見られるような波動性を示す。

このことは，自然界に存在するものは，すべて**粒子と波動の二重性**をもっていることを意味する。粒子と波動の2つの状態は，プランク定数 h を仲だちとして，次の2つの関係式の(5・19)式，(5・20)式によって結ばれている。

重要 5-4

波動の粒子性・粒子の波動性

波　動 光・X線 など	エネルギーと振動数 $E = h\nu$ （5・19） 運動量と波長 $p = \dfrac{h}{\lambda}$ （5・20） 波動・粒子によらず成立	光の速さ $c = \nu\lambda$	例：$\begin{array}{l}(5\cdot19)式と c = \nu\lambda より\\[4pt] E = h\nu = \dfrac{hc}{\lambda}\end{array}$
粒　子 電子など		運動量 $p = mv$ 運動エネルギー $K = \dfrac{1}{2}mv^2$	例：$\begin{array}{l}(5\cdot20)式と p = mv より\\[4pt] \lambda = \dfrac{h}{p} = \dfrac{h}{mv}\end{array}$

左辺のエネルギー E および運動量 p は個々の粒子の状態を表す代表的な量であり，右辺の振動数 ν および波長 λ は波動の伝搬する状態を表す代表的な量である。運動量 p の粒子に伴う波の波長は $\lambda = \dfrac{h}{p}$ であるから，この程度の長さが問題となる場合には，粒子の波動性を無視することができなくなる。

参考 われわれの日常感覚からすれば，粒子とは大きさがあり，質量をもつ物質そのものであるが，波動とは物質の一部が周期的な運動をくり返し行い，その運動の状態(振動)が順次まわりの物質に伝えられていく現象を意味しており，この両者が同じものであるとすることは，真に不可思議に思われる。この矛盾は，粒子と波動の二重性がよく現れるミクロの世界に，確率の概念を導入することによってうまく解決された。

📖 **問題学習 …… 172**

陽子を80万Vで加速した。陽子の得る速さは何 m/s か。また，このときの陽子波の波長はいくらか。ただし，陽子の電荷 $e = 1.60 \times 10^{-19}$C，陽子の質量 $m = 1.67 \times 10^{-27}$kg，プランク定数 $h = 6.63 \times 10^{-34}$J・s とする。

解答 $\dfrac{1}{2}mv^2 = eV$ から

$$v = \sqrt{\dfrac{2eV}{m}} = \sqrt{\dfrac{2 \times 1.60 \times 10^{-19} \times 80 \times 10^4}{1.67 \times 10^{-27}}} \fallingdotseq 1.24 \times 10^7 \text{ m/s}$$

$$\lambda = \dfrac{h}{p} = \dfrac{h}{mv} = \dfrac{6.63 \times 10^{-34}}{1.67 \times 10^{-27} \times 1.24 \times 10^7} \fallingdotseq 3.20 \times 10^{-14}\text{m}$$

次の文中の □ を埋めよ。ただし，プランク定数を h とする。

電子や陽子などの素粒子は，粒子としてのふるまいと同時に，空間的に広がった波動としての性質も兼ね備えている。このような粒子に伴う波動を物質波（あるいはドブロイ波）とよぶ。

運動量が p の粒子に伴う物質波の波長は，□ ア □ で与えられる。この粒子が質量 m，電荷 e をもつとして，電位差 V で与えられる電極の間を初速 0 で加速されたときの波長は，m，e，V，h を用いて表すと □ イ □ で与えられる。

次に，同じ粒子が，長さ l の細い直線状の管の中に閉じこめられた状況を考える。ただし，粒子は管の方向にのみ自由に動きうるものとする。

このとき，この粒子に伴う物質波は，両端が固定された長さ l の弦の振動における定在波と同じようにふるまう。この事実を利用すると，物質波の取りうる波長は，n を正の整数（$n = 1$, 2, 3, ……）として，□ ウ □ で与えられる。粒子のエネルギーは，運動量 p を用いて表せば，□ エ □ となる。

考え方 粒子と波動の 2 つの状態は，プランク定数 h を仲だちとして，2 つの関係式で結ばれている。すなわち，エネルギーと振動数 $E = h\nu$，運動量と波長 $p = \dfrac{h}{\lambda}$ である。これらの式は粒子の波動性を考えるときの重要な関係式である。

（ウ）は，粒子のもつエネルギーを波動の立場から考えて，具体的に表現するために弦にたとえて考える手法を述べたものである。

解答 （ア）$p = \dfrac{h}{\lambda}$ より $\lambda = \dfrac{h}{p}$

（イ）$\dfrac{1}{2}mv^2 = eV$ であるから $mv = \sqrt{2meV}$

ゆえに 波長 $\lambda = \dfrac{h}{\sqrt{2meV}}$

（ウ）両端を固定された，長さ l の弦に生じる定在波の満足する条件は

$l = n\dfrac{\lambda}{2}$ （$n = 1$, 2, 3, ……）である。したがって $\lambda = \dfrac{2l}{n}$

（エ）粒子のエネルギーは $\dfrac{1}{2}mv^2 = \dfrac{(mv)^2}{2m} = \dfrac{p^2}{2m}$

補足 **波束** 光や電子が粒子性と波動性を兼ね備えていることを知ったが，本来，波動を粒子から区別する特性の 1 つは，波動は空間において連続性をもち，局在性をもたないことである。すなわち，波動は空間に広がっていて，粒子のように空間の一局所を占めているものではない。そこで，ある時刻において，図 5-23 のように波形が空間の有限の部分に限られている波を **波束** といい，粒子はこのとき，波束内のどこかにあって，波束は粒子の速さ v で進行し，それによって粒子が運ばれると考えることもできる。

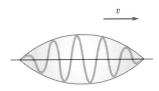

▲ 図 5-23 波束

2 不確定性原理　すべての粒子は波動としての性質もあわせもち，場面に応じて粒子性が強く現れたり，波動性が強く現れたりする。このようすを直感的に示すと図5-24のようになる。

この図に示されているように，ミクロの世界では粒子の位置と運動量を同時に正確に知ることはできない。同じことは粒子のエネルギーと時間にもいえる。このように2つの関連する量を同時に正確に知ることができないことを**不確定性原理**といい，1927年にハイゼンベルクが初めて導入した。

(a) 粒子性が強く現れた状態

1つの電子

位置

位置は精度よく定まるが，波長（または振動数）は不確かになる

(b) 波動性が強く現れた状態

波長（または振動数）は精度よく定まるが，位置は不確かになる

▲ 図5-24　粒子性と波動性の現れ

C 電子顕微鏡

光学顕微鏡は光波を用いるのに対し，電子顕微鏡は電子波を用いる顕微鏡である。

上部から電子線を放出し，これをコイルに流れる電流による磁場で収束する**電磁レンズ**を通して試料に当て，その像を蛍光板やモニタ上につくって観察する。

電子顕微鏡の特長は，分解能(2点を識別できる最小の距離)と倍率が高いことである。光学顕微鏡の分解限度は物体を照らす光の波長によるが，およそ10^{-7}m程度である。電子顕微鏡でも波長が短いほど分解限度は小さくなるが，電子波の波長は光波のそれに比べて著しく小さいため，現在それは10^{-10}m程度となっている。倍率は光学顕微鏡で最高2000倍くらいであるが，電子顕微鏡では10^4倍程度までも得られる。

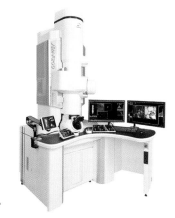

▲ 図5-25　電子顕微鏡

電子線は物質との相互作用が強いため，電子顕微鏡では内部が真空となっている。このため，生体試料を使用することが大変困難であったが，現在では極低温高分解能電子顕微鏡が開発されている。

これは液体ヘリウム(絶対温度4.2K)を使用し，試料を冷却して電子線による試料の破壊が起こる前にデータを得るようにしている。

このように電子顕微鏡は，現在原子レベルでの物質構造の解明や医療など，多方面に利用されている。

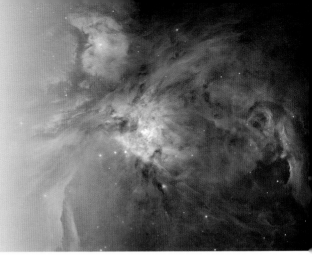

第2章

原子と原子核

1 原子の構造とエネルギー準位

A 原子模型

電子の発見以来，原子構造の模型がいろいろと考えられた。

J. J. トムソンは，正電気を帯びた原子の雲のような球状のものの中に，負電気をもつ電子が散在し，原子は全体として電気的に中性の状態になっているという，**無核原子模型** を提唱した（図5-26(a)）。

これに対して，ラザフォードは放射性同位体（→ p.455）から放出される α 粒子（$+2e$ の電荷をもつ He の原子核）を薄い金属箔に照射し，その散乱のようすから **有核原子模型** を提唱した。

この実験で彼は，散乱 α 粒子の大部分は小さな角度で曲げられるが，その中で非常に大きな角度（ときには 90° 以上）で散乱する α 粒子もあることを発見した。これは，原子の中はほとんど空白（真空）で，その中心に正電気をもつ小さな核が存在し，大部分の α 粒子はこれによって静電気力を受け，わずかにその進路を曲げて散乱するが，ときたま中心核に衝突する α 粒子は大きな散乱角をもって反跳するとして理解された。

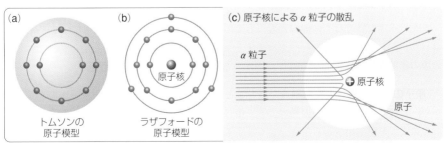

(a) トムソンの原子模型
(b) ラザフォードの原子模型 原子核
(c) 原子核による α 粒子の散乱
α 粒子
⊕ 原子核
原子

▲ 図 5-26 原子模型と α 粒子の散乱実験

これによって，原子はその中心に質量の大部分と原子の正電気すべてをもつ大きさ $10^{-14} \sim 10^{-15}$ m の小さい **原子核** と，そのまわりに原子核の正電荷を中和するだけの電子が，原子の大きさ 10^{-10} m 程度内で，核を中心として回転運動をしているとする **ラザフォードの原子模型** が確立した。原子番号 Z の元素の中性原子では，Z 個の電子が原子核のまわりを回っている。この電子を **核外電子** または **惑星電子** という。このとき，原子核のもつ電気量は $+Ze$(e は電気素量)〔C〕である。

B　水素原子の構造

1 水素原子のスペクトル　気体水素を入れた放電管内の光を調べると，可視部から紫外部にわたる線(輝線)スペクトルの一群があり，波長の長いほうから順に **H$_\alpha$ 線**，**H$_\beta$ 線**，**H$_\gamma$ 線**，…といわれ，波長が短くなるにつれて隣りあうスペクトル線が接近していく。その接近のしかたに一定の規則性があることを発見したバルマーは，スペクトル線の波長 λ〔m〕に関して次のような公式を得た。

$$\lambda = 3.646 \times 10^{-7} \times \frac{n^2}{n^2 - 2^2}$$
$$(n = 3, 4, 5, 6) \qquad (5 \cdot 21)$$

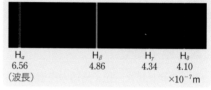

▲図 5-27　水素原子の線スペクトル

　その後，リュードベリは波長 λ のかわりに，単位長さ当たりの波の数(波数 $= 1/\lambda$)を用い，上式を次のように表した。

$$\frac{1}{\lambda} = R\left(\frac{1}{2^2} - \frac{1}{n^2}\right) \quad (n = 3, 4, \cdots), \quad R = 1.0974 \times 10^7 \text{/m} \qquad (5 \cdot 22)$$

R を水素の **リュードベリ定数** という。

　振動数 ν と波長 λ の間には $\nu\lambda = c$(c は真空中の光の速さ)の関係があるから，上式は

$$\nu = Rc\left(\frac{1}{2^2} - \frac{1}{n^2}\right) \quad (n = 3, 4, \cdots) \qquad (5 \cdot 23)$$

と表すこともできる。このように波長，あるいは振動数が一定の公式で決まるスペクトル線の群を **スペクトル系列** といい，上述の水素のスペクトル系列を **バルマー系列** という。

　その後，次のようなスペクトル系列も発見された。

ライマン系列(紫外線領域)　　$\dfrac{1}{\lambda} = R\left(\dfrac{1}{1^2} - \dfrac{1}{n^2}\right)$　$(n = 2, 3, \cdots)$

パッシェン系列(赤外線領域)　$\dfrac{1}{\lambda} = R\left(\dfrac{1}{3^2} - \dfrac{1}{n^2}\right)$　$(n = 4, 5, \cdots)$

　また，水素だけでなく，他の元素にもこのようなスペクトル系列のあることが明らかになった。そして(5・22)式の(　)をはずすと，**スペクトル線の波数，あるいは振動数は 2 つの項の差で与えられる** ということがわかった。これを **リッツの結合原理** という。

2 原子の発光機構　光が電磁波であることが確認され，次に原子内の電子が発見されてから，光は原子内の電子の振動によって生じる電磁波であるという説が唱えられ，スペクトルの成因を原子模型から説明しようとする試みがなされた。しかし，ラザフォードの原子模型もこれに対しては無力であった。1913 年にいたって，ボーアは原子模型に量子仮説

を適用し，次の2つの仮説を立てて原子の発光機構を説明した。

仮説1. 量子条件 原子はとびとびの安定した一定のエネルギー $E_n (n = 1, 2, \cdots)$ をもつ状態がある。この状態を **定常状態**，n を **量子数** という。原子が定常状態にあるときは，原子は光（電磁波）を出さない。

仮説2. 振動数条件 原子がエネルギー E_n の定常状態から他の定常状態 $E_{n'} (E_{n'} < E_n)$ に移るときのみ，原子（電子）は光を放射する。この光（光量子）のもつエネルギーは，定常状態のエネルギー差に等しい。　　　$h\nu = E_n - E_{n'}$

これを **ボーアの仮説** という。

補足 **ラザフォードの原子模型の難点** この模型では，電子は原子核による静電気力を受けるから，原子内で回転運動をしていなければならない。荷電粒子が回転運動をすれば加速度をもつため，従来の電磁気学では電磁波が放出される。このため電子はエネルギーが減少し，軌道半径がしだいに小さくなり，最後には核に吸収されてしまう。したがって，原子から放出される光は連続スペクトルとなり，原子は一定の大きさで，安定した状態を保つこともできなくなる。これらの結果は実験事実と明らかに矛盾している。ボーアは上述の仮説を設け，これらの問題点を解決した。

量子条件は，電子が安定な円軌道を運行する場合で，軌道の円周の長さが電子波の波長の整数倍に等しいときである。

$$2\pi r = n\lambda = n\frac{h}{mv} \quad (n = 1, 2, \cdots) \tag{5・24}$$

ここで，h はプランク定数，m および v は電子の質量と速度，r は円軌道の半径である。この場合，電子波は円軌道にそった定常波を形成し，上の条件を満たさない電子波は干渉によって消え，存在することができない。振動数条件は，原子による光の吸収にも適用できる。エネルギー E_n の定常状態の原子が振動数 ν の光を吸収すると，エネルギーが $h\nu$ 増した $E_{n'}$ の定常状態に移る。すなわち　$h\nu = E_{n'} - E_n$

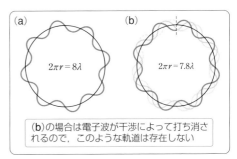

(b)の場合は電子波が干渉によって打ち消されるので，このような軌道は存在しない

▲図 5-28 　原子内の電子の定常波

この式を $\nu = \dfrac{E_{n'}}{h} - \dfrac{E_n}{h}$ と変形すると，リッツの結合原理と同じ形式になる。

3 ボーアの水素原子の理論 水素原子は $+e$〔C〕をもつ原子核と，そのまわりを回る質量 m〔kg〕，電気量 $-e$〔C〕の電子とからなるが，原子核の質量は電子のそれに比べて非常に大きいため，原子核は空間に静止し，電子はこれを中心として半径 r〔m〕，速さ v〔m/s〕の等速円運動をしているとみなすことができる。原子核と電子との間にはたらく静電気力は $k_0\dfrac{e^2}{r^2}$〔N〕であり，これが向心力となって等速円運動をするのであるから

▲図 5-29 　水素原子

$$m\frac{v^2}{r} = k_0\frac{e^2}{r^2} \qquad\qquad \cdots\text{①}$$

また量子条件より $mvr = \dfrac{h}{2\pi}\cdot n$ $\qquad\cdots\text{②}$

①式から，電子の運動エネルギーは $\dfrac{1}{2}mv^2 = \dfrac{k_0 e^2}{2r}$ となる。核は静止していると仮定しているから，上式はこの原子の運動エネルギーを表すとしてよい。このように，原子のエネルギーとは電子のもつエネルギーである。

次に，電子の位置エネルギー U〔J〕は $U = -k_0\dfrac{e^2}{r}$（無限遠方を基準とする）である。

よって，原子の定常状態の全エネルギー E_n は次のようになる。

$$E_n = \frac{1}{2}mv^2 + U = \frac{k_0 e^2}{2r} - \frac{k_0 e^2}{r} = -\frac{k_0 e^2}{2r}$$

①式と②式から v を消去すると $\quad r = \dfrac{h^2}{4\pi^2 k_0 m e^2}\cdot n^2 \qquad\qquad (5\cdot25)$

ゆえに $E_n = -\dfrac{k_0 e^2}{2r} = -\dfrac{2\pi^2 k_0{}^2 m e^4}{h^2}\cdot\dfrac{1}{n^2} \qquad\qquad (5\cdot26)$

これが量子数 n の原子の定常状態の全エネルギーである。これらを振動数条件の式 $h\nu = E_n - E_{n'}$ に代入すると

$$h\nu = \frac{2\pi^2 k_0{}^2 m e^4}{h^2}\left(\frac{1}{n'^2} - \frac{1}{n^2}\right) \quad (n = n'+1,\ n'+2,\ \cdots)$$

ゆえに $\nu = \dfrac{2\pi^2 k_0{}^2 m e^4}{h^3}\left(\dfrac{1}{n'^2} - \dfrac{1}{n^2}\right)$ または $\dfrac{1}{\lambda} = \dfrac{2\pi^2 k_0{}^2 m e^4}{ch^3}\left(\dfrac{1}{n'^2} - \dfrac{1}{n^2}\right)$ $\quad(5\cdot27)$

これは実験的に求められたスペクトル系列のリュードベリの公式と同形であり，π, k_0, m, e, c, h にそれぞれの数値を代入して計算すれば $\dfrac{2\pi^2 k_0{}^2 m e^4}{ch^3} = 1.0974 \times 10^7/\text{m}$ となって，実験的に得られた水素のリュードベリ定数 $R = 1.0974 \times 10^7/\text{m}$ と一致することがわかる。

(5・25)式は原子内の電子が核のまわりを回る可能な円軌道の半径を示し，整数値 n によってその軌道が定まる。

$n = 1$ のときの半径 r は $r = 5.292 \times 10^{-11}\text{m}$ となり，これを**ボーア半径**という。また，(5・27)式の n' を2とすると，バルマー系列(5・22)式となる。

よって，この系列は量子数 n が3，4，5，…などの軌道にあった電子が，量子数2の軌道に移ると

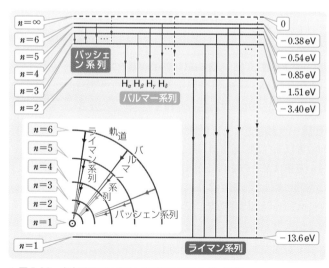

▲ 図5-30　水素原子のスペクトル系列とエネルギー準位

きに放射されるスペクトル線の1群である。定常状態のエネルギーの値を**エネルギー準位**といい，量子数が1，2，3，4，…などの定常状態のエネルギーの値，または定常状態そのものを **K，L，M，N，…準位** ということがある。バルマー系列は，水素原子が量子数3以上のM，N，O，…準位から量子数2のL準位に遷移するときに放射されるスペクトル線の1群であるといえる。圧力が $1.3 \times 10^3 \mathrm{Pa} \sim 1.8 \times 10 \mathrm{Pa}$ の放電管内の水素原子は，普通の状態ではエネルギーの値の最も低いK準位(量子数 $n=1$)にある。この状態を**基底状態**という。この状態の水素原子に高電圧で加速された陰極線(電子)が衝突すると，水素原子は電子の運動エネルギーの一部または全部を吸収して，高準位の定常状態に遷移する。この状態を**励起状態**という。励起された水素原子は短時間後にそれより低い準位に遷移し，両準位のエネルギー差を光量子のエネルギーとする光を放射する。

問題学習 …… 174

水素原子のエネルギーが，$-1.51\,\mathrm{eV}$ から $-3.40\,\mathrm{eV}$ の定常状態に移るときに放出される光の振動数および波長はいくらか。

ただし，プランク定数 $h = 6.63 \times 10^{-34}\,\mathrm{J \cdot s}$，$1\,\mathrm{eV} = 1.60 \times 10^{-19}\,\mathrm{J}$，光の速さ $c = 3.00 \times 10^8\,\mathrm{m/s}$ とする。

解答 定常状態の遷移によるエネルギー差が，放出される光のエネルギー $h\nu$ となる。

$$h\nu = -1.51 - (-3.40) = 1.89\,\mathrm{eV} = 1.89 \times 1.60 \times 10^{-19}\,\mathrm{J}$$

振動数 $\quad \nu = \dfrac{1.89 \times 1.60 \times 10^{-19}}{6.63 \times 10^{-34}} \fallingdotseq \mathbf{4.56 \times 10^{14}\,Hz}$

波長 $\quad \lambda = \dfrac{c}{\nu} = \dfrac{3.00 \times 10^8}{4.56 \times 10^{14}} \fallingdotseq \mathbf{6.58 \times 10^{-7}\,m}$

C 一般の原子のエネルギー準位

1 元素の周期性 実験技術が発達して精密な測定ができるようになると，水素のほかにも多数のスペクトル線が発見され，これらのスペクトル線を説明するためには軌道を表す量子数が n だけでなく数種類必要であることがわかった。電子の軌道はそれらの量子数の組み合わせによって定まり，1つの状態にはただ1つの電子だけが存在するということから，すべてのスペクトル線が説明できるようになった。

一般の原子では量子数 n の等しい電子軌道が複数存在し，同じ n をもつ軌道の集まりを**殻**または**電子殻**という。各軌道に収容できる電子の席数は決まっており，基底状態の原子では，電子はエネルギーの最も低い内側の軌道から順に席を満たしていく。ある軌道が電子で満席になることを**閉殻**となるという。原子の定常状態の電子配置がいくつかの閉殻と，その外側にある閉殻でない電子軌道からできているときは，閉殻でない軌道にある電子を**価電子**という。

この価電子の軌道の種類や価電子の数が，元素の化学的性質を決める。

したがって，価電子の軌道の種類や価電子の数が共通である元素が，原子番号順に並べた右表で8番目ごとに現れ，**同族元素** となる。元素の **周期性** は価電子の軌道（殻または準位）の種類や価電子の数によって生じる。

> **補足** 例えば，希ガス元素(He, Ne, Ar, …)では，電子の存在する軌道はすべて閉殻で価電子をもたず，化学的に不活発である。また，アルカリ金属元素(Li, Na, K, …)では，最外殻の軌道にある価電子が1個であり弱く束縛されていることから，これらの元素は1価の陽イオンになりやすい。

▼ 表5-2　原子の電子配置

原子番号	元素記号	電子殻		
		K	L	M
1	H	1		
2	He	2		
3	Li	2	1	
4	Be	2	2	
5	B	2	3	
6	C	2	4	
7	N	2	5	
8	O	2	6	
9	F	2	7	
10	Ne	2	8	
11	Na	2	8	1
12	Mg	2	8	2
13	Al	2	8	3
14	Si	2	8	4
15	P	2	8	5
16	S	2	8	6
17	Cl	2	8	7
18	Ar	2	8	8

2 フランク・ヘルツの実験　水素以外の原子にもとびとびのエネルギー準位が存在することが，フランクとヘルツの行った実験によって直接確かめられた。

電圧により加速された電子が水銀蒸気中を通過する際，電子のエネルギーが水銀原子の基底状態と第1励起状態とのエネルギー差よりも小さいときは，電子は原子とただ弾性衝突をするだけで，そのエネルギーを与えない。電子がさらに加速されてある一定の運動エネルギーをもつようになると，衝突によって水銀原子にエネルギーを与え第1励起状態にまで高め，電子はエネルギーを失う。このようすは図5-31のグラフのように，電子の加速電圧(横軸)を高めていくとき，電子の到達する極板に接続した電流計の示す電流(縦軸)の変化を観測することによって理解される。すなわち，およそ4.9Vごとに電流が激減し，水銀の基底状態と第1励起状態とのエネルギー差が約4.9eVであることがわかる。このように，水銀原子もとびとびのエネルギー準位をもつことが確かめられた。

なお，グラフの第2，第3の山はそれぞれさらに大きなエネルギーをもった電子が第2回目，第3回目の衝突を行うときを示している。

3 固有X線の発生機構　X線管からのX線には連続X線の中にターゲットの元素特有な波長の固有X線が混じっている(→ p.431)。この固有X線は入射電子がターゲットの原子

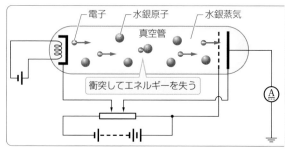

▲ 図5-31　フランク・ヘルツの実験

の低いエネルギー E_n の定常状態の核外電子(原子核に近い内側電子)をたたき出してできた空席へ，それより高いエネルギー $E_{n'}$ の定常状態にある核外電子が落ちこむとき，定常状態のエネルギー差($h\nu = E_{n'} - E_n$)が，X線光子のエネルギーとなって放出される光子流である。定常状態のエネルギー値はターゲットの原子に固有のとびとびの値をもつから，この機構で発生するX線の振動数(波長)はとびとびの値をとり，光の場合の線スペクトルのようになる。

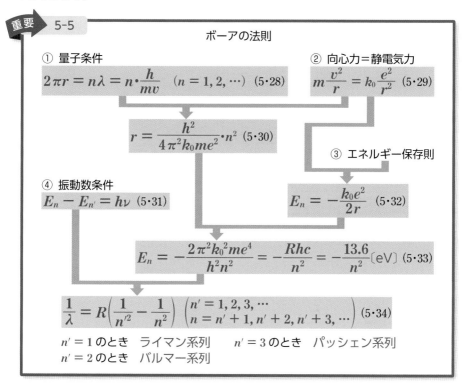

重要 5-5

ボーアの法則

① 量子条件
$$2\pi r = n\lambda = n\cdot\frac{h}{mv} \quad (n = 1, 2, \cdots) \quad (5\cdot28)$$

② 向心力＝静電気力
$$m\frac{v^2}{r} = k_0\frac{e^2}{r^2} \quad (5\cdot29)$$

$$r = \frac{h^2}{4\pi^2 k_0 me^2}\cdot n^2 \quad (5\cdot30)$$

③ エネルギー保存則

④ 振動数条件
$$E_n - E_{n'} = h\nu \quad (5\cdot31)$$

$$E_n = -\frac{k_0 e^2}{2r} \quad (5\cdot32)$$

$$E_n = -\frac{2\pi^2 k_0{}^2 me^4}{h^2 n^2} = -\frac{Rhc}{n^2} = -\frac{13.6}{n^2} \text{〔eV〕} \quad (5\cdot33)$$

$$\frac{1}{\lambda} = R\left(\frac{1}{n'^2} - \frac{1}{n^2}\right) \quad \begin{pmatrix} n' = 1, 2, 3, \cdots \\ n = n' + 1, n' + 2, n' + 3, \cdots \end{pmatrix} \quad (5\cdot34)$$

$n' = 1$ のとき　ライマン系列　　　$n' = 3$ のとき　パッシェン系列
$n' = 2$ のとき　バルマー系列

問題学習 ····· 175

Na原子から出る波長 5.9×10^{-7} m の黄色光の，2つのエネルギー準位間のエネルギー差は何 eV か。ただし，プランク定数 $h = 6.6 \times 10^{-34}$ J·s，光の速さ $c = 3.0 \times 10^8$ m/s とする。

解答 振動数条件の式より
$$E_n - E_{n'} = h\nu = \frac{hc}{\lambda} = \frac{6.6 \times 10^{-34} \times 3.0 \times 10^8}{5.9 \times 10^{-7}}$$
$$= \frac{198}{59} \times 10^{-19} \text{J} = \frac{198 \times 10^{-19}}{59 \times 1.6 \times 10^{-19}} \doteqdot \textbf{2.1eV}$$

次の文中の ☐ に当てはまる適当な式を答えよ。

　水素原子の構造について考える。水素の原子核のまわりを電子(質量 m〔kg〕，電気量 $-e$〔C〕)が回っている。この円軌道の半径を r〔m〕，電子の速さを v〔m/s〕とする。真空中の静電気力の比例定数を k_0〔N・m²/C²〕とすると，静電気力と遠心力のつりあいは ☐1☐ と表される。また，静電気力による電子の位置エネルギーは，無限遠を基準として ☐2☐ となる。電子のエネルギーは，この位置エネルギーと運動エネルギーから ☐3☐ と求められる。さらに(1)の関係を使って r を消去すると，電子のエネルギーは ☐4☐ と表される。

　定常状態の電子の円軌道は，円周上の長さがドブロイ波の波長の自然数倍のとき電子の運動は安定化することから，$2\pi r =$ ☐5☐ という条件を満足する。ただし，h〔J・s〕はプランク定数，n は自然数とする。これを量子条件といい，n を量子数という。この関係を用いると n 番目の定常状態において，

速度 $v =$ ☐6☐ ，半径 $r =$ ☐7☐ ，エネルギー $E_n =$ ☐8☐

となる。

考え方▶ 水素原子のエネルギー準位を求めるには，量子条件，円運動の向心力を表す式，エネルギー保存則を使う。問題に指示される順にこれらの式を用いて，電子の軌道半径やエネルギー準位を導いていけばよい。スペクトルを求める場合には，これらの他に振動数条件も用いる。

(2) 電子の電荷は負であるから，原子核のまわりを回る電子がもつ静電気力による位置エネルギーは負となることに注意する。

解答 (1) $m\dfrac{v^2}{r} = k_0\dfrac{e^2}{r^2}$ ……①

(2) 静電気力による位置エネルギー $U = -k_0\dfrac{e^2}{r}$〔J〕

(3) 電子のエネルギー $E =$ 運動エネルギー $K +$ 位置エネルギー U より

$$E = \frac{1}{2}mv^2 - k_0\frac{e^2}{r}\text{〔J〕}$$

(4) ①式より $k_0\dfrac{e^2}{r} = mv^2$ だから $E = \dfrac{1}{2}mv^2 - mv^2 = -\dfrac{1}{2}mv^2$〔J〕 …②

(5) ドブロイ波の波長 λ は $\lambda = \dfrac{h}{mv}$ だから $2\pi r = n\dfrac{h}{mv}$ ……③

(6) ①式より $r = \dfrac{k_0 e^2}{mv^2}$ これを③式に代入して $2\pi\dfrac{k_0 e^2}{mv^2} = n\dfrac{h}{mv}$

よって $v = \dfrac{2\pi k_0 e^2}{h}\cdot\dfrac{1}{n}$〔m/s〕

(7) $r = \dfrac{k_0 e^2}{m}\left(\dfrac{nh}{2\pi k_0 e^2}\right)^2 = \dfrac{h^2}{4\pi^2 k_0 m e^2}\cdot n^2$〔m〕

(8) ②式に v を代入し $E_n = -\dfrac{1}{2}m\left(\dfrac{2\pi k_0 e^2}{h}\cdot\dfrac{1}{n}\right)^2 = -\dfrac{2\pi^2 k_0^2 m e^4}{h^2}\cdot\dfrac{1}{n^2}$〔J〕

1 固体のエネルギー準位の帯構造 単独の原子に属する電子はその原子核の静電気力だけを受けている。しかし、固体内の電子は格子状に並んでいる多数のイオンからの力を受けている。このような力を受けるとき、電子がとることのできるエネルギー準位を計算すると、図5−32のように、きわめて接近したエネルギー準位からなるいくつかの群がとびとびになっている。この群を**エネルギー帯（エネルギーバンド）**という。1つのエネルギー帯と次のエネルギー帯との間には、エネルギー準位の存在しない領域があり、その部分を**禁止帯**（または**禁制帯**）という。

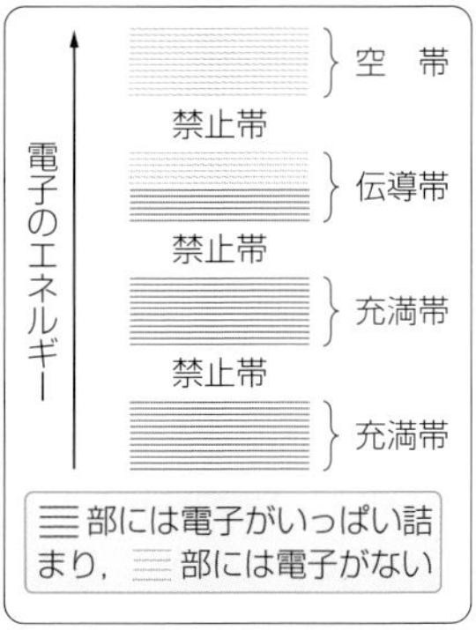

▲ 図5-32 エネルギー帯

各エネルギー準位に入ることのできる電子の数は決まっているので、エネルギー準位の集まりであるエネルギー帯には決まった数の電子しか入ることができない。基底状態では、電子は低いエネルギー帯から順に詰まっている。電子が定員いっぱいに詰まったエネルギー帯を**充満帯**といい、まったく入っていない帯を**空帯**という。

1つのエネルギー帯にある電子の運動を調べてみると、次のようなことがわかった。

つまり、そのエネルギー帯に定員の半分くらいの電子がある場合が最も動きやすく、それより電子が多い場合も、それより少ない場合も電子は動きにくくなっていき、そしていっぱいに詰まった場合はまったく動けないことがわかった。

電子のある最も高いエネルギー帯に途中まで電子が満たされているときは電子がよく動くので、**伝導帯**という。

▲ 図5-33 エネルギー帯内の電子の動きやすさ

2 導体・不導体・半導体 エネルギー帯の構造から、導体（抵抗率 $10^{-8}\,\Omega\cdot\mathrm{m}$ 程度）、不導体（抵抗率 $10^{12} \sim 10^{20}\,\Omega\cdot\mathrm{m}$ 程度）、半導体（抵抗率 $10^{-4} \sim 10^{7}\,\Omega\cdot\mathrm{m}$ 程度で、温度を上げたり不純物を混入したりすると伝導性がよくなる、次ページ図5−34参照）の本質的な区別が明らかになる。

(1) 電子のある最も高いエネルギー帯が途中まで電子で満たされていて、伝導性をもつのが**導体**である。

(2) 充満帯と空帯でできていて、最も高い充満帯とその上の空帯のエネルギー間隔が大きいのが**不導体**である。

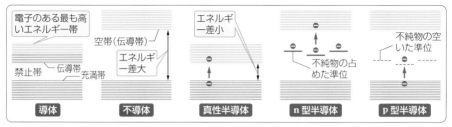

▲ 図 5-34　導体・不導体・半導体のエネルギー構造

(3) 常温では充満帯と空帯とからできているが，最も高い充満帯とその上の空帯とのエネルギー間隔が小さく，温度が上がると充満帯から空帯に電子が移って伝導性を得るのが**真性半導体**である。充満帯から空帯に電子が移ってくれば伝導性が得られることから，空帯を伝導帯とよぶこともある。

(4) 常温では充満帯と空帯とからできているが，不純物原子が混入されていて，その不純物原子の準位が最も低い空帯のすぐ下にあり，温度が上がるとそこから電子が空帯に移って伝導性を得るのが**n 型半導体**(→ p.348)である。

(5) 常温では充満帯と空帯とからできているが，不純物原子が混入され，不純物原子の空いた準位が最も高い充満帯のすぐ上にあり，温度が上がるとそこに充満帯の電子が移り，充満帯に空いた準位ができるために伝導性を得るのが**p 型半導体**(→ p.349)である。

　なお，半導体の温度を上げていくと，伝導帯の電子が多くなったり充満帯のすき間が多くなったりするので，伝導性が向上する。このため，半導体では温度を上げると電気抵抗が減る。

　また，金属では伝導帯の電子が大変動きやすく，その動きによって電荷が移動する。このように電荷を運ぶ役割をする電子を**伝導電子**という。この電子がまったく他の力を受けないで自由に運動するものと仮定して取り扱う方法が，金属の自由電子の考えである。

2 原子核

基物 A 原子核の構成

1 原子核の構成　原子核は水素の原子核である正電荷をもつ**陽子**と，電荷 0 の**中性子**とから成っている。これらの粒子を総称して**核子**という。

(1) **陽子**　陽子(proton，記号 p)は電荷 $e = 1.60 \times 10^{-19}$ C(電気素量)をもち，質量は 1.67×10^{-27} kg で，電子の質量(9.1×10^{-31} kg)の約1840 倍である。

(2) **中性子**　中性子(neutron，記号 n)は電荷をも

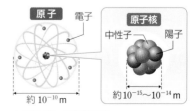

▲ 図 5-35　原子核模型

たない粒子で，その質量は陽子とほとんど等しく，詳しくいうとわずかに大きい。

2 原子番号と質量数　原子核内の陽子の数 Z は元素の種類を決める。この数をその元素の **原子番号** という。したがって，原子番号 Z の原子の原子核は $+Ze$ の電荷をもち，中性原子であれば核外電子の数も Z となる。また，原子核を構成する核子の数 A を **質量数** という。中性子の数を N とすると　**Z（陽子数）$+$ N（中性子数）$=$ A（質量数）**　となる。

原子核の半径は質量数 A の立方根に比例し，およそ $1.5\sqrt[3]{A} \times 10^{-15}\mathrm{m}$ である。すなわち，原子核の体積は核子数に比例する。このことは，核内で陽子と中性子がぎっしりと詰まっていることを示唆する。陽子どうしは静電気力で反発しあい，陽子と中性子，あるいは中性子どうしでは静電気力ははたらかない。それにもかかわらず，これらの核子がこのような狭い空間にぎっしりつまっているのは，核子どうしが静電気力よりはるかに強い力で引きあっているからで，この力を **核力** という。

3 原子量　質量数 12 の炭素（炭素 12）原子の質量の $\dfrac{1}{12}$ の質量を単位としてはかった原子の相対的質量を **原子量** という。炭素 12 の $0.012\,\mathrm{kg}$（$12\,\mathrm{g}$）中に存在する原子数と等しい数の原子を含む原子集団を原子の **1 モル（mol）** という。原子 1 mol 当たりの原子数はアボガドロ定数である。**アボガドロ定数 $= 6.0 \times 10^{23}$ /mol**（詳しい値は $6.02214076 \times 10^{23}$ /mol）

したがって，原子の質量 $= \dfrac{原子量}{6.0 \times 10^{23}}\,\mathrm{g} = \dfrac{原子量}{6.0 \times 10^{26}}\,\mathrm{kg}$

4 統一原子質量単位　質量数 12 の炭素原子の質量の $\dfrac{1}{12}$ の質量，すなわち 1 原子量の質量を **統一原子質量単位**（unified atomic mass unit，記号 **u**）という。

$$1\,\mathrm{u} = \frac{12}{6.0 \times 10^{23}} \times \frac{1}{12}\,\mathrm{g} \fallingdotseq 1.66 \times 10^{-24}\,\mathrm{g} = \mathbf{1.66 \times 10^{-27}\,kg}$$

したがって，原子量にこの値をかけると，その原子 1 個の質量となる。

📖 問題学習 …… 177

(1) 原子量 1.008 の水素原子の質量は何 kg か。

(2) $9.1 \times 10^{-31}\,\mathrm{kg}$ の電子の質量は何 u か。

解答　(1) $1.66 \times 10^{-27} \times 1.008 \fallingdotseq \mathbf{1.67 \times 10^{-27}\,kg}$

(2) $9.1 \times 10^{-31} \div (1.66 \times 10^{-27}) \fallingdotseq \mathbf{5.5 \times 10^{-4}\,u}$　（電子の原子量 $= 0.00055$）

基物 B 同位体（同位元素）

放射性元素の研究中に放射能の性質も原子量も異なっているが，同じ原子番号をもち，化学的性質もほとんど同じであるいく組かの元素が発見された。このような元素を互いに **同位体（アイソトープ）** または **同位元素** といい，同位体の原子核を **同位核** という。放射性元素の同位体発見後，安定した元素にも同位体の存在することが明らかになった。

同位核を調べると，原子核内の陽子数が等しく，中性子の数が異なっている。したがって，同位体は原子番号Zが等しく，質量数Aの異なる元素である。

　同位体や同位核も区別がつけられるような記号として，通常元素記号の左下に原子番号Zを，左上または右上に質量数Aを添えて表す。例えば，原子番号2のヘリウムの質量数3および4の同位核は$^{3}_{2}$He，$^{4}_{2}$He または $_{2}$He^{3}，$_{2}$He^{4}のように表す。

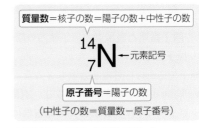

▲ 図5-36　原子・原子核の表し方

注意　上の記号が表すのは同位元素か，同位核か，または核外電子をも含めた同位原子かは，文章の前後関係から判断する。

補足　右に水素と酸素の同位体の例を示した。**存在比**とは，安定な同位体が自然界にどのような割合で存在するかを示す数で，地域によらずほぼ一定である。したがって，存在比の欄に斜線を引いたものは，放射性で天然には存在しないものである。$^{2}_{1}$H を**重水素**，$^{3}_{1}$H を**三重水素**という（両者をあわせて重水素ともいう）。$^{1}_{1}$H の核子は陽子1個であるが，$^{2}_{1}$H では陽子1個と中性子1個，$^{3}_{1}$H では陽子1個と中性子2個である。同位体が別の名前をもつものは水素だけで，ふつうは酸素のように元素名に質量数をつけてよぶ。

▼ 表5-3　水素と酸素の同位元素

	名称	記号	存在比(%)
水素	水素	$^{1}_{1}$H, H	99.972～99.999
	重水素	$^{2}_{1}$H, D	0.001～0.028
	三重水素	$^{3}_{1}$H, T	／
酸素	酸素14	$^{14}_{8}$O	／
	酸素15	$^{15}_{8}$O	／
	酸素16	$^{16}_{8}$O	99.757
	酸素17	$^{17}_{8}$O	0.038
	酸素18	$^{18}_{8}$O	0.205
	酸素19	$^{19}_{8}$O	／
	酸素20	$^{20}_{8}$O	／

注意　化学分野である元素の原子量というと，その元素のすべての安定同位体の存在比を考慮した平均の原子量をいう。例えば，酸素の原子量が15.9994というのは原子量15.9949の$^{16}_{8}$O（存在比99.757%）と原子量16.9991の$^{17}_{8}$O（0.038%）と原子量17.9992の$^{18}_{8}$O（0.205%）との平均が15.9994ということである。

📖 **問題学習 …… 178**

天然ウラン U は大部分が原子番号92，質量数238の^{238}U である。原子核エネルギーを取り出すためには，質量数235の^{235}U が利用される。^{235}U の割合を増して，その質量比を20%にした濃縮ウラン10kgの中に含まれる^{235}U の原子数はいくらか。

解答　原子量はほとんど質量数に等しいから

^{235}U の1原子の質量（235u）≒ $1.66 \times 10^{-27} \times 235 ≒ 0.390 \times 10^{-24}$ kg

濃縮ウラン10kg中の^{235}U の量 = $10 \times 0.20 = 2.0$ kg

ゆえに，^{235}U の2.0kg中の原子数 = $2.0 \div (0.390 \times 10^{-24}) ≒ \mathbf{5.1 \times 10^{24}}$ 個

次の文章の空所を埋めよ。ただし，同じ語句または数字を何度使ってもよい。

原子核は ア および イ という2種類の粒子がそれぞれ何個か密集してかたく結合したもので，後者は電荷をもたない中性の粒子である。Z 個の(ア)を含む原子核の電荷は Ze だから，この原子の原子番号は ウ である。原子核に含まれる(ア)の数と(イ)の数との和を エ という。例えば，酸素17の原子核は8個の オ と カ 個の キ とからできているので，原子番号は ク で，(エ)は ケ である。

解答 (ア)，(オ) **陽子**　　(イ)，(キ) **中性子**　　(ウ) Z
(エ) **質量数**　　(カ) **9**　　(ク) **8**　　(ケ) **17**

---

3 放射線とその性質

A 放射能と放射線

1 放射能　ウラン $^{238}_{92}U$ のような質量数の大きい原子核の中には不安定で，自然に **放射線** を放出して別の原子核に変わっていくものがある。この現象を **放射性崩壊** といい，自然に放射線を出す性質を **放射能** という。放射能の発見は，X線が発見された頃，蛍光物質を調べていたベクレルがウラン鉱の一種である蛍光物質から放射線が放出されているのを見つけたことによる。1898年に，キュリー夫妻によって，放射能をもつ同位体であるラジウム(Ra)とポロニウム(Po)が発見された。放射能をもつ同位体を **放射性同位体（ラジオアイソトープ）** といい，その後多くの放射性同位体が発見されるようになった。

補足　**放射線**　物体が電磁波や粒子の形で放出するエネルギーを，一般に **放射線** という。

2 放射線の種類　天然に存在する放射性物質から放出される放射線には3種類がある。例えば，鉛の箱の底に放射性物質を入れ，図5-37のように電場または磁場内に置くと，箱の上部に開けられた小穴から出る放射線が3つに分離する。

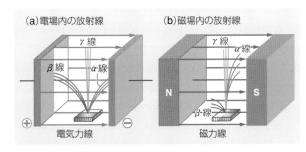

▲図5-37　3種類の放射線の分離

これらの放射線には α線，β線，γ線の名が与えられた。これら3種類の放射線の本性・性質などを，次ページの表5-4にまとめて示しておこう。

	α 線	β 線	γ 線
本　体	He の原子核	電子	短波長の電磁波
質　量	$4m_p$	$m_p/1840$	0
電　荷	$+2e$	$-e$	0
透過能	小	中	大
蛍光・電離・写真作用	大	中	小
電場における偏り	負極のほうへ偏る	正極のほうへ偏る	偏らない
磁場における偏り	電流と同じ	逆向きの電流と同じ	偏らない

〔注〕　m_p は陽子の質量 1.67×10^{-27} kg，e は電気素量 1.60×10^{-19} C を表す。

(1) **α 線**　α 線は高速度で放出される，陽子 2 個と中性子 2 個から構成される**ヘリウムの原子核**（${}_2^4$**He**）である。したがって，質量は陽子の質量の約 4 倍で，電荷は $+2e$ をもつ。これを **α 粒子** ともいう。α 線は＋の電荷をもつから，電場内では図 5−37 (a) のように静電気力を受けて−極のほうへ向きが曲げられる。また，磁場内では運動の向きが電流の流れと同じに考えることができるから，フレミングの左手の法則により磁場の向きと垂直で，左向きの力を受け，同図 (b) のように曲げられる。電離作用はこれら 3 種類のうちで最も強いが，物質を透過する能力は最も弱い。

(2) **β 線**　これは**高速の電子の流れ**で，その速度は陰極線より一般に大きく，光の速さの 90% 以上に達するものもある。本体が電子であるから電荷は$-e$ をもつ。したがって，電場内では同図 (a) のように＋極のほうへ静電気力を受け，その進路を曲げられる。

　　また，磁場内では同図 (b) のように磁場の向きに垂直で右向きの力を磁場から受け，α 線と反対向きに曲げられる。電離作用は α 線より弱いが，透過力は α 線よりも強い。

(3) **γ 線**　発見後直ちに X 線と同じ**電磁波**であろうと推定されたが，後に，結晶による回折実験によってこれが確かめられた。波長は原子の固有 X 線よりも小さく，$10^{-13}\sim$ 10^{-10} m 程度である。電磁波は電荷をもたないから電場や磁場から力を受けないので，同図のように直進する。電離作用は最も弱いが，透過力は他の放射線に比べて最も強い。

B　放射性崩壊と放射性系列

1 放射性崩壊　放射性崩壊には α 線を出して崩壊する **α 崩壊** と β 線を出して崩壊する **β 崩壊** とがある。γ 線を出す原子核は核内のエネルギーの一部を電磁波の形で放出するのであるから，原子核そのものは同じで核の崩壊とはならない。

(1) **α 崩壊**　α 粒子は 2 個の陽子と 2 個の中性子とから成る ${}_2^4$He の原子核であるから，α 粒子が核内から飛び出せば，陽子の数が 2 個減り（したがって原子番号 Z が 2 だけ減り），核子（陽子と中性子）の数が 4 個減る（したがって質量数が 4 だけ減る）。

$$\begin{array}{ccc} \text{原子番号，} & \text{質量数} & \xrightarrow{\,\alpha\,\text{崩壊}\,} & \text{原子番号，} & \text{質量数} \\ Z & A & & Z-2 & A-4 \end{array}$$
（例：${}_{88}^{226}\text{Ra} \xrightarrow{\,\alpha\,\text{崩壊}\,} {}_{86}^{222}\text{Rn} + {}_2^4\text{He}$）

(2) **β 崩壊**　原子核内で中性子（${}_0^1$n）が　$\text{n} \longrightarrow \text{p} + \text{e}^- + \overline{\nu_e}$　の反応によって，陽子 (p) と電子 (e^-) と反電子ニュートリノ ($\overline{\nu_e}$: 電子ニュートリノ (ν_e) (→ p.471) の反粒子）とに変

わり，この電子が高速度で核外に飛び出したのがβ線電子である。同時に放出される
ニュートリノは質量がきわめて小さく(その精確な値を求める研究が各方面で行われて
いる)，電荷ももたない粒子であるから，核の崩壊前後でのZやAの変化には無関係で
ある。ゆえに，β線電子が1個放出されるときは，陽子が1個増す(Zが1だけ増す)が，
nがpに変わっただけであるから核子数の全体は変わらない(Aは変わらない)。

原子番号，質量数 $\xrightarrow{\beta\text{崩壊}}$ 原子番号，質量数 $\quad$ (例：$^{234}_{90}\text{Th} \xrightarrow{\beta\text{崩壊}} {}^{234}_{91}\text{Pa} + \text{e}^- + \overline{\nu_e}$)

$\quad Z \qquad A \qquad\qquad Z+1 \qquad A$

(3) **γ線放射** α崩壊やβ崩壊によってできた原子核は，高いエネルギーをもった状態の
場合が多い。このため，エネルギーの低い，より安定な状態に移るために余分のエネル
ギーを電磁波(γ線)として放出する。これがγ線放射である。したがって，γ線放射の
みを起こす長い寿命の原子核は存在しない。γ線は電磁波であるから，この放射の前後
で，その原子核のZもAも変化することはない。

2 崩壊系列 放射性崩壊では，親原子核から子原子核が，子原子核から孫原子核が生ま
れるというような連続した崩壊が起こる。このような放射性崩壊の連鎖を **崩壊系列** とい
う。

▼表5-5 崩壊系列

系列名	始原元素		終局元素		質量数
トリウム系列	トリウム	$^{232}_{90}\text{Th}$	鉛	$^{208}_{82}\text{Pb}$	$4n$
アクチニウム系列	ウラン	$^{235}_{92}\text{U}$	鉛	$^{207}_{82}\text{Pb}$	$4n+3$
ウラン-ラジウム系列	ウラン	$^{238}_{92}\text{U}$	鉛	$^{206}_{82}\text{Pb}$	$4n+2$
ネプツニウム系列	ネプツニウム	$^{237}_{93}\text{Np}$	タリウム	$^{205}_{81}\text{Tl}$	$4n+1$

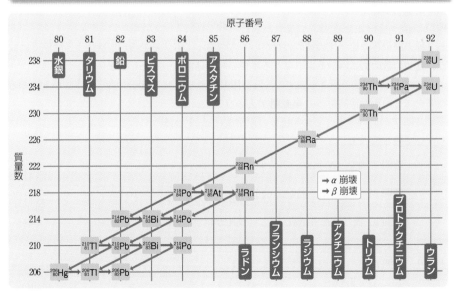

▲図5-38 崩壊系列(ウラン-ラジウム系列)

このとき，質量数はα崩壊によって4だけ変化するが，β崩壊によっては変化しないから，1つの系列に属する各原子核の質量数は等しいか，または4の倍数だけ異なることになる。したがって，nを整数とすると，質量数を$4n$，$4n+1$，$4n+2$，$4n+3$で表される4つの系列ができる。

$4n$の場合の**トリウム系列**を$4n$**型系列**，$4n+1$の場合の**ネプツニウム系列**を$4n+1$**型系列**，……などという。

これらの系列を前ページの表5−5に示したが，自然放射性同位体のほとんどは初めの3つの系列のどれかに属している。

第4のネプツニウム系列は，人工放射性同位体からなる崩壊系列である。

C 半減期

ある量の放射性同位体は多数の原子核の集まりであるが，その個々の原子核のどれが，いつ崩壊するかということはまったく予測できず，崩壊はいわば偶然に起こる。しかし，崩壊に関して，われわれはまったく何も予測することができないわけではない。

放射性同位体のある量が，単位時間に崩壊する確率は，その同位体の種類によって一定となる。つまり，

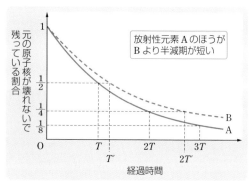

▲図 5-39　半減期

ある種の同位体の原子核の初めの数がいくらであっても，その数が崩壊によって徐々に減り，初めの数のあるパーセントになるまでの時間は常に一定となるということである。

そこで，この崩壊の速さを表すのに同位体の初めの数N_0が半分の数$\left(\dfrac{N_0}{2}\right)$になるまでの時間を，その放射性同位体の**半減期** Tという。

半減期 T の時間経過ごとに同位体の原子核は$\dfrac{1}{2}$ずつ減っていくことになるから，崩壊しないで残る数 N は，

$$\text{時間 } T \text{ 後で}\quad N = N_0 \times \left(\frac{1}{2}\right)$$

$$\text{時間 } 2T \text{ 後は}\quad N = \left(N_0 \times \frac{1}{2}\right) \times \frac{1}{2} = N_0 \times \left(\frac{1}{2}\right)^2 = N_0\left(\frac{1}{2}\right)^{\frac{2T}{T}}$$

$$\text{時間 } 3T \text{ 後は}\quad N = N_0\left(\frac{1}{2}\right)^3 = N_0\left(\frac{1}{2}\right)^{\frac{3T}{T}}$$

……

となり，時間 t 後には次のようになる。

$$N = N_0\left(\frac{1}{2}\right)^{\frac{t}{T}} \tag{5・35}$$

ここで，t と T は同じ時間の単位(秒，分，時，日，月，年)を用いなければならない。また，質量と原子核の数は比例するので，前式の N のかわりに質量を用いてもよい。放射性同位体を区別する要素は，崩壊のしかたと放射線の種類であるが，前者はその原子核の半減期で表される。

すなわち，各放射性同位体は固有の半減期をもち，それは温度・圧力・電場・磁場などの影響をほぼ受けないから，半減期の測定によって，その放射線を出している同位体が何であるかを知ることができる。

CHART 58　放射性崩壊と γ 線放射

	放出されるもの	原子核の変化
α 崩 壊	α 線(高速の $_2^4$He 原子核)	原子番号 −2，質量数 −4
β 崩 壊	β 線(高速の電子)	原子番号 +1
γ 線放射	γ 線(高エネルギーの電磁波)	変化なし

⭐Point　放射性崩 ┃ ① 質量数変化から，α 崩壊の回数を求める。
壊の計算 ┃ ② ①と原子番号変化から，β 崩壊の回数を決める。

CHART 58 ⭐Point

質量数は α 崩壊でしか変わらない。α 崩壊を 1 回するごとに質量数は 4 ずつ減るから，減った質量数÷4 をすれば，α 崩壊の回数がわかる。

崩壊で生じる原子核はごく限られている。崩壊でたどりつけない原子核であれば，計算の結果に矛盾を生じるのですぐわかる。

CHART 59　半減期

$$N = N_0 \left(\frac{1}{2}\right)^{\frac{t}{T}} \qquad (5\cdot36)$$

⭐Point　時間 T で半分，さらに T で $\frac{1}{4}$，……

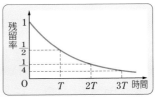

CHART 59 ⭐Point

半減期の問題では，公式を覚えておいて適用し，計算できるようになっておくことも大事であるが，壊れずに残っている原子核の数が半減期 T ごとに半分，$\frac{1}{4}$，$\frac{1}{8}$，……となっていくというイメージをつかんでおくことも大切である。

天然の放射性同位体は，α 崩壊や β 崩壊をくり返し，最終的に安定な鉛の同位体($^{208}_{82}$Pb，$^{207}_{82}$Pb，$^{206}_{82}$Pb)になる。

$^{226}_{88}$Ra の半減期を 1.6×10^3 年とする。

(1) $^{226}_{88}$Ra が放射性崩壊をくり返してたどりつく安定な鉛の質量数は 206, 207, 208 のどれか。また，$^{226}_{88}$Ra が安定な鉛になるまでにくり返す α 崩壊と β 崩壊の回数はそれぞれ何回か。

(2) 2.0×10^{-2}g の $^{226}_{88}$Ra が崩壊して 5.0×10^{-3}g になるには何年かかるか。

考え方▶ (1) 質量数は α 崩壊のときだけ 4 減少するから，Pb の質量数の差と Ra の質量数の差は 4 の倍数でなければならない。初めに質量数の差を求め，4 でわって α 崩壊の回数を求める（→ **CHART 58**—⭐Point）。

(2) 放射性同位体は，半減期 T ごとに半分になる（→ **CHART 59**—⭐Point）

解答 (1) 206, 207, 208 のうち 226 との差が 4 の倍数になるのは **206** である。

$^{226}_{88}$Ra が $^{206}_{82}$Pb になるまでに α 崩壊を x〔回〕，β 崩壊を y〔回〕行うとすると，質量数の変化から

$$226 - 4x = 206$$

ゆえに $x = \dfrac{226 - 206}{4} = \textbf{5 回}$

原子番号の変化から $88 - 2x + y = 82$

よって $y = 82 - 88 + 2 \times 5 = \textbf{4 回}$

(2) $5.0 \times 10^{-3} \div 2.0 \times 10^{-2} = \dfrac{1}{4} = \left(\dfrac{1}{2}\right)^2$ であるから，求める時間を t〔年〕とすると

$$t = T \times 2 = 1.6 \times 10^3 \times 2 = \textbf{3.2} \times \textbf{10}^3 \, \textbf{年}$$

基礎 D 放射能と放射線の測定単位

放射能や放射線の照射・吸収量を表す単位として，次のようなものが使われている。

(1) **放射能の強さ** 放射性同位体が放射線を出して壊変し，他の同位体に変わっていく際に，毎秒 1 個の割合で崩壊する放射能の強さを **1 ベクレル**(記号 **Bq**)という。ラジウム 1g の放射能の強さはほぼ 3.7×10^{10}Bq で，これを **1 キュリー**(記号 **Ci**)という。

$$1\text{Bq} = 1/\text{s}, \quad 1\text{Ci} = 3.7 \times 10^{10}\text{Bq} = 3.7 \times 10^{10}/\text{s}$$

(2) **吸収線量** 放射線を照射された物質の一部が，単位質量当たりに吸収する放射線のエネルギーを **吸収線量** という。物質 1kg 当たり 1J のエネルギーを吸収するときの吸収線量を **1 グレイ**(記号 **Gy**)という。

(3) **等価線量(線量当量)** 人体が放射線を受ける(これを **被曝** という)と，放射線の吸収線量が同じでも人体への影響は放射線の種類やエネルギーによって異なる。例えば，γ 線や X 線，β 線に比べ，α 線では 10～20 倍の影響を及ぼす。人体への影響を考慮し

て吸収線量にさまざまな修正係数をかけたものが**等価線量**（**線量当量**）である。等価線量の単位として **シーベルト**（記号 **Sv**）が用いられる。

　放射線の人体への影響は，被曝する器官によっても異なる。等価線量に生殖腺などさまざまな組織・臓器ごとの荷重係数をかけたものが**実効線量**で，同じ Sv 単位ではかられる。

E　放射線の検出器

　放射線は物質を電離したり励起したりする作用をもっているから，これによって生じるイオン対や発光を利用した種々の検出器がつくられている。

(1) **ガイガー・ミュラー計数管**（**GM カウンター**）　円筒形の低圧放電管の一種で，中心線が陽極，側壁の円筒板が陰極となっており，放射線が入射すると内部の気体が電離し，その瞬間に両極間に放電が起き，電流が流れる。放電回数により，入射放射線の数を知ることができる。

　　比例計数管では，陽極近辺で一定の増幅率で電離電子を増幅することで放射線のエネルギーを測定することができる。

(2) **霧箱・泡箱**　容器内の気体または液体をピストンにより断熱膨張させると，霧または泡をつくりやすい状態（過飽和状態）となる。このとき放射線が通過すると，その進路にそってイオンが生じ，これが核となって霧粒（または泡粒）ができ，その飛跡を目で見ることができる。

(3) **半導体検出器**　放射線が半導体を通過するとき，その進路にそって電子とホールの対が生じる。

　　これを集めて，半導体内で失われた放射線のエネルギーを測定し，放射線のエネルギーを高精度で知ることができる。

(4) **シンチレーション検出器**　励起された媒質が発する蛍光（シンチレーション光）を，光電子増倍管などの高感度光センサーで検出することで，放射線のエネルギーを知ることができる。大型化が容易であり，液体の媒質を用いるものでは試料を溶かしこむことで高感度測定ができる。

　　また，電気を帯びた粒子が媒質中の光の速さより速く移動する際に発する，チェレンコフ光を利用するチェレンコフ検出器もある。

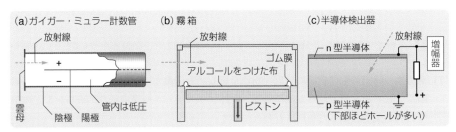

▲図 5-40　放射線の検出器

1 放射線の利用例　(1) **厚さ計**　透過力の強い β 線や γ 線は物質を透過する割合が物質によって一定であるから，その透過度を測定して，物体の厚さを知ることができる。この装置を **厚さ計** といい，薄膜や金属の厚さを測定するのに用いる。

(2) **トレーサー**　放射性同位体は安定な同位体と化学的性質が同じであるから，微量な放射性同位体を植物の養分として与えれば，その化学的要素が植物内でどのような経路をたどり，どの場所に蓄積されるかなどを知ることができる。このような目印として使用される放射性同位体を **トレーサー** という。半減期が数分から数日程度の放射性同位体は，病変箇所を発見する診断用トレーサーとして用いられる。

　　また，トレーサーは河川などでの物質の移動を調べるときにも利用される。

(3) **ラジオグラフィー**　いろいろな素材や製品の内部を，壊したり分解したりすることなく調べる方法を **非破壊検査** という。γ 線は透過力が強く，写真フィルムを感光させる作用をもっているから，これを金属物体に照射して写真をとれば，物体を傷つけることなく内部のようすを知ることができ，金属製品の内部構造や破損箇所を知るのによく利用される。

　　このように，放射線を使った非破壊検査の技術を **ラジオグラフィー** という。

(4) **放射線治療**　放射線は細胞分裂の盛んな所ほど大きな影響を生物に与える。この性質を利用して細胞分裂の盛んながん細胞に放射線を集中的に照射し，がん細胞を殺す治療が行われている。

　　また，放射線は皮膚のあざなどの治療にも使われている。

(5) **ガンマフィールド**　生物体の遺伝子は放射線を照射されると突然変異を起こし，その形態や性質が変わる場合がある。これを利用して，人間に有用な植物をつくりだす，いわゆる品種改良が行われている。γ 線照射により，有用な植物を選びだす農場を **ガンマフィールド** という。

(6) **年代測定**　生物遺跡や岩石などのできた年代を，放射性崩壊の法則を用いて放射能から推定できる。

　　例えば，自然界に存在する $^{14}_{6}C$ は，その崩壊と宇宙線による生成とがつりあっているので，その存在比はほぼ一定と考えられている。したがって，植物が光合成でとり入れた CO_2 中に含まれる $^{14}_{6}C$ の存在比も一定であるが，植物が死ねば体内の $^{14}_{6}C$ は崩壊によって減少するのみであるから，その体内存在比を測定し，その植物の生存年代を知ることができる。

　補足　**光合成**　葉緑素をもつ植物が光のエネルギーを利用して，栄養分をつくるはたらきをいう。

(7) **その他**　特定の生体組織に放射性物質を送り込み撮像するポジトロン断層法(PET)診断や，強力な γ 線を使った滅菌処理，耐熱プラスチックや発泡ポリエチレンなどの機能材料の製造といった利用も行われている。

ある遺跡から発見された木材中の $^{14}_{6}C$ の $^{12}_{6}C$ に対する割合を調べたところ，現在の木材の $\frac{1}{8}$ であった。

　この遺跡はいまから何年前のものと考えられるか。ただし，$^{14}_{6}C$ の半減期を 5.7×10^3 年とする。

解答 木材中の $^{14}_{6}C$ が崩壊して減少し，木として生育していたときの $\frac{1}{8}$ になったと考えられる。

　遺跡がいまから t〔年〕前のものとすると，半減期の公式より

$$\frac{N}{N_0} = \left(\frac{1}{2}\right)^{\frac{t}{5.7 \times 10^3}} = \frac{1}{8} = \left(\frac{1}{2}\right)^3$$

よって　$t = 5.7 \times 10^3 \times 3 \fallingdotseq \mathbf{1.7 \times 10^4}$ **年前**

2 放射線による障害　生物にとって最も危険な放射線は電離作用の強い α 線である。しかし，γ 線も透過力が強いので体内深く進入し，細胞破壊を起こすので大変危険である。放射線による生物体への影響は細胞分裂の盛んな所ほど大きいので，骨髄やリンパ節などの造血器官，生殖腺などが障害を受けやすい。特に，生殖腺に影響を受けると，子孫にまで及ぶので注意が必要である。

　放射線は直接目に見えないし，照射を受けても痛みも感じないので，放射性物質の取り扱いには特に注意を要する。

4 核反応と核エネルギー

A 原子核の変換

1 ラザフォードの実験　ラザフォードは α 粒子が原子核を変換させる反応を発見した。図 5-41(a) はその装置の略図である。窒素を入れた箱の中の台に立てた棒の上端近くに α 線源となる放射性物質を取りつけ，そこから出る α 粒子が亜鉛の薄膜(蛍光板)に当たって生じる光(シンチレーション)を，顕微鏡で観察した。台を動かして α 粒子の到達距離 8cm 以上にしても光を観察することができた。彼はこの場合の光は α 粒子によるものではなく，もっと軽い粒子で陽子ではないかと考え，この現象は α 粒子が窒素の原子核内に突入し，陽子を放出したものであるとした。この衝突前後での 2 つの原子核の質量数(核子数)の和とそれらの原子番号(核の正電荷数)の和はともに変わらないはずである。

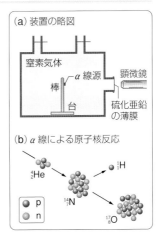
(a) 装置の略図

窒素気体
棒
α 線源
顕微鏡
台
硫化亜鉛の薄膜

(b) α 線による原子核反応

$^4_2$He
$^{14}_7$N
$^1_1$H
$^{17}_8$O
● p
● n

▲ 図 5-41　ラザフォードの実験

したがって，この反応は次のように表される。

$$^{14}_{7}N + {}^{4}_{2}He \longrightarrow {}^{17}_{8}O + {}^{1}_{1}H$$

これは，窒素の原子核が酸素の原子核に人工的に変換されたもので，このように原子核の変わる反応を**核反応**という。核反応の前後では，質量数の和(核子の数)と電気量の和は変わることはない。しかし，電子の放出や吸収がある場合は，原子番号の和(陽子の数)は変化することがある。

 5-6

核反応

反応の前後で，「質量数の和」「電気量の和」が一定
電子が関与しない場合は「原子番号の和」も一定

---

2 中性子の発見 リチウム，ベリリウム，ホウ素などの原子量の小さい元素にα線を当てると，透過度の非常に大きいγ線に似た放射線の出ることが発見された。この放射線は鉛などの重い物質よりも水素を多量に含む水やパラフィンなどによく吸収され，その際に飛程の長い(エネルギーの高い)陽子が放出されるなど，普通のγ線にない性質をもっている。

このことから，チャドウィックはいままでに知られていない電気的に中性で，陽子と同程度の質量をもつ放射線であると考え，この新粒子を**中性子**と名づけた。中性子を${}^{1}_{0}n$で示すと，上の核反応(式)は次のようになる。

$$^{7}_{3}Li + {}^{4}_{2}He \longrightarrow {}^{10}_{5}B + {}^{1}_{0}n, \quad {}^{9}_{4}Be + {}^{4}_{2}He \longrightarrow {}^{12}_{6}C + {}^{1}_{0}n$$

中性子はα粒子の他に，陽子や重水素核，γ線によっても発生させることができる。例えば，重水素核にγ線を当てると陽子と中性子とに分かれる。

$$^{2}_{1}H + \gamma \longrightarrow {}^{1}_{1}H + {}^{1}_{0}n$$

📖 問題学習 …… 182

下に示した A，B 2 つの核反応方程式について，次の問いに答えよ。

A $\quad^{14}_{7}N + {}^{4}_{2}He \longrightarrow {}^{\text{エ}}_{\text{オ}}\Box + {}^{1}_{1}H$

B $\quad^{9}_{4}Be + {}^{4}_{2}He \longrightarrow {}^{\text{カ}}_{\text{キ}}\Box + {}^{1}_{0}n$

(1) A，B の式の中の下線を引いたア，イ，ウの粒子の名称を記せ。

(2) 空所エ，オ，カ，キには数字を，空所ク，ケには元素記号を記入せよ。

解答 (1) (ア) **α粒子** (イ) **陽子** (ウ) **中性子**

(2) (エ) $14 + 4 - 1 = \mathbf{17}$ (オ) $7 + 2 - 1 = \mathbf{8}$ (カ) $9 + 4 - 1 = \mathbf{12}$

(キ) $4 + 2 - 0 = \mathbf{6}$ (ク) 原子番号(オ)が 8 であることから **O**

(ケ) 原子番号(キ)が 6 であることから **C**

3 加速器による原子核の変換　原子核の人工変換は，まず自然放射性同位体から放射される，高速度のヘリウム陽イオンの流れである α 線を用いて行われたが，天然の α 線でなくても，ヘリウムガスを電離してつくった人工の α 粒子，または水素や重水素などの気体からつくった陽イオンを高電圧で加速しても，同じ効果が得られるのではないかという考えが起こり，人工的に高速粒子を発生する方法が多くの人々によって工夫された。1932 年頃から種々の加速装置がつくられ，いろいろな人工加速粒子による核反応が行われるようになった。これに成功した最初の例が次の実験である。

コッククロフトとワルトンは，高圧変圧器にコンデンサーと整流管を組み合わせた装置により約 80 万 V の高電圧を得た。これによって，水素イオン(陽子)を加速し，リチウムを衝撃したところ，飛程の等しい 2 個の粒子が放出されることを見出した。そして，この反応は次のように理解された。

$$^{7}_{3}\text{Li} + ^{1}_{1}\text{H} \longrightarrow ^{4}_{2}\text{He} + ^{4}_{2}\text{He}$$

20 世紀前半では，コッククロフト−ワルトンの装置，ベルト式起電機(ヴァン・デ・グラーフ起電機)，サイクロトロン，直線加速器，ベータトロンなどのイオン加速器を使用して，陽子，重水素核，α 粒子などのイオンを加速し，他の原子核に衝突させて種々の核反応を起こさせ，その反応現象を調べる実験が盛んに行われた。また，これらの核反応から発生する中性子や γ 線も，さらに原子核に反応させて核の変換に利用してきた。

問題学習 …… 183

次の核反応を完成させよ。

$$^{12}_{6}\text{C} + ^{\square}_{0}\text{n} \rightarrow ^{13}_{6}\square + \boxed{}$$

考え方　$^{1}_{0}\text{n}$ は記憶事項，$Z = 6$ の元素の炭素 C も記憶事項。
反応の前後で質量数と原子番号の和について保存の式を考える。

解答　$^{12}_{6}\text{C} + ^{1}_{0}\text{n} \longrightarrow ^{13}_{6}\text{C} + ^{4}_{2}\square$ となるから，加減算によって $Z = 0$，$A = 0$ となる。
このような粒子は γ 光子であるから

$$^{12}_{6}\text{C} + ^{1}_{0}\text{n} \longrightarrow ^{13}_{6}\text{C} + \gamma$$

B　質量・エネルギーの等価性と結合エネルギー

1 質量欠損　原子核はいくつかの陽子と中性子から構成されているから，原子核の質量は陽子および中性子がそれぞれ単独にあるときの質量に，核内に存在する陽子と中性子の数をそれぞれ乗じた和となるはずである。ところが，実際に存在する原子核の質量は，核内にあるそれぞれの核子の質量の和より小さい。陽子，中性子および原子核の質量をそれぞれ m_p，m_n，m_0 とし，核の原子番号を Z，その質量数を A，核内核子が離れて存在しているときの質量の和と核の質量との差を Δm とすると，次の式のようになる。

$$\Delta m = Zm_{\mathrm{p}} + (A - Z)m_{\mathrm{n}} - m_0 \qquad (5\cdot37)$$

上式の Δm を **質量欠損** という。いままで，質量保存の法則を信じてきた人々にとって，このことは大きな衝撃であった。

2 質量とエネルギーの等価性　原子核での質量欠損の問題は，アインシュタインによる**特殊相対性理論** の出現によって解決された。彼の論文によれば，質量とエネルギーは同等であり，次の関係式により質量はエネルギーに，またエネルギーは質量に相互に変わり得るものであるとしている。

すなわち，質量を m〔kg〕，エネルギーを E〔J〕とすると

$$E = mc^2 \quad (c \fallingdotseq 3.0 \times 10^8\,\mathrm{m/s}，真空中での光の速さ) \qquad (5\cdot38)$$

この考えを質量欠損に適用すると，原子核内の核子は常にばらばらにならないように互いに強く引きあう力をはたらかせており，そのエネルギーに核の質量欠損分が転化されているということになる。この転化されたエネルギー Δmc^2 を原子核の **結合エネルギー** という。

核子1個当たりの結合エネルギー $\dfrac{\Delta mc^2}{A}$ が大きいほど，核子の結びつきが強い。この値を質量数を横軸にとって描いたグラフが図5−43である。核子1個当たりの結合エネルギーは鉄 Fe のあたりで最大になる。

結合エネルギーは，原子内の電子のもつエネルギーと比べると非常に大きいので，その単位には MeV がよく使われる。

$1\,\mathrm{MeV} = 1.6 \times 10^{-13}\,\mathrm{J}$，1 統一原子質量単位(u) $= 931\,\mathrm{MeV}$

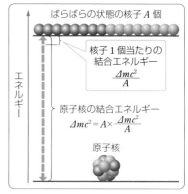

▲ 図5-42　原子核の結合エネルギー

補足　特殊相対性理論によると，運動している物体では，運動量を p として $E^2 = (pc)^2 + (mc^2)^2$ となる。

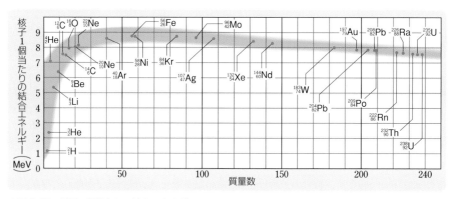

▲ 図5-43　核子1個当たりの結合エネルギー

質量とエネルギーの等価性

質量とエネルギーは比例関係にある

静止エネルギー　$E = mc^2$　　　　　　　　　　　　　　　　(5·39)

原子核の結合エネルギー　$\Delta E = \Delta mc^2$　　　　　　　　　(5·40)

（Δm は中性子と陽子の質量の合計－原子核の質量）

問題学習 …… 184

質量 1.0kg はエネルギーに換算すると何 MeV になるか。光の速さを 3.0×10^8m/s とする。

解答　質量とエネルギーの等価性の関係より

$$E = mc^2 = 1.0 \times (3.0 \times 10^8)^2 = 9.0 \times 10^{16}\text{J} = \frac{9.0 \times 10^{16}}{1.6 \times 10^{-13}} \doteqdot \mathbf{5.6 \times 10^{29}}\,\textbf{MeV}$$

参考　**特殊相対性理論**　これは量子論とともに 20 世紀初頭から始まった現代物理学の基礎をなす 2 本柱の 1 つである。次の 2 つの原理を基にして展開した理論である。

①**光速度不変の原理**　真空中の光速度は，互いに等速度で運動する観測者にはすべて同一である。

②**相対性原理**　物理法則は，互いに等速度で運動する座標系では同じ形で与えられる。

3 核エネルギー　核反応の前後で質量数の和と原子番号の和は変化しないが，原子核によって核子 1 個当たりの結合エネルギーが異なり質量欠損も異なるため，一般に原子核の質量の和は反応の前後で変化する。質量の和が反応によって減少する場合，その質量差に相当するエネルギーが**核エネルギー** として解放される。このとき，結合

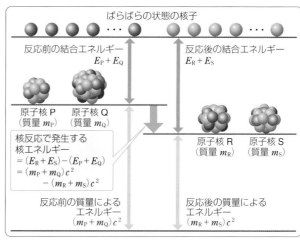

▲ 図 5-44　核反応で発生する核エネルギーと結合エネルギーの関係

エネルギーの和は増加しており，解放される核エネルギーは，結合エネルギーの和の変化に等しい（図 5-44）。

補足　**質量とエネルギーの等価性を示す実験例**（コッククロフトとワルトンの実験）

　　　　（${}^{7}_{3}\text{Li} + {}^{1}_{1}\text{H} \longrightarrow {}^{4}_{2}\text{He} + {}^{4}_{2}\text{He}$）で，H の運動エネルギーが 0.6MeV のとき，放出された 2 個の He の運動エネルギーは 17.9MeV であった。

H，Li，He の各原子核の質量はそれぞれ 1.67262×10^{-27}kg，11.64761×10^{-27}kg，6.64466×10^{-27}kg である。この反応による質量の減少 Δm は

$$\Delta m = (1.67262 + 11.64761 - 6.64466 \times 2) \times 10^{-27} = 0.0309 \times 10^{-27}\,\text{kg}$$

である。これをエネルギーに換算すると，$\Delta E = \Delta mc^2$ から

$$E = 3.09 \times 10^{-29} \times (3.00 \times 10^8)^2 = 2.78 \times 10^{-12}\,\text{J} = \frac{2.78 \times 10^{-12}}{1.60 \times 10^{-13}} = 17.4\,\text{MeV}$$

ゆえに，2 個の He が得る運動エネルギーは，この $17.4\,\text{MeV}$ と初めに H のもっていた運動エネルギー$0.6\,\text{MeV}$ との和($17.4 + 0.6 = 18.0\,\text{MeV}$)となるはずである。この値は測定から得られた実験値とほぼ同じになっている。

📖 問題学習 ⋯⋯ 185

${}^{9}_{4}\text{Be}$ の原子核に ${}^{4}_{2}\text{He}$ の原子核を当てると炭素 C と中性子ができた。

(1) このときの核反応式をかけ。

(2) この核反応で 1 個の C ができるとき，質量欠損は何 u か。また，そのとき放出されるエネルギーは何 MeV か。ただし，この核反応における原子核の質量は統一原子質量単位 u で表すと，${}^{9}_{4}\text{Be}$：9.0122，${}^{4}_{2}\text{He}$：4.0026，C：12.0000，中性子：1.0087 であり，1u の質量がすべてエネルギーに変わるとき，$931\,\text{MeV}$ のエネルギーになるものとする。

解答 (1) 中性子は ${}^{1}_{0}\text{n}$ であるから，この核反応でできる炭素は ${}^{12}_{6}\text{C}$ である。

よって ${}^{9}_{4}\text{Be} + {}^{4}_{2}\text{He} \longrightarrow {}^{12}_{6}\text{C} + {}^{1}_{0}\text{n}$

(2) この核反応で減少した質量 Δm は

$$\Delta m = 9.0122 + 4.0026 - 12.0000 - 1.0087 = \mathbf{0.0061\,u}$$

よって $\Delta E = 931 \times 0.0061 \fallingdotseq \mathbf{5.68\,MeV}$

C 核分裂反応

1 核分裂反応 フェルミ，ハーン，ストラスマンたちは，ウラン ${}^{235}_{92}\text{U}$ が中性子を吸収すると不安定になり，質量のほぼ等しい 2 つの原子核に分裂し，いままでの核反応に比べて大きなエネルギー(〜200 MeV)が発生することを発見した。この現象を **核分裂** という。この現象は，ウランの他にトリウム(Th)やプルトニウム(Pu)にも起こることがわかった。

核分裂のときには，2〜3 個の中性子が放出される。この中性子を未反応の核に吸収させると，次々と核分裂を連鎖的に行わせることができる。このようにして次々と核分裂が起こることを **連鎖反応** という。核分裂によってできた中性子が核分裂を起こす物質と衝突せずに外に出てしまうと連鎖反応は起こらない。このため，核分裂をする元素の量はある一定量以上なければならない。

連鎖反応が起こる状態を **臨界** といい，臨界に達するために必要な量を **臨界量** という。その大きさは分裂する元素の種類によって異なる。

天然ウランから分離した純粋なウラン235($^{235}_{92}$U)，またはプルトニウム239($^{239}_{94}$Pu)を臨界量以上にし，核分裂の連鎖反応が高速度で進むようにすると，膨大なエネルギーが一挙に放出される。これが**原子爆弾**である。

2 原子力発電　天然ウラン（大部分は分裂しにくい$^{238}_{92}$Uで，約0.7%の分裂しやすい$^{235}_{92}$Uを含み他に$^{234}_{92}$Uがわずかに存在する）または濃縮ウラン（$^{235}_{92}$Uの含有率を高めたウラン金属またはウラン化合物）を原料とし，低速度で核分裂の連鎖反応を行わせる装置を**原子炉**という。原子炉は核分裂によって解放される熱エネルギーで高圧水蒸気をつくり，蒸気タービンをまわし，発電機をはたらかせて動力源として使用される。これが原子力発電である。また，研究用の原子炉では核分裂に伴って生じる中性子線を，安定な元素に当てて放射性同位体をつくるのにも利用される。

▲図5-45　原子炉

> **問題学習 …… 186**
>
> $^{235}_{92}$U原子が3.13×10^{10}個核分裂すると，約1Jのエネルギーが放出されるという。1日に1kgのウラン235を消費する原子力機関は，効率10%として，約何kWの仕事率となるか。ただし，アボガドロ定数を6.02×10^{23}/mol，^{235}Uの原子量を235とする。
>
> ---
>
> **解答**　1kgの^{235}Uの物質量$= \dfrac{1000}{235}$ mol，1molの原子数$= 6.02 \times 10^{23}$であるから
>
> 1kgの^{235}Uの核分裂による発生エネルギー$= \dfrac{(1000/235) \times 6.02 \times 10^{23}}{3.13 \times 10^{10}}$ J
>
> その10%が有効となるのであるから，求める仕事率Pは
>
> $P = \dfrac{1000 \times 6.02 \times 10^{23} \times 0.10}{235 \times 3.13 \times 10^{10} \times 24 \times 60 \times 60 \times 10^{3}} \fallingdotseq \mathbf{9.5 \times 10^{4} kW}$

D　核融合反応

　軽い原子核，すなわち原子番号の小さい元素の原子核どうしが核反応を起こし，それらよりも原子番号の大きい原子核ができるとき，この反応を**核融合反応**という。図5-43（→p.466）に見られるように，原子番号の小さい側では原子番号が大きくなるにつれて，核子1個当たりの結合エネルギーは大きくなっている。このため核融合反応が起きた場合も，エネルギーが解放される。例えば，重水素核$^2_1$Hどうしの反応によって$^3_2$Heを生じる場合には約3.3MeVのエネルギーが放出される。

$$^2_1H + {}^2_1H \longrightarrow {}^3_2He + {}^1_0n + 3.3MeV$$

　核融合反応を起こすためには，イオン加速装置によって軽い元素核を加速して他の軽い元素核に当てるか，または軽い元素核を超高温度にし，その熱運動によって軽い元素核どうしを衝突させる必要がある。後者の場合の核融合を**熱核融合反応**という。

太陽から放射されるエネルギーも，太陽内での熱核融合反応によるものと考えられている。太陽の内部には多くの水素があり（太陽の質量の半分以上が水素であるといわれている），超高温度（中心部で約1600万℃）のため，原子核と核外電子とは分離した状態（これを**プラズマ**という）にある。これらは高速度で運動し，互いに衝突して陽子は4個が融合して，1個のヘリウム核と2個の陽電子になる熱核融合反応が行われている。

$$_1^1\text{H} \times 4 \longrightarrow \, _2^4\text{He} + \text{e}^+ \times 2$$

この反応前後における質量差が，放射されるエネルギーになっていると考えられている。

　この核融合反応で解放されるエネルギーを概算してみよう。電子，陽子，ヘリウムの質量をそれぞれ$5.5 \times 10^{-4}\,$u，$1.0073\,$u，$4.0015\,$u とすると，反応前後の質量差は

$$\Delta m = 4 \times 1.0073 - (4.0015 + 2 \times 5.5 \times 10^{-4}) = 0.0266\,\text{u}$$

$1\,\text{u} = 931\,\text{MeV}$ であるから（→ p.466）　$\Delta E = 0.0266 \times 931 = 25\,\text{MeV}$

　熱核融合反応を起こさせるには，超高温度の気体であるプラズマを長時間保たせる必要があり，この方面の研究は現在も各地で行われている。

5　素粒子と宇宙

A　自然の階層性と素粒子

　物質の究極的な構成要素の探求は幾度となく行われてきたが，過去100年の進展は特に目覚ましかった。物質はすべて100種類をこえる程度の原子で構成されており，それを系統的に分類したメンデレーエフが導き出した周期表は，その規則性からさらに低い階層の内部構造を予見させた。内部構造の中に電子が含まれることは，光電効果（→ p.425）により容易に想像がついた。原子の大きさは，$10^{-10}\,$m 程度であるが，その中心に $10^{-15}\,$m から $10^{-14}\,$m 程度の大きさの小さな原子核があることは，α 粒子を薄い金箔に衝突させたときの散乱実験（→ p.443）から判明した。金の原子核と最も外側の電子までの距離の比は，太陽の大きさと冥王星までの距離の比程度になる。

　その原子核が陽子と中性子でできていることは，原子核どうしの衝突で陽子や中性子が出てくることや，原子核の質量が陽子や中性子の質量のほぼ整数倍であることからわかり，陽子と中性子でできた高密度の原子核を電子の雲が取り囲んでいると理解された。

▼表5-6　物質を構成する粒子

	第一世代	第二世代	第三世代	電荷	色荷	弱荷
クォーク	u（アップ）	c（チャーム）	t（トップ）	$+\dfrac{2}{3}e$	有	有
	d（ダウン）	s（ストレンジ）	b（ボトム）	$-\dfrac{1}{3}e$	有	有
レプトン	e（電子）	μ（ミュー粒子）	τ（タウ粒子）	$-e$	無	有
	ν_e（電子ニュートリノ）	ν_μ（ミューニュートリノ）	ν_τ（タウニュートリノ）	0	無	有

極微の**素粒子**の研究には，ドブロイ波長の考えからもわかるように高エネルギーの粒子が必要である(エネルギーが高いほど波長が短くなり小さな世界を調べることができる)。素粒子研究は宇宙線観測や加速器技術，測定装置技術の進展とともに発展した。陽子や中性子は**ハドロン**とよばれる強い相互作用をする粒子の中の**バリオン(重粒子)**に分類されるが，これまでに加速器実験で発見されたバリオンの種類は100以上になる。原子の種類の多さが，内部構造を予見させたように，バリオンにも内部構造があるということが類推される。バリオンに内部構造があることは，例えば高エネルギーの電子を陽子に衝突させることでわかった。金箔にα粒子を衝突させたときと同様に，強く散乱されるものがあったのである。現在のところそれより小さな構造は見つかっていない。π中間子も内部構造をもち，強い相互作用をするハドロンの一種だが，**メソン(中間子)**と分類され，バリオン同様に多くの種類が確認されている。電子は，10^{-18}mより小さいということしかわかっておらず，素粒子の1種と考えられている。強い相互作用をしない電子は**レプトン**という種類に分類され，レプトンには他にμ粒子，τ粒子，そしてそれぞれと対になる3種類のニュートリノ，電子ニュートリノ，μニュートリノ，τニュートリノがある。

　光子も素粒子として考えられている。電磁相互作用は光子の交換によって行われるが，力を媒介する粒子は**ゲージ粒子**とよばれる。ゲージ粒子には他にも弱い相互作用を媒介する**ウィークボソン**，強い相互作用を媒介する**グルーオン**，実験的に直接観測はされていないが重力を媒介する**グラビトン(重力子)**がある。

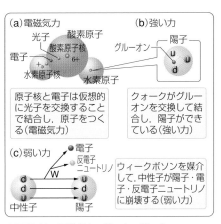

▲ 図5-46　電磁気力・強い力・弱い力

　この他に，物質に質量を与える素粒子である**ヒッグス粒子**がある。クォークやレプトンは，ヒッグス粒子を生み出す真空に満ちているヒッグス場と作用することで質量をもつと考えられる。

B クォーク模型

　バリオンやメソンの内部構造として考えられているものが**クォーク**である。**クォーク模型**では，クォークは電荷の大きさが電子の$\frac{1}{3}$や$\frac{2}{3}$であり，バリオンは3つのクォーク，メソンは2つのクォークでつくられるとする。レプトンでは，電子と電子ニュートリノ，μ粒子とμニュートリノ，τ粒子とτニュートリノがそれぞれペアをなしており，質量は異なるが性質の似たものが3世代あることがわかっている。クォークも同様に電気量$+\frac{2}{3}e$をもつものと$-\frac{1}{3}e$をもつものがペアとなって3世代あり，第一世代はu(アップ)とd(ダウン)クォーク，第二世代はc(チャーム)とs(ストレンジ)クォーク，第三世代はt(トップ)とb(ボトム)クォークからなる。

陽子は uud でできており，そのため電荷は $+e$，中性子は udd で電荷は 0 となる。標準理論においては，物質を構成する粒子として，これらのクォークとレプトンが素粒子の構成要素であると考えられている。質量のわかっている素粒子では世代が高いほど質量が重く，通常の物質は第一世代の粒子だけからなる。また，物質を構成する粒子には**反粒子**が存在し，質量は同じであるが電荷などの性質はちょうど反転したものとなる。陽電子は電子の反粒子で，質量は同じであるが電荷は $+e$ である。反陽子というものも

▲ 図 5-47　色の輪と補色

加速器でつくることが可能で，これは反クォークでできており，電荷は $-e$ となる。反粒子でできた物質は**反物質**とよばれる。クォークを結びつける力は，強い相互作用によるもので，グルーオンを媒介して力を及ぼす。電磁気力は，電荷に伴ってはたらくが，これは光子が電荷と結びつくことと等価である。グルーオンが結びつくものは**色荷**とよばれ，仮想的に赤・緑・青色を割り振るとわかりやすい。反クォークは，赤・緑・青の補色であるシアン・マゼンタ・黄(イエロー)をもつ。

　グルーオン自身も色荷をもち，さらにグルーオンと結びつくことで距離が離れるほど力が強くなる。バリオンやメソンは無色の粒子で，色をもった単独の粒子，例えば 1 つのクォークを取り出そうとすると，真空からたちまち補色のクォークを取りこみ無色にもどってしまう。そのため，実際に強い力が到達する距離は原子核の大きさのスケールである 10^{-15} m 程度となってしまう。無色をつくるには，赤・緑・青の 3 つのクォークの組み合わせであるバリオン，シアン・マゼンタ・黄の組みあわせである反バリオン，赤・シアンあるいは緑・マゼンタ，青・黄の 2 つのクォークで無色をつくるメソンが可能である。

C　自然界に存在する 4 つの力

　現在，科学的に知られている力は 4 つしかない。天体の運動に関係する力と地上でリンゴが落ちる力が**重力**として統一的にたった 1 つの基本方程式で記述され，さまざまな電気の力，磁気の力が統一的に**電磁気力**として理解され，原理的には原子の化学的な性質から，高度なエレクトロニクス回路までもがたった 4 つの基本方程式で記述できる。物理は，複雑な現象の本質をとらえ，より基本的で普遍的な概念で理解することによって進展してきた。そして，さらに β 崩壊を引き起こす**弱い力**やクォークどうしを結びつける**強い力**が見つかり，レプトンおよびクォークにはたらく力には合計 4 種類の力がある。

　レプトンやクォークは，それらがどの相互作用を行うかによって特徴づけられる。クォークは質量・電荷・弱荷・色荷すべてをもち，レプトンは色荷をもたない。レプトンの中でもニュートリノは電荷ももたない。

　したがって，クォークには 4 つの力がすべてはたらくが，レプトンには強い力がはたらかない。そしてニュートリノには電磁気力もはたらかない。そのため，ニュートリノは非常に反応を起こし難く観測が困難である。

重力は，他の相互作用と比べてあまりにも小さいため，素粒子の世界で重力が問題になることはあまりない。

　例えば2つの陽子の間にはたらく電磁気力は重力の約10^{36}倍も強い。しかし，原子がそうであるように，プラスの電荷をもつ原子核のまわりにはちょうど同じ大きさ

▼ **表5-7　力を媒介する粒子（ゲージ粒子）**

力の種類	粒子名	到達距離	質量
重力	重力子（未発見）	∞	0
電磁気力	光子	∞	0
強い力	グルーオン（8種類）	10^{-15} m	0
弱い力	ウィークボソン（W^+, W^-, Z^0の3種類）	10^{-17} m	W：80.4 GeV Z：91.2 GeV

の電気量に相当するマイナスの電荷をもった電子が取り囲んでおり，十分離れた所では電気的に中性になってしまう。そのため，地球の公転運動を考えるのには重力だけで十分である。重力も電磁気力も力を媒介するゲージ粒子の質量は0であり無限大の距離まで力を及ぼすことが可能であるが，重力が常に加算的にはたらくのに対し，電磁気力はプラスとマイナスが打ち消しあうところが決定的に異なる。この遮蔽効果の内側で起こっていることを調べるには，原子核内部で起こるα崩壊（強い力），β崩壊（弱い力）やγ線放射（電磁気力）を観測することでも可能であるが，高エネルギーの粒子を使うことによってより微小な距離での反応を調べることでも可能である。

　高エネルギーの粒子は，歴史的には宇宙線の中に見出すことができたが，技術の進歩とともに加速器を使って人工的につくり出すことも可能となり，現在では10^{12}eVものエネルギーの陽子をつくることも可能である。宇宙線観測では10^{20}eVにもなるものが観測されているが，非常に稀にしか到来しないため，精密な研究には加速器が多く使われる。加速器の発展によって発見された弱い力を媒介するゲージ粒子，ウィークボソンは陽子の約100倍もの質量があり，弱い力の到達距離は10^{-17}m程度と非常に短い。そのため低エネルギーでドブロイ波長の長い粒子に対して弱い力はまさに弱いが，十分高いエネルギーでは，ウィークボソンと物質を構成する粒子との結びつきと，光子と電荷をもった粒子との結びつきは同等であることがわかっている。これによって，理論的に弱い力と電磁気力の統一が行われ，この理論を電弱統一理論という。

　現在の素粒子の標準的な理論は，この電弱統一理論と強い力の理論からなっている。さらに基本的な理論として，電弱統一理論と強い力を統一した大統一理論，さらに重力までも統一した超大統一理論の研究も行われている。

　大統一理論への道のりはより高エネルギーの粒子を使った，より小さな世界の探求であり，ウィークボソンよりずっと重い大統一理論のゲージ粒子に関連した研究となる。非常に重いゲージ粒子の反応は低エネルギーでは非常に稀な現象となる。

　大統一の世界では陽子ですら安定な粒子でなくなり，陽子崩壊は大統一理論の証拠となるが，これまでのところ陽子の寿命は10^{30}年以上とわかっているだけで，崩壊はまだ観測されていない。

標準的なビッグバン理論では，宇宙は約138億年前に小さなエネルギーの塊が大爆発を起こして始まったと考えられている。初期の宇宙は，宇宙全体のエネルギーが集中し，非常に高温で高密度であった。そのような非常に高温下での物理現象を知るには非常に高エネルギーでの素粒子の振る舞いを知る必要がある。宇宙のより初期を知るには，現在の標準的な素粒子理論をさらに，大統一，超大統一理論へと理解を深めていく必要があると考えられる。現在の標準理論が到達できるのはビッグバンから約 10^{-11} 秒程度以降である。

より確実に現象を予測できるのは100分の1秒程度までであり，そのときの温度は約1000億度，密度は水の約40億倍になる。太陽の中心でさえ1600万度程度しかなく，あまりにも高温であるため，いかなる分子も原子も原子核でさえ1つに結合していることはできない。このとき宇宙は，ほぼ等量の光子，電子と陽電子そしてニュートリノで満たされており，光子の10億分の1程度の陽子と中性子が存在した。

時間とともに宇宙は膨張し，約1秒後には100億度，密度は水の40万倍にまで下がった。この頃にはニュートリノの進行を阻むものがなくなり，このとき取り残されたニュートリノは赤方偏移によりエネルギーを下げ，現在の宇宙を1.9Kの温度で満たしていると考えられている。3分後には，10億度程度になり，原子核を構成することができるようになる。陽子と中性子は結合して重水素やヘリウムの原子核をつくった。電子と陽電子は対消滅でなくなっていくが，10億分の1程度の割合で電子のみが生き残った。他は大量の光子とニュートリノであった。電子が原子核に捕らえられ原子を構成するのは40万年もたってからである。自由電子や裸の原子核がなくなったことによって，光子がほとんどさえぎられなくなり，このときの光子は赤方偏移して現在2.7Kの宇宙背景放射として観測されている。その後，原子は重力によって凝集し，銀河や恒星を形成し，さまざまな原子核反応とともに現在の宇宙になった。現在の宇宙は平均すると $1\,cm^3$ 当たり約400個の光子と300個のニュートリノ，そして1000万分の3個のバリオンで満たされていると考えられている。これは，宇宙の最初の3分に起こった素粒子反応によって決められたものである。しかし，現在の知識ではまだ，さまざまな疑問を解決するには至っておらず，多くの理論的・実験的な研究が精力的に続けられている。

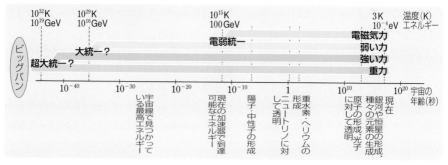

▲ 図 5-48　4 つの力と宇宙の歴史

第6編

物理学と社会

エネルギーとその利用

1 エネルギー資源と発電

1 エネルギー資源と発電

A エネルギー資源
基 物

エネルギー資源には，天然に存在する材料や状態としての**一次エネルギー**と，利用しやすい形態に加工や変換した**二次エネルギー**がある。一次エネルギーの代表的なものには，石炭，石油，天然ガス，天然ウラン，高所の水，地熱，太陽光，風などがある。また，二次エネルギーの代表的なものとしては，ガソリン，都市ガス，電気などがあげられる。

B 化石燃料
基 物

1 化石燃料の種類　化石燃料は，太古の動植物が堆積し，深い地層で長い年月をかけて圧力や熱によって変成したもので，石炭，石油，天然ガスなどが該当する。採掘技術の進歩により，これまでは採油が難しかった**オイルシェール**(石油になる前の物質を多く含む岩石)や**オイルサンド**(石油の成分を含む砂岩)の資源化が進んでいる。化石燃料は，一般に燃焼によって二酸化炭素を生成するため，大局的な元素の移動としては地中に固定されていた炭素を大気中に放出することとなる。

2 火力発電　火力発電は，化石燃料の燃焼で得られる熱で水を沸騰させ，その水蒸気でタービンを回転させることで発電機を駆動し発電する。燃料の化学エネルギーをいったん熱エネルギーに変換して，さらに電気エネルギーに変換するため，エネルギー変換効率(熱効率)は40%程度である。

化石燃料の燃焼ガスで直接ガスタービンを回転させて発電することもできるが，蒸気を使った場合より若干効率が落ちる。ガスタービンと水蒸気タービンを組み合わせて発電する**コンバインドサイクル**(図6-1)という手法では50%をこえる効率を実現しており，さらに温水などの形で廃熱も有効利用する**コージェネレーション**では70%をこえるエネルギー効率を実現しているものもある。

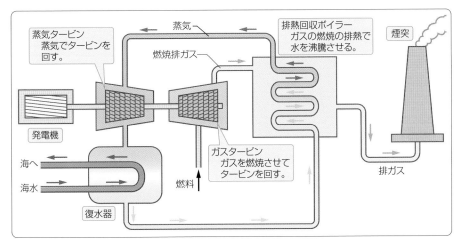

▲ 図 6-1　コンバインドサイクルによる火力発電

C　原子力発電

　ウランやプルトニウムの核分裂に伴うエネルギーを熱エネルギーとして利用し，発電に用いるのが原子力発電である（図6-2）。水蒸気を発生させてタービンを回すという点は，火力発電と同じである。エネルギー効率は，低めの蒸気圧で運転するために30％程度となっている。発電量として1基当たり1GW程度が実用化されている。

　^{235}U は，低速の中性子を捕獲する

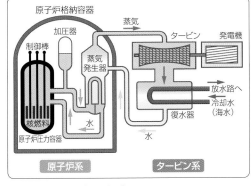

▲ 図 6-2　原子炉（加圧水型）のしくみ

と核分裂を起こし，同時に複数の中性子を高速で放出する。この中性子を効果的に減速し，^{235}U を適切に配置すると，中性子が別の ^{235}U に捕獲され，再度核分裂を引き起こす確率が1以上となり，連続して核分裂が起こるようになる。この状態を **臨界** といい，核分裂が連続的に起こり続けることを **連鎖反応** という。中性子の減速には水を使うことが多く，減速に用いる水を直接沸騰させてタービンを回すタイプの原子炉を **沸騰水型原子炉** という。

　一方，減速に用いる水を加圧して沸騰をおさえて高温にし，それで別系統の水を沸騰させてタービンを駆動するタイプの原子炉を **加圧水型原子炉** という。原子炉では，中性子を吸収する制御棒で，連鎖反応を停止させたり，爆発的な連鎖反応が起きないように運転制御を行っている。核分裂生成物の中には，放射性崩壊により熱を放出し続ける原子核があるため，原子炉が停止中でも適切に燃料を冷却し続ける必要がある。また，使用済み核燃料も放射性崩壊が十分少なくなるまで水中で保管しなければならない。

D 太陽光

太陽の中心では，水素原子核が核融合してヘリウム原子核ができる核反応が連続的に起こって，膨大なエネルギーがつくられている。このエネルギーの98％は時間をかけて太陽表面に伝わる。太陽表面から宇宙へは，熱伝導する媒質がないため光としてエネルギーを放出し，約6000℃の表面温度を維持している。残り2％はニュートリノがもち出す。

太陽が放出する光エネルギーは3.84×10^{26}Wであり，1.50×10^{11}m離れた地球でも1m²当たり約1.36kWの光エネルギーを受けており，この値を**太陽定数**という。地球全体で受ける光エネルギーの総量は1.74×10^{17}Wにもなる。このエネルギーも，最終的には宇宙に放出されることになるが，地表に届いた太陽光は，地表や大気を暖め，水を蒸発させて，雨や風となって，一次エネルギーとして利用されている。太陽エネルギーは，今後，半永久的に(数十億年)供給されると考えられ，地上の生物の活動を支える主要なエネルギー源でもある。

利用する以上に半永久的に補充される自然界のエネルギーを**再生可能エネルギー**というが，太陽エネルギーは再生可能エネルギーの代表格である。

1 水力発電 太陽のエネルギーによって海面や地表から蒸発した水は，上空で雲となり，標高の高い所にも雨として降ってくる。この水をせき止めて，大きな落差を落とした水でタービンを回して発電機を駆動するのが水力発電であり，水のもつ位置エネルギーを電気エネルギーに変換している(図6-3)。電力消費が少ない夜間に，ポンプを使って，低地の水を貯水池に汲み上げ，電力消費が多い昼間に水力発電する**揚水発電**(図6-4)も行われている。

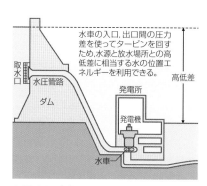

水車の入口,出口間の圧力差を使ってタービンを回すため,水源と放水場所との高低差に相当する水の位置エネルギーを利用できる。

▲ 図6-3 水力発電のしくみ

▲ 図6-4 **揚水発電**(北海道電力 京極発電所)
上部調整池と下部調整池の総落差400mを利用して発電を行う。

2 風力発電 太陽光は地表や海面を暖め，それによって大気も温められて，風を引き起こす。風の力で風車を回し発電するのが風力発電であり，風のもつ運動エネルギーを電気エネルギーに変換している(図6-5)。

3 太陽光の利用　太陽光で水を加熱して温水を得る太陽温水器は一般家庭にも普及しているが，鏡やレンズで集光して水や油をより高温に加熱すると，周囲との温度差を利用した**太陽熱発電**も可能となる。一方，ケイ素Siなどの半導体は，光エネルギーを吸収して電子を生じるので，それを集めて電流として利用することができる。このように，光を直接電気エネルギーに変換する装置を**太陽電池**という。

▲ 図6-5　風力発電（郡山布引高原風力発電所）

現在，原材料の使用量や半導体製造にかかるコスト，発電効率などを最適化するためのさまざまな開発が行われている。

参考　**太陽電池の原理**　ケイ素Siの結晶に，不純物として電子の数の異なる原子が入ったとき，電子が余分になるものを**n型半導体**，電子が不足するものを**p型半導体**という（→ p.349，452）。図6-6のようにp型半導体とn型半導体の薄い層を重ねたものに太陽光が当たると，電子とホール（正孔）の対が発生し，ホールはp型の領域に，電子はn型の領域に集まる。両極を導線でつなぐと，電子がn型からp型へ（電流はp型からn型へ）流れ，結果としてp型が正極，n型が負極の電池となる。

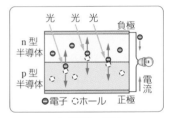

▲ 図6-6　太陽電池の原理

基礎 E　その他のエネルギー資源

1 地熱　地球の内部からは47兆Wほどの熱エネルギーが湧き出しており，その内の約半分が地球形成時の熱で，残りが地球内部の放射性物質の崩壊を起源とすると考えられている。この熱エネルギーも半永久的に供給されるため，再生可能エネルギーの1つとされている。地球内部は深いほど温度が高く，地球中心は5000℃にも達すると考えられている。

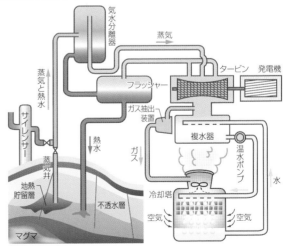

▲ 図6-7　蒸気井（地熱により蒸気が発生している井戸）での地熱発電の原理

火山活動が活発な地域などでは、マグマが地表近くまでせまっていて、水蒸気を大量に発生していたり、岩盤が高温になっていたりする地域がある。自然に発生する水蒸気を使うか、高温の岩盤に送水して水蒸気を得るなどしてタービンを駆動するような発電方法を **地熱発電** という（図6−7, 8）。

火山活動が活発な日本は、地熱発電に利用可能な熱源が多いと考えられるが、地熱の利用には火山性の自然災害に対する対策も不可欠である。国内では20か所近い地熱発電所が稼働しているが、局所的に大量の熱を取り出しにくいことから小規模なものが多く、最大規模のもので100 MW程度である。

▲ 図6-8　地熱発電所（大分県八丁原（はっちょうばる）発電所）

2 潮汐

月が地球のまわりを公転することで、地球には潮汐力がはたらき、潮の満ち引きが発生する。そのため、沿岸部に貯水池を設置すると、潮の満ち引きによって海面が上下動し、海水が貯水池から海洋へ、またその逆の流れができて発電が可能になる。

このような発電方式を **潮汐発電** という（図6−9, 10）。潮の満ち引きは海峡部での大きな潮流としても表れるため、潮流を利用した発電も可能であるが、機器の塩害対策が必要なことや漁業・航路への影響などデメリットもあり、国内ではいずれもあまり普及していない。

潮汐発電は、月の運動エネルギーが海水の運動エネルギーに変換され、それをさらに電気エネルギーに変換するもので、再生可能エネルギーを利用した発電の一つである。

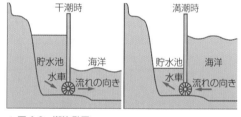

▲ 図6-9　潮汐発電

▲ 図6-10　潮汐発電所（フランス・ランス川）

特 集

特集❶ 探究的な題材の扱い方
―運動の分析―

実験データの分析がこれまで以上に重要視されてきている。運動の傾向をつかむために，時間と距離などのデータからグラフ化し，その運動の特徴を把握できるようにしよう。

斜面を転がる小球の運動

下の写真は，斜面を転がる小球の運動の軌跡を 0.10 秒ごとに表したものである。

1 データを読み取る

小球の中心の位置を，定規の最小目盛りの $\frac{1}{10}$ まで目分量で読み取るようにする。

2 データを表にまとめる

表に時刻，距離，距離間隔，中央の時刻，各区間の平均の速さをまとめる。各区間の距離間隔は 0.10 秒ごとに進む距離なので，各区間の平均の速さはこれを 10 倍にすればよい。

時刻 (s)	0	0.10	0.20	0.30	0.40	0.50	0.60	0.70	0.80	0.90	1.00	1.10
距離 (m)	0	0.003	0.015	0.030	0.053	0.083	0.120	0.163	0.213	0.269	0.330	0.397
距離間隔 (m)		0.003	0.012	0.015	0.023	0.030	0.037	0.043	0.050	0.056	0.061	0.067
中央の時刻 (s)		0.05	0.15	0.25	0.35	0.45	0.55	0.65	0.75	0.85	0.95	1.05
各区間の平均の速さ (m/s)		0.03	0.12	0.15	0.23	0.30	0.37	0.43	0.50	0.56	0.61	0.67

3 グラフにかく

横軸に時刻，縦軸に速さをとり，中央の時刻における各区間の平均の速さをプロットする。すべての点のなるべく近くを通るように，直線を引く。

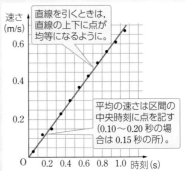

直線を引くときは，直線の上下に点が均等になるように。

平均の速さは区間の中央時刻に点を記す（0.10～0.20 秒の場合は 0.15 秒の所）。

注意 物理量はなめらかに変化することが多いので，折れ線グラフにはしない。

CHART 60 運動の分析

❶ データの読み取り

距離は最小目盛りの $\dfrac{1}{10}$ まで読み取る。

❷ 表の作成

実測のデータだけでなく，各時刻間隔ごとに進む距離や平均の速さをまとめる。

❸ $v\text{--}t$ 図の作図

・グラフができるだけ大きくかけるよう，$v\text{--}t$ 図の目盛りを決める。

・すべての点のなるべく近くを通るように，線を引く。

・傾きは加速度，切片は初速度となる。

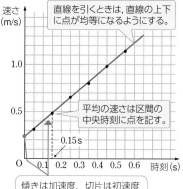

直線を引くときは，直線の上下に点が均等になるようにする。

平均の速さは区間の中央時刻に点を記す。

傾きは加速度，切片は初速度

📖 問題学習 ⋯⋯ 187

なめらかな斜面上で物体をすべらせる。0.10 秒ごとの移動距離が図のようになった。

(1) 表に各時刻間隔ごとの移動距離と平均の速さをかき，それをもとに時刻と平均の速さのグラフを作成せよ。

(2) このグラフから物体はどのような運動をしているといえるか，説明せよ。

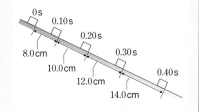

考え方 (2) グラフの形状や傾き，切片などからこの物体がどのような運動をしているかを推測し，説明する。

解答 (1) 各区間は 0.10 秒ごとに移動した距離を示しているため，平均の速さは，移動距離を 0.10 s でわった値となる。横軸に時刻，縦軸に平均の速さをとり，各点をプロットして点の近くを通る直線を引く。

時刻 (s)	移動距離 (m)	平均の速さ (m/s)
0		
0.10	＞ 0.080	0.80
0.20	＞ 0.100	1.00
0.30	＞ 0.120	1.20
0.40	＞ 0.140	1.40

(2) 時刻と平均の速さを表す点をプロットすると，一つの直線にのる。つまり，傾きが一定なので，加速度の大きさが約 $2\,\mathrm{m/s^2}$ の等加速度の運動であることがわかる。また，直線の切片が，約 0.7 m/s と読めることから初速度のある運動であることがわかる。

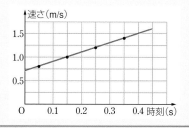

問題文の読み取り方
―問われた内容を明確にする―

入試問題において，身近なことがらや実験などを題材とした問題が増えてきている。問題を解くための知識や応用力だけでなく，正しく問題文を読み取ることも重要になってきている。次の問題を例に，どのようにして題意を読み解くかを確認してみよう。

例：風向きと風速

次の ☐1 ，☐2 に当てはまる答えを解答群より選べ。

①風向きと風速が一定の風 W が吹いていた。そこで水平面において図のように xy 座標系を決め，風向きと風速を確認しようと，質量の無視できる羽を②A地点に立って空中に静かに離したところ，羽は高度を変えずに風に乗って流され，9.0 s 後に B地点に到達した。ここで，AおよびB地点の xy 座標は図に示すとおりであった。これより，風 W の風向きは ☐1 であり，風速はおよそ ☐2 m/s であることが分かった。

> ① 向きと速さが一定なので等速直線運動

> ② 高度一定なので，xy 平面で AB 間の直線距離を 9.0 秒間で移動している。

☐1 の解答群

① 北　　② 北西
③ 西　　④ 南西
⑤ 南　　⑥ 南東
⑦ 東　　⑧ 北東

A(10, 50) 〔m〕

> この矢印が風 W の向き。上が北として方角を決める。

40 m

y

40 m　B(50, 10) 〔m〕

O　　x

> AB 間の距離は
> $40\sqrt{2} = 40 \times 1.41 = 56.4 \, \text{m}$
> 速さ $56.4 \div 9.0 = 6.26 \cdots ≒ 6.3 \, \text{m/s}$

☐2 の解答群

① 2.5　② 3.2　③ 4.4　④ 6.3　⑤ 7.5　⑥ 8.7
⑦ 9.8　⑧ 11　⑨ 13　⑩ 16

〔近畿大より〕

答え ☐1 ⑥　　☐2 ④

CHART 61　問題文の読み取り方

❶ 何を問われているか明確に！
問われていることを把握し，問題文中の解答に役立ちそうな内容に下線を引く。

❷ どのような法則，公式が適用できるか？
問題文の説明がどのような法則に対応しているか。

❸ 図に情報を示す
問題文中の内容を図などに示すことはできないか。

次の会話文を読み，[　]に当てはまる適切な語句を埋め，{　}から適切な語句を選べ。

A: なめらかな斜面上の下端より小球を斜面にそって上向きに運動させるとき，だんだん減速していくよね。

B: このとき，加速度は正負のどちらかな。

A: 斜面にそって数直線の x 軸をとり，斜面上向きを正とするなら[　ア　]だよ。

B: 小球はやがて最高点で折り返して，その後斜面を下降するけど，速度はどうなるかな。

A: 加速度は変わらないはずだから[ア]だよね。そう考えると x 軸に対して負の向きの速さはだんだん{イ　大きく・小さく　}なるよ。

B: 速さが{イ}なるなら，加速度は正じゃないの。

A: 正の向きを斜面上向きにとったよね。斜面を下降する向きは[　ウ　]の向きだよ。下降する速さが{イ}なるなら加速度は[ア]だよ。

B: 最初に決めた正の向きが重要なんだね。

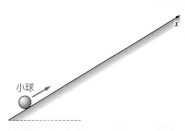

考え方 小球にはたらく合力は，重力の斜面に平行な成分なので，小球の加速度は斜面に対して下向きになる。

 解答

A: なめらかな斜面上の下端より小球を斜面にそって上向きに運動させるとき，だんだん減速していくよね。

B: このとき，加速度は正負のどちらかな。

A: 斜面にそって数直線の x 軸をとり，斜面上向きを正とするなら[　ア　]だよ。

B: 小球はやがて最高点で折り返して，その後斜面を下降するけど，速度はどうなるかな。

A: 加速度は変わらないはずだから[ア]だよね。そう考えると x 軸に対して負の向きの速さはだんだん{イ　大きく・小さく　}なるよ。

B: 速さが{イ}なるなら，加速度は正じゃないの。

A: 正の向きを斜面上向きにとったよね。斜面を下降する向きは[　ウ　]の向きだよ。下降する速さが{イ}なるなら加速度は[ア]だよ。

B: 最初に決めた正の向きが重要なんだね。

加速度の向きは，これとは逆向きとなるので負

小球は下降し（速度は負の向き），加速度は負の向きなので速さは大きくなる

斜面上向きが正なので，下降する向きは負

よって　（ア）**負**　　（イ）**大きく**　　（ウ）**負**

1. Aさんは，買い物でショッピングカートを押したり引いたりしたときの経験から，「物体の速さは物体にはたらく力と物体の質量のみによって決まり，ある時刻の物体の速さvは，その時刻に物体が受けている力の大きさFに比例し，物体の質量mに反比例する」という仮説を立てた。Aさんの仮説を聞いたBさんは，この仮説は誤った思いこみだと思ったが，科学的に反論するためには実験を行って確かめることが必要であると考えた。

(1) 下線部の内容をv, F, mの関係として表したグラフとして最も適当なものを，右の①〜④のうちから1つ選べ。

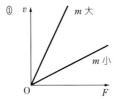
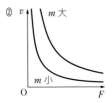
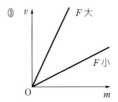
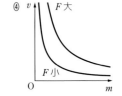

Bさんは，水平な実験机上をなめらかに動く力学台車と，ばねはかり，おもり，記録タイマー，記録テープからなる図1のような装置を準備した。そして，物体に一定の力を加えた際の，力の大きさや質量と物体の速さの関係を調べるために，次の2通りの実験を考えた。

【実験1】 いろいろな大きさの力で力学台車を引く測定をくり返し行い，力の大きさと速さの関係を調べる実験。

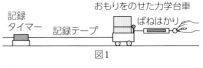

図1

【実験2】 いろいろな質量のおもりを用いる測定をくり返し行い，物体の質量と速さの関係を調べる実験。

(2) 【実験1】を行うときに必要な条件について説明した次の文章中の空欄 1 ・ 2 に入れる語句として最も適当なものを，それぞれの直後の{ }で囲んだ選択肢のうちから1つずつ選べ。

それぞれの測定においては力学台車を一定の大きさの力で引くため，力学台車を引いている間は，

1 { ① ばねはかりの目盛りが常に一定になる ② ばねはかりの目盛りがしだいに増加していく ③ 力学台車の速さが一定になる } ようにする。

また，各測定では，　2　 { ① 力学台車を引く時間 / ② 力学台車とおもりの質量の和 / ③ 力学台車を引く距離 } を同じ値にする。

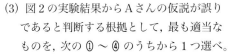

【実験2】として，力学台車とおもりの質量の合計が

　　ア：3.18 kg　　イ：1.54 kg　　ウ：1.01 kg

の3通りの場合を考え，各測定とも台車を同じ大きさの一定の力で引くことにした。

この実験で得られた記録テープから，台車の速さ v と時刻 t の関係を表す図2のグラフをかいた。ただし，台車を引く力が一定となった時刻をグラフの $t = 0$ としている。

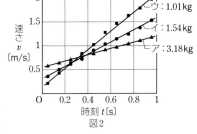

図2

(3) 図2の実験結果からAさんの仮説が誤りであると判断する根拠として，最も適当なものを，次の ① ～ ④ のうちから1つ選べ。

① 質量が大きいほど速さが大きくなっている。

② 質量が2倍になると，速さは $\frac{1}{4}$ 倍になっている。

③ 質量による運動への影響は見出せない。

④ ある質量の物体に一定の力を加えても，速さは一定にならない。

---

2. 次の文章中の空欄　**ア**　～　**ウ**　に入れる語と式の組合せとして最も適当なものを，次の ① ～ ④ のうちから1つ選べ。

なめらかに動くピストンのついた円筒容器中に理想気体が閉じこめられている。図1(a)のように，この容器が鉛直に立てられており，ピストンは重力と容器内外の圧力差から生じる力がつりあって静止していた。次に，ピストンを外から支えながら円筒容器の上下を逆さにして，図1(b)のように外からの支えがなくても

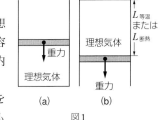

図1

静止するところまでピストンをゆっくり移動させた。容器内の気体の状態変化が等温変化であった場合，静止したピストンの容器の底からの距離が $L_{等温}$ であった。また，容器内の気体の状態変化が断熱変化であった場合には $L_{断熱}$ であった。

図2は，容器内の理想気体の圧力 p と体積 V の関係（p-V グラフ）を示している。ここで，実線は　**ア**　，破線は　**イ**　を表しており，これを用いると $L_{等温}$ と $L_{断熱}$ の大小関係は，　**ウ**　である。

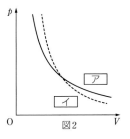

図2

	ア	イ	ウ
①	等温変化	断熱変化	$L_{等温} < L_{断熱}$
②	等温変化	断熱変化	$L_{等温} > L_{断熱}$
③	断熱変化	等温変化	$L_{等温} < L_{断熱}$
④	断熱変化	等温変化	$L_{等温} > L_{断熱}$

3. 金属箔の厚さをできるかぎり正確に（有効数字の桁数をより多く）測定したい。図のように，2枚の平面ガラスを重ねて，ガラスが接している点Oから距離 L の位置に厚さ D の金属箔をはさんだ。真上から波長

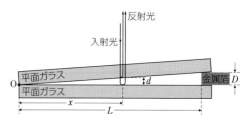

λ の単色光を当てて上から見ると，明暗の縞模様が見えた。このとき，隣りあう暗線の間隔 Δx を測定すると，金属箔の厚さ D を求めることができる。点Oからの距離 x の位置において，平面ガラス間の空気層の厚さを d とすると，上のガラスの下面で反射する光と下のガラスの上面で反射する光の経路差は $2d$ となる。ただし，空気の屈折率を1とする。

(1) 金属箔の厚さ D を表す式として正しいものを，次の ① 〜 ⑥ のうちから1つ選べ。

① $\dfrac{L\Delta x}{2\lambda}$ ② $\dfrac{L\Delta x}{\lambda}$ ③ $\dfrac{2L\Delta x}{\lambda}$ ④ $\dfrac{L\lambda}{2\Delta x}$ ⑤ $\dfrac{L\lambda}{\Delta x}$ ⑥ $\dfrac{2L\lambda}{\Delta x}$

(2) 次の文章中の空欄 ア ・ イ に入れる式と語句の組合せとして最も適当なものを，下の ① 〜 ⑥ のうちから1つ選べ。

できるかぎり正確に金属箔の厚さを求めるためには，隣りあう暗線の間隔 Δx をできるかぎり正確に測定する必要がある。この実験では，測定物の長さによらず，長さを0.1mmまで読み取ることができる器具を用いて測定する。N 個の暗線をまとめて $N\Delta x$ を測定できるならば，Δx を ア mmまで決めることができる。したがって，金属箔の厚さをより正確に測定するためには，N を イ するとよい。

	①	②	③	④	⑤	⑥
ア	$0.1N$	$0.1N$	$\dfrac{0.1}{\sqrt{N}}$	$\dfrac{0.1}{\sqrt{N}}$	$\dfrac{0.1}{N}$	$\dfrac{0.1}{N}$
イ	大きく	小さく	大きく	小さく	大きく	小さく

4. 指針で値を示すタイプの電流計と電圧計はよく似た構造をしている。どちらも図のような永久磁石にはさまれたコイルからなる主要部をもち，電流 I が端子aから入り端子bから出るとき，コイルが回転して指針が正に振れる。

(1) この主要部はそれだけで電流計として機能し，コイルに電流を10mA流したとき指針が最大目盛り10を示した。このコイルの端子aから端子bまでの抵抗値は2Ωであった。

このコイルに，ある抵抗値の抵抗を接続することで，最大目盛りが10Vを示す電圧計にすることができる。コイルと抵抗の接続と，電圧計として使うときの＋

端子，−端子の選択を示した図として最も適当なものを，次の ① 〜 ④ のうちから１つ選べ。

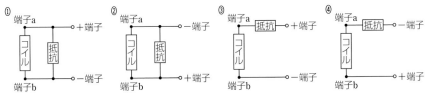

また，接続する抵抗の抵抗値は何 Ω か。最も適当な数値を，次の ① 〜 ⑦ のうちから１つ選べ。

 ① 0.2 ② 8 ③ 18 ④ 98 ⑤ 198 ⑥ 998 ⑦ 1998

(2) 次の文章中の空欄 ア 〜 ウ に入れる語句の組合せとして最も適当なものを，右の ① 〜 ⑧ のうちから１つ選べ。

通常，電圧を測定するときは，測定したい所に電圧計を ア に接続する。電圧計を接続することによる影響(測定したい2点間の電圧の変化)が小さくなるように，電圧計全体の内部抵抗の値を イ し，電圧計 ウ を小さくしている。

	ア	イ	ウ
①	直 列	大きく	を流れる電流
②	直 列	大きく	にかかる電圧
③	直 列	小さく	を流れる電流
④	直 列	小さく	にかかる電圧
⑤	並 列	大きく	を流れる電流
⑥	並 列	大きく	にかかる電圧
⑦	並 列	小さく	を流れる電流
⑧	並 列	小さく	にかかる電圧

5. 結晶の規則正しく配列した原子配列面(格子面)にX線を入射させると，X線は何層にもわたる格子面の原子によって散乱される。このとき，X線の波長がある条件を満たせば，散乱されたX線が互いに干渉し強めあう。まず1つの格子面を構成する多くの原子で散乱されるX線に注目すると，反射の法則

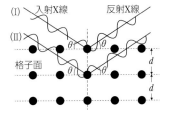

を満たす方向に進むX線どうしは，強めあう。これを反射X線という。また，隣りあう格子面における反射X線が同位相であれば，それぞれの格子面で反射されるX線は強めあう。図は，間隔 d の隣りあう格子面に角度 θ で入射した波長 λ のX線が，格子面上の原子によって同じ角度 θ の方向に反射された場合を示している。

次の文章中の空欄 1 ・ 2 に入れる数式として正しいものを，それぞれの直後の{ }で囲んだ選択肢のうちから１つずつ選べ。

図の2層目の格子面で反射される(Ⅱ)のX線は，1層目の格子面で反射される(Ⅰ)のX線より 1 { ① $d\sin\theta$ ② $2d\sin\theta$ ③ $d\cos\theta$ ④ $2d\cos\theta$ }だけ経路が長い。この経路差が 2 {① $\dfrac{\lambda}{4}$ ② $\dfrac{\lambda}{2}$ ③ $\dfrac{3\lambda}{4}$ ④ λ ⑤ $\dfrac{5\lambda}{4}$ ⑥ $\dfrac{3\lambda}{2}$ }の整数倍のときに常に強めあう。

1. （1）下線部の内容である，「v は F に比例
し，m に反比例する」ということをグラフ
に表すと，横軸に F をとるならば図 a のよ
うになる。

また，横軸に m をとるならば図 b のように
なる。

よって，最も適当なものは　④。

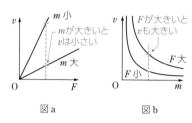

図 a　　　　　　図 b

（2）力学台車を引く力の大きさはばねはかり
の目盛りで表されるので，一定の力の大き
さで引くためには，ばねはかりの目盛りが
常に一定になるようにする必要がある。

よって，　1　の答えは　①。

実験 1 では力の大きさと速さの関係を調べ
たいので，各測定において，質量はそろえ
た上で，一定の力の大きさが異なるときに
速さがどう変化するかを調べる。

よって，　2　の答えは　②。

（3）A さんの仮説によれば，ある時刻の v は，
その時刻の F に比例する。よって，**実験 2**
のように時刻によって F が変化せず一定で
ある場合，v も時刻によって変化せず一定
になるはずである。

ところが，問題文の図 2 では時刻 t の変化
に伴い v が変化しており A さんの仮説は誤
りであると判断される。

よって，最も適当なものは　④。

2. 熱力学第一法則「$\Delta U = Q + W$」を断熱膨
張に適用すると，$Q = 0$，$W < 0$（気体は外
部から負の仕事をされる）より，$\Delta U < 0$ と
なり気体の温度が下がる。一方，気体を同
じ体積だけゆっくり等温膨張させた場合，
気体の温度は変わらない。これをふまえる

と，理想気体の p-V 図は図 a のようになる。
したがって，問題文の図 2 で実線は等温変
化，破線は断熱変化を表す。

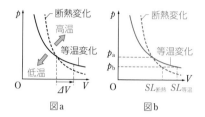

図 a　　　　　　図 b

容器外の気体の圧力 p_0 は一定と考えること
ができる。問題文の図 1(a)，(b) の状態に
おける容器内部の気体の圧力を，それぞれ
p_a，p_b とし，円筒容器の断面積を S，ピス
トンにはたらく重力の大きさを Mg とする
と，ピストンにはたらく力のつりあいより

$$p_a = p_0 + \frac{Mg}{S}, \quad p_b = p_0 - \frac{Mg}{S}$$

であり，$p_a > p_b$ である。

したがって，等温変化でも断熱変化でも，
気体の圧力は同様に下がる。

このとき，容器内の気体の状態は図 b のよ
うに表される。すなわち $SL_{断熱} < SL_{等温}$ とな
る。よって，最も適当なものは　②。

3. （1）ガラスの屈折率は 1 より大きいので，
上のガラスの下面での反射では位相が変化
せず，下のガラスの上面での反射では位相
が π ずれる。したがって，経路差 $2d$ が波
長の整数倍となる位置に暗線が観察される。
このとき，右隣の暗線における経路差は，
図 a のように $2d + \lambda$ となるので，これら
の位置での空気層の厚さの差は $\dfrac{\lambda}{2}$ である。

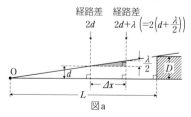

図 a

また，直角三角形の相似から

$$\Delta x : \frac{\lambda}{2} = L : D$$

整理すると $D = \dfrac{L\lambda}{2\Delta x}$

よって，正しいものは ④。

(2) 例えば，長さが 1.3 mm と測定されたとすれば

$$1.25 \, \text{mm} \leq (真の長さ) < 1.35 \, \text{mm}$$

のように，真の値の範囲が 0.1 mm の幅におさまるということである。

これが $N\Delta x$ の測定であったとすれば

$$1.25 \, \text{mm} \leq N\Delta x < 1.35 \, \text{mm}$$

すなわち $\dfrac{1.25}{N} \, \text{mm} \leq \Delta x < \dfrac{1.35}{N} \, \text{mm}$

となるので，Δx の値は $\dfrac{0.1}{N}$ mm の範囲で決まる。つまり，N を大きくすることで，Δx の値をより狭い範囲で決めることができる。

よって，最も適当なものは ⑤。

4. (1) この電流計を最大目盛りが 10 V を示す電圧計とするには，その電圧計の 2 つの端子間に電圧 10 V が加わったとき，問

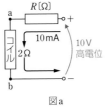

図a

題文の図の矢印の向きに電流 10 mA が流れて指針が最大目盛り 10 を示すようにすればよい。

コイルの抵抗は 2 Ω であるから，10 mA の電流が流れるときにコイルに加わる電圧は，オームの法則より

$$2 \times (10 \times 10^{-3}) = 0.02 \, \text{V}$$

にしかならない。このコイルに対して直列に抵抗値 R〔Ω〕の抵抗を接続して，コイルと抵抗の電圧降下の和が 10 V とする。合成抵抗は $R + 2$〔Ω〕となるから，図 a のような回路をつくればよい。

オームの法則より

$$10 = (R + 2) \times (10 \times 10^{-3})$$

よって $R = 998 \, \Omega$ である。以上より，最も適当なものは順に ③，⑥。

(2) 電圧を測定するときは，測定したい所に電圧計を並列に接続する（図b）。並列接続の電位差は等しいからである。

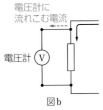

図b

このとき，電圧計のほうに流れこむ電流が生じることにより，測定したい部分の電流・電圧が影響を受けてしまう。

したがって，影響を小さくするには，電圧計の内部抵抗の値を大きくし，電圧計に流れこんでしまう電流を小さくするべきである。

以上より，最も適当なものは ⑤。

5. 図のように，（Ⅱ）のX線と（Ⅰ）のX線の経路差は

$$d \sin\theta + d \sin\theta = 2d \sin\theta$$

よって，□1□ は ②。

また，（Ⅰ），（Ⅱ）のX線は同じように反射しているので，経路差が波長の整数倍のときに強めあう。

よって，□2□ は ④。

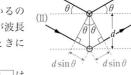

本文資料

A 単位

1 単位系

　観測と実験は物理学の重要な研究方法の1つであり，物理学では物理量の測定を目的とすることが多い。そのため，その物理量と同種類の量の一定量を選び，はかろうとする量がこれの何倍であるかを示さなければならない。この標準となる同種の量の一定量がその物理量の **単位** である。

　単位をあらゆる物理量に別々に与えていたのでは複雑であるから，独立に定める単位は少数の量にとどめ，他の量の単位は，その量とはじめに選んだ少数の量との数学的または物理学的関係にもとづいて決めることが望ましい。例えば，長さの単位に m を選び，面積や体積の単位を m^2，m^3 とする類である。そこで，この少数の適当に選定した物理量を **基本量** と名づけ，基本量を組み合わせることによって得られる量を **誘導量** とよぶことにする。基本量の単位として各1種を制定し，これを **基本単位** といい，基本単位を組み合わせてつくった単位を **組立単位** という。基本単位とそれからつくられた組立単位との群を **単位系** という。

2 基本単位

● **時間の単位**　時間の単位 **秒(s)** は，$^{133}_{55}\text{Cs}$ から発する特定の光の振動周期の 9192631770 倍と定義される。

● **長さの単位**　長さの単位 **メートル(m)** は，光が真空中を1秒間に進む距離の 299792458 分の1と定義される。

● **質量の単位**　質量の単位 **キログラム(kg)** は，プランク定数の値を正確に $6.62607015 \times 10^{-34}\text{J·s}(= \text{kg·m}^2/\text{s})$ と定めることによって設定される。

● **電流の単位**　電流の単位 **アンペア(A)** は，電気素量の値を正確に $1.602176634 \times 10^{-19}\text{C}$ $(= \text{A·s})$ と定めることによって設定される。

● **温度の単位**　熱力学温度の単位 **ケルビン(K)** は，ボルツマン定数の値を正確に $1.380649 \times 10^{-23}\text{J/K}(= \text{kg·m}^2/\text{s}^2\text{·K})$ と定めることによって設定される。

● **物質量の単位**　**1 モル(mol)** は正確に $6.02214076 \times 10^{23}$ 個の要素粒子を含む。この数値はアボガドロ数である。

> 補足　長さ・質量・時間の単位を m·kg·s とし，この3つを基本単位とする単位系を **MKS 単位系** といい，これに電流(A)を加えた単位系を **MKSA 単位系** という。一方，長さ・質量・時間の単位を cm·g·s とする単位系を **CGS 単位系** という。本書では MKSA 単位系を用いている。

3 角度の単位

● **60分法** 全円周に立つ中心角を360度(360°)とし，1°を60分(60′)，1′を60秒(60″)とするものである。

● **弧度法** $\dfrac{弧の長さ}{半径}$ によって定義されるもので，これを**角の弧度**といい，**ラジアン**（記号 **rad**）を単位とする。したがって，半径 r の円で，長さが l の弧の中心角を θ〔rad〕とすると

$$\theta = \frac{l}{r}$$

ゆえに　全円周の中心角(360°)$= \dfrac{2\pi r}{r}$

$$= 2\pi \text{〔rad〕}$$

$$1° = \frac{\pi}{180}\text{〔rad〕}, \quad 1\,\text{rad} = \frac{180°}{\pi} \fallingdotseq 57.3°$$

となる。

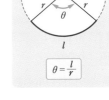

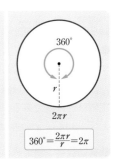

B　次元

ある物理量 A の単位が長さ L の単位の p 乗，質量 M の単位の q 乗，時間 T の単位の r 乗の積で表されるとき，この物理量の長さ，質量，時間に関する**次元（ディメンション）**はそれぞれ p，q，r であるといい，次のような**次元式**でこの関係を示す。

$$[A] = [\mathrm{L}^p \mathrm{M}^q \mathrm{T}^r]$$

物理の問題を解くときに得られる方程式の各項は，同じ次元をもたなければならない。これは，大変重要なことである。

▼表　物理量の次元式

物理量	次元式
〔面積〕	$[\mathrm{L}^2]$
〔速度〕	$[\mathrm{LT}^{-1}]$
〔加速度〕	$[\mathrm{LT}^{-2}]$
〔力〕	$[\mathrm{LMT}^{-2}]$
〔仕事〕	$[\mathrm{L}^2\mathrm{MT}^{-2}]$

注意　① 簡単な量の次元式は覚えておくとよい。複雑な量の次元式を求めるには，その量を物理学の関係式(公式)を用いて，簡単な量の組合せとして表すことが必要である。

② 例えば，速度が質量に関係のないことを示すために，その次元式$[\mathrm{LT}^{-1}]$を$[\mathrm{LM}^0\mathrm{T}^{-1}]$と書くこともある。

③ 熱量はエネルギーの一種であるから，熱量の次元式はエネルギーおよび仕事の次元式と同じである。

④ 角は$[角] = \left[\dfrac{弧}{半径}\right] = \left[\dfrac{\mathrm{L}}{\mathrm{L}}\right] = [\mathrm{L}^0\mathrm{M}^0\mathrm{T}^0]$の次元式で表される。

　角のような量を**無次元量**という。

例　(1) $[加速度] = \left[\dfrac{速度}{時間}\right] = \left[\dfrac{\mathrm{LT}^{-1}}{\mathrm{T}}\right] = [\mathbf{LT}^{-2}]$

(2) $[力] = [質量 \times 加速度] = [\mathrm{M} \times \mathrm{LT}^{-2}] = [\mathbf{LMT}^{-2}]$

(3) $[仕事] = [力 \times 距離] = [\mathrm{LMT}^{-2} \times \mathrm{L}] = [\mathbf{L}^2\mathbf{MT}^{-2}]$

(4) ［運動エネルギー］＝［質量×(速度)^2］＝[M×(LT^{-1})^2]＝[**L^{2}MT^{-2}**]

　　　［仕事］＝［運動エネルギー］

　　つまり，仕事と運動エネルギーの次元は同じになる。

C　有効数字

●**測定値・近似値**　ものさしで長さをはかったり，温度計で温度をはかったりするときは，すべて目盛りを読むわけで，その読んだ値が**測定値**である。

　この数値は正しい値に近いわけであるが，一般に正しい値に近い値を**近似値**という。測定値は近似値である。また，計算によって正しい値に近い値を得たときも近似値である(例えば，3.14 は π の近似値である)。

●**有効数字**　測定値の数値の最後の桁の数字は目分量で読むのがふつうである。例えば，53.6 mm という値は 53.55 mm 以上 53.65 mm 未満の値とみなされる。このとき，**有効数字**は 3 桁であるという。例えば，有効数字 4 桁の数値は 5 桁の数の末位を四捨五入したものとみなされる。

　有効数字を考慮して数値を表すときは，…×10^n(ただし…は有効数字でその最上の桁は 1 位にする)の形にすると桁数もはっきりする。

例　2384 → 2.384×10^3, 0.0217 → 2.17×10^{-2}

　はじめにあげた例の 53.6 mm では 5.36×10 mm と書く。これに対して 5.360×10 mm とすると，53.595 mm 以上 53.605 mm 未満の値を意味することになる。

●**計算における桁数**　数値計算における桁数のとり方は加減・乗除によって異なり，一般に次のようにする。

近似値の加減　計算結果を四捨五入によって，与えられた値の末位が最も高い位のものにそろえる。

近似値の乗除　計算結果を，与えられた値のうち有効数字の桁数が最も少ない桁数に四捨五入によってそろえる。

例　(1) 1.215 + 24.03 = 25.245 → 25.25

　　　(2) 1.21 × 24.05 = 29.1005 → 29.1

●**結果の桁数**　実験の測定値や問題で与えられた数値など，計算のもとになる数値を**資料数値**という。これから計算して得た結果の数値の桁数のとり方は次のようにする。

計算結果は資料数値と等しい桁数で出せ。

① 例えば，答えを 3 桁で出せと指定されたときは，4 桁の計算をして末位を四捨五入して値を求める。

② 答えの桁数が指定されていないときは，問題で与えられた数値が例えば 35.0 cm というように 3 桁で与えられていれば，答えも 3 桁で出す。もし問題中に与えられた数値の桁数が違うのがあれば，最も小さい桁数で答えを出したらよい(ただし，次に述べる仮定値については別である)。

●**その他の計算上の注意** その他数値計算で注意すべきことに次のようなものがある。

仮定値は正確な値とせよ。

例えば，1辺が1cmの立方体というような場合には，1辺が1cmと仮定して取り扱えという意味で，**仮定値**とみなされる。このような場合には，正確な値として取り扱い，1.000…と0が無限に続いていると考える。一般に，1桁の数字の場合には仮定値と考えてよい。

定数は1桁程度多くとれ。

例えば，電子の質量 $9.1094 \times 10^{-31}\,\mathrm{kg}$ のような物理定数や，円周率 $\pi = 3.14159\cdots$，$\sqrt{2} = 1.41421\cdots$ の値などの定数は，問題に与えられた他の資料数値より1桁程度多くとって計算する。

ただし，そのものが問題に指定されているときは指定どおりにする。

結果は小数で出すのを原則とせよ。

資料数値が文字の場合と仮定値の場合には，分数や無理数を使って答えを出してもよいが，一般に小数で出すのが原則である。特に資料数値が測定値なら，必ず小数で答えを出さなければならない。

ほぼ等しい数の引き算では3〜4桁多くとれ。

ほぼ等しい数字の引き算では，上のほうの位の数字が0になって有効数字の桁数が減ってしまう。このような場合には，3〜4桁程度多くまでとって計算するのがよい。

D 近似公式

●**二項定理** n を任意の実数とすると，$-1 < x < 1$ の範囲の x について次式が成りたつ。

$$(1 + x)^n = 1 + nx + \frac{n(n-1)}{2 \times 1} x^2 + \frac{n(n-1)(n-2)}{3 \times 2 \times 1} x^3 + \cdots$$

これが**二項定理**である。x が小さいときは x の高次の項が非常に小さくなり，はじめの数項で正確値に近い値が得られる。

x が十分小さいとき $(1 + x)^n \fallingdotseq 1 + nx$

例 x, y が十分小さいとき

$$(1 + x)^2 \fallingdotseq 1 + 2x, \quad \frac{1}{1+x} = (1 + x)^{-1} \fallingdotseq 1 - x$$

$$\sqrt{1 + x} = (1 + x)^{\frac{1}{2}} \fallingdotseq 1 + \frac{1}{2}x, \quad (1 + x)(1 + y) \fallingdotseq 1 + x + y$$

$$\frac{1 + x}{1 + y} \fallingdotseq (1 + x)(1 - y) \fallingdotseq 1 + x - y$$

$$\frac{1 + x}{\sqrt{1 + y}} = (1 + x)(1 + y)^{-\frac{1}{2}} \fallingdotseq (1 + x)\left(1 - \frac{1}{2}y\right) \fallingdotseq 1 + x - \frac{1}{2}y$$

●**微小角の三角関数** θ（ラジアン，rad）の値が小さいときは，次の近似式が成りたつ（誤差は θ が $10°$ 以下のとき1%以内，$4°$ 以下のとき0.1%以内である）。

θ が小さいとき $\sin\theta \fallingdotseq \theta$, $\cos\theta \fallingdotseq 1$, $\tan\theta \fallingdotseq \theta$

例 $\sin 5° = \sin\left(5 \times \frac{3.14}{180}\right) \fallingdotseq 5 \times \frac{3.14}{180} = 0.0872$

1 三角関数

●**三角関数の定義**　直角三角形の辺の比を底角 θ の関数として

$$\sin\theta = \frac{対辺}{斜辺} = \frac{a}{b}, \ \cos\theta = \frac{隣辺}{斜辺} = \frac{c}{b},$$

$$\tan\theta = \frac{対辺}{隣辺} = \frac{a}{c}$$

のように定義した関数を **三角比** という。

　しかしこれでは θ は鋭角に限られるから，一般の角に拡張するために，次のように定義される。

　x-y 平面上に原点 O を中心とし，半径 r の円をかきその上に点 $P(x,\ y)$ をとり，$\angle x OP = \theta$ とすると

正弦： $\sin\theta = \dfrac{y}{r}$, **余弦：** $\cos\theta = \dfrac{x}{r}$, **正接：** $\tan\theta = \dfrac{y}{x}$ ……………①

これらを総称して **三角関数** という。

　$r > 0$ であるが，θ の象限によって $x,\ y$ の符号が変わるので，三角関数の値も象限によって下図のように符号が変わる。

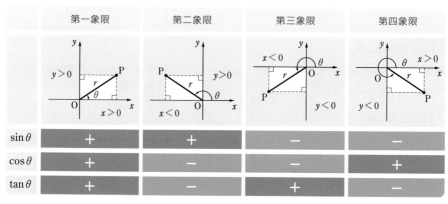

	第一象限	第二象限	第三象限	第四象限
$\sin\theta$	＋	＋	－	－
$\cos\theta$	＋	－	－	＋
$\tan\theta$	＋	－	＋	－

●**三角関数のグラフ**

　右の図のように，半径 1 の円（**補助円** または **単位円** という）を用いて，$Y = \sin\theta$，$Y = \cos\theta$ のグラフをかくことができる。

　$Y = \sin\theta$ のグラフを **正弦曲線** という。

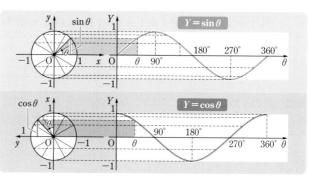

前ページの図からわかるように，$Y = \sin\theta$ のグラフを θ 軸の負の向きに $90°\left(= \dfrac{\pi}{2}\right)$ だけ平行移動することによって，$Y = \cos\theta$ のグラフが得られる。したがって，$Y = \cos\theta$ のグラフも正弦曲線といってよい。

●**三角関数の値**　よく使われる値を左下の表に示す。これはいちいち覚えなくても，むしろ右下の図を覚えておいてこれから値を出すほうがよい。

▼ 表　よく使われる三角関数の値

	0°	30°	45°	60°	90°
sin	0	$\dfrac{1}{2}$	$\dfrac{\sqrt{2}}{2}$	$\dfrac{\sqrt{3}}{2}$	1
cos	1	$\dfrac{\sqrt{3}}{2}$	$\dfrac{\sqrt{2}}{2}$	$\dfrac{1}{2}$	0
tan	0	$\dfrac{\sqrt{3}}{3}$	1	$\sqrt{3}$	

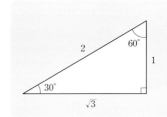
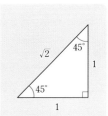

2 三角関数の公式

物理でよく使われる三角関数の公式を挙げ，その証明も付け加えておこう。

●$\tan\theta = \dfrac{\sin\theta}{\cos\theta}$ ………………………………………………………②

（証明）　三角関数の定義から　$\tan\theta = \dfrac{y}{x} = \dfrac{y}{r} \Big/ \dfrac{x}{r} = \dfrac{\sin\theta}{\cos\theta}$

●**平方関係**　$(\sin\theta)^2$ を $\sin^2\theta$ のように表す。$\cos^2\theta$，$\tan^2\theta$ も同様である。

$$\sin^2\theta + \cos^2\theta = 1 \cdots\cdots\cdots\cdots\cdots③$$

（証明）　三平方の定理から　$x^2 + y^2 = r^2$　　両辺を r^2 で割ると　$\dfrac{x^2}{r^2} + \dfrac{y^2}{r^2} = 1$

$\dfrac{x}{r} = \cos\theta$，$\dfrac{y}{r} = \sin\theta$ だから　$\cos^2\theta + \sin^2\theta = 1$

●**和（差）角（加法定理）**

$$\sin(\theta \pm \phi) = \sin\theta\cos\phi \pm \cos\theta\sin\phi \cdots\cdots\cdots④$$

$$\cos(\theta \pm \phi) = \cos\theta\cos\phi \mp \sin\theta\sin\phi \cdots\cdots\cdots⑤$$

（証明）　右の図のような場合$\left(\theta + \phi < \dfrac{\pi}{2}\right)$について証明するが，$\theta$，$\phi$ が任意の角のときにも公式は成りたつ。

図から（AO $= 1$ とする）

$\qquad \angle\text{DAE} = \angle\text{DOF} = \phi$

$\qquad \text{AD} = \text{AO}\sin\theta = \sin\theta$

$\qquad \text{OD} = \text{AO}\cos\theta = \cos\theta$

$\qquad \sin(\theta + \phi) = \dfrac{\text{AC}}{\text{AO}} = \dfrac{\text{AE} + \text{EC}}{1} = \text{AE} + \text{DF}$

$\qquad\qquad = \text{AD}\cos\phi + \text{OD}\sin\phi$

$\qquad\qquad = \sin\theta\cos\phi + \cos\theta\sin\phi$

$\qquad \cos(\theta + \phi) = \dfrac{\text{OC}}{\text{AO}} = \dfrac{\text{OF} - \text{CF}}{1} = \text{OF} - \text{ED}$

$\qquad\qquad = \text{OD}\cos\phi - \text{AD}\sin\phi$

$\qquad\qquad = \cos\theta\cos\phi - \sin\theta\sin\phi$

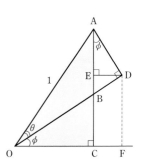

これらの結果の式で ϕ を $-\phi$ にすると，$\sin(\theta - \phi)$，$\cos(\theta - \phi)$ の場合が得られる。

● **2倍角**　　$\boldsymbol{\sin 2\theta = 2\sin\theta\cos\theta}$　$\cdots\cdots\cdots\cdots\cdots\cdots\cdots\cdots\cdots\cdots\cdots\cdots\cdots\cdots\cdots\cdots\cdots\cdots\cdots$⑥

[証明]　④式から　　$\sin(\theta + \theta) = \sin\theta\cos\theta + \cos\theta\sin\theta = 2\sin\theta\cos\theta$

F　スカラーとベクトル

1 スカラー

　長さ，時間，速さなど，数量的な大きさのみで定まる物理量を **スカラー** という。

2 ベクトル

　速度，力などのように，数量的な大きさ，方向・向きをもち，平行四辺形の法則によって合成・分解できる物理量を **ベクトル** という。

●**ベクトルの記号と図示**　　ベクトルは $\vec{u}$ のように矢印をつけて表し，数量的大きさのみを示すには u または $|\vec{u}|$ で表す。また，図示するには，ベクトルの方向を示す直線上にベクトルの大きさに比例した長さの線分をかき，ベクトルの向きに矢印をつけて表す。

●**ベクトルの平行移動**　　ベクトル $\vec{u}$ を平行移動して得られたベクトル $\vec{w}$ は，もとのベクトル $\vec{u}$ に等しい。

●**負のベクトル**　　ベクトル $-\vec{v}$ は，$\vec{v}$ の向きが反対のベクトルである。

●**ベクトルの和**　　2つのベクトル $\vec{u}$，$\vec{v}$ を合成したベクトルを $\vec{u} + \vec{v}$ で表し，$\vec{u}$ と $\vec{v}$ を2辺とする平行四辺形の対角線で図示する（下図(a)）。

●**ベクトルの差**　　ベクトル $\vec{u}$ と $\vec{v}$ の差 $\vec{u} - \vec{v}$ は，$\vec{u}$ と $(-\vec{v})$ の和 $\vec{u} + (-\vec{v})$ として扱う（下図(a)）。

●**ベクトルの c 倍**　　ベクトル $c\vec{u}$（c は数値）は，$\vec{u}$ と同じ方向・向きで大きさが cu のベクトルである。

●**ベクトルの成分**　　ベクトルを座標軸の方向に分解し，その向きが座標軸の正の向きのときは分解したベクトルの大きさに正の値，負の向きのときは負の値とし，それぞれベクトルの座標軸の **成分** という。x 軸，y 軸方向の成分 (u_x, u_y) を，もとのベクトル $\vec{u}$ の **x 成分**，**y 成分** という（下図(b)）。

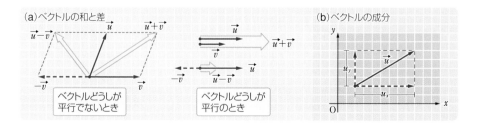

(a)ベクトルの和と差　　　　　　　　　　　　　　　　　　　(b)ベクトルの成分

ベクトルどうしが平行でないとき　　ベクトルどうしが平行のとき

運動は，時間が経過(変化)するのに伴って，物体の位置が変化する現象である。運動を取り扱うときは，位置の変化とともに，位置の変化の割合，すなわち速度も考える。この例のように，物理で取り扱う現象では，ある量が変化するのに伴って関連する他の量が変化するから，変化量とともに変化の割合も見ることが多い。また逆に，速度の時間変化がわかれば，このグラフの面積から移動距離(位置の変化量)が求められる。この例のように，グラフの面積から他の物理量を得られることもある。

このような変化の割合やグラフの面積を考えるとき，数学で学習する微分や積分を用いると，より一層理解が深まるとともに，物理で用いられるいろいろな式を容易に求めることができる。ここでは，微分・積分が物理でいかに有用かを見てみよう。

1 微分の活用

直線上を移動する物体の **瞬間の速度** は，時間 t と変位 x との関係を示した x-t 図(右図)から，次のように求められる。

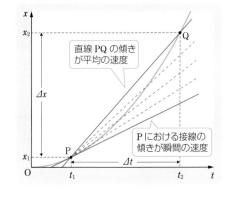

まず，図の点 P と点 Q の間の **平均の速度** は

$$\overline{v} = \frac{\varDelta x}{\varDelta t} = \frac{x_2 - x_1}{t_2 - t_1}$$

と表され，これは点 P と点 Q を結ぶ直線の傾きである。

次に，t_2 を t_1 に近づけて $\varDelta t$ と $\varDelta x$ を小さくしていくと，点 P と点 Q を結ぶ直線の傾きは，点 P を通る接線の傾きに近づく。この接線の傾きが，点 P における瞬間の速度である。

接線の傾きは **微分係数**(または **変化率**)で表されるから(→次ページ 補足①)，点 P における瞬間の速度は微分係数(または変化率)で表される。

一般に，変位 x が時間 t の関数として表されるとき，速度 v は

$$v = \frac{dx}{dt} \tag{1}$$

のように，変位 x を時間 t で微分することによって求めることができる(→補足②)。

同様に，加速度 a は，速度 v の時間 t に対する変化率であるから

$$a = \frac{dv}{dt} \tag{2}$$

のように，速度 v を時間 t で微分することによって求めることができる。

速度や加速度だけでなく，ある量 X が時間的に変化するとき，すなわち，X が t の関数であるとき，X の t に関する瞬間の変化の割合，すなわち変化率 Y は

$$Y = \frac{dX}{dt} \tag{3}$$

のように，X を t で微分することにより求めることができる。

例 等加速度直線運動(初速度 v_0, 加速度 a)において, 時間 t 後の変位 x は

$$x = v_0 t + \frac{1}{2} at^2 \tag{4}$$

と表される。このときの速度 v は, 変位 x を時間 t で微分して

$$v = \frac{dx}{dt} = \frac{d}{dt}\left(v_0 t + \frac{1}{2}at^2\right) = v_0 + at \tag{5}$$

と求められる。また, 加速度 a は, v を t で微分することにより

$$a = \frac{dv}{dt} = \frac{d}{dt}(v_0 + at) = a$$

であることが確かめられる。

補足 ① x が t の関数 $x = f(t)$ で表されるとき

$$\frac{x_2 - x_1}{t_2 - t_1} = \frac{f(t_2) - f(t_1)}{t_2 - t_1} \tag{6}$$

を $t = t_1$ から $t = t_2$ までの間の **平均変化率** といい, これは, 点 (t_1, x_1) と (t_2, x_2) を結ぶ直線の傾きを表している。また, t_2 を t_1 に限りなく近づけて, (6)式が一定の値に近づくとき, この値を関数 $f(t)$ の $t = t_1$ における **微分係数**(または **変化率**)といい, $f'(t_1)$ と表す。微分係数 $f'(t_1)$ は, $x = f(t)$ の $t = t_1$ における接線の傾きを表している。

② 一般に, 関数 $f(x)$ において, x の各値 a に対して微分係数 $f'(a)$ を対応させると, 新しい関数が得られる。これを関数 $f(x)$ の **導関数** という。

関数 $f(x)$ から導関数 $f'(x)$ を求めることを, $f(x)$ を **微分する** という。

関数 $y = f(x)$ の導関数を表す記号として, $f'(x)$ のほか, y', $\dfrac{dy}{dx}$, $\dfrac{d}{dx}f(x)$ などが用いられる。

代表的な導関数の例

$y = c$(定数)の導関数	$y' = 0$
$y = x^n$ の導関数	$y' = nx^{n-1}$
$y = \sin kx$ の導関数	$y' = k\cos kx$
$y = \cos kx$ の導関数	$y' = -k\sin kx$ (k は定数)

2 積分の活用

等加速度直線運動の変位 x は, 時間 t と物体の速度 v の関係を示した v-t 図から次のように求められる。

まず, 時間 T を短い時間 $\varDelta t$ の区間に等分する。区間 $\varDelta t$ の間の平均の速度を v とすると, この区間での変位は $\varDelta x = v\varDelta t$ で, これは斜線の細長い長方形の面積で表される。したがって, 時間 T の間の変位 x は, これらの長方形の面積の総和になる。

次に, $\varDelta t$ をきわめて小さくとると, この長方形の面積の総和は台形 OPQR の面積になる。面積は積分を用いて求めることができるから(→次ページ 補足), この変位は

$$x = \int_0^T v\,dt \tag{7}$$

のように積分を用いて求めることができる。積分法は微分法の逆であるから, 一般に,

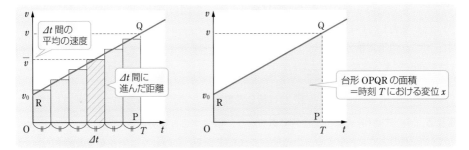

(3)式のように量 Y が量 X を t で微分して得られるときは

$$X = \int Y dt \tag{8}$$

のように，Y を t で積分すれば X が得られる。例えば，加速度 a は速度 v を t で微分したものであるから（→(2)式），加速度を積分すると

$$v = \int a dt \tag{9}$$

のように速度が得られる。

例 (9)式からわかるように，加速度 a を積分することによって速度 v が得られる。等加速度直線運動では加速度 a が一定であるから

$$v = \int a dt = at + C_1 \tag{10}$$

となる。積分定数 C_1 は，$t = 0$ のとき $v = v_0$（初速度）として，(10)式に代入すると，$C_1 = v_0$ と決めることができる。したがって

$$v = v_0 + at$$

となり，(5)式が得られる。

さらに，(1)式からわかるように，v を積分することによって変位 x が得られる。

$$x = \int v dt = \int (v_0 + at) dt = v_0 t + \frac{1}{2}at^2 + C_2$$

ここで，$t = 0$ のとき $x = 0$ であるとすると，$C_2 = 0$ となるから

$$x = v_0 t + \frac{1}{2}at^2$$

となり，(4)式が得られる。

補足 関数 $f(x)$ に対して，微分すると $f(x)$ になる関数，すなわち $F'(x) = f(x)$ となる関数 $F(x)$ を $f(x)$ の **不定積分** または **原始関数** という。このことは，次のように表される。

$$\int f(x) dx = F(x) + C \qquad (C \text{ は定数})$$

関数 $f(x)$ の不定積分を求めることを $f(x)$ を **積分する** といい，上の定数 C を **積分定数** という。また，関数 $f(x)$ の不定積分の一つを $F(x)$ とするとき

$$\int_a^b f(x) dx = \left[F(x) \right]_a^b = F(b) - F(a)$$

を $f(x)$ の a から b までの **定積分** といい, 右図の面積を表している。

x^n の不定積分

$$\int x^n dx = \frac{1}{n+1} x^{n+1} + C$$

$$(n \neq -1,\ C \text{は積分定数})$$

f(x)

面積 $\int_a^b f(x)\,dx$

O　　a　　　b　　x

参考 (8)式や(9)式は不定積分であるから, 積分すると積分定数が現れる。この定数は例のように, 与えられた条件から決定される。このような条件を **初期条件** という。

3 微分や積分を用いた式の導出例

物理において, 微分や積分の有効な応用例はいろいろとある。いくつか例をみていこう。

●単振動の式

単振動(振幅 A, 角振動数 ω)の変位 x は, 時間を t として

$$x = A \sin \omega t$$

のように表すことができる。この単振動をする物体の速度 v, 加速度 a は, 次のように求められる。

$$v = \frac{dx}{dt} = \frac{d}{dt}(A \sin \omega t) = A\omega \cos \omega t$$

$$a = \frac{dv}{dt} = \frac{d}{dt}(A\omega \cos \omega t) = -A\omega^2 \sin \omega t$$

●仕事

力がする仕事は, 横軸に移動距離 x, 縦軸にその向きにはたらく力 F をとった F-x 図における面積で表される(右図)。したがって, $x = a$ から $x = b$ まで物体が移動するときに力がする仕事は, 積分を用いて次のように求めることができる。

$$W = \int_a^b F dx$$

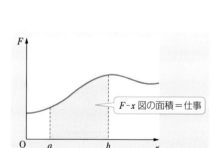

F-x 図の面積＝仕事

O　　a　　　b　　x

・弾性力に逆らってする仕事　ばね定数 k のつる巻きばねを, 弾性力に逆らってゆっくりと自然の長さから距離 x_0 だけ伸ばすときに外力のする仕事 W は, 右図の△OAB の面積で表されるから

$$W = \int_0^{x_0} kx dx = \left[\frac{1}{2}kx^2\right]_0^{x_0}$$

$$= \frac{1}{2}kx_0^2$$

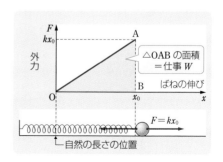

△OAB の面積＝仕事 W

外力

ばねの伸び

$F = kx_0$

自然の長さの位置

・**コンデンサーを充電するときの仕事**　電気容量 C のコンデンサーを起電力 V_0 の電池で充電し，$Q_0 = CV_0$ の電気量が蓄えられたとする。このとき，電池のする仕事 W は，右図の $\triangle OAB$ の面積で表されるから

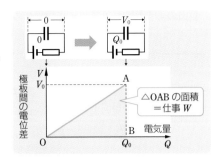

$$W = \int_0^{Q_0} V dQ = \int_0^{Q_0} \frac{Q}{C} dQ = \frac{1}{C} \left[\frac{1}{2} Q^2 \right]_0^{Q_0}$$
$$= \frac{Q_0^2}{2C} = \frac{1}{2} CV_0^2$$

●万有引力による位置エネルギー

固定されている質量 M の物体1から距離 r 離れた点にある質量 m の物体2を，万有引力 F に逆らって距離 r_0 まで直線上を移動させる。このとき，万有引力のする仕事 W は次のように求められる（右図）。

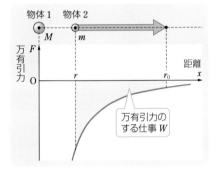

$$W = \int_r^{r_0} (-F) dx = \int_r^{r_0} \left(-G \frac{Mm}{x^2} \right) dx$$
$$= \left[G \frac{Mm}{x} \right]_r^{r_0}$$
$$= G \frac{Mm}{r_0} - G \frac{Mm}{r} \tag{11}$$

（F に負の符号がついているのは，万有引力の向きと移動の向きが反対であるため）

ここで，r_0 を無限遠にとったときの W が，r における物体2の万有引力による位置エネルギー U となる。このとき $\dfrac{1}{r_0} = 0$ であるから，(11)式より

$$U = -G \frac{Mm}{r}$$

●電磁誘導・交流

1巻きのコイルを貫く磁束 Φ が，時間 Δt の間に $\Delta \Phi$ だけ変化するときの誘導起電力 V は

$$V = -\frac{\Delta \Phi}{\Delta t}$$

である。この式の $\dfrac{\Delta \Phi}{\Delta t}$ は，磁束 Φ の時間 t に対する平均変化率を表している。したがって，誘導起電力 V は

$$V = -\frac{d\Phi}{dt} \tag{12}$$

のように，Φ を t で微分することによって求めることができる。

右図のような回転するコイルに生じる交流電圧を考える。このとき，コイルの面積は $2rl$ であるから，コイルを貫く磁束は

$$\Phi = B \times 2rl\cos \omega t$$

と表すことができる。したがって，誘導起電力は，(12)式より次のように求められる。

$$V = -\frac{d\Phi}{dt} = -\frac{d}{dt}(B \times 2rl\cos \omega t)$$

$$= -2Brl\,\frac{d}{dt}\cos \omega t$$

$$= 2Brl\omega \sin \omega t = V_0 \sin \omega t$$

$$（ただし，V_0 = 2Brlx）$$

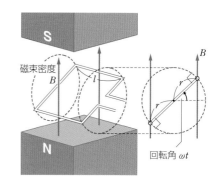

H 表

1 物理定数

物理量	記号	概数値	詳しい値
標準重力加速度	g	$9.8\,\mathrm{m/s^2}$	$9.80665\,\mathrm{m/s^2}$
万有引力定数	G	$6.67 \times 10^{-11}\,\mathrm{N \cdot m^2/kg^2}$	$6.67430 \times 10^{-11}\,\mathrm{N \cdot m^2/kg^2}$
絶対零度		$-273\,℃\,(= 0\,\mathrm{K})$	$-273.15\,℃$
アボガドロ定数	$N,\ N_A$	$6.02 \times 10^{23}\,\mathrm{/mol}$	$6.02214076 \times 10^{23}\,\mathrm{/mol}$
ボルツマン定数	k	$1.38 \times 10^{-23}\,\mathrm{J/K}$	$1.380649 \times 10^{-23}\,\mathrm{J/K}$
理想気体の体積($0\,℃$, $1\,\mathrm{atm}$)		$2.24 \times 10^{-2}\,\mathrm{m^3/mol}$	$2.241396954 \times 10^{-2}\,\mathrm{m^3/mol}$
気体定数	R	$8.31\,\mathrm{J/mol \cdot K}$	$8.314462618\,\mathrm{J/mol \cdot K}$
乾燥空気中の音の速さ($0\,℃$)		$331.5\,\mathrm{m/s}$	$331.45\,\mathrm{m/s}$
真空中の光の速さ	c	$3.00 \times 10^8\,\mathrm{m/s}$	$2.99792458 \times 10^8\,\mathrm{m/s}$
クーロンの法則の比例定数(真空中)	k_0	$8.99 \times 10^9\,\mathrm{N \cdot m^2/C^2}$	$8.98755179 \times 10^9\,\mathrm{N \cdot m^2/C^2}$
真空の誘電率	ε_0	$8.85 \times 10^{-12}\,\mathrm{F/m}$	$8.8541878128 \times 10^{-12}\,\mathrm{F/m}$
真空の透磁率	μ_0	$1.26 \times 10^{-6}\,\mathrm{N/A^2}$	$1.25663706212 \times 10^{-6}\,\mathrm{N/A^2}$
電子の比電荷		$1.76 \times 10^{11}\,\mathrm{C/kg}$	$1.75882001076 \times 10^{11}\,\mathrm{C/kg}$
電気素量	e	$1.60 \times 10^{-19}\,\mathrm{C}$	$1.602176634 \times 10^{-19}\,\mathrm{C}$
電子の質量	m	$9.11 \times 10^{-31}\,\mathrm{kg}$	$9.1093837015 \times 10^{-31}\,\mathrm{kg}$
プランク定数	h	$6.63 \times 10^{-34}\,\mathrm{J \cdot s}$	$6.62607015 \times 10^{-34}\,\mathrm{J \cdot s}$
ボーア半径		$5.29 \times 10^{-11}\,\mathrm{m}$	$5.29177210903 \times 10^{-11}\,\mathrm{m}$
リュードベリ定数	R	$1.10 \times 10^7\,\mathrm{/m}$	$1.0973731568160 \times 10^7\,\mathrm{/m}$
統一原子質量単位		$1.66 \times 10^{-27}\,\mathrm{kg}\,(= 1\,\mathrm{u})$	$1.66053906660 \times 10^{-27}\,\mathrm{kg}$

2 単位の 10^n の接頭語

名称	記号	大きさ
ヨ タ (yotta)	Y	10^{24}
ゼ タ (zetta)	Z	10^{21}
エ ク サ (exa)	E	10^{18}
ペ タ (peta)	P	10^{15}
テ ラ (tera)	T	10^{12}
ギ ガ (giga)	G	10^{9}
メ ガ (mega)	M	10^{6}
キ ロ (kilo)	k	10^{3}
ヘ ク ト (hecto)	h	10^{2}
デ カ (deca)	da	10

名称	記号	大きさ
デ シ (deci)	d	10^{-1}
セ ン チ (centi)	c	10^{-2}
ミ リ (milli)	m	10^{-3}
マイクロ (micro)	μ	10^{-6}
ナ ノ (nano)	n	10^{-9}
ピ コ (pico)	p	10^{-12}
フェムト (femto)	f	10^{-15}
ア ト (atto)	a	10^{-18}
ゼ プ ト (zepto)	z	10^{-21}
ヨ ク ト (yocto)	y	10^{-24}

3 ギリシャ文字

大文字	小文字	発音
A	α	アルファ
B	β	ベータ
Γ	γ	ガンマ
Δ	δ	デルタ
E	ε	イプシロン
Z	ζ	ゼータ
H	η	イータ
Θ	θ	シータ

大文字	小文字	発音
I	ι	イオタ
K	κ	カッパ
Λ	λ	ラムダ
M	μ	ミュー
N	ν	ニュー
Ξ	ξ	グザイ
O	o	オミクロン
Π	π	パイ

大文字	小文字	発音
P	ρ	ロー
Σ	σ	シグマ
T	τ	タウ
Υ	υ	ウプシロン
Φ	ϕ	ファイ
X	χ	カイ
Ψ	ψ	プサイ
Ω	ω	オメガ

4 電気用図記号 (JIS)

意味	記号
電源	
直流電源 (電池)	
交流電源	
抵抗	
抵抗器	
可変抵抗器	
電球 (ランプ)	

意味	記号
電流計	
直流電流計	
交流電流計	
電圧計	
直流電圧計	
交流電圧計	

意味	記号
検流計	
スイッチ	
コンデンサー	
コイル	
ダイオード	
接地 (アース)	

5 三角関数の表

角度		正弦	余弦	正接
度	rad	sin	cos	tan
0°	0.000	0.0000	1.0000	0.0000
1°	0.017	0.0175	0.9998	0.0175
2°	0.035	0.0349	0.9994	0.0349
3°	0.052	0.0523	0.9986	0.0524
4°	0.070	0.0698	0.9976	0.0699
5°	0.087	0.0872	0.9962	0.0875
6°	0.105	0.1045	0.9945	0.1051
7°	0.122	0.1219	0.9925	0.1228
8°	0.140	0.1392	0.9903	0.1405
9°	0.157	0.1564	0.9877	0.1584
10°	0.175	0.1736	0.9848	0.1763
11°	0.192	0.1908	0.9816	0.1944
12°	0.209	0.2079	0.9781	0.2126
13°	0.227	0.2250	0.9744	0.2309
14°	0.244	0.2419	0.9703	0.2493
15°	0.262	0.2588	0.9659	0.2679
16°	0.279	0.2756	0.9613	0.2867
17°	0.297	0.2924	0.9563	0.3057
18°	0.314	0.3090	0.9511	0.3249
19°	0.332	0.3256	0.9455	0.3443
20°	0.349	0.3420	0.9397	0.3640
21°	0.367	0.3584	0.9336	0.3839
22°	0.384	0.3746	0.9272	0.4040
23°	0.401	0.3907	0.9205	0.4245
24°	0.419	0.4067	0.9135	0.4452
25°	0.436	0.4226	0.9063	0.4663
26°	0.454	0.4384	0.8988	0.4877
27°	0.471	0.4540	0.8910	0.5095
28°	0.489	0.4695	0.8829	0.5317
29°	0.506	0.4848	0.8746	0.5543
30°	0.524	0.5000	0.8660	0.5774
31°	0.541	0.5150	0.8572	0.6009
32°	0.559	0.5299	0.8480	0.6249
33°	0.576	0.5446	0.8387	0.6494
34°	0.593	0.5592	0.8290	0.6745
35°	0.611	0.5736	0.8192	0.7002
36°	0.628	0.5878	0.8090	0.7265
37°	0.646	0.6018	0.7986	0.7536
38°	0.663	0.6157	0.7880	0.7813
39°	0.681	0.6293	0.7771	0.8098
40°	0.698	0.6428	0.7660	0.8391
41°	0.716	0.6561	0.7547	0.8693
42°	0.733	0.6691	0.7431	0.9004
43°	0.750	0.6820	0.7314	0.9325
44°	0.768	0.6947	0.7193	0.9657
45°	0.785	0.7071	0.7071	1.0000

角度		正弦	余弦	正接
度	rad	sin	cos	tan
45°	0.785	0.7071	0.7071	1.0000
46°	0.803	0.7193	0.6947	1.0355
47°	0.820	0.7314	0.6820	1.0724
48°	0.838	0.7431	0.6691	1.1106
49°	0.855	0.7547	0.6561	1.1504
50°	0.873	0.7660	0.6428	1.1918
51°	0.890	0.7771	0.6293	1.2349
52°	0.908	0.7880	0.6157	1.2799
53°	0.925	0.7986	0.6018	1.3270
54°	0.942	0.8090	0.5878	1.3764
55°	0.960	0.8192	0.5736	1.4281
56°	0.977	0.8290	0.5592	1.4826
57°	0.995	0.8387	0.5446	1.5399
58°	1.012	0.8480	0.5299	1.6003
59°	1.030	0.8572	0.5150	1.6643
60°	1.047	0.8660	0.5000	1.7321
61°	1.065	0.8746	0.4848	1.8040
62°	1.082	0.8829	0.4695	1.8807
63°	1.100	0.8910	0.4540	1.9626
64°	1.117	0.8988	0.4384	2.0503
65°	1.134	0.9063	0.4226	2.1445
66°	1.152	0.9135	0.4067	2.2460
67°	1.169	0.9205	0.3907	2.3559
68°	1.187	0.9272	0.3746	2.4751
69°	1.204	0.9336	0.3584	2.6051
70°	1.222	0.9397	0.3420	2.7475
71°	1.239	0.9455	0.3256	2.9042
72°	1.257	0.9511	0.3090	3.0777
73°	1.274	0.9563	0.2924	3.2709
74°	1.292	0.9613	0.2756	3.4874
75°	1.309	0.9659	0.2588	3.7321
76°	1.326	0.9703	0.2419	4.0108
77°	1.344	0.9744	0.2250	4.3315
78°	1.361	0.9781	0.2079	4.7046
79°	1.379	0.9816	0.1908	5.1446
80°	1.396	0.9848	0.1736	5.6713
81°	1.414	0.9877	0.1564	6.3138
82°	1.431	0.9903	0.1392	7.1154
83°	1.449	0.9925	0.1219	8.1443
84°	1.466	0.9945	0.1045	9.5144
85°	1.484	0.9962	0.0872	11.4301
86°	1.501	0.9976	0.0698	14.3007
87°	1.518	0.9986	0.0523	19.0811
88°	1.536	0.9994	0.0349	28.6363
89°	1.553	0.9998	0.0175	57.2900
90°	1.571	1.0000	0.0000	―

◆著者

都築 嘉弘
井上 邦雄

◆編集協力者

井上 喜助

◆表紙デザイン

有限会社アーク・ビジュアル・ワークス
(川島絵里)

◆本文デザイン

株式会社ウエイド(六鹿沙希恵, 稲村穣)

初版
第1刷　1969年2月1日　発行
新制版
第1刷　1974年1月15日　発行
新制版
第1刷　1983年2月1日　発行
新制版
第1刷　1994年7月1日　発行
新制版
第1刷　2009年4月1日　発行
新課程版
第1刷　2014年4月1日　発行
新課程版
第1刷　2023年2月1日　発行
第2刷　2024年2月1日　発行

◆写真提供(敬称略・五十音順)

アフロ, キヤノン電子管デバイス, Getty Images, 高エネルギー加速器研究機構,
西華産業, 日本原子力文化財団, 日本電子, PIXTA, PPS通信社,
フォトライブラリー, 北海道電力, リガク

ISBN978-4-410-11843-2

チャート式®シリーズ　新物理　物理基礎・物理	
発行者	星野泰也
発行所	数研出版株式会社
	〒101-0052　東京都千代田区神田小川町2丁目3番地3
	〔振替〕00140-4-118431
	〒604-0861　京都市中京区烏丸通竹屋町上る大倉町205番地
	〔電話〕代表 (075)231-0161
	ホームページ　https://www.chart.co.jp
印　刷	創栄図書印刷株式会社

231202

元素の周期表

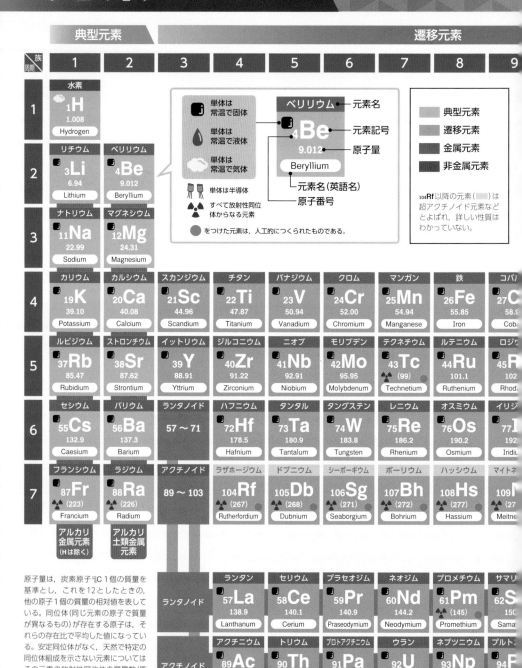